油气藏地震描述技术与应用实践

Seismic Characterization Technology and Practice in the Hydrocarbon Reservoirs

甘利灯　戴晓峰　主编

石油工业出版社

内 容 提 要

本书收录了甘利灯教授及其研究生自 20 世纪 90 年代以来在油气藏静态和动态地震描述方面独立或合作发表的主要中文论文和经典教材。主要包括油气藏地震描述基础、关键技术与应用、技术综述与展望三大部分，内容涉及地震岩石物理分析，地震资料保 AVO 处理质控和层间多次波识别与压制，叠后、叠前、随机和各向异性地震反演，宽方位地震属性分析，多分量地震，四维地震，井震藏一体化，储层渗透性地震预测等技术与应用实践；以及地震层析成像、地震油藏描述和油藏地球物理技术综述和展望。比较全面地展示了甘利灯教授 40 年职业生涯的主要学术贡献。

本书可供从事地震资料处理和解释工作者、油田现场生产单位技术人员和相关院校师生参考使用。

图书在版编目（CIP）数据

油气藏地震描述技术与应用实践 / 甘利灯，戴晓峰主编 . —北京：石油工业出版社，2024.8
    ISBN 978–7–5183–6372–8

Ⅰ . ① 油… Ⅱ . ① 甘… ② 戴… Ⅲ . ① 油气藏 – 地震勘探 – 研究 Ⅳ . ① P618.130.8

中国国家版本馆 CIP 数据核字（2023）第 178256 号

出版发行：石油工业出版社
      （北京安定门外安华里 2 区 1 号　100011）
      网　　址：www.petropub.com
      编辑部：（010）64222261　　图书营销中心：（010）64523633
经　　销：全国新华书店
印　　刷：北京中石油彩色印刷有限责任公司

2024 年 8 月第 1 版　2024 年 8 月第 1 次印刷
787×1092 毫米　开本：1/16　印张：38.5
字数：980 千字

定价：350.00 元
（如出现印装质量问题，我社图书营销中心负责调换）

《油气藏地震描述技术与应用实践》
编 委 会

主　编：甘利灯　戴晓峰

编　委：（按入学先后排序）

序

　　油气藏地震描述是以地震资料为基础，综合运用地质、测井和油藏工程等信息，以石油地质学理论为指导，充分发挥地震资料空间密集采样的优势，最大限度地应用计算机手段，对油气藏进行定性和定量解释与评价的一项综合性技术。它可以分为油气藏静态地震描述与动态地震描述，前者的核心是地震储层预测，后者的基础是油气藏动态地震监测与剩余油气分布地震预测，对油气藏高效勘探开发具有重要作用与意义。

　　1984年，地球物理专业毕业的大学生甘利灯被分配到勘探院地质所煤成气组工作，我们成为同事。尽管他所学专业与我们组专业有差别，但他安心学习、学地质，工作主动，是一位勤于工作、善于探索、好于上进的青年人，故我很器重和鼓励他，期待他将来是位俊才。三年后，他考上研究生，回归地球物理专业，一直在勘探院科研生产第一线从事地震油藏描述技术研究与应用工作，曾是地震储层预测和油藏地球物理两个学科带头人。一年前，甘利灯教授跟我说，希望在退休前编撰出版一本他与他的研究生共同完成的论文集，并邀请我为其作序，我欣然答应了。论文集《油气藏地震描述技术与应用实践》围绕夯实理论基础和新技术研发两方面，以近40年相关研究成果为基础，以技术适用性、先进性、代表性和完整性为论文遴选准则，并按关键技术发展历程为序编排相关论文，尽可能全面地展示油气藏地震描述技术发展历程与应用实践。全书由49篇论文组成，包括32篇期刊论文、13篇会议论文、1篇论文集论文和3篇教材。其中1篇同时入选中国精品科技期刊顶尖学术论文"领跑者5000"和CNKI高被引论文，4篇入选CNKI高被引论文（最高被引300多次），11篇中国石油学会和中国地球物理学会获奖技术论文。

　　全书分基础篇、技术篇和综述篇三个部分。基础篇由地震岩石物理分析和地震资料保幅处理与质控两项技术组成；技术篇由地震反演、地震属性分析、多分量地震、四维地震、测井—地震—油藏一体化、储层渗透性地震预测六项技术组成；综述篇由地震层析成像、地震预测描述和油藏地球物理三项技术组成。全书涵盖了绝大部分地震油藏描述技术，内容非常丰富，具有以下三个特色。一是技术"亮点"多，例如被李庆忠院士命名和引用的"甘利灯线"，LPF（岩性、物性与流体）敏感因子分析技术，

"二分法"火成岩储层岩石物理建模技术，三维裂缝—孔隙网络模型建立与纵波频散特征分析技术，基于 AVO 属性的保幅处理监控方法，储层特征重构反演技术，随机地震反演关键参数优选技术，基于"蚂蚁"体各向异性的裂缝表征技术，振幅和速度各向异性联合反演技术等。二是针对生产需要，形成了多个集成配套技术，并在实际应用中见到很好效果，如针对川中灯影组储层地震描述中存在的井震不匹配问题，提出并实现了处理解释一体化的层间多次波识别与压制技术；完成了渤海湾盆地水驱油藏四维地震岩石物理可行性研究，系统解决了老油田地震与测井资料存在的"空间、井震和时间"不一致性问题，形成了适用于我国东部老油区剩余油分布预测的水驱油藏四维地震技术与测井—地震—油藏一体化技术；针对油气藏储集空间日益复杂，孔缝洞地震描述难的问题，以全方位局部角度域深度偏移资料为基础，改变了长期以来用一个地震数据体解决所有储层预测问题的习惯，形成了多数据体联合、孔缝洞一体化的复杂储集空间地震刻画与描述技术系列，为宽方位地震储层预测指明了方向；在四川盆地秋林地区沙溪庙组致密气藏地震描述中，形成了转换波振幅属性刻画河道砂体分布，纵波阻抗反演预测孔隙度，纵横波联合速度比反演预测含气饱和度的"隐蔽气藏"地震描述技术方案，砂体面积较以往增加了 38%。三是技术前沿，提出地震孔隙结构因子，创新形成了三类储层渗透性地震预测方法，并在四个工区三类储层中开展了应用，见到初步效果，井点渗透率预测误差控制在半个数量级以内，实现了韩大匡院士最初提出的"预测误差小于一个数量级"的目标，证实了方法的有效性。

1984 年，甘利灯从大学毕业到煤成气组工作，他踏实，心无旁骛，勤勤恳恳，为人忠厚好学，故我预期他能成为俊才。40 年后，从他和学生团队即将出版的《油气藏地震描述技术与应用实践》一书中，知晓了甘利灯教授还成为一位石油地球物理专业的名符其实的帅才了，十分欣慰，致以庆贺。基于实践，立于创新，重于应用的《油气藏地震描述技术与应用实践》力著的出版，可喜可贺，值得大家一读！

中国科学院院士 戴金星

前　言

　　油气藏地震描述是以地震资料为基础，综合运用地质、测井和油藏工程等信息，以石油地质学理论为指导，充分发挥地震资料空间连续采样的优势，最大限度地应用计算机手段，对油气藏进行定性和定量解释与评价的一项综合研究技术。油气藏地震描述可以分为油气藏静态地震描述与动态地震描述，前者的基础是地震储层预测，后者的基础是油气藏动态地震监测与剩余油气分布地震预测。

　　油气藏静态地震描述的主要内容包括油气藏范围圈定、形态描述、储层描述和流体检测四方面。不同类型油气藏静态地震描述的重点有所不同，对地震资料保真程度要求也不相同。构造油气藏的核心是构造成图，需要准确的旅行时信息。岩性地层油气藏的核心是寻找有利的岩性地层圈闭，需要解决复杂岩性地层描述问题，如大面积薄互层砂岩、深层火成岩、缝洞碳酸盐岩等，其中岩性与物性预测是关键，不仅需要准确的旅行时信息，还需要准确的振幅信息，包括叠后、叠前和宽方位叠前振幅等。非常规油气藏的核心是寻找油气储集体，需要解决烃源岩品质、储层品质和工程品质描述问题，包括 TOC 含量、岩性、物性、含油气性、脆性、应力和裂缝等预测，需要准确的旅行时、振幅、频率和方位等信息。此外，从构造油气藏、地层岩性油气藏到非常规油气领域，油气藏地震描述的对象也发生了很大变化：一是埋深越来越大；二是与围岩差异越来越小；三是储层越来越薄，尺度越来越小；四是孔隙度和渗透率越来越低；五是非均质性越来越强，孔隙结构越来越复杂，裂缝越来越发育；六是油气水分布越来越复杂。因此，随着油气工业的发展，对静态地震描述技术的需求不断增多，对地震资料的保真性要求不断增强，技术难度不断增加，面临的挑战日益突出。

　　油气藏动态地震描述的目的是量化剩余油气分布，深化油气藏描述是量化剩余油气分布的基础。中国东部老油区都已进入"双高"阶段，剩余油气分布格局转变为"整体上高度分散，局部还存在着相对富集的部位"，加上这些油气藏具有构造复杂、小断裂发育、储层薄且结构复杂多样、非均质性强、原油性质及油水系统复杂等特点，对油气藏静态地震描述精度提出了更高要求。由于国内真正意义上的四维地震资料极少，只能通过三维地震资料与油气藏动态资料联合预测剩余油气分布，但由于开采方式复杂多样、开发周期长，造成井网密，资料多，井震匹配难，测井、地震与油藏多学科一体化预测剩余油分布研究难度大增。

为了应对这些油气藏地震描述面临的挑战，首先，要夯实油气藏地震描述的理论基础。目前主流油气藏地震描述技术都是基于 Zeoppritz 方程及其近似公式，它以几何地震学理论为基础，理论上只适用于目标尺度大于波长的油气藏，如构造油气藏和部分地层岩性油气藏。因此，要强化地震岩石物理分析和地震正演模拟研究，深刻理解目标尺度和性质对地震响应特征的影响，以规避或降低理论不适用于实际勘探目标造成的风险。此外，Zeoppritz 方程及其近似公式基于单界面假设，没有考虑上覆地层地震波传播效应对目的层的影响。因此，这需要强化保真资料处理与质控，尽可能消除目的层以上所有因素造成的横向非一致性，以满足 Zeoppritz 方程的前提假设。其次，要面向不同类型油气藏全生命周期的技术需求，研发油气藏地震描述新技术，不断提高油气藏静态与动态地震描述的能力和精度。在油气藏静态地震描述方面，应该从叠后拓展到叠前和多分量叠前，在不断增加信息的前提下，发展基于地震岩石物理的叠前和纵横波联合地震油藏描述技术，提高储层与非储层的可辨识度。应该探索储层孔隙结构（如孔隙形态与主尺度），甚至储层渗透性地震预测技术，形成先"岩性与孔隙度"，再"孔隙形态与渗透率"，最后"流体类型与饱和度"地震预测的完整技术体系。应该将地震岩石物理模型从孔隙介质推广到裂缝—孔隙介质，强化裂缝—多孔介质岩石物理建模和宽方位地震正演模拟，分析储层裂缝引起的各向异性地震响应特征，开展叠后与宽方位叠前地震联合的多尺度裂缝识别与综合表征技术研究。在油气藏动态地震描述方面，要建立多学科一体化流程，做好测井地震融合和地震油藏融合，提高油气藏动态监测和剩余油气地震预测的能力。值得指出的是，这些新技术对地震资料保真处理（如多分量地震保幅、频率保持、方位保持处理）提出了更高要求。最后，由于当前油气藏地震描述技术众多，加上理论基础欠扎实，数据保真处理不严格，技术流程欠规范，质量控制不全面，导致油气藏地震描述结果多解性较大，影响了技术效果的发挥，因此，必须建立全过程质控体系。

本书以甘利灯教授及其团队近 40 年油气藏地震描述研究成果为基础，围绕夯实理论基础和新技术研发两方面内容，以技术针对性、完整性、代表性和先进性为准则遴选论文，尽可能全面地展示油气藏地震描述技术发展历程与应用实践，并以关键技术发展历程为序编排相关论文。出于技术完整性考虑，并征得第一作者同意，本书还收录了姚逢昌教授、王喜双教授、胡英教授和杨昊博士为第一作者的 4 篇文章，对他们的支持表示衷心感谢！全书共 49 篇论文，包括 32 篇期刊论文、13 篇会议论文、1 篇论文集论文和 3 篇教材。其中 1 篇同时入选中国精品科技期刊顶尖学术论文"领跑者 5000"和 CNKI 高被引论文，4 篇入选 CNKI 高被引论文（最高被引 300 多次），11 篇中国石油学会和中国地球物理学会获奖技术论文。

全书分基础篇、技术篇和综述篇三个部分，包括 11 项技术。为了方便阅读，笔者为每项技术都编写了导读，包括技术内涵、研究历程，以及每一篇论文简介。

基础篇由地震岩石物理分析和地震资料保幅处理与质控两项技术组成，其目的是夯实油气藏地震描述的理论基础。在地震岩石物理分析方面，早在 20 世纪 80 年代末就开始探索研究，建立了东部地区各种岩性纵横波速度关系，成果被李庆忠院士引用，称为"甘利灯线"。建立了 LPF（岩性、物性与流体）敏感因子分析流程，实现了复杂火成岩储层地震岩石物理建模，形成了地震岩石物理分析技术系列；全程指导了企业标准《地震岩石物理分析技术规范》（Q/SY 01017—2018）的制订工作，为普及地震岩石物理分析技术作出了重要贡献。笔者完成了渤海湾盆地水驱油藏四维地震岩石物理可行性研究，系统地解决了老油田地震与测井资料存在的"空间、井震和时间"不一致性问题，提出了地震岩石物理动态分析的理念，实现了地震岩石物理分析技术从勘探到开发的延伸。开展了裂缝—孔隙型储层地震岩石物理建模、全方位波动方程叠前正演模拟与各向异性地震影响特征分析，为宽方位地震储层预测奠定了岩石物理基础。在地震资料保幅处理与质控方面，在国内最早提出并实现了"基于分偏移距覆盖次数补偿保幅叠前时间偏移"技术，指出井地联合处理不但可以提高地面地震资料的分辨率，还可以改善 VSP 数据与地面地震数据之间的匹配关系，为保幅地震资料处理指明了方向。提出并实现了基于叠前地震正演模拟和"基于 AVO 属性的保幅处理监控方法"的保 AVO 质控技术，并申请了中国石油天然气股份有限公司技术秘密。提出了先识别、后压制与质控的处理解释一体化技术思路，形成了适用、有效、可复制的层间多次波处理解释一体化技术方案，开展了规模化应用，取得了显著地质效果。

技术篇由地震反演、地震属性分析、多分量地震、四维地震、测井—地震—油藏一体化、储层渗透性地震预测六项技术组成，是油气藏地震描述的关键技术。在地震反演方面，历时 30 余年，从叠后到叠前，从单分量到多分量，从窄方位到宽方位，从三维到四维，从确定到随机，系统研究地震反演技术，引领了国内地震反演技术进步。在地震属性分析方面，最早引入"伪相关"概念，分析了其成因，提出了地震属性个数优选准则，并对地震属性分析技术进行了系统总结，为做好地震属性分析提供了理论依据。以全方位局部角度域深度偏移资料为基础，提取了地层成像、时间偏移、断裂成像、散射成像、速度与振幅各向异性数据体，分别用于层位解释、优质储层预测、断裂解释、溶洞识别、裂缝方向与密度预测，解决了长期以来用一个数据体解决所有储层预测的瓶颈问题，形成了多数据体联合、孔缝洞一体化的储集空间地震刻画与描述技术系列，为宽方位地震储层预测指明了方向。在多分量地震方面，以鄂尔多斯盆地苏里格气田数字多分量地震资料处理与解释技术研究为基础，组织开展了多分量地震技术调研，调研报告《国外多波多分量地震技术现状与发展趋势》总结了多分量地震四个方面的技术优势，结合我国陆相储层沉积特点，认为多分量地震技术在我国致密储层定量地震描述可以发挥更大作用。组织完成了2021年度物探攻关项目"四川盆地秋林三维致密气多波储层预测与含气性检测技术攻关"研究，通过地震岩石物理分析、多分量地震正演模拟、实钻井验证，发现大面积常规纵波勘探难以识别的"隐蔽砂体"，砂体面积较以往增加了38%，极大地拓展了现有勘探领域，并在沙溪庙组储量提交中发挥了重要作用，也验证了10多年前关于多分量地震作用的判断。在四维地震方面，针对可行性、资料处理和解释完成了水驱四维地震技术系统研究，取得一系列创新性成果，初步形成工业化生产能力，并在冀东与大庆等三个油田应用中取得明显技术效果，缩短了与国外技术的差距。《China Daily》进行了相关报道。在测井—地震—油藏一体化方面，推动地震技术向油藏工程领域延伸，研发了地震测井融合和地震油藏融合技术系列，分别建立了基于一次采集地震资料和多次采集地震资料的剩余油分布地震预测技术与流程，研究成果写入中国石油天然气股份有限公司"十三五"物探技术发展指导意见，并作为一项重点技术，开始向渤海湾盆地推广使用，起到了技术示范的作用。研究成果也入选中国石油科技进展丛书（2006—2015）重点专著《陆相油藏开发地震技术》。在储层渗透性地震预测方面，提出地震孔隙结构因子，创新形成了三类储层渗透性预测技术，并在准噶尔盆地阜东地区砂岩储层、四川盆地秋林地区致密砂岩储层、鄂尔多斯盆地庆城北致密砂岩储层、乍得Baobab C 地区花岗岩潜山储层应用中，取得了很好的应用效果。在四川盆地秋林地区沙溪庙组致密砂岩储层应用中，预测了沙溪庙组 8 号砂体平均渗透率平面分布，5 口已知井处渗透率高低与测试产能大小完全一致，而且井点渗透率预测误差控制在半个数量级以内，证实了方法的有效性。

综述篇包含地震层析成像、地震预测描述和油藏地球物理三项技术。主要包括技术内涵、发展历程、面临挑战与对策、关键技术现状与发展趋势等内容。

49 篇论文涉及作者 70 多人，限于篇幅，挂一漏万，在此一并表示感谢！论文源于科研成果，笔者及其研究生在近 40 年科研工作中得到过许多领导、专家、同事和朋友的支持与帮助，在此表示衷心感谢！在学术研究中，笔者有幸得到了戴金星院士、钱绍新教授、刘雯林教授、徐怀大教授和樊太亮教授的指导、培养与教诲，他们一直是笔者学习的榜样和进步的动力，在此表示万分感激！也非常感激大学时期班主任骆家宽老师，正是他开启了笔者的学术生涯之门！最后，感谢油气地球物理研究所在出版过程中给予的支持和帮助！

由于论文发表时间跨越 30 多年，且作者众多，加上编者水平所限，错误之处在所难免，敬请批评指正！

目　录

第一部分　基础篇

地震岩石物理分析

地震资料保幅处理与质控

第二部分 技术篇

地震反演

地震属性分析

多分量地震

四维地震

测井—地震—油藏一体化

储层渗透性地震预测

第三部分　综述篇

地震层析成像

地震油藏描述

油藏地球物理

一 基础篇

地震岩石物理分析

地震资料保幅处理与质控

二 技术篇

地震反演

地震属性分析

多分量地震

四维地震

测井—地震—油藏一体化

储层渗透性地震预测

三 综述篇

地震层析成像

地震油藏描述

油藏地球物理

地震岩石物理分析

　　地震岩石物理分析是地震油气藏描述的两个重要基础之一，其核心是建立考虑储层岩性、物性、含油气性的地震岩石物理模型，分析储层参数对弹性参数及地震响应特征的影响，优选储层参数敏感的因子，建立解释量版，为储层预测方法优选和预测结果地质解释奠定基础。随着勘探目标从常规向非常规油气延伸，地震岩石物理模型需要考虑的因素还将包括 TOC 含量、脆性和地应力等。本组收录 6 篇文章，由 2 篇培训教材、3 篇期刊论文、1 篇论文集论文组成，文章简介如下。

　　"开发地震中的岩石物理基础"是 1992 年为中国石油勘探开发研究院技术培训中心举办的"开发地震"培训班编写的教材，由两个部分组成：一是甘利灯硕士论文"岩性参数研究与 AVO 正演技术"部分研究成果，他以我国东部地区 28 口斯伦贝谢偶极声波测井资料为基础，分析得到不同岩性储层各种弹性参数间的关系及其随深度变化的规律，其中部分成果被李庆忠院士引用，被誉为"甘利灯线"，已被 GeoEast 软件采纳使用；二是用于 EOR 过程监测的地震岩石物理文献综述。

　　"地震岩石物理学基础"是 2004 年为中国石油学会物探专业委员会主办的"地震方法高级学习班"编写的培训教材，包括四个部分：一是基本概念，如地震岩石物理学，岩石的性质等；二是地震岩石物理理论模型，如空间体积平均模型和多孔介质模型，以及基于多孔介质模型的流体替代方法；三是经验关系，在前人岩石地震特性影响因素分析的基础上，总结了渤海湾地区速度与孔隙度、泥质含量、压力、温度、流体类型与饱和度的关系，以及速度与密度、纵横波速度之间的关系；四是指出了地震岩石物理的应用领域。

　　"流体识别与描述的岩石物理基础探讨"是 2007 年完成的中国石油天然气股份有限公司科技风险创新基金项目"流体识别与描述的岩石物理基础研究"成果报告的精减版。它总结、梳理了地震勘探中常用的弹性参数和流体因子，建立了 LPF（岩性、物性与流体）敏感因子分析流程和技术，通过流体替代叠前正演，模拟研究了 AVO 属性对流体的敏感性，并在鄂尔多斯盆地致密砂岩储层和渤海湾盆地疏松砂岩储层应用中提出了一种新的流体敏感因子。

"面向叠前储层预测和油气检测的岩石物理分析新方法"全面总结了定性和定量敏感因子分析技术，建立了由岩性到物性，再到流体的完整敏感因子分析流程，并在鄂尔多斯盆地苏里格气藏中开展了应用，遴选了岩性、物性和流体定性识别与定量预测的敏感因子。

"地震岩石物理模型综述"对理论和经验地震岩石物理模型进行了系统归纳与总结，主要包括层状模型、球形孔隙模型、包含体模型和接触模型，以及各种模型的假设条件、适用范围、局限性等，指出了国内外地震岩石物理模型应用现状与发展趋势。

"基于三维孔隙网络模型的纵波频散衰减特征分析"提出了同时包含裂缝和孔隙的三维裂缝—孔隙网络模型，通过体积平均法推导了三维裂缝/软孔隙网络模型和三维裂缝—孔隙网络模型的波动方程，利用平面波分析方法得到纵波频散/衰减曲线的表达式，同时应用数值模拟分析了总孔隙度、裂缝孔隙度、裂缝纵横比、裂缝数密度、孔隙流体黏度对纵波衰减和速度频散特征的影响。

开发地震中的岩石物理基础

甘利灯

本文包括两部分的内容。第一部分是我国东部地区岩石物性参数研究；第二部分是地震用于 EOR 过程监测的岩石物理基础。

1 我国东部地区岩石物性参数研究

1.1 数据库建立

本文利用数据库理论对取自胜利、辽河、中原等油田的 28 口全波测井资料进行了统计分析。统计项目包括油田名称、地区、井号、起始井深、纵横波时差、速度比、泊松比、密度、孔隙度、渗透率、岩石类型，以及该井段五种岩石含量，测井、地质、综合解释结果，饱和度，温度，压力等，共 26 项。首先，对数据进行了预处理，然后进行归纳总结得出以下认识。

1.2 砂泥岩中速度与孔隙度和泥岩含量的关系

Tosaya、castagna 及 Nur 都认为在泥质砂岩中三者满足以下关系：

$$\begin{cases} v_p = a_p + b_p\phi + c_p v_{cl} \\ v_s = a_s + b_s\phi + c_s v_{cl} \end{cases} \tag{1}$$

他们都利用实际资料或实验室资料进行拟合而得到这些系数（表 1）。

表 1　速度、孔隙度和泥岩含量的关系

作者	纵波	横波
Tosaya	$v_p = 5.8 - 8.6\phi - 2.4v_{cl}$	$v_s = 3.7 - 6.3\phi - 2.1v_{cl}$
Castagna 等	$v_p = 5.81 - 9.42\phi - 2.21v_{cl}$	$v_s = 3.89 - 7.07\phi - 2.04v_{cl}$
Nur	$v_p = 5.59 - 6.93\phi - 2.18v_{cl}$	$v_s = 3.52 - 4.91\phi - 1.89v_{cl}$

我们利用砂岩资料进行了拟合，其结果如下：

$$\begin{cases} v_p = 5.37 - 6.33\phi - 1.82v_{cl} \\ v_s = 3.15 - 3.51\phi - 1.25v_{cl} \end{cases} \tag{2}$$

原文收录于中国石油勘探开发研究院技术培训中心主编的《开发地震》教材，1992，36−62。

式中　ϕ——孔隙度，%；

$\quad\quad v_{cl}$——泥岩含量，%。

这些拟合结果与 Nur 的结果相近。由此可见，单位泥岩含量（以体积计）对速度的影响比单位孔隙度对速度的影响要小，其比值为纵波 1：3.48～1：4.30、横波 1：2.52～1：3.44。

1.3　速度与深度的关系

砂、泥岩纵横波速度与深度的关系可以用直线来拟合，其关系式为

砂岩：

$$v_p=2156+0.572D \tag{3}$$

$$v_s=1193+0.361D \tag{4}$$

泥岩：

$$v_p=2226+0.383D \tag{5}$$

$$v_s=1254+0.200D \tag{6}$$

其中 D 为深度，单位为米，速度单位为米/秒。由此可见，无论是纵波还是横波，砂岩纵横波速度都比泥岩大，而且随深度增加差异增大。其他岩石由于在深度上过于集中，无法得出速度随深度变化的规律。但它们的速度分布都比较稳定。其分布范围见表2。

表 2　石灰岩、白云岩、花岗岩、灰绿岩速度分布范围

岩石类型	纵波	横波
石灰岩	5861～6069	2959～3175
白云岩	6350～6773	3544～3810
花岗岩	4838～6069	2650～3386
灰绿岩	4618～6350	2540～3463

1.4　孔隙度与深度的关系

本文对中原油田的孔隙度资料（含油、气、水层）进行了统计与曲线拟合，结果如下：

$$\phi=70.5-2.29\times10^{-2}D+1.98\times10^{-6}D^2 \tag{7}$$

式中　ϕ——孔隙度，%；

$\quad\quad D$——深度，m。

1.5　密度与速度的关系

本文利用 $\rho=kv^b$ 对砂岩数据进行拟合，结果如下：

$$\rho=0.31v_p^{0.35} \tag{8}$$

$$\rho = 0.42v_s^{0.23} \tag{9}$$

式中　ρ——密度，g/cm³；

　　　v_p，v_s——纵横波速度，m/s。

可见，纵波与 Gardner 结果完全一致。而对于横波，密度与横波速度的 0.23 次方成正比。

1.6　纵横波速度间的关系

利用已有的资料进行了 v_p-v_s 拟合，发现：砂岩、泥岩、碳酸岩、花岗岩与灰绿色的纵横波速度存在明显的线性关系。

（1）砂泥岩。

所有砂泥岩数据拟合结果为

$$v_p = 937 + 1.35v_s \tag{10}$$

砂岩拟合结果为

$$v_p = 945 + 1.33v_s \tag{11}$$

泥岩拟合结果为

$$v_p = 604 + 1.53v_s \tag{12}$$

油层：

$$v_p = 1128 + 1.17v_s \tag{13}$$

气层：

$$v_p = 7.49 + 1.36v_s \tag{14}$$

（2）碳酸岩。白云岩的纵横波速度关系为

$$v_p = -248 + 1.87v_s \tag{15}$$

（3）火成岩。在火成岩中我们只统计了花岗岩与灰绿岩。它们的纵横波速度关系为
花岗岩：

$$v_p = 1063 + 1.42v_s \tag{16}$$

灰绿岩：

$$v_p = -57 + 1.87v_s \tag{17}$$

1.7　常见岩石的泊松比分布

每种岩石的泊松比变化范围一般都在 0.05～0.15 之间。如果考虑 90% 以上样品的泊松比变化范围，那么这个范围将变小（表3）。但由于各种岩石泊松比具有重叠区，所以用泊松比无法区分岩性。

1.8　时差与孔隙度的关系

对大多数岩石，Pickett 利用统计方法得到了时差与孔隙度之间的经验公式：

$$1/v_p=\Delta t_p=A_p+B_p\phi \tag{18}$$

$$1/v_s=\Delta t_s=A_s+B_s\phi \tag{19}$$

其中：$A_p=\Delta t_{mp}$；$A_s=\Delta t_{ms}$。

表3 90% 以上样品的泊松比分布范围

岩石类型	泊松比分布范围	占总样品的百分比 /%
砂岩	0.175～0.275	94
泥岩	0.250～0.325	94
石灰岩	0.300～0.350	96
白云岩	0.250～0.300	100
花岗岩	0.225～0.300	98
灰绿岩	0.250～0.325	95

Δt_{mp}、Δt_{ms} 分别为岩石骨架纵波与横波时差。这说明对于一定的岩性，在给定的有效应力下，$\Delta t_p-\phi$ 和 $\Delta t_s-\phi$ 的关系是线性的，其中斜率 B_p、B_s 与截距 Δt_{mp} 和 Δt_{ms} 都是适定的。由式（11）很容易得到：

$$\Delta t_s-\Delta t_p=(\Delta t_{ms}-\Delta t_{mp})+(B_s-B_p)\phi \tag{20}$$

也即对于特定的岩性，在某一压力下纵横波时差的差值与孔隙度也呈线性关系。利用斯伦贝谢测井资料也证实了这种线性特征。其关系如下：

$$\Delta t_p=194+3.88\phi$$

$$\Delta t_s=308+8.25\phi$$

$$\Delta t_s-\Delta t_p=114+4.37\phi \tag{21}$$

由此可见拟合斜率与 Domenico 结果相吻合（表4）。

表4 砂岩（上）和石灰岩（下）时差与孔隙度关系和斜率与截距

压差	Δt_{mp}	B_p	Δt_{ms}	B_s	B_s/B_p	$\Delta t_{ms}-(B_s/B_p)\Delta t_{mp}$	$\Delta t_{ms}-\Delta t_{mp}$	B_s-B_p
500	163.1	573.8	234.9	1337.8	2.3	−145.4	71.8	764.0
1000	164.7	499.8	239.8	1156.7	2.3	−141.4	75.1	656.9
2000	165.2	427.1	237.2	992.4	2.3	−146.7	72.0	565.3
3000	164.9	390.4	230.1	930.3	2.4	−162.8	65.2	539.9
4000	163.7	376.9	226.6	915.3	2.4	−170.9	62.9	538.4
5000	162.8	370.5	224.7	893.9	2.4	−168.1	61.9	523.4
6000	162.7	364.2	223.7	889.0	2.4	−173.7	60.7	524.8
500	171.3	370.8	333.4	649.0	1.8	33.6	162.1	278.2

压差	Δt_{mp}	B_p	Δt_{ms}	B_s	B_s/B_p	$\Delta t_{ms}-(B_s/B_p)\Delta t_{mp}$	$\Delta t_{ms}-\Delta t_{mp}$	B_s-B_p
1000	168.7	283.1	323.3	451.8	1.6	54.1	154.6	168.7
2000	167.3	241.3	318.5	374.8	1.6	58.6	151.2	133.5
3000	166.1	215.4	314.1	335.5	1.6	55.4	148.0	120.1
4000	165.1	197.9	311.5	304.7	1.5	57.3	146.4	106.8
5000	164.2	186.9	309.1	286.9	1.5	57.0	144.9	100.0
6000	163.5	178.8	307.3	273.3	1.5	57.4	143.8	94.5

注：Δt_{mp} 和 t_{ms} 的单位是 μs/m。

1.9 速度比与岩性及油气的关系

早在 1963 年，Pickett 就利用纵横波时差说明石灰岩的纵横波速度比 v_p/v_s 大约为 1.9，白云岩为 1.8，砂岩具有较大的分布范围，从低孔隙度的 1.6 到高孔隙度的 1.75，如图 1 所示。以此为根据他认为利用 v_p/v_s 可以进行岩性划分。然而目前这项技术的应用效果可能令人满意，因为 v_p/v_s 值和岩性之间的关系不是唯一的。通常因为存在着多种影响地震波速度的参数而使岩性与 v_p/v_s 的关系复杂化。利用全波测井资料研究了数据在 v_p-v_s 平面上的分布。发现在速度较高的情况下，除了石灰岩的 v_p/v_s 稍大外，所得的结果与 Pickett 相同，如图 2。但在高孔隙度时有所差异，这些差异表现为：砂岩速度越低，其 v_p/v_s 越高，有些高达 1.80~1.95，这样的速度比通常与碳酸岩相联系的。而石灰岩的速度越低，速度比也越低，可达 1.85，这与白云岩混在一定，Castagna 等人也证实了这一点。因此用 v_p/v_s 来预测岩性存在着相当大的多解性。那么速度比与油气的关系怎样呢？可利用泊松比来说明这个问题。由实际资料得到的含油气前后砂岩、白云岩，花岗岩、灰绿岩的泊松比分布可见无论哪种岩石含油气前后的泊松比（无论是峰值位置还是分布范围）都没什么改变。有些不但没有降低，还向高泊松比方向移动，如图 3。因此，泊松比与油气之间也存在着多解性，用泊松比来预测油气也存在着相当的冒险性。

其原因很简单。Irwuakor 从纵横波时差与孔隙度线性关系式［式（18）和式（19）］出发得式（20）以及下面两个公式：

$$\Delta t_s=(\Delta t_{ms}-B_s/B_p\times\Delta t_{mp})+B_s/B_p\times\Delta t_p \qquad (22)$$

$$v_p/v_s=B_s/B_p+(\Delta t_{ms}-B_s/B_p\times\Delta t_{mp})v_p \qquad (23)$$

式（23）清楚地说明，应用速度比进行解释所存在的问题。人们关于沉积岩的经验说明，每种岩性都具有较大的纵波速度范围。因为 v_p/v_s 与 v_p 之间存在线性关系，并且 v_p 不是良好的岩性标志，所以 v_p/v_s 也不是岩性的良好标志。尽管我们将要看到式（23）的斜率非常小，但不能忽略，这是因为它与 v_p 连在一起，而 v_p 通常很大。因此对于不同的岩性赋予特定的 v_p/v_s 值常常会得出错误的解释。式（23）也指出用 v_p/v_s 来预测孔隙度是错误的，因为它并不直接与孔隙度发生关系。

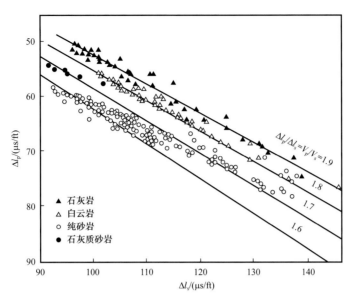

图 1　实验室测量的石灰岩、白云岩和砂岩的纵波速度的倒数（Δt_p）与横波速度的倒数（Δt_p）的关系图

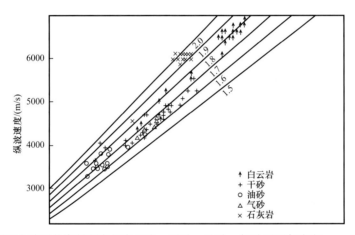

图 2　利用全波测井资料研究的白云岩、干砂、油砂、气砂和石灰岩在 v_p-v_s 平面分布

Ikwakor 利用 Domenico 的结果计算了式（18）至式（20）和式（22）至式（23）中的所有系数（表 4），发现在这么多的系数中 B_s/B_p，见式（18）、式（19）最为稳定，而且不同的岩性（砂岩与灰岩）具有不同的值。因此，对检测岩性来说，B_s/B_p 较 v_s/v_p 和泊松比优越得多。

利用中原油田油、气层的时差与孔隙度资料进行拟合，结合已得到的水层时差与孔隙度的关系，计算出式（18）至式（20）和式（22）至式（23）中的各种系数，其结果见表 5。令人惊奇的是，B_s/B_p 与油、气、水之间存在良好的对应关系，水层（根据谭廷栋总工程师的意见，将干层划入水层之列）的 B_s/B_p 最大，接近于 Ikwuakor 所得的结果，油层次之，气层最小。可见利用 B_s/B_p 可以区分油气水层。因此 B_s/B_p 是一种可以作为油气检测标志的岩石参数。

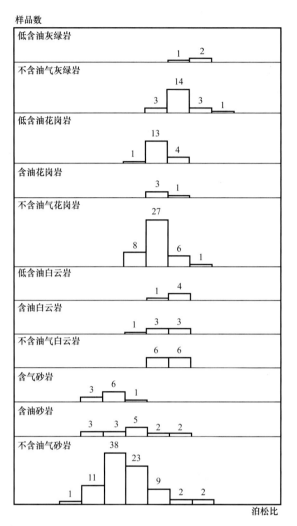

图3　常见岩石含油气前后泊松比分布图

表5　中原油田深浅层砂岩与油气层时差与孔隙度关系的斜率与截距

层系	Δt_{mp}	B_p	Δt_{ms}	B_s	B_s/B_p	$\Delta t_{ms}-(B_s/B_p)\Delta t_{mp}$	$\Delta t_{ms}-\Delta t_{mp}$	B_s-B_p
干层	194	338	308	825	2.1	−104.5	114.0	437
油层	201	347	339	603	1.7	−10.3	138.0	256
气层	203	223	338	321	1.4	45.8	135.0	98

1.10　油气层速度的预测方法

利用 Gassman-Biot-Geertsma 方程进行油气层速度预测必须已知一些参数，这些参数包括：（1）岩石骨架的体积模量与密度；（2）流体体积模量与密度；（3）干燥岩石泊松比。Mike 等人给出了一些常见岩石的骨架体积模量与密度（表 6），对 Mike 等人给出的流体的体积模量与密度随深度变化的关系进行拟合得出的结果见表 7、表 8。

表 6　常见岩石的骨架弹性模量与密度

岩石	体积模量	刚度	密度
白云石	80	45	2.84
石灰岩	71	31	2.73
砂岩	41	33	2.65
硬石膏	54	31	2.96

表 7　油、气、水密度随深度的变化函数

流体	回归函数	相关系数
甲烷	$\rho=9.7346 \times D^{1.8178} \times 10^{-6}$	0.9942
油	$\rho=0.7584-5.3314 \times D \times 10^{-6}$	0.9990
水	$\rho=1.1002-5.7415 \times D \times 10^{-6}$	0.9966

表 8　油、气、水体积模量随深度的变化函数

流体	回归函数	相关系数
甲烷	$K=4.7943 \times D^{1.1181} \times 10^{-3}$	0.9997
油	$K=1.667 \times e^{-0.000298 \times D}$	0.9909
水	$K=1.4414 \times D^{0.0651}$	0.9798

1.10.1　由水层参数求孔隙体积模量

（1）
$$\rho=\phi \rho_{水} +\left(1-\phi\right) \rho_{s} \tag{24}$$

$$S=\frac{3\left(1-\sigma_{b}\right)}{1+\rho_{b}} \tag{25}$$

$$M=v_{p水}^{2} \cdot \rho \times 10^{-6} \tag{26}$$

（2）
$$A = S-1 \tag{27}$$

$$B=\phi \cdot S \cdot \left(\frac{K_{s}}{K_{水}}-1\right)-S+\frac{M}{K_{s}} \tag{28}$$

$$C = -\phi\left(S - \frac{M}{K_s}\right) \cdot \left(\frac{K_s}{K_{水}} - 1\right) \tag{29}$$

（3）
$$Y = \frac{-B + \sqrt{B^a - 4AC}}{2A} \tag{30}$$

（4）
$$K_b = (1 - Y)K_s \tag{31}$$

（5）
$$K_p = \frac{K_b K_s}{K_s - K_b} \tag{32}$$

1.10.2　固定孔隙度，求不同饱和度时油或七层的纵横波速度

（1）
$$\frac{1}{K_b} = \frac{\phi}{K_p} + \frac{1}{K_s} \tag{33}$$

$$\mu_b = \frac{3}{4} K_b (S - 1) \tag{34}$$

对不同的饱和度求：

（2）
$$\rho_f = S_w \cdot \rho_{水} + (1 - S_w)\rho_{油或气} \tag{35}$$

$$\rho = \phi \cdot \rho_f + (1 - \phi)\rho_s \tag{36}$$

$$\frac{1}{K_f} = \frac{S_w}{K_{水}} + \frac{1 - S_w}{K_{油或气}} \tag{37}$$

（3）求速度。

　　至于干燥岩石的泊松比，Mike 等人采用 0.12，而大多数人也都采用 0.1 或 0.12，但他们都没有说明为什么取这个值。利用现有的水层测井速度值及上面所给的参数，利用 Gassman-Biot-Geertsma 求取干燥岩石的泊松比（表 9），其平均值为 0.129，这与目前所采用的值非常吻合。利用这个泊松比以及上面给定的参数，以中原油田濮 -3-115 井—已知水层为参考点计算油、气、水层速度及泊松比随水饱和度及孔隙度的关系（表 9），其结果表明砂岩的速度不但受岩性控制，而且也受孔隙中流体性质的影响，因此利用速度既可预测砂岩的岩性，也可预测孔隙中的流体成分。在计算油气层速度的过程中，发现计算的纵波速度与实际观测值很吻合，而横波值普遍偏大，其原因有待进一步研究。

　　Gassman-Biot-Geertsma 方程为

$$\begin{cases} M = K_b + \dfrac{4}{3}\mu_b + \dfrac{\left(1 - \dfrac{K_b}{K_s}\right)^2}{\left(1 - \phi - \dfrac{K_b}{K_s}\right)\dfrac{1}{K_s} + \dfrac{\phi}{K_f}} = \dfrac{3(1 - \sigma_b)K_b}{1 + \sigma_b} + \dfrac{\left(1 - \dfrac{K_b}{K_s}\right)^2}{\left(1 - \phi - \dfrac{K_b}{K_s}\right)\dfrac{1}{K_s} + \dfrac{\phi}{K_f}} \\[4mm] v_p^2 = \dfrac{M}{\rho} \\[2mm] v_s^2 = \dfrac{\mu_b}{\rho} \end{cases} \quad (38)$$

式中　K——体积模量；

μ——切变模量或刚度；

ϕ——孔隙度；

ρ——密度；

下标 b——干燥岩石；

下标 f——孔隙流体；

下标 s——固体骨架物质。

表 9　不同井计算泊松比与孔隙度的关系

井号	深度	孔隙度	纵波速度	横波速度	密度	干燥岩石泊松比	泊松比	预测横波速度	误差/%
濮 −3−115	2863	0.21	3672	2045	2.33	2170	0.2800	2191	7.1
文 −13−94	3240	0.10	3858	2162	2.51	1644	0.2770	2206	2.1
文 −75	4393	0.07	4482	2697	2.56	1404	0.2150	2717	0.7
文 −75	4563	0.07	4482	2650	2.56	0.1729	0.2350	2717	2.5
文 −75	4618	0.09	4354	2650	2.66	0.1401	0.2040	2671	0.8
文 −212	3622	0.10	4064	2419	2.53	0.116	0.2310	2404	−0.6
文 −212	3626	0.11	4293	2605	2.54	0.1419	0.2150	2630	0.9
文 −212	3629	0.12	4175	2627	2.51	0.0473	0.1790	2537	−34
文 −212	3707	0.13	4010	2419	2.44	0.1049	0.1980	2394	−1.0
文 −212	3709	0.12	3810	2208	2.47	0.1174	0.2490	2200	−0.4
文 −212	3726	0.13	4064	2498	2.51	0.0912	0.1920	2456	−1.7
文 −212	3751	0.08	3958	2400	2.63	−0.0691	0.2040	2271	−5.4
文 −212	3758	0.09	4064	2478	2.51	−0.0033	0.2040	2370	−4.3
文 −212	3794	0.11	4010	2400	2.64	0.1275	0.2100	2403	0.1
文 −212	3844	0.13	4119	2458	2.41	0.1364	0.2100	2473	0.6

续表

井号	深度	孔隙度	纵波速度	横波速度	密度	干燥岩石泊松比	泊松比	预测横波速度	误差/%
桥-34	3821	0.08	4482	2697	2.56	0.1574	0.2150	2743	1.7
桥-34	3823	0.10	4549	2673	2.47	0.2048	0.2350	2818	5.4
桥-34	3825	0.14	4354	2540	2.44	0.2100	0.2350	2699	6.3
桥-34	3862	0.11	4417	2519	2.51	0.2343	0.2620	2729	8.3
桥-34	4488	0.12	4482	2771	2.38	0.1237	0.1980	2770	-0.1

1.10.3 固定饱和度，求不同孔隙度时的纵横波速度

（1）

$$\rho_f = S_w \rho_水 + (1 - S_w) \rho_{油或气} \qquad (39)$$

$$\frac{1}{K_f} = \frac{S_w}{K_水} + \frac{1 - S_w}{K_{油或气}} \qquad (40)$$

（2）对不同的孔隙度求。

$$\frac{1}{K_b} = \frac{\Phi}{K_p} + \frac{1}{K_s} \qquad (41)$$

$$\mu_b = \frac{3}{4} K_b (S - 1) \qquad (42)$$

$$\rho = \varphi \cdot \rho_f + (1 - \varphi) \rho_S \qquad (43)$$

（3）代入式（38）求速度。

2 地震方法用于 EOR 过程监测的岩石物理基础

地震方法在 EOR 中的应用主要包括两个方面的内容：其一是对储层特征，特别是对储层的不均匀性进行详细描述，或对 EOR 中涉及储层特征的重大疑难问题作出回答，其二是对 EOR 过程进行监测。这就要求我们更全面地了解储层特征与储层流体之间的关系，更全面地了解这两者与地震波的关系，否则就不能在油藏开发中充分有效地使用现在的或经过改进的地震技术。下面就岩石物理学在这方面的研究成果作一简要总结。

2.1 储层描述的岩石物理基础

Han 和 Nar 等人曾先后对 70 块砂岩样品研究了地震波的速度。使用在实验室里测得的速度数据，对纵波速度的频散或纵波速度对频率的依赖性进行了估计[1]。对不同的孔隙度和泥岩含量绘出在这些砂岩中速度随频率的增长率，如图 4 和图 5 所示。尽管在这些结果

中，数值点分布比较分散，但频散对孔隙度与黏土含量的依赖性是很清楚的。由于频散与衰减有着直接的关系，这些图也说明了岩石中地震波的衰减与孔隙度和泥岩含量密切相关。

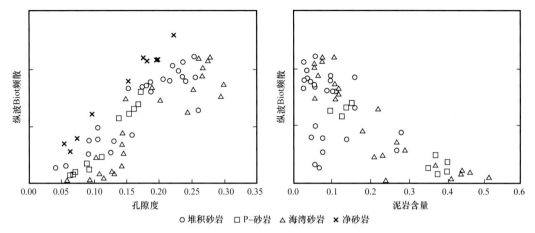

图 4　纵波 Biot 频散与孔隙度和泥岩含量的关系

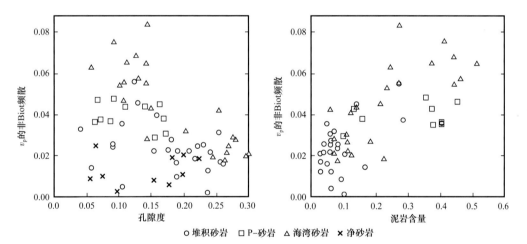

图 5　纵波非 Biot 频散与孔隙度和泥岩含量的关系

根据 Biot 速度频散模型[2]，计算了 Biot 频散与孔隙度和黏土含量的关系，如图 4 所示，Biot 的频散随孔隙度的增加而增加，随黏土含量的增加而减少。然而，当我们计算实测频散与 Biot 频散的差时，发现了相反的结论，（图 5）中剩余频散实际上随孔隙度的增加而减弱，随黏土含量的增加而加强，另外，测定的气体渗透率似乎也与频散有关，如图 6 所示。

此外，格劳尔利用 Gassman-Biot-Geertsma 方程计算了砂岩和石灰岩的速度随含水饱和度的变化[3]，如图 7 和图 8 所示，不管是含水砂

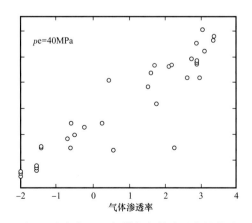

图 6　砂岩中 Biot 频散与气体渗透率的关系

岩还是含气灰岩，纵横波速度对饱和度却不敏感，只有在饱和度接近于1.0时，纵波速度才显著地增加到完全饱和时的高波速值。Marphy 也得到了同样的结论[4]，如图9所示。这些结果都表明由波速的测量并不能得到关于储集饱和度的信息。然而，衰减对饱和度要敏感一些[4]，如图9所示。文献[5]对此绘出了一个简明的综合结果，如图10所示。当纵横波的 Q^{-1} 都比较小，且 P 波和 S 波的波速也比较低的时候，岩石的水饱和度低（$S_w < 50\%$），当两个波速值和 Q_s^{-1} 的值都低，但 Q_p^{-1} 高的时候，岩石便有低的气体饱和度（$95\% > S_w > 50\%$），而 v_p 高，Q_p^{-1} 低，v_s 也低，则岩石处于完全饱和状态（$S_w = 100\%$）。这些关系或许有一天能用于估计储层饱和度。

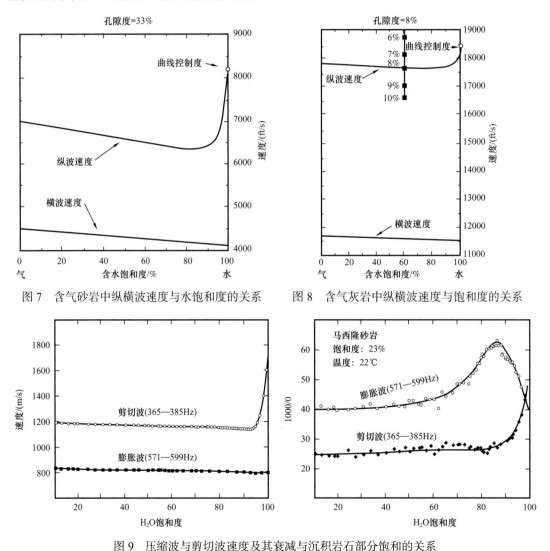

图 7　含气砂岩中纵横波速度与水饱和度的关系　　图 8　含气灰岩中纵横波速度与饱和度的关系

图 9　压缩波与剪切波速度及其衰减与沉积岩石部分饱和的关系

注意，除了饱和度接近百分之百的时候的 v_p 以外，波速并不随饱和度变化。与此相反，Q^{-1} 的数据表明或许有可能区分低的水饱和（低泊松比，适中的 Q_p^{-1} 和 Q_s^{-1}）、高水饱和（低泊松比，高 Q_p^{-1} 和适中的 Q_s^{-1}）以及其高水饱和（高泊松比，低 Q_p^{-1} 和高 Q_s^{-1}）（据 Murphy，1982）

对影响地震波速度与衰减的因素作了全面的总结，结果见表10。在这些因素中，有的影响大，有的影响小。从理论上说，这些参数都可以利用地震资料进行预测。但受地震资料的精度和分辨率的限制，目前所能预测的参数还不多。然而，随着地震勘探技术的发展，所能预测的参数将越来越多。从而使得储层描述日益精细。Robertson 和 Doyen 在这方面做了一些有益的尝试，证明了这种思路的可行性[6, 7]。

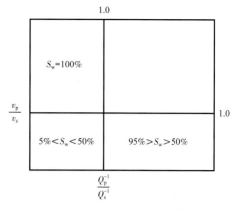

图 10　v_p/v_s 和 Q_p^{-1}/Q_s^{-1} 及其与多孔岩石的水饱和度的关系（据 Winkler 和 Nur，1982）

2.2　EOR 过程监测的岩石物理基础

大多数 EOR 过程将流体注入储层迫使油气向生产井流动。从这个定义出发，水、气、碳氢化合物、CO_2、蒸汽、火烧、化学驱动都属于 EOR 过程，人们经常利用储层岩心测试来确定在储层温度与压力下由于 EOR 过程而引起的速度和密度的变化。这些速度和密度的变化是地震监测 EOR 过程的物理基础。那么多大的速度变化才能产生可以检测的地震影响呢？Hirsche 等人对此做了回答。他利用地震模拟方法进行了大量研究，认为 5% 的速度变化应该可以产生可以检测的地震响应[8]。当然，在实际情况中，这种响应能否被检测，还与地震资料的频率成分和信噪比以及驱动的几何形态有关。下面对几种 EOR 过程引起的速度变化作一总结。

表 10　与多孔岩石地震波速度和衰减有关的参数

参数
孔隙度
黏土含量
饱和度
局部饱和度
应力和过载压力
碳氢化合物类型
温度
相变

2.2.1　热采

热采过程中，油气层，尤其是含重油或沥青的储层，受热后地震纵波速度急剧下降，并且地震波通过受热后的含重油和沥青的储层时能量衰减增大。许多研究者，如 Tosaya、Nar 和 Wang 等人做了大量实验，对储层受热后的波速、吸收特性等进行了分析，得到许多重要结论。

（1）完全重油饱和未固结砂岩对温度非常敏感，比对压力变化敏感得多。在有效压力为 100bar 与 300bar 的条件下[9]，温度由 25℃上升到 150℃时，100% 重油饱和的马拉开波湖 Venezu1an 砂岩的纵波速度降低 22%～40%，而 100% 盐水饱和时，纵波速度几乎与温度无关，如图 11 所示。

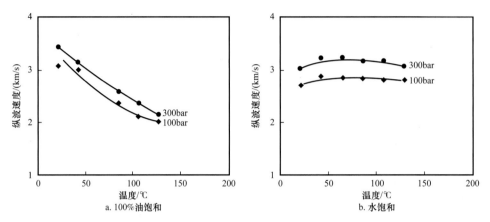

图 11　100% 油饱和和水饱和时 Venezulan 砂岩纵横波速随温度的变化

（2）含重油未固结砂岩纵波速度随温度升高而降低的幅度与含油饱和度有关。饱和度越高，下降幅度越大，如图 12 所示[10]。

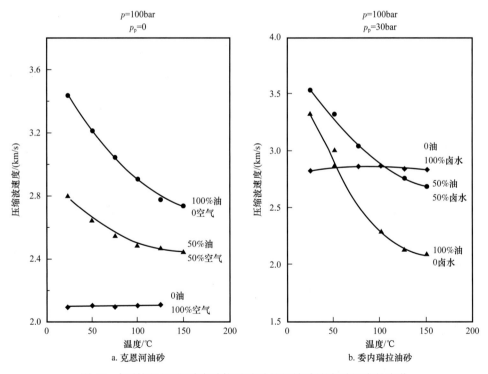

图 12　加利福尼亚和委内瑞拉重油砂的压缩波速度随温度的变化

油饱和的样品波速衰减最大，它们分别为 20% 和 43%。对于纯净的盐水饱和的样品，波速不随温度变化。50% 的盐水和 50% 的油混合的情况造成波速随温度中等程度的变化。这些结果表明对于这些岩石样品，油是造成波速随温度明显变化的主要因素（据 Tosaya 和 Nur，1982）

（3）含沥青未固结砂岩中纵波速度随温度升高而降低的情况与含重油类似，而且含沥青比含重油纵波速度降低的幅度更大，但沥青含量对纵波速度影响不大，如图 13 所示[9, 10]。此外，由图 13 可见，随着温度的升高，含重油或含沥青时比含水时纵波速度降低幅度要大得多。

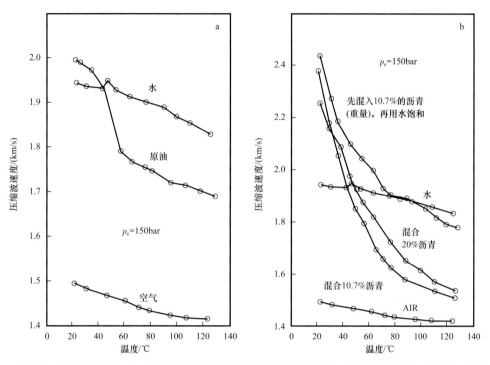

图 13　在孔隙空间含有原油（a）和沥青（b）的渥太华砂岩的压缩波速随温度的变化，这里还给出了含盐水和空气的岩石的数据

（4）重油砂样的纵波速度对温度都很敏感，如图 14 所示[10]。因此不仅碳氢化合物的体积模量或可压性随温度变化而变化，而且其黏滞性以及这些碳氢化合物与岩石之间的互相作用也受温度的影响。

（5）地震波通过孔隙介质时能量的衰减与孔隙介质的性质及温度有关。当温度升高时，孔隙中含重油比含盐水时能量衰减要大得多[9]，如图 15 所示。

对含重油或沥青岩样纵波速度随温度升高而降低的机理探讨中，认为速度降低与岩样中的重油或沥青的存在密切相关，这与结论（1）是一致的。而重油和沥青的纵波速度在温度小于 90℃时，几乎随温度的上升而直线下降，如图 16 所示。而当温度高于 90℃时，速度下降率较小，这可能是重油和沥青可压缩性随温度上升而增加的结果，其原因有二。

一是固态的碳氢化合物变软并融化时，它们的剪切模量随温度上升而迅速下降，从而导致纵波速度下降。一旦液化，它们的波速仅取决于其体积模量。而体积模量对温度并不敏感，所以随着温度的再升高，波速变化不大，如图 17 所示。二十烷也有类似的结果。

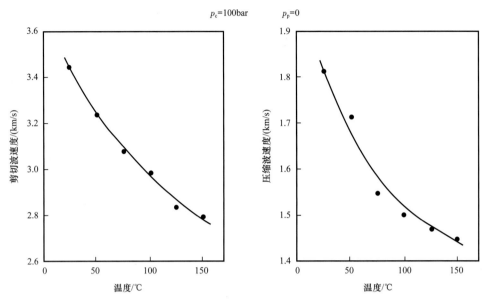

图 14　克恩河油砂的压缩波和剪切波波速随温度的变化（据 Tosaya，1982）

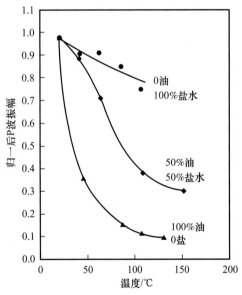

图 15　Venezulan 砂岩在 100bar 有效压力下，三种不同含油饱和度时，归一化后纵波反射振幅随温度的变化

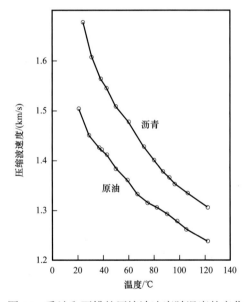

图 16　重油和石蜡的压缩波速度随温度的变化（据 Wang 和 Nur，1988）

注意，速度对温度非常敏感，在这种情况下，它显然不是由于融化造成的

　　二是对纯烷烃速度随温度变化的研究表明，纵波速度与碳氢化合物分子量的倒数之间存在着线性关系（图18）。对于混合碳氢化合物来说，这一关系仍然成立，如图19所示。这就是说分子量越高，速度越高。高温使重油和沥青降解，分子量降低，速度也降低。

除此之外，高温也引起岩石骨架的蚀变，但目前我们还未对此做详细的研究。

2.2.2　水驱

Wang 等人对 33 个碳酸岩、22 个砂岩以及 6 个未固结砂样品进行水驱实验，并测量其速度变化[12]，得到了以下几个重要结论：

（1）横波速度对孔隙中的流体性质不敏感。

（2）对于碳酸岩样品，如果用 35℃ API 的油取代孔隙中的气体，大约有 75% 的碳酸岩样品，其纵波速度增加大于 5%。利用戊烷驱动油饱和岩心，其纵波速度降低 1%～10%。若用水驱动，其纵波速度变化值为 −2%～3%。当用水驱动戊烷和油混合饱和岩心时，仍有 65% 以上的样品，其纵波速度增加小于 5%，如图 20 所示。

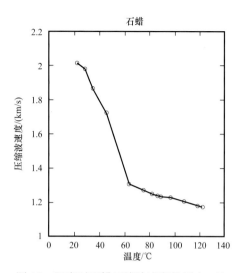

图 17　温度对石蜡压缩波速度的影响，注意，伴随着融化过程，波速发生了相当大的变化

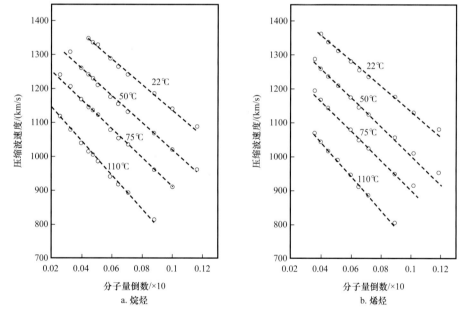

图 18　在常压条件下，筛选过的烷烃（a）和烯烃的压缩波速度（b）随（分子量）$^{-1}$和温度的变化（据 Wang，1988）

（3）在砂岩样品中，用油取代孔隙中的气体，大约有一半以上的样品，其纵波速度增加超过 5%。当用戊烷驱动岩样肘，纵波速度下降 2%～13%。水驱时，速度变化在 ±3%，如图 21 所示。

（4）未固结砂中的气体被油取代时，纵波速度急剧变化，其变化幅度从 21% 到 48%。油饱和样品进行戊烷驱动时，纵波速度阵低 8%～16%。相反，用水驱时，纵波速度增加 8%～14%，如图 21 所示。

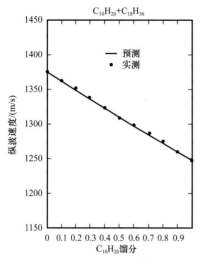

图 19　纵波速度与混合碳氢化合物的
平均分子量有简单的关系

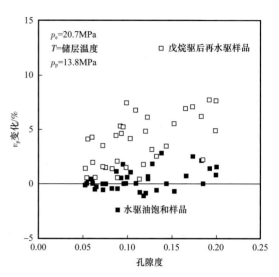

图 20　水驱对碳酸岩纵波速度的影响

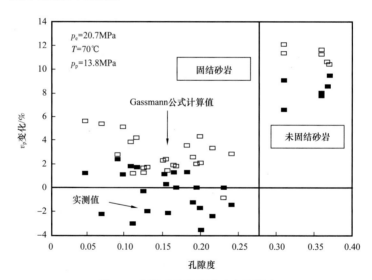

图 21　水驱对砂岩纵波速度的影响

当然，速度的变化还与储层深度、温度、原来孔隙流体性质和储层岩性有关。Wang 在讨论了以上各种因素影响的基础上对地震监测水驱的可行性作了总结，见表 11。

2.2.3　CO_2 驱

Wang 等人对正十六烷（$C_{16}H_{34}$）饱和的 7 个砂岩样品和一个未固结砂岩样品分别测量了 CO_2 驱前后的纵横波速度变化[13]。

在固结砂岩中 CO_2 驱使纵波速度降低 4%～11%。而在未固结砂岩中，纵波速度降低幅度高达 25%，而横波速度变化很小，如图 21 所示。其原因可能是，由于 CO_2 具有较高的可压缩性和较高的密度，因而 CO_2 驱后的储层岩石的体积模量降低，总密度增加，所以速度下降。

表 11　地震监测水驱的可行性

储层岩石	储层流体	能否用地震进行监测
碳酸岩	气 轻质油 中质油 重油	在许多层中是可行的 在某些浅储层中可行 不行 不行
砂岩	气 轻质油 中质油 重油	在绝大条数储层中可行 在某些浅储层中可行 在绝大多数储层中不行 不行
未固结砂岩	气 轻质油 中质油 重油	在绝大多数储层中可行 在绝大多数储层中可行 在许多储层中是可行的 不行

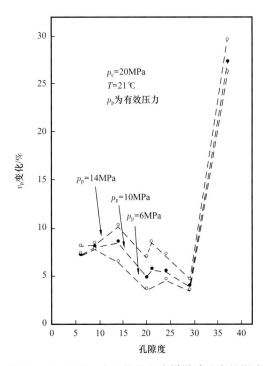

图 22　CO_2 驱对正十六烷饱和岩样纵波速度的影响

　　这种速度变化还与孔隙压力、孔隙度、温度和其他因素有关，一般来说，孔隙压力越高，纵波速度变化越大，如图 22 所示。在固结砂岩中，孔隙度的增加，降低 CO_2 对纵波速度的影响。在低孔隙度的 Beaver 砂岩样品中，CO_2 驱引起的纵波速度变化可达 10.1%，而在高孔隙度的 Boise 样品中，CO_2 驱引起的纵波速度变化只有 4.4%。然而，在未固结砂岩样品中，尽管孔隙度高达 37%，其纵波速度变化约可达 30%。

表 12　21℃时 CO$_2$ 驱引起的纵波速度变化

样品	孔隙度	p_d=6MPa		p_d=10MPa		p_d=14MPa	
		Δv	$\Delta v/v$	Δv	$\Delta v/v$	Δv	$\Delta v/v$
Beaver9	6	−405	−8.0	−368	−7.2	−364	−7.1
Beaver7	9	−405	−8.2	−398	−8.0	−384	−7.7
Beaver3	14	−444	−10.1	−369	−8.4	−279	−6.3
Beaea4	20	−245	−6.8	−172	−4.6	−127	−3.4
Beaea6	21	−302	−8.4	−203	−5.5	—	—
Conotton5	24	−231	−7.1	−173	−5.3	−146	−4.4
Boise 3	29	144	−4.4	−121	−3.7	−110	−3.3
Ottawa sanel	37	553	−29.4	−513	−27.1	−496	26.0

总之，由 CO$_2$ 驱引起的纵波速度变化在地震上是可以分辨的。因此，地震，特别是高分辨率地震方法可以用于 CO$_2$ 驱的监测。

参 考 文 献

［1］Nur，Amos. Four−dimesional seismology and（true）direct detection of hydrocarbons：The petrophysical basis［J］.The Leading Edge，1989，8（9）：30. DOI：10.1190/1.1439661.

［2］Biot M A .Theory of propagation of elastic waves in a fluid−saturated porous solid. I. Low frequency range. II. Higher frequency range［J］.The Journal of the Acoustical Society of America，1955，28（182）：168−191.

［3］M·格芳尔 .地震岩性学［M］.谢剑鸣译. 北京：石油工业出版社，1987.

［4］Iii W F M. Effects of partial water saturation on attenuation in Massilon sandstone and Vycor porous glass ［J］. Journal of the Acoustical Society of America，1982，71（6）：639−648. DOI：10.1121/1.387843.

［5］Winkler K W. Seismic attenuation：Effects of pore fluids and frictional−sliding［J］. Geophysics，1982，47（47）：1. DOI：10.1190/1.1441276.

［6］Robertson J D. Carbonate porosity from S/P traveltime ratios［J］. Geophysics，1987，52（10）：1346. DOI：10.1190/1.1442247.

［7］Doyen P，Jonrnel A，Nur A .Porosity mapping in petroleum reservoirs using seismic data：A geostatistical approach［J］. Seg Technical Program Expanded Abstracts，1949，3（1）：856. DOI：10.1190/1.1894019.

［8］Hirsche W K. Seismic monitoring of miscible/immiscible floods：Part Ⅱ. Model studies and field tests［J］. Seg Technical Program Expanded Abstracts，1949，9（1）：1779. DOI：10.1190/1.1890158.

［9］Tosaya C，Nur A，Vo−Thanh D，et al.Laboratory Seismic Methods for Remote Monitoring of Thermal EOR［J］. SPE Reservoir Engineering，1987，2（2）：235−242. DOI：10.2118/12744−PA.

［10］Tosaya C A，Daprat G，Nur A M. Monitoring of thermal EOR fronts by seismic methods［J］. Soc. pet. eng.aime Pap，1984.

［11］Wang Z. Wave velocities in hydrocarbons and hydrocarbon saturated rocks−with applications to EOR monitoring［J］. Stanford University，1989.

［12］Zhijing，Wang，W，et al. Seismic monitoring of water floods?A petrophysical study［J］. Geophysics，1991. DOI：10.1190/1.1442972.

［13］Wang Z，Nur A M. Effects of CO_2 Flooding on Wave Velocities in Rocks With Hydrocarbons［J］. Society of Petroleum Engineers Reservoir Engineering，1989，3（4）：429-436. DOI：10.2118/17345-PA.

地震岩石物理学基础

甘利灯

在勘探地震学中，地震波以旅行时间、反射波振幅及相位变化的形式带来了地下岩石和流体的信息。在早期的勘探地震学中，地震数据主要用于构造解释，通过构造与其他地质信息的综合间接推断是否含有油气。随着计算能力的提高和地震资料处理、解释技术的进步，现在对地震数据的分析一般是为了预测岩性、孔隙度、孔隙流体以及饱和度。地震岩石物理学为地震数据与油藏特性和参数之间架起了桥梁，近年来它已在有关新技术的开发中发挥作用，诸如四维地震油藏监测、地震岩性识别，以及"亮点"和反射系数随入射角变化的分析等油气直接检测技术。目前有关地震岩石物理学的研究论文呈不断上升的趋势，本文试图对该学科相关的基本概念、理论模型、经验公式和应用领域进行初步总结。

1 基本概念

1.1 什么是地震岩石物理学

1.1.1 岩石物理学与地震岩石物理学

物理学研究的是物质的基本性质和物质运动最基本最普遍的形式。岩石物理学（Petrophysics）是物理学的一个分支，它研究的是岩石这样一种特殊的物质，在地下高温高压特殊环境下所表现的基本性质和运动的普遍形式。岩石物理学的研究方法主要是实验的方法，即将岩石放进人工制造的高温高压模拟环境中进行实验。实验得到的结果经过模型外推，用于对自然界岩石中发生的各类现象进行解释和预测。可见其研究的是岩石在地球环境下的物理性质。从油气勘探开发的角度来看，岩石物理学是研究岩石的物理性质以及这些物理性质与孔隙中流体（油、气、水）的相互作用。

那么，什么是地震岩石物理学（其英文为 Rock Physics，这很容易与 Petrophysics 的中文含义混淆，但其英文含义有明显的不同）呢？地震岩石物理学是岩石物理学的一个分支。虽然它目前还没有严格的定义，但其内涵是非常明确的，即地震岩石物理学是研究与地震特性有关的岩石物理性质以及这些物理性质与地震响应之间关系的一门学科。它与岩石物理学的异同见表1。

原文收录于中国石油学会物探专业委员会主编的《地震勘探方法理论与实践》地震方法高级培训班教材，2004，158-180。

1.1.2　地震岩石物理学的研究目标、内容与方法

地震岩石物理的研究目标包含两个方面内容：（1）建立与岩石弹性性质有关的物理性质，如弹性参数、密度、孔隙度、饱和度等与地震响应之间的关系；（2）提出利用地震响应预测这些物理性质的理论与方法。其研究内容包括：（1）岩石骨架和孔隙流体的弹性性质研究；（2）岩石与流体相互作用的模型研究及其对弹性性质的影响。研究方法可以概括为三种：（1）模型理论法，即在一定的假设条件下，通过内在的物理学原理建立通用的关系，其缺点是当假设条件不满足时会导致失败；（2）经验关系法，即利用实际样品的实验室测量与数据分析，拟合出数学关系，其缺点是推广难、物理成因解释难；（3）综合法，即将理论模型与经验关系有机结合，是一种比较理想的方法。地震岩石物理研究的数据基础是岩心分析数据、测井资料和地震资料。

表 1　地震岩石物理学与岩石物理学的异同

地震岩石物理学（Rock Physics）	岩石物理学（Petrophysics）
主要使用声波、偶极声波和密度等与弹性相关的测井曲线	岩石物理学家使用各种测井资料、岩心资料和生产资料，并将相关的信息综合起来
目的是建立纵横波速度和密度与弹性模量、岩性、孔隙度、孔隙形态、孔隙流体、温度、压力的关系	目的是获得与生产参数相关的物理性质，如孔隙度、饱和度和渗透率等
主要涉及速度和弹性参数，因为这些参数与地震响应相关	岩石物理学家通常不太关心地震，而更关心为储层描述服务的井孔测量数据
地震岩石物理学可以使用岩石物理学家提供的信息，如泥岩含量、饱和度和孔隙度等	岩石物理学可以提供诸如孔隙度、饱和度、渗透率、泥质含量、油气层分布、油气层厚的和流体界面的等信息
对地震岩石物理学感兴趣的是地球物理学家（可能还有物理学家）	油藏工程师、测井分析家、岩心分析家、地质家和地球物理学家都对岩石物理感兴趣

1.1.3　地震岩石物理研究的意义

随着地球物理技术的进展，人们已经不满足于利用地震资料解决构造问题，提出了利用地震振幅，尤其是叠前地震振幅解决地下岩性与流体的问题，如 AVO 分析、叠前地震属性与叠前地震反演技术、纵横波联合技术等。为了利用所得的地球物理数据精确反演地下岩层与流体的性质，过去那种仅将地震响应与速度相联系的做法显然是不够的，而将速度与岩石最基本的参数相联系，即必须真正理解各种岩石物性参数，诸如岩石矿物组分、孔隙度、渗透率、密度、孔隙类型、孔隙几何形态、岩石颗粒的胶结程度、颗粒的接触状况和饱和度以及外界的物理参数，如压力、温度以及所列诸参数间的相互作用对岩石中弹性波的影响。而这正是地震岩石物理学研究范畴，可以说地震岩石物理学为地震响应与储层岩石参数之间建立起了一座桥梁，它打开了地震定量解释的大门，为充分、有效地使用采集的地震资料解决储层岩性与流体问题奠定了基础。在油气勘探开发中，地震岩石物理学的具体作用如下：（1）评估新区价值；（2）确定勘探策略；（3）使风险最小化；（4）节省探井开支；（5）圈定剩余油气；（6）优化加密井位等。

1.1.4　地震岩石物理面临的挑战

尽管在日常的地球物理工作中涉及地震岩石物理的内容，但地震岩石物理的研究与推广也面临着很大的挑战。这主要包括以下几个方面的问题。第一是尺度问题，因为岩心分析、测井、地震使用的信号频率是不相同的，所以分辨率不同。岩心分析使用 100kHz～1MHz 的频率，其分辨率为厘米级；测井使用 10kHz 左右的频率，其分辨率为几十厘米级的；地震使用 10～100Hz 的频率，其分辨率为几十米级的。这样高频测量的结果如何外推到低频领域，那些成果可以外推，那些不行，应该如何改进，都有待进一步研究。第二个问题是资料问题，即可利用的横波资料太少，有时还存在质量问题，如利用纵横波速度计算的泊松比小于零，这显然是物理不可实现的。第三人们受商品经济的冲击，只对成果的高低感兴趣，而对机理的研究缺乏耐心，对岩石物理的基本理论了解严重不足。第四，目前缺乏可以仿照的成功史例，无法充分展示它的价值。要推动地震岩石物理基础研究，必须超越这这几个挑战。首先，在更多的井上应用现代化的声测井方法，如偶极声波测井，解释人员必须注意不同层段上数据的质量，以避免使人误解的结果；有关岩石物理的文章应以更通俗易懂的方式表达出来；应该大量发表有关地震岩石物理学应用的史例供别人模仿，这些问题实质上是要求开展技术转化工作，而不是学科本身的基本理论有所发展。当地震岩石物理成为一种常用技术时，专业和非专业人员都一样能应用其结果。

1.2　岩石的性质

1.2.1　矿物

地球及其以外的物质可以分为固体圈、水圈和大气圈三个圈层结构。固体圈是由地核、地幔和地壳组成的。地球固体圈的物质组分包括了大多数已发现的元素，如 O、Si、Al、Fe、Ca、K、Na、Mg、Ti、P、S 等，它们大多数以化合物的形式存在，这些天然产出的，由无机过程形成的，具有一定化学成分和特定的原子排列（结构）的均匀固体，称为矿物。地球上的已知矿物有 3000 多种。岩石中的常见矿物只有 20 几种，其中又以长石、石英、辉石、闪石、云母、橄榄石、方解石、磁铁矿和黏土矿物为最。

1.2.2　岩石

所谓的岩石就是由一种或几种造岩矿物按一定方式结合而成的矿物的天然集合体。岩石是在地球发展到一定阶段时，经过各种地质作用形成的坚硬的产物，它是构成地壳和地幔的主要物质。

1.2.3　成岩过程与岩石的分类

岩石可以按照包含的矿物种类、各种矿物的比例、矿物的空间分布进行分类，考虑到各种分类的任意性，最通用的分类仍然是按照的岩石的形成过程，即按照不同成岩过程对岩石进行地质学上的分类。

就岩石的形成而言，地球中的过程主要有以下三种：

火成过程（igenous process）：地壳深部融化的物质、熔融的岩浆在地下和喷出地表，发生结晶和固结的过程。

沉积过程（sedimentary process）：地表岩石风化的产物，经过风、流水的搬运，在某些低洼地方沉积下来的过程。

变质过程（metamorphic process）：在地球内部高温高压环境下，先已存在的岩石发生各种物理、化学变化，使其中的矿物重结晶和发生交互作用，进而新的矿物的过程。

对应地，把由以上三种地球上不同的成岩过程生成的岩石，分别称为火成岩、沉积岩和变质岩。

1.2.4 成岩旋回

由火成岩、沉积岩和变质岩的形成过程可以看出它们之间有着密切的联系，它们都是活动着的地球过程的产物，同时，随着地球上主要地质过程的演变，这三类岩石之间可以互相转变。对这种转变过程的研究不但可以加深对岩石生成过程的认识，还可以了解在某类岩石变到另一类岩石的转变过程中包含的地质现象。图1中的实线给出了一个完整的岩石循环过程：地下熔化的岩浆冷却、固化、结晶，或者通过火山喷发的方式在地面以上结晶，从而形成了火成岩。暴露在地球表面的火成岩遭受着长期的风化，剥落的物质在风、雨、流水、冰川和重力等的作用下，搬运到低洼地方沉积，经过胶结和压实（岩石化的过程）后形成了沉积岩。在造山运动等地球动力学作用下，沉积岩又被埋入地下，或附近有炽热的岩浆侵入等，总之，这些沉积岩在周围巨大压力和很高的温度作用下，最终发生变质形成了变质岩。其后，变质岩或进入更深的地球内部，或遭受到更高的温度再次熔融后，变成了岩浆，经固结或喷发冷凝，又生成了新的火成岩。图1中的虚线表示的是岩石循环中的另外一些可能途径。例如火成岩，不必经过地面暴露、风化等过程，而是直接在变化了的温度和压力作用下发生变质作用，形成了变质岩。又如变质岩如果不向地球内部运动，而是出露地表，这也可以成为沉积岩的原始材料。对于一个运动的地球，上述过程是在不停地进行着的，这就构成了成岩回旋。

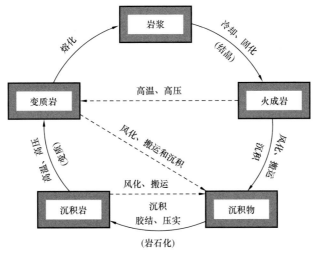

图1 成岩过程

1.2.5 非均质性与各向异性

岩石均匀与非均匀的判别准则是看物理性质是否与位置有关，如果物理性质与位置有关则是非均匀的，否则是均匀的。判别各向同性与各向异性主要依据其物理性质是否与方向有关，如果物理性质与方向有关则是各向异性的，否则是各向同性的。

1.2.6 岩石的物理特性与地球物理方法

岩石存在不同物理特性，对于所研究的岩石的不同物理特性，必然要用到相应的地球物理方法与手段，表2左边列出了研究地球内部组成、结构和运动依赖的物理方法，而右边则列出了相应的岩石物理性质。迄今为止，地震波是研究地球内部最有效的工具之一。图2给出了研究地球内部问题时所用各种方法的大致比例。由图2可见，基于岩石中波传播性质的地震方法是目前地球物理勘探中最主要的方法。

表2 研究地球的各种物理方法和相应的岩石物理性质

物理方法	岩石的物理特性
磁法	磁化率、磁导率
重力	密度
电法	电导率和介电特性
地震法	弹性，如速度、密度和衰减等
地热	热导率、比热和热扩散系数
核变	放射性

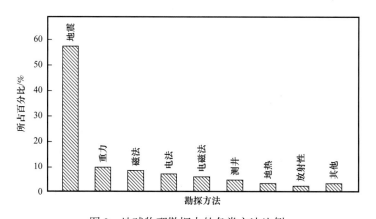

图2 地球物理勘探中的各类方法比例

1.3 岩石的弹性

1.3.1 应力与应变

应力的定义包含两个重要的含义：应力是单位面积上的作用力；应力不仅与物体内部的受力情况有关，而且与切面的方向有关。在三位正交坐标系中，将有九个应力。应力的基本单位是 Pascal，简称 Pa，即牛顿 / 平方米。由于该应力单位较小，故常用 GPa 或 MPa。由于应力的作用而产生的大小和形状的变化，称为应变。应变是一个无量纲的物理量，应变可分为线应变、角应变和体积应变。注意旋转和平移没有应变。

1.3.2　弹性

当施加于物体上的应力撤除后，可能会发生两种情形。一种是物体的变形恢复到加应力以前的情况，这种物体的变形可以恢复的性质叫作弹性。第二种情形是材料的变形不能完全恢复，这是由于材料发生了破裂或塑性变形，产生了永久形变。

在一定条件下，岩石可以近似地看成是弹性体，这种弹性体的应力与应变之间呈一一对应的函数关系，并且通常是线性关系。

1.3.3　胡克定律

均匀线性弹性介质中，应变与应力之间存在线性关系，即胡克定律，其公式如下：

$$p=ce \tag{1}$$

式中　p——应力；

　　　e——应变；

　　　c——弹性参数。

在完全各向异性介质中，共有 21 个弹性参数，可表示为

$$
\begin{bmatrix} p_{xx} \\ p_{yy} \\ p_{zz} \\ p_{yz} \\ p_{xz} \\ p_{xy} \end{bmatrix} =
\begin{bmatrix}
C_{11} & C_{12} & C_{13} & C_{14} & C_{15} & C_{16} \\
0 & C_{22} & C_{23} & C_{24} & C_{25} & C_{26} \\
0 & 0 & C_{33} & C_{34} & C_{35} & C_{36} \\
0 & 0 & 0 & C_{44} & C_{45} & C_{46} \\
0 & 0 & 0 & 0 & C_{55} & C_{56} \\
0 & 0 & 0 & 0 & 0 & C_{66}
\end{bmatrix}
\begin{bmatrix} e_{xx} \\ e_{yy} \\ e_{zz} \\ e_{yz} \\ e_{xz} \\ e_{xy} \end{bmatrix}
\tag{2}
$$

在横向各向同性介质中，有 5 个独立的参数，可表示为

$$
\begin{bmatrix} p_{xx} \\ p_{yy} \\ p_{zz} \\ p_{yz} \\ p_{xz} \\ p_{xy} \end{bmatrix} =
\begin{bmatrix}
C_{11} & C_{11}-2C_{66} & C_{13} & 0 & 0 & 0 \\
C_{11}-2C_{66} & C_{11} & C_{13} & 0 & 0 & 0 \\
0 & C_{13} & C_{33} & 0 & 0 & 0 \\
0 & 0 & 0 & C_{55} & 0 & 0 \\
0 & 0 & 0 & 0 & C_{55} & 0 \\
0 & 0 & 0 & 0 & 0 & C_{66}
\end{bmatrix}
\begin{bmatrix} e_{xx} \\ e_{yy} \\ e_{zz} \\ e_{yz} \\ e_{xz} \\ e_{xy} \end{bmatrix}
\tag{3}
$$

在完全各向同性介质中，只有 2 个独立的参数，可表示为

$$
\begin{bmatrix} p_{xx} \\ p_{yy} \\ p_{zz} \\ p_{yz} \\ p_{xz} \\ p_{xy} \end{bmatrix} =
\begin{bmatrix}
\lambda+2\mu & \lambda & \lambda & 0 & 0 & 0 \\
0 & \lambda+2\mu & \lambda & 0 & 0 & 0 \\
0 & 0 & \lambda+2\mu & 0 & 0 & 0 \\
0 & 0 & 0 & \mu & 0 & 0 \\
0 & 0 & 0 & 0 & \mu & 0 \\
0 & 0 & 0 & 0 & 0 & \mu
\end{bmatrix}
\begin{bmatrix} e_{xx} \\ e_{yy} \\ e_{zz} \\ e_{yz} \\ e_{xz} \\ e_{xy} \end{bmatrix}
\tag{4}
$$

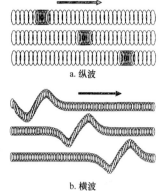

a. 纵波

b. 横波

图 3　纵波与横波示意图

也就是说，在均匀同性介质中，由拉梅系数和剪切模量就可以决定物体的弹性性质的，当然，也可以利用其他两个弹性参数的组合代替拉梅系数和剪切模量，如体积模量和剪切模量、体积模量和拉梅系数多种组合等。

1.3.4　纵波和横波

均匀岩石中可能产生两类弹性波，一类是纵波，也称为 P 波，其质点运动方向与波的传播方向平行（图 3a）。纵波在岩石中传播的速度是

$$v_{\mathrm{p}} = \sqrt{\frac{K + 4\mu / 3}{\rho}} \tag{5}$$

式中　ρ——密度；

　　　K、μ——分别为体积模量与剪切模量。

另一类为横波，也称为 S 波，它的质点运动方向与波的传播方向垂直（图 3b）。横波在岩石中传播的速度为

$$v_{\mathrm{s}} = \sqrt{\frac{\mu}{\rho}} \tag{6}$$

1.4　岩石的衰减

岩石的性质，除了弹性性质外，还有非弹性性质——即衰减的性质。研究衰减性质的意义在于它主要不取决于岩石的宏观——整体性质，而主要是由岩石的微观性质——诸如岩石内部裂纹的密度、分布、构造以及孔隙流体的相互作用等所确定。特别值得注意的是，对于岩石物理状态的变化，测量衰减性质比波速测量要灵敏得多，这一性质使得衰减成为一种有价值的研究课题。

由于岩石往往不是完全弹性的。这样，当波在岩石中传播时，就会有一部分机械能转变为热能。在这种转变过程中的各种机制统称为内摩擦。除了通过岩石的变形确定内摩擦外，还有两种方法也是常用的：一种方法是观测岩石样品的强迫振动，由岩石材料的强迫振动可以得到表征内摩擦大小的 Q 值，Q 值是描述岩石非弹性特性的重要参数。对于完全弹性体，$Q = \infty$。Q 值越小，非弹性特性就越突出。另一种方法是观测波在岩石中的衰减，可以得到表征内摩擦的另一个参数——衰减系数 α，对于完全弹性体，$\alpha = 0$，α 值越大，非弹性性质越明显。Q 和 α 都是描述岩石非弹性性质的，它们之间可以互换。在均匀介质中，不同位置得的振幅可以表示为

$$A(x) = A(x_0) \cdot \left(\frac{x_0}{x}\right)^n \cdot \exp\left[-\alpha(x - x_0)\right] \tag{7}$$

式中　$A(x)$——x 处振幅；

　　　$A(x_0)$——x_0 处振幅；

$\left(\dfrac{x_0}{x}\right)^n$——几何扩散造成的振幅降低，其中平面波 $n=0$；

$\exp\left[-\alpha\left(x-x_0\right)\right]$——衰减造成的振幅降低，其中 α 为衰减系数。

Q 和 α 的关系可以表示为

$$\frac{1}{Q}=\alpha\frac{V}{\pi f}\qquad\qquad(8)$$

2 理论模型

岩石是矿物的集合体，它是由多种矿物、孔隙等组成的多相体。严格来说，岩石是一类不均匀的物体，因为岩石内部存在着不同的矿物、孔隙等。而波在物体内传播的理论是建立在均匀物体的假定之上的。但是，当波长比岩石中存在的不均匀尺度大许多时，可以将岩石看作是一个统计意义上的均匀物体，这时表征岩石特性的参量，就可以看成是描述这样一个"等效体"的参量。前面介绍的波速、衰减等都是这种意义上的参量。

解释岩石中波速和衰减等实验结果时，遇到两个方面的问题。一方面，如果知道了岩石各种矿物的性质，各种矿物在岩石中所占的比例以及矿物的几何情况等，能否由矿物的具体情况推导作为多相体的岩石的等效性质？另一方面，能否通过测量岩石的等效性质和利用其他可能的资料，了解组成岩石的矿物情况？显然，这第二方面的问题在实际应用中有着重要的意义，例如在解释地震勘探所得到的资料时，岩石物理的知识就具有极其基础的意义。

为了解释实验结果，必须建立岩石的物理模型。研究岩石结构模型的工作已经开展了很久，所提出的模型大体上可以分成三类：由矿物性质进行体积平均，推测岩石性质的模型（简称空间平均模型）；集中讨论岩石内部球形孔隙对岩石性质影响的球形孔隙模型；讨论椭球形裂纹及对岩性质影响的包裹体模型。以此为基础，提出了许多地震波在多相岩体中传播的模型，最典型的是空间平均模型和多孔介质模型。

2.1 空间平均模型

1910 年，Voigt 提出一个模型，假定组成岩石的各种矿物沿着受力方向平行排列，并假定岩石中有 N 种矿物，第 i 种矿物的体积模量为 K_i，剪切模量为 μ_i，所占岩石体积的百分比为 V_i（$i=1,\cdots,N$）。这时，通过空间体积平均方法，可以求出多相等效体的体积模量 K_V 和剪切模量 μ_V 分别为

$$K_V=\sum_{i=1}^{n}V_iK_i\qquad\qquad(9)$$

$$\mu_V=\sum_{i=1}^{n}V_i\mu_i\qquad\qquad(10)$$

后来，Reuss 于 1929 年也提出类似的模型。在他的模型中，矿物也是成层排列的，不

过成层的方向与应力方向垂直。这时计算出来的体积模量、剪切模量分别用 K_R 和 μ_R 表示，具体为

$$K_R = \sum_{i=1}^{n} V_i / K_i \qquad (11)$$

$$\mu_R = \sum_{i=1}^{n} V_i / \mu_i \qquad (12)$$

不难证明，通过 Voigt 模型得到的结果是等效弹性参数估计的上限，而通过 Ruess 模型得到的则是参数估计的下限，实际岩石测量得到的参数必定落在这两个估计值之间。

Hill 于 1952 年提出了将这两种模型的结果取算术平均值的办法，这样得到的值称为 VRH 值（即用他们三人名字的第一字母缩写而成）。即

$$K_{VRH} = \frac{1}{2}\left(K_R + K_V\right) \qquad (13)$$

$$\mu_{VRH} = \frac{1}{2}\left(\mu_R + \mu_V\right) \qquad (14)$$

Kumazawa 于 1969 年仿照 Hill 的做法，对两种模型的结果取几何平均值：

$$K_{VRK} = \left(K_R \times K_V\right)^{\frac{1}{2}} \qquad (15)$$

$$\mu_{VRK} = \left(\mu_R \times \mu_V\right)^{\frac{1}{2}} \qquad (16)$$

大量实验结果表明，通过矿物的弹性参数和矿物体积百分比计算出的速度，在高压状态下，与实际情况符合得很好。

2.2 多孔介质模型

地下介质是由充满流体的多孔骨架组成，通常人们将岩石固体部分称基质（有时也称为格架）。岩石的地震特性实际上是由格架、孔隙以及孔隙中的流体决定的。基质是由形成岩石的各种矿物组成的，而孔隙流体可能是气体、油、水，或三者的混合物。如果地下介质的组分（如粒度、孔隙、裂隙和成层性）与有意义的地震波长相比很小，那么，地下介质就可以有效等价为均匀介质或均匀各向同性介质。1951 年，Gassmann 在流体和固体之间的任何相对运动与饱和岩层自身的运动相比可以忽略不计的假设条件下，推导了孔隙岩层充满流体时的弹性模量公式，奠定了近代沉积岩的弹性理论与物性之间研究的基础。其公式如下：

$$K_s = K_m \frac{K_d + Q}{K_m + Q} \qquad (17)$$

$$Q = K_f \frac{K_m - K_d}{\phi\left(K_m - K_f\right)} \qquad (18)$$

$$\mu_s = \mu_d \qquad (19)$$

$$v_p = \sqrt{\frac{M}{\rho_s}} = \sqrt{\frac{K_s + \frac{4}{3}\mu_s}{\rho_s}} \qquad (20)$$

$$v_s = \sqrt{\frac{\mu_s}{\rho_s}} \qquad (21)$$

式中　K_s、μ_s——饱和岩石的体积模量和剪切模量；

　　　K_d、μ_d——干岩石（空孔隙）体积模量和剪切模量（也称为格架体积模量和格架剪切模量）；

　　　K_m——岩石基质体积模量；

　　　K_f——岩石孔隙内流体的体积模量；

　　　ϕ——孔隙度；

　　　v_p、v_s、ρ_s——分别为饱和岩石的纵横波速度和密度。

1965 年 White 又将其改写为如下形式：

$$K_s = K_d + \frac{\left(1 - \dfrac{K_d}{K_m}\right)^2}{\dfrac{\phi}{K_f} + \dfrac{1-\phi}{K_m} - \dfrac{K_d}{K_m^2}} \qquad (22)$$

1998 年，Mavko 对上面公式进行了重排，得到如下形式：

$$\frac{K_s}{K_m - K_s} = \frac{K_d}{K_m - K_d} + \frac{K_f}{\phi(K_m - K_f)} \qquad (23)$$

值得指出的是这里的格架模量不同于干燥模量。对 Gassmann 方程的正确应用，应在束缚可湿流体（通常为水）的条件下测量骨架模量。束缚流体是岩石格架的一部分，不是孔隙空间。Wang 指出实验室岩样的过分干燥将导致错误的 Gassmann 结果。

Gassmann 方程的基本的假设条件是：（1）岩石（基质或骨架）宏观上是均质的；（2）所有孔隙都是连通或相通的；（3）所有孔隙都是充满流体（液体、气体或混合物）；（4）研究中的岩石—流体系统是封闭的（不排液）；（5）孔隙流体不对固体骨架产生软化或硬化的相互作用。

假设条件（1）是多孔介质中波传播理论的普遍假设，它确保了波长大于颗粒和孔隙尺寸。对于大多数岩石，频率范围从地震频率到实验室频率的波一般都能符合这个假设。

假设条件（2）意味着岩石具有高孔隙度和高渗透率，岩石中不存在孤立或连通性差的孔隙。这个假设的目的在于确保在半个周期的时间内波传播引发的孔隙流体流动的充分均衡。因此孔隙连通性与波长或频率有关。对于 Gassmann 方程，在假设无限波长（零频率波）的前提下，无论孔隙的相互连通性如何，大多数岩石都能够符合这个假设。对于地震波来说，由于砂岩的高孔隙度和高渗透率，只有未固结的砂层能近似地符合这个假设，对于诸如测井和实验室所用的那些高频率波，大多数岩石不能符合这个假设条件。因而，测井或实验室测量的速度常常高于用 Gassmann 方程计算出的结果。

假设条件（3）意味着饱和流体的黏度是零。这个假设的目的在于再一次确保孔隙流体流动的充分均衡。这个假设也与波长或频率有关，如果波的频率为零，任何黏度的流体将在半波长的时间（无限时间）内均衡。如果黏度是零，孔隙流体将很容易均衡。实际上，由于所有的流体都具有限的黏度，同时所有的波都具有有限的波长，利用 Gassmann 方程的大多数计算都将违反这个假设。

假设条件（2）和（3）是关键之点，并且构成了 Gassmann 方程的本质。它们意味着波的频率是零。这或许是实验室和测井所测量的体积模量或速度高于 Gassmann 方程预测结果的原因所在。在有限的频率内，在固体基质和孔隙流体之间将发生相对运动，从而导致波是频散现象。孔隙流体与岩石基质之间体积模量和剪切模量的高差异及有限的波长，造成了孔隙流体和岩石骨架之间的相对运动。

假设条件（4）意味着对于实验室岩石样品来说，岩石—流体系统在边界上是封闭的，因此在岩样表面上没有流体能够流进流出。对于一个非常大的体积 V_0（比如油藏中的储层）中的一部分岩石体积 V 而言，系统 V 必定位于 V_0 之内，它距 V_0 表面这样一段距离以致波通过所产生的应力变化不会造成 V 表面任何可观的流体流动。这是用 Gassmann 方程计算孔隙流体变化对地震特性影响的关键，这是因为如果系统是开放的，那么，由于孔隙流体变化造成的地震特性改变将仅与流体密度变化有关。

假设条件（5）消除了岩石基质和孔隙流体之间的任何化学/物理相互作用的影响。实际上，孔隙流体将不可避免地与岩石的固体基质发生相互作用以改变表面能量。当岩石为流体所饱和时，流体可以削弱或者强化岩石基质。例如，当疏松砂粒与重油混合时，该混合物将具有更高的体积模量和剪切模量。当含泥砂岩以淡水饱和时，岩石基质经常受黏土的膨胀而被削弱。一种极端的情况是干燥的黏土（黏土—水混合）比水饱和黏土具有更高的弹性模量，这就是为什么在实验室内不应过分地干燥页岩岩样的部分原因。这也强调了对 Gassmann 方程输入的"干燥"骨架体积模量应该在束缚流体饱和条件下获取。

许多研究者针对以上假设条件进行了扩展与改进。Brown 和 Korringa 于 1975 年推导出了各向异性干燥岩石的有效模量与同一岩石含有流体时的有效模量之间的理论关系式。1975 年 White 将 Gassmann 方程做了适当变换，得到了具有液体和气体影响的纵波速度表达式。Berryman 和 Milton 于 1991 年则提出了一个广义的 Gassmann 方程，用于描述双相的充满流体的孔隙介质的静态低频有效体积模量，其中每一种相态，都可以用常规 Gassmann 方程描述。与 Gassmann 方程一样，广义 Gassmann 公式不考虑孔隙几何形态，且只适用于低频（小于或等于 100Hz）。

孔隙流体对岩石声学性质的影响有两种方式：（1）孔隙流体会改变岩石的弹性模量和密度，从而改变地震波的传播速度；（2）引起速度频散，即速度对地震波频率的依赖性。随着人们对孔隙流体研究的不断加深，已有很多研究者意识到，在高频条件下孔隙空间内地震波激发的孔隙压力是均衡的假设是不成立的。而非均衡的孔隙压力会引起速度频散和衰减。1956 年 Biot 发表了关于波在流体饱和孔隙介质中传播理论的两篇重要论文，形成了"Biot 理论"，对 Gassmann 理论进行了推广，它考虑了连通孔隙的动态影响，并在模型中引入了流体黏滞系数和渗透率。之后，Geertsma 和 Smit 于 1961 年对 Biot 理论公式做了低频和中等频率的近似。但是 Biot 模型仍然假定岩石是均匀且各向同性的，而且是流体完全饱和的。

Mavko 和 Nur 于 1975 年和 O'Connell 和 Budiansky 于 1977 年引入了描述"喷射"或"局部流"现象的高频极限模型。在这种高频极限情况下，这些"喷射"或"局部流"现象完全孤立于流体流动。这些模型仅适合于喷射流的理想几何形态，且密集程度比较小的情形。后来，Mavko 和 Jizba 于 1991 年推导出了不依赖于几何形态的喷射模型，用于根据干燥岩石的压力依赖性预测饱和岩石的甚高频模量。该模型适用于所有孔隙度。Mukerji 和 Mavko（1994）将喷射模型扩展到各向异性岩石中高频饱和岩石的速度预测。

喷射模型只考虑了喷射频散的甚高频极限。BISQ 模型（Dvorkin 等人）综合了 Biot 理论和喷射理论来模拟饱和岩石中速度衰减对频率的完全依赖性。BISQ 公式可用于计算饱和岩石的速度频散和衰减。BISQ 也假定岩石均匀且各向同性。

2.3　流体替代

前面提到，Biot 将 Gassmann 方程推广到了全频带范围。在零频率情况下，Biot 理论简化为 Gassmann 方程。在非限定频率情况下，Biot 理论可以由一组解析方程式描述。然而，对大多数储层岩石来说零频率和非限定频率之间所计算出的速度差别通常不到 3%，因此 Biot 理论预测出速度对频率几乎没有依赖关系。其结果是流体置换分析仍经常采用 Gassmann 方程，而非 Biot 的全频理论。Gassmann 方程要求若干输入参数来计算流体对地震速度的影响，包括通常多在实验室测得的干燥骨架体积模量和剪切模量、孔隙度、颗粒密度，以及流体体积模量（不可压缩率）。如果没有实验室数据可供使用，这些参数往往也能通过测井资料或经验关系式估算出来。如孔隙度可以由中子或声波求得，其他参数要复杂一些，逐一介绍如下。

2.3.1　基质弹性模量

颗粒（基质）体积模量和剪切模量是来自组成岩石的矿物模量，如果岩石的矿物成分是已知的，利用 Voight-Reuss-Hill（VRH）平均可计算出有效 K_m 和 μ_m。

2.3.2　流体体积模量

利用 Wood 方程可以计算出混合流体的体积模量 K_f：

$$\frac{1}{K_f} = \frac{S_w}{K_w} + \frac{S_o}{K_o} + \frac{S_g}{K_g} \tag{24}$$

式中　K_w，K_o、K_g——分别是水、原油和气体的体积模量；
　　　　S_w，S_o、S_g——分别是水、原油及气体的饱和度，表示为孔隙空间的容积组成部分，
　　　　　　　　　即 $S_w+S_o+S_g=1$。该方程意味着孔隙流体在孔隙中是均匀分布的。

2.3.3　密度

饱和岩石的密度 ρ_s 可以表示为

$$\rho_s = \rho_d + \phi\rho_f = (1-\phi)\rho_m + \phi\rho_f \tag{25}$$

式中　ρ_d——格架密度；

　　　ρ_m——基质（颗粒）密度；

　　　ρ_f——孔隙流体的密度。

对于混合流体，它的体积密度可由下式计算：

$$\rho_f = S_w\rho_w + S_o\rho_o + S_g\rho_g \tag{26}$$

式中　ρ_w，ρ_o、ρ_g——分别是水、原油和气体的体积密度。

2.3.4　干岩石体积模量

干岩石的体积模量受岩石矿物成分、孔隙度、压力、温度和孔隙内部结构的影响。目前，获得干岩石弹性模量的方法有如下几种方法。

（1）直接测定法。

直接在实验室测定干岩石的特性是获得干岩石弹性模量最常用的方法。具体做法是利用超声波测量干燥岩样的纵横波速度和密度。然后根据测得的密度、速度值，利用下述关系即可求得干岩石的体积模量 K_d 和剪切模量 μ_d

$$K_d = \rho_d\left(V_p^2 - \frac{4}{3}V_s^2\right) \tag{27}$$

$$\mu_d = \rho_d V_s^2 \tag{28}$$

式中　ρ_d——干岩石的密度；

　　　V_p、V_s——分别为干岩石的纵横波速度。

在限定的温度、压力条件下重复上述测量过程，可确定干岩石样品弹性模量与温度、压力的关系。

（2）经验公式法。

Geertsma 和 Smit 于 1961 年导出了一个纯砂岩的干岩石骨架模量、孔隙度和骨架颗粒弹性模量的经验公式。

$$K_d = \frac{K_m}{1 + 50\phi} \tag{29}$$

Murphy 等于 1993 年通过对气饱和纯石英砂和砂岩样品的超声波测量数据（测量有效压力为 50MPa）的统计分析发现，干岩石骨架模量表现出对孔隙度的明显依赖性，并给出了最佳经验拟合公式：

对于 $\phi \leqslant 0.35$，

$$K_d = 31.18\left(1 - 3.39\phi + 1.95\phi^2\right) \tag{30}$$

$$\mu_d = 42.65\left(1 - 3.48\phi + 2.19\phi^2\right) \tag{31}$$

对于 $\phi > 0.35$，

$$K_d = \exp\left(-62.60\phi + 22.58\right) \tag{32}$$

$$\mu_d = \exp\left(-62.69\phi + 22.73\right) \tag{33}$$

需指出的是，这些公式在统计意义下成立的，对于不同的地区只能借助上述关系的形式统计出自己的经验公式。

（3）计算法。

所谓计算法就是在已知流体饱和岩石纵、横波速度和密度的前提下，利用 Gassmann 方程来计算干岩石的弹性模量，也称为反推法。通常饱和岩石的纵、横波速度与密度可由实验室或由测井资料提供，当横波速度没有时，需先假定干岩石的泊松比，或利用经验公式由纵波速度换算出横波速度。下面分别介绍两种情况下的具体过程。

① 已知饱和岩石纵横波速度和密度。

$$\mu_d = \mu_s = \rho_s v_S^2 \tag{34}$$

$$K_s = \rho_s\left(v_p^2 - \frac{4}{3}v_s^2\right) \tag{35}$$

$$K_d = \frac{K_s\left(\dfrac{\phi K_m}{K_f} + 1 - \phi\right) - K_m}{\dfrac{\phi K_m}{K_f} + \dfrac{K_s}{K_m} - 1 - \phi} \tag{36}$$

② 已知饱和岩石纵波速度和密度以及干岩石泊松比。

Gregory 于 1977 年证明在已知饱和岩石的纵波速度和干岩石泊松比的条件下，Gassmann 方程可以表示为

$$M_s = M_d + \frac{\left(1 - \dfrac{K_d}{K_m}\right)^2}{\dfrac{\phi}{K_f} + \dfrac{1-\phi}{K_m} - \dfrac{K_d}{K_m^2}} = K_d + \frac{4}{3}\mu_d + \frac{\left(1 - \dfrac{K_d}{K_m}\right)^2}{\dfrac{\phi}{K_f} + \dfrac{1-\phi}{K_m} - \dfrac{K_d}{K_m^2}} \tag{37}$$

式中　M_s、M_d——分别为饱和岩石和干岩石的弹性模量；

其他符号与前面含义相同。

令：

$$Y = 1 - \frac{K_d}{K_m} \tag{38}$$

$$S = \frac{3(1 - \sigma_d)}{1 + \sigma_d} \tag{39}$$

可得：

$$Y^2(S-1) + Y\left[\phi S(K_m/K_f - 1) - S + \frac{M_s}{K_m}\right] - \phi\left(S - \frac{M_s}{K_m}\right)\left(\frac{K_m}{K_f} - 1\right) = 0 \tag{40}$$

求解以上一元二次方程就可以得到 Y，继而得到干岩石体积模量。下面展示的是已知水饱和岩石的纵波速度和密度以及干岩石泊松比条件下计算干岩石体积模量的步骤：

$$\rho_{\mathrm{s}} = \phi \rho_{\mathrm{水}} + (1-\phi) \rho_{\mathrm{d}} \tag{41}$$

$$S = \frac{3(1-\sigma_{\mathrm{d}})}{1+\sigma_{\mathrm{d}}} \tag{42}$$

$$M_{\mathrm{s}} = v_{\mathrm{p水}}^2 \cdot \rho_{\mathrm{s}} \times 10^{-6} \tag{43}$$

$$A = S-1 \tag{44}$$

$$B = \phi \cdot S \cdot \left(\frac{K_{\mathrm{m}}}{K_{\mathrm{水}}} - 1\right) - S + \frac{M_{\mathrm{s}}}{K_{\mathrm{m}}} \tag{45}$$

$$C = -\phi \left(S - \frac{M_{\mathrm{s}}}{K_{\mathrm{m}}}\right) \cdot \left(\frac{K_{\mathrm{m}}}{K_{\mathrm{水}}} - 1\right) \tag{46}$$

$$Y = \frac{-B + \sqrt{B^2 - 4AC}}{2A} \tag{47}$$

$$K_{\mathrm{d}} = (1-Y) K_{\mathrm{m}} \tag{48}$$

（4）孔隙度的影响。

一般来说在流体替代过程中孔隙度不发生改变，只有这样计算结果才会有意义。这是因为 K_{d} 依赖于孔隙度。它们之间的依赖关系由 Domenico 引入孔隙体积可压缩性（Pore Volume Compressibility）的概念而提出的，它们之间的关系为

$$C_{\mathrm{d}} = \phi C_{\mathrm{p}} + C_{\mathrm{m}} \tag{49}$$

也即

$$\frac{1}{K_{\mathrm{d}}} = \frac{\phi}{K_{\mathrm{p}}} + \frac{1}{K_{\mathrm{m}}} \tag{50}$$

式中　K_{p}——孔隙体积模量。

有了孔隙体积模量，就可实现岩性相同，但孔隙度不同时的流体替代。

（5）流体替代步骤。

有了以上参数就可以进行流体替代了，它既可以实现相同孔隙度的流体替代，也可以实现不同孔隙度的流体替代。与上面求干岩石体积模量相似，它也有两个方案，这主要取决于饱和岩石已知参数的不同。

已知饱和岩石纵横波速度和密度，此时步骤比较简单：

① 利用已知饱和岩石的纵横波速度和密度，求干岩石剪切模量和体积模量；

② 利用干岩石体积模量与剪切模量求干岩石泊松比；

③ 利用已知孔隙度和干岩石体积模量和基质体积模量，求孔隙体积模量；

④ 求新流体饱和岩石的干岩石体积模量：如果在流体替代中孔隙度不变，则与①中所求的相同；如果孔隙度发生变化，则利用新的孔隙度和基质体积模量求取。

⑤ 求新流体饱和岩石的干岩石剪切模量：如果在流体替代中孔隙度不变，则与①中所求的相同；如果孔隙度发生变化，则利用④中求得的新流体饱和干岩石体积模量和干岩石泊松比，然后用下式求取：

$$\mu_d = \frac{3}{4} K_d (S-1)$$ （51）

⑥ 对于新的流体类型和饱和度，求新流体饱和岩石的流体体积模量和体积密度；

⑦ 利用以上所有参数求新流体饱和岩石的剪切模量和体积模量；

⑧ 求新流体饱和岩石的纵横波速度。

注意，如果在替代过程中孔隙度不发生变化，则②③④⑤步可省去，而且所有步骤的孔隙度是相同的。否则步骤④以后使用新孔隙度。

已知饱和岩石纵波速度和密度以及干岩石泊松比，此时步骤为：

① 利用已知饱和岩石的纵波速度和密度以及干岩石泊松比，根据以上步骤求干岩石体积模量；

② 利用已知孔隙度和干岩石体积模量和基质体积模量，求孔隙体积模量；

③ 求新流体饱和岩石的干岩石体积模量：如果在流体替代中孔隙度不变，则与①中所求的相同；如果孔隙度发生变化，则利用新的孔隙度和基质体积模量求取。

④ 求新流体饱和岩石的干岩石剪切模量：利用③中求得的新流体饱和岩石的干岩石体积模量和干岩石泊松比，然后用下式求取：

$$\mu_d = \frac{3}{4} K_d (S-1)$$ （52）

⑤ 对于新的流体类型和饱和度，求新流体饱和岩石的流体体积模量和体积密度；

⑥ 利用以上所有参数求新流体饱和岩石的剪切模量和体积模量；

⑦ 求新流体饱和岩石的纵横波速度。

注意，如果在替代过程中孔隙度不发生变化，所有步骤的孔隙度是相同的，否则步骤③以后使用新孔隙度。

3　经验关系

地震特性受到许多因素的复杂影响，诸如压力、温度、饱和度、流体类型、孔隙度、孔隙类型等，这些因素常常是内在关联的，当一个因素变化时其他许多因素也同时发生变化。这些变化对地震数据产生正面或负面的影响。因此，在将岩石物理信息应用于地震解释中时，必不可少地要进行单一参数变化（其他因素固定不变）影响的研究。表3列出了影响岩石地震特性的一些因素。这些因素被归结为3个范畴：岩石特性、流体特性和环境。在岩石物理学的实际应用中，由于岩石是那么复杂，同时微观上是非均质的，一般来说，有现实意义的是一些经验准则。Wang 于 2001 年对此进行了全面总结，见表4、表5、表6。表中所列非常全面，但绝非完整。这些因素大多数之间存在相互作用，一个因素的变化可能引起若干其他因素的改变。为了清晰地表述，分别对每一个因素作单独的讨论，此时假定其他因素是固定不变。实践中人们还是应该了解这些因素之间的相互作用的影响。

表3 影响沉积岩石地震特性的因素（其重要性从上到下递增）

岩石特性	流体特性	环境
压实	黏性	频率
固结史	密度	应力史
时代	可湿性	沉积环境
胶结	流体成分	温度
结构	相位	强化油藏过程
体积密度	流体类型	开采历史
黏土含量	气—油，气—水比	地层几何形态学
各向异性	饱和度	净油藏压力
裂缝		
孔隙度		
岩性		
孔隙形状		

表4 岩石物理经验准则（Ⅰ）：地震特性和岩石特性之间的关系

压实作用	由于连接性／接触性更好，压实好的岩石具有更高的地震特性（纵波、横波和波阻抗）
固结作用	由于连接性／接触性更好，固结好的岩石具有更高的地震特性
地质年代	因为压实作用更有效，年代老的岩石具有更高的地震特性
胶结作用	由于颗粒间的连接性和接触性更好，胶结岩石具有更高的地震特性
结构特征	结构特征包括颗粒大小、分选情况、圆度等。一般情况下，颗粒尺寸大的砂层和颗粒分选性差的砂层由于具有更好的接触关系和更低的孔隙度，因此具有更高的地震特性
体积密度	从统计意义上看，体积密度高的岩石具有更高的地震特性
黏土含量	黏土对地震特性的影响取决于黏土微粒在岩石内部的位置。从统计意义上看，黏土含量高的岩石具有更低的地震特性和更高的 v_p/v_s

各向异性	存在两种类型的各向异性：固有各向异性和诱发各向异性。几乎所有页岩都具有固有各向异性，平坦页岩各向异性地层的一种好的近似是垂向的横向各向同性，固结页岩老地层的地震各向异性程度通常更高；应力各向异性是诱发各向异性的主要起因。除薄互层外的大多数储层岩石能被近似看着是固有各向同性的
裂缝	裂缝使地震特性趋于减小。当偏振波穿过裂缝时，纵波特性所受裂缝影响比横波大得多。波的偏振正交于裂隙时会降低 v_p/v_s；线状排列裂缝也引起地震各向异性
孔隙度	从统计意义上看，随着孔隙度的增加地震特性减小；v_p/v_s 通常对孔隙度没有很强的依赖关系
岩性	白云岩具有高的地震特性，其后为石灰石和砂层；页岩可能具有比砂层高或比砂层低的地震特性。石灰石具有高 v_p/v_s，其后为白云岩和砂层；页岩总是具有比砂层高的 v_p/v_s。未固结砂层也可能具有高 v_p/v_s
孔隙形状	孔隙形状是影响地震特性的最重要因素，也是最难以量化的参数。一般说来，具扁平孔隙的岩石具有较低的地震特性。孔隙形状差异是引起速度—孔隙度交会图发散的主要原因

注：地震特性随着岩石的弹性和微连通性而增高。请注意，在这里对每一个因素进行评述时都假定其他的因素固定不变。真实的情况是许多这样的因素共同相互作用。

表5　岩石物理经验准则（Ⅱ）：地震特性和流体特性之间的关系

黏度	含高黏度原油的岩石趋于具有更高的地震特性。当原油黏度极高时，原油可以在岩石中充当半固体的作用，导致更高的地震特性
密度	高密度原油具有更高的体积模量（更低的可压缩性）。从而，含高密度原油的岩石有更高的纵波特性和横波阻抗，但横波速度可能更低
可湿性	可湿性会改变岩石和饱和流体之间的表面能量（表面张力使可湿性流体与固体表面之间产生吸力，非可湿性流体和固体表面之间产生斥力）。与含可湿性流体的同样岩石相比，以非可湿性流体全饱和的岩石具有稍高的地震特性。大多数砂层是水可湿的，因此当将水加入一块干燥的岩石时（软化影响），地震特性有所减低
流体组分和类型	较重的原油包含较高碳分子数的碳氢化合物，因此其体积模量较高。其结果是重油饱和岩石显示出更高的纵波特性。横波特性所受影响要少得多，只是其波阻抗稍有增高，且横波速度稍有降低。一般说来，高含盐浓度的盐水具有最高的体积模量，其后为低含盐浓度盐水、淡水、原油及气体。但是有些重油可能具有与水一样甚至更高的体积模量
流体相态	岩石以其饱和流体的气体相态（天然气、蒸汽、CO_2 气）而依次具有更低的纵波地震特性和横波波阻抗，但是，由于流体的高可压缩性和低体积密度，其横波速度只稍有增高，导致岩石的 v_p/v_s 降低。当含气饱和度在 5%～100% 之间时，地震特性几乎与气体的含量无关
气—油比和气—水比	原油中的溶解气量越大，原油的体积模量越低。一些高气—油比（GOR）的原油在地震学上的作用与气体一样，也会在油—水接触面产生"亮点"。与无气原油饱和的相同岩石相比，以高 GOR 原油所饱和的岩石具有更低的纵波地震特性。由于水的独特分子结构，水中溶解气对体积模量几乎没有影响，在水中也很少有气体能被溶解
饱和度	岩石中流体的完全饱和将增高纵波地震特性和横波阻抗而降低 v_s，导致 v_p/v_s 增高；当将气体加入到流体完全饱和岩石中时，将降低纵波地震特性和横波阻抗而增高 v_s，从而导致 v_p/v_s 降低。饱和度量级大小的影响对具有软骨架和 / 或平孔隙（裂缝、裂隙）的岩石将有所增高

注：含有高度不可压缩性或黏稠流体的岩石有更高的纵波特性；横波特性对流体饱和度的敏感性要小得多。请注意，在这里对每一个因素进行评述时都假定其他的因素固定不变。真实的情况是许多这样的因素共同相互作用。

表 6 岩石物理经验准则（Ⅲ）：地震特性和环境之间的关系

频率	通常在高频（弥散）处地震特性更高，然而弥散的大小是难以评估的，这是因为很难测定地震特性在整个地震频段（10～200Hz）、测井频段（大约10kHz）及实验室频段（100kHz～2MHz）内的变化
应力史	通过测量弄清岩石的应力史有助于数据采集规划和解释。坚硬的岩石通常很脆，如果岩石处于很大的应力之下，应力的释放将在岩石中产生微裂隙，微裂隙会降低地震速度。只要把岩石恢复到原来的应力状态就可能消除所引发的微裂隙。压力释放引发的微裂隙有助于现场确定最大/最小水平应力方向
沉积环境	沉积环境对地震特性有多方面的影响。例如自生黏土和碎屑黏土对地震特性有不同的影响。沉积速率、沉积来源和沉积能力也影响地震特性（例如砂泥岩层序是沉积能力、速率和来源交替变化的结果）
温度	随着温度的增加地震特性减小。干燥的（空孔隙）和水饱和的岩石随温度增加通常显示小的地震特性；而重油饱和岩石（尤其是软砂层）随温度增加显示出大的地震特性
强化采油过程	在地震油藏描述和四维地震油藏监测中，了解储层处理是极为重要的。例如，注水增加了储层的含水饱和度和压力，同时也使温度稍有降低。一般说来，储层处理对地震特性的影响是若干因素的结合，这些因素可以相互抵消或增长对地震特性的影响
开采史	开采史的影响类似于强化采油过程对地震特性的影响。在地震油藏描述中，开始地震数据采集的同时就要仔细地收集生产数据和储层参数（流体、饱和度、压力、温度），以便更好地解释地震数据
净储层压力	净储层压力是上覆地层压力与储层压力之差。由于上覆地层压力不变（或变化很小），净储层压力的影响正好与储层压力对地震特性的影响相反。随着净储层压力的增加，所有岩石的地震特性都增高。这种增高的量级取决于若干其他的因素（孔隙形状、孔隙度、孔隙流体、岩性等等）。它只能通过测量方法来量化表示

注：压力、温度以及历史（沉积史和开采史）都对岩石的当前状态有所影响。请注意，在这里对每一个因素进行评述时都假定其他的因素固定不变。真实的情况是许多这样的因素共同相互作用。

以上是对各种地震特性影响因素进行的全面总结。下面分别对不同因素对地震速度的影响进行详细的讨论。

3.1 速度与孔隙度的关系

近半个世纪来，关于孔隙度、孔隙流体以及矿物成分对速度各种影响的研究，已取得了巨大的进展，但仍未形成统一的理论。多年来，人们根据维利时间平均方程来建立地层的纵波速度与孔隙度之间的关系，其公式如下：

$$\frac{1}{v_p} = \frac{1-\phi}{v_m} + \frac{\phi}{v_f} \tag{53}$$

式中　v_p——饱和岩石的纵波速度；

　　　v_m——基质的速度；

　　　v_f——流体的速度；

　　　ϕ——孔隙度。

这个公式适用的模型是一个层状的垂直于波传播方向的固体和流体的互层，这不适合多孔介质的条件，它只适合充分压实的含水砂岩的速度预测，对于大多数含水砂岩来说，该公式必须用一个压实因子进行校正。而且只适用于流体速度比较高的条件，有文献指出只有在流体速度大于 0.4 倍的饱含流体的砂岩速度时，维利公式才适用。钱绍新总工程师利用东营凹陷的资料也证明：利用维利公式计算的油气层速度与测井值之间存在明显差异，尤其对于气层，误差可超过 1000m/s。

为了改进高孔隙度地层中孔隙度的估计，Raymer 等于 1980 年提出了一种类似的经验方程如下：

$$v = (1-\phi)^2 v_{\mathrm{m}} + \phi v_{\mathrm{f}} \qquad \phi < 37\% \tag{54}$$

$$\frac{1}{\rho v^2} = \frac{1-\phi}{\rho_{\mathrm{m}} v_{\mathrm{m}}^2} + \frac{\phi}{\rho_{\mathrm{f}} v_{\mathrm{f}}^2} \qquad \phi > 47\% \tag{55}$$

$$\frac{1}{v} = \frac{0.47-\phi}{0.1} \frac{1}{v_{37}} + \frac{\phi-0.37}{0.1} \frac{1}{v_{47}} \qquad 37\% \leqslant \phi \leqslant 47\% \tag{56}$$

其中，v_{37} 为第一个公式计算的孔隙度为 37% 的速度，v_{47} 为第二个公式计算的孔隙度为 47% 的速度。它比维利时间平均方程使用于更广的孔隙度范围，但该方程与"时间平均方程"具有同样的局限性。

3.2 速度与孔隙度和泥质含量之间的关系

许多砂岩储层含有黏土。黏土对地震特性的影响进一步取决于黏土微粒在岩石中的位置和黏土类型。如果黏土是岩石基质的一部分，由于黏土比石英的可压缩性大，那么速度和波阻抗将随着黏土含量的增加而减小。除了密度影响外，充填于孔隙中的黏土对地震特性几乎没有影响，除非孔隙完全被黏土填满。Tosaya 和 Nur（1982）等首先研究了孔隙度和黏土含量对地震速度的联合影响。Han 等于 1986 年扩展了这种研究，并使用约 80 块砂岩样品的实验室测量结果，总结了速度、孔隙度及黏土含量之间的一组经验关系式。该关系式可用两个线性方程来表示：

$$v_{\mathrm{p}} = v_{\mathrm{po}} - a_1\phi - a_2 C \tag{57}$$

$$v_{\mathrm{s}} = v_{\mathrm{so}} - b_1\phi - b_2 C \tag{58}$$

式中　ϕ 和 C——分别是以体积百分数表示的孔隙度和黏土含量；

　　　v_{p}、v_{s}——是纵波和横波速度，km/s。

回归常数与上覆岩层净压力有关（表 7）。结果清楚地显示出 v_{p} 和 v_{s} 随着孔隙度和黏土含量的增加而降低。在这些关系式中没有考虑黏土微粒在岩石中的位置，而且仅是经验性的统计结果。Eberhart-Phillips 等人于 1989 年进一步将 Han 等人于 1986 年的回归公式推广到包括压力参数。Castagna 等人于 1985 年则从测井数据推导出的类似的关系式。甘利灯于 1990 年利用渤海湾地区 28 口全波测井资料进行了统计，得到了相似的结果，这些结果总结在表 8 中。该表还包含了其他一些研究者的结果。

表 7　Han 等于 1986 年计算的回归常量

净压力	v_{po}	a_1	a_2	v_{so}	b_1	b_2
水饱和						
40MPa	5.59	6.93	2.18	3.52	4.91	1.89
30MPa	5.55	6.96	2.18	3.47	4.84	1.87
20MPa	5.49	6.94	2.17	3.39	4.73	1.81
10MPa	5.39	7.08	2.13	3.29	4.73	1.74
5MPa	5.26	7.08	2.02	3.16	4.77	1.64
空气饱和						
40MPa	5.41	6.35	2.87	3.57	4.57	1.83

表 8　纵横波速度与孔隙度和泥质含量之间的关系

作者	纵波速度	横波速度
Tosaya（1982）	$v_p=5.8-2.4C-8.6\phi$	
Kowallis（1984）	$v_p=5.6-5.7C-9.2\phi$	
Castagna（1985）	$v_p=5.81-2.21C-9.42\phi$	$v_s=3.89-2.04C-7.07\phi$
Eberhart−Phillips（1989）	$v_p = 5.77-6.94\phi-1.73\sqrt{C}+0.446\left[p_e-e^{(-16.7 p_e)}\right]$	$v_p = 3.07-4.94\phi-1.57\sqrt{C}+0.36\left[p_e-e^{(-16.7 p_e)}\right]$
甘利灯（1990）	$v_p=5.37-1.82C-6.33\phi$	$v_s=3.15-1.25C-3.51\phi$
Gist（1991）	$v_p=5.30-2.43C-6.00\phi$	$v_s=3.29-2.39C-3.97\phi$

3.3　速度与压力的关系

　　在储层中总是存在两种不同的压力：上覆岩层压力和储层压力。上覆岩层压力（p_0）也称为围岩压力，是整个上覆岩石地层所施加的压力；而储层压力（p_p）也称为流体压力或孔隙压力，是流体质量所施加的力。上覆岩层压力和储层压力之差称为上覆岩层净压力（p_d），也称为差异压力或有时称为有效压力（p_e）。严格地说 $p_e \neq p_d$。事实上 $p_d=p_0-p_p$，而 $p_e=p_0-np_p$，式中 $n \leqslant 1$。控制储层岩石地震特性的是上覆岩层净压力。这是因为孔隙流体压力抵消了一部分上覆岩层的压力，进而减少了整个岩石地层所支撑的负载。

　　下面以渤海湾地区岩心分析数据为基础分析有效压力对纵横波速度的影响。考虑到孔隙度太大，高压实验过程中岩心容易破碎，实验中选用 8 块岩心样品，孔隙度范围为

14.2%~20.5%。图4为压力与岩石纵、横波速度的关系图，可以看出，有效压力增加，纵横波速度增加。然而，纵横波速度与有效压力之间的关系是非线性的。实际上，压力对纵横波速度的影响分为两个阶段，前一个阶段上升的趋势很快，这是由于在压力作用下，使颗粒相互接触导致裂隙和微缝紧密闭合，使岩石的总刚度增加所致。后一个阶段，随着压力增加，岩石变形主要受骨架颗粒、胶结物或孔隙压缩控制，变形量减小，速度增加缓慢。例如，当有效压力从约 10MPa 增加至约 20MPa 时，纵波速度约增加 19%；而有效压力以相同的增量从约 30MPa 增至约 40MPa 时，仅导致 4.5% 的纵波速度增高。横波也有类似的结果。可见，在有效压力低时，压力对纵横波速度的影响大，而随着有效压力的增加，压力对纵横波速度的影响反而减少。

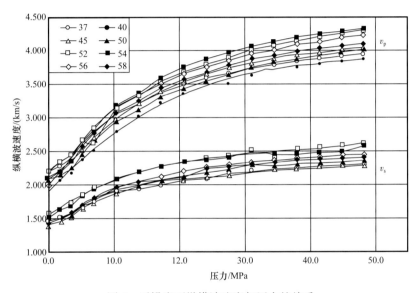

图 4 　干燥岩石纵横波速度与压力的关系

同样对于饱和岩石样品，也有类似的变化规律，即纵横波速度随压力的增加而增加，它们之间的关系也是非线性的，只不过由于孔隙中充满水，纵横波速度随压力的变化率比干燥岩石时小。当有效压力从约 10MPa 增加至约 20MPa 时，纵波速度增加约 7%，横波速度增加约 8%；而有效压力以相同的增量从约 30MPa 增至约 40MPa 时，纵横波速度平均增加 2%（图 5）。

3.4　纵横波速度关系

纵横波速度关系是利用地震或测井资料确定岩性，也是利用 AVO 技术确定孔隙流体的关键。Pickett 于 1963 年认为纵横波速度比为一常数，而且不同的岩性是不一样的，因此，多年来纵横波速度比一直被用作岩性的指示，即石灰岩的纵横波速度比 1.9，白云岩是 1.8。在孔隙度低的砂岩中为 1.6，而在孔隙度比较高的砂岩中，这一值则变为 1.8。Castagna 利用 Pickett、Milholland 以及他自己的数据分岩性对此做了详细总结，其结果见表 9。

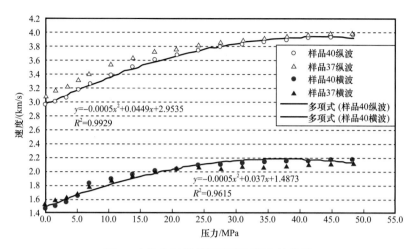

图 5 水饱和时纵横波速度与压力的关系

表 9 纵横波速度关系统计表

岩性		$v_s=av_p^2+bv_p+c$	样品数	最小 v_p	最大 v_p
石灰岩（岩心，饱和水，Castagna，1993）		$v_s=-0.055v_p^2+1.017v_p-1.030$	129	1.5	6.5
白云岩（岩心，饱和水，Castagna，1993）		$v_s=0.583v_p-0.078$	37	4.0	7.0
砂岩	全部（岩心，饱和水，Castagna，1993）	$v_s=0.804v_p-0.856$	136	1.5	6.1
	泥岩含量大于 25%（岩心，水饱和，Han，1986）	$v_s=0.842v_p-1.099$			
	泥岩含量小于 25%（岩心，水饱和，Han，1986）	$v_s=0.754v_p-0.657$			
	孔隙度大于 15%（岩心，水饱和，Han，1986）	$v_s=0.756v_p-0.662$			
	孔隙度小于 15%（岩心，水饱和，Han，1986）	$v_s=0.853v_p-1.137$			
泥岩（岩心，饱和水，Castagna，1993）		$v_s=0.770v_p-0.867$	32	1.5	5.9
煤（Castagna，1993）		$v_s=-0.232v_p^2+1.542v_p-1.214$	143	1.5	3.5
泥岩线（测井数据，Castagna，1983）		$v_s=0.862v_p-1.172$			
砂岩（岩心，水饱和，Han，1986）		$v_s=0.793v_p-0.787$			

3.5 速度与密度的关系

尽管测井可以提供岩石的密度、纵波速度和横波速度，但是，在实际应用中，为了方便，人们经常建立它们之间的关系，最经典的当然是 Gardner 关系：

$$\rho = 1.741 v_{\mathrm{p}}^{0.25} \qquad (59)$$

其中，密度的单位为 g/cm³，v_{p} 的单位为 km/s。Castagna 于 1993 年提出用 Gardner 形式和抛物线关系来回归不同岩石的密度与纵波速度的关系，结果见表 10。

表 10　密度与纵波速度关系统计表

岩性	$\rho = av_{\mathrm{p}} + bv_{\mathrm{p}} + c$			$\rho = dv_{\mathrm{p}}^{f}$		v_{p} 范围 / （km/s）
泥岩	−0.0261	0.373	1.458	1.75	0.265	1.5～5.0
砂岩	−0.0115	0.261	1.515	1.66	0.261	1.5～6.0
石灰岩	−0.0296	0.461	0.963	1.50	0.225	3.5～6.4
白云岩	−0.0235	0.390	1.242	1.74	0.252	4.5～7.1
膏盐	−0.0203	0.321	1.732	2.19	0.160	4.6～7.4

3.6　速度与温度的关系

当温度升高时，气饱和或水饱和岩石的地震速度和波阻抗仅稍有增加。然而，当岩石为原油饱和时，地震特性可以随着温度的增加而大幅度地降低，尤其是含重油的未固结砂岩。重油饱和岩石速度对温度的这种依赖关系，为热采过程地震监测提供了物理基础。Tosaya 等于 1987 年首先显示了重油砂层纵波速度引人注目的降低。当温度从 25° 增至 125℃时，v_{p} 几乎下降了 35%～90%！这种速度的巨幅降低部分原因是原油的可压缩率增加所造成的，部分原因是实验中异常高的孔隙压力所致。Wang 和 Nur 于 1990 年在实验中避免了超压问题，其结果说明 v_{p} 和 v_{s} 随着温度的增加而降低，当温度从 20° 增至 125℃时，v_{p} 降低了 40% 以上。理论上，v_{s} 不受流体影响，但是，由于重油的黏度较高，在原油和岩石颗粒之间形成一种很强的界面力。当温度增加时，原油的黏滞性和界面力减小，砂岩颗粒松开致使体积模量和剪切模量降低，最后导致横波速度降低。当温度从 22° 增至 177℃时 v_{s} 也降低了约 15%。

就渤海湾地区一个岩样而言，纵横波速度随温度的增加大致呈线性缓慢下降，如图 6 所示。这与国外结论不同，但与云美厚对大庆油田的岩样进行的实验结果相一致，他认为随着温度的升高，岩石软化，可压缩性增大，速度降低。但有一点可以肯定，那就是温度对于水饱和岩心的纵横波速度影响比较小。

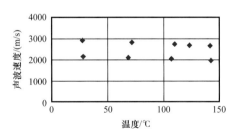

图 6　渤海湾地区纵横波速度与温度之间的关系

3.7　孔隙流体类型与饱和度对岩石纵横波速度的影响

以岩心分析数据为基础。首先，分析饱和白油与煤油时纵横波速度的差异，选用了 12 块样品。在束缚水状态下，分别测量岩石饱和白油和煤油时的纵、横波速度。两种油

的密度分别为 $\rho_{白油}$ =0.8462g/cm^3，$\rho_{煤油}$ =0.7927g/cm^3。图 7 和图 8 分别为白油束缚水和煤油束缚水时岩石纵横波速度对比图。从图中可以看出，除了 4 号样品外，其他所有样品白油束缚水时的纵波速度比煤油束缚水时纵波速度大，其变化范围为 0.5%~4%，大部分为 2.7%~4%，平均为 2.7%。相反，白油束缚水和煤油束缚水横波速度之间的差异有正有负，变化范围 -6%~3.2%，平均为 -0.2%，可见流体对横波速度的影响很小，这与理论结果时相一致的，同时也证明了实验的可靠性。

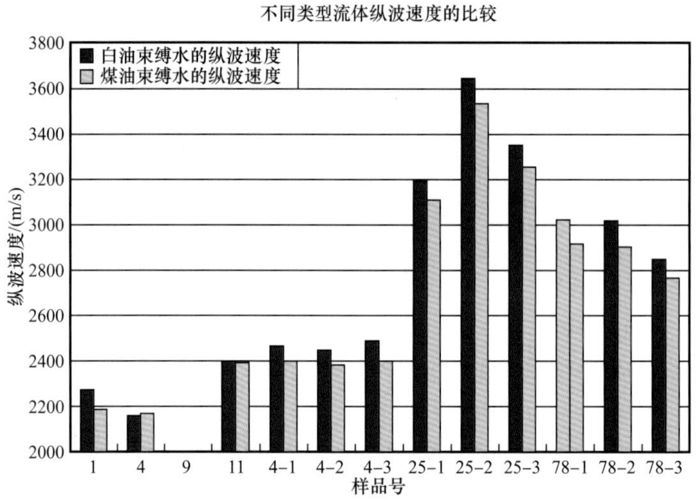

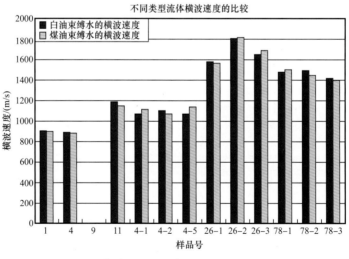

图 7　白油束缚水与煤油束缚水时纵波速度对比图

图 8　白油束缚水与煤油束缚水时横波速度对比图

图 9 为 44 块注水砂岩样品纵波波阻抗相对变化率与孔隙度的关系图。由图可见，具有坚硬弹性骨架的低孔隙度岩石，显示出注水对地震波阻抗的影响很小。当孔隙度小于 25% 时，波阻抗相对变化量一般小于 8%，只有但孔隙度大于 25% 时，波阻抗相对变化量才会超过 10%。实际上，流体饱和的影响主要受孔隙的可压缩性（或孔隙形状）控制，

并不完全受孔隙度影响。具有裂缝或裂隙的岩石，无论孔隙度多么低，总是显示出流体饱和度对地震速度有很大的影响。这是因为裂缝和裂隙是非常柔顺的。

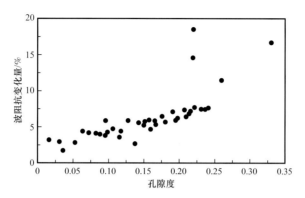

图9 注水过程引起的波阻抗变化量与孔隙度的关系

在分析饱和度的影响时，以实验室岩石分析数据为基础。选用与分析不同流体类型对纵横波速度影响相同的12块样品，其孔隙度范围为13.6%～33.0%。在束缚水状态下进行水驱油至残余油，分别测量不同饱和度时的纵、横波速度。图10给出了流体饱和度与纵、横波速度的关系。从图中可以看出，纵波速度随饱和度增加而增大，变化量为1.9%～7.4%，平均为4.4%。横波速度随饱和度增加变化不大。

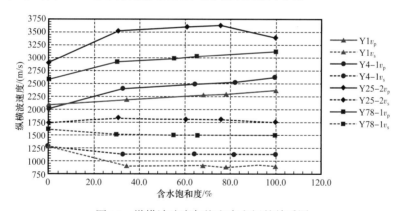

图10 纵横波速度与饱和度之间的关系图

4 应用领域

地震岩石物理的应用领域很广，尤其在地震解释方面，归纳起来有以下几个方面：（1）AVO分析；（2）储层地球物理特征分析；（3）横波速度预测；（4）岩性和流体敏感性分析；（5）正演模拟；（6）叠前反演处理与解释；（7）四维地震等。

参 考 文 献

［1］陈颙，黄庭芳，刘恩儒.岩石物理学［M］.合肥：中国科技大学出版社，2009.
［2］V H ermák，Huckenholz H G，Rybach L，et al.Physical Properties of Rocks［J］.Fundamentals &

Principles of Petrophysics, 1996, 18（11）: 335-338. DOI: 10.1016/S1572-1000（10）70082-X.

［3］Dewar J .Rock Physics for the Rest of Us-An Informal Discussion［J］.［2023-11-07］.

［4］Mukerji, Tapan.The rock physics handbook:［M］.Cambridge University Press, 1998.

［5］Castagna J P, Batzle M L, Kan T K. Rock physics-The link between rock properties and AVO response［M］. 1993.

［6］Nur A M, Wang Z. Seismic and acoustic velocities in reservoir rocks. Volume 1, experimental studies［J］.1989.

［7］Wang Z, Nur A. Seismic and acoustic velocities in reservoir rocks, Vol. 2, Theoreti-cal and model studies［J］. 1989.

［8］ZhijingWang,AmosNur.Seismic and acoustic velocities in reservoir rocks: v.3: Recent developments［M］. Society of Exploration Geophysicists, 2000.

［9］Wang Z. Y2K Tutorial Fundamentals of seismic rock physics［J］.Geophysics, 2001, 66（2）: 398-412.

流体识别与描述的岩石物理基础探讨

李凌高，甘利灯

当前，随着油气勘探的需求和技术的进步，地震技术解决的问题不再限于构造成像，而是在于如何把各种地球物理综合信息转化为岩性、物性和含油气性等信息。近年来，地震技术在储层识别和预测中取得了长足进步，并在岩性地层油气藏的勘探中见到一定效果，但仍不能满足含油气性识别和预测的需要。因此研究如何用各种地震信息对流体进行直接识别与预测是十分必要的，这不仅具有理论价值，更具有深刻的现实意义。

本文提出了一套敏感因子分析流程（称为LPF法），该方法是一个从偶极声波测井资料、岩心分析资料出发，以流体替代、正演模拟等为手段，同时综合利用交会分析、相关分析、因子分析、判别分析等统计学分析方法，提取孔隙流体最敏感的弹性参数和地震属性（或组合）分析过程，其结论将为流体识别和预测提供理论和方法依据。本文还试图利用正演模拟等手段分析各种弹性参数及叠前属性随流体饱和度的变化规律的差异。

1 研究内容

1.1 岩石物理敏感因子分析

岩石物理敏感因子分析是建立弹性参数与储层（油藏）属性之间联系的过程，主要包括数据准备、储层特征分析、敏感因子分析等步骤。

（1）数据准备。

在进行岩石物理敏感因子分析之前须对测井数据进行必要的处理和校正，且这种校正应尽可能合理和保真。另外，需要对工区内的横波测井资料进行评估，对没有横波测井资料或资料不符合要求的井进行横波测井资料预测。在进行敏感因子分析之前要计算各种弹性参数曲线作为后面分析的基础数据。

为了下文表述方便，现将文中将用到的弹性参数作如下说明，此后将不再赘述。计算的弹性参数包括以下四类：

第一类是基本的弹性参数，它们具有明确的物理意义，包括：v_p（纵波速度），v_s（横波速度），ρ（密度），K（体积模量），μ（剪切模量），M（平面波模量），Y（杨氏模量），λ（第一拉梅系数），I_p（纵波阻抗），I_s（横波阻抗），σ（泊松比）等；

第二类弹性参数是第一类弹性参数的简单算术运算，包括：v_p/v_s，$\rho\lambda$，$\rho\mu$，λ/μ，K/μ，

原文收录于《中国石油天然气股份有限公司科技风险创新研究论文集》，2007，86-92。

λ/ρ 和 v_p/I_s 等。这些弹性参数是第一类弹性参数的算数运算，虽然不具有明确物理意义，但是在叠前储层描述时具有和基本弹性参数相同的功能，因而可称为扩展的弹性参数。

第三类是弹性参数是不同入射角（θ）对应的纵波弹性阻抗和转换波弹性阻抗，分别用 EI_θ 和 SEI_θ（或 $PSEI_\theta$）表示。因为转换波数据具有方向性，所以转换波弹性阻抗的入射角 θ 也可以为负数。

第四类弹性参数是国内外学者提出的弹性参数型流体因子，Hilterman（2001）流体因子，Hedlin（2000）流体因了，Batzle（1997）流体因子，Russell（2003）流体因子，Han 2004）流体因子，差异阻抗（Lucia，2004）等，宁忠华（2006）流体因子，它们也具有和基本弹性参数相同的功能，因而也可以视为扩展的弹性参数。

（2）储层特征分析。

在进行岩石物理敏感因子分析之前，需要对工区内的测井、岩心以及其他可以收集到的井筒资料有比较全面的了解，尽可能地对工区内的资料进行全面掌握、消化，初步形成一些认识，对工区储层特征的岩性、物性、油气特征等的认识应形成基本轮廓，以使后面的敏感因子分析事半功倍。

（3）敏感因子分析。

本文将联系储层属性与弹性属性的分析过程称为敏感因子分析。敏感因子分析包括岩性敏感因子分析、物性敏感因子、流体敏感因子分析等。岩性敏感因子分析的目的是要从众多弹性参数中找到一些较好的弹性参数（或组合）来定性地区分岩性或者定量地拟合岩石组分的体积分数（如泥质含量）；物性敏感因子分析是要找到那些可以用来定性判别储层好坏或定量地预测孔隙度的最佳弹性参数（或组合）；流体敏感因子分析是要找到定性判识孔隙流体类型或定量预测流体饱和度的弹性参数（或组合）。

针对敏感因子分析，本文提出了 LPF 分析方法，其步骤如下：

① 进行岩性敏感因子分析，得到定性或定量描述岩性的最佳弹性参数（或组合），在此基础上定性识别出有利岩性或定量计算岩石组分的体积分数；

② 在识别出的有利岩性中进行孔隙度敏感因子分析得到定性或定量描述岩性的最佳弹性参数（或组合），在此基础上定性识别出有效储层或者定量计算孔隙度；

③ 在有效储层中进行流体敏感因子分析得到定性或定量描述流体的最佳弹性参数，在此基础上进行流体类型的定性识别或预测流体饱和度。

该流程不但适用于测井资料参数分析也适用于地震属性分析，根据去粗取精、由表及里的思路将多种统计方法有机结合起来：将交会分析用于初选岩性、物性、流体定性描述的弹性参数组合；根据判对率和判错率两个指标将判别分析（判别分析是一种根据已知样点分组情况判断未知样点分组情况的多元统计方法；判对率和判错率是检验判别函数有效性的两个指标）用于对初选的弹性参数组合进一步优选；将相关分析用于初步对泥质含量、孔隙度、饱和度等定量的油藏属性拟合；将回归分析和神经网络分析（用多个变量拟合目标变量的统计方法）用于更好地对定量油藏属性进行拟合；主成分分析则用于在神经网络分析前对多个变量进行压缩、降维。

（4）一种含水饱和度直接计算方法——孔隙体积模量法。

为了对含水饱和度进行定量预测，这里提出孔隙体积模量法，其步骤如下：

① 用 Gassmann 方程进行流体替代并计算得到干燥岩石体积模量（K_d）和孔隙体积模量（K_p）：

$$K_s = K_d + K_p \qquad (1)$$

式中　K_s——饱和岩石的体积模量；

　　　　K_d——干燥岩石的体积模量；

　　　　K_p——由于流体饱和效应而引起的干燥岩石的体积模量的增量，反映流体体积模量的一个最直接指示因子。

② 用多个弹性参数来拟合干燥岩石的体积模量，得到计算干燥岩石体积模量的经验公式：

$$K_d = f_1(x_1, x_2, x_3, \cdots) \qquad (2)$$

式中　x_1，x_2，x_3——各种弹性参数；

　　　　f_1——函数关系。

③ 建立含水饱和度（S_w）和孔隙体积模量（K_p）之间的函数关系：

$$K_p = f_2(S_w, y_1, y_2, y_3, \cdots) \qquad (3)$$

式中　y_1，y_2，y_3——各种弹性参数；

　　　　f_2——函数关系。

由于 K_p 是流体饱和引起的体积模量增量，它一定与含水饱和度 S_w 具有很好的函数关系，因而通常情况下这一环节非常容易实现。

④ 由（2），（3）两式，可以得到含水饱和度计算公式：

$$S_w = f_2^{-1}\left[K - f^1(x_1, x_2, x_3, \cdots)\right] \qquad (4)$$

1.2　典型砂岩储层的岩性和流体敏感因子分析

（1）长庆苏里格地区实例。

长庆苏里格地区储层为典型的低孔低渗砂岩储层。该工区内各类资料齐全，偶极声波测井资料丰富，但是大部分井的横波测井资料质量不满足要求，有必要进行横波速度估算以使分析中用到的井的横波资料质量可靠，满足数据要求。首先计算了大量弹性参数，本文已开始有具体说明，这里不再赘述。

根据岩石 LPF 分析方法，得到如下结论：

① 定性识别岩性时，最佳单个弹性参弹性参数是 $SEI_{-20°}$、v_p/v_s 和 $EI_{20°}$，两个弹性参数组合是（ρ，v_p/v_s）。泥质含量定量预测时：最佳单个弹性参数是 v_p/v_s；两个参数是（v_p，v_s）；三个参数是（v_p，v_s，ρ）；四个参数是（v_p，v_s，ρ，λ）；继续增加弹性参数预测效果改善不明显。

② 在精细岩性划分后识别出的砂岩中，孔隙度与纵波阻抗有很好的线性关系，其相关系数达 0.87。表明可以从纵波阻抗计算砂岩的孔隙度。

③ 砂岩中，干燥岩石体积模量可以从其他弹性参数中较好地预测：

$$K_d = 30.26 + 0.17V_{sh} - 101.3\phi \qquad (5)$$

式中　V_{sh}和ϕ——分别为泥质含量和孔隙度，可以根据岩性和物性敏感因子分析的结论从其他弹性参数计算得到。

而砂岩中孔隙体积模量与含水饱和度之间也存在很好的线性关系。

本工区的Ⅰ类砂岩中有

$$S_w=20.42K_p+18.26，R_2=0.87 \tag{6}$$

Ⅱ类砂岩中有

$$S_w=14.11K_p+32.95，R_2=0.63 \tag{7}$$

利用式（5）～式（7）就可以从弹性参数计算含水饱和度。结果表明计算的含水饱和度与测井解释的含水饱和度吻合很好。

（2）南堡滩海地区实例。

南堡滩海地区储层为典型的中孔中渗砂岩储层。该地区的偶极声波测井资料丰富，目的层附近除砂泥岩地层外还有大套火成岩，由于火成岩的岩石物理建模问题是尚未解决的技术难题，这里我们采用了分岩性经验公式法对不满足要求和没有横波资料的井进行了横波速度估算。

用LPF方法进行敏感因子分析得到如下结论：

① 纵波阻抗—密度交会法可以较好地识别岩性；砂岩中泥质含量可以利用下式计算得到：

$$V_{sh}=-468.64+212.28\rho+0.075I_p-0.15I_s（R=0.80） \tag{8}$$

② 在砂岩中可以用密度较好地预测孔隙度；

③ 干燥岩石体积模量可以由下式拟合：

$$K_d=-36.94+0.024v_s+0.22V_{sh}+31.55\phi，（R=0.84） \tag{9}$$

砂岩中含水饱和度和孔隙体积模量（饱和岩石与干燥岩石体积模量的差值）之间存在很好线性关系：

$$S_w=19.398K_p-5.05，（R=0.979） \tag{10}$$

根据式（8）～式（10）可以实现含水饱和度的定量计算。

（3）渤海蓬莱实例。

渤海蓬莱地区储层为典型的高孔高渗砂岩，砂岩未完全固结。收集到的该工区内资料有限，共收集两口具有偶极声波测井资料的井的资料。敏感因子分析的结论是：

① I_p-σ交会法和ρ-v_p/v_s交会法可以较好地定性区分砂泥岩；

② 在识别出的砂岩中，I_p-ρ交会法和v_p-ρ密度交会法均能较好地定性描述储层物性好坏（孔隙度高低）；识别出的砂岩中，用v_p和ρ两个参数可以对孔隙度进行较好地拟合：

$$\phi=94.64-0.0087v_p-20.90\rho，（R=0.912） \tag{11}$$

③ 差异阻抗曲线和含水饱和度曲线相似性好，表明可以根据差异阻抗用来预测流体。

1.3 不同条件下各种弹性参数和 AVO 属性对流体的敏感性研究

（1）流体替代和弹性参数随流体饱和度的变化规律研究。

为了考察各种弹性参数和 AVO 属性对流体的敏感性的差异，这里选择了典型的高孔高渗储层（如蓬莱地区）、典型的中孔中渗储层（如南堡滩海地区）和典型的低孔低渗储层（如长庆苏里格地区的）测井资料进行流体替代和正演模拟。

流体替代时对每种类型的储层都考虑孔隙流体体系为油水混合与气水混合两种情形，对每种流体混合情形中油的状态考虑均匀饱和与碎片饱和两种流体模式。经过流体替代就可以对各种弹性参数对流体饱和度变化的响应规律进行研究。

（2）叠前正演模拟和叠前地震属性随流体饱和度的变化规律研究。

流体替代后，给定一定子波，并根据 Zoeppritz 方程计算各种流体饱和度情况下的反射系数就可以进行叠前正演模拟，模拟各种饱和度情况下的叠前地震道集。

得到叠前地震道集后就可以从叠前地震道集提取各种叠前属性分析各种属性随流体饱和度的变化规律。

（3）弹性参数和地震属性对比分析。

由于各种弹性参数和地震属性对含水饱和度的响应程度有较大差异，弹性参数、地震属性等之间也存在单位和量级的差别，为了使得这些弹性参数之间具有可对比性，现引入如下评价指标：

$$\psi\left(S_{w}\right)=\frac{\left|x_{sw}-x_{100}\right|}{\left|x_{100}\right|}\times100\% \qquad (12)$$

式中　X_{sw}——饱和度为 S_w 时的变量的值；

　　　X_{100}——饱和度为 100% 时变量的值。

将不同储层类型、油水体系及孔隙流体混合模式下各种弹性参数和地震属性的归一化评价指标 $\psi\left(S_w\right)$，并将 $\psi\left(S_w\right)$ 与含水饱和度（S_w）在平面直角坐标系下绘制成图就可以对各种弹性参数随流体饱和度变化的敏感性变化进行对比研究了。

根据以上方法将各种弹性参数和 AVO 属性随含水饱和度的变化规律进行了对比分析，并初步得出如下结论：

① 无论何种饱和模式、孔隙度大小如何，当其他条件相同，仅孔隙中流体饱和度发生变化时，孔隙间充填气水混合物时较孔隙间充填油水混合物时弹性参数随含水饱和度变化更明显。

② 对低孔隙度储层而言，孔隙间充满气水混合物且均匀饱和时，低角度弹性阻抗比高角度弹性阻抗随含水饱和度变化更明显；当孔隙间充满气水混合物且碎片饱和以及孔隙间充满均匀饱和或碎片饱和的油水混合物时，高角度弹性阻抗比低角度弹性阻抗更敏感。

③ 对弹性参数型流体因子而言，Batzle 流体因子、韩德华流体因子、Hilterman 最敏感，其次为，Hedlin 流体因子和宁忠华二次流体因子，它们在各种孔隙度储层中的孔隙流体识别中都体现出明显的优势，识别效果均好于基本弹性参数。

④ 对基本弹性参数而言，一般弹性参数中对流体较敏感的弹性参数有 μ/λ、λ、λ/μ、K、

K/μ 等，其中 μ/λ 对含水饱和度最敏感，以下依次为 λ、K；λ 与 λ/μ 对含水饱和度敏感性相同，K 与 K/μ 对含水饱和度的敏感性相同。

⑤ 各种 AVO 属性对含水饱和度的敏感性与围岩关系密切，没有明显规律可循，这是因为 AVO 属性不仅与所研究的储层的性质有关，而且与围岩的性质有关，建议在具体工区的应用之前都进行 AVO 属性的敏感性分析，从而优选最佳的流体敏感地震属性。

2　研究结论

提出了一套实用的岩石物理敏感因子分析流程（LPF 法）和一种用弹性参数直接计算含水饱和度的方法（孔隙体积模量法）；应用 LPF 法对长庆苏里格、冀东滩海、渤海蓬莱等典型储层进行了岩石物理敏感因子分析，总结了各工区的岩性、物性、流体敏感因子；从流体替代和正演模拟出发，对常见的弹性参数、流体因子以及叠前属性随流体饱和度的变化规律进行了探索。

3　研究成果与应用

本研究的成果在长庆苏里格气田、冀东南堡滩海地区的叠前储层预测和储量评估项目中发挥了举足轻重的作用，而这些叠前储层预测项目在苏里格气田的规模、高效开发以及南堡滩海的储量升级中起到了重要的技术支撑作用。

4　下一步应用建议

流体识别与描述的岩石物理基础理论和应用技术用于指导叠前地震预测，最大限度地挖掘叠前地震数据中的信息，更有效地利用这些信息来对地下储层地岩性、物性和流体进行成像，不但具有重要的理论意义，而且将对油气工业产生巨大的经济效益，下一步应加快研究成果向直接经济效益的转化。

参 考 文 献

［1］Goodway W，Chen T，Downton J. Improved AVO fluid detection and lithology discrimination using Lame petrophysics parameters："Lambda−Rho"，"Mu−Rho"，& "Larnbda/Mu fluid stack"，from P and S inversions，67th Annual International meeting，SEG［C］. Expanded Abstract，1997：183−186.

［2］Mavko G，Mukerji T. Bounds on low——frequency seismic velocities in partially saturated rocks［J］. Geophysics，1998，63：918−924.

［3］Domenico S N. Effect of brine−gas mixture on velocity in an unconsolidated gas reservoir［J］.Geophysics，1976，41，882−894.

［4］Brie A，Pampuri F，Marsala A F，et al. Shear sonic interpretation in gas−bearing sands SPE［C］.1995：701−710.

［5］Mavko G，Mukerji T，Dvorkin J. The rock physics handbook［M］.Cambridge Univ.Press.，1998.

［6］Biot M A. Theory of propagation of elastic waves in fluid saturated porous solid，Ⅱ，High frequency range［J］. Acoust. Soc. Am.，1956，28：179−191.

［7］李凌高，姚逢昌，甘利灯. Gassmann 方程及其应用［J］. 石油地球物理勘探，东部会议专刊，2004：129-131.

［8］甘利灯，赵邦六，杜文辉，等. 弹性阻抗反演及其在岩性和流体预测中的潜力分析［J］. 石油物探，2005，44（5）：504-508.

［9］甘利灯，杜文辉，戴晓峰，等. 叠前反演及其应用，中国石油学会东部地区第13次物探技术研讨会论文集［C］. 2005：401-405.

［10］张明，甘利灯，李凌高，等. 三分量地震技术在四川广安地区的应用［J］. 新疆石油地质，2007，28（4）：504-506.

［11］Linggao Li，Lideng Gan，Xin Zhang. A new practical petrophysics analysis procedure for lithology and porosity characterization and hydrocarbon identification，"Challenges in Seismic Rock physics"-Summer Workshop［C］. SEG，June 25-29，2007.

［12］宁忠华. 基于地震资料的高灵敏度流体识别因子［J］. 石油物探，2006，45（3）：239-241.

面向叠前储层预测和油气检测的岩石物理分析新方法

李凌高，甘利灯，杜文辉，戴晓峰，张昕

1 序言

叠前地震反演是勘探地球物理领域正在兴起的一项新技术。该技术在有些国家已经逐渐替代常规叠后反演成为油气储层预测中不可缺少的研究。近年来，该技术在国内也日益受到重视，在理论和方法研究中均取得了喜人的成果，实际应用中，各油田也先后开展了先导性试验工作，在一些工区还实现了工业化应用，取得了较好的应用成果。然而就怎样有效地将叠前反演的结果和储层参数关联起来，国内少有人研究。国外杂志中也未见专门介绍岩石物理分析方法和流程的文章发表。

本文提出了一套完整的岩石物理分析流程，即 LPF 流程。该流程从测井资料出发，利用多种统计学方法，试图建立岩性、孔隙度、流体饱和度等储层属性与各种弹性参数之间的联系，指出对研究区内的岩性、孔隙度、流体定性识别和定量预测的有效的弹性参数（或组合）。

2 敏感因子分析

LPF 岩石物理分析流程包含三个主要步骤：寻找区分岩性的最佳弹性参数（或组合）；寻找用于定性或定量评价储层孔隙度的最佳弹性参数或组合；在孔隙度相对较高的岩性中，寻找描述孔隙流体的最佳弹性参数或组合，如图 1 所示。

LPF 分析流程中，将相关分析、交会分析、判别分析、多元回归分析以及神经网络分析等多元统计方法按两条主线有机结合起来。

第一条主线围绕如何定性地描述储层，如岩性的定性识别。针对岩性定性识别问题，LPF 采取如下步骤：

（1）进行交会分析，将各种弹性参数两两交会，根据交会图初步筛选出一些识别岩性较好的弹性参数组合；

（2）对初步筛选出的弹性参数组合进行判别分析，根据判对率和判错率两个指标对弹性参数组合进一步筛选出最佳的弹性参数组合，使得对岩性识别更加有效。判别分析是

原文收录于《内蒙古石油化工》，2008，（18）：116-119。

根据已知样点及其分组判断未知样点的分组的一种统计方法。判对率和判错率是对分组的风险评估有两个指标。判对率描述的是，对某分组判断正确的样点数占该分组总样点数的比例，该指标永远小于 1；判错率描述的是，将其他分组样点判为某组岩性的样点数占该组样点数的比例，该指标可能大于 1。判错率越高、判对率越低说明所用的判别方案的风险越大。因而这里用判别分析筛选弹性参数组合时采用了判错率低和判对率低这一原则。

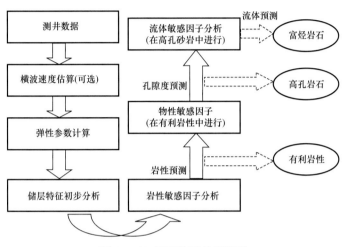

图 1   LPF 岩石物理分析流程

另一条主线是围绕如何定量描述储层参数，比如泥质含量、孔隙度、流体饱和度。相关分析、多元回归分析、神经网络分析是储层参数定量描述的有效方法。只在极少数比较理想的情况下，简单的相关分析得到的单一弹性参数就能较好地用于储层参数定量描述；大多数情况下，必须采用多元回归分析和神经网络分析方法以取得更好能取得更好的预测效果。为了减少多元回归分析和神经网络分析中输入参数的个数，加快运算速度，往往需用主成分分析法对最初出入的变量进行数据压缩和降维。

LPF 岩石物理分析总体流程如图 1 所示，下面介绍该流程的几个主要步骤：

（1）弹性参数计算。

在进行岩石物理分析之前，首先要从纵波速度、横波速度、密度曲线计算大量的其他弹性参数。为方便起见，现对本文将提及的弹性参数及其数学符号的对应关系说明如下：v_p 为纵波速度，v_s 为横波速度，ρ 为密度，λ 为第一拉梅系数，v_p/v_s 为速度比，v_p/I_s 为纵横波速度比与密度的比值，$EI_{20°}$ 为 20° 角对应的纵波弹性阻抗，$SEI_{-20°}$ 为 −20° 角对应的 PS 波弹性阻抗等。

（2）岩性敏感因子分析。

本文中岩性敏感因子分析指的是从各种弹性参数中寻找能够定性区分各种岩性或者能够定量地岩性组分曲线（如泥质含量曲线）的弹性参数组合的分析过程。图 2 中给出了岩性敏感因子分析的详细流程。

（3）孔隙度敏感因子分析。

本文孔隙度敏感因子分析指的是寻找能有效较好地定性或定量预测岩石的孔隙度的弹

性参数（或组合）的过程。根据 LPF 分析流程，孔隙度敏感因子分析应在岩性敏感因子分析的基础上在识别出的有利岩性中进行，而不应直接针对所有岩性进行孔隙度敏感因子分析。图 3 给出了孔隙度敏感因子分析的流程。

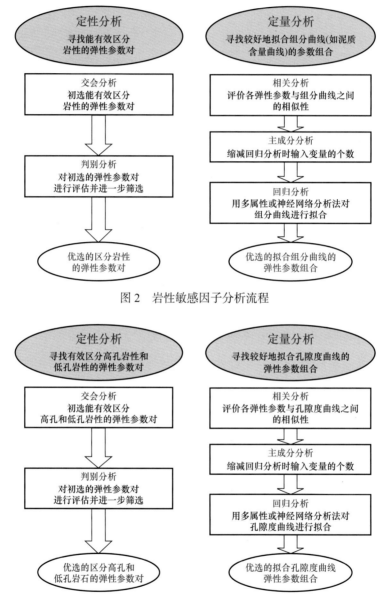

图 2 岩性敏感因子分析流程

图 3 孔隙度敏感因子分析

（4）流体敏感因子分析。

本文的流体敏感因子分析是寻找能有效地定性识别富烃储层或定量预测储层中的含烃饱和度的弹性参数（或组合）的过程。同样，LPF 方法认为，流体敏感因子分析应在岩性敏感因子分析和孔隙度敏感因子分析的基础上，在识别出的相对高孔砂岩中进行的。流体敏感因子分析同样也包括定性分析和定量分析两个方面的内容，其流程如图 4 所示。

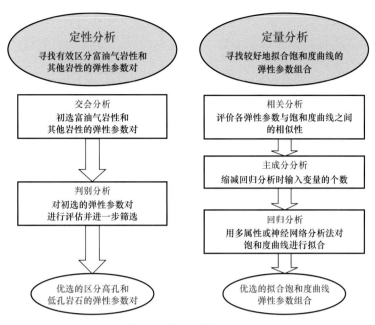

图 4　流体敏感因子分析

3　应用实例

本实例中的数据来自中国西北的 SLG 气田。工区内，目的层主要以沙泥岩为主，其中还可以见到一些煤层。储层平均孔隙度不到 10%，是典型的低孔隙度储层。从低孔隙度、低渗透率储层中识别和预测相对高孔高渗透的砂岩，以及对孔隙流体进行识别和预测，以实现该气藏的经济和高效开发是该区内进行叠前储层描述的主要任务。

该工区各种岩性的纵波阻抗相互重叠，这使得仅靠叠后反演的方法获得的纵波阻抗将难以区分岩性，更无法解决这里面临的地质问题。而叠前地震反演能获得大量的信息，在解决此类地质问题具有巨大优势。岩石物理分析是叠前储层预测中的一个重要且十分关键的环节，对叠前反演结果的解释具有指导性作用。

下面是根据 LPF 流程针对这个工区内的测井数据进行岩石物理分析得到的一些认识：

（1）砂岩定性识别。

针对岩性定性识别问题，最佳的单个弹性参弹性参数是 SEI（$-20°$），$v_\mathrm{p}/v_\mathrm{s}$ 和 EI（$20°$），两个弹性参数组合是 $\rho-SEI$（$-20°$）和 $\rho-v_\mathrm{p}/v_\mathrm{s}$。图 5 所示的是纵横波速速度比与密度的交会图，图中散点的颜色表示不同的岩性。可以看出：煤的典型特点是密度较低（小于 2.3g/cm³）；而砂泥岩的密度较高，密度大于 2.3g/cm³ 且速度比小于 1.7 的散点对应砂岩的响应特点，而密度大于 2.3g/cm³ 且速度比大于 1.7 的散点则对应泥岩的响应特点。

（2）泥质含量曲线定量拟合。

图 6 给出了各种弹性参数组合方案对泥质含量的拟合效果。图中红色曲线是实际的泥质含量曲线，蓝色曲线是用不同的参数组合拟合得到的泥质含量曲线，黄色矩形中标出了各种参数组合拟合泥质含量曲线时的相关系数。可以看出包 3 个弹性参数（v_p，v_s，ρ）

能对泥质含量较好的拟合（相关系数 0.816）；7 个弹性参数（v_p，v_s，ρ，λ，v_p/v_s，v_p/I_s，$EI_{20°}$）能对泥质含量很好拟合（相关系数 0.892），相关系数随着弹性参数的个数增加而逐渐增加，但是当弹性参数个数从 7 个增加到 16 个时，相关系数变增加很小（只增加了 0.007），说明更多弹性参数的组合对拟合效果改善并不明显。

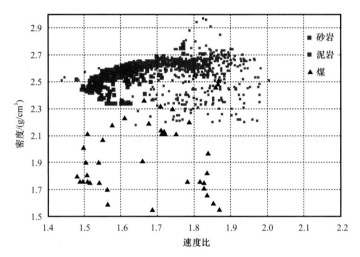

图 5　速度比—密度交会能够很好识别岩性

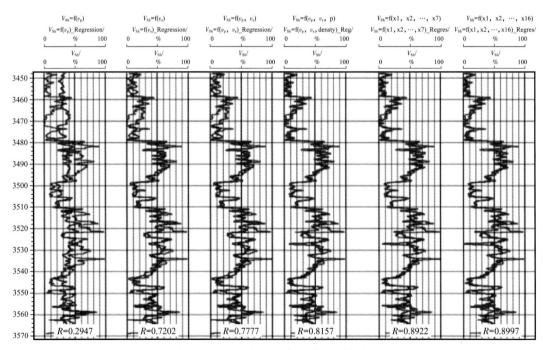

图 6　多元回归方法拟合泥质含量效果图

（3）高孔砂岩定性识别。

在区分高孔砂岩和低孔砂岩方面，密度—速度比交会法是一种行之有效的方法，如图 7 所示。

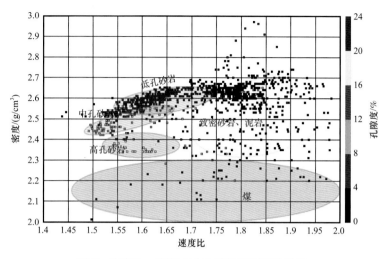

图 7　速度比—密度交会法定性识别高孔砂岩

（4）孔隙度定量预测。

在砂岩中，孔隙度与纵波阻抗有很好的线性关系（图8），因而可以根据此线性关系计算砂岩的孔隙度。

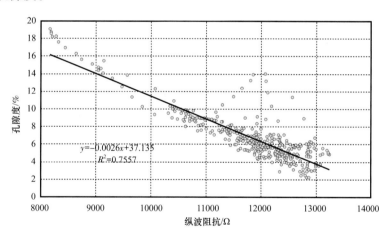

图 8　砂岩中孔隙度—纵波阻抗交会图

（5）储层含气性定性描述。

在流体定性描述方面，优选了纵波阻抗—韩德华流体因子交会法，如图9所示。交会图中，韩德华流体因子小于40的范围的散点（图中用椭圆圈出）对应含水饱和度小于50%（即高含气饱和度）的储层的响应特征，据此可以对储层进行含气性预测。

（6）流体饱和度定量预测。

在含水饱和度定量预测方面，针对孔隙度大于5%的砂岩，采用多属性回归和神经网络方法对含水饱和度进行拟合，相关系数分别是0.68和0.75，如图10所示，蓝色曲线是测井解释的含水饱和度，红色曲线分别表示多属性回归方法和神经网络方法预测的含水饱和度。中说明在识别出有效储层后，利用神经网络方法基本能对含水进行定量预测。

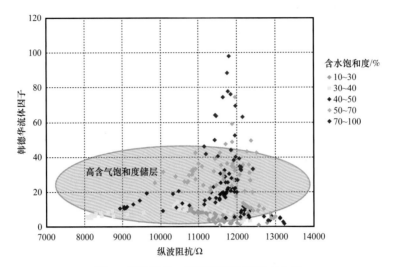

图 9　纵波阻抗—韩德华流体因子交会图

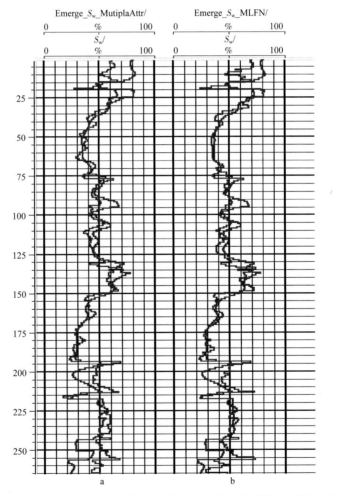

图 10　多元回归（a）和神经网络（b）方法拟合的 S_w 与测井解释的 S_w 的比较

4 结论

本文将多种统计学方法有机结合，建立了一套完整的面向叠前地震储层预测的岩石物理分析的流程，即 LPF 分析流程。本文还以 SLG 地区为例，展示了应用该流程进行岩石物理分析时的效果，提出了研究区内岩性、物性和流体定性识别和定量描述的敏感因子，为工区内叠前地震反演结果的解释提供了指导。

参 考 文 献

［1］De-hua Han，Michael L. Batzle. Gassmann's equation and fluid-saturation effect on seismic velocities［J］. Geophysics，2004，69（2）.

［2］David Gray，Eric Andersen. The application of AVO and Inversion to the estimation of rock property ［C］. SEG annual meeting，2000.

［3］Russell，Hedin，Hilterman，et al. Fluid-property discrimination with AVO：a Biot-Gassmann perspective ［J］. Geophysics，2003，68（1）.

［4］Ken Hedin. Pore space modulus and extracting using AVO［C］. SEG annual meeting，2000.

［5］Mavko G，Mukerji T，Dvorkin J. The Rock Physics Handbook［M］. Cambridge University Press，Cambridge，1998.

［6］Castagna J，Batzle M，Eastwood R. Relationships between compressional wave and shear wave velocities in clastic silicate rocks［J］. Geophysics，1985，50：571-581.

地震岩石物理模型综述

马淑芳，韩大匡，甘利灯，张征，杨昊

1 引言

地震岩石物理学是研究与地震特性有关的岩石物理性质以及这些物理性质与地震响应之间关系的一门科学，在地震数据与油气特征和储集参数之间架起来沟通的桥梁[1]，使得地震技术的应用领域被大大拓宽了。近年来，岩石物理技术在油田勘探开发中发挥了重要作用，促进了时移地震油气监测[2]、地震岩性识别、储层流体识别等油气检测技术的发展[3]。理论模型是进行岩石物理研究的主要方法之一，它在通过一定的假设条件把实际的岩石理想化，通过内在的物理学原理建立通用的关系。有些模型假设岩石中的孔隙和颗粒是层状排列的，有些模型认为岩石是由颗粒和某种单一几何形状的孔隙组成的集合体，其中孔隙可以是球体、椭球体或是球形或椭球形的包含体，还有些模型认为岩石颗粒是相同的弹性球体。鉴于以上不同的实际岩石理想化过程，将岩石物理模型分为四类：层状模型、球形孔隙模型、包含体模型和接触模型[4]。

2 层状模型

层状模型假设等效介质由各种不同的均匀弹性相组成，其中包括孔隙流体和组成岩石颗粒的各种矿物，并呈层状排列。岩石总体的物性参数是由各组分物性参数综合而成。这类模型主要用来计算岩石骨架的弹性模量。

2.1 Voigt–Reuss–Hill 模型

要预测矿物颗粒与孔隙组成的混合物的等效弹性模量，一般需要知道各组分的体积含量和弹性模量以及空间几何分布。如果只知道各组分的体积含量和弹性模量，就只能预测等效弹性模量上下限。

Voigt[5] 提出 n 个组分的等效弹性模量的上限为

$$M_V = \sum_{i=1}^{n} \varphi_i M_i \tag{1}$$

式中 φ_i、M_i——分别是第 i 种组分的体积含量和弹性模量。

Voigt 模型假设各组分是各向同性、线性、弹性的，由于它假设各组分的应变相等，

原文收录于《地球物理学进展》，2010，25（2）：460-471。

所以它是等应变模型。但是，实际中存在的各向同性混合物永远都达不到 Voigt 上限的刚度（除了单相的纯矿物）。

Reuss[6] 提出 n 个组分的等效弹性模量的下限 M_R 满足：

$$\frac{1}{M_R} = \sum_{i=1}^{n} \frac{\varphi_i}{M_i} \tag{2}$$

相对 Voigt 等应变模型，Reuss 模型[6] 假设各组分的应力相等，因此它是等应力模型。Hill[7] 对 Voigt 和 Reuss 的上下边界进行算术平均，得到

$$M = \frac{1}{2}\left(M_V + M_R\right) \tag{3}$$

这个简单的平均并没有任何直接的物理意义，而是在没有其他方法时用来估算岩石的等效弹性模量。Kumazawa[8] 对 Voigt 和 Reuss 的上下边界进行了几何平均，得到

$$M = \left(M_V \cdot M_R\right)^{1/2} \tag{4}$$

当提供矿物分析数据时，可以用 Voigt–Reuss–Hill 模型来估计由不同矿物组成的岩石骨架模量。估计的骨架模量大多用于 Gassmann 计算，也能用于估计中等孔隙度的饱含水砂岩的等效体积模量，但是不能用于计算饱含气砂岩的等效模量或饱含流体（液体和气体）岩石的等效剪切模量。

2.2 Wood 方程

在一个流体悬浮或流体混合物中，若其非均匀性比波长小，则声波速度可由 Wood 方程[9] 精确地给定：

$$v = \sqrt{\frac{K_R}{\rho}} \tag{5}$$

其中，K_R 是混合物的等应力平均：

$$\frac{1}{K_R} = \sum_{i=1}^{n} \frac{\varphi_i}{K_i} \tag{6}$$

ρ 是平均密度，定义为

$$\rho = \sum_{i=1}^{n} \varphi_i \rho_i \tag{7}$$

式中　K_i、φ_i、ρ_i——分别是第 i 种组分的体积模量、体积含量和密度。

Wood 方程假设混合物岩石及其组分都是各向同性、线性和弹性的，它是在等应力"零频率"的基础上得到的，可以用来估计稀释悬浊液（小颗粒之间不发生直接接触）的体积模量，例如浅海沉积物。当沉积物的小颗粒发生相互接触时，Wood 方程仅服从体积模量的下限。

2.3 时间平均方程

Wyllie 等[10-12]的测量显示，假设岩石满足：（1）具有相对均匀的矿物；（2）被液体饱和；（3）在高有效压力下，波在岩石中直线传播的时间是在骨架中的传播时间与在孔隙流体中的传播时间的和，由此得到声波时差公式为

$$\Delta t = (1-\phi)\Delta t_{ma} + \phi\Delta t_f \tag{8}$$

式中　Δt——声波时差；

　　　Δt_{ma}、Δt_f——分别是孔隙流体和岩石骨架的声波时差值；

　　　ϕ——孔隙度。

因此，通常被称为时间平均方程，该方程适用于压实和胶结良好的纯砂岩。对于未胶结、未压实的疏松砂岩，需要用压实校正系数 C_p 校正[13]：

$$\phi = \frac{\Delta t - \Delta t_{ma}}{\Delta t_f - \Delta t_{ma}} \frac{1}{C_p} \tag{9}$$

对于泥质砂岩，要进行泥质校正[14]：

$$\phi = \frac{\Delta t - \Delta t_{ma}}{\Delta t_f - \Delta t_{ma}} \frac{1}{C_p} - V_{sh} \frac{\Delta t_{sh} - \Delta t_{ma}}{\Delta t_f - \Delta t_{ma}} \tag{10}$$

式中　Δt_{sh}、V_{sh}——分别是泥质的声波时差和泥质含量。

Angeleri[15]考虑到泥质含量对速度的影响，提出了三相介质的时间平均方程。刘震[16]综合宏观二相和微观三相岩石模型建立了一种扩展的时间平均方程。Kamel[17]将时间平均方程与声地层因素 Raiga—Clemenceau 方程相乘得到一个用于确定纯砂岩地层中声波孔隙度的方程，并将该方程应用到埃及 Suez 海湾中部 July 油田一口探井的现场实际资料中，图1中显示了该方程计算出的孔隙度和由中子—密度组合得到的孔隙度之间的

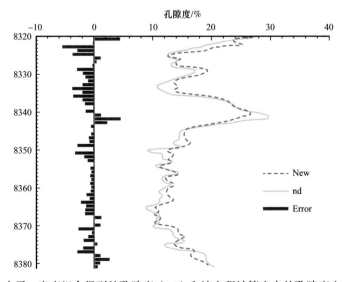

图1　由中子—密度组合得到的孔隙度（nd）和该方程计算出来的孔隙度之间的偏差

偏差，误差在石油行业内是可以接受的，而在缺少其他的孔隙度测量工具（密度和中子）和岩心的情况下这种误差还可忽略不计，因此该方程被认为是一个很好的孔隙度预测模型。

2.4 Hashin–Shtrikman 界限

为了更加实用，Hashin 和 Shtrikman[18]用变分法推导出多相介质的等效弹性模量的一组上下限，并应用到双相介质中，其值为

$$K^{HS\pm} = K_1 + \frac{\varphi_2}{\left(K_2 - K_1\right)^{-1} + \varphi_1\left(K_1 + \frac{4}{3}\mu_1\right)^{-1}} \tag{11}$$

$$\mu^{HS\pm} = \mu_1 + \frac{\varphi_2}{\left(\mu_2 - \mu_1\right)^{-1} + \dfrac{2\varphi_1\left(K_1 + 2\mu_1\right)}{5\mu_1\left(K_1 + \dfrac{4}{3}\mu_1\right)}} \tag{12}$$

式中　K_1、K_2——各组分的体积模量；

　　　μ_1、μ_2——各组分的剪切模量；

　　　φ_1、φ_2——各组分的体积含量。

上下限是通过交换哪一相是 1，哪一相是 2 来求得的，当 1 表示体积模量小的那一相时对应的是下限，反之对应的是上限。

H–S 界限假设岩石及其组分都是各向同性、线性和弹性的，它给出了弹性模量的最低上限和最高下限，因此它们比 Voigt—Reuss 上下限更接近于测量数据。通常情况下，当几种固体混合时，由于常见矿物的模量往往只差最多 1～2 倍，使得 H–S 上、下限非常接近，而流体与骨架的弹性模量之间的较大差异使得 H–S 模量边界变得很宽，所以 H–S 界限适用于估算岩石骨架的等效模量，而不适用于计算饱含流体岩石的弹性模量，特别是孔隙度小于 20% 时。

Berryman[19]将 H–S 界限扩展为更一般的形式，适用于多相介质。孙晟[20]推导出相关场变量位于统一坐标系时整体介质体积模量与剪切模量的关系，并将其与 H–S 界限结合，建立了新的整体介质弹性模量的估算公式，在一定程度上弥补经典 H–S 界限对于整体弹性模量特别是小孔隙度时剪切模量估算的不足。

3　球形孔隙模型

球形孔隙模型假设岩石是由颗粒和球状孔隙组成的集合体，所有孔隙都是连通的，并且孔隙中饱和流体，这类模型主要是用于计算饱含流体的岩石弹性模量，其中经典的 Gassmann 方程主要用于计算低频条件下饱含流体岩石的弹性模量，随后 Biot 将 Gassmann 方程拓展到全频率段。

3.1 Gassmann 方程

岩石物理分析中的一个重要问题就是从一种流体饱和的岩石地震速度预测另一种流体饱和的岩石地震速度，即用岩石骨架速度预测饱和岩石速度，反之亦然，这就是流体替换，而流体替换的基础就是 Gassmann 方程。

Gassmann[21] 提出了饱和流体岩石的弹性模量公式：

$$K = K_d + \frac{\left(1 - \dfrac{K_d}{K_m}\right)^2}{\dfrac{\phi}{K_f} + \dfrac{1-\phi}{K_m} - \dfrac{K_d}{K_m^2}}, \quad \mu = \mu_d \tag{13}$$

式中 K、K_f、K_d、K_m——分别是饱和岩石、孔隙流体、岩石骨架和组成岩石的矿物的体积模量；

μ、μ_d——分别是饱和岩石和岩石骨架的剪切模量；

ϕ——孔隙度。

此外，还有一些其他表达式[22-24]。Gassmann 方程的基本假设是：（1）岩石（基质和骨架）宏观上是均匀各向同性的；（2）所有的孔隙都是连通的；（3）孔隙中充满着流体；（4）研究中的岩石—流体系统是封闭的（不排液）；（5）当波在岩石中传播时，流体和骨架之间的相对运动可以忽略；（6）孔隙流体不对固体骨架产生软化或硬化作用。

Gassmann 方程主要是用来估算由于孔隙流体的变化造成的低频弹性模量的改变，但是它要求岩石是二相体，这与地震勘探的实际有差异。理论研究和实验室测定都证明，流体中只要含有少量气体，就足以使流体的体积压缩模量大大降低[25]，湿润的黏土矿物也会改变岩石的刚性[26]。这些都是 Gassmann 预测误差的主要来源。Berryman 和 Milton[27] 将 Gassmann 方程推广到混合孔隙介质中，该推广公式可用来通过由两种孔隙相构成的孔

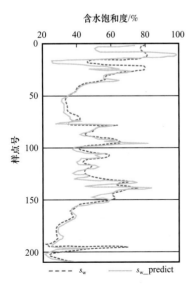

含水饱和度/%

图 2　预测与测井解释的含水饱和度

隙介质的岩石骨架速度计算低频饱和速度，例如砂岩中夹的片状页岩、大孔隙岩石中的微孔隙颗粒或孔隙岩石中的大块无孔隙包裹体。Greenberg 和 Castagna[28] 通过 Gassmann 近似公式对预测纵波速度与实测纵波速度进行比较，反演得到横波速度。云美厚等人[29] 详细讨论了利用 Gassmann 方程计算储层条件下砂岩纵、横波速度的方法，并利用计算结果对纵、横波速度的变化规律进行了分析。王玉梅等人[30] 采用 Gassmann 方程，利用岩石矿物成分、流体成分及矿物密度等测井曲线得到横波速度。黄伟传等人[31] 根据 Gassmann 理论，求取地层在含有不同流体时的密度、剪切模量、体积模量，并通过计算实现对测井曲线的校正及横波资料求取。李凌高等人[32] 基于 Gassmann 方程，提出了一种基于测井数据和叠前地震反演参数的流体饱和度定量预测方法——孔隙体积模量法，并在长庆油田苏里格地区进行

了验证，图 2 是预测（绿色曲线）与实测（黑色曲线）的含水饱和度曲线，对比可知曲线的变化趋势一致，相关系数达到 0.81。图 3 是由含水饱和度预测模型得到的含水饱和度剖面，根据预测结果部署的井位经钻探获得了高产气流。林凯等人[33]利用 Gassmann 等效介质理论，建立了鲕滩薄互层模型和薄互层楔形体模型，并正演模拟了鲕滩储层含气后的地震响应。

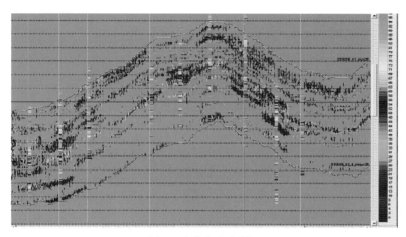

图 3 含水饱和度剖面

3.2 Biot 理论

Gassmann 方程是在用低频下模拟孔隙介质的弹性波传播。在频率较高时，一些 Gassmann 的假设就不成立了，因此方程就不能描述饱含流体的孔隙介质中的波传播。Biot[34-36]建立了一套饱含流体岩石的弹性波传播的基本理论，该理论的本质是将饱含流体岩石的弹性特性（速度和衰减）和岩石骨架、岩石格架（干燥岩石）以及饱含流体联系起来，适用于整个频率范围。Biot 理论的基本假设包括：（1）岩石或孔隙介质（基质和骨架）在宏观上是均匀和各向同性的；（2）所有的孔隙都是相互连通的，而且粒径大小完全一样；（3）波长比岩石颗粒的最大尺寸大得多；（4）岩石基质和孔隙流体之间存在相对运动但遵循 Darcy 定律；（5）由波传播过程中能量损耗造成的热效应可以忽略；（6）孔隙流体和岩石基质不发生化学相互作用。

Biot[34]得出当频率趋于零时，Biot 理论就变成了 Gassmann 方程。随后，Biot[35]又建立了高频条件下的饱含流体岩石的弹性波传播理论。当波频率趋于无穷时，可以得到如下的一组 Biot 高频方程：

$$v_{p\infty}^2 = \frac{A + \left[A^2 - 4B\left(PR - Q^2\right) \right]^{\frac{1}{2}}}{2B} \qquad (14)$$

$$v_{s\infty}^2 = \frac{\mu_d}{\rho_d + \left(1 - \frac{1}{\alpha}\right)\phi\rho_f} \qquad (15)$$

其中：

$$A=P\rho_{22}+R\rho_{11}-2Q\rho_{12}, \quad B=\rho_{11}\rho_{22}-\rho_{12}^2 \tag{16}$$

$$P=\frac{(1-\phi)\left(1-\phi-\dfrac{K_d}{K_m}\right)K_m+\phi\dfrac{K_dK_m}{K_f}}{1-\phi-\dfrac{K_d}{K_m}+\phi\dfrac{K_m}{K_f}}+\frac{4}{3}\mu_d \tag{17}$$

$$R=\frac{\phi^2 K_m}{1-\phi-\dfrac{K_d}{K_m}+\phi\dfrac{K_m}{K_f}} \tag{18}$$

$$Q=\frac{\left(1-\phi-\dfrac{K_d}{K_m}\right)\phi K_m}{1-\phi-\dfrac{K_d}{K_m}+\phi\dfrac{K_m}{K_f}} \tag{19}$$

$$\rho_{11}=\rho_d-(1-\alpha)\phi\rho_f, \quad \rho_{22}=\alpha\phi\rho_f, \quad \rho_{12}=(1-\alpha)\phi\rho_f \tag{20}$$

式中　$v_{p\infty}$、$v_{s\infty}$——分别为高频极限纵横波速度；

　　　K_f、K_d、K_m——分别是孔隙流体、岩石骨架和组成岩石的矿物的体积模量；

　　　μ_d——岩石骨架的剪切模量；

　　　ρ_f、ρ_d——分别是孔隙流体和岩石骨架的密度；

　　　ϕ——孔隙度；

　　　α——弯曲系数，由孔隙的几何形态决定。

对于固结岩石，Biot 理论不仅能用来根据岩石骨架速度计算饱和岩石的速度，还能估算速度与频率的关系，但不能用于高黏的饱含流体岩石和裂缝岩石[37]。Geertsma 和 Smit[38] 提出了 Biot 理论公式的低频和中频近似：

$$v_p^2=\frac{v_{p\infty}^4+v_{p0}^4\left(\dfrac{f_c}{f}\right)^2}{v_{p\infty}^2+v_{p0}^2\left(\dfrac{f_c}{f}\right)^2} \tag{21}$$

式中　v_p——饱和岩石的频相关纵波速度；

　　　v_{p0}——Biot 低频极限纵波速度；

　　　$v_{p\infty}$——Biot 高频极限纵波速度；

　　　f——频率；

　　　f_c——Biot 参考频率，它决定了低频范围和高频范围。

Biot 理论[36] 又被推广到各向异性介质中，但最终结果非常复杂，要求输入一些通常不能得到的参数，以至于没有被广泛应用。张应波[39]引用 Biot 理论的基本观点描述实测地震记录，初步建立了一套利用地震数据计算地层弹性参数的数学模型。孙福利等人[40]采用 Biot-Gassmann 低频速度模型，以及 Pride 公式建立起基质弹性模量与骨架弹性模量关系，进而得到横波速度。

4 包含体模型

包含体模型假设岩石是由颗粒和球形或椭球形的包含体组成的集合体，并且每个包含体在均匀的骨架中是孤立的，整体上具有和等效介质相同的弹性性质。这类模型不仅能用来估计饱含流体岩石中的地震速度，而且可以用来计算骨架速度。

4.1 Hill 包含体模型

Hill[41]基于前人的工作，计算了含球状包含体的岩石等效弹性模量，推导出如下结果：

$$\frac{c_1}{K - K_2} + \frac{c_2}{K - K_1} = \frac{a}{K} \tag{22}$$

$$\frac{c_1}{\mu - \mu_2} + \frac{c_2}{\mu - \mu_1} = \frac{b}{\mu} \tag{23}$$

其中：

$$a = 3 - 5b = \frac{K}{K + \frac{4}{3}\mu} \tag{24}$$

式中　K、μ——分别是岩石的体积模量和剪切模量；

　　　　K_1、K_2——分别是两种相的体积模量；

　　　　μ_1、μ_2——分别是两种相的剪切模量；

　　　　c_1、c_2——分别是两种相的百分含量。

Hill 包含体模型假设等效介质统计上是均匀和各向同性的，球形包含体统计地分散在骨架中。该模型一般被用来计算骨架速度，计算出的饱含流体的岩石速度比实验室测量的数据略高[42]。

4.2 Wu 包含体模型

Wu[43]计算了含针状和圆盘状包含体的岩石等效弹性模量。对于体积含量为 c_2 的针状包含体，有

$$\frac{K - K_1}{K_2 - K_1} = \frac{c_2}{3} \frac{3 + RA}{1 + (1 - R)A + (3 - 4R)B} \tag{25}$$

$$\frac{\mu-\mu_1}{\mu_2-\mu_1}=\frac{c_2}{5}\left[\frac{2}{1+\dfrac{A}{2}}+\frac{1}{1+(1+R)\dfrac{A}{2}}+\frac{\left(1-\dfrac{4}{3}R\right)(A+3B)}{1+(1-R)A+(3-4R)B}\right]+$$

（26）

$$\frac{2+(3-R)\dfrac{A}{2}+(3-4R)B}{\left[1+(1-R)\dfrac{A}{2}\right]\left[1+(1-R)A+(3-4R)B\right]}\frac{c_2}{5}$$

其中：

$$A=\frac{\mu_2}{\mu}-1, \quad B=\frac{1}{3}\left(\frac{K_2}{K}-\frac{\mu_2}{\mu}\right), \quad R=\frac{3\mu}{3K+4\mu}=\left(\frac{v_s}{v_p}\right)^2$$

（27）

对于体积含量为 c_2 的圆盘状包含体，得出

$$\frac{K-K_1}{K_2-K_1}=\frac{c_2}{3}\frac{3+4RA}{1+A+(3-4R)B}$$

（28）

$$\frac{\mu-\mu_1}{\mu_2-\mu_1}=\frac{c_2}{5}\left[\frac{3+A}{1+A}+\frac{2+\left(2-\dfrac{4}{3}R\right)A+2(3-4R)B}{1+A+(3-4R)B}\right]$$

（29）

Wu 包含体模型假设等效介质统计上是均匀和各向同性的，球形包含体统计地分散在骨架中。对于大多数固结砂岩，针状包含体方程预测的等效模量比球状包含体方程预测的值更接近实验室数据，但是对于中等孔隙度的饱含水砂岩，针状包含体模型估计的等效模量偏高。对于饱含流体岩石，圆盘状模型得出的结果和 Reuss 模型，Hashin—Shtrikman 下限一样。

4.3 Korringa 包含体模型

Korringa 等[44]假设等效介质是宏观均匀和各向同性的，提出了另一种包含体模型，用待定的等效模量定义的各向同性介质代替任意给定包含体的真实环境，其中等效模量由下式给出：

$$K_{n+1}=K_n+\frac{\sum_{i=1}^{N}c_i(K_i-K_n)\Lambda_1}{1-3\Gamma_1\sum_{i=1}^{N}c_i(K_i-K_n)\Lambda_1}$$

（30）

$$\mu_{n+1}=\mu_n+\frac{\sum_{i=1}^{N}c_i(\mu_i-\mu_n)\Lambda_2}{1-2\Gamma_2\sum_{i=1}^{N}c_i(\mu_i-\mu_n)\Lambda_2}$$

（31）

$$\Lambda_1 = \left[p + \frac{K_i}{K_n} - \frac{ypqJ^2\left(1-\alpha_i^2\right)^2}{uq+\dfrac{\mu_i}{\mu_n}} \right]^{-1} \quad\quad (32)$$

$$\Lambda_2 = \frac{1}{5}\left(\frac{p+\dfrac{K_i}{K_n}}{uq+\dfrac{\mu_i}{\mu_n}}\Lambda_1 + \frac{2}{vq+\dfrac{\mu_i}{\mu_n}} + \frac{2}{wq+\dfrac{\mu_i}{\mu_n}} \right) \quad\quad (33)$$

$$p = \frac{1-\dfrac{K_i}{K_n}}{1+y}, \quad q = \frac{1-\dfrac{\mu_i}{\mu_n}}{1+y}, \quad y = \frac{3K_n}{4\mu_n} \quad\quad (34)$$

$$u = \frac{1}{4} - \frac{3}{4}J + \left(y+\frac{1}{2}\right)\left(1+2\alpha_i^2\right)J \quad\quad (35)$$

$$v = \frac{1}{2}\left(y+\frac{3}{4}\right)(1+J) + \frac{1}{4}\left(1-2\alpha_i^2\right)J \quad\quad (36)$$

$$w = \left(y+\frac{1}{4}\right)(1-J) - yJ\alpha_i^2 \quad\quad (37)$$

$$J = \frac{1}{1-\alpha_i^2} + \frac{3}{2}\frac{\alpha_i}{\left(1-\alpha_i^2\right)^2}\left[\alpha_i - \frac{\cos^{-1}\alpha_i}{\left(1-\alpha_i^2\right)^{\frac{1}{2}}}\right] \quad\quad (38)$$

$$\Gamma_1 = \frac{1}{3K_n+4\mu_n}, \quad \Gamma_2 = \frac{3}{5\mu_n}\frac{K_n+2\mu_n}{3K_n+4\mu_n} \quad\quad (39)$$

其中，K_n 和 μ_n 分别是第 n 次迭代的体积模量和剪切模量，N 是总相数，K_i 和 μ_i 分别是第 i 相的体积模量和剪切模量，C_i 是第 i 相的体积含量，α 是包含体的纵横比。

　　Korringa 包含体模型可以用于估算岩石骨架的等效模量。当岩石饱含液体时，Korringa 建议先用该模型计算骨架的等效模量，然后用 Gassmann 方程得到饱含同一液体岩石的等效模量。

4.4　Kuster–Toksöz 模型

　　Kuster 和 Toksöz[45-46] 基于散射理论，同时考虑了包含体弹性性质、体积百分比和形

状的影响，推导了双相介质中饱含流体岩石的等效弹性模量，可表示为

$$(K - K_\mathrm{m})\frac{(K_\mathrm{m} + 4/3\mu_\mathrm{m})}{(K + 4/3\mu_\mathrm{m})} = \sum_{i=1}^{N} x_i (K_i - K_\mathrm{m}) P^{mi}$$ （40）

$$(\mu - \mu_\mathrm{m})\frac{(\mu_\mathrm{m} + \zeta_\mathrm{m})}{(\mu + \zeta_\mathrm{m})} = \sum_{i=1}^{N} x_i (\mu_i - \mu_\mathrm{m}) Q^{mi}$$ （41）

$$\zeta_\mathrm{m} = \frac{\mu}{6}\frac{(9K + 8\mu)}{(K + 2\mu)}$$ （42）

式中　K、K_m、K_i——分别是饱和岩石、组成岩石矿物和第 i 种包含体的体积模量；

μ、μ_m、μ_i——分别是饱和岩石、组成岩石矿物和第 i 种包含体的剪切模量；

x_i——第 i 种包含体的体积分量；

P^{mi}、Q^{mi}——表示包含体对岩石基质的影响因数。

这些公式并未耦合，因此可以方便地找出直接形式并求值。KT 模型的基本假设是：（1）等效介质由不同性质的两种均匀相组成；（2）一种相（基质）形成一个连续体，另一种相是随机嵌在连续体中的包含体；（3）包含体分布太稀疏以至于不相互影响或重叠；（4）波长比包含体的尺寸大得多。

和许多模型一样，KT 模型表明双相介质的等效弹性模量不仅依赖于自身的模量和含量，也依赖于包含体的形状。该模型可以用来计算饱含任何流体的岩石等效模量。应用时要注意以下几点：（1）该模型假设包含体分布很稀疏，当上述假设不成立时，KT 模型就不适用了。（2）虽然假设（4）似乎表明 KT 模型是一个低频模型，但实际上它是一个高频模型。因为在岩石样本中孔隙是孤立的，长形孔隙比球形孔隙可压缩性好，所以岩石饱含流体时将出现"局部流"。只要波在岩石中传播，这种"局部"流体压力就不会达到平衡，因此就存在速度频散。（3）对低孔隙度、裂缝发育的岩石（比如花岗岩）而言，要对实验室速度进行拟合，要求孔隙的纵横比很低，这不太现实。

焦翠华[47]用 Kuster-Toksöz 模型来表达双孔隙地层对声波响应的影响，并求解出基质孔隙度和次生孔隙度值，建立了用声波时差求解双孔隙度的迭代算法。石玉梅等人[48]基于 Kuster-Toksöz 模型和 Biot 流体饱和多孔介质中的波动理论，运用波场仿真，对薄互层油藏长期水驱过程中地震响应的变化特征进行了研究。冉建斌等人[49]针对冀东南堡凹陷滩海 2 号构造馆陶组东一段复杂油气储层进行了测井资料的岩石物理模拟，应用 Kuster-Toksöz 模型计算出了干岩石骨架的弹性参数。

4.5　Berryman 包含体模型

Berryman[50]基于弹性波散射理论，推导出含椭圆形包含体的岩石等效弹性模量：

$$\sum_{i=1}^{N} x_i (K_i - K) P^{*i} = 0$$ （43）

$$\sum_{i=1}^{N} x_i \left(\mu_i - \mu \right) Q^{*i} = 0 \qquad (44)$$

式中 　K、K_i——分别是饱和岩石和第 i 种包含体的体积模量；

　　　μ、μ_i——分别是饱和岩石和第 i 种包含体的剪切模量；

　　　x_i——第 i 种包含体的体积分量；

　　　P、Q——几何因数。

Berryman 包含体模型假设孔隙是孤立的，波长比包含体的尺寸大得多。该模型是 Kuster-Toksöz 模型的一个推广，同时也适用于包含体含量比较大时的情况，但是对于含针状、盘状和硬币状包含体的饱含流体岩石必须谨慎使用。

4.6　Xu-White 模型

Xu 和 White[51-52] 结合 Gassmann 方程和 Kuster-Toksöz 模型及差分等效介质理论，提出了一种利用孔隙度和泥质含量估算泥质砂岩纵波和横波速度的方法—Xu-White 模型。为了改进计算效率，Keys 和 Xu[53] 针对 Xu-White 模型进行了改进，通过求解线性常微分方程来确定岩石骨架弹性模量。

Xu-White 模型假设岩石骨架矿物主要由砂和泥组成，并采用纵横比来描述孔隙形状，充分考虑了岩石基质性质、孔隙度及孔隙形状、孔隙饱含流体性质对速度的影响，其简单表达形式为

$$f\left(V_{sh}, \ \phi, \ \alpha_{sand}, \ \alpha_{clay}, \ else \right) \Rightarrow \left(v_p, \ v_s, \ \rho \right) \qquad (45)$$

式中 　V_{sh}、ϕ、α_{sand}、α_{clay}——分别为泥质含量、孔隙度和砂、泥孔隙纵横比；

　　　else——其他参数，包括骨架和流体的物理模量；

　　　v_p、v_s、ρ——分别为纵波速度、横波速度和密度。

可以看出 Xu-White 模型中各个参数的物理意义都比较明确，但是一些参数通常不易直接获取，在通过实验室岩石物理测量和测井曲线分析获取这些参量中，不可避免地会引入数据测量的不精确性。同时理论模型对真实物理问题的简化，比如假设页岩和砂岩的孔隙纵横比及岩石骨架泊松比分别为常值，往往也会带来估算的不确定性。为此，张杨[54] 在利用 Xu-White 模型的同时引入信息合取反演算法[55]，建立一个联系所有输入参数和输出结果之间的后验概率密度函数，通过寻找模型空间的最大似然点达到最优化模型结果的目的。乔悦东等人[56] 通过引进虚拟孔隙度变量和非线性优化算法，形成了一种基于 Xu-White 模型的优化测井横波速度预测技术。郭栋等人[57] 将 DY 地区的 FSH3 井利用 Xu-White 模型计算出的曲线与相应的实测测井曲线进行对比（图 4），从左往右分别为纵波速度、密度和横波速度，从图中可见吻合较好。在利用预测的横波速度制作的合成地震记录上（图 5），气区振幅随炮检距的增加而增大，膏盐层振幅随着炮检距的增加而减小，它反映的 AVO 现象与实际地质情况相吻合，也反映出所预测的横波速度的准确性。

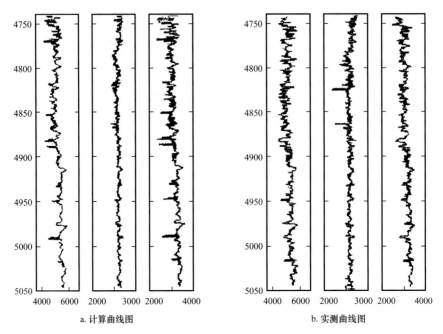

a. 计算曲线图　　　　　　　　　　　　　b. 实测曲线图

图 4　计算曲线图与实测曲线图的比较

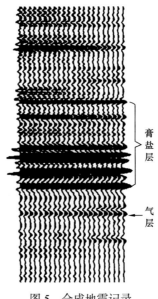

图 5　合成地震记录

5　接触模型

接触模型假设岩石颗粒是由很多相同的弹性球体组成。这类模型大多是为了研究粒状物质的等效弹性特性而发展起来的，在岩石物理中，这些粒状物质被称为非固结储层。只要提供深度信息，就能用接触模型以深度和孔隙度的函数形式来定性估计地震速度。所有接触模型都是以 Hertz 和 Mindlin 的接触模型为基础。

5.1 Hertz 模型

根据 Hertz[58]，两个互相接触的弹性等球体由于外加法向力而变形，法向接触刚度 D_n 为

$$D_n = \frac{4\mu_m a}{1 - \nu_m} \tag{46}$$

式中　ν_m——泊松比；

　　　μ_m——球体的剪切模量；

　　　a——接触面积的半径。

5.2 Mindlin 模型

Mindlin[59] 设计了一个模型，既包括法向力，又包括切向力。切向接触刚度 D_t 为

$$D_t = \frac{2}{du_t / dF_t} = \frac{8\mu_m a\left(1 - F_t / \eta F_n\right)^{1/3}}{2 - \nu_m} \tag{47}$$

式中　F_n——外加的法向力；

　　　F_t——切向力；

　　　η——摩擦系数。

5.3 Brandt 模型

Brandt[60] 假设等效介质是均匀和各向同性的，并且球体是任意充填的，大小可能不同，从而推导出饱含流体的弹性球体集合体的体积模量为

$$K = \frac{2p_e^{1/3}\left[1 + \dfrac{30.75K_m^{3/2}\left(1 - \nu_m^2\right)}{E_m p_e^{1/2}}\right]^{5/3}}{9\phi\left[\dfrac{1.75\left(1 - \nu_m^2\right)}{E_m}\right]^{2/3}\left[1 + \dfrac{46.13K_m^{3/2}\left(1 - \nu_m^2\right)}{E_m p_e^{1/2}}\right]} - 1.5p_e \frac{\left[1 + \dfrac{30.75K_m^{3/2}\left(1 - \nu_m^2\right)}{E_m p_e^{1/2}}\right]^{5/3}}{1 + \dfrac{46.13K_m^{3/2}\left(1 - \nu_m^2\right)}{E_m p_e^{1/2}}} \tag{48}$$

式中　E_m、K_m、ν_m——分别是弹性球体的固有杨氏模量、体积模量和泊松比；

　　　p_e——有效压力，它等于上覆压力减去孔隙流体压力。

Brandt 将上述方程和有效泊松比结合，推导出了纵波速度方程。但是由于 Brandt 没有推导出剪切模量方程，所以该模型实用性不大。

5.4 Digby 模型

Digby[61] 假设多孔粒状等效介质是均匀的和各向同性的，并且由均匀各向同性的弹性等球体的集合体组成。最初邻近的球体的接触区域是平均半径为 b 的圆。当在等效介质上外加流体静压力时，球体发生变形，所有邻近球体的接触区域的半径变为 a，Digby 推导了拉梅常量 λ 和 μ：

$$\lambda = \frac{\mu_m (1-\phi) n}{5\pi R} \left(\frac{a}{1-\nu_m} - \frac{2b}{2-\nu_m} \right) \tag{49}$$

$$\mu = \frac{\mu_m (1-\phi) n}{5\pi R} \left(\frac{a}{1-\nu_m} + \frac{3b}{2-\nu_m} \right) \tag{50}$$

$$K = \lambda + \frac{2}{3}\mu = \frac{\mu_m (1-\phi) n}{5\pi R} \frac{5a}{3(1-\nu_m)} \tag{51}$$

式中　ϕ——孔隙度；

　　　n——配位数；

　　　μ_m、ν_m、R——分别是球体的固有剪切模量、泊松比和半径。

Digby 模型可以用来估计干砂岩的等效弹性模量，从而估计波速，而对非固结砂岩，预测的泊松比太高，所以该模型不适用于非固结砂岩。另外，b 值假设不准会导致计算速度时不确定性很大。

5.5　Walton 模型

Walton[62]假设球体和等效介质都是弹性的和均匀的，球体任意充填且统计上是各向同性的，当压力为零时，邻近球体之间的接触是点接触，从而推导出任意充填的弹性球体的等效弹性模量的一组方程。

当等效介质在流体静压力下，介质统计上是各向同性的。当球体是无限粗糙或无限光滑时，弹性模量、波速和泊松比的表达式见表 1。

表 1　流体静压力下等效模量、速度和泊松比的表达式

物理量	球体粗糙	球体光滑
λ	$\dfrac{C}{10(2B+C)}\left[\dfrac{3(1-\phi)^2 n^2 p}{\pi^4 B^2}\right]^{1/3}$	$\dfrac{1}{10}\left[\dfrac{3(1-\phi)^2 n^2 p}{\pi^4 B^2}\right]^{1/3}$
μ	$\dfrac{5B+C}{10(2B+C)}\left[\dfrac{3(1-\phi)^2 n^2 p}{\pi^4 B^2}\right]^{1/3}$	$\dfrac{1}{10}\left[\dfrac{3(1-\phi)^2 n^2 p}{\pi^4 B^2}\right]^{1/3}$
K	$\dfrac{1}{6}\left[\dfrac{3(1-\phi)^2 n^2 p}{\pi^4 B^2}\right]^{1/3}$	$\dfrac{1}{6}\left[\dfrac{3(1-\phi)^2 n^2 p}{\pi^4 B^2}\right]^{1/3}$
v_p^2	$\dfrac{10B+3C}{10\rho_m(2B+C)}A$	$\dfrac{3}{10\rho_m}A$
v_s^2	$\dfrac{5B+C}{10\rho_m(2B+C)}A$	$\dfrac{1}{10\rho_m}A$
ν	$\dfrac{\nu_m}{2(5-3\nu_m)}$	0.25

$$A=\left[\frac{3n^2p}{(1-\phi)\pi^4B^2}\right]^{1/3}, \quad B=\frac{1}{4\pi}\left(\frac{1}{\mu_{\mathrm{m}}}+\frac{1}{\lambda_{\mathrm{m}}+\mu_{\mathrm{m}}}\right), \quad C=\frac{1}{4\pi}\left(\frac{1}{\mu_{\mathrm{m}}}-\frac{1}{\lambda_{\mathrm{m}}+\mu_{\mathrm{m}}}\right) \tag{52}$$

式中　ϕ——孔隙度；

　　　λ_{m}、μ_{m}、ρ_{m}、ν_{m}——分别是球体的拉梅常数、密度和固有泊松比；

　　　n——配位数；

　　　p——流体静压力。

当等效介质在单轴压力下时，介质变成横向各向同性，需要用五个弹性常量来描述。当球体非常粗糙时：

$$C_{11}=3(\alpha+2\beta), \quad C_{12}=\alpha-2\beta, \quad C_{13}=2C_{12} \tag{53}$$

$$C_{33}=8(\alpha+\beta), \quad C_{44}=\alpha+7\beta \tag{54}$$

其中

$$\alpha=\frac{(1-\phi)n(-e_3)^{1/2}}{32\pi^2 B}, \quad \beta=\frac{(1-\phi)n(-e_3)^{1/2}}{32\pi^2(2B+C)} \tag{55}$$

$$e_3=-\left[\frac{24\pi^2 B(2B+C)\sigma_1}{(1-\phi)Cn}\right]^{2/3} \tag{56}$$

σ_1 是沿着单轴的外加应力，得到有效泊松比 $\nu=\dfrac{3}{15-8\nu_{\mathrm{m}}}$。

该方程预测：对于单轴压力下的任意充填的无限粗糙球体的集合体，有效泊松比在 $1/5\sim3/11$ 之间。

当球体非常光滑时，五个有效弹性常量是：

$$C_{12}=C_{44}=\frac{1}{3}C_{11}=\frac{1}{2}C_{13}=\frac{1}{8}C_{33}=\alpha \tag{57}$$

但：

$$e_3=-\left[\frac{24\pi^2 B\sigma_1}{(1-\phi)n}\right]^{2/3} \tag{58}$$

由于 Walton 模型针对致密充填得到的，所以它不适用于浅海沉积物。在流体静压力下，如果把砂岩看成是无限粗糙球体充填，Walton 模型预测的泊松比太低。此外，地壳压力既不是流体静压力也不是单轴压力，所以定性评价油气储层中的非固结砂层的等效弹性特性时，该模型必须谨慎使用。

6 结论

本文中提到的各种模型只是对先前学者的精心总结，但是岩石物理学中不存在一种通用模型，任何一种模型和理论都是建立在一定假设条件基础之上的，所以我们在应用岩石物理理论和模型以及经验公式时要特别注意该理论的适用范围。

近年来岩石物理模型的应用越来越广泛，其中被广泛使用的是 Gassmann 方程、Biot 理论和 Wyllie 时间平均方程。包含体模型中的 KT 模型适用于低孔隙度岩石，Xu-White 模型主要用来计算泥质砂岩的弹性模量，而其他包含体模型由于其复杂性和近似性还不太常用，但它计算出来的骨架速度可以作为 Gassmann 方程的输入参数。另外，我们还可以用接触理论来半定性地理解颗粒物质的等效弹性特性。随着研究的深入和仪器的精密，不久的将来岩石物理模型将更接近实际岩石储层，涉及的领域将包括研究衰减、各向异性、裂缝和流体之间的关系。岩石物理模型在油气勘探中将发挥更加重要的作用。

国内的地震岩石物理研究工作主要可以分为如下几个领域：（1）实验室测量，一些高校和科研院所都建立了岩石物理实验室；（2）理论模拟，首先通过岩石物性分析建立正确的岩石物理模型，然后模拟不同条件下岩石的弹性参数，进而模拟相应的地震波场，Jason、Apex、CGG 等公司都开发了岩石物理建模模块，其中包括横波速度的估算和岩石物理模板的建立；（3）地震油藏表征，主要包括敏感因子分析以及储层和流体的预测。

展望未来，持续增长的计算机速度与容量、现有的低采收率等等因素都表明未来的趋势是对油藏的定性评价，如四维地震，而地震油藏定性的目的是从地震数据中提取岩石、流体特性以及油藏参数。岩石物理在地震特性和油藏参数、特性中起纽带、连接作用。另外，岩石物理也可为地震模拟、反演、解释的输入和输出参数的正确性和物理意义起保障作用。但是，未完全解决的岩石物理问题还很多，包括尺度与非均匀性问题，频散与低频实验室测量，裂隙介质，泥岩及黏土介质以及更好的岩石物理预测工具等，期待着更多的学者更加深入地研究。

参 考 文 献

［1］唐建伟. 地震岩石物理学研究有关问题的探讨［J］. 石油物探，2008，47（4）：398-404.

［2］云美厚，丁伟，杨长春. 油藏水驱开采时移地震监测岩石物理基础测量［J］. 地球物理学报，2006，49（6）：1813-1818.

［3］Wang Z. Fundamentals of seismic rock physics［J］. Geophysics，2001，66（2）：398-412.

［4］武文来，印兴耀. 岩石物理参数与地球物理特征关系研究［J］. 石油物探，2008，47（3）：235-243.

［5］Voigt W. Lehrbuch der Kirstallphysik［M］. Teubner，Leipzig，1928.

［6］Reuss A. Berechnung der fliessgrense von mischkristallen auf ground der plastizitatbedingung fur einkristalle［J］. Zeitschrift fur Angewandte Mathematik aus Mechanik，1929，9：49-58.

［7］Hill R. The elastic behavior of crystalline aggregate［J］. Proc. Phys. Soc. London ser. A.，1952，65：349-354.

［8］Kumazawa M. The elastic constants of singlecrystal orthopyroxene［J］. Geophys. Res.，1969，74：5973-5980.

［9］Wood A W. A textbook of sound［M］. New York，The MacMillan Co，1955，360.

［10］Wyllie M R J，Gregory A R，Gardner L W. Elastic wave velocities in heterogeneous and porous media［J］. Geophysics，1956，21（1）：41−70.

［11］Wyllie M R J，Gregory A R，Gardner G H F. An experimental investigation of factors affecting elastic wave velocities in porous media［J］. Geophysics，1958，23（3）：459−493.

［12］Wyllie M R J，Gardner G H F，Gregory A R. Studies of elastic wave attenuation in porous media［J］. Geophysics，1962，27（5）：569−589.

［13］李雄炎，李洪奇，谭锋奇，等. 天然气有效储层的测井勘探技术［J］. 地球物理学进展，2009，24（2）：609−619.

［14］雍世和，张超谟. 测井数据处理与综合解释［M］. 东营：中国石油大学出版社，2007.

［15］Angeleri G P，Carpi R. Porosity predication from seismic data. Geophysical Prospecting［J］. 1982，30（5）：580−607.

［16］刘震，张厚福，张万选. 扩展时间平均方程在碎屑岩储层孔隙度预测中的应用［J］. 石油学报，1991，12（4）：21−26.

［17］Mostafa H Kamel，Walid M Mabrouk，Abdelrahim I. Bayoumi. Porosity estimation using a combination of Wyllie–Clemenceau equations in clean sand formation from acoustic logs［J］. Journal of Petroleum Science and Engineering，2002，33：241−25.

［18］Hashin Z，Shtrikman S. A variational approach to the theory of the elastic behavior of multiphase materials［J］. Journal of Mechanics and Physics Solids，1963，2：127−140.

［19］Berryman J G. Mixture theories for rock properties//Ahrens T J. A Handbook of Physical Constants［M］. American Geophysical Union，Washington，D C，1995，205−228.

［20］孙晟，牛滨华，李佳. Hashin−Shtrikman 弹性模量边界的转换［J］. 中国石油大学学报（自然科学版），2007，31（2）：45−50.

［21］Gassmann F. Elastic waves through a packing of spheres［J］. Geophysics，1951，16（4）：673−685.

［22］Mavko G，Jizba D. Estimating grain−scale fluid effects on velocity dispersion in rocks［J］. Geophysics，1991，56（12）：1940−1949.

［23］Marion D，Nur A，Yin H，et al. Compressional velocity and porosity in sand−clay mixtures［J］. Geophysics，1992，57（4）：554−563.

［24］Murphy W，Reischer A，Hsu K. Modulus decomposition of compressional and shear velocities in sand bodies［J］. Geophysics，1993，58（2）：227−239.

［25］陈信平，刘素红. 浅谈 Gassmann 方程［J］. 中国海上油气（地质），1996，10（2）：122−127.

［26］Blangy J P，Strandenes S，Moor D，et al. Ultrasonic velocities in sands−revisited［J］. Geophysics，1993，58（2）：227−239.

［27］Berryman J G，Milton G W. Exact results for generalized Gassmann's equation in composite porous media with two constituent［J］. Geophysics，1991，56（12）：1950−1960.

［28］Greenberg M L，Castagna J P. Shear−wave velocity estimation in porous rocks：Theoretical formulation，preliminary verification and applications［J］. Geophysical Prospecting，1992，40：195−209.

［29］云美厚，管志宁. 储层条件下砂岩纵波和横波速度的理论计算［J］. 石油物探，2002，41（3）：289−292，298.

［30］王玉梅，苗永康，孟宪军，等. 岩石物理横波速度曲线计算技术［J］. 油气地质与采收率，2006，13（4）：58−61.

［31］黄伟传，杨长春，范桃园，等. 岩石物理分析技术在储层预测中的应用［J］. 地球物理学进展，2007，22（6）：1791−1795.

［32］李凌高，王兆宏，甘利灯，等.基于叠前地震反演参数的流体饱和度定量预测方法［J］.石油物探，2009，48（2）：121-124.

［33］林凯，贺振华，熊晓军，等.基于 Gassmann 方程的鲕滩储层流体替换模拟技术及其应用［J］.石油物探，2009，48（5）：493-498.

［34］Biot M A.Theory of propagation of elastic waves in a fluid saturated porous solid. I. Low frequency range［J］.Acoust. Soc. Am.，1956a，28：168-178.

［35］Biot M A.Theory of propagation of elastic waves in a fluid saturated porous solid. II. Higher frequency range［J］.Acoust. Soc. Am.，1956b，28：179-191.

［36］Biot M A.Generalized theory of acoustic propagation in porous dissipative media［J］.Acoust. Soc. Am.，1962，34：1254-1264.

［37］赵群，郭建，郝守玲，等.模拟天然气水合物的岩石物理特性模型实验［J］.地球物理学报，2005，48（3）：649-655.

［38］Geertsma J，Smit D C.Some aspects of elastic wave propagation in fluid-saturated porous solids［J］.Geophysics，1961，26（2）：169-181.

［39］张应波.Biot 理论应用于地震勘探的探索［J］.石油物探，1994，33（4）：29-38.

［40］孙福利，杨长春，麻三怀，等.横波速度预测方法［J］.地球物理学进展，2008，23（2）：470-474.

［41］Hill R. A self-consistent mechanics of composite materials［J］. Journal of Mechanics and Physics Solids，1965，13：213-222.

［42］Han D. Effects of porosity and clay content on wave velocities in sandstones and unconsolidated sediments［D］. Stanford University，Calif.，1987.

［43］Wu T T. The effect of inclusion shape on the elastic moduli of a two-phase material［J］. Int. J. Solids Structure，1966，2：1-8.

［44］Korringa J，Brown R J S，Thompson D D，et al. Self-consistent imbedding and the ellipsoidal model for porous rocks［J］. Geophys.Res.，1979，84：5591-5598.

［45］Kuster G T，Toksöz M N.Velocity and attenuation of seismic waves in two phase media：Part 1：Theoretical formulation［J］. Geophysics，1974，39（5）：587-606.

［46］Toksöz M N，Cheng C H，Timur A. Velocity of seismic waves in porous rocks［J］.Geophysics，1976，41（4）：621-645.

［47］焦翠华，王绪松，才巨宏，等.双孔隙结构对声波时差的影响及孔隙度的确定方法［J］.测井技术，2003，27（4）：288-290.

［48］石玉梅，刘雯林，姚逢昌，等.用地震法监测水驱薄互层油藏剩余油的可行性［J］.石油学报，2003，24（5）：52-56.

［49］冉建斌，肖伟，程玉坤，等.冀东滩海南堡 2 号构造复杂油气储层叠前地震描述技术及效果［J］.石油地球物理勘探，2008，43（1）：59-68.

［50］Berryman J G. Long-wavelength propagation in composite elastic media［J］. Acoust. Soc. Am.，1980，68（B）：1809-1831.

［51］Xu S Y，White R E. A new velocity model for clay-sand mixture［J］. Geophysical Prospecting，1995，43：91-118.

［52］Xu S Y，White R E. A physical model for shear-wave velocity predicting［J］. Geophysical Prospecting，1996，44：687-717.

［53］Keys R G，Xu S Y. An approximation for the Xu-White velocity model［J］. Geophysics，2002，67（5）：

1406-1414.

［54］张杨．利用 Xu-White 模型估算地震波速度［J］.成都理工大学学报（自然科学版），2005，32（2）：188-195.

［55］White L，Castagna J. Stochastic fluid modulus inversion［J］.Geophysics，2002，67：1835-1843.

［56］乔悦东，高云峰，安鸿伟．基于 Xu-White 模型的优化测井横波速度预测技术研究与应用［J］.石油天然气学报，2007，29（5）：100-102.

［57］郭栋，印兴耀，吴国忱.横波速度计算方法与应用［J］.石油地球物理勘探，2007，42（5）：535-538.

［58］Love A E H. A treatise on the mathematical theory of elasticity［M］.Dover，New York，1944.

［59］Mindlin R D. Compliance of elastic bodies in contact［J］.Appl.Mech.，1949，16：259-268.

［60］Brandt H. A study of the speed of sound in porous granular media［J］.Appl.Mech.，1955，22：479-486.

［61］Digby P J. The effective elastic moduli of porous rocks［J］.Appl.Mech.，1981，48：803-808.

［62］Walton K. The effective elastic moduli of random packing of spheres［J］.Appl.Phys.Solids，1987，35：213-226.

基于三维孔隙网络模型的纵波频散衰减特征分析

魏乐乐，甘利灯，熊繁升，孙卫涛，丁骞，杨昊

1 引言

地震波在通过孔隙介质时会发生频散和衰减现象。研究地震波衰减和速度频散特征对岩性分类、油气识别，以及油气田开发过程中的油气藏管理都具有重要的价值[1-3]。由于地下介质条件复杂，地震波在地下含流体孔隙介质中传播时的衰减和频散特征一直是研究的热点问题。

近几十年来，国内外学者开展了大量岩石物理性质的研究，特别是孔隙介质流体的流动引起波的频散衰减过程，发展出许多理论模型。

Biot[4]建立了完全饱和孔隙介质中波传播的动力学方程。在 Biot 理论中，黏性的孔隙流体和固体骨架之间的相互作用导致波的速度频散和衰减。Geertsma 和 Smit[5]应用 Biot 理论推导出纵波的速度频散和衰减的近似解。然而，越来越多的研究发现，Biot 理论的这种宏观的流体流动机制很难解释实际生产中地震波的高频散和高衰减现象[6]。

为了突破 Biot 理论的局限性，学者们着眼于研究微观尺度的流体流动机制。Mavko 和 Nur[7]建立了喷射流模型来描述弹性波在流体部分饱和的裂缝/孔隙介质中的传播，而且认为喷射流动会造成更强的衰减。欧阳芳等[8]对经典喷射流模型进行了扩展，结合等效介质理论和孔隙结构模型，通过数值模拟研究了微观孔隙结构下的速度频散和衰减特性。

Dvorkin 和 Nur[9]认为，在含有流体的岩石中，波的速度频散和衰减除了受 Biot 机制的影响，还受到喷射流动机制的影响。他们将上述两种机制统一起来，提出了 BISQ 模型，并推导了纵波相速度和品质因子的表达式，研究了渗透率等对纵波速度频散和衰减的影响。

在 Biot 理论的框架下，White[10-11]首先引入中观尺度的耗散机制，提出非均匀部分饱和的孔隙介质模型，也称为斑状饱和模型。Dutta 和 Ode[12-13]通过严格求解 Biot 方程组，研究了在盐水充填的岩石中，衰减系数随频率、气体饱和度等的变化。Carcione 等[14]深入研究了 White 模型的物性及流体变化对衰减和频散的影响。王峣钧等[15]应用斑块饱和岩石物理模型，从理论上分析了不同固结程度岩石中含气饱和度对速度和衰减的影响，结果表明局部含气储层在地震频带内会发生频散和振幅频变效应。在此基础上，他们建立了

原文收录于《地球物理学报》，2021，64（12）：4618-4628。

岩石物理量板，用于估计储层的含气饱和度。

Sun[16]提出了一种 BIPS（Biot-patchy-squirt）模型，用于描述非混相流体饱和裂缝孔隙弹性介质中的波的频散衰减特性。研究结果表明，BIPS 模型与实验室数据吻合较好，这一发现将推动上述三种频散衰减机制在波速预测中的潜在应用。

随着研究的深入，学者们开始建立和研究多重孔隙介质模型。巴晶等[17]建立了双重孔隙结构模型，利用描述非饱和双重孔隙介质地震波传播的 Biot-Rayleigh 方程求解平面波解，得到纵波、横波的相速度及逆品质因子的表达式，研究了非饱和岩石中的纵波频散与衰减特征。通过对三个地区砂岩储层的分析，发现在地震频带内纵波对储层中含气较为敏感，但对含气饱和度的定量表征效率不高，低孔隙度砂岩的纵波频散和衰减在地震频带更为显著。此后，郭梦秋等[18]进一步研究了基于此模型的含流体致密砂岩的纵波频散和衰减特征。Ba 等[19]通过分析流体非均质性与岩石组构非均质性的叠加效应，提出了一种双重双孔隙理论。该模型描述了波在不同尺度下的具有组构非均质性的斑状饱和岩石中的传播。建模和实验数据表明，岩石组构的非均质性尺度会造成波的多频频散和衰减效应，特征频率的大小也与岩石组构的非均质性尺度有关。Zhang 等[20-21]考虑到岩石组构具有多尺度的非均质性和自相似的分形特征。在此基础上，他们建立了多孔介质模型，通过数值模拟研究了波的频散和衰减特性与分形维数的关系。

在含油气复杂储层勘探时，不可避免的要遇到含裂缝和孔隙的储层岩石，这些岩石孔隙结构复杂、孔隙流体性质多变，导致波场信号出现频散衰减等特征。建立合理的裂缝—孔隙介质模型，是地震正演等技术的重要基础。

Chapman 等[22]提出了在微观尺度上建立孔隙弹性介质模型的方法，将模型设置成规则的立方体网格，每个网络节点代表孔隙/裂缝空间。但是此模型并未建立孔隙介质渗透率与裂缝参数等之间的几何关系。Tang 等[23-24]提出了含裂缝孔隙介质的波动方程模型，在推导过程中直接使用了 Johnson 等[25]提出的动态渗透率模型，并没有在渗透率与裂缝参数等影响因素之间建立关系，也没有给出波频散衰减与渗透率之间的关系。Song 等[26]假定裂缝的形状可以是矩形的，建立了一个介质模型来估计饱和多孔岩石中包含一个随机分布的、无限小厚度的矩形裂缝时的纵波衰减和速度频散特性。

在天然岩石中，流体流动发生的空间是全局性的裂缝—孔隙网络，而不是局部的单一孔隙或孔管束。Xiong 等[27]、熊繁升等[28]基于岩石内部的裂缝连通网络，用椭圆截面纵横比的变化模拟从扁裂缝、软孔隙到硬孔隙的多种情况，提出了具有椭圆形截面的三维裂缝/软孔隙网络模型，建立了宏观可测观量与裂缝参数之间的关系，并给出了渗透率的计算方法。该模型可以实现孔隙介质中跨尺度的整体建模，能更好地反映孔隙系统的整体效应。

考虑到熊繁升等[28]建立的流体全饱和的三维裂缝/软孔隙网络模型没有考虑孔隙的存在，因此本文在此模型的基础上建立同时包含裂缝和孔隙的三维裂缝—孔隙网络模型，并推导出渗透率的计算方法。基于三维裂缝/软孔隙网络模型和三维裂缝—孔隙网络模型，运用体积平均的方法推导出基于渗透率的波动方程，利用平面波分析方法得到纵波频散和衰减曲线的表达式，详细研究了总孔隙度、裂缝孔隙度、裂缝纵横比、裂缝数密度以及孔隙流体黏度对快纵波频散衰减特征的影响，以及分析了慢纵波的频散衰减特征。

2 三维孔隙网络模型

2.1 三维裂缝 / 软孔隙网络模型

熊繁升等[28]提出三维裂缝 / 软孔隙网络模型（图1）。模型中单个管道横截面是纵横比可变的椭圆形，可以模拟从圆形孔隙到狭窄裂缝的不同类型的裂缝 / 软孔隙网络空间。

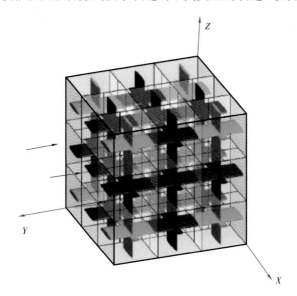

图1　三维裂缝 / 软孔隙网络模型

设单元立方体边长为 l，沿 X、Y、Z 方向上分别排布有 M、N、L 个椭圆截面管道，用 R_1 和 R_2 表示裂缝椭圆截面的长短轴半径。定义如下参数：

（1）微裂缝的纵横比：$a=R_2/R_1$。

（2）裂缝的孔隙度：

$$\phi_f=\pi a R_1^2 \, (MN+NL+ML) \, /l^2 \tag{1}$$

（3）单元体内的裂缝数密度：

$$\rho = \frac{M \times N \times (L-1) + N \times L \times (M-1) + M \times L \times (N-1)}{l^3} \tag{2}$$

熊繁升等[28]计算三维裂缝 / 软孔隙介质渗透率的步骤如下：

第一步：采用椭圆柱坐标系，基于质量守恒和 NS 方程推导出含不可压缩牛顿流体在椭圆截面微管中的流量表达式。

第二步：利用微管两端每个节点的流量守恒条件，得到全部网络节点满足的流量—压力线性方程组。该方程组中未知量为各节点的压力，入口和出口端的压力边界条件是方程的非齐次项。

第三步：求解上述流量—压力线性方程组，得到各节点压力，进而计算得到整个三维裂缝／软孔隙网络的流量。

第四步：结合达西定律计算得到岩石样本的渗透率。

2.2　三维裂缝—孔隙网络模型

在三维裂缝／软孔隙网络模型的基础上，本文建立了同时包含孔隙和裂缝的三维裂缝—孔隙网络模型（图 2）。

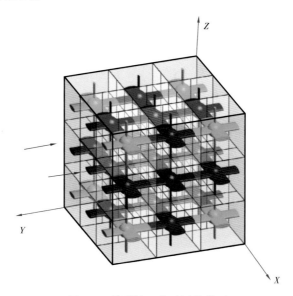

图 2　三维裂缝—孔隙网络模型

同样地，设单元立方体边长为 l，沿 X、Y、Z 方向上分别排布有 M、N、L 个椭圆截面管道。节点上的球形表示孔隙，连接节点的椭圆柱体通道表示裂缝。用 r_{pore} 表示孔隙半径，R_{asp} 表示平均孔隙半径与平均裂缝截面长轴半径之比。定义连接孔隙 i、j 的裂缝截面长轴半径为

$$R_{ij} = \min\left\{ r_{\text{pore}i}, \quad r_{\text{pore}j}, \quad \frac{r_{\text{pore}i} + r_{\text{pore}j}}{2R_{\text{asp}}} \right\} \quad (3)$$

定义如下参数：

（1）微裂缝的纵横比 a：裂缝椭圆截面的长短轴半径之比的倒数；

（2）总孔隙度：$\phi = \phi_{\text{f}} + \phi_{\text{pore}}$；

其中，裂缝所占孔隙度为

$$\phi_{\text{f}} = \frac{\sum_{k=1}^{N_{\text{f}}} A_{\text{f}}}{MNL \times \left\langle L_{ij} \right\rangle^2} \quad (4)$$

孔隙空间所占孔隙度为

$$\phi_{\text{pore}} = \frac{\sum_{k=1}^{N_{\text{pore}}} A_{\text{pore}}}{MNL \times \langle L_{ij} \rangle^2} \tag{5}$$

式中　N_f、N_{pore}——分别表示裂缝和孔隙总数；

　　　　A_f、A_{pore}——分别表示裂缝和孔隙的截面积，$A_f = \pi a R_{ij}^2$；

　　　　$\langle L_{ij} \rangle$——表示孔隙 i、j 间距的平均值。

（3）单元体内的裂缝数密度：表达式同式（2）。

对于三维裂缝—孔隙网络模型的渗透率计算，仍采用 1.1 节的推导方法。

用 R_i 与 R_j 表示正圆球形孔隙 i 和 j 的半径，η 为流体黏度，则流体传导系数为 $k_i = \dfrac{\pi r^3}{16\eta}$，这里 r 取（$R_i + R_j$）/2。

对于同时含有裂缝和孔隙网络的介质，考虑任意一段微管，微管两端的网络节点为 i 和 j，节点处压力分别是 p_i 和 p_j，微管中压力与流量的关系式为

$$Q_{ij} = c_{ij} p_i + d_{ij} p_j \tag{6}$$

其中：

$$c_{ij} = \chi_{ij} - \frac{\chi_{ij}^2}{k_i} \tag{7}$$

$$d_{ij} = \delta_{ij} - \frac{\chi_{ij}^2 + 2\chi_{ij}\delta_{ij}}{k_i} \tag{8}$$

这里：

$$\chi_{ij} = 2\left(\frac{a_{ij}^3}{1+a_{ij}^2}\right)\frac{-i\pi R_{ij}^2}{\rho_f c}\frac{\cos(\omega L_{ij}/c)}{\sin(\omega L_{ij}/c)} \times \left[\frac{2J_1(KR_{ij})}{KR_{ij}J_0(KR_{ij})} - 1\right] \tag{9}$$

$$\delta_{ij} = 2\left(\frac{a_{ij}^3}{1+a_{ij}^2}\right)\frac{i\pi R_{ij}^2}{\rho_f c}\frac{1}{\sin(\omega L_{ij}/c)} \times \left[\frac{2J_1(KR_{ij})}{KR_{ij}J_0(KR_{ij})} - 1\right] \tag{10}$$

$$c^2 = c_0^2\left[1 - \frac{2J_1(KR_{ij})}{KR_{ij}J_0(KR_{ij})}\right] \tag{11}$$

其中，$K = \sqrt{\dfrac{i\omega\rho_f}{\eta}}$。

式中　a_{ij}——截面纵横比；

　　　　L_{ij}、R_{ij}——表示节点 i 和 j 所连接微管的长度与截面长轴半径；

ρ_f——微管中流体的密度；

J——贝塞尔函数；

c_0——声波在流体中的传播速度，$c_0=1/(\beta\rho_f)$；

β——流体压缩系数。

接下来，对各节点列流量平衡方程式，得到全部网络节点满足的流量—压力方程组。求解该方程组得到各节点压力，进而计算得到整个三维裂缝—孔隙网络的流量。最后，结合达西定律计算得到岩石样本的渗透率。

3 基于体积平均法的波动方程推导

3.1 体积平均法

体积平均法是推导波动方程的重要方法。Whitaker[29]详细介绍了采用体积平均法推导波动方程的原理和步骤。由于该方法通过对微观物理量在单元体上进行积分平均得到宏观物理量，因此可以考虑不同流体类型和孔隙空间的具体几何特征，可以认为是一种更一般化的建模方法。

记单元体 Ω 的体积为 V，孔隙空间由固体骨架的体积和孔隙介质中流体的体积构成，即

$$V=V_s+V_f \tag{12}$$

记 Ψ_f 为孔隙介质中与流体有关的物理量，规定在流体的外部，Ψ_f 的值为 0。定义在整个区域 Ω 上对 Ψ_f 作体积平均的方法为

$$\langle\psi_f\rangle=\frac{1}{V}\int_\Omega\psi_f(x)\mathrm{d}V \tag{13}$$

定义本征体积平均量：

$$\overline{\psi}_f=\frac{1}{V_f}\int_\Omega\psi_f(x)\mathrm{d}V \tag{14}$$

根据以上定义式，可知

$$\phi=\frac{\langle\psi_f\rangle}{\overline{\psi}_f} \tag{15}$$

3.2 波动方程推导

在下述的推导过程中：假设流体为牛顿流体，不考虑流体发生正应变过程中黏性的作用，仅考虑剪切黏性；考虑孔隙介质含一种固体骨架、一种流体（或两种流体等效成一种）。

用 **u**、**U** 分别表示固体、流体质点的位移向量；各物理量上方的一点表示对时间求导；以上下标中的 s、f 分别表示固体骨架、孔隙介质中所含的流体。

下面运用体积平均法来推导基于渗透率的三维孔隙网络模型（三维裂缝 / 软孔隙网络模型与三维裂缝—孔隙网络模型）的波动方程。

第一步，建立固体和流体的微观运动方程（动量守恒方程）。

固体骨架部分的微观运动方程：

$$\rho_s \frac{\partial^2 \mathbf{u}}{\partial t^2} = \nabla \cdot \boldsymbol{\sigma} \tag{16}$$

流体的微观运动方程为

$$\frac{\partial}{\partial t}\left(\rho_f \dot{\mathbf{U}}\right) = \nabla p_f + \nabla \cdot \left(\rho_f \dot{\mathbf{U}} \otimes \dot{\mathbf{U}}\right) - \nabla \cdot \mathbf{s} \tag{17}$$

式中　ρ_s——固体骨架的质量密度；

　　　$\boldsymbol{\sigma}$——固体应力；

　　　ρ_f、ρ_f——分别为等效后流体的密度、压力；

　　　$\otimes$——张量积；

　　　$\mathbf{s}$——流体应力。

第二步，给出固体部分和流体的本构方程。

固体部分的微观本构方程如下：

$$\boldsymbol{\sigma} = K_s e \cdot \mathbf{I} + G\left[\nabla \mathbf{u} + (\nabla \mathbf{u})^T - \frac{2}{3} e \cdot \mathbf{I}\right] \tag{18}$$

式中　K_s——固体颗粒的体积模量；

　　　G——固体骨架的剪切模量；

　　　e——固体的体应变。

流体本构方程如下：

$$\mathbf{s} = \eta\left[\nabla \dot{\mathbf{U}} + (\nabla \dot{\mathbf{U}})^T - \frac{2}{3}(\nabla \cdot \dot{\mathbf{U}})\mathbf{I}\right] \tag{19}$$

式中　η——等效后流体的黏度。

第三步，对微观方程做体积平均得到宏观大尺度方程。

对流体微观运动方程取体积平均后得到：

$$\frac{\partial}{\partial t}\langle\rho_f \dot{\mathbf{U}}\rangle = \nabla\langle p_f\rangle - \nabla \cdot \langle\mathbf{s}\rangle - \bar{p}_f \nabla\phi + \frac{\eta\phi^2}{\kappa}\left(\bar{\mathbf{U}} - \bar{\mathbf{u}}\right) \tag{20}$$

对固体微观运动方程取体积平均后得到：

$$\rho_s \frac{\partial^2}{\partial t^2}\langle\mathbf{u}\rangle = \nabla \cdot \langle\boldsymbol{\sigma}\rangle - \bar{p}_f \nabla\phi + \frac{\eta\phi^2}{\kappa}\left(\bar{\mathbf{U}} - \bar{\mathbf{u}}\right) \tag{21}$$

式中　κ——孔隙介质的渗透率，可分别根据 1.1 节和 1.2 节的计算方法确定。

第四步，推导出流固相互作用的流体和固体的本构关系。

固体和流体的本构关系如下：

$$\begin{cases} \langle \boldsymbol{\sigma} \rangle = \left(a_{11} \nabla \cdot \overline{\mathbf{u}} + a_{12} \nabla \cdot \overline{\mathbf{U}} \right) \mathbf{I} + G \left(\nabla \overline{\mathbf{u}} + \left(\nabla \overline{\mathbf{u}} \right)^{\mathrm{T}} - \frac{2}{3} \left(\nabla \cdot \overline{\mathbf{u}} \right) \mathbf{I} \right) \\ \langle \mathbf{s} \rangle = \left(a_{21} \nabla \cdot \overline{\mathbf{u}} + a_{22} \nabla \cdot \overline{\mathbf{U}} \right) \mathbf{I} \end{cases} \quad (22)$$

其中，弹性常数 a_{ij} 可根据固体和流体的孔隙度、体积模量来进行计算。具体表示为

$$\begin{cases} a_{11} = -\dfrac{(1-\phi)^2 K_{\mathrm{f}}}{\phi L_1} - \dfrac{(1-\phi)^2 K_{\mathrm{f}}}{L_1 \left[(1-\phi) K_{\mathrm{s}} - K_{\mathrm{b}} \right]} \\ a_{12} = -\dfrac{(1-\phi) K_{\mathrm{f}}}{L_1} \\ a_{21} = -\dfrac{\phi K_{\mathrm{s}}}{L_2} + \dfrac{\phi K_{\mathrm{b}}}{(1-\phi) L_2} \\ a_{22} = -\dfrac{\phi^2 K_{\mathrm{s}}}{(1-\phi) L_2} \end{cases} \quad (23)$$

这里：

$$\begin{cases} L_1 = -\dfrac{(1-\phi) K_{\mathrm{f}}}{\phi K_{\mathrm{s}}} - \dfrac{(1-\phi) K_{\mathrm{s}}}{(1-\phi) K_{\mathrm{s}} - K_{\mathrm{b}}} \\ L_2 = -\dfrac{\phi K_{\mathrm{s}}}{(1-\phi) K_{\mathrm{f}}} - 1 + \dfrac{K_{\mathrm{b}}}{(1-\phi) K_{\mathrm{s}}} \end{cases} \quad (24)$$

等效体积模量 K_{b} 的表达式为[30]

$$\frac{1}{K_{\mathrm{b}}} = \frac{1}{K_{\mathrm{s}}} \left[1 + \frac{2\pi}{3} \frac{\left(1 - v^2 \right)}{\left(1 - 2v \right)} \sum_{i=1}^{N_c} \frac{R_{1i} d_i}{V} \right] \quad (25)$$

式中　v——固体骨架矿物的泊松比；

　　　N_c——单位体内的裂缝数；

　　　R_{1i}——第 i 条裂缝的椭圆截面长轴半径长度；

　　　d_i——裂缝延伸长度；

　　　V——单元体的体积。

最后，将本构方程和体积平均后的动量守恒方程结合，得到最终形式的波动方程：

$$\begin{cases} \langle \rho_{\mathrm{s}} \rangle \ddot{\mathbf{u}} = G \nabla^2 \mathbf{u} + a_{11}' \nabla e + a_{12} \nabla \xi + C \left(\dot{\mathbf{U}} - \dot{\mathbf{u}} \right) \\ \langle \rho_{\mathrm{f}} \rangle \ddot{\mathbf{U}} = a_{21} \nabla e + a_{22} \nabla \xi - C \left(\dot{\mathbf{U}} - \dot{\mathbf{u}} \right) \end{cases} \quad (26)$$

其中，$C = \dfrac{\eta \phi^2}{\kappa}$；$a'_{11} = a_{11} + \dfrac{4G}{3}$；$\xi$ 为流体的体应变。其余参数均沿用上文的定义。

3.3 频散 / 衰减表征

对波动方程两端取散度，可得到纵波方程。对于各向同性孔隙介质，假设弹性波沿各方向传播一致，利用平面波分析方法可得到纵波频率—波数方程。将纵波频率—波数方程的解记为 v，根据如下定义，即可计算纵波频散 / 衰减曲线：

$$\begin{cases} v_P = \left[\operatorname{Re}\left(\dfrac{1}{v} \right) \right]^{-1} \\ a = -\omega \operatorname{Im}\left(\dfrac{1}{v} \right), \quad Q = \dfrac{\pi f}{a v_P} = \dfrac{\operatorname{Re}(v)}{2\operatorname{Im}(v)} \end{cases} \tag{27}$$

4 频散 / 衰减特征分析

波场在含流体的孔隙介质中传播时会产生频散和衰减现象，即波速随着频率发生改变，同时波的振幅也会发生变化。

下面基于三维裂缝 / 软孔隙网络模型和三维裂缝—孔隙网络模型分别研究纵波频散与衰减特征。

4.1 基于三维裂缝 / 软孔隙网络模型的频散衰减特征

利用前面所述频散衰减曲线的表达式，根据岩石物理参数可计算得到基于三维裂缝 / 软孔隙网络模型的频率依赖的纵波速度和逆品质因子曲线。数值模拟所选取的模型、矿物和流体参数具体见表 1。

表 1　模型、矿物及流体参数表

参数	名称	取值
网络模型 参数	网络节点数	$5 \times 5 \times 5$
	单元体边长 /m	1×10^{-2}
	围压 /MPa	30
	裂缝孔隙度	0.06
	纵横比	0.02
矿物参数 （石英）	密度 /（kg/m³）	2650
	体积模量 /GPa	37
	剪切模量 /GPa	44

续表

参数	名称	取值
矿物参数 （石英）	泊松比	0.2
	杨氏模量 /GPa	94.5
孔隙流体 参数 （水）	密度 /（kg/m³）	1000
	体积模量 /GPa	2.15
	剪切模量 /GPa	0
	黏度 /（Pa·s）	0.001

4.1.1 裂缝孔隙度的影响

图 3、图 4 给出了不同裂缝孔隙度条件下，快纵波的频散和衰减曲线。本算例中除裂缝孔隙度外，其余参数见表 1。

图 3、图 4 中四条曲线的裂缝孔隙度分别为 0.001、0.005、0.02 和 0.06，对应的渗透率分别为 $7.00 \times 10^{-17} \mathrm{m}^2$、$1.57 \times 10^{-16} \mathrm{m}^2$、$3.14 \times 10^{-16} \mathrm{m}^2$ 和 $5.44 \times 10^{-16} \mathrm{m}^2$。从图 3 可以看出，随着裂缝孔隙度的减小，快纵波速度增大，起始速度由 3116m/s 增大到 4863m/s。而且随着裂缝孔隙度的增大，快纵波速度表现出更明显的频散现象。从图 4 可以看出，随着裂缝孔隙度的减小，逆品质因子曲线的峰值下降，特征频率（逆品质因子曲线的峰值对应的频率）向低频方向移动。

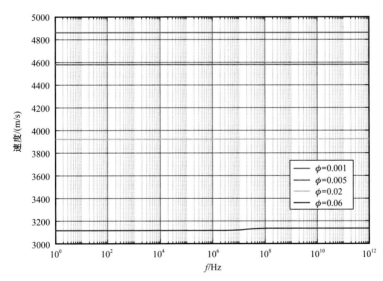

图 3 快纵波频散曲线随裂缝孔隙度的变化

4.1.2 裂缝纵横比的影响

图 5、图 6 给出了不同裂缝纵横比条件下，快纵波的频散和衰减曲线。本算例中除裂缝纵横比外，其余参数见表 1。

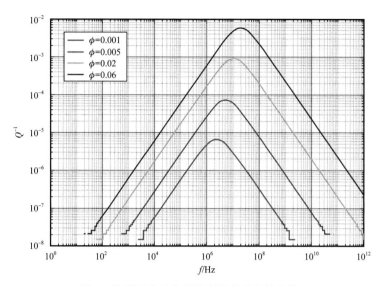

图 4　快纵波衰减曲线随裂缝孔隙度的变化

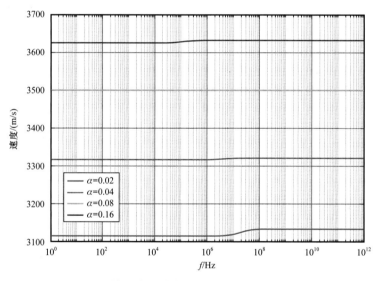

图 5　快纵波频散曲线随裂缝纵横比的变化

图 5、图 6 中四条曲线的裂缝纵横比分别为 0.02、0.04、0.08 和 0.16，对应的渗透率分别为 $5.44 \times 10^{-16} \mathrm{m}^2$、$3.07 \times 10^{-15} \mathrm{m}^2$、$1.73 \times 10^{-14} \mathrm{m}^2$ 和 $9.60 \times 10^{-14} \mathrm{m}^2$。通过计算可知，随着裂缝纵横比的下降，渗透率下降。这是一个合理的事实，因为随着裂缝纵横比的减小，裂缝趋于闭合。图 5 显示，随着裂缝纵横比的增大，快纵波速度增大。这主要是因为随着纵横比的增大，干岩石的可压缩性变差，干岩石的体积模量 K_b 增大，从而引起快纵波速度的增大。图 6 显示，随着裂缝纵横比的增大，特征频率向低频方向移动。

4.1.3　裂缝数密度的影响

图 7、图 8 给出了不同裂缝数密度条件下，快纵波的频散和衰减曲线。本算例中除网络节点数外，其余参数见表 1。

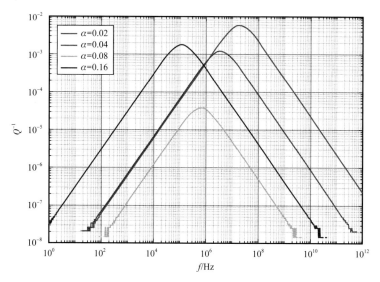

图 6 快纵波衰减曲线随裂缝纵横比的变化

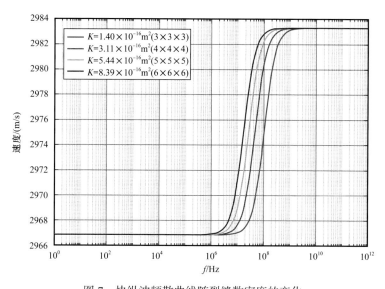

图 7 快纵波频散曲线随裂缝数密度的变化

　　沿 X、Y、Z 方向上分别排布有 $3\times3\times3$、$4\times4\times4$、$5\times5\times5$ 和 $6\times6\times6$ 个孔隙，即裂缝数密度分别为 54、144、300 和 540。计算得到对应的渗透率分别为 $1.40\times10^{-16}\mathrm{m}^2$、$3.11\times10^{-16}\mathrm{m}^2$、$5.44\times10^{-16}\mathrm{m}^2$ 和 $8.39\times10^{-16}\mathrm{m}^2$。通过计算可知，渗透率随裂缝数密度的增加而增大。这表明随着裂缝之间的连通程度升高，岩石渗透率逐步增大。图 7 显示，频散幅值（速度极大值与极小值的差）对裂缝数密度的变化不敏感，但频散曲线随裂缝数密度的变化发生移动。在相同的频率上，快纵波速度最大相差仅 10m/s。图 8 显示，随着裂缝数密度的增大，特征频率向低频方向移动，而几乎不影响逆品质因子曲线的峰值。

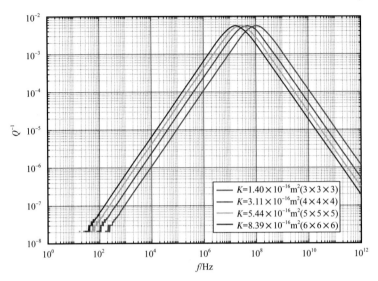

图 8　快纵波衰减曲线随裂缝数密度的变化

4.1.4　孔隙流体黏度的影响

下面研究孔隙流体的黏度对快纵波频散衰减特征的影响。孔隙中的流体参数见表 2，其余参数同表 1。

表 2　孔隙流体参数表

参数名称	水	油（甘油）	气
密度 /（kg/m³）	1000	1261	0.643191
体积模量 /Pa	2.15×10^9	4.35×10^9	1.01325×10^5
剪切模量 /Pa	0	0	0
黏度 /（Pa·s）	0.001	1.2	1.86×10^{-5}

从图 9、图 10 可以看出，在此模型下的快纵波速度：油饱和砂岩明显大于水饱和砂岩，水饱和砂岩明显大于气饱和砂岩。这主要是因为孔隙流体黏度增大时，孔隙流体与岩石之间的耦合作用加强，相当于提高了岩石的总体刚度，从而提高了快纵波的速度。但油饱和时的速度变化率相对于水饱和时变小。相较于孔隙充填其他流体，气饱和时的快纵波频散现象最不明显，且逆品质因子曲线的峰值最小。

4.1.5　慢纵波频散衰减曲线

模型内不仅存在快纵波，还存在慢纵波。将表 1 中的岩石物理参数代入式（27），得到慢纵波的频散衰减曲线，如图 11、图 12 所示。

从图 11 可以看出，在低频范围内（0～10^2Hz）慢纵波速度基本为 0，且在 0～10^8Hz 频率范围内发生频散，速度随频率的增加而增大，在高频范围内稳定在大约 740m/s。从图 12 可以看出，慢纵波逆品质因子曲线在 0～10^6Hz 的频率范围内为水平线，后随着频率的增加而减小，呈直线下降趋势。

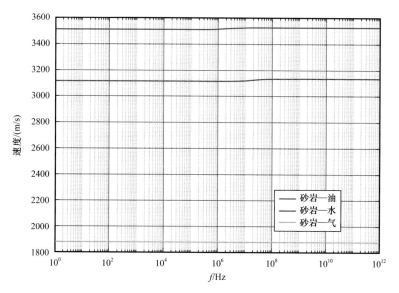

图 9　不同孔隙流体黏度下的快纵波频散曲线

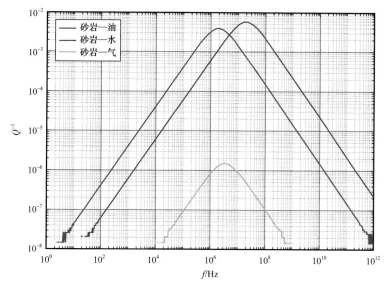

图 10　不同孔隙流体黏度下的快纵波衰减曲线

4.2　基于三维裂缝—孔隙网络模型的频散衰减特征

根据式（3）知，裂缝椭圆截面长轴半径与裂缝两端的孔隙半径有关。因此，裂缝的孔隙度 ϕ_f 和孔隙空间的孔隙度 ϕ_{pore} 不是互相独立的。

在实际的计算中，给定 ϕ_{pore}，首先根据式（5）计算得到孔隙半径，后根据式（3）计算得到裂缝截面的长轴半径，再根据裂缝纵横比得到裂缝的短轴半径。将上述计算得到的裂缝截面的长轴半径代入式（4），计算得到 ϕ_f。

为了满足预设的总孔隙度 ϕ，可能需要对孔隙半径和裂缝半径进行重新处理。因此，在三维裂缝—孔隙网络模型中，总孔隙度 ϕ 与预设结果相同，但是 ϕ_{pore} 与 ϕ_{f} 可能与预设结果不同。

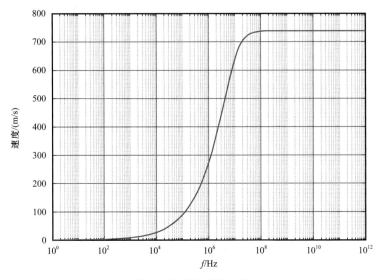

图 11　慢纵波频散曲线

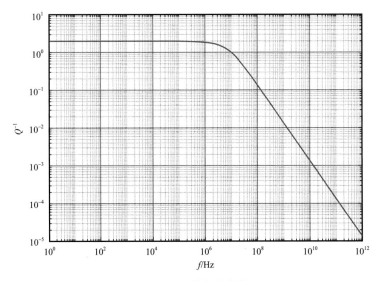

图 12　慢纵波衰减曲线

4.2.1　总孔隙度的影响

除裂缝孔隙度外，仍采用表 1 中的岩石物理参数。图 13、图 14 给出了总孔隙度分别为 0.001、0.005、0.02 和 0.06 时的快纵波频散与衰减曲线。通过计算得到对应的渗透率为 $3.12 \times 10^{-17} \mathrm{m}^2$、$7.00 \times 10^{-17} \mathrm{m}^2$、$1.40 \times 10^{-16} \mathrm{m}^2$ 和 $2.22 \times 10^{-16} \mathrm{m}^2$。从图中可以看出，随着总孔隙度的减小，快纵波速度增大，起始速度由 3559m/s 增大到 4367m/s，逆品质因子曲线的峰值下降，特征频率向低频方向移动。

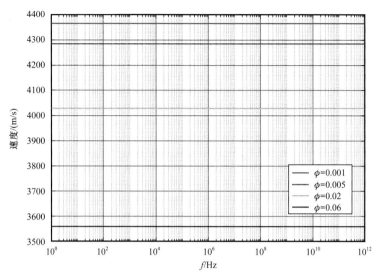

图 13 快纵波频散曲线随总孔隙度的变化

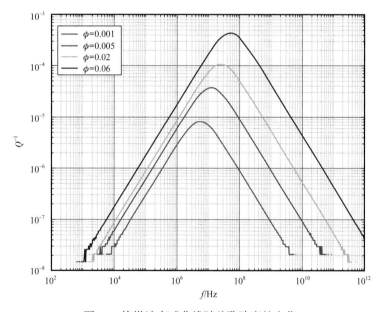

图 14 快纵波衰减曲线随总孔隙度的变化

4.2.2 裂缝参数的影响

从建模过程中可以发现，三维裂缝 / 软孔隙网络模型可以认为是三维裂缝—孔隙网络模型的特例，即当孔隙空间所占孔隙度为 0 时，三维裂缝—孔隙网络模型退化为三维裂缝 / 软孔隙网络模型。若固定孔隙空间所占孔隙度为 0，分析裂缝参数对快纵波频散衰减特征的影响，即本文 4.1 节的内容。

4.2.3 慢纵波频散衰减曲线

将表 1 中的岩石物理参数代入式（27），得到慢纵波的频散衰减曲线。

从图 15、图 16 可以看出，在该模型下慢纵波频散与衰减的趋势与三维裂缝 / 软孔隙网络模型相似，但频散的幅值更大，发生频散的频率范围更宽，在高频范围内慢纵波的速度稳定在大约 1214m/s。

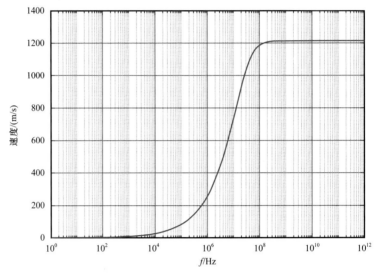

图 15　慢纵波频散曲线

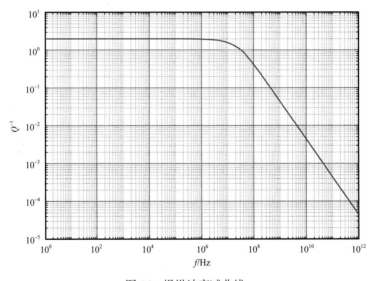

图 16　慢纵波衰减曲线

5　结论

本文基于三维裂缝 / 软孔隙网络模型和三维裂缝—孔隙网络模型，详细研究了总孔隙度、裂缝孔隙度、裂缝纵横比、裂缝数密度、流体黏度对快纵波频散衰减特征的影响，以及分析了慢纵波的频散衰减特征。

基于三维裂缝/软孔隙网络模型，可以发现：

（1）随着裂缝孔隙度的增大，快纵波速度表现出更明显的频散现象。随着裂缝孔隙度的减小，快纵波速度增大，逆品质因子曲线的峰值下降，特征频率（逆品质因子曲线的峰值对应的频率）向低频方向移动。

（2）随着裂缝纵横比的增大，快纵波速度增大，特征频率向低频方向移动，而频散幅值（速度极大值与极小值的差）和逆品质因子曲线的峰值的大小未表现出规律性的变化。

（3）裂缝数密度的变化几乎不会影响快纵波速度、频散幅值和逆品质因子曲线的峰值，但对特征频率影响显著。随裂缝数密度的增大，特征频率向低频方向移动。

（4）当孔隙充填油、水、气时，油饱和砂岩的快纵波速度明显大于水饱和砂岩，水饱和砂岩明显大于气饱和砂岩。气饱和时的快纵波频散现象最不明显，且逆品质因子曲线的峰值最小。

基于三维裂缝—孔隙网络模型，可以发现：

在此模型下，总孔隙度、裂缝参数等对快纵波频散衰减特征的影响以及慢纵波的频散衰减趋势与三维裂缝/软孔隙网络模型相似。

总的来说，孔隙度的变化主要影响逆品质因子曲线的峰值的大小；裂缝数密度主要控制速度显著变化的范围；裂缝纵横比的变化对纵波速度和特征频率都影响显著。

参 考 文 献

［1］何润发，巴晶，杜启振，等.储层双相介质地震波传播理论及流体预测方法［J］.地球物理学进展，2020，35（4）：1379-1390.

［2］凌云.井震频散校正及其应用：以西非深水砂岩为例［J］.地球物理学进展，2021，36（4）：1554-1559.

［3］赵平起，倪天禄，张家良，等.渗流场参数与地震波场参数的关联关系研究综述［J］.地球物理学进展，2021，36（4）：1661-1668.

［4］Biot M A. Theory of propagation of elastic waves in a fluid-saturated porous solid. i. low frequency range. ii. higher frequency range［J］. The Journal of the Acoustical Society of America，1956，28（182）：168-191.

［5］Geertsma J，Smit D C. Some aspects of elastic wave propagation in fluid-saturated porous solids［J］. Geophysics，1961，26（2）：169.

［6］Carcione J M，Morency C，Santos J E. Computational poroelasticity-a review［J］. Geophysics，2010，75（5）：75A229-75A243.

［7］Mavko G M，Nur A. The effect of nonelliptical cracks on the compressibility of rocks［J］. Journal of Geophysical Research：Solid Earth，1978，83（B9）：4459-4468.

［8］欧阳芳，赵建国，李智，等.基于微观孔隙结构特征的速度频散和衰减模拟［J］.地球物理学报，2021，64（3）：1034-1047.

［9］Dvorkin J，Nur A. Dynamic poroelasticity：a unified model with the squirt and the Biot mechanisms［J］. Geophysics，1993，58（4）：524-533.

［10］White J E. Computed seismic speeds and attenuation in rocks with partial gas saturation［J］. Geophysics，1975a，40（2）：224-232.

［11］White J E. Low-frequency seismic waves in fluid-saturated layered rocks［J］. Acoustical Society of

America Journal，1975b，57（S1）：S30.

［12］Dutta N C，Odé H. Attenuation and dispersion of compressional waves in fluid−filled porous rocks with partial gas saturation（White model）−Part I：Biot theory［J］. Geophysics，1979a，44（11）：1777−1788.

［13］Dutta N C，Odé H. Attenuation and dispersion of compressional waves in fluid−filled porous rocks with partial gas saturation（White model）−Part II：Results［J］. Geophysics，1979b，44（11）：1789−1805.

［14］Carcione J M，Helle H B，Pham N H. White's model for wave propagation in partially saturated rocks：comparison with poroelastic numerical experiments［J］. Geophysics，2003，68（4）：551−566.

［15］王娇钧，陈双全，王磊，等. 基于斑块饱和模型利用地震波频散特征分析含气饱和度［J］. 石油地球物理勘探，2014，49（4）：715−722.

［16］Sun W T. On the theory of Biot−patchy−squirt mechanism for wave propagation in partially saturated double−porosity medium［J］. Physics of Fluids，2021，33（7）：076603.

［17］巴晶，Carcione J M，曹宏，等. 非饱和岩石中的纵波频散与衰减：双重孔隙介质波传播方程［J］. 地球物理学报，2012，55（1）：219−231.

［18］郭梦秋，巴晶，马汝鹏，等. 含流体致密砂岩的纵波频散及衰减：基于双重孔隙结构模型描述的特征分析［J］. 地球物理学报，2018，61（3）：1053−1068.

［19］Ba J，Xu W，Fu L，et al. Rock anelasticity due to patchy saturation and fabric heterogeneity：a double double−porosity model of wave propagation［J］. Journal of Geophysical Research−Solid Earth，2017，122（3）：1949−1976.

［20］Zhang L，Ba J，Carcione J M，et al. Differential poroelasticity model for wave dissipation in self−similar rocks［J］. International Journal of Rock Mechanics and Mining Sciences，2020，128：104281.

［21］Zhang L，Ba J，Carcione J M. Wave propagation in infinituple−porosity media［J］. Journal of Geophysical Research−Solid Earth，2021，126（4）.

［22］Chapman M，Zatsepin Sergei V，Crampin S. Derivation of a microstructural poroelastic model［J］. Geophysical Journal International，2002，151（2）：427−451.

［23］Tang X M. A unified theory for elastic wave propagation through porous media containing cracks−an extension of Biot's poroelastic wave theory［J］. Science China Earth Sciences，2011，54（9）：1441.

［24］Tang X，Chen X，Xu X. A cracked porous medium elastic wave theory and its application to interpreting acoustic data from tight formations［J］. Geophysics，2012，77（6）：D245−D252.

［25］Johnson D L，Koplik J，Dashen R. Theory of dynamic permeability and tortuosity in fluid−saturated porous−media［J］. Journal of Fluid Mechanics，1987，176：379−402.

［26］Song Y J，Hu H S，Han B. P−wave attenuation and dispersion in a fluid−saturated rock with aligned rectangular cracks［J］. Mechanics of Materials，2020，147：103409.

［27］Xiong F S，Sun W T，Ba J，et al. Effects of fluid rheology and pore connectivity on rock permeability based on a network model［J］. Journal of Geophysical Research：Solid Earth，2020，125（3）.

［28］熊繁升，甘利灯，孙卫涛，等. 裂缝—孔隙介质储层渗透率表征及其影响因素分析［J］. 地球物理学报，2021，64（1）：279−288.

［29］Whitaker S. Dispersion in porous media.//The method of volume averaging［M］. Dordrecht：Springer，1999：124−160.

［30］Mavko G M，Nur A. Wave attenuation in partially saturated rocks［J］. Geophysics，1979，44（2）：161−178.

文章导读

地震资料保幅处理与质控

地震资料保幅处理与质控是油气藏地震描述的另一个重要基础，其核心就是要消除目的层顶界以上地震资料的横向不一致性，保持目的层段地震响应的一致性，为地震储层预测奠定基础。本组收录5篇文章，由3篇期刊论文、2篇获奖会议论文组成；内容包括保AVO处理质控与层间多次波识别和压制处理，文章简介如下。

"利用地震正演模拟实现高保真AVO处理质量监控"介绍了一种利用偶极声波和密度测井资料进行叠前道集正演，并对处理结果道集中AVO特征进行质量监控的方法。其方法是通过对比正演AVO道集和井旁实际处理结果道集的相似性，分析沉积稳定的区域标志层AVO截距和梯度属性的一致性，来判断处理过程是否具有保AVO特征，进而实现叠前地震道集保幅定量质控。

"反射率法正演模拟及其在多次波识别中的应用——以四川盆地川中地区为例"针对复杂地层多次波识别问题，改进了时间域一维反射率法正演模拟方法，为每个反射界面加入一个下行反射控制系数，为查找多次波产生的源头提供了有效手段。该方法应用于四川盆地川中地区灯影组，初步证实了灯影组内幕的一些强反射轴是由上覆速度倒转层产生的层间多次波造成的，为后续多次波压制处理提供了依据。本文获中国石油学会2017年物探技术研讨会优秀论文二等奖。

"层间多次波辨识与压制技术的突破及意义——以四川盆地GS1井区震旦系灯影组为例"针对四川盆地GS1井区震旦系灯影组及下寒武统筇竹寺组的地震合成记录与实际记录严重不匹配的现象，开展层间多次波辨识与压制技术研究，主要成果如下：一是通过叠后和叠前多次波正演模拟等8种手段，结合VSP资料论证了该区井震不匹配主要是由层间多次波造成的；二是利用井点和联井剖面剥层法多次波正演模拟结果，结合多次波周期性分析，明确了上覆4组速度反转层是灯影组层间多次波的主要来源；三是在层间多次波准确识别和来源分析的基础上，通过传统Radon方法创新应用，突破了由于层间多次波与一次波速度差异小导致现有方法难以奏效的困境，形成了适用、有效、可复制的压制处理方案；四是提出了一种多次波发育强度评价指标，为多次波压制质控提供了有效手段。该技术方案在GS1井区应用中10口井井震匹配程度平均提高了30%；压制后剖面结构特征更加符合沉积规律，横向分辨率更高，小断裂与小异常体特征更清晰，并在灯影组首次发现了串珠反射；基于地震波形分类的储层预测符合率从60%提高到90%，基于双相介质的烃类检测符合率从70%提高到100%，取得了明显技术效果。

"层间多次波压制处理技术及其应用"对上述多次波压制技术进行了完善，突出了层控速度分析、井震联合高精度速度场建立和高精度Radon变换技术的组合应用，进一步提高了层间多次波压制的效果。本文获中国石油学会2019年物探技术研讨会优秀论文一等奖。

"处理解释一体化的层间多次波识别与压制——以四川盆地高石梯—磨溪地区灯影组为例"是上述多次波识别和压制技术方案在高磨地区大规模推广应用后的系统总结。突出体现在三个方面：一是创新技术与商业化技术结合，建立了偏移前、偏移后和叠后分步组合迭代的多次波压制技术流程，确保多次波压制效果；二是传统保幅质控方法与研发的多次波发育强度预测技术相结合，形成了点、线、面完整的多次波压制处理质控技术，保障了在压制多次波的同时不伤及有效波；三是形成了基于处理解释一体化的层间多次波识别、压制和质控完整技术体系，并在规模化应用中取得了显著的地质效果。在GS1井区应用中提高了井震匹配程度，建立了高产井地震反射模式，为开发井部署提供了依据；在GS1和GS19井区应用中首次在灯影组内发现了大量弱串珠反射，是未来重要的资源接替区；在高石梯东地区应用中消除了台缘带假象，降低了井位部署风险。在这些工区应用中，大幅改善了超深层地震成像，落实了地层结构，为四川盆地超深层油气勘探奠定了资料基础。

利用地震正演模拟实现高保真 AVO 处理质量监控

戴晓峰，甘利灯，杜文辉，李凌高，张昕，冯清源

1 引言

本文介绍了一种利用偶极声波和密度测井资料进行叠前道集正演，对实际地震处理道集振幅随偏移距变化特征进行对比和监控的方法。通过采用实测偶极声波和密度测井资料，利用 Zoeppritz 方程及其近似公式计算井的叠前正演道集，选取沉积稳定的区域标志层，分析其截距和梯度属性。通过对比正演 AVO 道集和井旁实际偏移道集波组特征及 AVO 属性特征，达到检验处理过程和结果是否保幅的目的，实现了 AVO 特征定量监控。

2 道集质量监控必要性

AVO 分析和叠前地震反演已成为地震研究的一个热点，高质量叠前道集是叠前反演和解释的基础，因此如何实现保 AVO 特征的地震资料目标处理显得尤为重要。

为了得到能够反映地层真实的 AVO 特征，地震资料处理过程中通常都会对关键步骤进行质量监控，方法包括凭借经验对比和相关分析等，但实际上地震资料处理流程涉及众多环节，难以实现诸多中间环节的监督，尤其是道集内部 AVO 特征的保持难以量化检查。

虽然国内已经广泛应用叠前时间偏移技术，但多数叠前时间偏移处理仍然针对构造成像这个主要地质任务展开，处理过程中保幅处理意识不强。如某地区通过联片叠前时间偏移处理大幅提高构造成像效果，取得了很好的勘探效果，但其原始设计没有考虑保幅这一环节，该处理后偏移道集具有道间距大、分辨率信噪比低以及近道能量异常弱等不足等问题（图 1a），资料保幅性不好，无法满足叠前分析的要求。此外目前叠前时间偏移保幅处理在国内仍处于不断完善阶段，处理人员经常在常规叠前时间偏移方法偏移基础上再采用振幅均衡处理的方法，这种方法显然对道集内 AVO 特征有一定程度的损伤（图 1b），这类资料也不适于直接用于进行叠前反演。

因此解释研究人员为保证叠前 AVO 分析和叠前反演结果的真实有效性，需要严格把

原文收录于《资源与产业》，2011，13（1）：93~98。

好原始资料关，对叠前道集数据进行质量分析和控制，保证其输入的地震数据较好保持真实振幅能量相对关系。

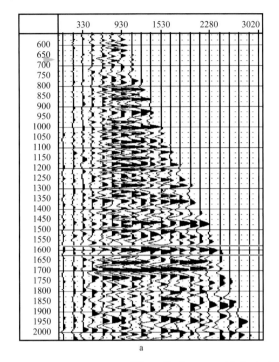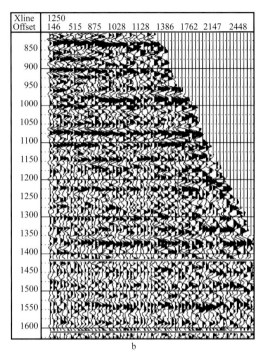

图 1　某地区 CRP 道集（a）和某二次三维 CRP 道集（b）

虽然目前国内已经有少量关于道集质量控制分析的文章，例如采用自相关函数和平均振幅曲线分析方法、沿层振幅属性对比和相干体振幅对比等定性分析方法对道集内各道的振幅信息进行质控[1]；有些学者提出了利用实钻井的岩石物理模拟结果对比分析处理中间结果，但没有进一步深入到定量分析的程度[2]。因此总体看叠前道集内质量监控的方法和手段还略显不足。

3　Zoeppritz 方程及其近似

叠前分析的理论基础是地震波的反射和透射理论，描述振幅随入射角变化与介质弹性参数关系的近似理论——平面弹性波的反射和透射理论在 20 世纪初已基本建立，许多文献通过数值分析研究了振幅系数与弹性参数的关系。

当地震波以非零入射角入射到反射界面上时会产生 4 个波，以 P 波入射为例，产生的 4 个波分别是：反射纵波和反射横波，透射纵波和透射横波。

1919 年，Zoeppritz 根据斯奈尔定律和应力的连续性推导给出了固体—固体接触界面的反射和透射公式，即 Zoeppritz 方程。它描述了界面两侧反射波与透射波，纵波与横波之间的能量分配关系。它假定：反射界面是个无限大平面；界面两侧是充满各向同性弹性介质的无限大空间；入射波是平面波。Zoeppritz 方程描述的反射系数与透射系数与界面两边的弹性参数以及入射角的关系可以用式（1）表示：

$$
\begin{bmatrix}
\sin\theta_1 & \cos\phi_1 & -\sin\theta_2 & \cos\phi_2 \\
-\cos\theta_1 & \sin\phi_1 & \cos\theta_2 & \sin\phi_2 \\
\sin 2\theta_1 & \dfrac{v_{p1}}{v_{s1}}\cos 2\phi_1 & \dfrac{\rho_2 v_{s2}^2 v_{p1}}{\rho_1 v_{s1}^2 v_{p2}}\sin 2\theta_2 & -\dfrac{\rho_2 v_{p1}^2}{\rho_1 v_{s1}^2}\cos 2\phi_2 \\
\cos\phi_1 & \dfrac{-v_{s1}}{v_{p1}}\sin\phi_1 & -\dfrac{\rho_2 v_{p2}}{\rho_1 v_{p1}}\cos 2\phi_2 & -\dfrac{\rho_2 v_{s2}}{\rho_1 v_{p1}}\sin\phi_2
\end{bmatrix}
\begin{pmatrix}
R_{pp} \\ R_{ps} \\ T_{pp} \\ T_{ps}
\end{pmatrix}
=
\begin{pmatrix}
-\sin\theta_1 \\ -\cos\theta_1 \\ \sin 2\theta_1 \\ \cos 2\phi_2
\end{pmatrix}
\tag{1}
$$

式中 θ_1——纵波入射角；

θ_2——纵波透射角；

ϕ_1——横波反射角；

ϕ_2——横波透射角；

R_{pp}、R_{ps}、T_{ps}、T_{ps}——分别为对应的反射和透射系数。

由于 4 个未知数的表达式很复杂，也难以给出清楚的物理概念，经不少学者研究导出了一些非常有用的近似方程，使其更加容易理解，同时也有较明显的物理意义。

Aki 和 Richard[3] 注意到在大多数情况下相邻两层介质的弹性参数变化较小，即 $\Delta v_p/v_p$、$\Delta v_s/v_s$、$\Delta\rho/\rho$ 和其他值相比为小值，所以可略去它们的高阶项。此时其纵波的反射系数为

$$
R_p(\theta) \approx \frac{1}{2}\left(1-4\frac{v_s^2}{v_p^2}\sin^2\theta\right)\frac{\Delta\rho}{\rho} + \frac{\sec^2\theta}{2}\frac{\Delta v_p}{v_p} - 4\frac{v_s^2}{v_p^2}\sin^2\theta\frac{\Delta v_s}{v_s}
\tag{2}
$$

式中 v_p、v_s、ρ——分别为反射界面两侧介质的纵、横波速度和密度的平均值；

Δv_p、Δv_s、$\Delta\rho$——界面两侧 v_p、v_s 和 ρ 之差；

θ——纵波的入射角和纵波透射角的平均值。

对式（2）按照随入射角的大、中、小，或按炮检距的近、中、远进行排序，同时假设 $v_p/v_s\approx 2$，整理得到

$$
R_p(\theta) \approx \frac{1}{2}\left(\frac{\Delta v_p}{v_p}+\frac{\Delta\rho}{\rho}\right) + \frac{1}{2}\left(\frac{\Delta v_p}{v_p}-2\frac{\Delta v_s}{v_s}-\frac{\Delta\rho}{\rho}\right)\sin^2\theta + \frac{1}{2}\frac{\Delta v_p}{v_p}\left(\tan^2\theta-\sin^2\theta\right)
\tag{3}
$$

若令 $\theta=0$，上式就是垂直入射时的纵波反射系数。

当入射角 $0<\theta\leqslant 30°$ 时，$\tan 2\theta-\sin 2\theta\leqslant 0.083$，而 v_p/v_s 又较小，所以可略去第三项，Aki-Richard 公式就能够写成下面的形式

$$
R_p(\theta) = \frac{1}{2}\left(\frac{\Delta v_p}{v_p}+\frac{\Delta\rho}{\rho}\right) + \frac{1}{2}\left(\frac{\Delta v_p}{v_p}-2\frac{\Delta v_s}{v_s}-\frac{\Delta\rho}{\rho}\right)\sin^2\theta
\tag{4}
$$

式（4）为 $\sin 2\theta$ 的线性方程，其中第一项是由零炮检距对应的地震道，代表对反射界面两侧的波阻抗变化的响应。第二项为梯度叠加道，代表对横波速度、纵波速度和密度变化的响应，也是振幅随入射角（或炮检距）的变化率。

目前多数 AVO 属性反演和分析都是基于式（4）。

4 AVO 正演模拟

AVO 正演模拟是 AVO 基本的分析方法之一。比较常用 AVO 正演方法就是利用井建立地质模型，利用地震子波正演计算合成地震记录，模拟 AVO 现象，来观察不同参数条件下的各种 AVO 响应，从中找出规律，同时结合本区的油藏特征，分析不同的地质条件下油、气、水及特殊岩性体的 AVO 特征，建立相应的 AVO 检测标志，在实际地震记录中直接识别岩性及油气。

AVO 正演首先用井来创建一个多层层状模型，然后定义每层的厚度、P 波速度、S 波速度和密度。同时，必须确定模型是否需要包含诸如首波、转换波、多次波等各种转换模式的影响，这可以通过选择不同的算法来实现。本次主要可以通过三种算法获取合成记录，即通过 Zoeppritz 方程、Aki 公式和弹性波方程来进行地震记录合成。

Zoeppritz 方程正演是通过射线追踪来计算走时和射线的入射角度，然后通过 Zoeppritz 方程来计算振幅、反射系数从而合成地震记录，而且在此过程中只考虑首波，而不予考虑转换波、多次波。而运用 Aki-Richards 公式进行正演的基本思路与运用 Zoeppritz 方程基本相同，只是用于计算反射系数的公式为 Zoeppritz 方程的简化公式——Aki-Richards 公式，因此计算精度略有不同[4]。

对于多层反射模型而言，也可以采用弹性波方程来模拟 P 波反射界面的 AVO 响应。该算法是计算弹性波的所有解，包括首波、转换波、多次波所产生的效应。由于界面上的传播模式转换和多波对目标层的 AVO 响应有极大的影响，所以多层反射模型显示出与单层弹性界面不同的 AVO 响应。对于界面上下阻抗差值较大的薄层，弹性波方程比 Zoeppritz 方程更为精确，因此利用弹性波来模拟叠前的振幅和波形有很大意义。

通过 AVO 正演模拟可以获得 AVO 属性与地震响应之间的相互关系，从而得以实现地震勘探的最终目标之一——确定孔隙流体性质、油藏类型和分布。研究通过模拟在不同水饱和度、孔隙度时的地震响应，运用井来生成合成记录进行正演，获取不同条件下岩层的不同 AVO 响应，建立岩石流体性质和地震相应特征之间的联系，以此来研究水饱和度、孔隙度对 AVO 响应的影响，从而加强对叠前地震属性的定量分析。

本文采用正演研究的思路，利用纵、横波速度和密度等测井资料，正演模拟该井点处的叠前道集，通过对比正演叠前道集和该井点实际处理道集的 AVO 特征，实现 AVO 保幅处理定量分析，实现保持振幅处理的目的。

5 实例研究

研究实例是东部某三维地震工区，有两口井具有纵、横波测井资料。目标层位东营组地层以扇三角洲沉积为主，砂层分布相对稳定，局部发育火成岩；上第三系馆陶组为辫状河沉积，由砾岩、砂砾岩，基性火山岩夹薄层泥岩组成，但由于馆陶时期构造运动强烈，火山活动频繁并且延续时间较长，馆陶组中下部发育大段玄武岩、沉凝灰岩等，岩性十分复杂。

为充分有效利用叠前地震信息开展复杂岩性油藏描述工作，针对该块三维地震资料情况在三个方面开展了保幅处理研究。

（1）采用保幅处理方法：目前地震资料处理方法中有关叠前保持振幅、频率、相位和波形的技术方法主要可以分为两类：① 单值单一映射函数，主要包括常规球面发散与吸收补偿方法[5]、反 Q 方法[6]和滤波方法；② 地表一致性统计计算方法，主要包括地表一致性振幅补偿。地表一致性反褶积等方法，主要利用地表一致性和多道统计方法尽可能地达到相对保持振幅处理的效果[7]。

（2）关键步骤前后质量监控：在合理选用各类保幅处理手段的同时，处理过程中严格控制几个关键处理步骤的质量和效果，确保处理步骤的可靠性，其主要保幅处理步骤的监控点包括：球面扩散振幅补偿、地表一致性振幅补偿、叠前去噪、反褶积、叠前数据规则化等等，每个过程均通过大量相关图件实现对地震资料处理的过程管理[8]。由于 AVO 处理并非本文重点，具体步骤就不一一详述了。

（3）正演 AVO 特征质量监控：最终处理完的道集是否正确，能否正确体现处理过程的保幅性就需要通过正演来验证，如果处理后的道集表现出和井正演一致的 AVO 特征，那么说明整个处理过程中振幅补偿是合理保真的，否则就需要重新检查处理流程、处理参数，开展关键步骤前后能量对比分析，做进一步的校正。

首先要选定对比的标志层。

该油田属于陆相沉积，横向上岩性变化快，不同的岩性组合，其 AVO 特征可能是不同的，即使岩性组合相同，由于厚度不同，也可造成 AVO 特征的差异，所观察到的 AVO 特征横向上也不是很稳定。因此为了真正实现对 AVO 处理结果的监控，关键是找到一个全区稳定的标志层，要求其地层厚度大、AVO 特征明显，区域上可连续追踪、有明确的地质含义。

通过测井分析选择馆陶组中部块状高阻抗玄武岩为标志层：其厚度大岩性特殊，并且玄武岩高速和高密的弹性特征和第三系砂泥岩地层存在显著的不同，其上覆一套厚层的砂泥岩地层，其速度和密度比玄武岩低很多，为一个特征明显的岩性界面，表现为本区最稳定连续强反射，因此玄武岩顶面的 AVO 特征可以作为检验处理过程中保幅与否的依据。

针对两口井，3 种不同子波、3 种不同的正演算法正演，验证子波和算法对 AVO 特征的影响，确定标准层玄武岩顶面的 AVO 响应特征。

其中 A 井全波测井为 XMAC 测量，该井馆陶玄武岩厚度大约 250m，将横波速度、纵波速度、密度曲线代入 Zoeppritz 方程，分别用 25Hz 雷克子波、20Hz 雷克子波和实际地震资料中提取子波计算了其非零偏移距正演模拟道集剖面。

图 2 是对 A 井采用不同地震子波进行的正演模拟道集，道集中能直观地反映出地震反射同相轴随偏移距变化的信息，对比结果表明子波的改变主要改变正演道集纵向的分辨率，横向上的 AVO 特征仍然得到较好的保持。

B 井是一口斯仑贝谢 DSI 测井，图 3 为采用同样的模拟参数，三种不同算法（Zoeppritz 方程、Aki-Richards 近似公式和弹性波方程）正演模拟结果。

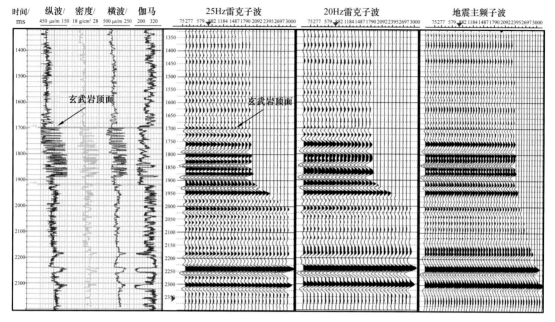

图2　A井不同子波正演道集

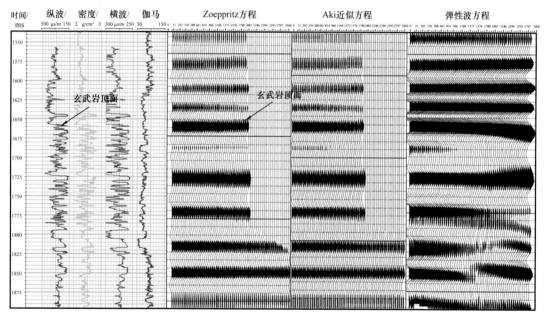

图3　B井不同算法正演道集

Zoeppritz 方程正演道集和 Aki −Richards 公式正演道集两者差异很小，AVO 的特征基本一致；而弹性波方程模拟了多种地震波（首波、转换波、多次波），受传播模式转换和多次波影响，正演道集波场较为复杂。

3 种正演结果分析标志层高阻抗玄武岩顶面在正演道集中呈现出一致的 AVO 变化特征：图 4a 是 B 井玄武岩顶面 AVO 属性分析图，横坐标为炮检距，纵坐标为振幅值，图中曲线斜率就是振幅随炮检距变化的大小，斜率越大表示振幅变化越大，反之越小。玄武岩顶面近炮检距为强振幅，振幅随炮检距增加而显著减小，即反射截距（P 属性）大，梯度变化率（G 属性）为负，且绝对值较高。

在明确了标志层的 AVO 特征之后，在地震资料处理过程中提取井旁道集的 AVO 属性，将处理中间结果和正演分析结果进行对比，如果实际道集中玄武岩顶界表现 I 类 AVO 特征，和井正演 AVO 特征一致，则说明这一步处理参数、模块的选择是正确，处理是保幅的；否则说明处理方法和模块保幅差，应尽量避免使用。

图 4b 为最终目标处理后的过 B 井实际道集的 AVO 属性分析图，通过正演道集和目标处理井旁实际道集 AVO 特征的定量对比分析：叠前时间偏移处理的最终道集中玄武岩顶面的能量变化规律和趋势与理论模型是一致的，即 I 类 AVO 特征，近道强振幅，振幅随炮检距增加而显著减小，从而说明了针对叠前反演的目标处理是保真的，工作流程和参数选择也比较合理。

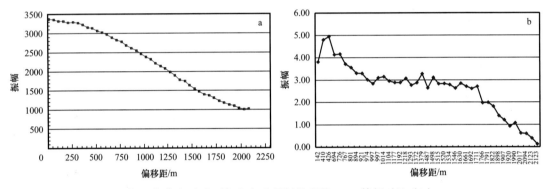

图 4　玄武岩顶面正演（a）和目标处理的 AVO 特征对比（b）

6　结论

用于叠前反演和 AVO 分析的 CRP 道集资料相对于常规地震资料来说，在处理过程中对振幅保持有更加严格的要求，因而更加需要强调地震资料处理中监控工作。

在处理过程中，一方面能够通过采用数据对比和相关分析图件控制关键处理步骤的质量和效果，但仅仅如此还不足以验证最终 CRP 道集是否保幅。利用全波测井资料模拟地震叠前道集，建立地震标志反射层的 AVO 特征，通过和实际道集对比分析，能够更加合理地监控 AVO 处理质量，实现高保真叠前处理。

参 考 文 献

［1］刘建红，孟小红，程玉坤. 针对叠前反演的去噪技术［J］. 石油勘探与开发，2007，34（6）：718-722.

［2］Ruben Martine. 用于 AVO 分析的地震数据约束处理流程和实例［J］. 石油物探译丛，1993，3：38-42.

［3］Aki K，Richards，Paul G. Quantitative seismology［M］. W. H. Freeman and Co. 1980.

［4］邹才能，张颖，等.油气勘探开发实用地震新技术［M］.北京：石油工业出版社，2002.

［5］高军等.时频域球面发散与吸收补偿［J］.石油地球物理勘探，1996，31（6）：865-866.

［6］凌云研究组.叠后相对保持振幅处理处理研究［J］.石油地球物理勘探，2003，38（5）：433-440.

［7］凌云研究组.叠前相对保持振幅、频率、相位和波形的地震数据处理与评价研究［J］.石油地球物理
勘探，2004，39（5）：541-552.

［8］胡英，张研，等，改进陆上地震资料处理质量的监控方法［J］.石油地球物理勘探，2006，（6）.

反射率法正演模拟及其在多次波识别中的应用
——以四川盆地川中地区为例

杨昊，戴晓峰，甘利灯，肖富森，宋建勇

1 引言

地震勘探中，多次波往往会产生许多负面影响：很多处理方法都假设输入数据中没有多次波；多次波会影响最终地震数据偏移质量；多次波还可能给后续的解释工作带来困扰，导致错误的层位解释结果和错误的地震反演结果；并且有些多次波识别和压制难度十分大，特别是一些短程的层间多次波，很难在速度谱上识别和压制。地震波正演模拟是了解地震波传播特点、识别复杂地震波场信息（转换波、多次波等）、明确地质异常体地震响应特征的有效手段。其主要方法有射线追踪法、有限差分法和反射率法。反射率法精度高于射线追踪法和有限差分法，分为频率域反射率法和时间域反射率法，频率域反射率法是一种数值变换法[1]，是实现层状半空间介质中全波场模拟的最有效方法，时间域反射率法则具有简单直观的特点。本文针对复杂地层多次波识别问题，改进了时间域一维反射率法正演模拟方法，为每个反射界面加入了一个下行反射控制系数，为查找多次波产生源头提供了有效手段。方法应用于四川盆地川中地区灯影组，初步证实了灯影组内幕的一些强反射轴为层间多次波，并分析了多次波的来源，为后续多次波压制奠定了必要的基础。

2 时间域一维反射率法

时间域一维反射率法多次波正演模拟的输入数据是等时采样的一次波下行反射系数序列，实际工作中，可以利用井震标定来事先获取这样的反射系数序列。

图 1 给出了所有可能的地震波反射路径，为了方便讨论，将所有叠合的垂直入射和反射路径沿倾斜方向表示，剖面中各层的划分原则是使在每一层内地震波的双程垂直旅行时间都相等（等于 Δt），r_j（$j=0, 1, \cdots, N_r-1$）表示第 j 个反射界面的一次波下行反射系数，时间域一维反射率法多次波正演模拟的目标则是求取图中 t_j（$j=0, 1, \cdots, N_r-1$）时刻的地表的上行波能量。如图 2a 所示，一般地，对于任意反射系数为 r_j 的反射层，更新下行波能量的公式为

原文收录于《中国石油学会 2017 年物探技术研讨会论文集》，2017，310-313；获优秀论文二等奖。

$$d_{j+1}=-c_jr_ju+（1-r_j）d_j \qquad （1）$$

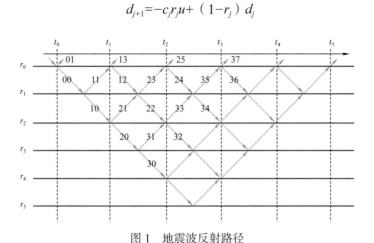

图 1   地震波反射路径

式（1）中加入了一个下行反射控制系数 c_j，$c_j=0$ 和 $c_j=1$ 分别表示去除和包含与第 j 个反射界面有关的多次波。如图 2b 所示，更新上行波能量的公式为

$$u=r_jd_j+（1+r_j）u \qquad （2）$$

如图 1 所示，根据各小层内地震波走时相同的特点，可以根据图中各段波传播的标号，按照标号从小到大的顺序计算各段波的能量，即 00，01，10，11，12，13，20，21，22，23，24，25，…，迭代过程如下：

$$
\begin{aligned}
&d_0 = 1;\\
&\text{for:}\quad k=0,1,\cdots,N_r-1\\
&\text{repeat:}\\
&\left\{
\begin{aligned}
&u = 0;\\
&\text{for:}\quad j=k,k-1,\cdots,0\\
&\text{repeat:}\\
&\left\{
\begin{aligned}
&d_{j+1}=-c_jr_ju+\left(1-r_j\right)d_j;\\
&u=r_jd_j+\left(1+r_j\right)u;
\end{aligned}
\right.\\
&d_0 = 0;\\
&\tilde{r}_k = u;
\end{aligned}
\right.
\end{aligned}
\qquad （3）
$$

最终得到包含多次波的反射系数序列 $\tilde{r}_k$。与生成一次波合成记录类似，选取合适的地震波，根据褶积模型理论，将包含多次波的反射系数序列 $\tilde{r}_k$（$k=0$，1，…，N_r-1）与地震子波进行褶积，就可得到包含多次波的正演模拟记录。上述的时间域一维反射率法多次波正演模拟方法，虽然没有考虑地震波传播过程中几何扩散和衰减的影响，但在式（1）中加入一个下行反射控制系数，可以简单灵活的去除或包含与某个反射界面有关的多次波。

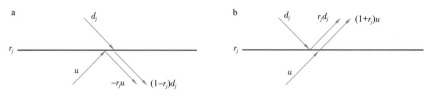

图 2　地震波的反射与透射

3　多次波识别

　　研究区位于四川盆地川中古隆起，该区灯影组为低孔低渗白云岩岩溶储层，主要目的层灯影组四段深度在 5000m 左右，厚度为 200～300m。随着勘探的深入，灯影组已经逐渐进入开发阶段，但该区仍然面临高产井地震响应不明确、建立高产井模式困难、有效储层预测难度大的问题。如图 3 所示，灯四段内幕的地震反射强轴与井点认识并不一致（井上没有明显的强反射波阻抗界面），这不仅影响了井震标定，也为后续的地震反演及储层预测工作带来了极大的困难。

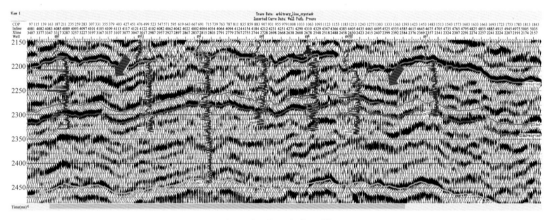

图 3　灯影组内幕强轴

3.1　多次波正演模拟

　　鉴于本区测井曲线由浅至深十分齐全，非常适合应用本文的反射率法开展多次波记录正演模拟，首先从单井入手，研究多次波对井震标定的影响。如图 4 所示，图 4c 为正演得到的一次波的合成记录，图 4d 为正演得到的包含多次波的合成记录，图 4e 为实际的地震记录，可以发现，包含多次波的合成记录与实际记录更加吻合，初步推断实际数据的灯影组内部包含有多次波。

　　为了进一步论证本区目的层存在多次波，利用 3 口井建立了纵波阻抗模型，来开展多次波正演模拟。图 5a 为一次波正演记录，图 5b 为包含多次波的正演记录，图 5c 为实际地震剖面，可以看出包含多次波的正演记录与一次波的正演记录存在明显差异，且包含多次波的正演记录与实际地震剖面中的异常反射十分吻合，进一步证实本区灯影组内部包含有较强的多次波。

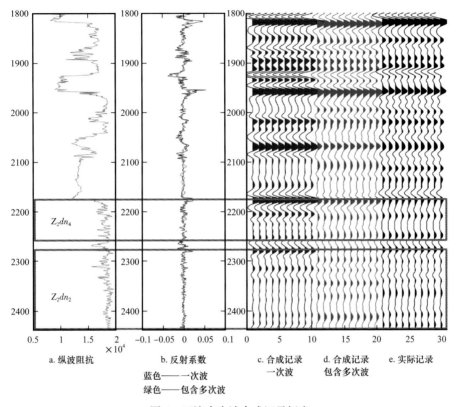

a. 纵波阻抗

b. 反射系数
蓝色——一次波
绿色——包含多次波

c. 合成记录
一次波

d. 合成记录
包含多次波

e. 实际记录

图 4　正演多次波合成记录标定

3.2　多次波产生的理论依据

四川盆地从震旦纪至中三叠世为克拉通盆地演化阶段，主体以海相碳酸盐岩台地海相沉积为主，发育了一套巨厚的高速碳酸盐岩地层，以 GS1 井为例说明其中深层地层速度。图 6 为 GS1 井方波化处理的测井速度，须家河组为海陆地层分界线，以下整体为高速碳酸盐岩地层，地层平均速度为 6000m/s，基本符合区域地质规律。同时，受岩性变化的影响，局部出现了速度倒转现象。自须家河组至震旦系高速地层的背景下，中深层主要存在 3 个厚度较大的低速地层：（1）下三叠统飞仙关组二段，以泥岩及灰质泥岩为主，夹少量薄层泥质灰岩及泥晶灰岩，地层平均速度为 4200m/s；（2）上二叠统龙潭组，以页岩、灰质页岩为主，夹少量泥质灰岩、粉砂岩及薄层煤，地层平均速度为 3500m/s；（3）下二叠统梁山组和下奥陶统湄潭组，均为一套深灰色泥岩、页岩夹粉砂岩地层，地层平均速度为 4350m/s。3 个低速厚层的存在为川中地区深层产生多次反射波提供了基本地质条件。

本区典型井叠加速度谱如图 7 所示，灯四段目的层位于 2.15～2.25s，可以看出，灯四段一次波能量团与层间多次波能量团混在一起，从速度谱上完全识别和压制层间多次波难度很大。另外，一方面，1.5s 以上，一次波能量团十分清晰，另一方面，2.8s 震旦系以下多次波能量团明显强于一次波，也说明位于其间的灯影组是多次波与一次波能量相当的过渡带。

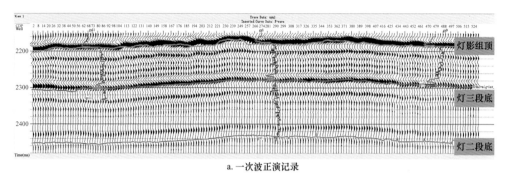

a. 一次波正演记录

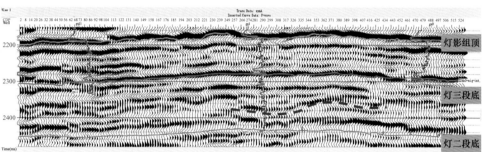

b. 包含多次波的正演记录

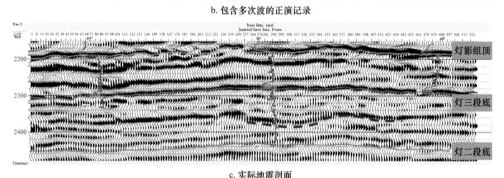

c. 实际地震剖面

图 5　连井剖面多次波分析

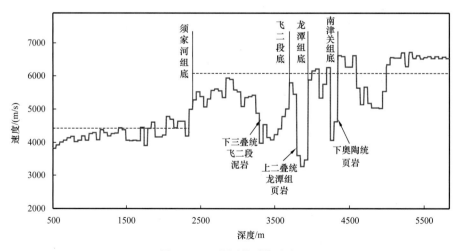

图 6　GS1 井测井平均速度

相对于地面地震，垂直地震（VSP）具有地表干扰小，波的动力学特征明显。在图8左GS6拉平VSP剖面上，可以明显看出下行多次波很发育。同时，深层存在较多的低频强反射，但据GS6井测井资料，震旦系灯四段和灯三段为大套碳酸盐岩地层，不具备形成差异大的波阻抗界面，仅依靠自身地层无法产生强反射，因此，该强反射很可能为多次波。除了低速特征之外，多次波还具有明显的周期性。采用预测反褶积对GS6井VSP资料进行多次波压制试验。优选预测步长后进行多次波压制后见到一定的效果，对比反褶积前、后VSP剖面，下行多次波得到很好的压制。

此外，本研究区也开展了弹性波场正演等工作，分析了纵波和转换波道集的特点，用以排除灯影组内部强反射是AVO效应和转换波所致。

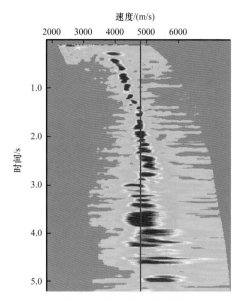

图7 典型井叠加速度谱

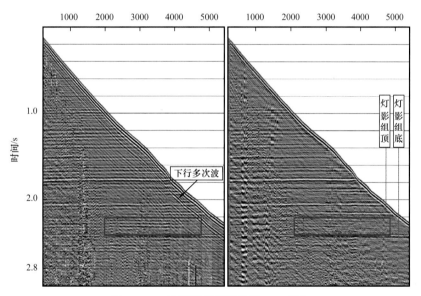

图8 GS6井预测反褶积前后VSP道集

3.3 多次波来源分析

利用本文提出的下行反射控制系数，可以精细查找多次波来源。图9a为逐层去除下行反射的结果，图中的空白区域仅表示去除了该区域的下行反射，图9b灯四段的局部放大结果。可以发现绿色竖线右侧的正演结果均十分相似，而绿色竖线左侧的正演结果则包含了层间多次波，这说明图中绿框中的层段（三叠系嘉陵江与飞仙关组的过渡层段）所产生的下行反射是造成灯四段内部多次波的主要原因。

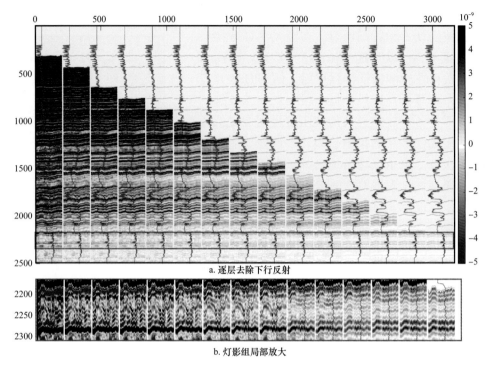

a. 逐层去除下行反射

b. 灯影组局部放大

图 9　多次波来源分析

4　结论

（1）在川中地区震旦纪至中三叠世发育了 3 套低速泥页岩和高速碳酸盐岩互层，形成了多个强反射界面，具备形成多次反射波的基本地质条件。

（2）通过反射率法正演模拟、井震标定和波组对比、地震速度谱，证实川中深层多次波较为发育。

（3）本文提出的下行反射控制系数法证明：三叠系嘉陵江与飞仙关组的过渡层段所产生的下行反射是造成灯四段内部层间多次波的主要原因。

（4）多次波对中深层和深层均有一定程度的影响，对深层筇竹寺组、灯影组和前震旦系的干扰最为突出，造成深层地震资料信噪比低，降低了地震解释的精度。

参 考 文 献

［1］Fuchs K，Muller G. Computation of synthetic seismograms with the reflectivity method and comparison with observations［J］. Geophysics J Astr Soc，1971，23：417-433.

层间多次波辨识与压制技术的突破及意义
——以四川盆地 GS1 井区震旦系灯影组为例

甘利灯，肖富森，戴晓峰，杨昊，徐右平，冉崎，魏超，谢占安，张旋，
刘卫东，张明，宋建勇，李艳东

1 引言

针对四川盆地 GS1 井区震旦系灯影组及下寒武统筇竹寺组的地震合成记录与实际记录严重不匹配现象，开展层间多次波辨识与压制技术研究。（1）研发了基于反射率法的多次波正演模拟方法，通过叠后和叠前多次波正演模拟等 8 种手段，结合 VSP 资料论证了该区井震不匹配主要是由层间多次波造成的。（2）利用剥层法井点和联井剖面多次波正演模拟结果，结合多次波周期性分析，明确了上覆 4 组速度反转层是灯影组层间多次波的主要来源。（3）在层间多次波准确识别和来源分析的基础上，通过传统 Radon 方法创新应用，结合基于模式识别的压制技术，突破了由于层间多次波与一次波速度差异小使得现有方法难以奏效的困境，结合基于模式识别的压制技术，形成了适用、有效、可复制的压制处理方案。（4）提出了一种多次波发育强度评价指标，编制了高石梯—磨溪地区灯四段多次波发育强度分布图。该方案提高了井震匹配程度，压制后剖面结构特征更加符合沉积规律，横向分辨率更高，小断裂与小异常体特征更清晰，并在灯影组发现了串珠反射。基于地震波形分类的储层预测符合率从 60% 提高到 90%，基于双相介质的烃类检测符合率从 70% 提高到 100%。

2 研究区概况及问题提出

四川盆地川中古隆起 GS1 井区震旦系灯影组为低孔低渗白云岩岩溶储层，埋深约 5000m，厚度为 200～300m，现已进入开发试验阶段。研究区内大多数井的地震合成记录与实际地震记录存在严重不匹配现象（主要指合成记录与实际记录之间相位、振幅和随偏移距变化规律等的不一致性），主要表现为：灯影组顶界实际地震资料反射振幅较合成记录弱，筇竹寺组和灯影组内部地震资料上的强反射在合成记录上没有强反射与之对应，而且多家单位处理的地震资料都存在这种现象（图 1 虚线框区域）。由此造成高产井

原文收录于《石油勘探与开发》，2018，45（6）：960-971。

地震响应不明确，地震储层预测难以开展，直接影响气藏有效开发。

研究区中深层以海相碳酸盐岩沉积为主，在高速地层背景下存在 4 组厚度较大的低速地层（图 1），分别是下三叠统飞仙关组泥岩及灰质泥岩地层，上二叠统龙潭组页岩及灰质页岩地层，下奥陶统南津关组泥岩、页岩夹粉砂岩地层，以及下寒武统筇竹寺组泥页岩，这些低速层的存在为多次波的产生创造了地震地质条件。所谓多次波是指发生过一次或者多次下行反射的地震波，可以分为表层相关多次波和层间多次波。在自由表层以下地层发生下行反射的多次波称之为层间多次波。层间多次波的存在会带来许多负面影响，首先是传统地震资料处理和解释技术都假设输入数据中没有多次波，只有一次波，多次波的存在使得绝大多数地震资料处理和解释技术由于不满足前提假设而失效；由于多次波的聚焦和散焦效应使得其下同相轴形态复杂化，从而影响构造解释；多次波的存在还会造成合成记录与实际地震记录严重不匹配，阻碍储层预测技术，特别是地震反演技术的应用；当目的层反射振幅较弱时，多次波的影响更加严重，甚至还会影响地质认识，从而影响勘探决策部署。

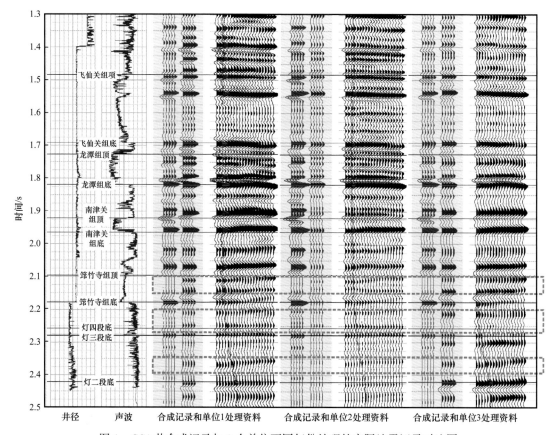

图 1　GS1 井合成记录与 3 个单位不同年份处理的实际地震记录对比图

目前，压制多次波的方法主要可分为两大类[1]：滤波法和基于波动方程的预测法。滤波法主要利用多次波的周期性和可分离性来区分有效波和多次波，通常要求多次波和一次波具有较好的可区分性。波动方程预测法利用波动方程或数据驱动方法预测多次波，并将预测到的多次波通过自适应相减的方法从地震记录中减去以达到压制多次波的目的。由于层间多次波与一次波的旅行时和速度差异更小，识别和压制更加困难。现阶段主要应用基于旅行时差异的方法进行压制[2]，这种方法浅层适用性较好，深层效果差。扩展的 SRME 方法[3]是将波场延拓至产生层间多次波的界面后，再利用 SRME 方法衰减多次波。Berkhout 等[4]、Verschuur 等[5]在 SRME 方法的基础上，用共聚焦点（CFP）道集，将表层多次波压制技术应用到了地下散射点，从而实现层间多次波的预测，但是该方法依赖于速度模型，并且需要复杂的基准面重建。Weglein 等[6]提出了基于逆散射级数（ISS）层间多次波去除方法，其主要优势是不需要任何先验地下信息，但计算量非常大；金德刚等[7]推导了 1.5 维时间—空间域 ISS 层间多次波预测算法，提高了计算效率，但仍难以用于 3D 工区。Jakubowicz[8]利用一次反射的逆时数据和地震数据预测出相关的层间多次波，吴静等[9]将这种方法扩展到多个界面的层间多次波压制。

　　本文在上述学者研究的基础上，从井震不匹配入手，首先排除了不匹配是由测井资料问题和地震资料处理严重失误，以及 AVO（Amplitude Variation with Offset）现象所造成的，然后从上覆地层存在速度反转，叠前道集和速度谱具有多次波特征，含多次波声波方程和反射率法正演合成记录与实际记录更加吻合论证了不匹配是由于层间多次波造成的，最后通过 GS1 井和 GS6 井 VSP（Vertical Seismic Profiling）资料证实了该结论。在此基础上通过剥层正演模拟和层间多次波旅行时周期性分析了多次波来源，指出研究区灯影组上覆 4 组速度反转层是层间多次波的主要来源。在多次波识别和来源分析的指导下，通过井控、层控高精度速度谱拾取，传统 Radon 变换创新应用，结合基于模式识别的层间多次波压制技术，形成了一套适用、有效、可复制的多次波压制处理方案，大幅提高了研究区井震匹配程度和地震资料横向分辨，并首次在灯影组发现了串珠反射，波形分类和含气性检测结果与已知井的符合率大幅提高，为开发井位部署提供了有力支持。

3　反射率法层间多次波正演模拟

　　地震波正演模拟是了解地震波传播特点、识别复杂地震波场（转换波、多次波等）信息、明确地质异常体地震响应特征的有效手段。其主要方法有射线追踪法、有限差分法和反射率法。反射率法精度高于射线追踪法和有限差分法，可分为频率域和时间域反射率法，频率域反射率法是一种数值变换法，是实现层状半空间介质中全波场模拟的最有效方法；时间域反射率法则具有简单直观的特点，更适合于叠后层间多次波正演模拟。

3.1　叠后正演模拟

　　叠后正演模拟可以利用时间域一维反射率法实现[10]，这种方法以时间域一次波反射系数序列为基础，逐层递推计算上、下行波的反射系数与透射系数，进而得到包含多次波的时间域反射系数序列，再与地震子波褶积得到叠后正演记录。杨昊等[11]人针对复杂地层多次波识别问题，改进了时间域一维反射率法正演模拟方法；为每个反射界面加入了一个下行反射控制系数，用于控制最终正演记录中是否包含源于当前界面下行反射的多次波，为查找多次波、识别其产生源头提供了有效手段。

3.2 叠前正演模拟

类似地，考虑到 P 波与 SV 波的相互转换，在层状介质中非垂直入射在界面两侧一共会产生 16 种反射及透射[12]波，式（1）为对应的反射与透射系数矩阵：

$$
\begin{bmatrix} \mathbf{R}_D & \mathbf{T}_U \\ \mathbf{T}_D & \mathbf{R}_U \end{bmatrix} = \begin{bmatrix} r_{Pp} & r_{Sp} & t_{pp} & t_{sp} \\ r_{Ps} & r_{Ss} & t_{ps} & t_{ss} \\ t_{PP} & t_{SP} & r_{pP} & r_{sP} \\ t_{PS} & t_{SS} & r_{pS} & r_{sS} \end{bmatrix} \tag{1}
$$

某个界面 k 与它下面所有层的总反射响应可以利用式（2）递推求解[13]：

$$
\mathbf{R}_D(z_k^-) = \mathbf{R}_D^k + \mathbf{T}_U^k \mathbf{R}_D(z_k^+)\left(\mathbf{I} - \mathbf{R}_U^k \mathbf{R}_D(z_k^+)\right)^{-1} \mathbf{T}_D^k \tag{2}
$$

当不考虑层间多次波时，式（2）可以简化为

$$
\mathbf{R}_D(z_k^-) = \mathbf{R}_D^k + \mathbf{T}_U^k \mathbf{R}_D(z_k^+)\mathbf{T}_D^k \tag{3}
$$

当仅考虑一阶多次波时，利用级数展开和截断，式（2）可以简化为

$$
\mathbf{R}_D\left(z_k^-\right) = \mathbf{R}_D^k + \mathbf{T}_U^k \mathbf{R}_D\left(z_k^+\right)\left(\mathbf{I} + \mathbf{R}_U^k \mathbf{R}_D\left(z_k^+\right)\right)\mathbf{T}_D^k \tag{4}
$$

实际应用中可以根据需要对式（2）进行简化。利用波的传播算子，可以建立第 k 个反射界面的总反射系数与第（k+1）个反射界面的总反射系数之间的关系：

$$
\mathbf{R}_D\left(z_k^+\right) = \mathbf{E}\mathbf{R}_D\left(z_{k+1}^-\right)\mathbf{E} \tag{5}
$$

其中，E 为频率域 P 波和 S 波的相位延迟：

$$
\mathbf{E} = \begin{bmatrix} e^{i\omega\sqrt{\alpha^2 - m^2}z} & \\ & e^{i\omega\sqrt{\beta^2 - m^2}z} \end{bmatrix} \tag{6}
$$

为了求取第 1 个反射界面以上的总反射系数，需要从最底层开始，依次利用式（5）和式（2）不断递推。求取了第 1 个反射界面以上的总 PP 波反射系数和总 PS 波反射系数以后，就可利用柱坐标系下的平面波解计算垂向和径向位移分量的频率域脉冲响应：

$$
u_z = A\omega^2 \exp(-i\omega t)\int_0^\infty J_0(\omega mr)\left\{ mr_{Pp}\left(z_1^-\right)\exp(i2\omega\xi z) + m^2\frac{\beta}{\alpha}\frac{1}{\xi}r_{Ps}\left(z_1^-\right)\exp\left[i\omega\left(\xi z + \eta z\right)\right]\right\}dm \tag{7}
$$

$$
u_r = -Ai\omega^2 \exp(-i\omega t)\int_0^\infty J_1(\omega mr)\left\{\frac{m^2}{\xi}r_{Pp}\left(z_1^-\right)\exp(i2\omega\xi z) - m\frac{\beta}{\alpha}\frac{\eta}{\xi}r_{Ps}\left(z_1^-\right)\exp\left[i\omega\left(\xi z + \eta z\right)\right]\right\}dm \tag{8}
$$

最后将 u_z 与 u_r 变换回时间域，再与地震子波进行褶积，就可以合成得到相应的叠前正演道集记录了。

4 井震不匹配成因辨识

井震匹配质量与测井和地震资料都有关系，从井径曲线看（图 1），测井资料质量较高，由于影响地震资料时间和振幅信息的因素很多，因此要分析井震不配的成因，要首先排除处理因素造成的影响，图 1 为 3 家单位处理结果井震标定图，由图可见，3 家单位处理结果大体一致，在井点处均存在井震匹配程度低的现象（图 1 虚线框区域）。这说明灯影组和筇竹寺组井震不匹配问题并非某次处理严重失误所致。此外，如果某些界面的反射振幅随偏移距增加而增加，即存在 AVO 现象，那么叠加后的振幅会比一次波合成记录的振幅强，从而造成井震不匹配，通过实际地震道集与波动方程正演道集的近远道部分叠加对比发现，无论是近道部分叠加，还是远道部分叠加都存在井震不匹配问题，因此本次排除了 AVO 响应的影响。

图 2 是 GS1 井区典型道集和速度谱，由图可见，1.5s 以浅地层一次波能量团十分清晰，道集同相轴没有下拉现象；1.5s 以深地层速度谱能量团开始发散；到了灯影组（2.15～2.45s），道集存在微弱下拉现象，速度谱上能量团更加发散，且存在低速能量团；

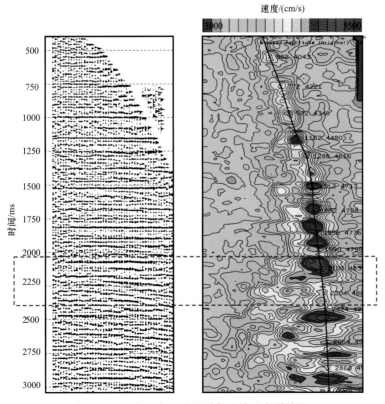

图 2 GS1 井区典型地震道集及其速度谱特征

2.8s 以深震旦系，低速能量团更加明显，有些强度与一次波差不多，道集下拉现象更加明显。即在灯影组道集和速度谱上虽然有多次波特征，但一次波与层间多次波能量和速度差异小，压制难度大。

图 3 为过 GS11 井—GS1 井—GS9 井实际地震剖面与基于反射率法的一次波和多次波正演模拟剖面对比图，由图可见，一次波加多次波正演模拟剖面与一次波正演模拟剖面差异很大，但与实际剖面更加接近，而且多次波的存在使得其下覆地层反射同相轴复杂化（图 3 虚线框区域），可能影响构造解释。基于声波波动方程的正演模拟也得出相似的结论，证实了目的层段实际地震资料中包含有多次波。类似地，图 4 为 GS1 井叠前正演道

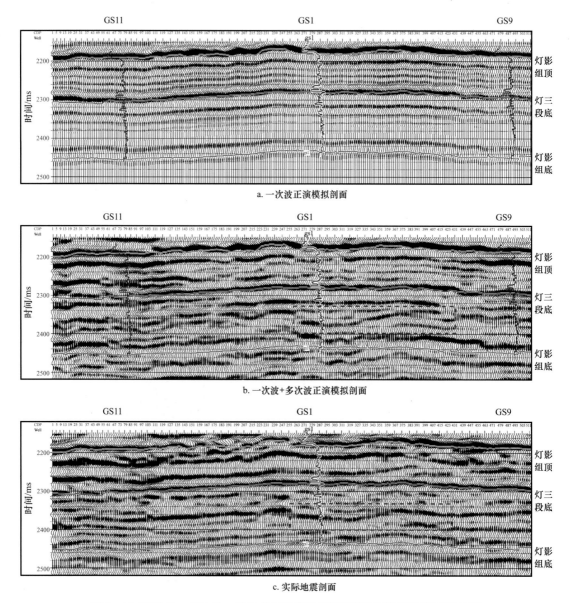

a. 一次波正演模拟剖面

b. 一次波+多次波正演模拟剖面

c. 实际地震剖面

图 3 过 GS11 井—GS1 井—GS9 井反射率法正演模拟剖面与实际剖面对比图

集与实际道集对比图，可以看出，包含多次波的正演道集与实际道集特征十分相似，灯影组以下的远道反射同相轴都有下拉现象，而且地层越深，下拉现象越明显。值得注意的是，GS1 井灯影组底界以下没有测井资料，因此，一次波合成道集记录上基本没有同相轴，都是噪声，但是在包含多次波的合成道集上有许多下拉同相轴，与实际道集上下拉同相轴几乎一致，应该都是由于其上部多次波造成的，因此，可以推断该区深层受多次波的影响将更加严重。

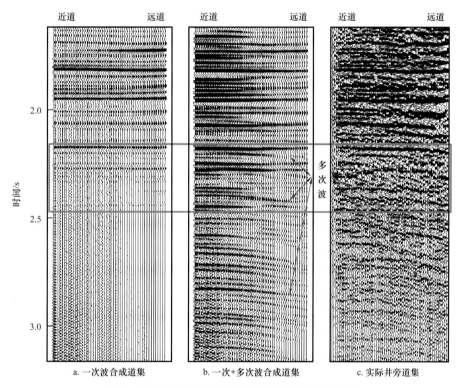

图 4 GS1 井反射率法合成道集与实际道集对比图

由于 VSP 资料在地面激发，井中接收，更接近目的层，可以更好地分析波场特征。上行波场中对于某一个界面的响应是由下行的入射波场和这个界面的反射系数决定的，在数学上可以通过褶积的方式来表示。因此，通过上下行入射波场之间的反褶积可以得到该界面的反射系数。首先对 VSP 数据做波场分离，基于此理论，用分离得到的上下行波场做反褶积运算，可以达到压制多次波的目的。图 5 左右两边分别为 GS1 井反褶积前后 VSP 道集和走廊叠加，中间是一次波合成记录。为了尽可能地保持原始资料的特征，反褶积处理前，仅对 VSP 原始资料做了能量均衡和拉平。反褶积前走廊叠加与一次波合成记录对比可见，VSP 资料在筇竹寺组和灯影组也存在不匹配问题（图 5 箭头所示），而反褶积后筇竹寺组和灯影组强能量得到了压制，VSP 走廊叠加与一次波合成记录匹配程度得到大幅提高，这也得到工区内 GS6 井 VSP 资料的证实。而反褶积处理是 VSP 资料消除层间多次波的经典技术，进一步验证了目的层段井震不匹配是由于层间多次波造成的。

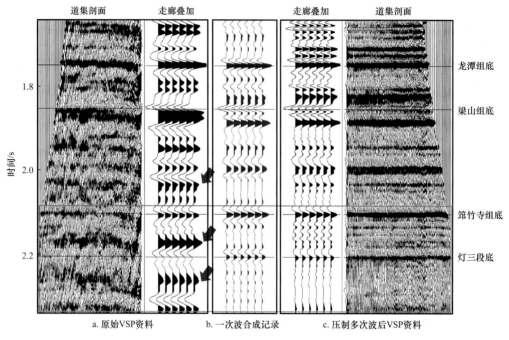

图 5　GS1 井反褶积前后 VSP 走廊叠加与一次波合成记录对比图

（图内标注：道集剖面、走廊叠加、走廊叠加、道集剖面；龙潭组底、梁山组底、筇竹寺组底、灯三段底；时间/s；1.8、2.0、2.2；a. 原始VSP资料、b. 一次波合成记录、c. 压制多次波后VSP资料）

5　层间多次波来源分析

为了分析层间多次波的来源，采用了下行波可控反射率法多次波正演模拟[11]，其关键就是为每个反射界面加入了一个下行波控制系数，当某个目的层以上所有界面的控制系数都为零时，该目的层以上地层都不产生层间多次波，只有该目的层以下地层产生多次波，这样从浅到深进行多次正演模拟，并将每一次正演模拟结果与只含一次波合成记录进行互相关，就可以知道层间多次波的来源。图 6a 为 GS1 井 15 次多次波正演模拟结果，每一列图上部没有合成记录段表示该段地层不产生层间多次波，最后一列图表示灯影组顶界以上都不产生层间多次波，也即此列图中灯影组合成记录不含多次波，只有一次波。图 6b 为图 6a 灯影组部分放大图，图 6c 分别为灯四段、灯二段和灯影组含多次波合成记录与只含一次波合成记录最大互相关系数分布图，由此可见，左面 9 列图合成记录变化不大，对应的互相关系数变化也比较小，但从第 10 到 13 列图对应的互相关系数增加较快，由于图中第 9 到第 13 列图分别对应是从三叠系嘉陵江组一段（T_1j_1）、飞仙关组三段（T_1f_3）、飞仙关组一段（T_1f_1）、二叠系龙潭组（P_2l）和下奥陶统南津关组（O_1n）底界以上不产生多次波的合成记录，由此可以得到如下结论，即嘉陵江组以上地层产生的层间多次波对灯影组影响不大，但飞仙关组、龙潭组和奥陶系产生的层间多次波对灯影组影响比较大，这刚好与前面提到的 4 组低速层段中的前三组相对应，第 4 组是筇竹寺组泥岩段，由于与灯影组相距近，对灯影组地震响应影响小，对其下部地层影响大。这些多次波来源分析结论也可以通过多次波周期性得到验证，即从灯影组井震不匹配的同相轴出发，依据周期性原则，很容易找到多次波发生的同相轴，这些同相轴都与上覆低速层段的反射有关。

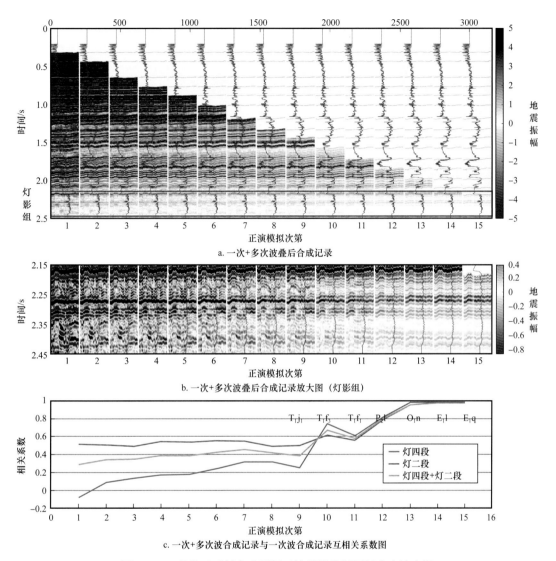

a. 一次+多次波叠后合成记录

b. 一次+多次波叠后合成记录放大图（灯影组）

c. 一次+多次波合成记录与一次波合成记录互相关系数图

图 6　GS1 井基于反射率法剥层正演模拟分析层间多次波来源

6　层间多次波压制技术

为了制定多次波压制处理流程，对当前常用的多次波压制技术进行试验研究，包括预测反褶积、Radon 变换、3DSRME、逆散射和 SPLAT（Specified Peg Legs Attenuation）等技术。其中预测反褶积能一定程度压制短程多次波，但长周期多次波压制效果不明显，且压制的能量有限；3DSRME 压制长程多次波有效，但层间多次波压制效果差；Radon 变换压制多次波在道集和速度谱上效果明显，但在叠加剖面上效果不明显，这可能与近道多次波速度与一次波差异更小有关，要提高近道多次波压制效果，需要进一步提高速度精度；基于逆散射序列的多次波压制方法理论基础扎实，方法先进，效果佳，但运算巨大、时效性低，目前不具备三维应用条件；SPLAT 技术压制多次波能力强，但应用时需要知道产生多次波的准确层位信息。可见，由于层间多次波与一次波的旅行时和速度差异更小，压制更加困难，而且绝大多数方法是针对海上地震资料研发的，应用到陆上三维地震资料效果均不理想。针对这个关键问题，笔者转变技术思路，提出了先准确识别，再仔细压制的技术对策，形成了在多次波识别和来源分析的指导下，通过叠前与叠后方法相结合、顺序渐进、多次迭代的压制方案，其处理流程如图 7 所示。

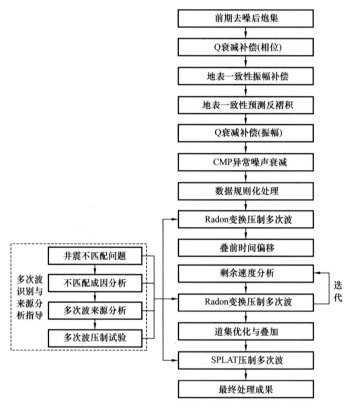

图 7　GS1 井区灯影组多次波压制处理流程和关键技术

　　本文采用的关键技术是叠前 Radon 变换技术和叠后 SPLAT 多次波压制技术。叠前 Radon 变换技术分别在偏移前、后的地震道集上使用。在叠前时间偏移前的共中心点（CMP）道集上，Radon 变换仅对多次波进行适度压制，主要目的是消除与一次波存在明显速度差异的多次波，提高速度谱质量，为高精度速度拾取奠定基础，以不损伤有效波为原则。在叠前时间偏移后的共反射点（CRP）道集上，进行了高精度剩余速度分析与多次波压制迭代处理，尽可能多地压制多次波，其核心是高精度速度分析，因为能否准确拾取一次波的速度是多次波压制成败的关键，只有一次波的速度准确，才能够选择更小的时差参数，尽可能多地压制与一次波速度差异小的多次波[14]。采用技术对策有两个方面，（1）加密了速度分析网格，从以往的 1km×1km 细化到 400m×400m，以减小横向速度插值误差；（2）采用处理解释一体化的研究思路，在地震速度拾取中以构造解释的时间层位为约束，沿构造层位拾取速度，减小多次波干扰。通常，深层多次波都来自浅层强反射，因此，多次波和浅层强反射之间具有一定的内在相关性，会表现出相似的旅行时、振幅、频率特征。基于这些相似性，在已知多次波来源时窗时，能够利用模式识别、主成分分析或最大相似性方法来预测和压制多次波，SPLAT 技术就是基于这种原理的多次波压制技术，它需要已知多次波产生的层位，前面多次波识别和来源分析为此奠定了基础。

由于研究区一次波和多次波差异小，压制多次波的同时有可能损伤有效波，因此在多次波压制处理过程中采用了多种方式进行质控。特别是对于关键处理步骤，通过点、线、面对比分析，借助质量监控图件，监控处理过程中的振幅变化，有效评价多次波压制效果。点的质控包括过关键井的地震叠前道集、叠加速度谱和井震标定等。线的质控包括过关键井的地震叠加剖面、残差剖面对比等。面的质控包括关键层位（灯影组顶界，灯四段内部）的沿层属性图等。

7 层间多次波压制效果分析

一般而言，测井合成地震记录和井旁道越相似，则说明地震资料品质越高。表 1 为工区内 10 口井合成记录与 2012 年、2017 年联片处理以及多次波压制后实际资料互相关系数统计结果，由表 1 可见，多次波压制后研究区内所有井实际地震记录与合成记录的相关系数都得到改善，全部 10 口井相关系数都大于 0.55，其中 5 口井超过 0.8，平均相关系数从 2012 年的 0.57 和 2017 年的 0.62，提高到 0.74，井震匹配程度得到了大幅度提高。

表 1   研究区内 10 口井目的层段附近实际记录与合成记录相关系数统计表

井名	2012 年联片	2017 年联片	多次波压制后
GS1	0.57	0.71	0.85
GS2	0.39	0.56	0.69
GS6	0.18	0.56	0.58
GS7	0.70	0.74	0.84
GS8	0.73	0.61	0.85
GS9	0.49	0.50	0.63
GS10	0.75	0.73	0.84
GS11	0.64	0.66	0.81
GS12	0.66	0.64	0.65
GS102	0.58	0.50	0.68
平均	0.57	0.62	0.74

图 8 为研究区典型剖面新老地震资料对比图，在 2012 年联片处理地震资料上纵向上地震反射振幅能量基本一样，灯影组反射特征与上覆碎屑岩地层反射特征基本相似，灯影

组和筇竹寺组内部强反射很多，碳酸盐岩地震反射特征不明显[15]，如图8a所示。2017年联片处理资料上灯影组顶底界反射得到增强，内部反射变弱，但与上覆碎屑岩地层反射特征差异不明显，碳酸盐岩地层反射特征仍然不明显。多次波处理压制后剖面上灯影组整体表现为3强2弱（灯影组顶界、灯三段底界和灯影组底界地震反射强，灯四段白云岩和灯二段白云岩地层地震反射较弱）、内部反射连续性差的地震反射特征。灯影组整体反射特征与上覆碎屑岩差异较大（图8c）。多次波压制后地震资料横向分辨率也得到提高，小断裂更加清晰，工区内共识别出断层28条，而在2012年联片数据上只识别出8条断层（图9）；而且过去能量微弱、很容易被忽略的"串珠状"反射得到增强，在新处理的剖面上很容易识别（图8c），具备了典型碳酸盐岩地层反射特征，说明处理取得了良好的地质效果。通过GS9井附近"串珠状"反射与钻井、录井资料对比分析表明，这种"串珠状"反射可能是由于大段裂缝—小洞型储层造成的，是下一步勘探开发需要重点关注的领域。

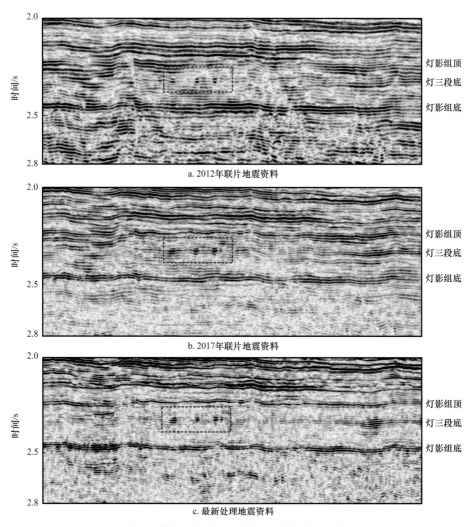

图8　研究区典型剖面新老地震资料对比图

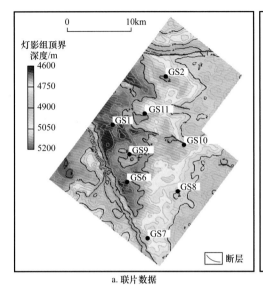 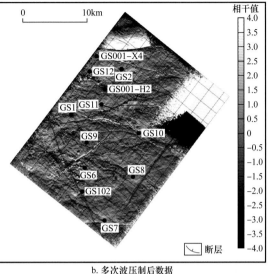

a. 联片数据　　　　　　　　　　　　　　　　b. 多次波压制后数据

图 9　2012 年联片数据与多次波压制后断层解释结果对比图

　　为进一步评价层间多次波压制效果，分别利用该区 2012 年联片处理和多次波压制后地震资料开展了波形分类和烃类检测研究，并对比分析其结果。波形分类技术只利用目的层段的地震波形资料，不受人为因素干扰，是一项非常客观、绿色的技术。它首先对部分地震数据利用 KOHONEN 自组织神经网络技术抽取具有代表性的典型地震道，这些道能够代表整个工区的总体变化，对所有典型地震道按波形渐变顺序排列，对每一个典型道指定一个值或一种颜色，就形成了模型道，模型道的个数可以根据实际地震资料的复杂程度由用户确定，然后把工区内每一道与模型道内所有典型地震道进行互相关，并把具有最大互相关值对应的典型地震道的数值或颜色赋给该实际地震道，这样相似波形的地震道具有相同或相近的值或颜色，就形成了地震相分布图，实际上它是实际地震道与典型地震道的相似性图。结合储层厚度、岩性、物性和含油气性替代后的正演模拟结果，可以赋予这些典型地震道储和流体变化的信息。该区地震相图上褐色与黄色为好储层，绿色和浅蓝色为差储层（图 10）。工区内 10 口井测试结果大致可分为 3 类（表 2）：第 3 类为日产气量小于 $20 \times 10^4 m^3$ 井；第 2 类为日产气量为（20～50）$\times 10^4 m^3$ 井；第 1 类为日产气量大于 $50 \times 10^4 m^3$ 井。第 1、2 类井统称为高效井，3 类属于低效井。两者对比分析表明，2012 年资料波形分类结果中有 4 口井与试气结果不吻合（图 10a），分别是 GS2 井、GS8 井、GS10 井和 GS11 井，符合率为 60%（表 2），其中 GS2 井和 GS8 井正好处于多次波发育带的中心部位，而在多次波压制后波形分类结果中只有 GS1 井不吻合（图 10b），符合率为 90%（表 2）。

　　另外，笔者使用双相介质烃类检测技术预测了含气富集区[16]。双相介质是指由具有孔隙的固体骨架（即固相）和孔隙中所充填的流体（即流相）所组成的介质。Biot 理论认为，当地震波穿过双相介质时，固相和流相之间产生相对位移，从而产生频散与衰减。研究表明，当储层中含油气，特别是气时，地震反射具有"低频共振、高频衰减"的特征[16]，即储层含气时，低频能量增强，高频减弱，与不含油气时特征完全不同。

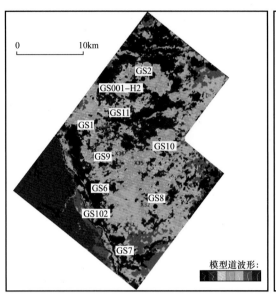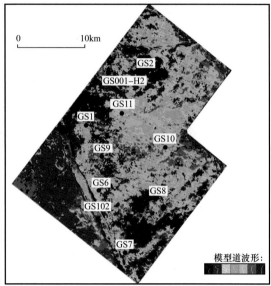

a. 联片数据　　　　　　　　　　　　　　　　　　　　　　　b. 多次波压制后数据

图 10　灯四组上段 2012 年联片数据和多次波压制后数据波形分类结果对比图

表 2　2012 年联片数据和多次波压制后数据灯四组上段储层波形分类和烃类检测符合率统计表

井名	产气量 / $10^4 m^3/d$	多次波压制后			2012 年联片处理结果		
		烃类检测		波形分类是否符合	烃类检测		波形分类是否符合
		检测值	是否符合		检测值	是否符合	
GS11	3.14	0.89	符合	符合	1.17	不符合	不符合
GS10	11.53	0.88	符合	符合	1.11	符合	不符合
GS8	22.45	0.99	符合	符合	1.13	符合	不符合
GS1	32.28	1.21	符合	不符合	0.96	符合	符合
GS9	35.10	1.01	符合	符合	1.15	符合	符合
GS7	43.75	1.16	符合	符合	0.76	符合	符合
GS12	61.68	1.22	符合	符合	0.70	不符合	符合
GS102	62.00	1.27	符合	符合	0.80	不符合	符合
GS2	63.27	1.27	符合	符合	1.33	符合	不符合
GS6	108.15	1.32	符合	符合	1.25	符合	符合
符合率			100%	90%		70%	60%

图 11 是已知井井旁地震道灯四上段储层频谱分布图，从图中可以看出，高效井 GS2 井和 GS6 井低频段振幅谱能量远高于高频段振幅谱能量，而低效井 GS10 井和 GS11 井在高频段振幅谱能量高于低频段振幅谱能量，因此可以利用分频技术分析高低频能量差异，通过模式识别方法识别含油气性。图 12 是 2012 年联片数据与多次波压制后数据灯四段上部含气性识别结果对比图，图中红色为高产区，浅蓝色为低产区，通过与试气结果对比可知，2012 年联片数据预测结果有 3 口井不吻合，其中 GS11 井测试为低效井，但预测为高产井，GS12 井和 GS102 井测试为高效井，预测为低产井，总体符合率 70%。多次波压制后含气性检测结果全部吻合，符合率 100%。将两套数据井点处烃类检测值与已知井产气量对比表明（表 2），多次波压制后烃类检测值与产气量之间的关系是单调递增的，即随着产气量增加检测值亦增加，相关系数高达 0.91；而 2012 年联片数据烃类检测值与产气量关系比较分散，规律性差，随产气量增加检测值先降低再增加，相关系数只有 0.63。

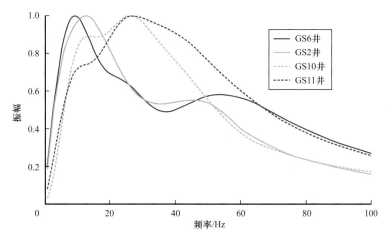

图 11　GS1 井区高效井与低效井井旁道灯四段上部频谱对比图

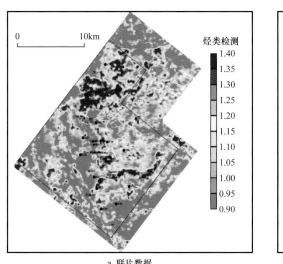

a. 联片数据

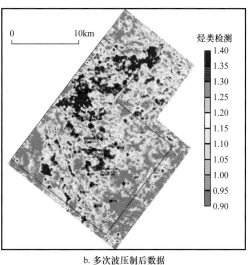

b. 多次波压制后数据

图 12　2012 年联片数据和多次波压制后数据灯四组上段烃类检测结果对比图

8 高石梯—磨溪地区多次波发育强度预测

由图 2 可见，多次波越发育，目的层段内最大与最小速度谱能量团差异越大。通过统计灯影组内部能量团对应的速度差异，可以定量反映多次波发育程度，根据这个原理，利用联片处理的速度谱资料预测了高石梯—磨溪地区 7 个三维工区（约 4000km^2）的多次波发育程度（图 13），由图可见，GS1 井区多次波比较发育，而 MX22 井区多次波不发育，这与已有地震资料认识是一致的，而且多次波发育强度与典型井合成记录和实际记录相关系数成正相关（相关系数达 0.84）佐证了该评价指标的有效性。这为高石梯—磨溪地区地震资料评价，处理技术优选，以及地震解释结果可靠性和灯影组开发井位风险评估等提供了重要依据，具有重要应用价值。

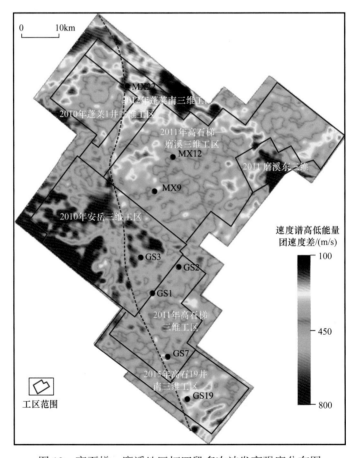

图 13　高石梯—磨溪地区灯四段多次波发育强度分布图

9 结论

基于反射率法的多次波正演模拟是层间多次波识别的核心技术，结合其他 7 种手段论证了川中震旦系灯影组井震不匹配主要是由层间多次波造成的，明确了上覆 4 组速度反转层是灯影组层间多次波的主要来源。在层间多次波准确识别和来源分析指导下，通过层位约束速度分析和精细拾取，以及传统 Radon 变换法的创新应用，突破了由于层间多次波与一次波差异小使得现有叠前方法难以奏效的困境，结合基于模式识别的叠后多次波压制技术，形成了适用、有效、可复制的多次波压制处理方案。该方案大幅提高了井震匹配程度，剖面地质结构特征更加符合沉积规律，横向分辨率更高，小断裂与小异常体特征更清晰。在研究区灯影组发现了串珠反射，基于地震波形分类的储层预测符合率从 60% 提高到 90%，基于双相介质的烃类检测符合率从 70% 提高到 100%。

10　符号注释

E——频率域 P 波和 S 波的相位延迟矩阵；

I——单位矩阵；

J_0——0 阶贝塞尔函数；

J_1——1 阶贝塞尔函数；

m——射线参数；

r，t——反射系数和透射系数；

下标：p——上行纵波，P——下行纵波；s——上行横波，S——下行横波；

R_D——下行波反射矩阵；

R_D^k——第 k 个反射界面上的下行波反射矩阵；

R_U——上行波反射矩阵；

R_U^k——第 k 个反射界面上的上行波反射矩阵；

$R_D(z_k^-)$——第 k 个反射界面以上地层总的反射系数；

$R_D(z_k^+)$——第 k 个反射界面以下地层总的反射系数；

T_D——下行波透射矩阵；

T_D^k——第 k 个反射界面上的下行波透射矩阵；

T_U——上行波透射矩阵；

T_U^k——第 k 个反射界面上的上行波透射矩阵；

u_r——径向位移分量；

u_z——垂向位移分量；

α——纵波速度；

β——横波速度；

ξ——垂向空间波数；

η——径向空间波数；

ω——圆频率；

z——垂向；

r——径向。

参 考 文 献

[1]宋家文，Verschuur D J，陈小宏，等. 多次波压制的研究现状与进展［J］. 地球物理学进展，2014，

29（1）：240-247.

［2］熊登，赵伟，张剑锋.混合域高分辨率抛物 Radon 变换及在衰减多次波中的应用［J］.地球物理学报，2009，52（4）：1068-1077.

［3］Berkhout A J，Verschuur D J. Estimation of multiple scattering by iterative inversion，Part I：Theoretical considerations［J］. Geophysics，1997，62（5）：1586-1595.

［4］Berkhout A J，Verschuur D J. Removal of internal multiples with the common focus point（CFP）approach，Part 1：Explanation of the theory［J］. Geophysics，2005，70（3）：45-60.

［5］Verschuur D J，Berkhout A J. Removal of internal multiples with the common focus point（CFP）approach，Part 2：Application strategies and data examples［J］. Geophysics，2005，70（3）：61-72.

［6］Weglein A B，Gasparotto F A，Carvalhop M，et al. An inverse scattering series method for attenuation multiples in seismic reflection data［J］. Geophysics，1997，62（6）：1975-1989.

［7］金德刚，常旭，刘伊克.逆散射级数法预测层间多次波的算法改进及其策略［J］.地球物理学报，2008，51（4）：1209-1217.

［8］Jakubowicz H. Wave equation prediction and removal of interbed multiple［R］. Tulsa：SEG，1998.

［9］吴静，吴志强，胡天跃，等.基于构建虚同相轴压制地震层间多次波［J］.地球物理学报，2013，56（3）：985-994.

［10］Kenneth H W. Reflection seismology：A tool for energy resource exploration［M］. New York：Wiley Interscience Publication，1978.

［11］杨昊，戴晓峰，甘利灯，等.反射率法正演模拟及其在多次波识别中的应用：以四川盆地川中地区为例［R］.东营：中国石油学会 2017 年物探技术研讨会，2017.

［12］Aki K，Richards P G. Quantitative seismology：Theory and methods［M］. San Francisco：W. H. Freeman & Co. Ltd，1980.

［13］Kennett B. Seismic wave propagation in stratified media［M］. Cambridge：Cambridge University Press，1985.

［14］褚玉环，刘清华，王宝，等.拉冬变换压制多次波技术在大庆探区的应用［J］.大庆石油地质与开发，2009，28（6）：325-327.

［15］李洪辉，周东延，丛祝安.塔里木盆地地震反射异常体及其地质属性初探［J］.，2001，28（2）：50-52.

［16］Hu X，Chen Y，Liang X，et al. New technology for direct hydrocarbon reservoir detection using seismic information［R］. Tulsa：SEG，2005.

层间多次波压制处理技术及其应用

戴晓峰，甘利灯，徐右平，杨昊，魏超

1 引言

陆上地震数据中常见的是层间多次波。当地下存在诸如基岩面、不整合面或其他强反射界面等强反射界面时，地震波在这些界面之间发生多次反射，或在一个薄层内发生多次反射，形成层间多次波[1]。通常情况下，我国陆上各探区都不同程度地存在多次波[2]，只是陆地多次波相对海上地震来说不发育，能量较弱，更隐蔽。实际上，在反射波地震勘探中，当多次波比较严重，与一次波重叠，使得有效反射波的振幅、频率及相位发生畸变，降低了资料的信噪比，影响地震成像的真实性和可靠性，严重时还常常造成地质假象。

1.1 研究区地质概况

高石梯—磨溪（以下简称高磨）位于川中低缓斜坡构造带的中部，在震旦系—寒武系碳酸盐岩发现了万亿立方米级大气田。在此过程中，高精度地震预测成果有力地支撑了该区油气勘探部署和天然气三级地质储量的提交，促进了四川盆地深层碳酸盐岩气藏勘探的突破和大型气田的发现[3]。

近期研究人员通过叠后、叠前多次波正演、VSP资料分析发现高磨地区灯影组存在层间多次波干扰[4-5]。多次波降低了地震资料的信噪比、使灯影组地震波形畸变、测井合成地震记录与实际地震匹配不好，出现了高产井地震响应不明确，地震储层预测误差大等问题。

1.2 研究的意义

多次波不仅限于高磨地区，其所在的川中地区是扬子地台残留的稳定地块，具有相似构造、地层沉积背景，深层地震资料普遍都存在多次波干扰的问题。

目前，整个川中地区包含面积 $60000km^2$，基本被二维地震覆盖，高磨及其周边三维地震联片面积超过 $7000km^2$，因此，研究层间多次波的压制处理技术具有较大的现实意义。

为此本文以高磨联片三维地震为例，分析深层层间多次波的特点，采用处理解释一体化的处理思路和流程，通过井控、层控高精度速度谱拾取，传统 Radon 变换创新应用，结

原文收录于《中国石油学会 2019 年物探技术研讨会论文集》，2019，1072–1075；获优秀论文一等奖。

合基于模式识别的层间多次波压制技术，有效地压制多次波，使得深层地震资料品质得到了明显提高，从而初步形成了一套适用、可复制的多次波压制处理方案。

2 层间多次波的特点和压制思路

相比海上全程多次波，产生陆上层间多次波的强反射来源多、传播类型更多，使得多次波波场特征复杂，周期规律性不好，特别是深层地震有效信号能量普遍较弱，多次波和有效波的能量、速度差异小，识别和压制难度更大。

在高磨地区，距离灯影组之上1500m之内存在上二叠统底、下二叠统底、奥陶系底等多个泥页岩和碳酸盐岩的强反射界面，由此形成的多次波更为复杂。

2.1 多次波干扰能量强

对探井和联片三维地震资料进行井震标定后发现，大多数井在中浅层井震一致性好，在寒武系—震旦系灯影组时窗范围内，测井合成地震记录和实际地震道整体相关性都比较差。

图1为老联片三维地震和已钻井标定对比，对比测井合成地震记录和实际地震道，灯影顶、灯三段底等标志层虽然能有效对比，但横向不稳定，振幅差异大，多次波和强的有效波能量相当，二者叠加产生了振幅畸变。在大段泥岩（筇竹寺）和碳酸盐岩内幕（灯四和灯二段），弱的有效反射的振幅、时间、相位均无法有效对比，说明多次波整体大于弱的有效波能量，真实地层反射特征被掩盖。

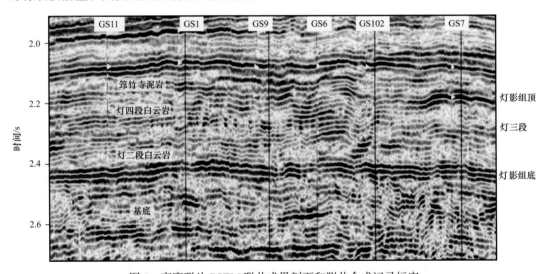

图1　高磨联片PSTM联井成果剖面和测井合成记录标定

2.2 多次波和一次速度差异小

典型的PSTM道集及其速度谱显示，在深层道集中存在微弱下拉现象。对应速度谱上，存在明显能量团不聚焦、波速低速异常。在目的层下寒武统和震旦系时窗内，多次波和一次波的速度差异小，局部二者的能量团甚至有一定范围的重叠。

2.3 压制思路

针对层间多次波的特点，对当前常用的预测反褶积、Radon 变换、3DSRME、逆散射和SPLAT 等多个技术进行测试。根据测试效果和应用需求，确定了叠前 Radon 变换和叠后 SPLAT 两项核心技术，采用处理解释一体化、多次迭代的压制方案，逐步、有效衰减层间多次波，其处理流程如图 2 所示。

3 多次波压制方法

在做好静校正、叠前去噪、振幅补偿、PSTM等常规处理后，对关键技术进行攻关。

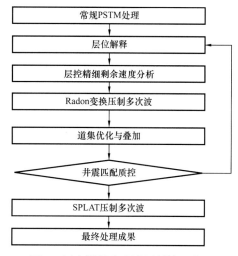

图 2 川中深层多次波压制处理流程

3.1 层控精细剩余速度分析

针对二者速度差异小、容易混叠的问题，采用纵向上多个标志层指导和约束的方法，实现一次波速度有效拾取。主要从两个方面开展。

一是，对目的层附近地震反射标志层进行构造解释。通过井震标定，根据测井曲线和合成地震记录以及地震剖面反射特征，选择沧浪铺组底、筇竹寺组底、震旦系灯三段底和灯一段底等 4 个标志层位作为标志层进行构造解释，得到相应的时间构造层位。

二是，在速度谱上沿标志层拾取速度。为了提高速度精度，采用 20×20 的道间距，减小粗网格插值造成的横向速度不准确。将标志层的时间层位加载到速度谱上，采用"时间沿层拾取、能量就高不就低"的原则，沿时间层位精细拾取能量团，避免将标志层之间多次波干扰所形成的能量团错误地作为一次波进行拾取。

3.2 高分辨 Radon 变换压制多次波

基于以上精细速度场，开展速度扫描测试，优选参数，采用高分辨率抛物线拉东变换分离一次波和多次波。

首先，利用 Radon 变换对不同权系数的叠加速度进行多次波压制的测试，得到一系列压制多次波后的道集。测试对比显示，随着速度增加，被压制的能量也越大。此时再采用井控处理方法进行标定质控，分析不同叠加结果与已钻井的匹配程度，井震匹配最佳的即为最优叠加速度。

图 3、图 4 为 Radon 变换压制多次波前、后地震剖面对比，在灯影组附近压制处理后，同相轴下拉现象得到一定改善，速度谱能量团相对集中，井震一致性明显提高。

3.3 SPLAT 压制残余多次波

由于灯影组多次波和一次波速度差异小、局部还有重叠，基于速度差异压制多次波后，地震中仍会残留一定能量的多次波，因此，叠后进一步进行压制处理。

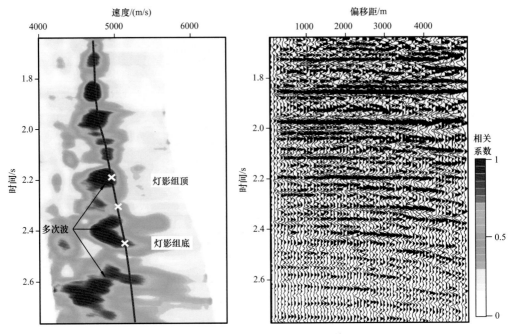

图3 多次波压制前道集和速度谱

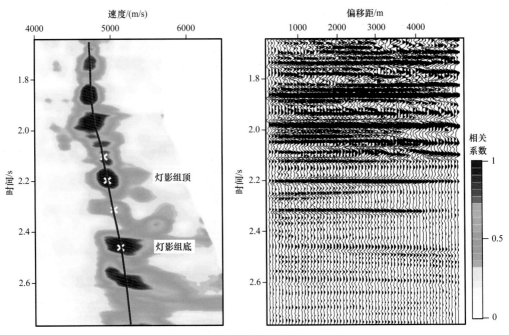

图4 多次波压制后道集和速度谱

首先，通过和解释人员结合，综合分析多次波的主要来源界面，并通过构造解释得到源界面的时间层位。其次，基于多次波和源界面反射之间频谱相似性，采用 SPLAT 滤波，通过沿层提取多次波源界面和目的层的地震频谱信息，利用最小平方法预测和压制残留多次波。

4 应用效果

将上述处理流程和技术应用在高石 1 和高石 19 井区等多个三维，与以往联片地震资料对比，多次波压制处理后地震剖面的面貌表现出较大改变，取得了明显的处理效果。图 5 为目标处理后地震成果资料的联井剖面。在以往联片成果剖面（图 1），受多次波能量干扰，灯影组顶不整合面局部反射不清晰，灯影组碳酸盐岩内幕的弱反射整体被掩盖，难以有效分辨。多次波压制后，波组特征清晰、不整合面反射能量强、连续性好、能很好地反映出深层地层结构特征。灯影组内幕碳酸盐岩地层为弱连续、弱振幅反射特征，符合区域地质情况。

井震匹配程度大幅提高，统计高石 1 井区和高石 19 井区共 15 口探井，目的层附近的井震标定平均相关系数由以往的 0.57 上升到 0.74。

利用地震波形分类预测储层，由以往 60% 符合率上升到 90%。

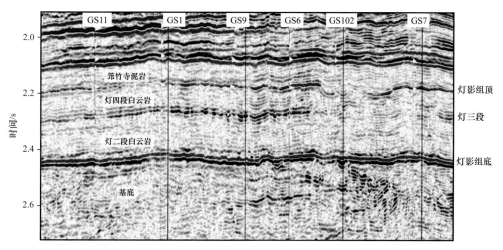

图 5　高磨多次波压制目标处理联井成果剖面

5 结论和认识

陆上各个探区都不同程度地存在层间多次波。在有效信号能量较弱的深层，多次波使有效反射振幅、频率及相位发生畸变、井震标定变差，增加了地震解释和储层预测的多解性。

相对全程多次波，陆上层间多次波传播路径复杂、一次波速度差异小，周期性差。采用处理解释一体化的处理思路和流程，通过层控提高剩余速度分析精度，高分辨抛物线 Radon 变换、SPLAT，叠前、叠后组合能有效地对层间多次波进行压制。

6 致谢

西南油气田公司勘探开发研究院肖富森、冉崎、张旋等为本研究提供了技术支持和部分资料，在此表示感谢。

参 考 文 献

［1］张宇飞，苑昊.陆上多次波识别与压制［J］.岩性油气藏，2015，27（6）：104-110.

［2］胡荣杰.新疆TZ地区多次波干扰识别与压制技术［J］.江汉石油职工大学学报，2017，30（3）：13-15.

［3］肖富森，冉崎，唐玉林，等.乐山—龙女寺古隆起深层海相碳酸盐岩地震勘探关键技术及其应用［J］.天然气工业，2014，34（3）：67-73.

［4］杨昊，戴晓峰，甘利灯，等.反射率法正演模拟及其在多次波识别中的应用［C］.中国石油学会2017年物探技术研讨会，2017：310-313.

［5］戴晓峰，徐右平.川中中新元古代深层多次波压制技术研究［J］.工程地球物理学报，2018，15（2）：189-194.

［6］甘利灯，肖富森，戴晓峰，等.层间多次波辨识与压制技术的突破及意义［J］.石油勘探与开发，2018，45（6）：960-971.

［7］戴晓峰，刘卫东，甘利灯，等.Radon变换压制层间多次波技术在高石梯—磨溪地区的应用［J］.石油学报，2018，39（9）：1028-1036.

处理解释一体化的层间多次波识别与压制
——以四川盆地高石梯—磨溪地区灯影组为例

甘利灯，戴晓峰，徐右平，杨昊，魏超，胡天跃，肖富森，吕宗刚，张明，
刘卫东，宋建勇，李艳东

1 引言

多次波是指地震波在传播过程中发生过一次或者多次下行反射的波，通常包括表层多次波和层间多次波。其中，层间多次波是指在自由表层以下强反射界面发生的下行多次反射波。陆地地震资料常常发育较强的层间多次波。多次波压制一直是地震资料处理技术研究热点与难点，形成了大量研究成果。基于多次波的周期性和可分离性特点，多次波压制方法主要包括滤波法和基于波动方程的预测法两大类[1]。滤波法压制多次波在生产中广泛应用，它主要利用了多次波的可分离性及周期性的特点来识别和压制多次波。可分离性是由多次波与一次波的速度差异引起的，多次波比一次波有更小的动校正（NMO）速度。地震记录经过数学变换后，多次波和一次波在数学变换域会分布在不同的区域，这样，滤除多次波对应区域的能量后再反变换回原时空域，即可完成多次波压制。目前，在多次波压制中使用的数学变换主要有 FK 变换[2]、Radon 变换[3]、聚束滤波[4] 等。地震道集同相轴经过动校正后，多次波同相轴近似为抛物线形态，因此，抛物线 Radon 域的多次波压制效果要好于 FK 域和线性 Radon 域。另外，为了解决有效波和干扰波在 Radon 域能量相互渗透造成速度扫描分辨率低和波场分离欠佳的问题，发展了高分辨率 Radon 变换算法。SACCHI 等[5] 给出了利用 Radon 变换的稀疏解来提高 Radon 变换域分辨率的算法；WANG[6] 提出了 Radon 域自适应分离的高精度算法，通过高分辨率 Radon 变化压制多次波，在保持振幅方面有了很大改善，同时也可显著减少计算量。多次波的另一个特性是周期性，预测反褶积法[7] 是利用多次波的周期性来预测和压制多次波。但是，实际地震记录中多次波的周期性规律表现不明显，在零偏移距或近偏移距多次波呈现周期性，随偏移距的增加，多次波的周期性特点逐渐消失。所以，基于多次波周期性特点来压制多次波的方法随偏移距的增大多次波压制效果降低。以上两类多次波压制方法属于滤波方法，其应用前提是多次波和一次波能够被区别开来。但是，由于层间多次波的产生机理复杂，层间多次波速度与一次波速度差异较小、混叠在一起，在速度谱上很难找到明确的分界线，这

原文收录于《石油物探》，2022，61（3）：408-422。

给层间多次波的识别和压制带来了困难。针对层间多次波的预测和压制难题，国内外的学者进行了深入的研究和讨论。JAKUBOWICZ[8]利用地震数据和一次反射的逆时数据预测出层间多次波；BERKHOU 等[9]和 VERSCHUUR 等[10]在经典的表面多次波去除方法（SRME）基础上，提出了扩展 SRME 方法，该方法利用共聚焦点（CFP）道集，将表面多次波压制技术应用到地下反射地层中，预测出了层间多次波；WEGLEIN 等[11]提出了基于逆散射级数的层间多次波压制方法，其优点在于不需要任何地下先验信息，缺点是计算量非常大，难以应用于实际生产。在层间多次波压制技术研究方面，国内学者研究也取得了很大进展，比如金德刚等[12]改进了基于逆散射级数法预测和压制层间多次波的算法；刘伊克等[13]利用波路径偏移压制层间多次波；马继涛等[14]提出基于一次波逆时理论的层间多次波衰减方法；叶月明等[15]利用地震干涉法衰减海底相关层间多次波；吴静等[16]提出基于构建虚同相轴压制地震层间多次波方法等。虚同相轴将散射点从地表移至产生层间多次波的向下散射界面，通过将虚同相轴与原始数据褶积，从而得到层间多次波模型[17-18]。传统虚同相轴方法基于物理图像和近似公式，其预测的层间多次波振幅和相位精度难以满足实际需求，造成了其对匹配算法的过度依赖。针对传统虚同相轴方法的理论缺陷和计算精度问题，刘嘉辉等[19]通过理论推导得到新的自适应虚同相轴方法。与传统虚同相轴方法相比，自适应虚同相轴方法减少了对匹配算法的依赖，提高了对层间多次波的压制能力。

现有的多次波压制方法有很多种，但每一种方法均有其优势和局限性。通常一种多次波的压制方法只能对某种特定多次波起到一定的压制效果，因此，不同域、不同理论的多次波压制技术联合使用是发展方向之一。此外，多次波压制效果好坏，是否伤及有效波，在处理阶段很难评估，必须结合解释，做到处理解释一体化。这样，不但可以客观评估压制技术的优劣，还能为压制技术提供更加准确的速度场和层位信息，提高多次波压制技术的处理效果。为此，本文开展了处理解释一体化的层间多次波识别与压制技术研究，并在四川盆地高石梯—磨溪地区应用中不断完善，形成了一套实用、有效、可复制的多次波识别与压制技术方案。

2 层间多次波及其影响

目前研究结果表明，对四川盆地高石梯—磨溪地区深层地震资料成像影响较大的是层间多次波，其存在会产生许多负面影响。第一，地震剖面纵向上整体波组特征不清楚，不能反映层状碎屑岩和块状碳酸盐岩沉积的响应特征[20]。第二，多数井合成记录与实际地震记录严重不匹配[20]，主要表现在实际地震资料上灯影组顶界与内部反射强度几乎一样，而在合成记录上灯影组顶界反射振幅比内部大很多，而且灯二段内部实际地震资料反射同相轴在合成记录上找不到（图1）。由于井震匹配差，直接影响高产井模式建立，影响勘探开发进程。第三，由于多次波的聚焦和散焦效应使得其下伏地层同相轴形态复杂化，降低了构造解释精度，也可能形成构造假象，如在高石梯东部容易形成假台缘带；而且地层越深，多次波影响越大，会造成超深层成像不真实，加上深层地震反射强度通常比较弱，多次波的影响会更加严重，可能导致构造与地层的错误认识，从而影响勘探决策部署。第四，目前主流储层预测技术都是基于褶积模型，都以不含多次波假设为前提，因此，输入资料包含多次波会降低储层预测精度，甚至给出错误的结果。

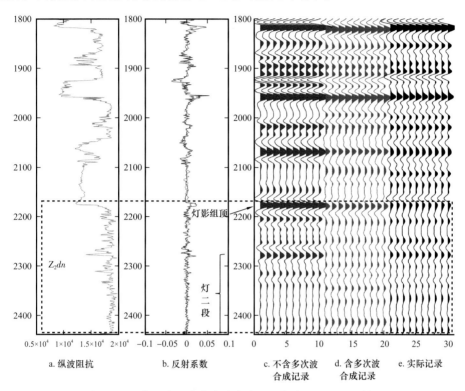

图1　GS1井不含和含多次波合成记录与实际记录对比结果

3　层间多次波识别与压制一体化技术方案

灯影组地震资料与合成记录存在严重不匹配，影响了地震储层预测技术的有效应用。研究分析井震不匹配成因与克服方法，认为层间多次波识别与压制的问题是关键之一。为此，提出了先识别、后压制的技术方案[20]。

在层间多次波识别与来源分析方面，首先排除了资料处理和AVO现象造成的井震不匹配；其次从上覆地层存在速度反转、道集下拉，以及速度谱上低速能量团推断井震不匹配是由多次波造成；然后研发了下行波可控的反射率正演模拟方法，通过含与不含多次波正演结果与实际地震数据对比，证实井震不匹配是由层间多次波造成的，并得到GS1井和GS6井VSP资料的验证；最后，利用逐层多次波正演模拟，结合多次波周期性分析确定了灯影组多次波的来源。

在层间多次波压制方面，首先系统调研了相关公司、院校和科研院所的多次波压制技术，筛选了预测反褶积、3DSRME、Radon变换、F-X域多次波压制技术（SPLAT模块）、自适应虚反射同相轴和逆散射序列法，开展了3条连井线多次波压制处理试验，并利用多次波正演模拟结果评判多次波压制方法的效果。试验结果表明：预测反褶积可以在一定程度上压制短程多次波，但对长周期多次波效果不明显；3DSRME 可以较好压制长程多次波，但对层间多次波压制效果不理想；Radon 变换压制多次波在道集和速度谱上效果明显，但在叠加剖面上几乎见不到效果，这是因为近道多次波与一次波速度差异更小，因此，要提高近道多次波压制效果，需要更高精度的速度场信息；基于逆散射序列的多次波压制方法理论基础明确，方法先进，效果好，但运算量大，计算效率低，无法应用到三维工区；SPLAT 技术压制多次波针对性强，但需要已知多次波产生的准确层位；自适应虚同相轴方法能够给出唯一的褶积构建方法，提高了层间多次波预测模型的精度，减少了对匹配相减的依赖，但随多次波和一次波差异变小，压制效果也变差。

由此可见，层间多次波与一次波之间旅行时和速度差异越小，压制就越困难，而且绝大多数多次波压制方法是针对海上地震资料提出的，对陆上地震资料适用性低，效果都不太理想。为此，提出了分步组合迭代、循序渐进的处理解释一体化压制思路，并建立相应的技术流程。首先，在偏移前采用自适应虚反射同相轴法压制多次波，主要是压制具有明显差异的多次波；然后，在偏移后道集上采用高精度层控 Radon 变换压制速度差异小的多次波，其核心是速度场的精度，可以通过测井资料与层位约束实现；最后，在叠后资料利用多层迭代 F-X 域多次波压制技术对残余多次波进行压制，其核心是准确识别多次波及其产生的可能层位，这可以通过多次波识别和来源分析实现。为减少有效波损伤，创新研发了多次波发育强度预测技术，结合多次波正演模拟，实现了点、线、面完整的多次波压制处理质控。这些共同构成了层间多次波识别、压制与质控处理解释一体化技术方案，其技术流程如图 2 所示。

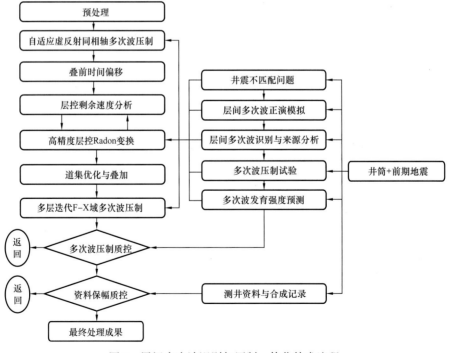

图 2　层间多次波识别与压制一体化技术流程

4 关键技术与效果

关键技术主要包括 4 个方面：（1）层间多次波正演模拟；（2）层间多次波识别与来源分析；（3）多次波平面发育强度预测；（4）层间多次波压制处理与质控。

4.1 层间多次波正演模拟

地震波正演模拟是了解地震波传播特点、识别地震波类型（转换波、多次波等）、明确地质异常体地震响应特征的有效手段。其主要方法有 3 种：射线追踪法、有限差分法和反射率法。其中，反射率法精度高于射线追踪法和有限差分法，可以通过频率域和时间域两种方式实现，时间域反射率法具有简单直观的特点，更适合于层间多次波正演模拟。

时间域叠后反射率正演模拟以井震标定后的测井波阻抗曲线为基础，然后计算等时采样的上、下行波的反射系数与透射系数，进而得到全井段包含或不包含多次波的时间域反射系数序列，再与地震子波褶积得到叠后正演记录[21]。杨昊等[22]对此进行了改进，为每个采样点（反射界面）加入一个下行反射控制系数，1 和 0 分别表示含和不包含该界面下行的多次波，由此可以通过下行反射控制系数决定某段或某几段地层含与不含多次波，通过含与不含多次波合成记录与实际资料对比，判断哪些反射是多次波以及产生多次波的层位。

对于一个半空间反射界面，考虑到 P 波与 SV 波的相互转换，界面两侧一共会产生 16 种反射及透射波[23]，式（1）为对应的反射与透射系数矩阵：

$$\begin{bmatrix} \mathbf{R}_\mathrm{D} & \mathbf{T}_\mathrm{U} \\ \mathbf{T}_\mathrm{D} & \mathbf{R}_\mathrm{U} \end{bmatrix} = \begin{bmatrix} r_\mathrm{Pp} & r_\mathrm{Sp} & t_\mathrm{pp} & t_\mathrm{sp} \\ r_\mathrm{Ps} & r_\mathrm{Ss} & t_\mathrm{ps} & t_\mathrm{ss} \\ t_\mathrm{PP} & t_\mathrm{SP} & r_\mathrm{pP} & r_\mathrm{sP} \\ t_\mathrm{PS} & t_\mathrm{SS} & r_\mathrm{pS} & r_\mathrm{sS} \end{bmatrix} \tag{1}$$

式中　下角标 D——下行波；

　　　下角标 U——上行波；

　　　$\mathbf{R}$、$\mathbf{T}$——反射和透射系数矩阵；

　　　r、t——反射与透射系数；

　　　下标 p 和 P——纵波；

　　　下标 s 和 S——横波；大写字母表示下行波，小写字母表示上行波。

某个界面 k 与它下面所有层的总反射响应可以利用递推公式求解[24]，递推公式可以不考虑多次波，也可以考虑一阶多次波，这样，可以获得考虑或不考虑多次波的叠前反射系数，再与地震子波进行褶积，就可以得到相应的叠前反射率正演道集[20]。

4.2 层间多次波识别与来源分析

3 家单位于不同时期处理的地震成果资料在大多数井点处都存在井震不匹配现象（图 1 虚线框区域），这说明井震不匹配不是地震资料处理失误造成的[20]。那么，是否由于 AVO 现象造成的呢？对比实际地震道集与波动方程正演道集的远、近道部分叠加结果发现，近道和远道部分叠加都存在井震不匹配问题，从而排除了 AVO 响应的影响[20]。此外，GS1 井地震道集上，中深层开始存在微弱下拉现象，而且越深道集下拉现象越明显；在相应速度谱上，中浅层一次波能量团十分清晰，中深层速度谱能量团开始发散，到了深层，能量团更加发散，开始出现低速能量团，而且低速能量团强度随深度增加而增强，最后，几乎与一次波一样强，由此推断该区井震不匹配可能是由多次波造成的[20]。

为了进一步论证井震不匹配是由多次波造成，首先从典型井 GS1 井井震标定入手，如图 1 所示。图 1c 为不含多次波合成记录，只含一次波；图 1d 为既含一次波，也含多次波的合成记录；图 1e 为井旁实际地震道。对比可见，包含多次波的合成记录与实际地震道几乎所有同相轴都能对上，而且灯影组顶界与灯影组内部反射强度差不多，与实际记录非常吻合；相反，在只含一次波合成记录上，灯影组顶界反射强度比灯影组内部高很多，而且实际地震资料上灯二段同相轴在只含一次波合成记录上找不到，因此实际地震资料与只含一次波合成记录相似性很差。图 3 为过 GS111 井不含和含多次波正演模拟剖面与实际剖面对比图，为了更好地说明多次波的影响，连井剖面只使用 GS111 井的波阻抗曲线，也就是说，波阻抗横向没有变化，横向只有构造变化。由图 3 可见，含多次波与不含多次波正演模拟剖面差异很大，但与实际剖面更加接近，而且多次波的存在使得其下伏地层反射同相轴复杂化（图 3 虚线框区域），这可能误导构造解释。基于声波波动方程的正演模拟也得出类似的结论。由此，进一步证实了目的层段实际地震资料中包含多次波。

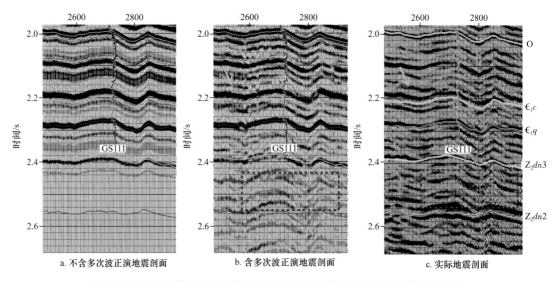

图 3　过 GS111 井不含多次波和含多次波正演模拟剖面与实际剖面的对比

类似地，图 4 对比了 GS1 井正演道集及其速度谱与井旁实际道集及其速度谱。由图 4a 可以看出，在不含多次波合成道集上灯影组以下基本没有同相轴，都是噪声，但是在图 4b 包含多次波的合成道集上从中浅层开始出现许多下拉同相轴（绿色箭头所指），而且地层越深，下拉现象越明显，这些下拉同相轴都是多次波的响应。含多次波的正演道集与实际道集（图 4d）对比，二者非常相似，进一步证明该区深层受多次波的影响严重。从它们对应的速度谱上，也发现含多次波道集与实际道集速度谱非常相似，中浅层以下都存在低速能量团，对照不含多次波道集速度谱，可以判断这些低速能量团是多次波的响应。

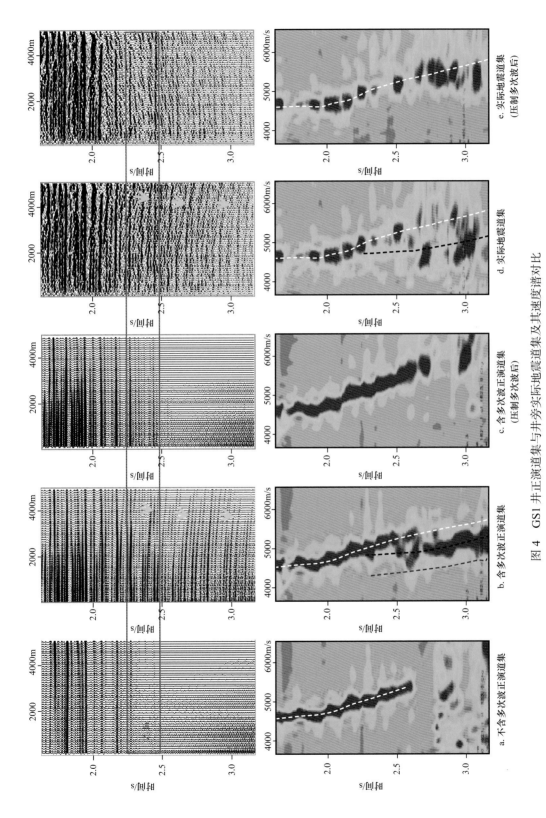

图 4　GS1 井正演道集与井旁实际地震道集及其速度谱对比

最后，利用工区内 GS1 和 GS6 井 VSP 资料更直接验证多次波的存在。由于 VSP 资料特殊的观测方式，很容易得到上下波场数据。理论表明：上下波场反褶积可以获得对应界面的反射系数，从而达到压制多次波的目的，这也是 VSP 资料压制多次波的重要途径。通过 GS1 和 GS6 井反褶积前、后 VSP 走廊叠加与不含多次波合成记录对比发现，反褶积前二者差异很大，但反褶积之后无论同相轴时间和振幅纵向相对关系都匹配非常好，也证明该区 VSP 资料在目的层段存在多次波[20]。

下行波可控反射率法多次波正演模拟的关键就是为每个反射界面加入了一个下行波反射控制系数[22]，当某个层段内所有界面的控制系数都为 0 时，该段地层都不产生层间多次波。为了分析灯影组多次波的来源，以灯影组顶界以上都不含多次波的合成记录为标准道，然后将不含多次波层位顶界分段逐次上移，并将每一次正演结果与标准道进行互相关，记录每一次最大相关系数，如果灯影组以上地层都不产生多次波，那么相关系数都应该为 1，如果上覆地层产生多次波，那么相关系数会逐步降低，遇到相关系数大幅降低表明对应的层段发育多次波。研究表明：GS1 井点处最大相关系数大幅降低正好与前面提到的 4 组低速层段中的前 3 组相对应，第 4 组是筇竹寺组泥岩段，由于与灯影组靠近，对灯影组地震响应影响小。这些多次波来源分析结论也可以通过多次波周期性得到验证[20]。

4.3 多次波发育强度预测

当前，通常只能从道集及其速度谱上，或地震剖面上识别多次波，定性判断多次波发育程度，无法得到地震资料中多次波平面和三维空间的整体发育情况和分布特征。受构造和地层横向变化的影响，多次波在空间上具有强烈的非均质特点，因此，在分析点、线多次波发育情况之外，更需要分析其平面上的发育程度，以评估现有地震资料存在的风险，并指导下一步多次波压制处理参数的优选与质控。

由于多次波和一次波具有不同的传播速度，分别出现在速度谱上不同的速度区域。某个时间存在多次波干扰时，速度谱上能量团对应的叠加速度范围会变宽，而且，多次波速度和一次波速度差异越大，叠加速度范围也越宽。因此，对三维地震资料的速度谱，计算有效叠加能量团对应的速度展度，可实现三维空间的多次波发育程度定量预测。通过速度展度沿层切片分析平面上多次波的发育范围与程度，我们首次实现了多次波平面发育程度的定量分析与评价。具体实现的方法和步骤如下。

首先，获取叠前地震 CMP 道集，对道集进行优化处理后，计算地震速度谱（图 5a）。

其后，对速度谱进行有效能量团识别。将任意一个 CMP 点的速度谱，转换为二维灰度图像数组，数组内按照数值从小到大排序，根据式（2）计算类间方差：

$$\sigma_k = \frac{(N-k)k}{N^2}\left(\sum_{i=k+1}^{N}\frac{c_i}{N-k} - \sum_{i=1}^{k}\frac{c_i}{k}\right)^2 \tag{2}$$

式中　σ_k——某 CMP 点速度谱类间方差；

c_i——灰度值从小到大排序后的数组；

N——总点数；

k——序号。

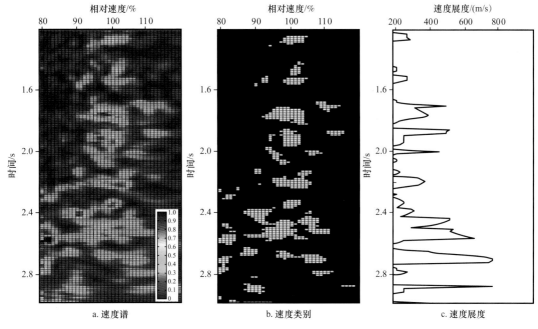

a. 速度谱　　　　　　　　　b. 速度类别　　　　　　　　c. 速度展度

图 5　速度展度求取示意

以 σ_k 为最大值时对应的灰度值为阈值，将速度谱值分成背景和有效能量团（图 5b）。

最后，按照时间顺序逐点求取有效能量团的初始相对速度和最终相对速度差即为速度展度（图 5c）。

以上方法应用到三维地震速度谱上，获得速度展度体，沿一定的时窗提取展度切片，属性值大意味着多次波相对发育。

在 GS1 井区内，利用所有井的井震标定结果对速度展度属性预测的多次波强度进行了验证。研究区 10 口井灯影组测井合成地震记录和实际地震道整体相关性都不高，而且井间差异较大，相关系数范围为 0.14～0.75，平均相关系数仅为 0.56，表明灯影组多次波干扰较为严重，并且横向分布不均匀，整体上符合速度展度属性预测的多次波平面规律。将井震相关系数和速度展度属性进行相关性分析，二者具有很好的负线性相关性（图 6），证明速度展度属性能够有效地预测多次波发育程度。

4.4　层间多次波压制处理

多次波压制处理采用了 3 项技术：（1）在 CMP 道集上采用自适应虚反射同相轴法压制具有明显差异的多次波；（2）在 CRP 道集上采用高精度层控 Radon 变换压制速度差异小的多次波；（3）在叠后采用多层迭代

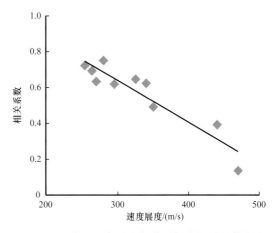

图 6　GS1 井区速度展度与井震标定相关系数交会分析结果

F-X 域法压制残余多次波。

4.4.1 自适应虚反射层间多次波压制

基于虚同相轴的层间多次波压制方法是由 IKELLE 于 2006 年提出的[17]，通过虚同相轴的方法将散射点从地面延拓到地下产生多次波的界面，实现层间多次波的预测。传统虚同相轴方法数学物理推导不严格，其理论也存在一定缺陷，预测多次波信息与原始数据重复较多，存在振幅和相位畸变、高阶多次波预测不准确等问题。

根据克希霍夫积分表示定理，重新构建虚同相轴。采用波场延拓方法，将散射点从地下移到了地面，通过将虚反射与原始数据褶积，构建多次波模型；利用滑动窗口多道 L1 范数多次波匹配方法，通过迭代收敛算法减去多次波，逐层重复完成所有层间多次波压制[25]。

该方法修正了传统虚反射方法，构建了新的自适应虚反射理论和算法，理论上无论其阶次多高，自适应虚同相轴方法都能够给出唯一的褶积构建方法，提高了层间多次波预测模型的精度，减少了对匹配相减的依赖。

4.4.2 高精度层控 Radon 变换

Radon 变换是用于压制多次波常用方法之一，除自身算法精度之外，关键取决于一次波和多次波的速度。有了准确的一次波速度，才能实现和一次波速度相近的多次波干扰的压制。

由于层间多次波速度与一次波速度差异较小，常混叠在一起，很难找到二者的分界线，速度谱上一次波速度难以准确拾取。其次，深层层间多次波能量有时比有效波强，只通过速度谱能量团拾取速度，很容易造成错误，无法建立准确的速度场。这也是多家国际油服公司采用传统的 Radon 变换压制层间多次波无法取得好效果的主要原因。针对以上问题，研发了层控多次波压制处理技术。在层间多次波识别和速度特征认识的基础上，采用处理和解释一体化的研究思路，通过地震标志层三维空间的约束进行速度拾取和多次波压制[20, 26]，其关键步骤如下。

（1）地震标志层的选择和解释。根据波阻抗曲线、合成地震记录和地震剖面，选择反射能量强、横向连续性好、区域上可连续追踪的地震同相轴作为标志层，以保证时间层位解释的准确性和三维空间的覆盖面。同时进行层位追踪，获取标志层层位。

（2）层控速度拾取。针对多次波与一次波速度差异小、能量团难以分辨的问题，在速度拾取时引入标志层层位约束，在保持速度趋势的前提下，采用"沿层拾取、避开层间、速度就高不就低"的拾取方法，实现沿层能量团精细拾取。由于标志层反射能量强、抗干扰能力强，严格对应着有效波；而标志层之间，很容易受多次波干扰而形成多次波的能量团。因此，沿层拾取能够减少多次波干扰能量团的误判，保证纵向上速度拾取的可靠性。同时，三维时间层位还能从横向上约束速度拾取的一致性，减少速度拾取异常带来的速度突变。层控速度拾取，可以减小由于多次波存在而造成的对有效波速度拾取的影响，提高速度拾取的精度。

（3）层控 Radon 变换压制多次波。在速度加权扫描基础上，对不同权系数的叠加速度进行 Radon 变换压制多次波测试，分析其叠加数据与合成记录的匹配效果，对应井震匹配的即为最优叠加速度。其次，在最终处理中，加入标志层的时间层位，控制多次波压制的时间范围，进行多次波压制。

图 4c 和图 4e 为 GS1 井含多次波正演道集和实际地震道集采用高精度层控 Radon 变换多次波压制后的结果。压制前（图 4b、图 4d）地震道集目的层附近远道存在明显同相轴下拉现象，速度谱能量团聚焦性不好；压制处理之后（图 4c、图 4e）速度谱上低速多次波能量团得到很好地压制，能量团聚焦好、纵向趋势清晰，远道下拉基本消除，与不含多次波正演道集及速度基本一致（图 4a）。此外，由于采用了层控压制方法，在压制多次波的同时，很好地保留了灯影组顶、灯三段底和灯影组底等标志层地震反射能量相对关系。

图 7 为 GS1 井区高精度层控 Radon 变换多次波压制前、后实际地震剖面及去掉的多次波剖面。从图 7c 可以看出，压制的能量中除少量有效波之外绝大部分为多次波干扰，特别是蓝色矩形框内残留多次波得到很好的压制。多次波压制后，灯影组地震剖面横向能量一致性有所提高，更加符合灯影组内部厚层碳酸盐岩地层不连续、弱振幅的反射特征。

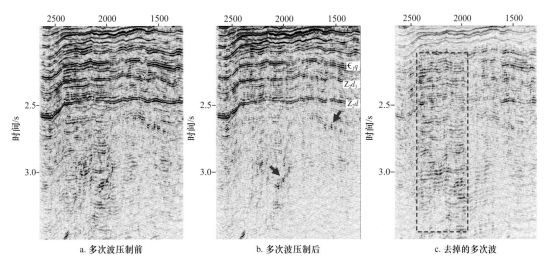

图 7　GS1 井区高精度层控 Radon 变换多次波压制前（a）、后（b）及去掉的多次波（c）地震剖面

4.4.3　多层迭代 F—X 域多次波压制

由于层间多次波产生来源多、波场特征复杂、周期性不好、横向变化快，经过前期多次波压制之后，总是有少量多次波能量不同程度地残余在叠加数据中。

因此，有必要在叠后进一步采用处理和解释相结合的多层迭代 F—X 域法压制多次波。在多次波来源层位识别的基础上，利用中浅层已知多次波发育层位与目的层多次波地震反射在 F—X 域谱函数的相似性，在标志层层位约束的时窗范围内，由（3）式谱变换得到二者的特征向量，由（4）式通过最小二乘法求取滤波器，以井震标定质量作为质控和压制参数优选的标准，预测多次波。如果存在多个产生多次波的界面，则通过逐层迭代压制，直到压制效果满足要求为止[27]。

$$G(f) = W(f) \cdot [X(f) X(f)^+] \tag{3}$$

式中　$X(f)$——地震道；

$G(f)$——谱矩阵；

$W(f)$——平滑滤波器；

"·""+"——分别为褶积和共轭转置运算。

$$F(f) = I - \sum_{j=1}^{k} V_j(f)V_j^+(f) \qquad (4)$$

式中 $F(f)$——n 维滤波器；

I——单位矩阵；

$V_j(f)$——谱矩阵 $G(f)$ 的前 k 个特征向量。

图 8 为 GS1 井区多层迭代 F-X 域多次波压制前、后的叠加地震剖面。由图 8 可见，筇竹寺（红色框）和灯影组（蓝色框）内部强能量多次波进一步变弱，合成记录和地震符合程度也有一定程度的改善，剖面上分辨率、标志层连续性有所提高。

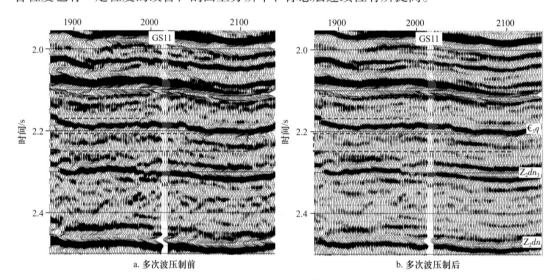

图 8　GS1 井区多层迭代 F-X 域多次波压制前（a）、后（b）实际地震剖面

4.5　层间多次波处理质控

质量控制是地震资料处理中的一个重要环节。多次波压制是一个世界性难题，目前没有也很难有一种方法或技术能压制所有多次波，对其压制涉及多个处理环节。因此，需要对主要处理步骤前、后地震资料进行对比，分析压制多次波效果，实现整体过程质控。

由于层间多次波和一次波差异小，压制效果受技术方法和地震资料处理人员的水平与经验影响大，压制多次波的同时有可能损伤一次波，因此，在保幅或相对保幅的要求下，要进一步加强多次波压制质控，也就是说，除了常规处理质控外，还需要有针对性地开展多次波压制处理质控和资料保幅质控。

4.5.1　多次波压制处理质控

多次波压制处理质控也遵循点、线、面质控的原则。

（1）井点合成记录标定质控。相对于地震资料而言，测井资料精度相对较高，是一种硬数据。通过测井合成地震记录进行井震标定，再与实际井旁地震道对比，分辨地震剖面中反射同相轴的真伪，判断多次波压制效果，监控和评价地震资料质量。

（2）剖面反射结构质控。对于信噪比相对较低的区域，在以上井点合成记录标定质控的基础上，还可通过连井剖面设计地质模型，利用测井资料建立纵波阻抗模型，采用褶积模型正演得到不含多次波的理想地震剖面，确定目的层地震反射特征。通过与实际地震剖面对比分析，对地震成像质量和多次波压制程度进行质控。图 3a 为过 GS111 井的不含多次波合成地震剖面，碳酸盐岩内部能量弱、连续性差，灯影组整体上具有 3 强 2 弱的地震反射结构。实际地震剖面（图 3c）反射波组的强弱组合和不含多次波合成地震剖面（图 3a）基本没有可对比性，但与含多次波合成地震剖面特征非常相似，由此推断实际剖面仍含有多次波，有待进一步压制。

（3）多次波平面发育强度质控。除了井震标定可以量化质控外，当前没有专门针对多次波压制效果的定量分析方法。测线和平面质控仍然以"相面法"为主，人为因素影响较大，很难对压制处理结果进行客观评价。为此，利用前面研发的速度展度多次波平面发育强度预测方法，通过沿层提取压制处理前、后速度展度切片进行分析对比，实现多次波压制效果三维质控。图 9 为 GS1 井区灯四段高精度层控 Radon 变换多次波压制前、后速度展度与差异平面图。多次波压制前（图 9a）三维工区内速度展度在 200～900m/s 均有分布，600～900m/s 高值区域所占面积较大，显示多次波发育较强、且横向分布不均匀。多次波压制后（图 9b），速度展度横向一致性大幅提高，均下降到 500m/s 以下，说明速度能量团更为集中，多次波得到有效压制。图 9c 为压制前、后速度展度差异，清晰地反映了三维工区多次波压制程度，差值越大，多次波压制程度越强。

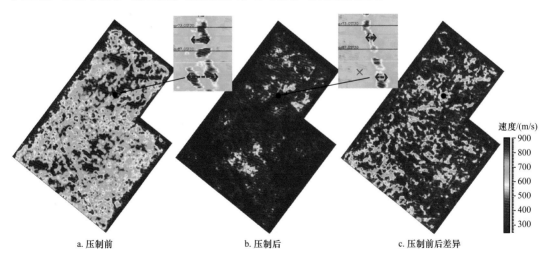

| a. 压制前 | b. 压制后 | c. 压制前后差异 |

图 9　GS1 井区灯四段高精度层控 Radon 变换多次波压制前（a）、后（b）速度展度与差异平面图（c）

4.5.2　资料保幅质控

为了更好地满足储层预测对地震资料的要求，需要开展地震资料保幅质控，可以分为叠后保幅质控和叠前保幅质控。叠后保幅质控主要包括如下两种方法。

（1）井震标定相关性分析方法。利用多井合成地震记录，通过地震反射特征与合成地震记录的相似性分析，评价处理成果资料振幅保真度。

（2）沿层地震属性与地质规律分析方法。通过对比沿层地震振幅属性与地质研究成果的符合程度，找出符合程度较高的处理结果对应的处理方法和参数，完善处理流程。

叠前保幅质控要求地震道集保持相对真实的 AVO 特征，以满足复杂储层叠前预测的需要，主要包括两个方面。

（1）保 AVO 属性的处理过程质控。选择标志层，分别沿层提取关键处理步骤前、后的道集 AVO 属性，对比分析 AVO 截距和梯度属性，或者其他组合 AVO 属性交会图、AVO 属性相关系数图，以及 AVO 属性相关时移量等图件，对关键处理步骤的 AVO 属性保持程度进行半定量评价。

（2）叠前正演 AVO 特征标定[28]。利用测井全波和密度曲线进行叠前正演，通过实际和正演道集的 AVO 属性对比，分析地震道集的 AVO 特征保持质量。如选取特征明显的地震反射界面，提取正演模拟结果的截距和梯度属性，同时对比井旁实际偏移道集相应 AVO 属性和正演 AVO 道集的 AVO 属性，定量分析实际地震道集是否可保持 AVO 特征。

5 应用效果分析

多次波识别与压制一体化技术在四川盆地高石梯—磨溪地区灯影组气藏得到了规模应用，累计推广应用 9 个工区，面积 15735km²。与以往处理的地震资料对比，多次波压制后地震资料井震匹配程度大幅提高，深层超深层地震成像质量显著改善。基于多次波压制后地震资料，储层预测符合率提高 20% 以上，优选有利区带 1366.9km²，建议井位 113 口，在灯影组气藏天然气探明与可采储量提交、改善开发效果、未来接替领域发现等方面都取得了显著成效。

5.1 在 GS1 井区应用中提高井震匹配程度与储层预测精度

GS1 井区是一体化技术研究的试验区，历经 3 年建立了整体技术框架，开展了大量效果验证与评价分析工作[20]。多次波压制处理后，主要效果有 3 个方面，一是地震剖面整体上反射结构更加符合地层特征，在细节上，地震分辨率更高，小断层更为清晰。二是井震匹配程度得到了大幅度提高，统计 10 口探井测井合成记录与不同时期处理的地震资料的相关性可知，多次波压制后新地震资料与所有井合成记录的相关系数都不同程度得到了提高，平均相关系数分别从 0.57，0.62 提高到 0.74。三是地震保幅性得到提高，地震资料能更好地反映出储层的地质特征。针对灯四上气藏建立了Ⅰ、Ⅱ类（高产和工业气井）井的地震响应模式，基于地震波形分类储层预测符合率由以往的 60% 上升到 90%，5 口后验开发井全部落在预测有利区，平均测试产气 64.3×10⁴m³/d，高产气井比例达到 100%，有效支撑了高石梯灯四气藏可采储量的提交和动用。

5.2 在 GS19 井区应用中发现大量弱串珠反射与资源接替区

在 GS19 井区，层间多次波压制有效改善了地震资料品质，井震相关系数提高了

20%，地震剖面中灯影组内幕出现"弱串珠"反射，指示大型缝洞体，有望成为川中地区天然气勘探和开发新领域[29]。

图10a为前期处理的老地震剖面，灯四段内部存在较多的强能量连续反射（红色箭头所指），综合分析证实为多次波干扰；GS7井钻井漏失的位置，测井综合解释为0.9m高的大型洞穴，其有效弱信号被多次波强反射屏蔽，地震剖面上无法分辨。图10b为多次波压制后的地震剖面，灯四段内幕具有断续、弱能量的地震反射特征，GS7井洞穴底出现较强能量的串珠反射，洞穴的地震响应得以很好的恢复。

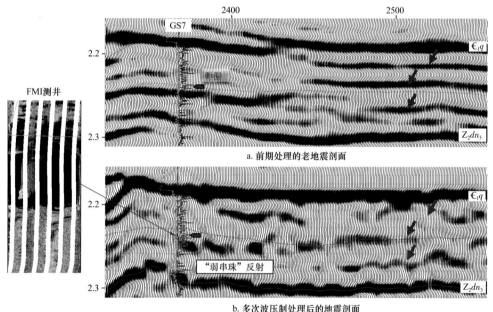

图10　GS19井区灯影组内幕新老地震剖面对比

根据新地震资料、缝洞识别等地震研究成果，通过分析沿井轨迹储层发育变化的情况、预测主要缝洞体分布位置，支撑了2口大位移水平井的井眼轨迹优化设计和现场跟踪调整工作，提高了优质储层钻遇率，取得了好的地质效果。2021年滚动勘探开发水平井GS103-C1井完钻，在目的层钻进过程中油气显示频繁，录井显示好，灯四段录井解释气层389.6m/4层，测试获日产气101.78×10⁴m³的高产气流，是原井眼试气的6.5倍以上，成为震旦系灯四台内第3口百万立方米级气井。

5.3　在高石梯东地区应用中消除台缘带假象与井位部署风险

在磨溪41井区，应用一体化技术有效改善了地震资料品质，消除了"似台缘带"反射[30]。图11为高石梯东三维前期处理和多次波压制处理后地震剖面对比图。前期处理的地震剖面中（图11a蓝框），多次波干扰使深层寒武系和震旦系地层反射结构复杂化，容易被当作沉积界面解释为错误的地质模型，如剖面右侧出现斜的强能量同相轴，形成"似台缘带"的地震相特征。多次波压制处理后（图11b篮框），有效消除了此类"似台缘带"的地震反射，避免了勘探风险井位部署和钻探风险。

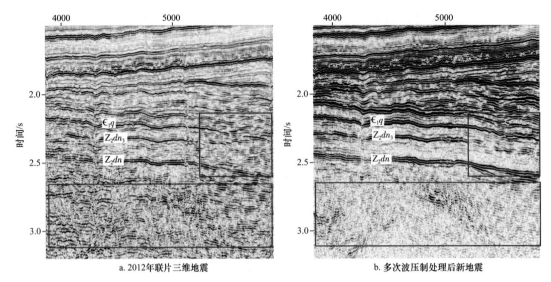

图 11　高石梯东地区前期处理的老地震剖面（a）和多次波压制后的地震剖面（b）

5.4　在高石梯—磨溪地区应用中落实超深层地层结构

多次波对川中超深层地震资料影响更大。以往处理的地震剖面上，超深层主要为近水平状强能量反射，地震同相轴振幅强、频率高、连续性好（图 11a 红框），对应层状地层为裂谷的地质和沉积模式，和地震波传播规律及已钻井揭示的地层特征不符合。经过多次波压制处理后，大部分近水平状强能量多次波被消除，超深层整体表现出振幅弱、断续或近杂乱的反射特征，局部高倾角的强能量反射连续性变好、成像更为清楚，前震旦系地震成像总体展现出全新面貌，如图 11b 红框所示。新地震资料更加符合四川前震旦中、新元古代超深层为浅变质沉积岩和大规模火山喷发岩的地层特征，为超深层的地质研究与油气勘探提供了更为可靠的资料基础[27]。

6　结论与建议

由于层间多次波与一次波旅行时和速度差异小，且受上覆地层结构影响大，横向变化大、周期性复杂，致使基于多次波与一次波差异的传统多次波压制技术难以奏效。探究其原因，并形成了针对性的解决措施。

（1）整体思路没有跳出处理范畴，既不知道多次波产生的层位及其特征和影响程度，也不知道多次波压制后是否有益于提高地震解释精度。为此，改变整体思路，先通过多次波正演模拟识别，并分析其来源，以此指导多次波的压制，最后通过压制后是否有益于井震匹配程度的提高，以及是否符合地质规律来判断压制效果，使得压制过程有的放矢，压制方法选择有理有据，压制结果不伤及有效波。

（2）在压制技术方面，由于与一次波差异更小，且多数技术是针对海上资料提出的，陆上资料适用性差。为此，提出了利用已有解释成果约束压制过程，改进压制技术，解决了层间多次波与一次波差异小带来的瓶颈问题，加上分步迭代、逐步逼近，提高了压制效果。

（3）在压制处理质控方面，由于没有多次波正演模拟技术，无法评估多次波的影响程度，从而不知道如何质控。为此，研发了基于反射率的多次波正演模拟与多次波发育强度预测技术，实现了点、线、面完整的多次波压制处理质控。

由此可见，层间多次波压制取得突破的核心是：先识别，后压制，做好压制处理质控，整个过程要面向解释，用好已有解释成果，实现处理解释一体化。最后需要指出的是，层间多次波发育广泛，随着勘探程度不断深入，储层与非储层差异越来越小，层间多次波的影响日益严重，因此，要加大多次波识别和压制处理技术研究和应用力度，特别是要加强多次波正演模拟技术研究，更准确地识别多次波，以便更有效地指导多次波压制；还要加强多次波压制新技术的研究和推广力度，如提高基于逆散射序列的多次波压制技术的计算效率推动三维工区应用等。

参 考 文 献

［1］宋家文，Verschuur D J，陈小宏，等.多次波压制的研究现状与进展［J］.地球物理学进展，2014，29（1）：240−247.

［2］Ryu J V.Decomposition（DECOM）approach applied to wave−field analysis with seismic reflection records［J］.Geophysics，1982，47（6）：869−883.

［3］Hampson D.Inverse velocity stacking for multiple elimination［J］. Journal of the Canadian Society of Exploration Geophysicists），1986，22（1）：44−55.

［4］胡天跃，王润秋，WHITE R E.地震资料处理中的聚束滤波方法［J］.地球物理学报，2000，43（1）：105−115.

［5］Sacchi M，Ulrych T. High−resolution velocity gathers and offset space reconstruction［J］. Geophysics，1995，60（4）：1169−1177.

［6］Wang Y H. Multiple attenuation：Coping with the spatial truncation effect in the Radon transform domain［J］. Geophysical Prospecting，2003，51（1）：75−87.

［7］Robinson E A. Predictive decomposition of time series with applications to seismic exploration［D］.1954，MIT.

［8］Jakubowicz H. Wave equation prediction and removal of interbed multiple［J］.Expanded Abstracts of 68th Annual Internat SEG Mtg，1998：1527−1530.

［9］Berkhout A，Jverschuur D J. Removal of internal multiples with the common focus point（CFP）approach，Part 1−Explanation of the theory［J］. Geophysics，2005，70（3）：45−60.

［10］Verschuur D，Jberkhout A J. Removal of internal multiples with the common focus point（CFP）approach，Part 2−Application strategies and data examples［J］. Geophysics，2005，70（3）：61−72.

［11］Weglein A B，Gasparotto F A，Carvalhop M，et al. Aninverse scattering series method for attenuation multi−ples in seismic reflection data［J］.Geophysics，1997，62（6）：1975−1989.

［12］金德刚，常旭，刘伊克.逆散射级数法预测层间多次波的算法改进及其策略［J］.地球物理学报，2008，51（4）：1209−1217.

［13］刘伊克，常旭，王辉，等.波路径偏移压制层间多次波的理论与应用［J］.地球物理学报，2008，51（2）：589−595.

［14］马继涛，陈小宏，姚逢昌，等.基于一次波逆时理论的层间多次波衰减方法［J］.石油地球物理勘探，2013，48（2）：181−186.

［15］叶月明，姚根顺，赵昌垒，等.利用地震干涉法衰减海底相关层间多次波［J］.石油地球物理勘探，2015，50（2）：225-231.

［16］吴静，吴志强，胡天跃，等.基于构建虚同相轴压制地震层间多次波［J］.地球物理学报，2013，56（3）：985-994.

［17］Ikelle L T. A construct of internal multiples from surface data only：The concept of virtual seismic events［J］.Geophysical Journal International，2006，164（2）：383-393.

［18］Ikelle L T，Erez I，Yang X J. Scattering diagrams in seismic imaging：More insight into the construction of virtual events and internal multiples［J］.Journal of Applied Geophysics，2009，67（2）：150-170.

［19］刘嘉辉，胡天跃，彭更新.自适应虚同相轴方法压制地震层间多次波［J］.地球物理学报，2018，61（3）：1196-1210.

［20］甘利灯，肖富森，戴晓峰，等.层间多次波辨识与压制技术的突破及意义—以四川盆地GS1井区震旦系灯影组为例［J］.石油勘探与开发，2018，45（6）：960-971.

［21］Kenneth H W. Reflection seismology：A tool for energy resource exploration［M］.New York：Wiley Interscience Publication，1978：135-141.

［22］杨昊，戴晓峰，甘利灯，等.反射率法正演模拟及其在多次波识别中的应用：以四川盆地川中地区为例［R］.东营：中国石油学会2017年物探技术研讨会，2017：310-313.

［23］Aki K，Richards P G. Quantitative seismology：Theory and methods［M］.San Francisco：W. H. Freeman & Co. Ltd，1980：130-139.

［24］Kennett B. Seismic wave propagation in stratified media［M］.Cambridge：Cambridge University Press，1985：166-168.

［25］吴静，吴志强，胡天跃，等.基于构建虚同相轴压制地震层间多次波［J］.地球物理学报，2013，56（3）：985-994.

［26］戴晓峰，刘卫东，甘利灯，等.Radon变换压制层间多次波技术在高石梯—磨溪地区的应用［J］.石油学报，2018，39（9）：1028-1036.

［27］戴晓峰，徐右平，甘利灯，等.川中深层—超深层多次波识别和压制技术：以高石梯—磨溪连片三维区为例［J］.石油地球物理勘探，2019，54（1）：54-64.

［28］戴晓峰，甘利灯，杜文辉，等.利用地震正演模拟实现高保真AVO处理质量监控［J］.资源与产业，2011，13（1）：93-98.

［29］戴晓峰，杜本强，张明，等.安岳气田灯影组内幕优质储层的重新认识及其意义［J］.天然气工业，2019，39（9）：11-21.

［30］甘利灯，肖富森，戴晓峰，等.层间多次波识别与压制技术突破与应用［J］.中国科技成果，2021，22（3）：36-38.

地震反演

　　地震反演是油气藏描述最关键的技术，它利用地表观测的地震资料，以已知地质规律和钻井、测井资料为约束，对地下岩层空间结构和物理性质进行成像，广义的地震反演包含了地震资料处理与解释的全部内容。本组收录 14 篇文章，由 9 篇期刊论文、5 篇会议论文组成，其中获奖会议论文 3 篇，CNKI 高被引论文 1 篇；内容包括叠后、叠前、随机和各向异性反演，文章简介如下。

　　"利用储层特征重构技术进行泥岩裂缝储层预测"是在多年测井约束反演软件 STRATA 使用基础上，针对波阻抗无法区分储层与非储层这个地震油藏描述常见问题，创造性地提出了储层特征重构技术。所谓储层特征重构技术，就是针对具体的地质问题，以地震岩石物理学关系为基础，从众多的测井曲线中重构出一条储层特征曲线，使得储层在这条曲线上有明显的特征，并通过地震反演技术将储层特征曲线外推到井间，实现复杂储层识别与描述。文章介绍了这项技术在柴达木盆地砂西油田泥岩裂缝储层预测中应用的方法与效果，通过密度和中子重构拟声波，克服了泥岩裂缝储层与非储层实测波阻抗差异小、传统叠后波阻抗反演无法预测储层的困难，实现了泥岩裂缝储层地震预测的突破。本文获中国石油学会东部地区第九次（1997 年）物探技术研讨会**优秀论文奖**，是 5 篇大会发言报告之一。

　　"薄层浊积岩储层地震描述方法"基于块状化后的声波与自然电位之间存在的良好的线性关系，提出了一种基于自然电位重构声波的储层横向预测方法，实现了薄层浊积岩储层地震描述，编制了薄砂体顶界构造图和孔隙度分布图，为进一步勘探开发部署提供了地质依据。

　　"非常规储集层地震横向预测的一种方法"总结了储层特征重构技术思路与基本原理，给出了三类非常规储层特征重构应用实例，实现了泥岩裂缝储层、火山侵入岩裂缝储层和火山侵入岩蚀变带储层地震预测，预测结果与钻井结果一致，证实了该方法的可行性。

"**地震反演的应用与限制**"在大量叠后地震反演技术研究与应用的基础上，总结了叠后地震反演的应用前景、存在的多解性问题和提高反演结果分辨率的途径。本文已被引用 300 余次。

"**弹性阻抗的概念及其精度分析**"引入弹性阻抗、归一化弹性阻抗和扩展弹性阻抗概念，利用三类典型储层参数模型对比分析了三种弹性阻抗的精度。

"**叠前地震反演及其应用**"实现了弹性阻抗反演、LRM 反演和弹性阻抗同时反演方法，并在基于流体替代的合成道集与鄂尔多斯盆地苏里格气田实际数据中开展了应用，得到较好技术效果，充分展示了叠前地震反演在解决复杂储层描述，尤其是岩性和流体预测的潜力。本文获中国石油学会东部地区第十三次（2005 年）物探技术研讨会**优秀论文二等奖**。

"**弹性阻抗在岩性与流体预测中的潜力分析**"借用叠后反演手段实现了弹性阻抗反演，利用渤海湾盆地上第三系高孔渗砂岩储层岩心分析数据、偶极声波测试及其流体替代后纵横波速度与密度数据和流体替代后叠前正演模拟道集弹性阻抗反演结果，对比分析弹性阻抗和波阻抗随水饱和度变化规律。结果表明，弹性阻抗可以更好地反映流体饱和度的变化；鄂尔多斯盆地苏里格气田不同入射角弹性阻抗与自然伽马曲线对比分析表明，16°入射角对应的弹性阻抗可以识别有效储层，并得到实际地震资料弹性阻抗反演结果的证实。本文已被引用 150 余次。

"**纵横波弹性阻抗联立反演在 GD 地区的应用**"论述了弹性阻抗同时反演的基本原理，对其反演过程中地震资料处理、弹性参数分析、横波速度预测、弹性阻抗计算等关键步骤进行了深入的讨论。通过 GD 地区的应用，基于同时得到的纵、横波速度和密度信息，可以计算出纵横波速度比、泊松比等对岩性和含油气性比较敏感的弹性参数，从而大大提高了地震油藏描述的能力。

地震反演

"**叠前地震反演在苏里格气田储层识别和含气性检测中的应用**"通过LPF敏感因子分析，优选岩性、物性和流体最敏感弹性参数，应用LMR反演，弹性阻抗反演，以及多角度弹性阻抗同时反演获取必要的弹性参数，在敏感弹性参数约束下，通过多参数融合预测了岩性、孔隙度、饱和度以及孔隙度与饱和度的乘积，后者可以反映产能，预测结果得到了新钻井的验证。

"**基于岩石物理的叠前反演方法在松辽盆地火山岩气藏预测中的应用**"在火山岩矿物含量变化规律分析的基础上，创新性地提出了火山岩二元组分简化模型，首次实现了火山岩储层地震岩石物理建模和解释量版建立，为松辽盆地北部徐家围子断陷火山岩储层叠前地震反演技术应用奠定了基础。通过叠前地震反演和叠前衰减属性分析技术的应用及火山岩气藏成藏主控因素分析，对该区火山岩储层空间分布、物性发育情况及含气性进行了综合预测，取得了良好的地质效果。

"**薄储层叠后地震反演方法比较：确定与随机**"将两种确定性地震反演（约束稀疏脉冲反演与基于模型反演）和一种随机地震反演应用于松辽盆地喇嘛甸油田的薄储层预测，通过三种不同井网密度确定性与随机地震反演结果对比，表明在密井网条件下随机地震反演可以大幅提高薄储层反演精度，尤其是2m以下薄储层的精度，可以认为，随机地震反演将是一项用于开发后期薄储层油气藏地震描述的关键技术。

"**随机地震反演关键参数优选和效果分析**"针对开发后期地震、地质、测井和油藏资料丰富，地震油藏描述对分辨率与精度要求高等难点，系统总结了随机地震反演的原理和流程，开展了随机地震反演方法及其关键参数优选研究，给出了关键参数的优选准则，为用好随机地震反演技术奠定了基础。

"**基于蚂蚁体各向异性的裂缝表征方法**"将"蚂蚁"追踪算法和

基于纵波振幅方位各向异性的方法结合起来表征裂缝，即由多方位"蚂蚁"体结合裂缝发育规律得到裂缝发育带的分布范围，在裂缝发育带内应用基于振幅各向异性的裂缝检测方法确定裂缝的密度和方向。该方法既克服了基于纵波振幅方位各向异性裂缝预测受溶洞影响大、对多组裂缝预测困难的缺点，又克服了常规"蚂蚁"追踪方法对裂缝描述不全面、不能定量预测的缺点。实际应用表明，该方法能对复杂的岩溶储层裂缝发育带进行量化预测。本文入选 CNKI 高被引论文。

"利用叠前振幅和速度各向异性的联合反演方法"深入分析了基于振幅各向异性和基于速度各向异性裂缝预测方法的优缺点，在裂缝—孔隙型储层顶界振幅各向异性与底界时间（速度）各向异性对裂缝密度比较敏感的指导下，开展了叠前振幅和速度各向异性的联合反演方法研究。模型测试和实际资料应用效果表明：（1）与叠前、叠后振幅各向异性反演相比，所提方法的反演精度最高；（2）二者联合反演改善了速度反演分辨率低的问题。本文主要成果"基于叠前振幅各向异性的裂缝反演方法"获中国石油学会 2019 年物探技术研讨会优秀论文二等奖。

利用储层特征重构技术进行泥岩裂缝储层预测

甘利灯，殷积峰，李永根，刘颖

1 前言

利用地震反演结果进行储层横向预测就是以井点处的声波（或波阻抗）与井点外反演声波（或波阻抗）的相似性为基础进行外推的。这就要求储层在声波（或波阻抗）上都有可以识别的特征。储层特征越明显，横向预测越容易。但不幸的是，并非所有的储层都在声波（或波阻抗）上都有可识别的特征。所谓储层特征重构技术，就是针对具体的地质问题，以岩石物理学关系为基础，从众多的测井曲线中重构出一条储层特征曲线，使得储层在这条曲线上有明显的特征。这样，如果我们在井点以外能以地震反演结果为基础也同样重构出这条曲线，那么储层横向预测就是一件很容易的事情了。这项技术在柴达木盆地砂西油田泥岩裂缝储层预测中已取得了非常好的效果。它不但使利用地震技术进行泥岩裂缝储层预测有了突破，而且也为地震反演技术在储层描述中的应用开辟了新领域。它是一项综合技术，不但利用了地震资料，而且必须与地质和测井研究紧密结合，不同地区、不同的地质问题必须采用不同的储层特征重构方法。

2 地质概况

砂西油田位于青海省柴达木盆地茫崖坳陷的西部坳陷区尕斯断陷内的一个三级潜伏鼻状构造上，其东侧与油砂山油田、尕斯库勒油田毗邻，南部为尕斯库勒湖，北为花土沟—狮子沟构造，如图1。该构造发现于1970年，1979年跃37在 E_1^3 地层获工业油气流，从而发现了砂西油田 E_1^3 砂岩油藏。1995年在滚动勘探开发 E_1^3 砂岩油藏过程中，在SXS-1井 E_2^3 地层中部见到了高产工业油气流，导致了 E_2^3 缝裂性油藏的发现。

砂西油田 E_2^3（古近系渐新统下干柴沟组上段）地层为一大套滨—浅湖相沉积的灰色、深灰色泥岩、钙质泥岩、粉砂质泥岩、泥灰岩、泥云岩夹泥质砂岩和粉细砂岩。该套地层岩性具有以下特点：（1）岩性细，以泥岩类为主，厚度比例都在60%以上，最高可达91.95%，平均为77.56%；（2）岩石组分混杂；（3）岩性变化快；（4）单层厚度小；（5）平面上分布不均一；（6）纵向上岩性分布差异不大等。地层厚度约597～703m，平均630m。E_2^3 地层介于地震反射层T3-T4之间。根据岩性、电性等特征，可把 E_2^3 地层划分为三段：上段为K8（T3）-T9，中段为K9-K10，下段为K10-K11（T4）。

原文收录于《中国石油学会东部地区第九次石油物探技术研讨会论文摘要汇编》，1997，446-456；获优秀论文奖，被推荐为5篇大会发言报告之一。

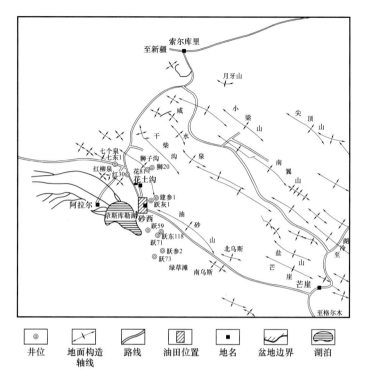

图 1　青海省柴达木盆地砂西油田位置示意图

截至 1996 年底，砂西油田钻遇 E_2^3 地层的井共有 15 口，有 3 口井有油层分布，它们是 SXS—1 井、跃 16 井、跃 24 井。其中 SXS—1 井在 3122.00～3150.80m 井段中途测试 7.1mm 油嘴获 157.91m³/d 的高产油流，跃 16 井在 3689.8～3699.6m 井段试油 6mm 油嘴日产油 4.52m³、水 32.12m³，跃 24 井在 3234～3250.5m 之间测井解释了三层油层，共 8m，但未试油。

砂西地区 E_2^3 储层储集空间主要为裂缝与溶孔（洞），裂缝类型主要有构造缝和成岩收缩缝，但主要以构造缝为主。储层的形成与构造缝密切相关，受构造作用和岩性的控制。裂缝的发育促进了地下裂缝溶孔（洞）系统的形成。因此裂缝发育程度直接决定了储层的好坏。由于 E_2^3 储层的裂缝特征和岩性十分复杂增加地震储层预测的难度。

地震储层预测以三维地震数据体为基础，测网 50m×25m，测网与井位分布如图 2 所示。

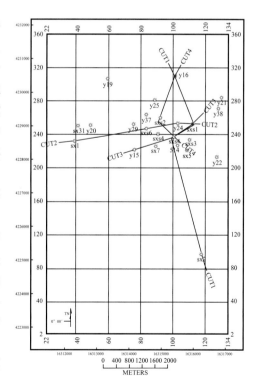

图 2　工区测网及井位分布图

3 储层特征重构与资料处理

砂西油田储层在声波与密度上的特征均不明显，而且速度横向变化大，造成利用地震进行储层横向预测的困难。为此，我们以岩石物理关系为基础，从测井曲线出发重构一条储层特征曲线，使得储层或裂缝带在储层特征曲线上的特征比较明显，刘雯林教授称此为储层特征重构技术。考虑到砂西油田 E_2^3 储层段发育有强烈的网状裂缝，这些裂缝发育段往往对应于岩心破碎段或高孔隙油气显示段，他们在中子、密度和声波测井上有不同的测井响应。针对这一地质特点，我们提出了如下储层特征重构方法。首先，利用中子与密度求出总孔隙度，再利用总孔隙度反算一个声波，我们称之为拟声波，记为 Paac，实测声波记为 ac。最后将拟声波速度减去实测声波速度，得到储层特征重构曲线（即速度差曲线）。图 3a、3b、3c 分别为 SXS—1 井、SXS—6 井、SX—1 井的部分测井曲线与储层特征重构曲线对比图。由图 3a 可见，速度差大于零的段与网状裂缝发育段非常吻合，且所有测井解释的储层段都处于网状裂缝段内。通常，储层段的速度差比非储层段还要大。由图 3b、c 可见，SXS—6 井与 SX—1 井的速度差几乎都小于零，所以不发育网状缝，尽管有一些储层，但已经非常不好了。这表明，储层越好速度差越大，因此速度差的大小可以作为储层评价的定量标准。其原因是裂缝发育使得井壁破碎，实测声波偏大，速度偏小，裂缝越发育，实测速度偏小越严重。利用中子密度求得的总孔隙度避免了声波测量较浅造成的误差，能够代表地层的真实孔隙度，因此由总孔隙度转换的拟声波比实测声波更能代表地层的真实情况，SXS—1 井实测声波合成记录与井旁道的差异也旁证了这一观点。不幸的是储层与网状裂缝发育段在拟声波上的特征也不明显，却在拟声波与实测声波差曲线上表现得非常明显，因此称二者之差为储层特征重构曲线。

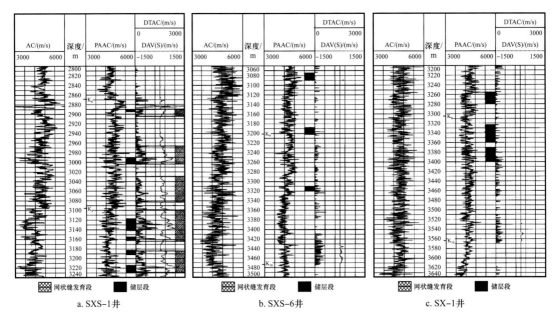

a. SXS-1井　　　　　　b. SXS-6井　　　　　　c. SX-1井

图 3　测井曲线与储层特征重构曲线对比图

　　资料处理是以测井约束反演为基础，在测井约束反演中层位标定是一项非常重要的工作。考虑到 581 测井资料由于没有密度资料而无法进行储层特征重构，另外由于 SXS—1（斜）井资料质量差，因此在地震资料处理中只使用 SX—1 井、SX—2 井、SXS—1 井、SXS—2 井、SXS—4 井、SXS—5 井、SXS—6 井的测井资料。我们对这七口井十四条声波曲线（实测与拟声波各七条）以及部分 581 测井系列的声波曲线进行了地质—地震层位标定。地质—地震层位标定通常是通过合成记录与井旁地震道的匹配来实现的。通常，我们采用统计方法确定子波，即利用地震资料确定子波振幅谱，然后给定不同的相位，即可得到振幅谱相同相位不同的子波，如 0°、90°、180°等相位的子波。利用这些子波针对某个特征比较明显的标准层（如 T4）对声波进行平移。对平移后工区内所有井合成记录与井旁道匹配情况进行综合评价，选择一个最好的相位。有了子波，就可以进行对井，对井就是准确找出合成记录与井旁地震道二者波组之间的对应关系，以井旁地震记录的时间厚度为标准，对测井资料进行拉伸压缩，从而改善合成记录与井旁地震道的匹配关系。且精确标定各岩性界面在地震剖面上的反射位置。图 4 为 SXS—1 井地质—地震层位标定图。

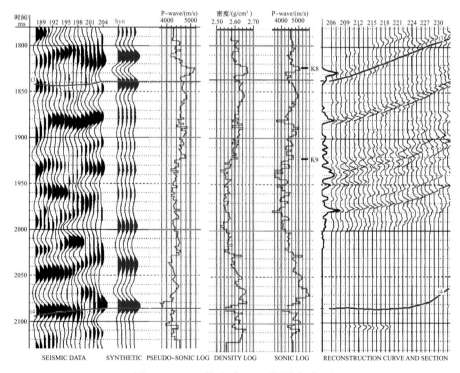

图 4　SXS-1 井地质—地震层位标定图

　　图 5 为 SX—1 井、SXS—5 井以及 SXS—1 井针对 K11 平移后实测声波与拟声波合成记录与井旁道对比图（无论是实测声波还是拟声波，都使用实测的密度曲线），每个图中有两个合成记录，右边一个为拟声波对应的合成记录，左边一个为实测声波对应的合成记录。SX—1 井—SXS—5 井—SXS—1 井位于 cross line240 附近由西至东分布的，如图 2。由图可见，位于西边的 SX—1 井的拟声波合成记录和实测声波合成记录与井旁道都匹配

得很好。但在东端的 SXS—5 井与 SXS—1 井的实测声波合成记录与井旁道匹配情况要比拟声波的差得多。最显著的差异表现在实测声波合成记录的振幅比井旁地震道大，尤其以 SXS—1 井最为明显。由此可见，拟声波更适用于地震反演，为此我们提出了如下资料处理步骤。

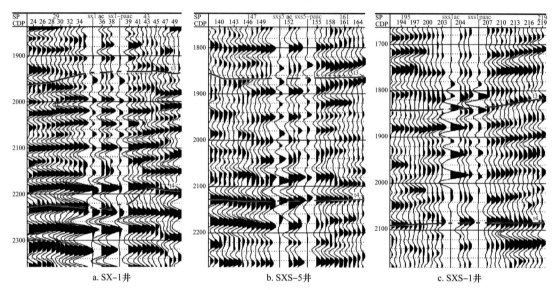

a. SX-1井 b. SXS-5井 c. SXS-1井

图 5 平移后（K_{11}）实测声波与拟声波合成记录与井旁道对比图

（1）利用拟声波进行三维测井约束反演，可以获得三维拟声波反演结果，记为 Vpaac。

（2）利用实测声波，在 T3 与 T4 层位控制下，进行内插，可以得到三维实测声波内插结果，记为 Vac。

（3）在每一个 cdp 处，将 Vpaac 减去 Vac，得到三维储层特征重构数据体，记为 ΔV，这是我们进行储层解释的基础，所有过井剖面都是从这个三维体中切出来后，再进行二维显示的结果。

为了改善视觉效果，我们把 ΔV 中的负值充零。

4 地质效果分析

图 6 是过跃 16 井、SXS—1 井和 SXS—4 井的连井剖面（接近南北向）。由图可见，SXS—1 井附近主要发育了五套储层，上面两套分布范围较小，仅在 SXS—1 井附近发育；下面三套分布范围较大，分别称之为 A、B、C 层。在跃 16 井附近主要发育一套储层，它相当于 C 层。图 7 为过跃 24 井和 SXS—1 井的连井剖面。在跃 24 井附近发育了两套储层，它们相当于 A、B 层。

由图 6、7 可以看出，在储层特征重构数据体上，储层很容易识别与追踪，因此很容易得到 A、B、C 层的顶底界。从而得到 A、B、C 层的顶面构造图、厚度分布图与平均速度差分布图，如图 8 至图 10 所示。

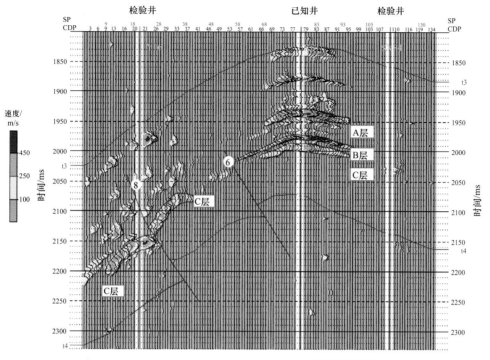

图 6　跃 16 井—SXS-1 井—SXS-4 井储层特征重构剖面

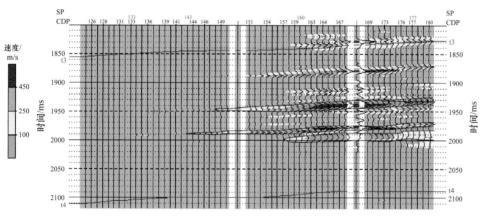

图 7　跃 24 井—SXS-1 井储层特征重构剖面

正如前面所述速度差越大储层越好。

由图 6 至图 10 可见，SXS—1 井附近的 A 储层是最有利的储层，它不但厚度大，可达 25 米（图 6、图 7、图 8b），而且速度差也大（图 6、图 7），其平均速度差可达 280m/s（图 8c）。这与测井解释与试油结果是一致的，它是主力油层。SXS—1 井处 A 层位于 3009～3034m 之间（以地震基准面为准，下同），这与 SXS—1 井的试油深度 3011.21～3040.01m 相近。利用该项技术成功地预测出跃 16 井附近的 C 储层，它在跃 16 井处的位置与该井的试油井段相当，而且储层厚度更大，可达 31m（图 10b），但速度差比前者小（图 6），其平均速度差为 185m/s 左右，这表明其储层性质不如 SXS—1 井处的

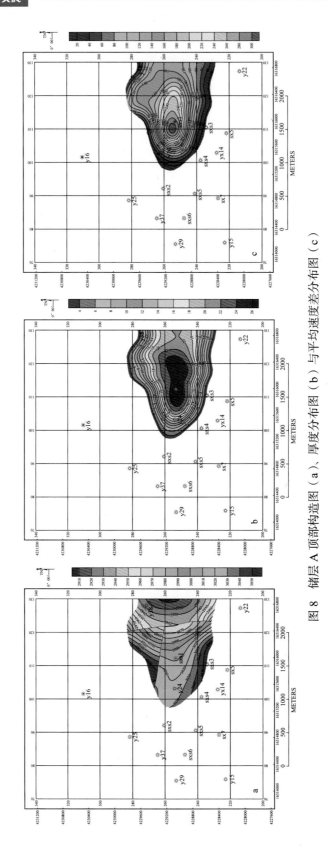

图 8　储层 A 顶部构造图（a）、厚度分布图（b）与平均速度差分布图（c）

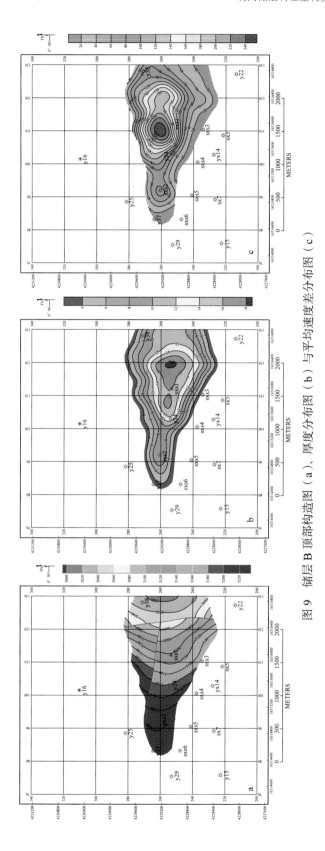

图 9　储层 B 顶部构造图（a）、厚度分布图（b）与平均速度差分布图（c）

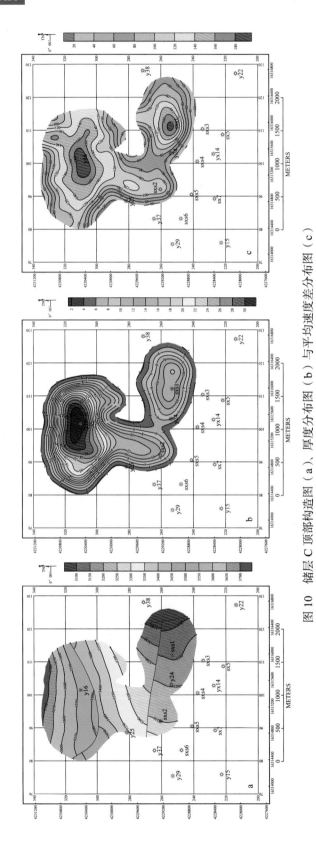

图 10 储层 C 顶部构造图（a）、厚度分布图（b）与平均速度差分布图（c）

A 储层，这与试油结果是吻合的，试油结果表明它是一个低产油层。同样，本项结果也预测出跃 24 井有两套储层。由图 7 可见，B 层的速度差比 A 层大，这表明储层 B 的性质比储层 A 好，测井解释的油层段集中分布在 B 层附近，再次表明速度差可以作为储层性质好坏的定量标准。但 A、B 两层的平均速度差（图 8c、图 9c）均小于 110m/s，这表明跃 24 井处的储性质还不如跃 16 井。另外，SXS—1 井向西（即向跃 24 井方向）侧钻而成 SXS—1（斜）井，该井在 A 层处最大偏离 SXS—1 井 150m（约 6 个 CDP），测井解释有油层，却设试出油，尽管对试油工艺有争议，但该斜井在 A 层处刚好位于储层特征重构剖面上红色与粉红色的过渡带，如图 7 所示。

从平面上看（图 8—图 10），好的储层主要分布在 SXS—1 井附近，跃 16 井附近以及跃 16 井与 SXS—1 井之间区块，这与地质和岩石力学分析与模拟的裂缝发育区是相吻合的。因为砂西地区 E_2^3 储层储集空间主要为裂缝和溶孔（洞），有效裂缝主要为构造缝，它受岩性与构造双重制约。构造高部位，大断层附近，碳酸盐岩含量较高的岩层中裂缝较发育。SXS—1 井与跃 16 井分别位于构造高部位和大断层附近，因此裂缝较发育。

5 结论

利用储层特征重构技术成功地预测了砂西油田 E_2^3 泥岩裂缝性储层的分布范围。其预测结果在深度上与测井解释结果和试油结果相吻合，在平面上与地质和地质力学分析与模拟相一致。这些都证明了该项技术在储层预测中的有效性与可行性。同时也拓宽了地震反演的应用领域。

储层特征重构技术是一项综合技术，它以岩石物理学关系为基础，将地震、地质、测井资料有机地结合起来进行储层描述。从而大大改善了复杂储层的地震描述效果。但是，它具有很强的地质目标针对性，不同的地质问题必须采用不同的储层特征重构方法。

薄层浊积岩储层地震描述方法

甘利灯，陈军，殷积峰，刘颖，李勇根

1 前言

研究工作区位于东营凹陷中央隆起带西部的史南—郝家油田。该区第三系地层自上而下发育了新近系明化镇组、馆陶组，古近系东营组、沙河街组一、二、三段，其下推测为沙四段、孔店组及中生界地层。根据泥岩段中的一些特殊岩性沉积（如灰质、白云质泥岩），沙三段可分为 3 个亚段：沙三上、沙三中、沙三下。研究的主要目的层为沙三中亚段，岩性为深—半深湖相暗色泥岩夹粉细砂岩，砂岩集中段呈砂泥岩互层，泥岩中含灰质、白云质。为了便于研究，将沙三中亚段划分为：沙三中上部砂层组和沙三中 1、沙三中 2、沙三中 3、沙三中 4 等 5 套砂层组。每套砂层组基本上代表了一个沉积旋回，其中沙三中上部、沙三中 1、砂三中 2 砂层组砂体相对发育。从岩性及沉积构造特征分析，该区沙三中亚段砂岩成因类型较复杂，有滑塌浊积砂岩、深水浊积扇砂岩和重力流水道砂岩3 种，但重力流水道砂岩分布较局限。这些砂体分布于沙三中亚段深湖—半深湖相的暗色泥岩中。当暗色泥岩达到生油门限后，生成的油气就运移到周围的砂岩储层中，形成自生自储式岩性油气藏。它们具有埋藏深、高压、低渗透的特点，且油水系统较为复杂，每个砂体为单一的封闭单元，具有独立的油水系统。因此，单砂体描述与评价，是油田勘探开发面临的主要问题。

2 储层地震描述方法

2.1 测井约束反演

测井约束反演是一种基于模型的波阻抗反演[1-2]。它利用测井资料，以地震解释层位为控制，从井点出发进行外推内插，形成初始波阻抗模型。影响初始模型的因素有：（1）地震采样率决定了初始模型的高频成分，进而决定反演结果的分辨率；（2）地震层位解释影响测井曲线的外推内插，从而影响井点以外初始模型的可靠性；（3）层位标定与测井资料决定井点外的初始模型。其求解过程为：以褶积模型建立的基本方程为基础，利用共轭梯度法实现对初始波阻抗模型的不断更新，使得模型的合成记录最逼近于实际地震记录。此时的波阻抗模型便是反演结果。理论与实践经验表明，初始模型对反演结果影响大，而且直接影响反演结果的可解释性。因此，建立一个合理、准确、储层特征明显的初

原文收录于《西北大学学报（自然科学版）》，2000，30（2）：163-167。

始模型，是测井约束反演的核心。在史南—郝家油田储层中，由于单层厚度薄，常规地震方法只能描述砂层组的变化，满足不了进一步勘探开发工作的需要。实测声波测井约束反演虽然可以提供高分辨率的反演结果，但由于储层在实测声波曲线上的特征不明显，使该反演结果无法界定储层的顶底界。所以，如何得到分辨率高，且易于识别储层顶底的反演结果是研究的关键。

通过对区内 20 多口井测井资料综合分析发现，尽管本区砂泥岩声波速度有一定的差异（砂岩速度 3200～3500m/s，泥岩速度 2800～3100m/s），但在声波曲线上无法界定砂岩的顶底界。其原因是，砂层薄且声波曲线摆动太快，掩盖了砂泥岩速度之间的差异。但是，砂层在自然电位曲线上的特征非常明显，如果以自然电位划分的砂泥岩界限对声波进行块状化，很容易发现砂、泥岩速度之间的差异，以及块状化后的声波与自然电位之间存在的良好关系（图 1）。针对这一特点，笔者提出了一种基于自然电位重构声波与实测声波两次反演联合进行储层预测的方法。即利用自然电位重构的拟声波测井约束反演结果进行储层顶底界解释，利用实测声波测井反演结果进行物性估算。其步骤如下：

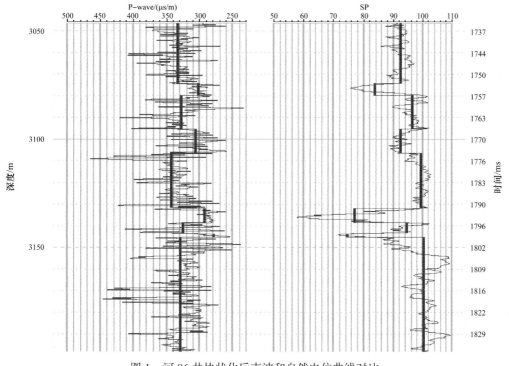

图 1　河 86 井块状化后声波和自然电位曲线对比

2.1.1　建立自然电位 SP 的归一化公式

在测井资料中，自然电位一般采用相对值，不同井、不同时期测井资料的基线值可能是不相同的，因此必须对自然电位进行归一化。其方法是，统计砂三段纯砂与纯泥的 SP 值，分别记为 SP_s 与 SP_c。然后，把 SP_s 与 SP_c 分别归一化为 0mV 与 1000mV，并建立相应的归一化公式。该式可把每一口井的自然电位归一化到 0～1000mV 之间。

2.1.2 建立归一化后自然电位 SP′ 与速度 v 的关系

读取砂三段内稳定层的 SP 值与实测声波速度 v 值后，首先，把 SP 归一化成 SP′，然后利用 4 种回归模型对 SP′ 与 v 数据进行回归分析。其结果得到以下最佳拟合：

$$v=3941.21-0.947SP' \tag{1}$$

其相关系数为 0.86。

2.1.3 估算拟声波曲线

对 SP 曲线进行均归一化后，利用式（1）求速度，然后再把速度转换成声波，得到拟声波曲线。

2.1.4 利用实测声波与拟声波进行测井约束反演

为了保证储层顶底构造解释与储层物性估算层位的一致，在两次反演过程中始终采用了统一的深时转换关系。图 2 为郝 7 井附近实测声波与拟声波反演结果的比较。从图 2 可知，拟声波反演结果突出了储层的特征，提高了反演结果的可解释性，改善了薄层浊积岩储层的地震描述效果。

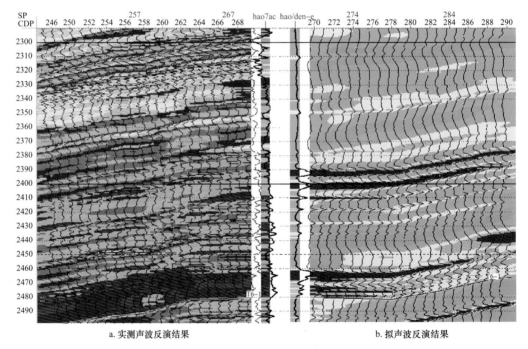

a. 实测声波反演结果　　　　　　　　　　　b. 拟声波反演结果

图 2　实测声波与拟声波反演剖面对比图

2.2　反演结果分辨率分析

测井约束反演是一种块状化反演，其分辨率与地震采样率大小、平均块大小，以及储层在声波曲线上的特征是否明显有关。即采样率越高，初始模型高频成分越丰富，反演结果分辨率也越高，而且平均块的大小直接决定反演结果的分辨率。通过试验，取地震采样率与平均块大小为 1ms，若地层层速度为 3000m/s，并假定 3 个采样点可确定一个砂体，可分辨出 4.5m 厚的砂层。但是，在拟声波反演结果中，有时还可分辨出 4.5m 以下的砂体，这是因为块的大小是不均匀的，在声波曲线变化大的地方，其块小，采样点密；在声波曲线变化小的地方，其块大，采样点稀。在拟声波曲线上，泥岩段拟声波曲线变化小，砂岩段（尤其是砂层的顶底界）拟声波曲线变化大。因此，采样点密时，3 个采样点的厚度就小于 4.5m，使小于 4.5m 的砂体有时也可以辨识。图 3 为河 86 井附近拟声波反演剖面，其 A，B，C 砂体的时间厚度约为 3～4ms，相当于 5～6m 厚的砂层，满足了单砂体地震描述的需要。

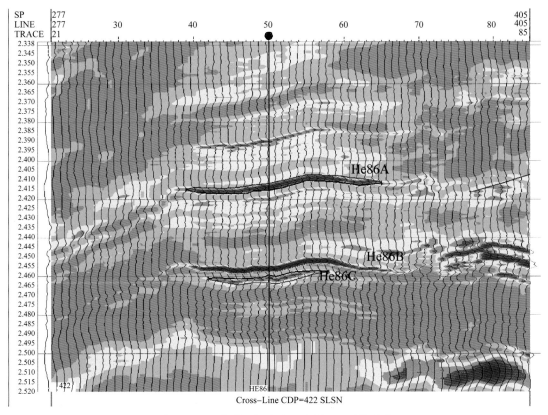

图 3　河 86 井附近拟声波反演剖面及砂体分布

2.3　砂体标定与砂体追踪

图 4 为郝 7 井精细储层标定图。从图 4 可看出，通过合成记录与地震剖面对比，以及拟声波与反演剖面对比，结合归一化后自然电位曲线、实测声波曲线，很容易将砂层顶底界标定到地震剖面或反演剖面上。以此为基础，借助解释系统提供的各种辅助解释工具，利用波形相似性和颜色的变化规律将砂体顶底界外推，并在平面上进行闭合。在砂体追踪时，必须以沉积规律为指导，以拟声波反演结果为主，实测声波反演结果为辅进行对比解释，并把断点、波形畸变点、顶底不能分辨点，以及速度低于砂岩门限值的点作为砂体的边界。

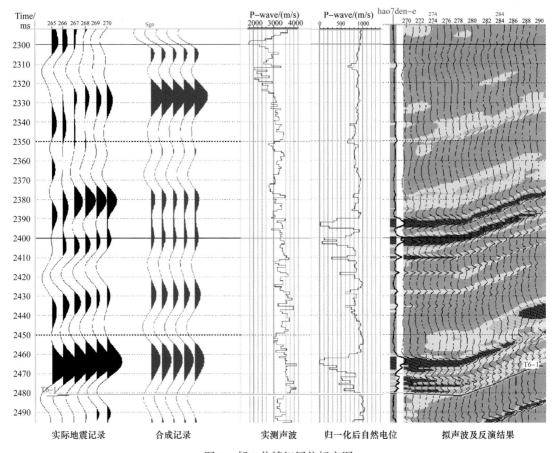

图 4　郝 7 井精细层位标定图

2.4　砂体构造图与厚度图的制作

利用工区内时—深转换关系，对需解释砂体的顶界时间进行时深转换得到深度值，再对深度值进行网格化和平滑，得到深度平面图，然后利用井点值对此图进行井点校正，最后得到砂体顶界构造图。

砂体厚度图制作步骤如下：（1）利用砂体顶底时间构造图求时间厚度 Δt；（2）利用实测声波反演结果求砂体的平均速度 $\bar{v}$；（3）求砂体视厚度 $\frac{1}{2}\Delta t \times \bar{v}$，并进行网格化，平滑，成图，得到视厚度平面图；（4）利用井点真厚度对视厚度进行校正，得到砂体厚度平面图。

2.5　砂体物性参数估算

物性参数计算是在砂体顶底界控制下，利用实测声波反演结果计算出砂体内的平均速度，根据速度（或声波）与孔隙度的关系求孔隙度，然后对孔隙度值进行网格化、平滑、成图，最后利用井点孔隙度进行校正。

3 结论

以测井分析为基础，提出的基于自然电位重构声波和实测声波两次反演联合进行储层预测的方法，不但提高了测井约束反演的精度，而且大大地提高了砂体的分辨率，解决了大套泥岩中薄层浊积岩单砂体描述的地质难题，为储量计算和下一步勘探开发决策提供了可靠的基础数据和地质依据。对于声波和自然电位之间关系的物理机理，还有待深入研究。

参 考 文 献

[1] Russell B，Hampson D. Comparison of poststack seismic inversion methods［A］//Society Exploration Geophysics eds. The Expanded Abstracts of the 61st Society Exploration Geophysics Annual International Meeting［C］. Huston，Texas，1991. 876-878.

[2] 甘利灯，姚逢昌. 测井约束反演原理及其处理流程分析［A］//中国石油学会物探委员会主编. 西部地区第5次石油物探技术研讨会论文摘要汇编［C］. 乌鲁木齐：中国石油学会物探委员会，1995. 257-261.

非常规储集层地震横向预测的一种方法

甘利灯，姚逢昌，郑晓东，李劲松

1 前言

随着油气勘探开发程度的不断提高，非常规储层（如与岩浆岩、变质岩、风化壳、泥岩、砾岩有关的储层）的研究与评价越来越受到重视。对近年来发现的非常规储层的形成、演化和分布规律，有关文献进行了系统总结[1]，认为这类储层具有形成条件复杂、储集性能控制因素多、储集空间类型多样化、储层非均质性强等特点。因而利用波阻抗反演进行储层横向预测的方法对非常规储层失效[2]，传统的储层研究与评价技术面临严重挑战。

针对这一问题，本文提出了一种能有效地利用地震资料进行非常规储层横向预测的技术，以地质、测井、地震综合研究为基础，通过储层地球物理特征重构和储层特征反演，将可识别的储层特征外推到井点之外，形成储层地球物理特征反演数据体，从而实现对非常规储层的描述与评价。

2 原理与基本思路

传统的地震反演方法只利用声波（或波阻抗）信息，也只能得到声波（或波阻抗）的反演结果，这对于描述非常规储层显然是不够的。要识别和预测非常规储层，必须改进传统的地震反演方法，这可以从两个方向考虑：

第一，综合利用多学科资料，就是针对非常规储层的地质特点，在深入进行地质分析的基础上，以岩石物理学关系为指导，充分利用岩性、电性、放射性等其他信息与声学性质的关系，从众多测井曲线中重构出一条储层地球物理特征曲线，使得这条曲线有明显的储层特征，便于识别，这就是储层地球物理特征重构。

第二，储层特征反演，即将储层地球物理特征重构曲线外推到井点以外，使井旁反演结果与井的储层地球物理特征重构曲线尽可能相似，形成储层地球物理特征反演数据体，从而将储层地质特征转化为可操作的地球物理特征，用于储层横向预测。

以上所述只是解决非常规储层横向预测问题的基本思路。不同的地区，不同的储层类型，储层地球物理特征重构的方法是不同的。储层地球物理特征重构技术强调多学科资料的综合性与地质问题的针对性，下面用实例加以说明。

原文收录于《石油勘探与开发》，2000，27（2）：65-68。

3 实例

3.1 砂西泥岩裂缝性油藏

砂西油田位于柴达木盆地茫崖坳陷的西部凹陷，发育在尕斯断陷的一个三级潜伏鼻状构造上。1979年跃37井发现了E_3^1砂岩油藏；1995年在实施滚动勘探开发该油藏时，由SXS1井发现了E_3^2（古近系渐新统下干柴沟组）泥岩裂缝性油藏，其目的层为一大套滨—浅湖沉积的地层，以暗色泥岩为主（泥岩含量高达92%，平均值为78%），夹泥云岩与泥灰岩，地质与测井综合分析表明，其储集空间类型为缝、洞型，以缝为主。

E_3^2泥岩的裂缝主要属于成岩缝和构造缝，裂缝分布受构造与岩性的控制。在储层段，这两种裂缝都比较发育，形成网状缝（对应于岩心破碎段或高孔隙油气显示段），造成测井记录中的声波周波跳跃，使得实测声波合成记录与井旁道不匹配（主要表现为振幅差异），而利用中子和密度反算的拟声波合成记录与井旁道吻合得很好（图1）。这是因为由中子和密度求得的拟声波避免了声波测量中的误差，代表了地层的真实情况。

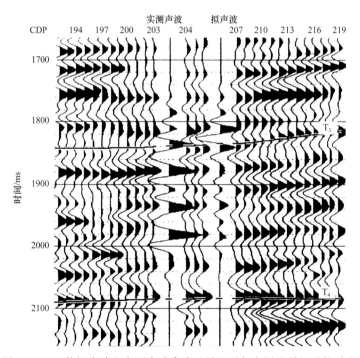

图1　SXS1井拟声波和实测声波合成地震记录与实际地震记录的对比

虽然由于在纵向上E_3^2岩性分布差异不大，其储层与裂缝发育段在拟声波上没有明显特征（图2），但是拟声波速度与实测声波速度差值大于零的层段与网状缝发育段非常吻合，所有测井解释的储层段都落在网状裂缝发育段内，且储层段的速度差值比非储层段的速度差值大。这一切都表明：速度差值可以作为裂缝发育程度的定量评判标志。

按照这一思路，进行储层地球物理特征重构[2]的步骤为：（1）利用中子和密度求总孔隙度；（2）由总孔隙度反算声波（称为拟声波），由于拟声波合成记录与井旁地震道吻

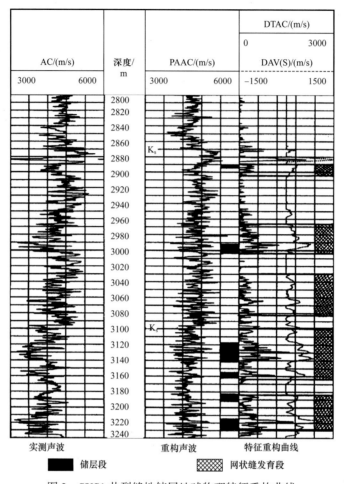

图2　SXS1井裂缝性储层地球物理特征重构曲线

合很好，保证了井旁反演结果与井的相似性；（3）拟声波速度减去实测声波速度，得到储层地球物理特征重构曲线。

相应的储层特征反演方法为：（1）利用拟声波进行三维测井约束反演，获得的三维拟声波反演结果记为 v_{paac}；（2）利用实测声波，在 E_3^2 顶、底（T_3 与 T_4）层位控制下进行外推内插，得到三维实测声波数据体，记为 v_{ac}；（3）在每个 CDP 处，将 v_{paac} 减去 v_{ac}，得到三维储层地球物理特征重构数据体，记为 Δv（为了改善视觉效果，把 Δv 中的负值充零），这是进行储层预测的基础。

从过 Y16 井和 SXS1 井的储层地球物理特征重构剖面（图3）中可以清楚地看到，SXS1 井附近发育 5 套储层，下面 3 套（分别称之为 A、B、C 层）分布范围较大（用实测声波反演剖面无法对它们进行预测）。其中 A 层（主力油层）最大平均速度差为 280m/s，是整个工区内速度差最大的；这与测井解释和试油结果相一致，在 SXS1 井处 A 层的深度为 3009～3034m，与试油深度（3011.21～3040.01m）相近。用该方法还成功地预测出 Y16 井（该井测井资料为 581 测井系列，无密度资料，无法进行储层地球物理特征重构，在整个资料处理过程中都没有使用）附近的 C 储层。C 层厚度比 A 层还要大，但它是差储层，平均速度差为 185m/s，比 A 层低，这与试油结果（C 层是低产油层）也是吻合的。

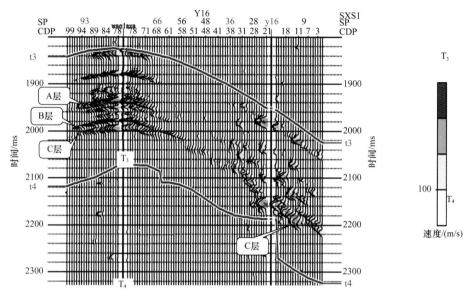

图 3　砂西油田 Y16 井—SXS1 井储层地球物理特征重构剖面

由此可见，应用储层地球物理特征重构技术，很好地解决了泥岩裂缝储层的预测问题，为砂西油田进行勘探开发决策提供了可靠依据。

3.2　商 741 区块沙三下亚段侵入岩裂缝性油藏

商 741 区块位于惠民凹陷的中央突起带东段，在商河构造南部的商河油田 4 井区内。该区块沙一段和沙四段广泛发育火成岩，由上至下可分为 4 套，其中第四套为辉绿岩侵入体，穿插于沙三下亚段暗色泥岩中。商 741 井在该套侵入岩中获日产 71.9t 的高产油流，标志着商 741 油田的发现与火成岩勘探取得重大进展。

辉绿岩侵入体储集空间主要是高角度缝和溶孔、溶洞，以高角度缝为主。储层横向预测面临的主要困难是：高角度裂缝储层存在非均质性，高角度缝的孔隙度太低（<1%），裂缝的影响远小于岩性的影响，声波时差对高角度缝无反应。因此，用单一信息很难检测其裂缝，导致常规地震反演技术对其无效，必须利用多种信息，排除岩性因素，综合表征裂缝特征。

对商 741 区块侵入岩储层地质、地球物理特征的分析表明：侵入岩在测井曲线上表现为高速（低声波时差）、高电阻率和低自然电位；高角度裂缝储层段表现为深、浅侧向电阻率呈正差异，即深侧向电阻率（R_D）和浅侧向电阻率（R_S）之差（RD）大于零。注意到裂缝存在会使裂缝性地层导电性增强，电阻率降低，因此，R_D 和 R_S 的相对差异（RRD）是反映高角度裂缝发育程度的一个很好特征参数，能更好地指示高角度裂缝发育程度。

$$RRD=（R_D-R_S）/R_D \qquad （1）$$

在商 74-12 井测井曲线图（图 4）上，侵入岩表现为低声波时差、低自然电位、高电阻率，裂缝发育段的深、浅侧向电阻率表现为正差异（$RD>0$），FMI测井的裂缝密度高值区与电阻率低值区以及 RRD 高值区相对应；侵入岩蚀变带表现为低电阻率、中高自然电位、中低声波时差和异常高的 RRD 值。因此，RRD 可以作为一种指示高角度缝发育程度和侵入岩蚀变带蚀变程度的度量参数。为了将地震与测井信息有机结合，必须将该参数转化为地震可操作的信息——速度。

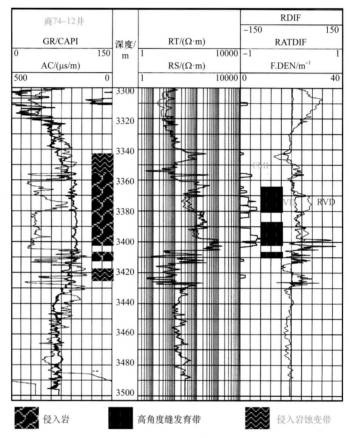

图 4 商 741 区块沙三段侵入岩裂缝性储层地球物理特征重构曲线

为达此目的，进行储层地球物理特征重构的步骤为：

（1）建立声波时差与电阻率的统计关系：

$$D_t=323.46 \times R^{-0.0868} \tag{2}$$

（2）利用式（2），将深、浅侧向电阻率分别转化为速度 v_D 和 v_S，计算 RRD 对应的速度相对差 RVD：

$$RVD=(v_D-v_S)/v_D \tag{3}$$

这就是储层地球物理特征重构曲线。

相应的储层特征反演步骤如下：

（1）利用 v_D 和 v_S 分别建立初始模型，并进行测井约束反演，得到两组三维反演结果（v_D 和 v_S）；（2）由 v_D 和 v_S 可以得到每个 CDP 点的 RVD，即储层地球物理特征数据体。

利用此数据体，不但可以有效地解释裂缝性储层的顶、底界，还可以对储层的性能进行定量评价。如利用通过对比 *RVD* 与 FMI 结果而确定的有效裂缝储层 *RVD* 门槛值，可以自动拾取有效裂缝段的厚度，计算净毛比和有效裂缝段的 *RVD* 平均值，解决了裂缝性储层有效厚度计算这个长期存在的难题。

笔者根据最后完成的商 741 区块侵入岩、侵入岩中裂缝性储层和蚀变带的构造图、厚度图以及平均 *RVD* 分布图、有效裂缝段厚度与净毛比分布图，对侵入岩高角度裂缝带和蚀变带的分布和发育规律进行了综合评价，指出了有利相带。

3.3 风化店枣 43 井区侵入岩蚀变带储层

枣 43 井区属于风化店构造的一部分，位于孔西—孔东火成岩侵入体的中心部位，侵入岩厚度大（平均超过 100m），对顶、底围岩改造强烈，易在侵入岩的顶、底部形成蚀变带。在枣 43 井区钻至孔二段侵入岩顶、底部蚀变带的井中，相当一部分井在蚀变带见到不同级别的油气显示，说明该区孔二段侵入岩蚀变带有一定的储集物性和含油前景。为落实蚀变带储量，必须对蚀变带进行储层精细描述。其难点是：（1）储层非均质性强；（2）储集空间复杂，属孔隙—裂隙型，以裂隙为主；（3）储集性能受构造、岩性和蚀变等多重作用控制；（4）由于侵入岩对围岩产生热烘烤、热交换和岩浆挤压等复杂的物理、化学作用，蚀变带测井响应非常复杂。

要对非常规储层进行地震描述，最重要的是充分利用已有的地质与地球物理资料（如钻井、录井和测井资料），总结出储层的测井响应特征，再将这些特征转化为地震上可操作的信息。为此，首先利用已有的各种资料进行蚀变带综合解释，在此基础上再认识蚀变带的测井响应。尽管其测井特征复杂（图 5），但仍有一般规律：

（1）由于蚀变作用使渗透性变好，自然电位呈负异常；

（2）蚀变作用使围岩变得致密，声波时差比蚀变前小，而且蚀变带内部声波时差变化小，呈平台状；

（3）岩浆的热液交换作用使岩浆中的钾离子渗入围岩，引起异常高的自然伽马值；

（4）侵入岩上、下围岩的自然伽马值基本不变，表明上、下围岩性质基本一样。

由上可见，蚀变带在声波时差上有一定的特征，识别单井的蚀变带比较容易，从理论上说，利用实测声波反演的岩性剖面识别蚀变带也应该相对容易。但由于该区断层复杂，岩性与蚀变带横向变化大，用岩性反演剖面很难解释蚀变带的顶、底界。对比岩浆侵入前后围岩发生的变化，可以认为蚀变带的测井响应是原来地层响应与蚀变作用引起响应的叠加，要突出蚀变作用，就必须消除岩性的测井响应。

因此，对枣 43 井区侵入岩蚀变带储层地球物理特征重构思路为：用蚀变带附近未蚀变的声波代替蚀变带的声波，其余部分不变（图 5），称为重构声波，记为 v_C；实测声波 v_R 与 v_C 的差值（v_D）即为储层地球物理特征重构曲线，可以指示蚀变带的顶界和底界。在井点以外，可以利用 v_R 反演结果与 v_C 内插结果的差来获得三维储层地球物理特征数据体。利用该数据体就可以解释侵入岩的顶、底界和蚀变带的顶、底界，从而可以获得侵入岩和蚀变带的顶、底构造图、厚度图与平均速度图，最后对蚀变带储层进行综合评价。

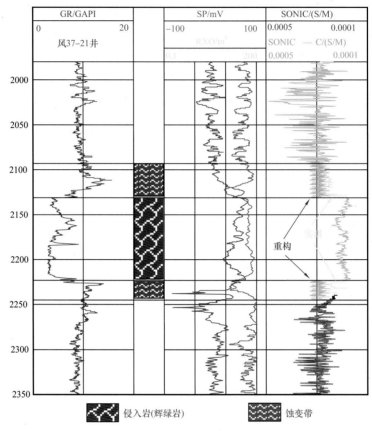

图5 风化店地区蚀变带测井响应与重构声波曲线

4 结论

非常规储层具有非均质性强、储集空间复杂、控制因素多等特点，这些特点使储层的地球物理特征变弱，常规反演方法失效。针对这些特点，本文提出一套完整、实用、有效的非常规储层地震描述方法，即在综合分析地质、测井、地震以及开发资料的基础上，利用储层地球物理特征重构技术消除其他因素对储层地球物理响应的影响，突出储层特征；再利用储层特征反演，将储层地质特征转化为可操作的地球物理特征，外推到井点以外，形成储层地球物理特征反演数据体，用于储层横向预测，提高地震储层描述与评价的分辨率。

本文提出方法已在多种非常规储层的地震描述中取得了良好的效果，其预测结果与钻井结果一致，证实了该方法的可行性。

参 考 文 献

［1］赵澄林，刘孟慧，胡爱梅，等.特殊油气储层［M］.北京：石油工业出版社，1997.

［2］甘利灯，姚逢昌，李宏兵，等.测井约束反演与储层地球物理特征重构技术CPS/SEG/EAGE 北京［C］.98 国际地球物理研讨会暨展览论文详细摘要，1998.226－229.

地震反演的应用与限制

姚逢昌，甘利灯

1 前言

地震反演是利用地表观测地震资料，以已知地质规律和钻井、测井资料为约束，对地下岩层空间结构和物理性质进行成像（求解）的过程，广义的地震反演包含地震处理解释的整个内容。

波阻抗反演是指利用地震资料反演地层波阻抗（或速度）的地震特殊处理解释技术。与地震模式识别预测油气、神经网络预测地层参数、振幅拟合预测储层厚度等统计性方法相比，其具有明确的物理意义，是储层岩性预测、油藏特征描述的确定性方法，在实际应用中取得了显著的地质效果，因此地震反演通常特指波阻抗反演。李庆忠院士指出："波阻抗反演是高分辨率地震资料处理的最终表达方式"。这说明了波阻抗反演在地震技术中的特殊地位。

地震反演通常分为迭前和迭后反演两大类。近 20 年来，迭后地震反演取得了巨大进展，已形成了多种成熟技术。按测井资料在其中所起作用大小又可分成 4 类：地震直接反演、测井控制下的地震反演、测井—地震联合反演和地震控制下的测井内插外推。它们分别用于油气勘探开发不同阶段（图 1）。从实现方法上可分为 3 类：递推反演、基于模型反演和地震属性反演。

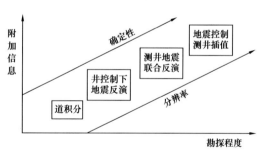

图 1 地震反演在石油勘探开发中的应用图

2 道积分（连续反演）

道积分是利用迭后地震资料计算地层相对波阻抗（速度）的直接反演方法。因为它是在地层波阻抗随深度连续可微条件下推导出来的，因而又称连续反演。

2.1 方法原理

设岩层波阻抗 $Z(t)$ 随深度（时间）连续变化，则反射系数 $r(t)$ 可定义为波阻抗的微分函数：

原文收录于《石油勘探与开发》，2000，27（2）：53–56。

$$r(t) = \frac{1}{2} \frac{d \ln Z(t)}{d(t)} \qquad (1)$$

即反射系数是地层对数波阻抗对时间微分的一半。由式（1）导出：

$$Z(t) = Z_0 \exp\left[2\int_0^t r(t)dt \right] \qquad (2)$$

通过积分处理，把反映岩层间速度差异的反射系数转换成了反映地层本身特征变化的波阻抗，可直接以岩层为单元进行地质解释（图2）。

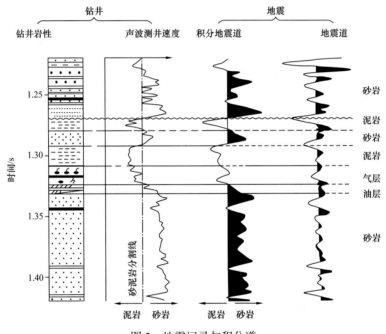

图2　地震记录与积分道

2.2　应用与限制

道积分方法无需钻井控制，在勘探初期即可推广应用，实用性强。其主要优点是计算简单、递推累计误差小。其结果直接反映了岩层的速度变化，可以岩层为单元进行地质解释。缺点：（1）由于这种方法受地震固有频宽的限制，分辨率低，无法适应薄层解释的需要；（2）无法求得地层的绝对波阻抗和绝对速度，不能用于定量计算储层参数；（3）这种方法在处理过程中不能用地质或测井资料对其进行约束控制，因而其结果比较粗略。

3　递推反演

基于反射系数递推计算地层波阻抗（速度）的地震反演方法称为递推反演。递推反演的关键在于从地震记录估算地层反射系数，得到能与已知钻井最佳吻合的波阻抗信息。递推反演方法中测井资料主要起标定和质量控制的作用，因而递推反演又称为直接反演或测井控制下的地震反演。

3.1 方法原理

无噪偏移地震记录的理论模型为

$$S(t) = r(t)W(t) \qquad (3)$$

式中　$S(t)$——地震记录；

　　　$W(t)$——地震子波。

通过子波反褶积处理，可由地震记录求得反射系数，进而递推计算出地层波阻抗或层速度。

$$Z_{j+1} = Z_0 \prod_{i=1}^{j} \frac{1+r_i}{1-r_i} \qquad (4)$$

式中　Z_0——初始波阻抗；

　　　Z_{j+1}——第 $j+1$ 层地层波阻抗。

波阻抗是重要的岩石物理参数，可直接与钻井对比进行储层岩性解释和物性分析。

递推反演是对地震资料的转换处理过程，其结果的分辨率、信噪比以及可靠程度完全依赖于地震资料本身的品质，因此用于反演的地震资料应具有较宽的频带、较低的噪声、相对振幅保持和准确成像。测井资料，尤其是声波测井和密度测井资料，是地震横向预测的对比标准和解释依据，在反演处理之前应仔细编辑和校正，使其能够正确反映岩层的物理特征。

递推反演的技术核心在于由地震资料正确估算地层反射系数（或消除地震子波的影响），比较典型的实现方法有：基于地层反褶积方法、稀疏脉冲反演和测井控制地震反演等。地层反褶积方法是根据已有测井资料（声波和密度）与井旁地震记录，利用最小平方法估算数学意义上的"最佳"子波或反射系数。这种方法的优点是把子波求解的"欠定"问题变成了确定问题，在井点已有测井段范围内可获得与测井最吻合的反演结果。局限性主要有：（1）本方法完全忽略了测井误差和地震噪声，这些因素尤其是前者的客观存在使"子波"确定更加困难；（2）地层反褶积因子的估算是在计算时窗内数学意义上的最佳逼近，实际处理范围与该时窗的不同已超出了该方法的适用范围，即便是在井点位置，得到的反演结果已不可能是"误差最小"。不难看出，影响基于地层反褶积递推反演效果的主要因素是测井资料的质量和地震资料的信噪比以及地震噪声的一致性。

稀疏脉冲反演（Sparse-spike Inversion）是基于稀疏脉冲反褶积基础上的递推反演方法，主要包括最大似然反褶积（MLD），L1 模反褶积和最小熵反褶积（MED）。这类方法针对地震记录的欠定问题，提出了地层反射系数由一系列叠加于高斯背景上的强轴组成的基本假设，在此条件下以不同方法估算地下"强"反射系数和地震子波。这种方法的优点是无需钻井资料，直接由地震记录计算反射系数，实现递推反演，其缺陷在于很难得到与测井曲线相吻合的最终结果。

基于频域反褶积与相位校正的递推反演方法，从方法实现上回避了计算子波或反射系数的欠定问题，以井旁反演结果与实际测井曲线的吻合程度作为参数优选的基本判据，从而保证了反演资料的可信度可解释性，是递推反演的主导技术，其主要技术关键有：恢复地层反射系数振幅谱的频域反褶积、使井旁反演道与测井最佳吻合的相位校正以及反映地层波阻抗变化趋势的低频模型技术。图3给出了这种方法的质量控制实例，其中最佳相位校正等处理使井旁道反演结果与实际测井曲线在时间域最佳吻合，正确的低频信息使反演结果与实际钻井在深度上一一对应。

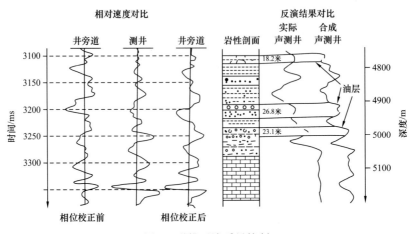

图 3 递推反演质量控制

3.2 应用与限制

基于地震资料直接转换的递推反演方法比较完整地保留了地震反射的基本特征（断层、产状），不存在基于模型方法的多解性问题，能够明显地反映岩相、岩性的空间变化，在岩性相对稳定的条件下，能较好地反映储层的物性变化。

递推反演方法具有较宽的应用领域。在勘探初期只有很少钻井的条件下，通过反演资料进行岩相分析确定地层的沉积体系，根据钻井揭示的储层特征进行横向预测，确定评价井位。到开发前期，在储层较厚的条件下，递推反演资料可为地质建模提供较可靠的构造、厚度和物性信息，优化方案设计。在油藏监测阶段，通过时延地震反演速度差异分析，可帮助确定储层压力、物性的空间变化，进而推断油气前缘。

由于受地震频带宽度的限制，递推反演资料的分辨率相对较低，不能满足薄储层研究的需要。

4 基于模型地震反演

在薄储层地质条件下，由于地震频带宽度的限制，基于普通地震分辨率的直接反演方法，其精度和分辨率都不能满足油田开发的要求。基于模型地震反演技术以测井资料丰富的高频信息和完整的低频成分补充地震有限带宽的不足，可获得高分辨率的地层波阻抗资料，为薄层油（气）藏精细描述创造了有利条件。

4.1 方法原理

基于模型地震反演方法思路如图 4 所示。这种方法从地质模型出发，采用模型优选迭代挠动算法，通过不断修改更新模型，使模型正演合成地震资料与实际地震数据最佳吻合，最终的模型数据便是反演结果。

基于模型地震反演（又称测井约束地震反演）实质上是地震—测井联合反演，其结果的低、高频信息来源于测井资料，构造特征及中频段取决于地震数据。多解性是基于模型地震反演的固有特性，即地震有效频带以外的信息不会影响合成地震资料的最终结果，减小基于模型方法多解性问题的关键在于正确建立初始模型。基于模型反演结果的精度不仅依赖于研究目标的地质特征、钻井数量、井位分布以及地震资料的分辨率和信噪比，还取决于处理工作的精细程度，其主要技术环节如下。

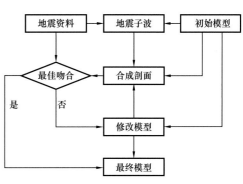

图 4 基于模型反演方法思路

4.1.1 储层地球物理特征分析

测井资料，尤其是声波和密度测井，是建立初始模型的基础资料和地质解释的基本依据。通常情况下，声波测井受到井孔环境（如井壁垮塌、钻井液浸泡等）的影响而产生误差，同一口井的不同层段，不同井的同一层段误差大小亦不相同。因此，用于制作初始波阻抗模型的测井资料必须经过环境校正。

4.1.2 地震子波提取

子波是基于模型反演中的关键因素。子波与模型反射系数褶积产生合成地震数据，合成地震数据与实际地震资料的误差最小是终止迭代的约束条件。

迭后地震子波提取常用两种方法，其一是根据已有测井资料与井旁地震记录，用最小平方法求解，是一种确定性的方法，理论上可得到精确的结果，但这种方法受地震噪声和测井误差的双重影响，尤其是声波测井不准而引起的速度误差会导致子波振幅畸变和相位谱扭曲。同时，方法本身对地震噪声以及估算时窗长度的变化非常敏感，使子波估算结果的稳定性变差。

目前比较实用有效的方法是多道地震统计法，即用多道记录自相关统计的方法提取子波振幅谱信息，进而求取零相位、最小相位或常相位子波，用这种方法求取的子波，合成记录与实际记录频带一致，与实际地震记录波组关系对应关系良好。

4.1.3 建立初始波阻抗模型

建立尽可能接近实际地层情况的波阻抗模型，是减少其最终结果多解性的根本途径。测井资料在纵向上详细揭示了岩层的波阻抗变化细节，地震资料则连续记录了波阻抗界面的深度变化，二者的结合，为精确地建立空间波阻抗模型提供了必要的条件。

建立波阻抗模型的过程实际上就是把地震界面信息与测井波阻抗正确结合起来的过程，对地震而言，即是正确解释起控制作用的波阻抗界面，对测井来说，即是为波阻抗界面间的地层赋予合适的波阻抗信息。

初始模型的横向分辨率取决于地震层位解释的精细程度，纵向分辨率受地震采样率的限制，为了能较多地保留测井的高频信息，反映薄层的变化细节，通常要对地震数据进行加密采样。

4.2　应用与限制

基于模型反演技术把地震与测井有机地结合起来，突破了传统意义上的地震分辨率的限制，理论上可得到与测井资料相同的分辨率，是油田开发阶段精细描述的关键技术。

多解是基于模型反演方法的固有特性，主要取决于初始模型与实际地质情况的附合程度，在同样的地质条件下，钻井越多，结果越可靠，反之亦然。

地震资料在基于模型反演中主要起两方面的作用，其一是提供层位和断层信息来指导测井资料的内插外推建立初始模型，其二是约束地震有效频带的地质模型向正确的方向收敛。地震资料分辨率越高，层位解释就有可能越细，初始模型就接近实际情况，同时，有效控制频带范围就越大，多解区域相应减少。因此提高地震资料自身分辨率是减小多解性的重要途径。

在基于模型地震反演方法中，不适当的强调两个概念容易给人造成误解。其一是强调分辨率高，因为这种方法本身以模型为起点和终点，理论上与测井分辨率相同，问题的实质在于怎么更好地减少多解性。其二是强调实际测井与井旁反演结果最相似。建立初始模型过程中的第一步就是测井资料校正，使合成记录与井旁道最佳吻合，用校正后的测井资料制作模型，实际运算中对井附近模型不可能有大的修改，因此这种对比并无实际意义，很容易误导。

5　结语

地震反演是储层横向预测的核心技术，可用于油气勘探开发的各个阶段。在勘探阶段，通过储层横向预测可提高油气储量探明率，优选评价井位；在油田开发前期，通过精细油藏描述来优化开发方案，提高钻井成功率和单井产能；在滚动开发阶段，通过利用更多的钻井进行约束，提高地震反演的分辨率和精度，深化对油藏的认识，优化调整井位；在强化采油阶段，通过注汽等措施前后反演速度变化的对比，可有效地监测强化采油过程的进展状况，优化油藏管理。

钻井资料的特点是纵向精细、横向稀疏，地震资料的特点是纵向粗略、横向密集，地震反演技术把二者的优势有机地结合起来，因而具有良好的发展前景。

参 考 文 献

［1］刘雯林.油气田开发地震技术［M］.北京：石油工业出版社，1996.

［2］姚逢昌.振幅谱补偿和相位校正［J］.石油物探，1989（3）.

［3］姚逢昌，李宏兵，周学先，等．测井约束地震反演技术在油田开发中的应用［C］//北京石油学会青年科技论文选，1996．

［4］姚逢昌，刘雯林，梁青，等．横向预测技术在储层研究中的应用［J］.石油地球物理勘探，1991，（1）.

［5］Sheriff R E. Reservoir geophysics［J］. SEG：Inrestigationsin Geophysics，1993（7）.

［6］Brian H Russell. Introduction to seismic inversion methods［J］. SEG：Course Notes，1998.

弹性阻抗的概念及其精度分析

甘利灯，杜文辉，刘江丽，林金逞，包世海

1 引言

将波阻抗的概念推广到非零入射角即称为弹性阻抗。近年来，弹性阻抗反演已成为充分利用叠前地震信息的一种有效手段。为此，不少研究者提出了不同的弹性阻抗表达式。本文在分析其假设前提的基础上，应用典型的岩性组合分析各种表达式的精度。

2 弹性阻抗的概念

早在 20 世纪 90 年代初，BP 公司的 Connolly 等人在解决北海地区古近—新近系具有 Ⅱ 类、Ⅲ 类储层描述时就提出了弹性阻抗的概念[1]。他们希望将波阻抗的概念推广到非零入射角，而且在计算非零入射角的反射系数时具有与垂直入射角时相同的形式，即：

$$R(\theta) = \frac{EI(t_i) - EI(t_{i-1})}{EI(t_i) + E(t_{i-1})} \tag{1}$$

此时对应于波阻抗的物理量，称为弹性阻抗。通过与 Zoeppritz 方程二阶 Shuey 近似的比较，可以得到如下表达式：

$$EI(\theta) = V_p^{(1+\tan^2\theta)} V_S^{(-8K\sin^2\theta)} \rho^{(1-4K\sin^2\theta)} \tag{2}$$

如果使用一阶 Shuey 近似公式，那么弹性阻抗的表达式为

$$EI(\theta) = V_p^{(1+\sin^2\theta)} V_S^{(-8K\sin^2\theta)} \rho^{(1-4K\sin^2\theta)} \tag{3}$$

其中：

$$K = \frac{\left(\dfrac{V_{s_i^2}}{V_{p_i^2}}\right) + \left(\dfrac{V_{s_{i-1}^2}}{V_{p_{i-1}^2}}\right)}{2} \tag{4}$$

在式（2）和式（3）推导中假设整个序列中 K 是个常数。式（2）、式（3）存在的问题是：量纲和数值随入射角变化而变化，使得不同入射角 EI 无法对比。实际上，就式

原文收录于《中国地球物理学会第十九届年会论文集》，2003，29-30。

（3）而言，当入射角为 0 时，EI 等同于 AI，当入射角为 90°，且 $K=0.25$ 时，EI 等于 $(V_p/V_s)^2$，前者与波阻抗的量纲相同，而后者则是无量纲的。为此，Whitcombe 引入了常数 V_{p_0}，V_{s_0}，ρ_0，给出了归一化后的弹性阻抗表达式如下[2]：

$$EI(\theta) = V_{p_0} \times \rho_0 \left[\left(\frac{V_p}{V_{p_0}} \right)^a \left(\frac{V_s}{V_{s_0}} \right)^b \left(\frac{\rho}{\rho_0} \right)^c \right] \tag{5}$$

当 $a=(1+\tan^2\theta)$；$b=-8K\sin^2\theta$；$c=(1-4K\sin^2\theta)$ 时式（5）对应于式（2）。当 $a=(1+\sin^2\theta)$；$b=-8K\sin^2\theta$；$c=(1-4K\sin^2\theta)$ 时式（5）对应于式（3）。实际上，式（5）可以表达为式（2）或式（3）乘以一个因子 $(V_{p_0})^{1-a}(V_{s_0})^b(\rho_0)^c$，由式（1）可知这个因子不影响反射系数的值，因此，式（5）也是一种弹性阻抗的表达方式，并且具有以下优点：（1）其量纲不随入射角变化而变化，而且与波阻抗具有相同的量纲；（2）入射角为 0 度时即为波阻抗；（3）其数值都在正常的波阻抗范围内，不同入射角的弹性阻抗便于比较。但是，在实际地震资料 AVO 线性拟合中可能存在 $|\sin^2\theta|>1$，这意味着反射系数将超过 1，显然这是不现实的。这个现象表明：当 $|\sin^2\theta|$ 接近或超过 1 时，所定义的弹性阻抗将极其不准确。Whitcombe 等人将 $\tan\chi$ 代替 $\sin^2\theta$，使得式（5）的定义域变成 $-\infty \sim \infty$ 而不再是限于 $0\sim1$ 之间。得到新弹性阻抗的表达形式[3]：

$$EEI(\chi) = \alpha_0 \rho_0 \left[\left(\frac{\alpha}{\alpha_0} \right)^p \left(\frac{\beta}{\beta_0} \right)^q \left(\frac{\rho}{\rho_0} \right)^r \right] \tag{6}$$

其中，$p=(\cos\chi+\sin\chi)$；$q=-8K\sin\chi$；$r=\cos\chi-4K\sin\chi$。这就是扩展弹性波阻抗，简称为 EEI（Extend elastics impedance）。

为了解决式（2）、式（3）中量纲随入射角变化的缺点，VerWest 和 SanTos 等人从 Zoeppritz 方程级数展开式出发，在射线参数固定，且密度和横波速度之间存在类似于 Gardner 关系的前提下，得到如下弹性阻抗的表达式：

$$EI(\theta) = V_p \rho \sec\theta \exp\left[-2(2+\gamma)\left(\frac{V_s}{V_p} \right)^2 \sin^2\vartheta \right] \tag{7}$$

其中，$\rho=bV_s^\gamma$。该公式的优点是：（1）量纲不随入射角变化，而且与波阻抗的量纲一致；（2）入射角为 0 度即为波阻抗。

3 精度分析

利用以上各种公式对Ⅰ、Ⅱ、Ⅲ类储层计算反射系数（具体弹性参数见表1），并与精确反射系数进行比较得到以下结论：（1）除了大入射角时式（2）发散外，归一化前与归一化后弹性阻抗的精度相同；（2）基于二阶近似公式的弹性阻抗比基于一阶近似公式的弹性阻抗精度高；（3）无论何种类型储层，扩展弹性阻抗的精度最低，在Ⅰ类储层中基本无法使用；（4）在Ⅰ类储层中，式（7）的精度与式（2）、式（3）和式（5）相近；

式（5）在Ⅱ、Ⅲ类储层中，所有公式精度都在25度以上，以式（2）、式（3）、式（5）最高；式（7）次之，式（6）最低。

表1 不同类型储层弹性参数

类型	岩石	纵波速度	横波速度	密度
Ⅰ	气砂	4.05	2.38	2.32
	水砂	4.35	2.34	2.40
	泥岩	2.77	1.52	2.30
Ⅱ	气砂	2.69	1.59	2.25
	水砂	3.05	1.56	2.40
	泥岩	2.77	1.27	2.45
Ⅲ	气砂	1.44	0.58	1.53
	水砂	2.13	0.67	1.90
	泥岩	1.83	0.40	2.02

参 考 文 献

［1］Connolly P. Elastic impedance［J］. The Leading Edge，1999，18（4）：438-452.

［2］Whitcombe D N. Elastic impedance normalization［J］. Geophysics，2002，67：60-62.

［3］Whitcombe D N，Connolly P A，Reagan R L，et al. Extended elastic impedance for fluid and lithology prediction［J］. Geophysics，2002，67，63-67.

叠前地震反演及其应用

甘利灯，杜文辉，戴晓峰，刘宇，李凌高

1 前言

地震反演可以把界面型的地震资料转换成岩层型的测井剖面，便于进行储层预测。但是，传统叠后地震反演只能得到波阻抗信息，使其解决地质问题的能力和精度受到限制，很难满足复杂储层描述以及开发阶段对地震油藏精细描述的需要。本文提出了三种实现叠前地震反演的方法，并在合成和实际数据应用中取得了良好的地质效果，充分展示了叠前地震反演在解决复杂储层描述，尤其是在岩性和流体性质描述和预测上的潜力。

2 方法原理

传统叠后地震反演只能提供波阻抗信息的根本原因在于叠加损失了重要的地震原始信息。然而，由于 20 世纪 60 年代水平叠加技术的巨大成功，掩盖了人们对叠前地震属性的注意力，直到八十年代初，Ostrander 首先将反射系数随入射角变化应用于"亮点"型含气砂岩的识别，人们才开始意识到叠前地震信息的重要性，从此，AVO 分析技术应运而生。AVO 分析是利用叠前信息的一种有效途径，但是它仅能提供与相邻界面弹性参数差有关的信息，而非与岩石性质直接相关的信息。将 AVO 分析和叠后地震反演思路有机结合的叠前地震反演，既可以充分地利用叠前地震信息，又可以得到直接反映地下岩层信息的资料，是目前地震研究领域的一个新热点。叠前地震反演不但可以提供波阻抗信息，还可以提供纵横波速度和密度的信息，由此可以得到各种弹性参数及其组合，大大提高了地震描述的能力。由于该项技术使用传统采集的常规纵波地震资料，因此应用前景广阔，相信它将成为未来地震油藏描述的核心技术。

叠前地震反演可以分为基于波动方程的全波形反演、基于 Zoeppritz 方程的 AVO 反演和弹性阻抗反演。基于波动方程的反演精度高，可以反演各种弹性参数，但效率低，目前仍处于试验研究阶段。AVO 反演简单、高效、可操作性强，它又可分为两参数反演和三参数反演，其原理是分别利用两项或三项 Zoeppritz 方程近似公式对叠前道集进行拟合，获得两项或三项近似公式的系数，通常这些系数是以反射系数的方式给出的，如纵波速度反射系数、横波速度反射系数、纵波阻抗反射系数、横波阻抗反射系数、泊松比反射系数、拉梅系数反射系数、剪切模量反射系数、密度反射系数以及其他弹性参数的反射系

原文收录于《中国石油学会东部地区第十三次物探技术研讨会论文集》，2005，401-405；获优秀论文二等奖。

数，通过对这些反射系数的积分便可以得到相应的弹性参数。有了这些弹性参数就可以求其他的弹性参数或复合弹性参数。目前使用最广的 AVO 反演方法是利用两项 AVO 反演求纵横波阻抗，然后利用纵横波阻抗求拉梅系数与密度的乘积（Lamda–Rho）和剪切模量与密度的乘积（Mu–Rho），即所谓的 LRM 方法。值得注意的是不同研究者的近似公式除了系数的物理意义不同外，相应的假设条件和精度也各不相同。弹性阻抗是声波阻抗的推广，是纵横波速度、密度以及入射角的函数。弹性阻抗反演的方法与传统的波阻抗反演相似，只是用不同入射角的角道集叠加数据及其对应的子波代替传统的叠加数据及其对应的子波，它既可以反演某个特定入射角的弹性阻抗，也可以得到多个不同入射角的弹性阻抗反演结果。通过三个或三个以上入射角弹性阻抗反演结果联立求解可以获得纵横波速度、密度以及其他弹性参数反演结果，因此，弹性阻抗反演扩展了地震反演解决地质问题的能力。由于它可以借助传统叠后地震反演的软件来实现，因此是一种快速、简单、实用的叠前反演方法。

3 合成数据效果

为了检验弹性阻抗反演在流体识别中的能力，引入了流体替代方法。它以 Gassmann 方程为基础，模拟储层饱和度变化时纵横波速度和密度的变化规律，它需要该段储层的纵横波速度、密度、孔隙度、饱和度以及储层流体的体积模量和密度资料。在假设流体和固体之间的任何相对运动与饱和岩层自身的运动相比可以忽略等条件下，Gassmann 方程可以表示为

$$K_s = K_m \frac{K_d + Q}{K_m + Q} \tag{1}$$

$$Q = K_f \frac{K_m - K_d}{\phi \left(K_m - K_f \right)} \tag{2}$$

$$\mu_s = \mu_d \tag{3}$$

$$v_P = \sqrt{\frac{M}{\rho_s}} = \sqrt{\frac{K_s + \frac{4}{3} \mu_s}{\rho_s}} \tag{4}$$

$$v_S = \sqrt{\frac{\mu_s}{\rho_s}} \tag{5}$$

式中 K_s、μ_s——分别为饱和岩石的体积模量和剪切模量；

$\quad\quad K_d$、μ_d——分别为干燥岩石（孔隙为空）体积模量和剪切模量；

$\quad\quad K_m$——岩石基质体积模量；

$\quad\quad K_f$——岩石孔隙内流体的体积模量；

$\quad\quad \phi$——孔隙度；

v_P、v_S、ρ——分别为饱和岩石的纵横波速度和密度。

具体步骤是：（1）利用以上资料，由 Gassmann 方程计算干燥岩石体积模量；（2）利用干燥岩石体积模量、孔隙度、储层流体的体积模量和密度以及改变后的饱和度计算新饱和度对应的密度和纵横波速度。有了不同饱和度对应的纵横波速度和密度资料，利用叠前正演模拟可以得到不同饱和度对应的叠前道集。叠前正演模拟可以分为两类，一类是基于Zoeppritz 方程或其近似方程，另一类是基于波动方程。前者一般通过射线追踪得到旅行时和入射角，然后利用 Zoeppritz 方程或其近似方程计算振幅，最后得到不同炮检距的合成记录；后者通过求解波动方程和边界条件得到正演模拟结果。前者简单、速度快；后者计算量大、速度慢，但是由于它考虑了整个地震波场的所有解，可以模拟各种波所产生的效应，所以后者比前者精确，尤其是对于界面上下阻抗差较大的薄层。国内储层一般都比较薄，因此本文采用基于弹性波的叠前正演模拟，模拟的目标层段为 500～1800m，流体替代井段为 995.6～1005.2m，流体体替代后的水饱和度从 0% 到 100%，间隔为 5%，炮检距个数为 41，范围 0～2000m，采样率为 0.25ms。图 1 为部分含水饱和度（S_w 分别为 0、20%、35%、55%、80%、100%）对应的叠前合成记录。

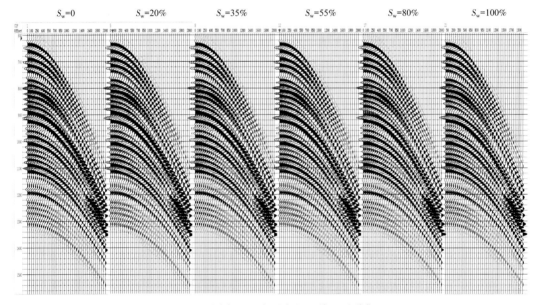

图 1　不同水饱和度对应的叠前地震道集

3.1　LRM 反演结果

由图 2a 和图 2b 分别为合成数据 $\lambda\rho$ 和 $\mu\rho$ 反演结果，由图可见，随着饱和度的增加，$\lambda\rho$ 不断增大，而 $\mu\rho$ 基本不变，尤其在饱和度小于 80% 时。这是因为 λ 包含储层骨架和储层流体的特性，而 μ 仅代表储层骨架的特性。当饱和度变化时，只有流体特性发生了变化，而储层骨架大体没有改变。为了定量说明这个问题，对流体替代层段求平均，求出 $\lambda\rho$ 和波阻抗随饱和度的变化，结果表明：水饱和度从 0～100%，$\lambda\rho$ 的变化率是波阻抗的 2.6 倍。也就是说，弹性参数 $\lambda\rho$ 对流体变化更敏感，而 $\mu\rho$ 可能对储层骨架变化更敏感。

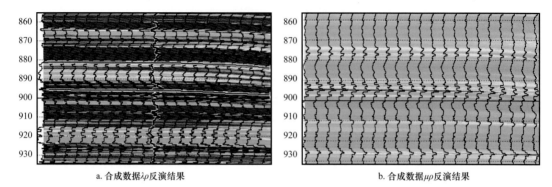

a. 合成数据 $\lambda\rho$ 反演结果　　　　　　　　　　　b. 合成数据 $\mu\rho$ 反演结果

图 2　合成数据反演结果

3.2　弹性阻抗反演结果

图 3a 和图 3b 分别为合成道集提取的 25°角道集叠加剖面和对应的弹性阻抗反演剖面。弹性阻抗反演以水饱和度 5% 和 95% 时两口虚拟井（第 2 道和第 20 道）为约束，虚拟井对应的纵横波速度和密度曲线由流体替代过程获得。反演结果表明反演方法是可行的。首先，从流体替代段（880～890ms）可见，随着水饱和度的变化，反演得到的弹性阻抗是渐变的，且与水饱和度变化规律是一致的，更重要的是，实际井（在水饱和度为 35% 附近—第 8 道）弹性阻抗与反演得到弹性阻抗非常接近，如图 3b 所示。其次，不同道的非流体替代段弹性阻抗反演结果完全一样，这与测井资料是一致的。此外，为了分析弹性阻抗在识别流体上的潜力，在流体替代时窗内统计了弹性阻抗和波阻抗随水饱和度的相对变化（以水饱和度为 0 时为参考点）。结果表明：同样的水饱和度变化范围（0～100%），弹性阻抗相对变化比波阻抗大得多，前者为 0.78，后者为 0.16，可见弹性阻抗在反映流体饱和度上比波阻抗优越得多。这在渤海湾地区不同孔隙度典型岩心分析数据中也得到证实。

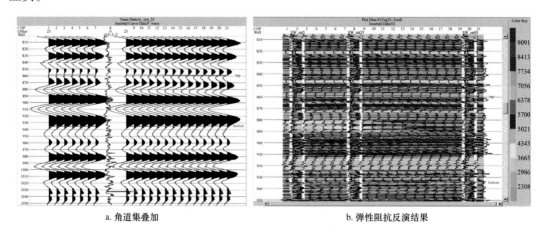

a. 角道集叠加　　　　　　　　　　　　　　b. 弹性阻抗反演结果

图 3　25°角道集叠加剖面和对应的弹性阻抗反演剖面

4　实际数据效果

苏里格气田位于鄂尔多斯盆地西北侧的苏里格庙地区，是一个世界级大气田。目前的资料证实，苏里格气田有低孔、低渗、低丰度、低饱和度、低压等特点，地质情况十分复杂。由于有效储层厚度变化大、连续性差，非均质性严重，地震储层预测难度大。主要表现为不同类型储层在波阻抗上存在很大的重叠区间，利用传统地震反演获得的波阻抗资料不但无法识别有效储层，也无法识别气层，导致传统地震反演方法失效。然而，测井产能分析表明：整个目的储层段加权有效厚度与孔隙度乘积与无阻流量具有良好的关系，也就是说，如果已知储层有效厚度的和孔隙度，就可以预测产量。储层地球物理特征分析又表明，自然伽马可以很好地区分岩性，是识别有效储层的重要参数；密度与孔隙度通常具有很好的线性关系。为此，尝试利用叠前地震资料，希望能从叠前地震资料中预测拟伽马数据体和密度数据体，拟伽马数据体用于解释有效储层厚度，密度数据体用于估算孔隙度，最后结合两个数据体进行产量预测。

该区共有 62 口井，大部分使用 CLS-3700 测井系列进行测井数据采集，个别关键井还要加测偶极子横波和微电阻率等，其中有两口井由斯伦贝谢公司采集的，数据质量较高。最新地震资料是采用目前世界上最先进的数字检波器采集完成的二维高保真地震资料，为叠前地震反演研究奠定了基础。为解决岩性识别问题，首先从井资料出发，对自然伽马与不同入射角弹性阻抗相关性进行了分析，所需要的横波资料是以已有的偶级横波资料为基础计算出来的。图 4 为 L585 线上 10 口井自然伽马与不同入射角弹性阻抗相关系数分布图，由图可见，相关系数是随入射角变化而变化的，但都存在一个极大值，而且都在 16 度附件，表明这种关系并非是一种偶然现象，二是一种共性的规律，至少在苏里格地区如此。更为重要的是各井最大相关系数都比较高，这说明利用与自然伽马密切相关的 16 度弹性阻抗可以很好地识别有效储层。图 5 为 L585B 测线相应弹性阻抗反演剖面，由图可见，利用该剖面可以很好地预测储层与非储层的分布，并且与钻探结果非常吻合，解决了苏里格地区有效储层识别问题。

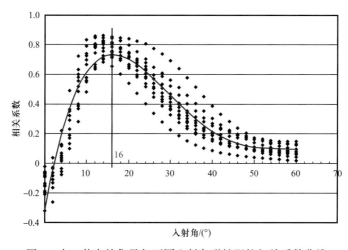

图 4　十口井自然伽马与不同入射角弹性阻抗相关系数曲线

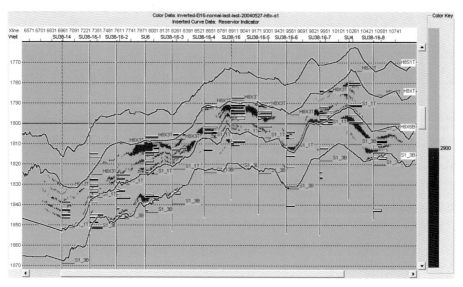

图 5 弹性阻抗反演剖面

为了获得密度反演结果，既可以利用三项 AVO 反演方法，可以利用三个或三个以上入射角对应的弹性阻抗直接求解，后者既可以分步实现，也可以一步实现，即把弹性阻抗反演与求纵横波速度和密度联立求解，这就是 RockTrace 的思路。为了增加求解过程的稳定性与收敛性，对求解过程进行了约束，既有低频与层位的约束，也有空间变化、泥岩趋势线等其他方面的约束。图 6 为反演的孔隙度剖面图，它是根据孔隙度与密度的线性关系，利用密度反演结果转化得到的。有了孔隙度和有效厚度就可以计算整个目的层段有效厚度与孔隙度的乘积（粉色），如图 7 所示。由图 7 可见，它与无阻流量吻合非常好，尤其是 $5 \times 10^4 \mathrm{m}^3$ 以上的高产井。由此可见，利用两种叠前地震反演方法可以很好地预测高产气藏的分布范围。

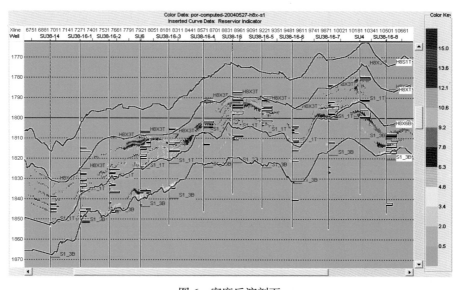

图 6 密度反演剖面

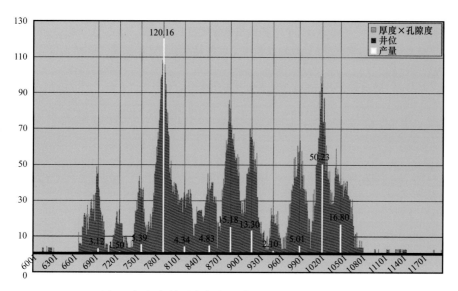

图 7　加权有效厚度与密度乘积与无阻流量的对比

5　结论

叠前地震反演由于充分利用了叠前地震信息，可以得到纵横波速度、密度以及其他弹性参数的信息，使得其解决地质问题的能力大大增强，合成数据和实际数据反演结果表明，它可以大大地提高地震描述岩性和流体的潜力，必将成为今后地震油藏描述的关键技术。但是，叠前地震反演技术在国内刚刚兴起，是一项新技术，有待深入研究，主要包括：（1）地震岩石物理基础是连接储层参数和弹性参数的桥梁，必须加强研究，深入分析岩性和流体的敏感因子，才能取得好的叠前反演效果；（2）目前横波测井资料稀少，但横波速度资料是叠前反演方法的基础，因此，必须提高横波速度的预测精度；（3）叠前反演对道集的要求较高，主要要求是振幅保真、高信噪比、动校正拉平，以此，叠前去噪、真振幅恢复、该精度动校正将是叠前资料处理的重点；（4）叠前资料的炮检距不能太小、个数不能太少，最好是采用多道、小道距、大排列的观测方式。

参 考 文 献

［1］Fatti J L，Vail P J，Smith G C，et al. Detection of gas in sandstone reservoirs using AVO analysis：A 3-D seismic case history using the geostack technique［J］. Geophysics，1994，59（9）：1362-1376.

［2］Goodway B，Chen T，Downton J. Improved AVO fluid detection and Lithology discrimination using Lame petrophysical parameters，"λρ"，"μρ"，and "λμ" fluid stack，from P and S inversions［C］. National convention，Can. Soc. Expl. Geophys，Expanded Abstracts，1997，183-186.

［3］Connolly P. Elastic impedance［J］. The Leading Edge，1999，18（4）：438-452.

［4］Whitcombe D N. Elastic impedance normalization［J］. Geophysics，Soc. of Expl. Geophys.，2002，67，60-62.

［5］Whitcombe D N，Connolly P A，Reagan R L，et al. Extended elastic impedance for fluid and lithology prediction［J］. Geophysics，Soc. of Expl. Geophys.，2002，67：63-67.

［6］倪逸 . 弹性阻抗计算的一种新方法［J］. 石油地球物理勘探，2003，38（2）：147-155.

［7］甘利灯，杜文辉，刘江丽，等 . 弹性阻抗的概念及其精度分析［C］. 第十九届中国地球物理年会会刊，2003，29-30.

［8］甘利灯，赵邦六，杜文辉，等 . 弹性阻抗在岩性与流体预测中的潜力分析［J］. 石油物探，2005.

弹性阻抗在岩性与流体预测中的潜力分析

甘利灯，赵邦六，杜文辉，李凌高

叠后地震反演是把零炮检距反射振幅资料转换成波阻抗资料，大大提高了油藏描述的效果[1]。但由于该方法只使用零炮检距地震资料（叠后地震资料），因此，只能提供波阻抗信息，降低了地震解决地质问题的能力和精度。AVO分析虽然充分利用了叠前地震资料，但它提供的仅是与相邻界面弹性参数差有关而非与岩石性质直接相关的信息。如果将波阻抗的概念推广到非零入射角，就可以获得不同入射角的波阻抗反演结果，从而提升油藏描述的潜力和精度。Connolly 等在 90 年代初将波阻抗的概念推广到非零入射角（在计算非零入射角的反射系数时与垂直入射具有相同的形式），波阻抗对应的物理量称为弹性阻抗[2]，并以弹性阻抗的反演结果为基础，解决了北海地区 II 和 III 类储层的地震描述问题；Whitcombe 和倪逸等进一步发展了弹性阻抗概念，提出了归一化弹性阻抗和扩展弹性阻抗，并用测井资料说明了弹性阻抗在岩性与流体描述中的潜力[3-5]；马劲风等提出了广义弹性阻抗概念[6, 7]。弹性阻抗是波阻抗的推广，因此，弹性阻抗反演不仅可以使用常规采集的地震资料，而且还可以使用现有的测井约束反演方法和软件。

1 方法原理

弹性阻抗与反射系数的关系[2]为

$$R(\theta) = \frac{Z_{\text{EI}}(t_i) - Z_{\text{EI}}(t_{i-1})}{Z_{\text{EI}}(t_i) + Z_{\text{EI}}(t_{i-1})} \tag{1}$$

式中　Z_{EI}——弹性阻抗；

θ——入射角。

通过与 Zoeppritz 方程二阶 Shuey 近似比较，可以得到

$$Z_{\text{EI}}(\theta) = v_{\text{P}}^{(1+\tan^2\theta)} v_{\text{S}}^{(-8K\sin^2\theta)} \rho^{(1-4K\sin^2\theta)} \tag{2}$$

式中　K——横波速度与纵波速度比值的平方；

v_{P} 和 v_{S}——纵波和横波速度；

ρ——密度。

Whitcombe 等提出的归一化弹性阻抗、扩展弹性阻抗、广义弹性阻抗和反射阻抗等

原文收录于《石油物探》，2005，44（5）：504-508。

都以式（1）为基础，只是采用了不同形式的 Zoeppritz 方程近似。由于采用不同形式的 Zoeppritz 方程近似，所以不同形式的弹性阻抗在表达反射系数时具有不同的精度[8]。式（1）与波阻抗和反射系数有完全一致的关系式，因此弹性阻抗反演可以依据叠后地震反演的思路与方法进行，其具体步骤为：（1）从叠前道集中提取特定入射角资料；（2）利用纵、横波速度和密度测井资料计算对应入射角的弹性阻抗；（3）以角道集资料代替叠后反演中零炮检距资料，以弹性阻抗曲线代替传统的波阻抗曲线，利用测井约束反演软件实现弹性阻抗反演。

2 合成数据

采用流体替代方法检验弹性阻抗反演在流体识别中的能力。流体替代方法以 Gassmann 方程为基础，模拟储层饱和度变化时纵、横波速度和密度的变化规律。在假设流体和固体之间的任何相对运动与饱和岩层自身运动相比可以忽略等条件下，Gassmann 方程可以表示为

$$K_s = K_m \frac{K_d + Q}{K_m + Q} \tag{3}$$

$$Q = K_f \frac{K_m - K_d}{\varphi(K_m - K_f)} \tag{4}$$

$$\mu_s = \mu_d \tag{5}$$

$$v_P = \sqrt{\frac{M}{\rho_s}} = \sqrt{\frac{K_s + \frac{4}{3}\mu_s}{\rho_s}} \tag{6}$$

$$v_S = \sqrt{\frac{\mu_s}{\rho_s}} \tag{7}$$

式中 K_s 和 μ_s——饱和岩石的体积模量和剪切模量；

K_d 和 μ_d——干燥岩石（孔隙为空）的体积模量和剪切模量；

K_m——岩石基质的体积模量；

K_r——岩石孔隙内流体的体积模量；

φ——孔隙度；

v_P、v_S、ρ_s——饱和岩石的纵横波速度和密度。

首先，利用纵横波速度和其他测井资料由 Gassmann 方程得到干燥岩石体积模量；然后，用干燥岩石体积模量、孔隙度、储层流体的体积模量和密度以及改变后的饱和度计算新饱和度对应的密度和纵、横波速度。图 1 是渤海湾地区上第三系储层流体替代结果图（流体替代井段为 995.6～1005.2m），流体替代后的水饱和度 S_w 分别为 100%，80%，55%，35%，20%，0（实际计算了 21 个，从 0～100%，间隔为 5%）。由图可见，横波速度随水

饱和度变化很小（主要由密度增加造成），纵波速度随水饱和度变化较大。值得注意的是，密度的变化量值虽然很小，但相对变化却较大，密度对流体的变化比较敏感。

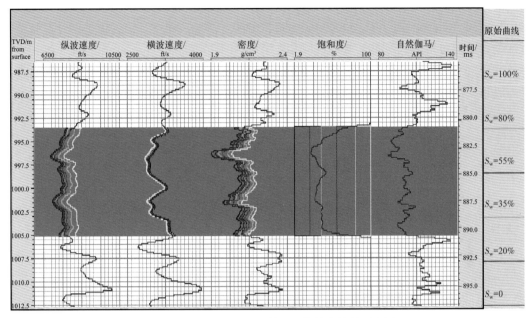

图 1　渤海湾地区新近系储层流体替代结果示意图

得到了不同饱和度所对应的纵、横波速度和密度资料后，利用波动方程叠前正演模拟方法可以得到对应的叠前道集。图 2 为不同水饱和度 S_w 对应的叠前合成记录道集。模拟层段为 500～1800m，偏移距 0～2000m，道数为 41，采样率为 0.25ms。

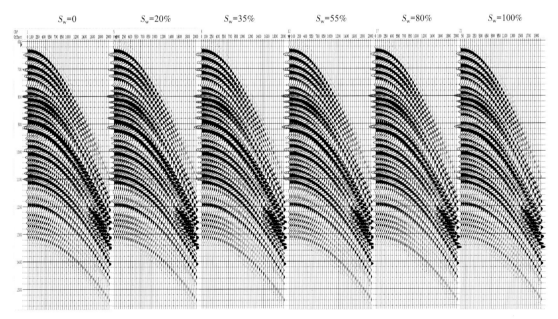

图 2　不同含水饱和度对应的叠前地震道集

进行弹性阻抗反演需要构建角道集叠加剖面。对于理想的角道集叠加而言，其振幅应该在很长时窗内与特定的入射角相关，且具有较高的信噪比。也就是说，它应该与固定入射角的带限反射序列尽可能地相似。重构角道集叠加剖面需要知道炮检距与入射角以及入射角与振幅之间的关系，但它们之间的关系很复杂。如果只考虑一级近似，则计算角道集叠加剖面要简单得多，但是，这种近似必须满足：（1）各向同性层状介质；（2）炮检距小于目的层深度；（3）入射角小于30°；（4）保持"真正"的叠前振幅。满足以上各项条件下入射角与炮检距的关系式为[2]

$$\sin^2\theta = \frac{v_i^2 x^2}{v_r^2 \left(v_r^2 t_0^2 + x^2\right)} \tag{8}$$

式中　θ——入射角；

　　　t_0——零炮检距双程旅行时，

　　　x——炮检距；

　　　v_i——层间速度；

　　　v_r——均方根速度。

构建角道集叠加剖面可利用截距（B）和梯度（G）的线性组合来实现。

由 Shuey 公式可知，在 θ 小于30°时，振幅与 $\sin^2\theta$ 成正比，因此利用式（8）可以估算每一个采样点的 $\sin^2\theta$，然后拟合回归线直到最大入射角，那么许多 AVO 属性（如截距、梯度、泊松比叠加（θ=90°）或有限角道集叠加）都可以从拟合线上得到。如果把这个过程重排为加权叠加会更直观一些。截距和梯度的线性回归公式可以改写成加权函数形式[2]，即

$$B = \sum\left[Y\frac{\sum X^2 - X\left(\sum X\right)}{N\sum X^2 - \left(\sum X\right)^2}\right] \tag{9}$$

$$G = \sum\left[Y\frac{NX - \sum X}{N\sum X^2 - \left(\sum X\right)^2}\right] \tag{10}$$

式中　$X=\sin^2\theta$；

　　　Y——振幅值；

　　　N——叠加次数。

二者的线性组合可以提供任意期望入射角角道集叠加的加权函数 $A(\theta)$[2]，即

$$A(\theta) = \sum\left\{Y\left[\frac{\sum X^2 - X\left(\sum X\right)}{N\sum X^2 - \left(\sum X\right)^2} + \sin^2\theta\frac{NX - \sum X}{N\sum X^2 - \left(\sum X\right)^2}\right]\right\} \tag{11}$$

由此可以得到角道集叠加。

图 3 为合成道集提取的25°角道集叠加剖面和对应的弹性阻抗反演剖面。弹性阻抗反演用水饱和度为5% 和95%处的 2 口虚拟井（第 2 道和第 20 道）约束，虚拟井对应的

纵、横波速度和密度曲线由流体替代方法获得。反演结果表明该反演方法是可行的。首先，从流体替代段（880～890ms）可见，随着水饱和度的变化，反演得到的弹性阻抗是渐变的，且与水饱和度变化规律一致，实际井（在水饱和度为35%附近，剖面上第8道）的弹性阻抗与反演得到的弹性阻抗非常接近（图3b）；其次，各道非流体替代段的弹性阻抗反演结果基本相同，与测井资料非常接近，这与实际情况是吻合的。

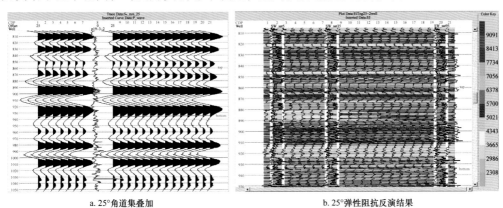

a. 25°角道集叠加　　　　　　　　　　　b. 25°弹性阻抗反演结果

图3　合成道集提取的25°角道集叠加（a）和弹性阻抗反演结果（b）

为了分析弹性阻抗识别流体的潜力，在流体替代时窗内统计了弹性阻抗和波阻抗随水饱和度的相对变化（以水饱和度0为参考点）。同样的水饱和度变化范围（0～100%），弹性阻抗相对变化比波阻抗大得多，前者为0.78，后者为0.16，可见，在反映流体饱和度上弹性阻抗比波阻抗优越得多（图4a）；对渤海湾地区不同孔隙度典型岩心数据分析得知，当水饱和度从30%左右变化到100%时，弹性阻抗的变化量约为100%，而波阻抗变化量约为6%（图4b）。

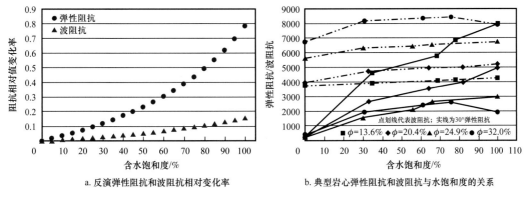

a. 反演弹性阻抗和波阻抗相对变化率　　　b. 典型岩心弹性阻抗和波阻抗与水饱和度的关系

图4　阻抗变化率（a）和阻抗（b）与含水饱和度的关系

3　实际数据

鄂尔多斯盆地苏里格气田具有低孔、低渗、低丰度、低饱和度、低压等特点，地质情况十分复杂，有效储层厚度变化大，连续性差，非均质性强，地震储层预测难度大。不同类型储层在波阻抗上存在较大的重叠区间，因此，利用传统地震反演获得的波阻抗资料不能有效识别储层。

　　储层地球物理特征分析表明，自然伽马可以很好地区分岩性。该区共有 62 口井，大部分井资料是利用 CLS-3700 测井系列采集（个别关键井还加测了偶极子横波和微电阻率等），有 2 口井资料由斯伦贝谢公司采集，数据质量较高。最新地震资料是用数字检波器采集的二维高保真地震资料。

　　首先，从井资料出发，对自然伽马与不同入射角弹性阻抗相关性进行了分析（横波速度是以偶极子横波资料为基础计算出来的）。图 5 为 L585B 线上 10 口井的自然伽马曲线与不同入射角弹性阻抗曲线的相关系数分布图，可见，相关系数是随入射角变化而变化的，在 16°附近都有一个极大值，且数值较高，由此说明，利用与自然伽马密切相关的与 16°入射角对应的弹性阻抗可以很好地识别有效储层。图 6 为 L585B 线的弹性阻抗反演剖

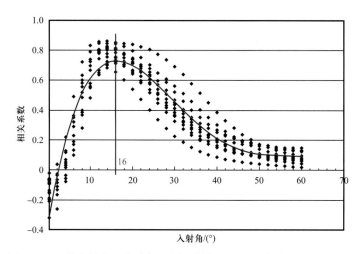

图 5　10 口井自然伽马曲线与不同入射角弹性阻抗曲线相关系数分布

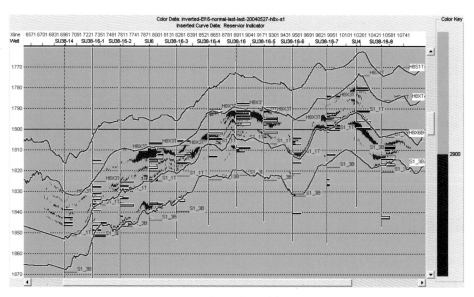

图 6　弹性阻抗反演剖面

面，通过对井点弹性阻抗和自然伽马的对比分析，可以得到区分有效储层的门槛值，即当弹性阻抗小于2900时是有效储层，大于2900时是非储层和差储层。

4 结束语

利用测井约束反演方法和软件可以高效、快捷地实现弹性阻抗反演。合成数据和实际数据反演结果表明，通过优选特定入射角的弹性阻抗可以更好地识别和预测岩性和流体。由于不同形式弹性阻抗具有不同的精度和不同的反映岩性和流体的能力，如何选择弹性阻抗的形式是弹性阻抗反演的关键，也是今后研究的重点。

参 考 文 献

［1］姜素华，王永诗，林红梅，等．测井约束反演技术在不同类型沉积体系中的应用［J］．石油物探，2004，43（6）：587-590.

［2］Connolly P. Elastic impedance［J］. The Leading Edge，1999，18（4）：438-452.

［3］Whitcombe D N. Elastic impedance normalization［J］. Geophysics，2002，67（1）：60-62.

［4］Whitcombe D N，Connolly P A，Reagan R L，et al. Extended elastic impedance for fluidand lithology prediction［J］. Geophysics，2002，67（1）：63-67.

［5］倪逸．弹性阻抗计算的一种新方法［J］．石油地球物理勘探，2003，38（2）：147-155.

［6］Ma Jinfeng. Generalized Elastic Impedance［J］. Expanded Abstracts of 73rd Annual Internat SEG Mtg，2003，254-257.

［7］马劲风．地震勘探中广义弹性阻抗的正反演［J］．地球物理学报，2003，46（1）：118-124.

［8］甘利灯，杜文辉，刘江丽，等．弹性阻抗的概念及其精度分析［A］// 中国地球物理学会．第十九届中国地球物理年会会刊［C］．南京：南京师范大学出版社，2003.29-30.

纵横波弹性阻抗联立反演在 GD 地区的应用

戴晓峰，甘利灯，杜文辉，王平

1 引言

叠后地震反演作为地震油藏描述的一项核心技术，在油气藏勘探开发过程中发挥了重要的作用。但是随着勘探开发程度的不断提高，岩性与隐蔽油气藏将成为勘探与开发的主要目标，其主要特征是储层性质越来越复杂，许多地区储层的声阻抗与非储层没有明显差异，如渤海湾地区的砂泥岩，其声阻抗差异很小，且呈大面积低渗透薄互层分布，简单利用叠后地震反演声阻抗很难识别它们。

导致传统叠后地震反演多解的原因在于传统叠后地震反演假设叠偏后的地震振幅与法向入射的反射系数成正比，但实际上，叠偏后的地震振幅不但与法向入射反射系数有关，同时也与泊松比密切有关。因此这种假设不但带来误差，同时也掩盖了泊松比的信息，而泊松比信息对于区分岩性与流体非常有意义。

由于叠前反演充分利用全部采集的地震信息，可以提供众多弹性参数反演结果，这将为复杂储层的地震描述和精细油藏描述提供了有力的武器，因此迭前地震反演对于我国岩性油气藏的勘探开发具有重大意义。

2 弹性阻抗同时反演原理和方法

2.1 基本原理

平面波在反射界面上的反射和透射与入射角、反射角、透射角有关，各波之间的运动学关系由斯奈尔定理表示。在各向同性水平层状介质的条件下，非垂直入射时，即入射角 $\theta \neq 0$ 时，并有炮检距时，纵波的反射系数和透射系数由 Zoeppritz 根据斯奈尔定律、位移的连续性和应力的连续性可推得以下的 Zoeppritz 方程组[1]。这是一个四阶矩阵组成的联立方程组，由于四个未知数的表达式很复杂，也难以给出清楚的物理概念，经不少学者研究导出了一些非常有用的近似方程，使其更加容易理解，有较明显的物理意义。

常见的有 Aki 和 Richards 近似方程[2]：

$$R_{\mathrm{P}}(\theta) \approx \frac{1}{2}\left(1-4\frac{v_{\mathrm{S}}^2}{v_{\mathrm{P}}^2}\sin^2\theta\right)\frac{\Delta\rho}{\rho} + \frac{\sec^2\theta}{2}\frac{\Delta v_{\mathrm{P}}}{v_{\mathrm{P}}} - 4\frac{v_{\mathrm{S}}^2}{v_{\mathrm{P}}^2}\sin^2\theta\frac{\Delta v_{\mathrm{S}}}{v_{\mathrm{S}}} \tag{1}$$

原文收录于《Applied Geophysics》，2006，3（1）：37–41。

式中　v_P、v_S、ρ——分别为反射界面两侧介质的纵、横波速度和密度的平均值；

Δv_P、Δv_S、$\Delta\rho$——分别是界面两侧 v_P、v_S 和 ρ 之差；

θ——纵波的入射角和纵波的透射角之平均值。

再例如 Shuey 近似方程[3]：

$$R_P(\theta) \approx R_0 + \left[A_0 R_0 + \frac{\Delta\sigma}{(1-\sigma)^2} \right] \sin^2\theta + \frac{1}{2}\frac{\Delta v_P}{v_P}\left(\tan^2\theta - \sin^2\theta\right) \tag{2}$$

其中：
$$\begin{cases} R_0 = \frac{1}{2}\left(\frac{\Delta v_P}{v_P} + \frac{\Delta\rho}{\rho}\right) \\ A_0 = B - 2(1+B)(1-2\sigma)/(1-\sigma) \\ B = \left(\frac{\Delta v_P}{v_P}\right) \Big/ \left(\frac{\Delta v_P}{v_P} + \frac{\Delta\rho}{\rho}\right) \end{cases}$$

σ 和 $\Delta\sigma$ 分别为反射界面两侧介质的平均泊松比，即 $\sigma=(\sigma_1+\sigma_2)/2$；和界面两侧泊松比之差，即 $\Delta\sigma=\sigma_2-\sigma_1$。

显然和叠后地震反射系数公式比较起来，叠前反射的信息明显增加，这是开展弹性阻抗同时反演的基础。

弹性阻抗同时反演在一个反演流程中同时使用多个角道集数据，反演得到的结果是纵波、横波和密度数据体，其算法简介如下：

首先由近似方程对不同入射角地震反射系数 $R(\theta)$ 进行迭代反演处理，反演中满足下面目标函数 $F(r, \tau)=F_{reflectivity}+F_{contrast}+F_{seismic}+F_{Gardner}+F_{Mudrock}+F_{time}$ 最小；

再通过 Zoppritz 或者 Aki 和 Richards 公式研究 v_P、v_S 和 ρ 之间的反演加权叠加关系，并以得到的加权叠加关系为指导估算相应的弹性参数；将弹性参数结果通过目标函数 $F(v_P, v_S, \rho, \tau)=F_{reflectivity}+F_{contrast}+F_{seismic}+F_{trend}+F_{Gardner}+F_{Mudrock}+F_{time}$ 进行迭代反演，最终得到地下的实际纵、横波速度为代表的各种岩石弹性物性参数数据结果[4]。

因此与叠后反演不同，弹性阻抗同时反演使用的地震资料为角度叠加数据，测井资料包括纵横波速度、密度、岩石的骨架成分、岩石的弹性参数、油气水的密度和速度、弹性模量等，反演结果包括纵波阻抗、横波阻抗、纵横波速度比、泊松比和密度数据体等，通过对反演结果分析解释可对储层中的岩性甚至流体性质做出判断，减少多解性。

2.2　预测横波

进行叠前反演需要纵波速度、横波速度和密度等基础资料。纵波速度和密度测井资料一般比较容易得到，但在目前的实际工作中，横波速度资料少，需要我们寻找横波速度的变化规律，对它进行准确的拟合和预测。

目前预测横波速度的方法归纳起来包括两种：一是经验公式法，二是利用岩石物理方法预测横波。

经验公式优点是计算简单，快速，可以直接选择已有的经验公式，直接计算出横波速度，或者已知井的纵横波速度，重新优化经验公式参数，得到适合于该区实际的经验公式。实践证明经验公式对于某些地区特定的岩性常常还是比较准确的。

岩石物理方法具有明确的物理意义，可以处理复杂的岩石，它的缺点是对测井资料数量和质量要求比较高，对老区来说可操作性差[5]。

2.3　角道集叠加标定

根据实际地震资料情况和反演需要提取不同入射角度范围的地震道集数据，分别叠加后得到不同角度的部分叠加数据体。

此时不同角度的部分叠加数据的地震反射特征在具有一致性的同时，还存在很多差异，所以需要对每个不同角道集叠加数据进行精细的地震—测井标定，相互验证，才能取得真实有效的标定结果。

子波对于标定和反演来说至关重要，这是因为子波形状对储层反演结果影响很大。在Shuey 和 Aki-Rechards 方程中，都严格假定子波（振幅、相位和频带）是不随偏移距变化的，然而在实际资料处理中，由于不精确的叠前均衡，与 NMO 有关的低通滤波和 NMO 拉伸，特别是由于 AVO 效应，都能产生子波的变化，因此在叠前反演中用到的不同角道集地震叠加数据，子波的特征如振幅和相位也有所区别。在进行同时反演纵横波阻抗时，对每个角道集叠加数据分别都求一个相应的子波，这样可以提高井震标定质量，同时对反演结果进行与角度有关的带宽补偿、振幅和衰减补偿，将这种带振幅补偿功能的子波输入反演程序能够提高反演的精度[6]。

2.4　弹性阻抗同时反演和弹性参数分析

输入将不同角道集部分叠加的地震数据和对应的子波，进行同时反演计算得出初步结果，但由于地震缺少低频，反演初始结果只能恢复部分低频信息。反演结果中低频信息只能由地质背景模型加以控制，通常做法是由井曲线或者地震速度模型来进行低频补偿，才能得到最终纵波、横波和密度反演结果。

三个岩石弹性参数（纵波速度、横波速度和密度）反映岩石的不同方面，同时它们通过数学运算得到具有不同物理意义的其他弹性参数，但是哪一个参数可以更好地反映岩性，哪一种可以更好地反映物性或含油气性，必须通过井资料加以细致分析。

首先要根据实际的测井资料计算各种岩性弹性参数曲线，然后统计分析砂岩和泥岩弹性参数分布范围，常见弹性参数包括纵波横波速度、密度、纵横波速度比、泊松比等，最后确定区分岩性或者含油气性的最佳弹性参数，这个过程就是弹性参数的敏感性分析。

3　应用与效果分析

GD 油田位于黄骅坳陷，属于中新生代的断陷盆地，地质研究认为，该区明化镇期处于北部冲积体系的南缘，属于中弯度曲流河沉积。

该油田没有横波资料，为保证横波资料对地区的适用性，借用了油田附近的全波测井资料，选择经验公式方法预测横波。

已知资料统计分析表明，纵波速度和横波速度之间线性关系明显，以实测横波速度为目标，最小二乘法求得纵波速度和横波速度线性关系：

$$v_s = 0.158v_p + 1066\text{m/s} \tag{3}$$

从图 1 看出该线性关系式预测的横波速度和实测横波速度相似性很高，二者相关系数达到 0.89，大部分岩层符合很好，只有个别的岩层存在较大的差异。

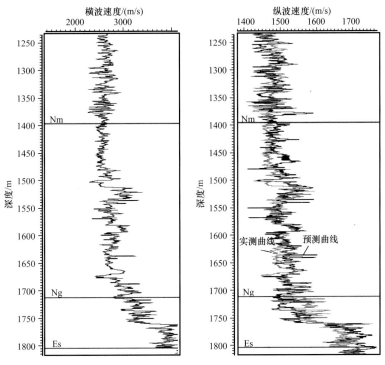

图 1　预测与实测横波曲线对比图

对叠前时间偏移处理后地震数据划分为三个不重叠的角度范围，分别是近角道集（0～10°）、中角道集（11°～20°）、远角道集（21°～40°），分别对三个不同角度道集叠加共产生三个共角度叠加数据用于反演。

在反演之前，三个部分角道集叠加数据还需要进行数据垂向校正，消除剩余 NMO 时移的影响，在反演时要考虑最小相位差异，以保证纵横波阻抗剖面闭合的效果[7]。最后三个偏移剖面利用弹性阻抗同时反演得到纵横波阻抗和密度数据体（图 2）。

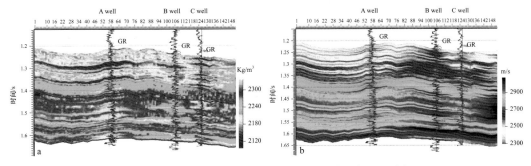

图 2　弹性阻抗同时反演的密度（a）和纵波速度（b）剖面

井资料分析可知，多数弹性参数如纵波阻抗、纵波速度、横波速度、纵横波速度比和泊松比等等，砂岩和泥岩分布范围基本重合，只有密度效果相对较好，砂岩密度范围在2100kg/m³附近，泥岩密度范围在2250kg/m³附近，但密度也只能够部分地区分砂泥岩，所以在此难以用一个弹性参数能够较好地划分岩性。

交会分析可以同时约束两个参数或者多个参数达到精确区分岩性的目的，研究后发现密度和纵波速度联合区分砂泥岩效果最好（图3纵波和密度交会图），图中直线为砂泥岩分隔线，直线上方为泥岩，下方基本上是砂岩，基本上能够把大部分砂岩区分出来。

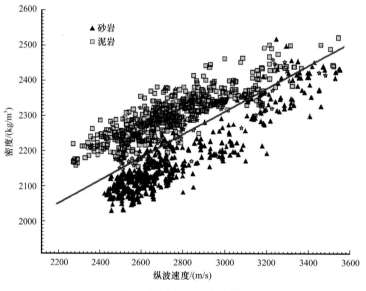

图 3　纵波和密度交会图

利用分析得出的密度和纵波速度线性函数对反演体进行转换就能够计算出整个岩性数据体（图4岩性剖面），图中反演得出的砂岩与测井解释结果符合良好，同时对井间的砂岩进行了较好的预测。

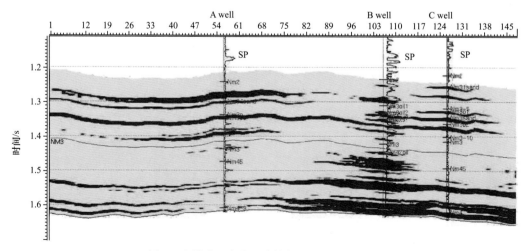

图 4　由纵波和密度反演数据得到的岩性剖面

4 结论和认识

弹性阻抗同时反演是目前叠前反演的一项重要技术，它以迭前地震资料为输入、以 Zoppritz 方程及其简化形式为数学基础，其优点是保留了叠前丰富的信息，能够同时得到纵、横波速度、密度数据体，在此基础上可以计算出纵横波速度比、泊松比等等有用的岩石弹性参数，这些参数中，有些对岩性比较敏感，有些对含油气性比较敏感，大大提高地震油藏描述的能力，尤其是岩性油气藏的地震描述能力。

参 考 文 献

［1］Zoeppritz K. uber erdbebenwellen，gottingen nachrichten der konigl［M］. gessls，wissen，1919，66-84.

［2］Aki K，Richards P G. Quantitative seismology：Theory and methods［M］. w.h.freeman and co. 1980.

［3］Shuey R T. A simplification of the zoeppritz equations［J］. Geophysics，1985，50：609-614.

［4］韩文功. 胜利油气地球物理技术论文集［M］. 北京：石油工业出版社，2004，109-116.

［5］戴晓峰，姚逢昌，甘利灯. 利用岩石物理方法预测横波速度［J］. 石油地球物理勘探，2004（增刊）：207-210 .

［6］Gislain b. Madiba，George A. Gcmechan. Processing，inversion and interpretation of a 2D seismic data set from the North Viking Graben，North Sea［J］. Geophysics，2003，68：837-848.

叠前地震反演在苏里格气田储层识别和含气性检测中的应用

李凌高，甘利灯，杜文辉，戴晓峰

1 引言

叠前地震反演是勘探地球物理领域正在兴起的一项新技术，在有些国家它已经逐渐替代常规叠后反演成为油气储层预测中不可缺少的工作。近年来，叠前地震反演在国内也日益受到重视，在理论和方法上均取得了喜人的成果，实际应用中，各油田也先后开展了先导性试验。本文将展示一个应用叠前反演技术在苏里格地区低孔低渗储层中进行有效储层识别和含气性检测的实例。

苏里格气田位于鄂尔多斯盆地西北侧的苏里格庙地区，是一个世界级大气田。目前的资料证明，苏里格气田有低孔、低渗、低丰度、低饱和度、低压等特点。其有效储层厚度变化大，连续性差，非均质性严重，地震储层预测难度大。主要表现为不同类型储层在波阻抗上存在很大重叠区间，利用波阻抗不能有效地将储层与非储层区分开来，传统的波阻抗反演结果得到的波阻抗资料无法有效地识别储层，也无法识别气层。叠前地震反演能获得大量的信息，在解决此类地质问题具有巨大优势，因而开展叠前地震储层预测工作十分必要。

2 岩石物理敏感因子分析

岩石物理敏感因子分析的任务是要寻找各种弹性参数与储层特性（岩性、物性、含油气性）之间的关系，它是弹性特征和储层特性的桥梁和纽带，是叠前地震研究中的不可或缺的关键环节。

储层特征分析表明，苏里格地区自然伽马能够很好地区分岩性：泥岩的自然伽马值一般大于120API；粉砂岩的自然伽马值介于100～120API；中砂岩和细砂岩的自然伽马值都小于100API。

为了用叠前反演的方法来对储层进行描述，岩石物理分析是必不可少的步骤。我们按图1所示的流程建立叠前地震信息与地下岩层的岩性、物性以及含油气性的关系。整个流程是一个去粗取精，"低中找高"的过程。

原文收录于《天然气地球科学》，2008，19（2）：261-265。

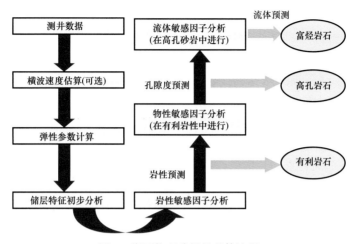

图 1 岩石物理分析的总体流程

采用综合法[1]对工区内没有横波资料及资料不满足要求的井估算了横波速度，为后续的岩石物理分析及叠前反演工作提供了可靠的横波速度资料。

在敏感因子分析之前还计算了大量的弹性参数，下面首先对下文将提及的弹性参数说明如下：v_p 为纵波速度，v_s 为横波速度，ρ 为密度，λ 为第一拉梅系数，v_p/v_s 为速度比，v_p/I_s 为纵横波速度比与密度的比值，$EI_{20°}$ 为 20°角对应的纵波弹性阻抗，$SEI_{-20°}$ 为 −20°角对应的 PS 波弹性阻抗。

2.1 岩性和物性敏感参数分析

经岩性敏感因子分析：

（1）优选出的最佳弹性参数组合是（ρ，$SEI_{-20°}$）和（ρ，v_p/v_s）。图 2 所示的是利用纵横波速速度比与密度的交会图，图中散点的颜色表示不同的岩性。可以看出：煤的典型特点是密度较低（小于 2.3g/cm³）；而砂泥岩的密度较高，密度大于 2.3g/cm³ 且速度比小于 1.7 的散点对应砂岩的弹性参数特征，而密度大于 2.3g/cm³ 且速度比大于 1.7 的散点则对

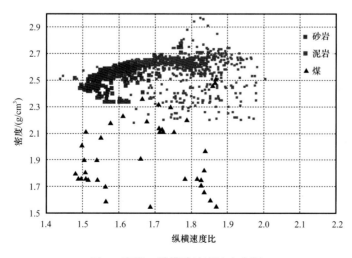

图 2 密度—纵横波速度比交会图

应泥岩的响应特征。

（2）图3中给出了各种弹性参数组合方案对泥质含量的拟合效果，图中红色曲线是实际的泥质含量曲线，蓝色曲线是用不同的参数组合拟合得到的泥质含量曲线，黄色矩形中标出了各种参数组合拟合泥质含量曲线时的相关系数。可以看出包3个弹性参数（v_p, v_s, ρ）能对泥质含量较好的拟合（相关系数0.816）；7个弹性参数（v_p, v_s, ρ, λ, v_p/v, v_p/I_s, $EI_{20°}$）能对泥质含量很好拟合（相关系数0.892），相关系数随着弹性参数的个数增加而逐渐增加，但是当弹性参数个数从7个增加到16个时，相关系数变增加很小（只增加了0.007），说明更多弹性参数的组合对拟合效果改善并不明显。

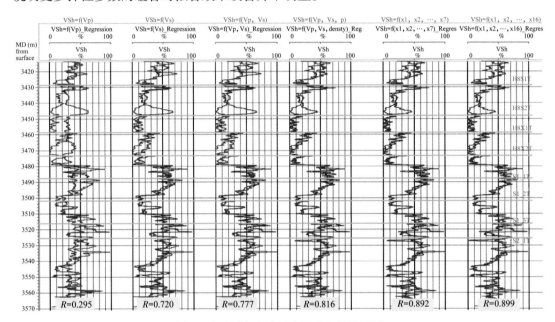

图3　多元回归方法拟合泥质含量效果图

在精细岩性划分的基础上，分析砂岩中的物性和流体敏感因子，认为纵波阻抗可以较好地预测孔隙度（图4）。

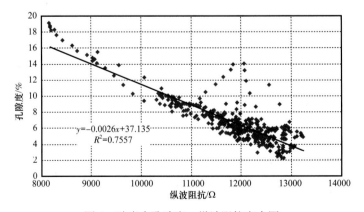

图4　砂岩中孔隙度—纵波阻抗交会图

2.2 确定流体饱和度定量预测方案

在孔隙度大于 5% 的砂岩中进行流体敏感因子分析，按以下三个步骤达到从弹性参数定量预测含水饱和度的目的：

（1）用 Gassmann 方程计算干燥岩石体积模量（K_d）和饱和流体的孔隙度体积模量（K_p）。前者是只与岩性和孔隙有关而与孔隙流体无关的项；后者是对流体敏感的项。饱和流体岩石的体积模量（K）与干燥岩石体积模量（K_d）及饱和流体的孔隙体积模量（K_p）之间具有如下关系[2-3]：

$$K=K_d+K_p \tag{1}$$

式中　K——孔隙体积模量，$K_p=\alpha^2\left[(\alpha-\phi)/K_m+\phi/K_f\right]^{-1}$；

　　　$\alpha=1-K_d/K_m$——Biot 系数；

　　　K_m——岩石基质的体积模量；

　　　ϕ——孔隙度；

　　　K_f——流体的体积模量。

（2）经验公式拟合。

① 拟合干燥岩石体积模量：

$$K_d=30.257+172V_{sh}-101.367\phi，R=0.800 \tag{2}$$

式中　V_{sh}、ϕ——分别为泥质体积分数和孔隙度，两者均可按上文提及的方法从弹性参数定量拟合得到。

② 拟合 K_p 与 S_w 的关系。

在 Ⅰ 类砂岩中：

$$S_w=20.42K_p+18.26，R=0.93 \tag{3}$$

在 Ⅱ 类砂岩中：

$$S_w=14.11K_p+32.95，R=0.80 \tag{4}$$

（3）根据式（1）～（4）可以从弹性参数拟合含水饱和度。拟合效果如图 5 所示，从图中可以看出，通过这种方法实现了对含水饱和度较好拟合：预测和实测含水饱和度曲线变化趋势一致，即具有很好的对应性；预测和实测饱和度曲线在数值相当接近，除图的顶部少部分样点预测误差较大外，两条曲线几乎重合，拟合的相关系数达 0.81。

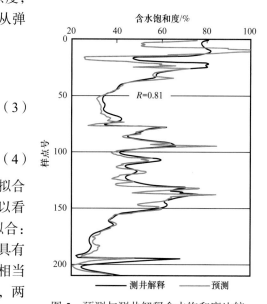

图 5　预测与测井解释含水饱和度比较

3　叠前地震反演

在叠前反演之前对地震道集进行了超道集处理，进一步压制了随机噪声提高信噪比，使地震资料品质进一步得到改善，如图 6 所示。

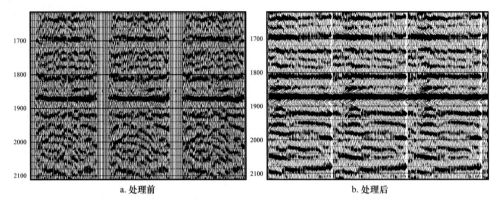

a. 处理前　　　　　　　　　　　　　　b. 处理后

图6　超道集处理前后叠前资料品质比较

应用 LMR 反演[4]，弹性阻抗反演[5-7] 及多角度弹性阻抗三种弹性阻抗反演方法获取了方法获取了 v_p、v_s、ρ、$EI_{20°}$ 等四个弹性参数的反演结果，并根据纵、横波速度和密度计算了 λ、v_p/v_s、v_p/I_s 等弹性参数的数据体。

4　反演结果解释

在获取了多个弹性参数的反演结果之后，如何将获取的多个弹性参数有机结合起来进行储层岩性、物性和流体进行描述是叠前地震描述的一个重要环节，也是叠前地震反演的最终落足点，此过程称为多参数融合过程。杨占龙[8]，李在光[9] 综合运用多种定性、定量化模型实现多属性信息融合，取得了较好的应用效果，本文的多参数融合的不同之处在于它是在以岩石物理分析结论的指导下进行的，物理意义也更明确。

根据岩石物理分析的结论将按如下步骤将叠前反演得到的弹性参数结起来对储层进行了综合解释。

（1）提取了拟伽马剖面，泥质含量剖面，二者均可用于对储层的岩性进行预测。

（2）通过拟自然伽马剖面的取值范围对地层岩性进行了识别得到了岩性剖面，并能与测井解释成果很好吻合（图7），该剖面能更直观地反映砂岩的展布特征。

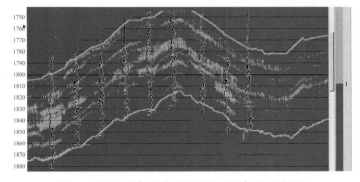

图7　根据自然伽马确定的岩性（黄色表示砂岩）

（3）在砂岩中，从纵波阻抗转换得到了孔隙度剖面（图8），能与测井解释孔隙度大小很好拟合，对砂岩的孔隙度大小进行了定量描述。

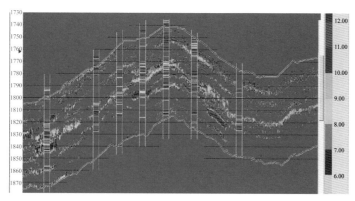

图 8　孔隙度剖面（砂岩部分）

（4）在获取泥质含量、孔隙度等剖面后按上文提及的方法从多个弹性参数的反演结果计算了含水饱和度剖面，如图 9 所示，含水饱和度定量地描述了地下储层的含气性情况。

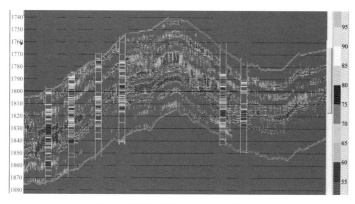

图 9　反演得到的含水饱和度剖面

（5）为了更好地预测天然气的分布，从含水饱和度剖面和孔隙度剖面计算了含气饱和度和孔隙度的乘积剖面，该剖面可以用来对气层的产能进行预测。图 10 是含气饱和度与孔隙度乘积剖面，剖面显示井 A 和井 B 处是高产气层，后经钻井和试气证实井 A 试气日产 $15 \times 10^4 m^3$，井 B 虽未试气，但测井解释为优质产层，说明预测了预测的有效性。

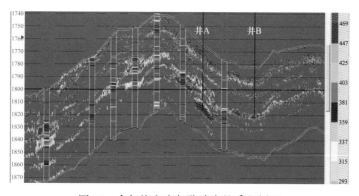

图 10　含气饱和度与孔隙度的乘积剖面

5 结论

介绍了叠前地震反演技术在苏里格气田的有效储层预测和含气性检测中应用情况：通过岩石物理分析建立了弹性参数与储层参数之间的联系，指明了工区内岩性、物性和含气性定性识别和定量预测的方法；通过叠前地震反演获取了各种弹性参数反演结果；根据岩石物理分析的结论对叠前反演的结果进行解释，获得了岩性、孔隙度和含水饱和度等剖面以及孔隙度和含气饱和度乘积剖面，对工区内的有效储层分布、孔隙度大小及高产气层的分布情况进行了预测。预测结果得到了钻井的证实，取得了良好的预测效果。

参 考 文 献

[1] 李凌高，姚逢昌，甘利灯，等. Gassmann 方程及其应用 [J]. 石油地球物理勘探，2004，东部会议专刊，129-131.

[2] Hedlin K. Pore space modulus and extraction using AVO [C]. 70th Annual International Meeting，SEG，Expanded Abstracts，2000，170-173.

[3] Russell，Hedin，Hilterman，et al.，Fluid property discrimination with AVO：a Biot-Gassmann perspective [J]. Geophysics，2003，68（1），29-39.

[4] Goodway W，Chen T，Downton J. Improved AVO fluid detection and lithology discrimination using Lame petrophysics parameters from P and S inversions [C]. 67th Annual International meeting，SEG. Expanded Abstract，1997，183-186.

[5] Connolly P. Elastic impedance [J]. The Leading Edge，1999，18，438-452.

[6] Whitcombe D N. Elastic impedance normalization [J]. Geophysics，2002，67，60-62.

[7] 甘利灯，赵邦六，杜文辉，等. 弹性阻抗反演及其在岩性和流体预测中的潜力分析 [J]. 石油物探，2005，44（5），504-508.

[8] 杨占龙，郭精义，陈启林，等. 地震信息多参数综合分析与岩性油气藏勘探—以 JH 盆地 XN 地区为例 [J]. 天然气地球科学，2004，15（6）：628-632.

[9] 李在光，杨占龙，刘俊田，等. 多属性综合方法预测含油气性及其效果 [J]. 天然气地球科学，2006，17（5）：727-730.

基于岩石物理的叠前反演方法在松辽盆地火山岩气藏预测中的应用

甘利灯，戴晓峰，李凌高

1 引言

火山岩油气藏作为油气勘探的一个新领域，已经引起了油气工业的普遍关注和高度重视。20 世纪 70 年代以来，我国先后在渤海湾、二连、准噶尔、塔里木和松辽等盆地相继发现了火成岩油气藏[1]。特别是松辽盆地北部徐家围子断陷徐深 1 井和南部长岭断陷长深 1 井重大突破打开了深层火成岩勘探的新局面[2]。目前火山岩油气藏已成为勘探开发的一个热点，已经成为增储的重要领域之一。

与常规油气藏相比，火山岩油气藏更加复杂，识别和预测难度更大。其主要难点在于：（1）火山岩岩性复杂，种类多，岩性、岩相空间变化快；（2）火山岩储层储集空间类型多，包括原生孔隙、次生孔隙和裂缝等；（3）火山岩储层非均质性极强，物性变化大，纵向上物性差异明显；（4）火山岩发育区构造复杂，地震反射杂乱；（5）火山岩储层弹性性质"硬"，孔隙度低，流体对地震响应影响弱，流体识别和预测面临巨大挑战。另外，长期以来人们一直将沉积岩作为主要研究对象，火山岩油气藏识别和预测的基础研究非常薄弱，特别是地震岩石物理基础研究方面。

目前，火山岩储层地震预测主要依据叠后资料，通过应用地震属性分析、地震相分析、叠后地震反演、AVO 分析等技术[3-6]实现了火成岩岩相和期次划分、火山岩储层顶底界识别和平面分布预测等，初步形成了基于叠后地震资料的技术流程和技术系列。但是，在火成岩叠前储层预测方面，国内外的研究几乎为空白，无经验可循。

为了充分利用叠前资料中丰富的信息解决研究区的火山岩储层预测问题，在叠前保幅处理、岩石物理建模、岩石物理解释量版技术研究的基础上，综合利用叠前地震反演、叠前衰减属性分析以及火成岩气藏成藏主控因素分析等对松辽盆地徐家围子深层火成岩储层的空间分布、孔隙度发育情况和含气性等进行了预测，取得了良好的地质效果。

2 叠前保幅处理

与叠后反演和属性分析相比，叠前反演和属性分析对地震资料有较高的要求：

原文收录于《CPS/SEG 北京 2009 国际地球物理会议论文集》，2009，1-9。

（1）要求地震资料偏移距足够大，一般要求目的层入射角大于25°；（2）要求对叠前地震资料进行保幅处理，此处保幅处理是指相对振幅保持，即要保持AVO特征；（3）地震资料具有较高的信噪比，以保证反演结果的信噪比；（4）要求地震道集内同相轴尽可能拉平，消除剩余动校正的影响，以保证准确地提取AVO信息。

针对工区资料特点，提出了一套以基础资料分析、处理流程检查、振幅保持监控、正演模拟约束为核心的叠前地震资料处理和道集评估与质控体系。

基础资料分析主要是对观测系统（如覆盖次数和偏移距）、噪声水平、频谱特征、资料完整性、全区能量一致性等进行分析。

处理流程检查主要是评估处理过程中各处理模块的保幅性能，剔除对振幅相对关系有较大损害的处理模块。

振幅保持监控主要通过井点叠前正演模拟约束来保证标志层实际资料的AVO特征与理论AVO特征的一致性。

在资料处理过程中，主要采用目的层二次地表一致性振幅补偿和分偏移距覆盖次数补偿叠前偏移技术，消除了偏移道集中的"覆盖次数脚印"，实现保幅偏移。

3 岩石物理建模

岩石物理建模就是在各种假设条件下利用各种理论模型从储层参数正演各种弹性参数的理论值的过程。它是地震岩石物理研究的基础，通过岩石物理建模，可以预测横波速度，分析岩性、物性和含油性对弹性参数的影响，进而分析对地震响应特征的影响，指导地震属性和反演结果解释，是叠前地震反演技术的关键研究内容之一。

目前，国内外火山岩岩石物理建模研究仍处于探索阶段，有人采用多岩性组合建模的思路，即将火山岩划分不同类别，分别确定其弹性参数，再选择一种物理模型进行混合。然而，松辽北部深层火山岩岩石类型达30多种，这种方法难以运用。相反，砂泥岩地层岩石物理建模理论和方法都比较成熟，通常采用二元组分划分，即石英和黏土，建模方法简单，易于实现。在总结砂泥岩和火成岩矿物组分相似性的基础上，提出了火成岩岩石物理建模思路。首先将火成岩简化为二元组分模型，然后建立简化二元组分的体积模型，最后，通过与砂泥岩类似的建模方法实现了火成岩的岩石物理建模。

分析不同类型火山岩的岩石组分变化情况可知，随着岩性从酸性向基性过渡，火山岩中铁、镁质含量增加，相反长石和石英含量逐渐减少，与其对应的火山岩岩石的弹性基本遵循从低速低密度到高速高密变化的趋势。把具有相对低密度、低中子孔隙度、高声波速度、高自然伽马的测井响应特征的岩石归为一类，称之为"岩石类型Ⅰ"。该类岩石主要包括流纹岩和英安岩等酸性岩类，岩石弹性特点呈现出硅铝矿物弹性特点，可以看作火山岩支撑矿物。同时把具有相对高密度、高中子孔隙度、低声波速度、低自然伽马的测井响应特征的归为一类，称之为"岩石类型Ⅱ"。该类岩石主要包括凝灰岩类和火山角砾岩等陆源岩类，该类岩石硅铝矿物含量减少，呈现出铁镁矿物的弹性特征，可以看作火山岩充填矿物。

对火山岩简化二元组分模型，采用中子和密度曲线为约束，通过优化算法确定简化火成岩模型的孔隙度和各组分的体积含量。在此基础上，采用自恰模型正演火山岩纵横波速度和密度曲线，通过正演与实测纵横波速度与密度曲线的差异不断调节"岩石类型Ⅰ"和"岩石类型Ⅱ"的弹性参数及其对应孔隙纵横比等参数，直到正演结果与实测匹配为止，就可获得"岩石类型Ⅰ"、"岩石类型Ⅱ"最优弹性参数。该最优弹性参数将用作建立岩石物理解释量版时的输入参数。

利用上述方法完成了松辽北部深层火山岩的岩石物理建模，得到的纵横波速度和密度结果与实测曲线吻合很好，说明了建模方法和参数选择的有效性，如图1所示。

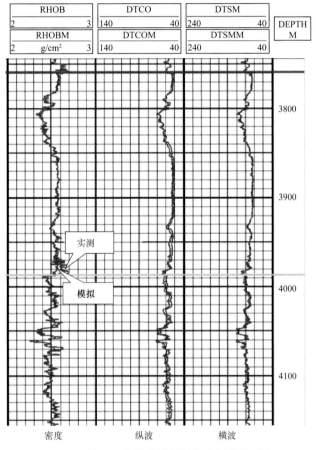

图1　A井弹性参数建模结果与实测曲线对比

4　岩石物理量版建立

岩石物理解释量版是通过研究区局部条件标定后的用于指导岩性和油气预测的示范性图表。岩石物理解释量版除了用于解释叠前反演结果，还可以用于对测井资料进行解释和质量控制及用于评估地震检测各种岩性和流体的可行性。

岩石物理量版的建立分两步进行：

（1）模拟弹性参数随岩性和孔隙度的变化规律；（2）用流体替代的方法模拟不同饱和度情形下的弹性参数。

根据以上步骤，本研究模拟了弹性参数随"岩石类型Ⅰ"的体积分数、孔隙度以及含水饱和度的变化规律，在此基础上建立了岩石物理解释量版。由于纵波阻抗、密度和速度比是叠前反演的主要输出结果，本研究建立了纵波阻抗—密度量版和纵波阻抗—速度比量版（图2），主要用于含气性解释，但也可以用于岩性和物性解释。

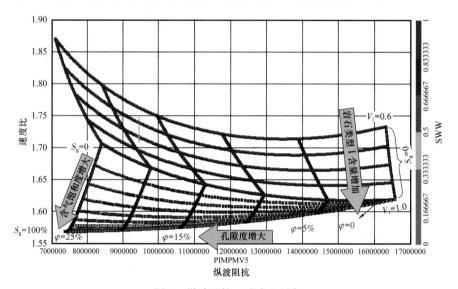

图2　纵波阻抗—速度比量版

5　叠前反演方法

本研究采用了 Jason 软件中 AVA 约束稀疏脉冲反演方法。该反演算法是零偏移距约束稀疏脉冲反演方法的拓展。零偏移距稀疏脉冲反演将单个叠加数据反演成声阻抗，而 AVA 约束稀疏脉冲反演将多个部分叠加数据体反演成纵波阻抗、横波阻抗和密度[7]。

完成参数测试后，利用所述方法完成了叠前反演，获得了纵波阻抗、横波阻抗、密度反演结果，并计算了纵横波速度比数据体。

6　综合储层预测

6.1　储层厚度预测

根据建立的火山岩储层岩性和物性解释模板，从叠前反演获得的纵波阻抗和密度数据体的交会预测了储层分布，进而预测了火山岩储层厚度。结果表明有利火山岩储层主要分布于火山锥附近，而远离火山锥的地区由于储层孔隙度较小，基本没有有利储层，这与火山储层分布的地质规律完全一致。统计表明，叠前反演预测的有利火山岩储层厚度和测井解释储层厚度比较接近，平均符合率81%。

6.2 储层物性预测

测井和岩心资料分析表明，火山岩储层孔隙度与密度之间存在较好线性关系。据此线性关系从反演的密度数据体计算了孔隙度数据体。

据此孔隙度数据体统计了指定时窗内的平均孔隙度。与相应的测井解释孔隙度比较，发现孔隙度大于9%的有利火山岩储层全部符合，如图3所示。

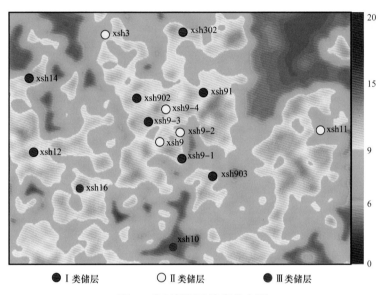

图3　有利储层孔隙度分布图

6.3 含气性预测

火山岩含气性解释量版表明：孔隙度增加，纵波阻抗减小，纵横波速度比略有减小；同样孔隙度情况下，含气饱和度增加，纵波阻抗减小，速度比速度减小。即在相同岩性条件下，速度比是指示含气性的敏感因子，且该比值越低，含气性越好，气层的速度比一般小于1.63。

基于以上分析，从叠前反演的纵波阻抗和速度比反演数据体联合预测了火山岩储层的含气性。预测结果表明，工业气层预测结果和测井解释及试气结果基本吻合，但也存在不符合的情况。这是因为随着储层孔隙度增加其速度比也会降低，含水高孔隙火山岩储层纵横波速度比有时也会小于1.63，表明仅仅依靠单一手段预测火山岩气层还存在一定的多解性。

火山岩岩样的衰减特性测试结果分析表明：岩石含气后，各种火山岩样纵波品质因子都有明显地降低，通常减小20%～30%。正演模拟研究也表明：由于地层含气后地层品质因子变小，气层与非含气层相比在叠前道集中心频率随偏移距下降得更快。基于以上认识，从高保真叠前地震道集中提取了叠前中心频率随偏移距变化的梯度数据体，并将此数据体作为叠前反演数据体的有效补充，用于火山岩的含气性预测。

考虑到松辽深层火山岩气藏为构造岩性气藏，含气性受到构造位置、储层物性等多种因素共同影响，因此需要针对气藏主控因素采用多信息综合预测气藏。首先，考虑储层的影响，根据上述储层的物性和含气性预测的结果综合预测含气性，结果符合率达到73%，其中高产气井全部符合。然后，根据构造和火山岩相分析结果对含气范围进一步进行约束，得到了火山岩气藏的最终预测结果（图4），含气性预测整体符合率80%，仅一口工业气井预测结果不符。

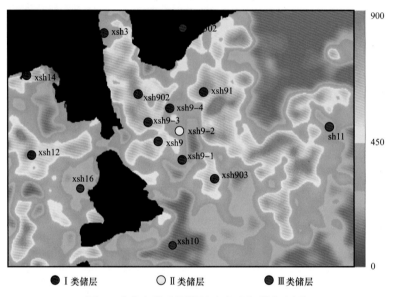

图4　多信息综合预测的火山岩气藏分布图

7　结论与建议

叠前地震反演由于充分利用了已采集的地震信息，可以降低复杂火山岩储层预测的多解性，提高储层预测精度，增强含气性预测潜力。通过研究，初步建立从叠前保幅处理、火成岩岩石物理建模、岩石物理解释量版建立到叠前反演结果解释的技术系列，形成了适合松辽盆地深层火成岩叠前储层预测的配套技术。值得注意的是，叠前地震反演是一项包含采集、处理和解释的系统工程，建议资料采集要取全AVO信息，资料处理要保持AVO信息，资料解释要突出AVO信息。

参 考 文 献

[1]邹才能，赵文智，贾承造，等.中国沉积盆地火山岩油气藏形成与分布[J].石油勘探与开发，2008，35（3）：257-271.

[2]赵文智，邹才能，冯志强，等.松辽盆地深层火山岩气藏地质特征及评价技术[J].石油勘探与开发，2008，35（2）：129-142.

[3]李明，邹才能，刘晓，等.松辽盆地北部深层火山岩气藏识别与预测技术[J].石油地球物理探，2002，37（5）：477-484.

[4]赵淑琴.地震预测技术在辽河断陷盆地东部凹陷火成岩油气藏勘探中的应用[J].特征油气藏，2004，11（5）：35-38.

［5］王华崇，冉启全，胡永乐．大港枣园油田火成岩岩相［J］．石油勘探与开发，2004，31（5）：21-23.

［6］严慧中，刘学敏，蔡文涛，等．火成岩储层地震综合技术的应用［J］．石油地球物理勘探，1999，34（增刊），89-95.

［7］Arturo Contreras．Sensitivity analysis of data-related factors controlling AVA simultaneous inversion of partially stacked seismic amplitude data：Application to deepwater hydrocarbon reservoirs in the central Gulf of Mexico［J］．Geophysics，2007，72（1）：19-29.

薄储层叠后地震反演方法比较：确定与随机

甘利灯，戴晓峰，张昕

1 引言

叠后地震反演是指反演地层波阻抗的过程，由于反演消除了子波的影响，某一时间反演结果只与对应深度点的岩层性质有关，而且反演结果物理意义明确，便于解释。因此，地震反演是高分辨率地震资料处理的最终表达方式，是储层预测的核心技术之一。根据不同的准则，地震反演有不同的分类，可以分为叠后和叠前，也可以分为确定和随机反演。

确定性反演假定波阻抗在空间上是一个确定值，通常以褶积模型为基础，利用最小化准则进行求解，得到平滑（块状）的波阻抗估计值。由于地震资料是带限的，确定性反演最大的局限性是其反演结果既缺乏低频，也缺乏高频成分，低频成分通常用叠前时间/深度偏移速度谱资料或测井低频来弥补，高频则主要通过测井资料来补充。约束稀疏脉冲反演[1]和基于模型反演[2]是两种最常用的地震反演方法。

随机地震反演假设波阻抗在空间上是一个随机变量，每一次反演结果只是该变量的一次实现，这种方法综合地质统计学规律和反演理论产生一组与测井数据和三维地震体匹配的各不相同的波阻抗体（实现），实际上，这组波阻抗体体现了与地震反演过程有关的不确定性或非唯一性。应该说，随机地震反演是确定性反演的补充，确定性地震反演是所有可能的非唯一随机实现的平均[3]。

与确定性反演方法相比，随机反演具有如下优势：首先，由于综合利用了测井信息和反映空间变化规律的地质统计学信息，加上反演过程没有像确定性反演那样进行局部平滑处理，随机反演可以从地震中提取更多的细节。其次，随机反演同样让反应演结果对应合成记录与实际记录匹配，因此，随机反演结果与井吻合程度也较高；再次，综合分析随机反演的多个实现可以对反演结果的不确定性作出定量的评估；最后，最新随机反演方法建立在贝叶斯公式的基础上，可以方便地融合多尺度信息。

2 反演方法与效果对比分析

2.1 确定性反演

约束稀疏脉冲反演假设地下反射系数界面不是连续分布而是稀疏分布的，从最粗略的

原文收录于《SPG/SEG2011 年国际地球物理会议论文集》，2011，777-782。

反射系数序列开始，通过迭代不断细化反射系数序列，使得其对应的合成记录逼近实际记录，在迭代过程中利用测井阻抗趋势和阻抗分布范围作为约束，减少反演的多解性。该方法属于递推反演，可以比较完整地保留地震反射的基本特征，多解性小，但是，抗噪能力差，受地震频带宽度的限制，其反演结果分辨率相对较低。可见，推递反演适合于井少、厚储层油藏描述，是勘探和评价阶段地震反演主流方法。

　　基于模型反演通过正演模拟方法解决反演问题，求解过程没有引入噪声，所以，抗噪能力强；其次，当地震采样率足够小时，初始模型包含了地震频带以外的波阻抗信息，理论上可得到与测井资料相同的分辨率，所以，反演结果的分辨率较高。但是，由于采用局部收敛算法，反演结果过于依赖于初始模型，多解性强。初始模型越逼近实际模型，反演精度越高，越可靠，因此，如何利用已知井信息和地震资料建立高精度先验初始波阻抗模型是做好基于模型反演的关键，其主要对策包括：

　　（1）提高时间和空间采样率，更好地保持井资料的高频信息，使得初始模型更加精细；

　　（2）开展面向储层预测的测井资料处理和解释，使得地震和测井更加匹配，即合成记录与实际记录相关性更好；

　　（3）地质小层约束建模避免砂体窜层，其方法是：分别计算已知井地质小层的时间厚度，以地震解释时间层位为约束，按照已知井每个小层时间厚度对地震解释时间层位进行等比例劈分，从而得到出每个小层时间层位，并用于初始波阻抗模型建立。

　　（4）内插方法优选，尽可能使得储层横向变化更加符合沉积模式。

2.2　随机反演

　　在随机模拟的基础上，寻找合成记录与实际地震记录匹配最好的波阻抗实现作为该道的反演结果，形成了最初的随机地震反演方法[4-5]。这种方法是逐道实现的，Grijalba-Cuenca[6]对此算法进行了修改，形成逐点实现的随机反演方法。这种算法首先用传统的随机模拟获得一个初始模型，然后再针对模型中的任一点进行随机模拟，将合成记录与实际地震记录匹配最好的实现作为该点的反演结果。为了减少运算时间，这种方法不是通过多次完整地重复一次反演结果来获得多个反演实现，而是在同一点多次模拟获得该点的多个实现值，然后将所有点的多次实现整合获得多个反演结果。Eide[7]则完全从概率的角度出发，假设储层参数的先验概率密度函数和与地震、井资料有关的条件似然函数都具有高斯概率密度函数的形式，然后借助贝叶斯公式求出了储层参数的后验概率密度函数，最后对这个后验概率密度函数多次采样获得储层参数的多个反演结果。本文使用的方法同样通过贝叶斯公式获得储层参数体的后验概率密度函数，不过，该方法完全利用马尔科夫链蒙特卡洛方法对后验概率密度函数采样获得反演结果，这种采样方法需要较长的运算时间，但是不需要高斯概率分布的假设。

2.3　确定性反演结果比较

　　图 1 为三种方法反演波阻抗联井剖面对比图，井点处插入的测井曲线是自然电位（SP）曲线，砂岩在 SP 上表现为负异常，在波阻抗上表现为低值（红色和黄色范围）。上

图为约束稀疏脉冲反演结果，可以看出反演结果横向变化自然，大的变化特征和井基本一致，但纵向上分辨率低，单砂体和钻井结果符合不好，不能满足油田生产需求。中图为基于模型反演结果剖面，其纵向时间采样率为 0.25ms，明显看出纵向分辨率大幅提高，薄层砂岩的边界比较清楚，和钻井解释的砂岩基本符合。原因是初始波阻抗模型中包含了超出地震频带的高频测井信息，并一直保留到反演结果中。这种高频信息对应薄层的响应，由于薄层通常分布规模小，横向相变快，必须有足够的井才能确保内插的可靠性，所以，基于模型反演需要一定数量的测井资料，更适合于开发和生产阶段地震油藏描述。

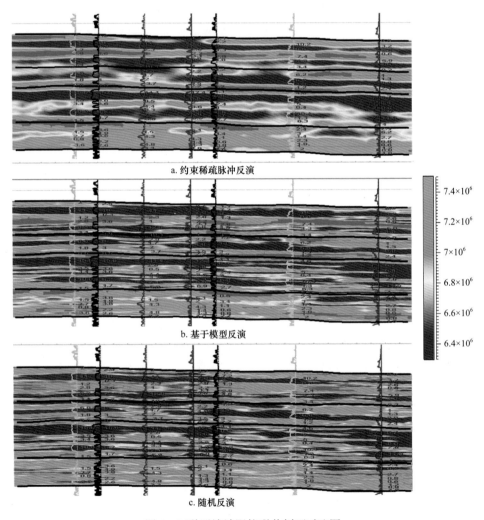

a. 约束稀疏脉冲反演

b. 基于模型反演

c. 随机反演

图 1 三种反演波阻抗联井剖面对比图

为了定量评价基于模型反演方法的适用性和对薄储层预测能力，先后进行了三次反演，然后利用盲井检验评价反演效果。为保证三次反演结果的可对比性，每次反演除了使用不同数量的井建立初始模型外，其他反演参数完全相同。三次反演使用的井数分别是42（如图 2 中黑点）、118（如图 2 中黑点加蓝点）和 291 口（如图 2 中黑点加蓝点，再加上绿点），相对应的井间距大约是 400m、200m 和 100m。图 2 为不同井间距基于模型反演结果波阻抗切片对比图，可以看出由于基于模型反演充分吸收了地震振幅横向变化的信息，不同井网波阻抗平面整体形态基本一致，具有较好的空间预测性，而不是井资料简单的插值。考虑到不同厚度砂体横向分布稳定性有所差异，反演预测精度也有所不同，因此，利用盲井统计砂体预测符合率时按砂体厚度分成三组：大于 4m 的砂体、2～4m 砂体和小于 2m 砂体，不同井网密度和不同厚度砂体预测结果见表 1。由表可见，4m 以上砂体，在各种井网密度条件下预测符合率都在 95% 以上；对于 2～4m 的砂体，400m 井网密度下反演预测符合率为 65%，200m 井网时为 75%，100 米井网时为 91%。对于 2m 以下的砂体，三种井网的预测符合率都不超过 60%：400m 井网时预测符合率为 32%，200m 井网时预测符合率为 36%，100m 井网时也只有 60%。由此可见，砂体越厚，基于模型反演预测符合率越高，4m 以上砂体几乎可以准确预测，2～4m 砂体可以预测，但精度不高，2m 以下砂体几乎没法预测。此外，基于模型反演预测精度与井网密度密切相关，同样厚度砂体，井网密度越大预测精度越高。

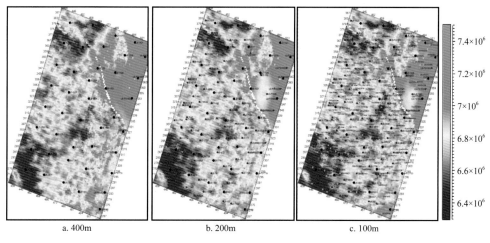

a. 400m   b. 200m   c. 100m

图 2　不同井间距基于模型反演波阻抗切片

表 1　基于模型反演砂体预测精度统计表

砂体厚度	井网密度		
	400m	200m	100m
>4m	95%	100%	100%
2～4m	66%	75%	91%
<2m	32%	36%	60%

2.4　确定性和随机反演结果比较

图 1b、图 1c 分别为基于模型反演和随机反演联井波阻抗剖面图可见分布几乎完全一致，但薄砂体的可辨识性在随机反演剖面上得到提高，砂体横向连续性更加合理，而且井旁反演结果与测井砂体匹配程度更高。为了分析井网密度对随机地震反演精度的影

响，以及便于确定性和随机反演砂体预测精度对比分析，也进行了三次随机反演，使用的测井资料与三次基于模型反演使用的井完全对应，分别对应于400m、200m和100m的井间距。同样采用与基于模型反演中相同的盲井检验流程和符合率统计方法，其结果见表2。由此可见，储层厚度越大，预测符合率越高，这与确定性反演结论相似。4m以上砂体预测符合率高于94%，可以准确预测；对于2～4m砂体，在井距小于200m时可以有效预测（符合率高于75%）；小于2m砂体随着井距不断减少，预测符合率不断提高，当井距100m时，预测符合率也达到了80%以上。可见，当井网密度足够大时，采用统计性地震反演能够比较准确预测2m以下薄储层。

表2　随机反演砂体预测精度统计表

砂体厚度	井网密度		
	400m	200m	100m
>4m	94%	100%	100%
2～4m	65%	80%	94%
<2m	42%	57%	86%

为了更清楚地进行对比分析，将确定性反演和随机反演对不同厚度砂体预测符合率绘在同一张图上，如图3所示，不同颜色代表不同井距，蓝色、红色和绿色分别代表400m、200m和100m井距（深色为随机反演，浅色为确定性反演），实线和虚线分别表示统计性和确定性反演预测符合率。由图3可以得到如下结论：

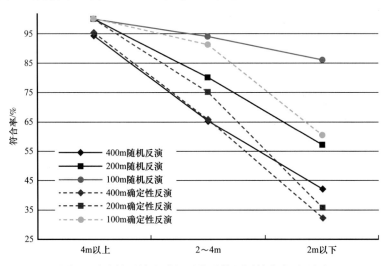

图3　确定性反演和随机反演砂体预测符合率对比图

（1）无论是确定性，还是随机反演，砂体厚度越大，反演预测精度越高，井距越小，反演精度越高；

（2）随机反演预测精度整体上高于确定性反演，而且井网越密，砂体越薄，随机反演效果越佳。4m以上砂体确定性与随机反演预测精度相当，2～4m砂体随机反演精度略有提高，小于 2m 砂体，随机反演预测精度大幅提高。

（3）确定性和随机反演在小于 400m 井距条件下都可以准确预测 4m 以上砂体，但是对于 2～4m 砂体，需要 200m 以内井距才能有效预测（符合率大于 75%）；对于 2m 以下砂体只能通过随机反演才能有效预测，而且井距需小于 100m。

图 4 为不同方法得到单砂体厚度分布图，左边是确定性反演结果，中间为实际测井解释厚度内插结果，右边是随机反演结果，红色圆圈大小表示井测井解释的砂体厚度，圆圈越大砂体厚度越大。由图可见，在连片厚砂体分布区（红色和黄色区域），确定性反演和随机反演结果都与井吻合较好，砂体边界也十分相似。在砂体厚度较薄的区域（蓝色区域），确定性反演预测的厚度误差较大，有些砂体甚至没有反演出来；而随机反演除了能较好保持砂岩边界形态，并且反演预测的砂岩厚度和测井解释厚度基本一致。

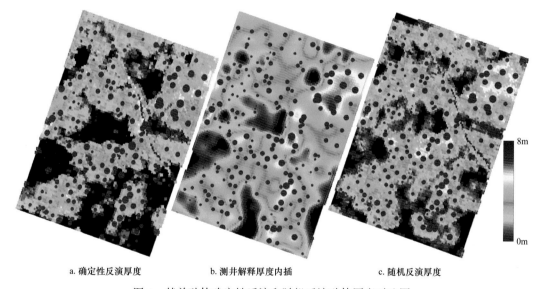

a. 确定性反演厚度　　　　　　　b. 测井解释厚度内插　　　　　　　c. 随机反演厚度

图 4　某单砂体确定性反演和随机反演砂体厚度对比图

3　结论

理论上，确定性反演只能得到与地震频带相当的波阻抗反演结果，但是，在基于模型反演中，由于使用了通过测井资料内插得到的初始模型，使得反演结果保留了测井高频成分，反演结果分辨率高，但是这种高频成分是通过内插得到的，因此，当储层横向变化稳定时，基于模型反演预测精度高，如连片分布的厚储层；反之，当储层厚度小，横向变化快时，反演预测精度低，研究成果表明，即使井网很密（井间距 100 米），确定性反演仍然不能有效预测 2 米以下的砂体。随机反演由于充分利用了代表砂体空间分布规律的变差函数，使得反演结果不但包含薄砂体的细节，而且预测结果更加符合沉积规律，因此，随机反演可以大幅提高薄砂体的预测精度，是密井网条件下薄储层预测的关键技术。

参 考 文 献

[1] Debeye H W J，Van Riel P. Lp-Norm Deconvolution [J]. Geophysical Prospecting，1990，38，381-

403.

[2] Brian Russell，Dan Hampson，Comparison of poststack seismic inversion methods ［ C ］. SEG， Expanded Abstracts，1991，10（1）：876—878.

[3] A. Francis. Understanding stochastic inversion ［ J ］. First Break，2006，24，69—85.

[4] Bortoli L J，Alabert F，Haas A. et al. Constraining stochastic images to seismic data ［ M ］. in Soares A. Ed. Proceedings of the International Geostatistics Congress，Trois 1992：Kluwer Academic Publ.

[5] Haas A，Dubrule O. Geostatistical inverson—a sequential method of stochastic reservoir modeling constrained by seismic data ［ J ］. First Break，1994，12（11），561—569.

[6] Grijalba—Cuenca A，Torres—Verdin C，van der Made P. Geostatistical inversion of 3D seismic data to extrapolate wireline petropysical variables away from the well ［ J ］. Soc. Petr. Eng.，Am. Inst. Min.， metall. Petr. Eng.，2000，SPE 63283.

[7] Eide A L，Omer H，Ursin B. Stochastic reservoir characterization condioned on seismic data ［ C ］. 1996， geostatistics Wollongong '96.

随机地震反演关键参数优选和效果分析

黄哲远，甘利灯，戴晓峰，李凌高，王军

1 引言

随机地震反演结合地质统计学和反演理论来构建油藏模型。为了进行油藏建模人们最初采用的是克里金插值方法[1]，这种方法可以获得平滑的模型，但这些模型往往由于过度平滑而与地下实际情况相差甚远。为此人们发明了随机模拟方法[2]。这类方法可以获得更加符合实际情况的模型，但该类方法同时给出多个符合要求的模型，这些模型彼此间差异较大，反映出这种建模方法很强的不确定性。为了减少这种不确定性，人们尝试在随机模拟的过程中加入地震资料的约束，在多个模型中选取正演记录与地震数据匹配最好的模型作为最终结果，形成随机地震反演方法[3-5]。该方法在很大程度上降低了建模的不确定性，但是由于模拟过程中各网格点访问顺序的随机性，仍会产生多个结果，而该方法最终没能阐明这多个结果之间的关系。Tarantola 在 1987 年提出用概率密度函数的形式阐述反演问题，将反演过程转换为一个利用先验信息和正演理论建立后验概率分布和对后验概率分布采样的过程，形成了另一种随机地震反演方法[6]。这种方法明确指出随机地震反演的多个结果是后验概率分布的多个样本。两种随机地震反演方法的结合出现在 Hansen 等发表于 2006 年的文章中[7]。在该文中他用地质统计学方法构建先验概率分布，在后验概率分布是高斯分布的情况下，使用序贯高斯模拟方法对其采样获得了反演结果。

本文使用的方法与上述方法相似，只是由于构建的后验概率分布不是高斯分布，所以不能使用序贯高斯模拟的方法对其采样，而是采用了马尔科夫链蒙特卡洛（MCMC）采样方法。序贯高斯模拟只严格适用于对多元高斯分布采样，MCMC 方法可以用于对非高斯分布采样。

2 随机地震反演原理

地球物理反演问题是利用观测数据和已有理论推断地下模型的问题。由于可以获得的数据是有限的，并且数据和理论都不可避免地包含误差，所以任何反演方法都很难唯一地给出正确的地下模型。但是，在一定的假设下，这些有误差的数据和理论可以给出任意一个模型是地下真实模型的概率。这些概率组成了一个定义在模型空间上的概率分布。随机地震反演通过分析这个概率分布的性质来认识地下情况。这一部分首先讨论如何构建模型

原文收录于《Applied Geophysics》，2012，9（1）：49-56。

空间上的概率分布，然后介绍分析这个概率分布的方法。本文主要针对波阻抗和岩性模型进行讨论。

构建概率分布的过程由如下几步完成。首先，使用地质统计学方法，通过测井资料和露头信息获得波阻抗模型的变差函数等地质统计信息。利用这些信息就可以初步地构建一个波阻抗模型满足的条件概率分布 $p(z_p|v_{zp})$，其中 z_p 表示三维波阻抗模型，v_{zp} 为波阻抗满足的变差函数。这个概率分布是多元高斯分布或者可以通过适当的变换转化为多元高斯分布。

上述概率分布 $p(z_p|v_{zp})$ 没有加入地震资料的约束，故被称为先验概率分布。相应的，将加入地震资料约束的概率分布称为后验概率分布。根据贝叶斯公式，波阻抗模型的后验概率分布与先验概率分布的关系如式（1）[8]：

$$p(z_p|v_{zp},s) \propto p(s|z_p)p(z_p|v_{zp}) \tag{1}$$

式中　s——地震记录；

　　　$p(s|z_p)$——似然概率分布，表示当地下波阻抗模型为 z_p 时，采集得到地震记录 s 的概率。

它以概率的形式描述了模型 z_p 正演的合成记录与地震记录 s 的匹配程度。这个概率分布的不确定性由地震记录的信噪比控制。后验概率分布 $p(z_p|v_{zp},s)$ 表示在变差函数是 v_{zp} 且地震记录为 s 的条件下，波阻抗模型为 z_p 的概率。

上述后验概率分布只考虑了一种岩性。当有多种岩性同时存在时，各种岩性中波阻抗的变差函数是不同的，在这种情况下，波阻抗模型的先验概率应该同时受到多个变差函数和岩性模型的约束，故改写为 $p(z_p|v_{zpl},litho)$。相应的，后验概率分布改写为如下形式：

$$p(z_p,litho|v_{zpl},v_{litho},s) \propto p(s|z_p)p(z_p|v_{zpl},litho)p(litho|v_{litho}) \tag{2}$$

式中　litho——离散的岩性模型，其变差函数用 v_{litho} 表示；

　　　v_{zpl}——所有岩性岩石中波阻抗的变差函数的集合；

　　　$p(z_p|v_{zpl},litho)$——在变差函数为 v_{zpl}，岩性为 litho 的条件下，波阻抗模型为 z_p 的概率。

在此基础上，后验概率分布还应加入井资料的约束信息。井资料作为先验信息加入。如果只加入岩性曲线的信息，则后验概率分布应改写为如下形式：

$$p(z_p,litho|v_{zpl},v_{litho},s,w_{litho}) \propto p(s|z_p)p(z_p|v_{zpl},litho)p(litho|v_{litho},w_{litho}) \tag{3}$$

式中　w_{litho}——岩性曲线。

如果波阻抗曲线也要参与到反演中，则后验概率分布应进一步改写为

$$p(z_p,litho|v_{zpl},v_{litho},s,w_{litho},w_{zp}) \propto p(s|z_p)p(z_p|v_{zpl},litho,w_{zp})p(litho|v_{litho},w_{litho}) \tag{4}$$

式中　w_{zp}——波阻抗曲线。

在加入井资料的约束时，一般认为井资料是没有噪声的，这时可以直接将井曲线数据

赋给最近的网格点。在反演中加入井资料的约束会对反演结果的不确定性产生影响，而这种影响又与井网密度密切相关。

到此，模型空间上的概率分布构建完成，即为式（3）或式（4）中的后验概率分布。这样一个概率分布中包含了利用已有的地震、测井等资料可以获得的关于地下情况的全部信息。随机地震反演的关键就是通过研究这个概率分布的性质来认识地下情况。由于上述后验概率分布形式复杂，常用的方法是通过分析这个概率分布的多个样本来研究其性质，这些样本通过 MCMC 采样方法获得。该方法构建一个稳态分布为目标概率分布的马尔科夫链，然后让这个马尔科夫链不断延伸，当马尔科夫链的长度达到一定数目后。在该马尔科夫链中新出现的状态即可近似作为目标概率分布的样本。值得注意的是，待分析的样本数目要足够多，以保证对后验概率分布充分采样；同时，获取过多的样本需要非常长的运算时间，因此选取合适数目的样本是必要的。

3 关键参数优选

由上文的叙述可知，在随机地震反演中，地震资料的信噪比、变差函数、约束井网的密度以及样本个数是影响反演效果的关键参数，下面分别对它们进行讨论。

3.1 地震资料的信噪比

在随机地震反演中，先验概率分布通过似然概率分布的改造形成后验概率分布。根据贝叶斯公式，后验概率分布正比于先验概率分布和似然概率分布的乘积。似然概率分布对后验概率分布的影响作用取决于其不确定性，而其不确定性又通过地震资料的信噪比控制。当地震资料的信噪比高时，似然概率分布的不确定性变小，对后验概率的分布的影响变大，此时反演结果更加忠实于地震资料，而较少地受到先验概率分布包含的地质统计规律的影响。当地震资料的信噪比设置较低时，反演结果会倾向于满足地质统计规律，而较少的考虑地震资料的约束。图 1 为使用同样的地震资料，将其信噪比分别设为 1dB 和 30dB 时反演结果的合成记录和地震记录的对比图。可见，将地震资料的信噪比设置较高时，反演结果的合成记录与地震记录的匹配较好。图 2 反映的是随机模拟和随机反

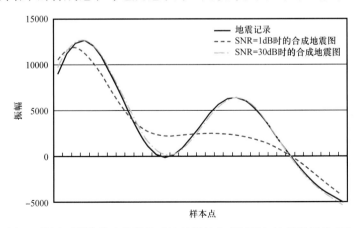

图 1　设置不同信噪比获得的反演结果的合成记录与地震记录的对比

演结果的单点概率分布与先验单点概率分布的比较（单点概率分布即为一元概率分布，以区别上文提到的多元概率分布），图中分别显示了概率密度函数（PDF）和累计分布函数（CDF）。可见，随机模拟的结果基本重现了先验单点概率分布，因为它是直接对先验概率分布采样的结果。而随机反演由于考虑了似然概率分布的影响，其结果的单点概率分布与先验单点概率分布不重合，且它们之间的差异随输入信噪比的增加而增大。

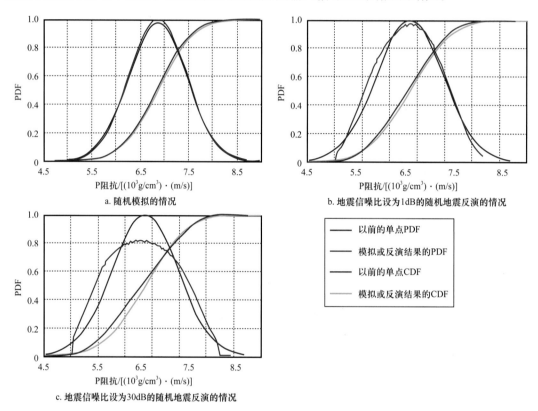

图 2　随机模拟和随机地震反演结果的单点概率分布与先验单点概率分布的对比

因此，在实际工作中，要获得尽可能准确的地震资料的信噪比，如果在反演中输入的信噪比低于真实信噪比，反演结果将无法受到地震资料的充分约束；如果反演输入的信噪比高于真实信噪比，反演结果会受到地震资料中噪声的干扰，同时忽视地质统计学规律。事实上，在地震资料采集处理无误，井资料正确，地质统计方法使用恰当的前提下，地质统计规律与地震资料各自反映的地质情况不应有太大的矛盾。即地震资料信噪比设置正确后，反演结果的合成记录与地震资料吻合较好，反演结果的统计规律与地质统计结果也应吻合较好，上述两者任何一个出现较大差异，都说明反演结果是错误的，其原因可能是信噪比的设置有问题。

3.2　变差函数

变差函数类型和变程的大小主要决定了先验概率分布的特征。先验概率分布的特征必然影响后验概率分布。其结果是变程越大，反演结果越平滑。在变程大小相同的情况下，使用不同类型的变差函数，反演结果的平滑程度也不同。图3展示了变程相同的两种变差函数的形态，横坐标为距离，纵坐标为变差函数的值，在距离相同的位置，高斯型变差函数的值大部分情况下小于指数型变差函数的值。根据变差函数与协方差的关系可知，变差函数值越小，对应的协方差值越大，网格点之间的相关性越强，反演结果就越平滑。图4表明，使用高斯型变差函数反演获得的结果要比用相同变程的指数型变差函数反演获得的结果平滑。因此，高斯型变差函数适合应用于岩性变化较慢的地层，如海相沉积地层；指数型变差函数适合于岩性变化快的地层，如陆相沉积地层。

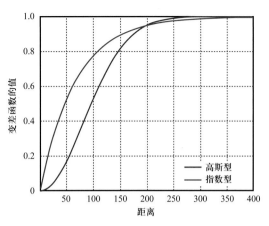

图3　变程相同的两种变差函数的形态

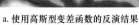
a. 使用高斯型变差函数的反演结果

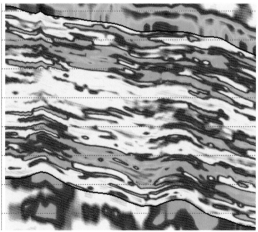
b. 使用指数型变差函数的反演结果

图4　使用变程相同的两种变差函数的反演结果

3.3　样本个数

随机地震反演通过后验概率分布的多个样本来认识后验概率分布，进而了解地下情况。那么，究竟使用多少个样本才能对后验概率分布充分采样，从而通过分析这些样本正确认识地下情况？这个问题与研究区域网格点的数目，约束井网密度密切相关，在这两个参数确定的情况下，可以通过分析由不同个数的样本获得的砂岩概率体之间的差异来认识这个问题。本文研究区域的网格大小为 $51 \times 51 \times 71$，约束井网密度为6口 $/km^2$。此外，为简化问题，本文只考虑砂泥岩两种岩性。将使用不同个数的样本统计获得的砂岩概率体两两分为一组。分组的原则是针对每组中的两个砂岩概率体，用于计算它们的样本的个数是2倍关系。然后点对点地比较每组中两个砂岩概率体的差异。之所以选择2倍关系的样本数目进行比较是为了保证每组比较的结果之间具有可比性。

图 5 所示为不同组中砂岩概率差异的分布直方图。其中横轴表示点对点差异的范围，如 0~0.1 表示差异在 0~0.1 之间，以此类推。纵轴为网格点数的百分比。可见，随着样本个数的增加，砂岩概率体的差异逐渐变小，当差异足够小时，表明砂岩概率体趋于稳定，再增加样本对统计砂岩在各点的概率几乎不产生影响。由图 5 可知，25 个样本与 50 个样本获得的砂岩概率体间的逐点差异中接近 90% 都小于 0.1，可以认为这个差异足够小，即当样本个数超过 25 个时，该样本集可以对岩性的后验概率分布充分采样。

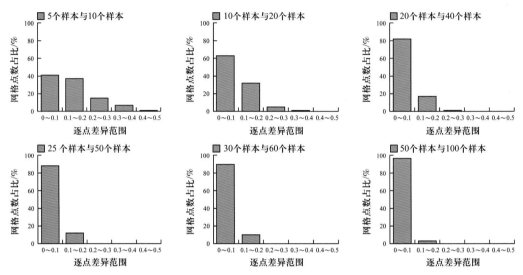

图 5　不同个数样本统计的砂岩概率体逐点差异分布的直方图

图 6 显示的是由 10 个样本和 25 个样本统计得到的砂岩概率体剖面图。可以发现，10 个样本获得的砂岩概率体岩性变化剧烈，而 25 个样本获得的砂岩概率体则更为平稳。统计获得砂岩概率体的过程不是一个简单的平均过程，因此，这里显示出的这种平稳的性质并不是平均效应引起的，而应该理解为对后验概率分布充分采样的结果。

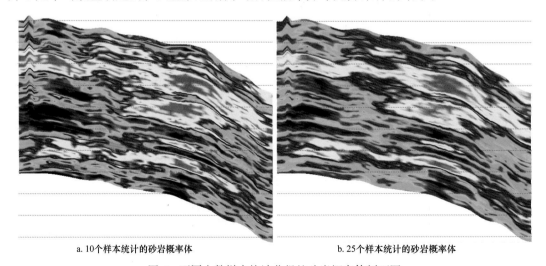

a. 10个样本统计的砂岩概率体　　　　　　　　b. 25个样本统计的砂岩概率体

图 6　不同个数样本统计获得的砂岩概率体剖面图

3.4 井网密度

在反演中，我们将约束井曲线的值直接赋给了最近的网格点。这样做会对反演结果不确定性产生影响，在分析这种影响时，要保证其他反演参数不变，在此固定所有变差函数的横向变程为400m。同样，为了简化问题，反演中使用的约束井曲线仅为岩性曲线，并且只考虑岩性反演结果的不确定性。在研究区域内使用 6 口 /km^2、11 口 /km^2、20 口 /km^2 和 30 口 /km^2 四套密度不同的井网进行随机地震反演。同时考虑上文关于样本个数的讨论结果，在不同密度的井网情况下分别采集 26 个样本，统计各自的砂岩概率体。图 7 所示为使用不同的井网反演获得的砂岩概率体的直方图，其中横坐标是砂岩概率的取值，纵坐标为网格点数百分比。砂岩概率取值为 100% 表示该点为砂岩，取值为 0 表示该点为泥岩，取值介于上述二者之间表明该点的岩性存在不确定性，取值为 50% 表示该点岩性的不确定性最大。可见，分布在 50% 附近的点越多，反演结果的不确定性越大。分析图 7 可知，随着井网密度的增加，反演结果的不确定性逐渐降低。可以认为当井网密度在 20～30 口 /km^2 之间时，岩性反演结果的不确定性达到允许范围，此时的约束井网井距大致在 180～220m 之间。

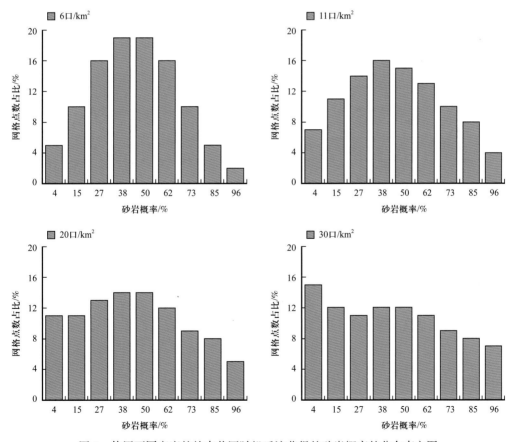

图 7　使用不同密度的约束井网随机反演获得的砂岩概率的分布直方图

4 效果分析

试验区位于中国东部某油田，储层为河流三角洲沉积和三角洲前缘沉积砂体，该油田经过多年开发和开采，目前处于高采出程度和高含水阶段[9]。按照上述关键参数优化的结果，对试验区分别完成基于模型确定性地震反演方法和随机地震反演方法。在两种反演中，地震资料信噪比均设为8dB，变差函数为指数型，水平变程为400m，采样率为0.5ms，约束井网密度为20口/km²。（基于模型地震反演在建模过程中使用克里金插值方法并采用上述变差函数模型）。图8对比了两种反演的结果，其中两条黑线之间为目标区，A井和C井为反演使用井，B井为检验井，未参与反演。图中左上图为基于模型反演的结果，其余三幅图为随机地震反演的三个结果。B井波阻抗曲线在图中箭头所示位置为较高值，波阻抗值大于6800g/cm³·m/s。基于模型反演获得的波阻抗剖面在这个位置呈现较厚的低值，波阻抗范围在6000g/cm³·m/s到6300g/cm³·m/s之间。随机地震反演的三个结果各不相同，但是在上述位置都没有出现较厚的低阻层，与B井波阻抗曲线所示情况较为吻合。

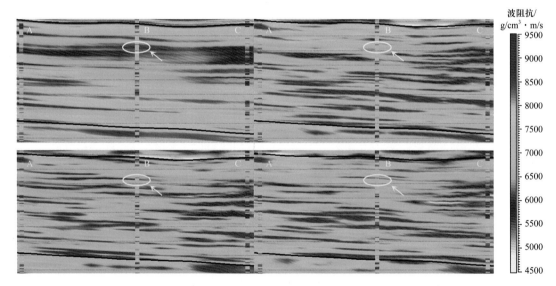

波阻抗/
g/cm³·m/s

图8 基于模型确定性地震反演结果与随机地震反演结果的比较
左上图为基于模型确定性地震反演结果，左下、右上、右下为随机地震反演的三个结果

图9给出由多个随机地震反演结果统计获得的不同范围波阻抗概率体的剖面。其中由上到下分别是波阻抗值小于6300g/cm³·m/s，波阻抗值大于6300g/cm³·m/s小于6800g/cm³·m/s和波阻抗值大于6800g/cm³·m/s的概率体剖面。由图可知，在B井上述位置，波阻抗值在这三个范围的概率分别为28%、32%、40%。所以随机地震反演表明在这个位置波阻抗值大于6800g/cm³·m/s的概率相对更高一些。这个结果也与B井波阻抗曲线显示的情况较吻合。

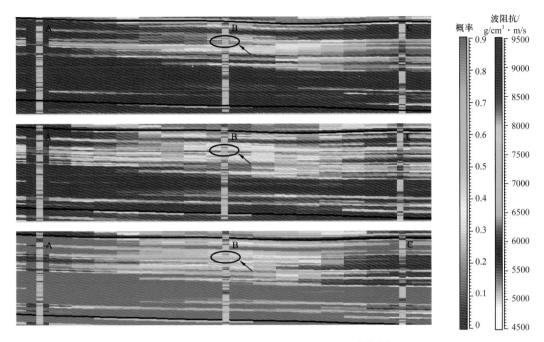

图 9   多个随机地震反演结果统计获得的概率体剖面图

上、中、下图分别为波阻抗小于 $6300g/cm^3 \cdot m/s$，大于 $6300g/cm^3 \cdot m/s$ 小于 $6800g/cm^3 \cdot m/s$ 和大于 $6800g/cm^3 \cdot m/s$ 的概率

5   结论

在随机地震反演中，地震资料信噪比控制地震资料和地质统计规律对反演的影响程度，变差函数影响反演结果的平滑程度，约束井网的密度则影响反演结果的不确定性。此外，对后验概率分布的分析必须要有足够多数目的样本，以保证后验概率分布被充分采样。

与基于模型的确定性地震反演方法相比，随机地震反演方法给出多个细节丰富的地下模型，其中一些模型与盲井的吻合程度高。使用统计方法分析这多个模型可以帮助解释人员更客观准确地认识地下情况。

本文没有考虑模型的垂向采样率对反演效果的影响。在分析反演所需的样本个数和约束井网密度时，只针对砂泥岩两种岩性情况下的岩性反演结果进行了讨论。此外，针对随机地震反演获得的多个反演结果的解释方法还不完善，下一步的工作将针对这些问题展开。

参 考 文 献

［1］Krige D G. A statistical approach to some mine valuations and allied problems at the Witwatersrand［C］. Masters's Thesis，University of Witwatersrand，South Africa. 1951.

［2］Journel A. Fundamentals of geostatistics in five lessons［C］. Volume 8，Short Course in Geology，American Geophysical Union，Washington D.C. 1989.

［3］Bortoli L J，Alabert F，Haas A，et al. Constraining stochastic images to seismic data［J］. Soares A.，Geostatistics Trois，Volume 1，Dordrecht，Kluwer Academic Publ，1993，325–338.

［4］Haas A, Dubrule O. Geostatistical inversion − a sequential method of stochastic reservoir modeling constrained by seismic data ［J］. First Break, 1994, 12（11）, 561 − 569.

［5］Grijalba−Cuenca A, Torres−Verdin C, van der Made P. Geostatistical inversion of 3D seismic data to extrapolate wireline petrophysical variables laterally away from the well ［C］. SPE Paper 63283, SPE Annual Technical Conference and Exhibition, Dallas, Texas. 2000.

［6］Tarantola A. Inverse problem theory: methods for data fitting and model parameter estimation ［M］. Elsevier Science Publ. Co., Inc. 1987.

［7］Hansen T M, Journel A G, Tarantola A. et al. Linear inverse Gaussian theory and geostatistics ［J］. Geophysics, 2006, 71（6）, 101–111.

［8］Fugro−Jason. Jason Geoscience Workbench Software Manual ［M］. StatMod MC. 2009.

［9］Gan L D, Dai X F, Zhang X. Research into poststack seismic inversions for thin reservoir characterization Deterministic and Stochastic ［C］. 2011SPG/SEG International Geophysical Conference, Shenzhen. 2011.

基于蚂蚁体各向异性的裂缝表征方法

王军，李艳东，甘利灯

1 引言

基于纵波振幅方位各向异性的裂缝预测方法已成为小尺度裂缝量化预测的重要手段，它是利用纵波振幅随方位角的变化来预测裂缝发育带的走向和密度。从 20 世纪 90 年代以来，国内外学者对基于纵波振幅方位各向异性的裂缝预测方法进行了大量的研究。Mallick[1]等最早提出了利用方位振幅差异，以识别主裂缝方向；Rüger[2]给出了裂缝介质反射系数近似公式，为基于纵波振幅方位各向异性的裂缝预测奠定了理论基础；Chichinina 等[3]利用 Rüger 反射系数近似式中高阶项来确定裂缝走向，实现了对裂缝走向和密度的精确预测。Jenner 等[4]将 Rüger 反射系数近似式进行线性化处理，使得基于振幅各向异性的裂缝预测方法从叠后走向叠前。Downton 等[5]将方位傅里叶系数和线弹性参数相结合，实现了裂缝发育带密度和走向的预测。前人的研究在单组小尺度裂缝的预测方面取得了很大的进展，并推动了基于地震各向异性的裂缝识别方法在油气勘探中的应用。在碳酸盐岩溶储层地区该类方法却面临几大难题：第一，预测结果受溶洞等非均质体影响大，裂缝造成的各向异性信息被溶洞的影响所掩盖，造成预测结果不准确；第二，该类方法只适用于单组裂缝，无法对多组裂缝发育带进行预测。因此在岩溶储层缝洞发育区域，直接利用纵波振幅随方位变化信息对裂缝进行检测具有很大的不确定性[6]。

Dorigo 等[7]于 20 世纪 90 年代中期通过模拟自然界中蚂蚁觅食行为率先提出"蚂蚁"算法，该算法通过人工"蚂蚁"智能群体间的信息传递达到全局寻优目的。"蚂蚁"追踪裂缝识别方法正是基于"蚂蚁"算法的原理，在地震数据体中播撒大量的"蚂蚁"，发现满足预设断裂条件的"蚂蚁"将"释放"信息素，召集其他的"蚂蚁"集中在该断裂处对其进行追踪，直到完成该断裂的追踪和识别。Pedersen[8]首次提出了"蚂蚁"追踪裂缝识别方法，给出了"蚂蚁"追踪流程，并将其应用于实际数据；Pedersen 等[9]发表了第一篇"蚂蚁"追踪裂缝识别方法的文章；斯伦贝谢公司推出了"蚂蚁"追踪裂缝识别软件，并很快在全球范围内得到推广和应用；Aqrawi[10]将改进的三维 Sobel 滤波和倾角滤波方法与"蚂蚁"算法结合，实现了对小断层和裂缝的精确解释；Sun 等[11]将谱分解技术和"蚂蚁"算法结合实现了对微裂隙和小断层的识别；赵伟[12]利用灰度突变"蚂蚁"体对裂缝进行识别；严哲等[13]提出了方向约束"蚂蚁"算法对裂缝进行识别。上述研究成果提高了"蚂蚁"追踪算法裂缝识别的精度，克服了传统地震断层、裂缝解释的主观性[14]，

原文收录于《石油地球物理勘探》，2013，48（5）：763-769；该文章入选 CNKI 高被引论文。

显示出"蚂蚁"算法在裂缝空间分布规律的描述上具有显著的优势[15]，但也存在几方面问题：第一，该类方法只能对裂缝进行定性而不能定量描述；第二，该类方法只能对小断裂及大尺度裂缝进行识别，对于小尺度裂缝则识别精度不高；第三，前人研究集中于单个地震数据体，描述结果具有片面性。

Pico 等人[16]指出小断层及大尺度裂缝可用于指示裂缝发育带及裂缝密度及走向的预测。通过实际的地质考察，人们也发现裂缝发育带通常位于大、中尺度断裂附近。为此，本文将"蚂蚁"追踪裂缝识别技术与基于振幅方位各向异性裂缝预测方法相结合，提出了基于"蚂蚁"体各向异性的裂缝表征方法。该方法主要可分为两个步骤：首先，对多个方位的地震数据体进行"蚂蚁"追踪，实现对小断裂及大、中尺度裂缝的刻画，实现了对裂缝发育位置的定位；其次，在裂缝发育带范围引入振幅随方位变化信息，进而实现了对裂缝发育带的量化预测。本文方法综合利用了多方位"蚂蚁"追踪结果，并引入了裂缝发育规律信息，结合振幅方位各向异性裂缝预测方法，实现了对裂缝发育带的定量化描述。该方法克服了基于纵波振幅方位各向异性受溶洞影响大、不能对多组裂缝预测的缺点；同时，该方法也克服了常规"蚂蚁"追踪对裂缝刻画不全面，且不能定量描述的缺点。实际应用结果表明，该方法对于碳酸盐岩岩溶油气藏的高效开发具有较好的应用潜力。

2　基于纵波振幅方位各向异性的裂缝预测方法

基于纵波振幅方位各向异性裂缝预测是利用纵波振幅随方位角变化特征，识别裂缝走向和预测裂缝密度。Rüger[2]给出了 HTI 介质情况下反射系数随方位角变化的近似公式：

$$R(i, \phi) = A + B^{\text{iso}} \sin^2 i + B^{\text{ani}} \sin^2 i \cos^2(\phi - \phi^{\text{sym}}) \tag{1}$$

式中　$R(i, \phi)$——与入射角和方位角有关的纵波反射系数；

$$B^{\text{iso}} = \frac{1}{2}\left[\frac{\Delta \alpha}{\bar{\alpha}} - \left(\frac{2\bar{\beta}}{\bar{\alpha}}\right)\frac{\Delta G}{G}\right]$$——振幅随炮检距的变化率，也称为各向同性梯度，表征

介质各向同性部分的影响；

$$B^{\text{ani}} = \frac{1}{2}\left[\Delta \delta^v + 2\left(\frac{2\bar{\beta}}{\bar{\alpha}}\right)\Delta \gamma^v\right]$$——振幅随方位角的变化率，也称为各向异性梯度，表

征介质各向异性部分的影响；

G——切向模量，且 $G = \rho \beta^2$；

α——纵波速度；

β——横波速度；

Δ——上、下介质岩性参数之差；

上划线变量——上、下介质岩性参数的平均值；

δ^v、γ^v——描述各向异性的 Thomsen 参数；

ϕ^{sym}——激发点到接收点的方位角；

ϕ——裂缝走向的方位角；

i——地震波入射角。

该公式及其简化式已成为近年来基于振幅各向异性裂缝识别的重要理论基础。图1a为HTI介质模型，图1b为反射系数随方位角及入射角变化关系，可看出反射系数在不同方位存在差异，沿着裂缝走向（90°）反射系数最大，在垂直裂缝走向时（0°）时反射系数取最小值。

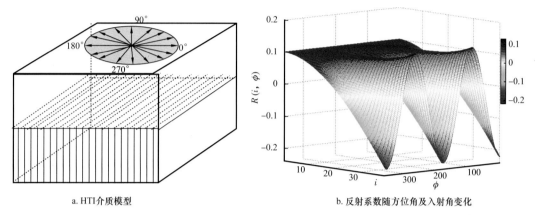

a. HTI介质模型　　　　　　　　　　b. 反射系数随方位角及入射角变化

图1　HTI介质反射系数变化规律

杨勤勇[17]指出只需三个方位的地震资料就可以得到裂缝密度和裂缝走向。然而，在岩溶缝、洞储层，由于溶蚀孔洞等非均质体会带来很强的干扰，由裂缝造成的各向异性变化可能被溶洞的影响所掩盖。如图2a为实际方位道集，图2b为相应的振幅变化特征曲线，可见不同方位道集振幅存在差异，但差异本身既有裂缝的因素，也受溶洞等非均体的影响。图3b为基于振幅方位各向异性裂缝预测方法得到的裂缝密度沿层切片，图中红色区域为裂缝密度较高区域。将预测结果与瞬时振幅切片（图3a）对比可以看出，预测裂缝密度受溶洞等非均质体影响较大，由裂缝造成的地震各向异性变化被溶洞的影响所掩盖。因此，在缝洞发育复杂地区，直接应用基于振幅方位各向异性的裂缝预测方法有其局限性。此外，基于振幅方位各向异性的裂缝预测方法是基于单组裂缝的情况，不适用多组裂缝的情况。图4为反射系数随裂缝变化规律，在单组裂缝情况下，反射系数随方位呈

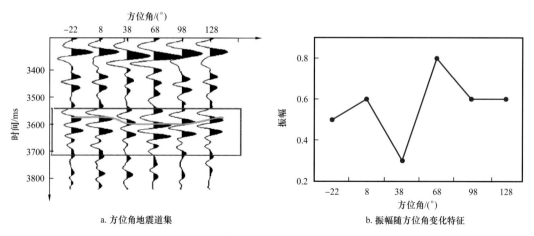

a. 方位角地震道集　　　　　　　　　　b. 振幅随方位角变化特征

图2　振幅随方位角变化特征

现近似椭圆变化（图 4a）；在正交裂缝情况下，反射系数随方位变化特征则变得复杂（图 4b）。随着裂缝发育形态的进一步复杂，反射系数随方位变化特征更为复杂，这造成基于振幅方位各向异性的裂缝预测方法得到的预测结果具有不准确性。

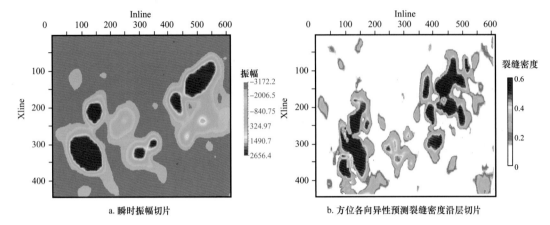

a. 瞬时振幅切片   b. 方位各向异性预测裂缝密度沿层切片

图 3 溶洞对预测裂缝密度的影响

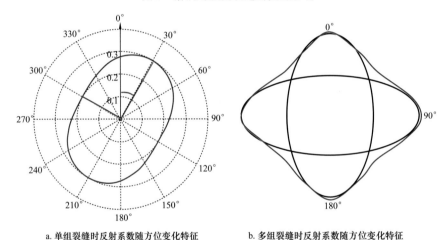

a. 单组裂缝时反射系数随方位变化特征   b. 多组裂缝时反射系数随方位变化特征

图 4 反射系数随裂缝变化特征

3 基于"蚂蚁"追踪的裂缝识别方法

在"蚂蚁"算法中，人工"蚂蚁"对路径的选择对信息素浓度有很大的依赖性[18]，信息素浓度大的路径被选择的概率较大，对一只"蚂蚁"来说依照转移概率 P 寻求下一节点，其转移概率为

$$P_{ij} = \begin{cases} \dfrac{\tau_{ij}^{\alpha}(t)\eta_{ij}^{\beta}(t)}{\sum \tau_{ij}^{\alpha}(t)\eta_{ij}^{\beta}(t)}, & j \in \text{"蚂蚁"} k\text{允许走的下一节点} \\ 0, & j \notin \text{"蚂蚁"} k\text{允许走的节点} \end{cases} \quad (2)$$

"蚂蚁"经过时路径上的信息素会增加，同样也会随时间挥发，其更新方程为

$$
\begin{cases}
\tau_{ij}(t+n) = \rho\tau_{ij}(t) + (1-\rho)\Delta\tau_{ij} \\
\Delta\tau_{ij} = \sum_{k=1}^{m}\Delta\tau_{ij}^{k}
\end{cases}
\tag{3}
$$

式中　i——"蚂蚁"当前所在位置；

　　　j——"蚂蚁"下一路径所在位置；

　　　τ_{ij}——t 时刻在节点 i、j 连线上残留的信息素；

　　　η_{ij}——由位置 i 到位置 j 的期望程度；

　　　α、β——分别表征信息素的迹和路线的可见度的相对重要程度；

　　　$\tau_{ij}(t+n)$——经过 n 次迁移后路径 ij 上的信息素；

　　　ρ——信息素的残留程度；

　　　$1-\rho$——信息素的挥发程度；

　　　$\Delta\tau_{ij}$——一次循环中留在路径 ij 上的信息素。

　　每只"蚂蚁"经过 n 次迁移后就得到一条路径，其长度记为 L_k，若该路径满足最短路径的要求，则停止。否则，需利用式（3）重新计算各路径的信息素浓度，进行第二轮的搜索。通过信息素的不断更新最终收敛于最优路径上。

　　下面以 A 工区为实例进行说明，该区为碳酸盐岩缝洞型储层，采集纵横比为 1：1，分为 6 个方位，间隔为 30°。图 5a 和图 5b 为不同方位地震剖面，图 5c 和图 5d 为相应的

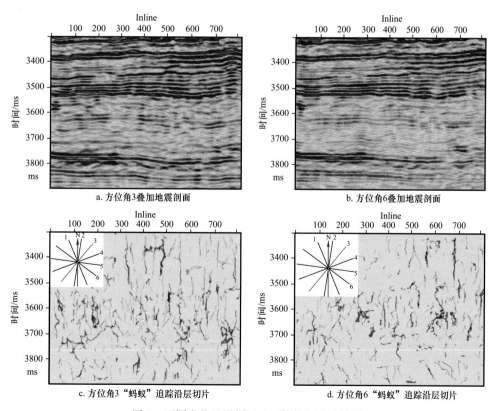

图 5　不同方位地震剖面及"蚂蚁"追踪结果

"蚂蚁"追踪结果，蓝线为"蚂蚁"追踪裂缝发育带，白色框内为方位示意图，红线指示剖面方位。需要指出的是，图中蓝色的线条是裂缝发育带在地震剖面上的综合响应结果，并不仅是单条裂缝的刻画，目前也没有任何一种地震方法可以实现对单条裂缝进行刻画。将不同方位"蚂蚁"追踪结果对比，可得到三点认识：第一，不同方位"蚂蚁"追踪沿层切片存在很大差异，从图6中方位2和方位5追踪结果可见，受介质各向异性的影响，与观测方位平行方向的裂缝在追踪结果上无显示，而与观测方位成一定角度或近于垂直方向的裂缝发育带则刻画较为清晰；第二，与全叠加资料追踪结果对比可见，分方位数据"蚂蚁"追踪得到的某些断裂信息在全方位资料中没有体现，因此分方位"蚂蚁"追踪结果可以更全面反映裂缝信息，如图6c所示；第三，"蚂蚁"追踪裂缝识别方法不能得到裂缝密度信息。因此，本文中将综合利用多方位"蚂蚁"追踪结果以更全面的表征裂缝发育带位置，同时引入振幅随方位变化信息以实现对裂缝的定量化描述。

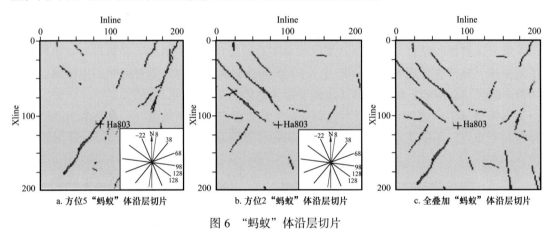

a. 方位5"蚂蚁"体沿层切片　　　　b. 方位2"蚂蚁"体沿层切片　　　　c. 全叠加"蚂蚁"体沿层切片

图6　"蚂蚁"体沿层切片

4　基于"蚂蚁"体方位各向异性裂缝表征方法

综合分析以上两种方法在裂缝预测方面的优缺点，本文将二者结合起来对裂缝发育带进行表征。具体步骤如下：在对原始数据进行分方位处理的基础上，第一，对多方位地震数据进行"蚂蚁"追踪，得到多个方位的"蚂蚁"体；第二，利用多方位"蚂蚁"体对裂缝发育带范围进行定位；第三，对多方位"蚂蚁"体定位的裂缝发育带范围引入纵波方位振幅信息，从而得到多方位"蚂蚁"振幅体；第四，在裂缝发育带范围内利用基于振幅随方位变化信息对裂缝进行定量化描述。

由于介质各向异性的影响，不论是单方位地震数据还是全叠加地震数据"蚂蚁"追踪结果都具有片面性，为此本文将多个方位角的"蚂蚁"追踪结果进行融合，以实现对裂缝展布更全面的描述。图7分别为全叠加"蚂蚁"追踪结果和多方位"蚂蚁"追踪结果进行融合得到的沿层切片。对比图6c和图7可以看出，多方位融合"蚂蚁"追踪沿层切片可以反映更多的裂缝发育信息，刻画更为全面，并可对多组裂缝进行刻画，但仍存在两个问题：第一，"蚂蚁"追踪方法虽然可对小断层及大、中尺度裂缝进行识别，但对小尺度裂缝识别精度低，因此对小尺度裂缝发育带的预测难度仍大；第二，融合后仍不能反映裂缝密度信息，不能对裂缝发育带进行定量化预测。为此本文在多方位"蚂蚁"追踪融合的基础上结合地质裂缝发育规律，确定裂缝发育带范围，并在裂缝发育带内引入了振幅随方位变化信息，实现对裂缝发育带的定量化描述。

通过对"蚂蚁"追踪裂缝识别方法分析可知，"蚂蚁"追踪信息素的迹是近"二值"分布的[19]，如图8a所示，因此该方法无法对裂缝进行量化描述。为使"蚂蚁"追踪结果可定量化表征裂缝发育带，需使"蚂蚁"追踪结果包含方位信息，为此本文对多方位"蚂蚁"追踪结果确定的裂缝发育带范围内引入振幅随方位变化信息。在引入纵波方位振幅信息后，"蚂蚁"体值域范围不再是"二值"分布而是一个较宽的范围，如图

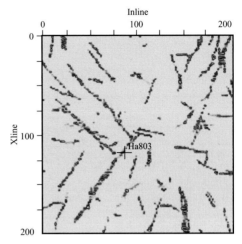

图7 "蚂蚁"追踪多方位融合裂缝识别沿层切片

8b中红色区域所示。从图中还可以看出引入振幅随方位变化信息后指示裂缝发育位置的点数量增多，因为这里不仅包含多方位"蚂蚁"追踪确定的裂缝带发育位置，而且包含由大尺度裂缝确定的裂缝发育带范围。

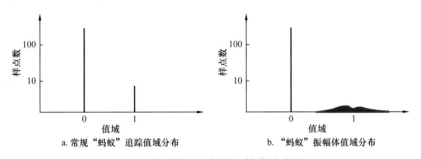

图8 改进前后"蚂蚁"体值域范围

依据多方位"蚂蚁"追踪结果确定的裂缝发育带引入振幅随方位变化信息，就可得到多方位"蚂蚁"振幅体。在此基础上利用基于振幅方位各向异性的裂缝预测方法就可得到裂缝走向及裂缝密度信息。图9为本文提出的基于"蚂蚁"体各向异性的裂缝表征方法得到的裂缝密度沿层切片，图中颜色的变化代表裂缝密度的变化，红色区域为裂缝密度较高区域。与图6c比较可以发现，基于"蚂蚁"体各向异性的裂缝表征方法对裂缝展布的刻画更为精细和全面，对于交叉裂缝及更为复杂的裂缝也能有效的识别。图中黑色十字所示为井点位置，在叠后"蚂蚁"追踪沿层切片上没有裂缝显示，而在本文提出的"蚂蚁"体各向异性裂缝表征方法得到的裂缝密度沿层切片上则可以看到清晰的交叉裂缝，并可得到裂缝密度信息。

图10为基于振幅方位各向异性裂缝预测方法得到的裂缝密度切片，从图中可以看出，该方法受碳酸盐岩溶洞影响大，对裂缝造成的弱各向异性振幅变化不敏感；对比图9与图10可以看出，基于"蚂蚁"体方位各向异性的裂缝表征方法不仅可得到清晰的裂缝发

育带展布，并可定量计算裂缝密度，实现对裂缝发育带的准确表征。从上述预测结果可以看出该方法受岩溶溶洞影响较小，能够准确表征裂缝发育带造成的弱各向异性的变化；综合利用了多个方位的"蚂蚁"体信息，实现了对地下裂缝发育带的定量化预测，对油田高效开发和井位的优选具有很好的指导意义。

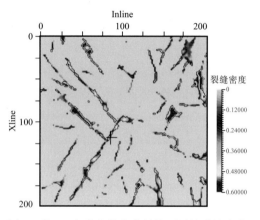

图9　基于"蚂蚁"体各向异性预测的裂缝密度沿层切片

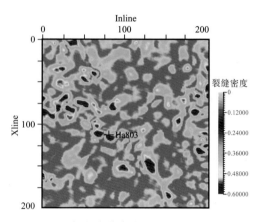

图10　基于振幅方位各向异性预测的裂缝密度沿层切片

5　结论

本文分析了现有基于地震方位各向异性裂缝预测方法的不足，并提出了基于"蚂蚁"体方位各向异性的裂缝表征方法。本文方法综合利用了多方位"蚂蚁"追踪数据体、裂缝发育规律以及基于振幅方位各向异性裂缝预测方法，提高了裂缝描述的全面性，实现了对多组裂缝的定量化预测，有效消除了溶洞等非均质体对预测结果的影响。实际应用效果表明该方法在碳酸盐岩岩溶油气藏高效开发、高效井位优选方面有着很大的潜力。

参 考 文 献

［1］Mallick S and Frazer L N. Reflection/transmission coefficients and azimuthal anisotropy in marine seismic studies［J］. *Geophysical Journal International*，1991，105（1）：241-252.

［2］Rüger A. *Reflection Coefficient and Azimuthal AVO Analysis in Anisotropic Media*［D］. Colorado School of Mines，1996.

［3］Chichinina T，Vladimir S and Gerardo R J. AVOA algorithm for fracture characterization［J］. *SEG Technical Program Expanded Abstracts*，2006，25：204-208.

［4］Jenner E. Azimuthal AVO：Methodology and data examples［J］. *The Leading Edge*，2002，21（6）：782-786.

［5］Downton J E. Azimuthal Fourier coefficients：a simple method to estimate fracture parameters［J］. *SEG Technical Program Expanded Abstracts*，2011，30：269-273.

［6］Wang X J. Key issues and strategies for processing complex carbonate reservoir data in China［J］. *The Leading Edge*，2012，35（2）：198-206.

［7］Dorigo M，Maniezzo V and Colorni A. Ant system：optimization by a colony of cooperating agents［J］.

IEEE Trans on SMC，1996，26（1）：1-13.

［8］Pedersen S I. Extracting Features from An Image by Automatic Selection of Pixels Associated with A Desired Feature［S］. GB2375448，UK，2002.

［9］Pedersen S I，Skov T. Automatic fault extraction using artificial ants［J］. *SEG Technical Program Expanded Abstracts*，2002，21：512-515.

［10］Aqrawi A. Improved fault segmentation using a dip guided and modified 3D Sobel filter［J］. *SEG Technical Program Expanded Abstracts*，2011，30：999-1003.

［11］Sun D S and Ling Y. Application of spectral decomposition and ant tracking to fractured carbonate reservoirs［J］. *EAGE Extended Abstracts*，2011，B035：23-26.

［12］赵伟.基于蚂蚁算法的三维地震断层识别方法研究［D］.南京：南京理工大学，2009.

［13］严哲，顾汉明.利用方向约束蚂蚁群算法识别断层［J］.石油地球物理勘探，2011，46（4）：614-620.

［14］张欣.蚂蚁追踪在断层自动解释中的应用——以平湖油田放鹤亭构造为例［J］.石油地球物理勘探，2010，45（2）：278-281.

［15］Chen S Q，Wang X S. Ant colony optimization for the seismic nonlinear inversion［J］. *SEG Technical Program Expanded Abstracts*，2005，24：1731-1735.

［16］Pico A，Singavarapu A and Ali Sajer A. Geophysical approach to naturally fractured reservoir characterization and its applications，a case from Kuwait［J］. *SEG Technical Program Expanded Abstracts*，2012，31：1-5.

［17］杨勤勇.裂缝型储层预测的纵波地震方法技术研究［D］.长春：吉林大学，2006.

［18］乐群星，魏法杰.蚂蚁算法的基本原理及其研究发展现状［J］.北京航空航天大学学报（社会科学版），2005，18（4）：5-8.

［19］Dorigo M et al. Ant colony system：A cooperative learning approach to the traveling salesman problem［J］. *IEEE Transactions on Evolutionary Computation*，1997，1（1）：53-66.

利用叠前振幅和速度各向异性的联合反演方法

周晓越，甘利灯，杨昊，王浩，姜晓宇

1 引言

随着油气资源的不断开发，常规油气藏储量日益减少，能源的开发逐渐由浅层转向深层、由常规油气藏转向特殊油气藏，裂缝型油气藏逐渐成为重点研究对象[1]。裂缝型储层是指以裂缝为主要储集空间和渗流通道的储层。裂缝可能对储层中分散、孤立的孔隙起连通作用，增加了有效孔隙度。因此对裂缝的精确预测成为裂缝型油气藏勘探和开发的重点和难点[1]。裂缝分布复杂、规律性差，裂缝型储层呈较强的非均质性，利用常规地震反演方法预测裂缝具有一定的局限性[2]。

如今，利用地震技术预测裂缝的方法很多，其中横波勘探方法最有效，因为横波分裂的唯一原因是各向异性，但采集成本太高难以在生产中实现[3]。基于横波分裂的多分量转换波裂缝检测方法虽然降低了成本，但对地震资料的品质要求很高[4]，且对转换波地震资料的地质解释还处于探索阶段，因此也难以投入实际生产。叠后地震属性分析较容易实现，成本相对较低，但裂缝储层的复杂性导致单一地震属性预测结果的多解性很强。目前应用最为广泛的是纵波各向异性裂缝预测方法，考察由裂缝引起的纵波动力学属性随着方位角的变化特征——纵波的方位各向异性。

自20世纪80年代以来，随着对各向异性研究的深入，应用纵波各向异性预测裂缝技术发展迅速。Crampin[5]证实裂缝介质存在各向异性。Thomsen[6]给出了VTI介质对称平面内水平反射界面的纵、横波NMO速度表达式。Tsvankin[7]将Thomsen各向异性参数推广到HTI介质中，并给出了任意各向异性强度下水平界面纯纵波叠加速度的精确表达式。Ruger[8]基于弱各向异性的概念，推导了HTI介质纵波反射系数与裂缝参数之间的解析关系，结果表明，纵波AVO梯度在平行于裂缝走向和垂直于裂缝走向的两个主方向上存在较大差异，这是进行纵波AVAZ裂缝检测的理论基础。曲寿利等[9]提出了波阻抗随方位变化（IPVA）裂缝检测新方法，得到了稳定的反演结果。Zhu等[10-11]将Thomsen的思想用于衰减各向异性反演以及体波衰减系数反演。

根据动力学属性可知，纵波方位各向异性裂缝检测方法分为基于速度或旅行时方位各向异性、基于振幅方位各向异性、基于弹性波阻抗方位各向异性和基于衰减方位各向异性的裂缝检测方法[12]。基于速度方位各向异性的裂缝检测方法较稳定，但只能识别大套储

原文收录于《石油地球物理勘探》，2020，55（5）：1084-1091；文章中主要成果"基于叠前振幅各向异性的裂缝反演方法"获中国石油学会2019年物探技术研讨会优秀论文二等奖。

层，识别薄储层时分辨率不高[13]。基于振幅方位各向异性的裂缝检测方法对介质的各向异性程度敏感[14]，分辨率高、易操作，但抗干扰能力差，对地震数据有较高的要求[15]。相对而言，基于弹性波阻抗各向异性的裂缝检测方法具有更高的稳定性和分辨率，但对前期资料要求高，受子波提取的影响较大。基于衰减方位各向异性的裂缝检测方法抗噪性好，可以较精确地反映地下波场变化，其关键点也是难点在于计算衰减系数，目前很难求取精确的 Q 值，因此基于衰减方位各向异性的裂缝检测方法暂时无法得到广泛应用。

孔丽云等[16]对三层裂缝孔隙模型的正演模拟发现，当入射角大于30°时，目的层顶界面振幅和底界面旅行时呈较强的各向异性特征。因此，本文采用顶界面振幅和底界面旅行时（速度）联合反演的方法。对于每一个微小时窗，将该时窗底界速度反演得到的各向异性梯度作为该时窗顶界振幅反演的约束，移动时窗进而得到一个反演体。该方法克服了速度反演分辨率低和振幅反演稳定性差的问题，可得到更好的反演效果。

2 方法原理

2.1 基于振幅各向异性裂缝反演

Ruger[8]提出了 HTI 介质中振幅随方位角变化的纵波反射系数公式：

$$
R_{\mathrm{P}}(i,\varphi)=\frac{1}{2}\frac{\Delta z}{z}+\frac{1}{2}\left\{\frac{\Delta\alpha}{\overline{\alpha}}-\left(\frac{2\overline{\beta}}{\alpha}\right)^{2}\frac{\Delta G}{G}+\left[\Delta\delta+2\left(\frac{2\overline{\beta}}{\alpha}\right)^{2}\Delta\gamma\right]\cos^{2}\varphi\right\}\sin^{2}i+
$$
$$
\frac{1}{2}\left\{\frac{\Delta\alpha}{\overline{\alpha}}+\Delta\varepsilon\cos^{4}\varphi+\Delta\delta\sin^{2}\varphi\cos^{2}\varphi\right\}\sin^{2}i\tan^{2}i \tag{1}
$$

式中　i——入射角；

　　　φ——观测方位与裂缝对称轴的夹角；

　　　z——纵波阻抗；

　　　G——剪切模量；

　　　α——纵波速度；

　　　β——横波速度；

　　　Δ——上、下介质岩性参数之差；

　　　上标"‾"——上、下介质岩性参数的平均值；

　　　δ、γ、ε——描述 HTI 介质各向异性的 Thomsen 参数。

在弱各向异性的假设条件下，当 i 较小时，舍去高次项，式（1）简化为

$$
R_{\mathrm{P}}(i,\varphi)=A+B^{\mathrm{iso}}\sin^{2}i+B^{\mathrm{ani}}\sin^{2}i\cos^{2}(\phi-\phi^{\mathrm{sym}}) \tag{2}
$$

式中　ϕ——观测方位；

　　　ϕ^{sym}——裂缝对称轴的方位角；

　　　A——常数项；

　　　B^{iso}——各向同性梯度；

B^{ani}——各向异性梯度。

Mallick 等[17]对式（2）进一步简化，得

$$R(\varphi)=a+b\cos2\varphi \tag{3}$$

式中　a——各向同性项；

$b\cos2\varphi$——各向异性项。

在实际应用中，一般采用椭圆拟合法预测裂缝密度和方位，通常以椭圆长轴（$a+b$）的方向指示裂缝走向，以椭圆扁率（$a-b$）/（$a+b$）指示裂缝密度。在实际操作中一般将入射角取为固定值或采用分方位叠后道集进行反演，并没有同时利用多个入射角和多个方位角信息[18]。

2.2　基于振幅和速度各向异性联合反演

首先，对式（2）进行线性化处理，得

$$R_{\text{P}}(i,\varphi)=A+A_1\sin^2i\cos^2\phi+A_2\sin^2i\sin\phi+A_3\sin^2i\sin\phi\cos\phi \tag{4}$$

以适应多方位角、多入射角情况，实现了从叠后分方位资料到叠前分方位资料的应用。其中：

$$\begin{cases} A_1 = B^{\text{iso}} + B^{\text{ani}}\cos^2\phi^{\text{sym}} \\ A_2 = B^{\text{iso}} + B^{\text{ani}}\sin^2\phi^{\text{sym}} \\ A_3 = B^{\text{ani}}\sin2\phi^{\text{sym}} \end{cases} \tag{5}$$

因此：

$$\begin{cases} \phi^{\text{sym}} = \dfrac{1}{2}\text{atan}2\left(A_3,\ A_1-A_2\right) \\[2mm] B^{\text{ani}} = \dfrac{A_3}{\sin\left(2\phi^{\text{sym}}\right)} \\[2mm] B^{\text{iso}} = \dfrac{1}{2}\left[\left(A_1+A_2\right)-B^{\text{ani}}\right] \end{cases} \tag{6}$$

式（6）中 atan2 为四象限反正切函数，其函数值分布在（$-\pi$, π），所在象限由 A_3 和（A_1-A_2）的正负决定。裂缝密度与各向异性梯度 B^{ani} 之间有良好的对应关系[19]，因而可以用 B^{ani} 表示裂缝密度。

由式（4）可形成不同入射角、不同方位角组成的方程组，方程组矩阵形式为

$$\begin{pmatrix} R(i_1,\phi_1) \\ R(i_1,\phi_2) \\ \vdots \\ R(i_M,\phi_{N-1}) \\ R(i_M,\phi_N) \end{pmatrix} = \begin{pmatrix} 1 & \sin^2i_1\cos^2\phi_1 & \sin^2i_1\sin^2\phi_1 & \sin^2i_1\sin\phi_1\cos\phi_1 \\ 1 & \sin^2i_1\cos^2\phi_2 & \sin^2i_1\sin^2\phi_2 & \sin^2i_1\sin\phi_2\cos\phi_2 \\ \vdots & \vdots & \vdots & \vdots \\ 1 & \sin^2i_M\cos^2\phi_{N-1} & \sin^2i_M\sin^2\phi_{N-1} & \sin^2i_M\sin\phi_{N-1}\cos\phi_{N-1} \\ 1 & \sin^2i_M\cos^2\phi_N & \sin^2i_M\sin^2\phi_N & \sin^2i_M\sin\phi_N\cos\phi_N \end{pmatrix} \begin{pmatrix} A \\ A_1 \\ A_2 \\ A_3 \end{pmatrix} \tag{7}$$

式中 $R\left(i_m,\phi_n\right)$——第 m 个入射角、第 n 个方位角的地震道对应的振幅；

M——入射角总个数；

N——方位角总个数。

式（4）可用于叠前方位道集裂缝定量预测，同时利用了方位和入射角信息，精度更高。式（4）至式（7）为联合反演的基础，以速度反演得到的各向异性梯度作为约束。Tsvankin[7] 提出了 HTI 介质相速度公式：

$$V_{\mathrm{P0}}\left(i,\phi\right)=V_{\mathrm{iso}}\left\{1+\delta\sin^2 i\cos^2\left(\phi-\phi^{\mathrm{sym}}\right)+\left[\varepsilon-\delta\right]\sin^4 i\cos^4\left(\phi-\phi^{\mathrm{sym}}\right)\right\} \tag{8}$$

式中 V_{P0}——纵波相速度，由拉平不同方位角、不同入射角道集得到的各向异性时差求得；

V_{iso}——纵波各向同性速度；

δ、ε——各向异性参数。

根据式（8），利用共轭梯度法可反演 δ、ε。由式（2）可知，B^{ani} 与 δ、ε 之间的关系为

$$B^{\mathrm{ani}}=\frac{1}{2}\left[\Delta\delta+2\left(\frac{2\bar{\beta}}{\bar{\alpha}}\right)^2\Delta\gamma\right] \tag{9}$$

无法通过反演得到各向异性参数 γ，在一般情况下 ε 和 γ 的单调性一致，同时增、减或为零，因此可假设二者间具有线性关系[20]。根据测井数据拟合 ε 和 γ 的线性关系即可得到 γ。已知 δ 和 γ，根据式（9）即可由速度各向异性反演得到各向异性梯度 $B_{\mathrm{v}}^{\mathrm{ain}}$，再构建振幅反演的初始目标函数：

$$\min\left(\boldsymbol{S}-\boldsymbol{WUC}\right)^{\mathrm{T}}\left(\boldsymbol{S}-\boldsymbol{WUC}\right) \tag{10}$$

将 $B_{\mathrm{v}}^{\mathrm{ain}}$ 作为约束加入之后得到新目标函数：

$$\min\left[\left(\boldsymbol{S}-\boldsymbol{WUC}\right)^{\mathrm{T}}\left(\boldsymbol{S}-\boldsymbol{WUC}\right)+\lambda\left(\boldsymbol{B}^{\mathrm{ani}}-\boldsymbol{B}_v^{\mathrm{ani}}\right)^{\mathrm{T}}\left(\boldsymbol{B}^{\mathrm{ani}}-\boldsymbol{B}_v^{\mathrm{ani}}\right)\right] \tag{11}$$

其中：

$$\boldsymbol{U}=\begin{pmatrix} 1 & \sin^2 i_1\cos^2\phi_1 & \sin^2 i_1\sin^2\phi_1 & \sin\phi_1\cos\phi_1\sin^2 i_1 \\ 1 & \sin^2 i_1\cos^2\phi_2 & \sin^2 i_1\sin^2\phi_2 & \sin\phi_2\cos\phi_2\sin^2 i_1 \\ \vdots & \vdots & \vdots & \vdots \\ 1 & \sin^2 i_M\cos^2\phi_{N-1} & \sin^2 i_M\sin^2\phi_{N-1} & \sin\phi_{N-1}\cos\phi_{N-1}\sin^2 i_M \\ 1 & \sin^2 i_M\cos^2\phi_N & \sin^2 i_M\sin^2\phi_N & \sin\phi_N\cos\phi_N\sin^2 i_M \end{pmatrix} \tag{12}$$

式中 $\boldsymbol{B}^{\mathrm{ani}}$、$\boldsymbol{B}_v^{\mathrm{ani}}$——分别为 B^{ani}、B_v^{ani} 的矩阵形式；

$\boldsymbol{C}$——$\left(A\quad A_1\quad A_2\quad A_3\right)^{\mathrm{T}}$；

$\boldsymbol{S}$——振幅矩阵；

$\boldsymbol{W}$——子波矩阵。

求解式（11）可以得到 $\boldsymbol{C}$，进而根据式（6）求得 B^{ani} 和 ϕ^{sym}。图 1 为基于振幅和速度各向异性联合反演流程。

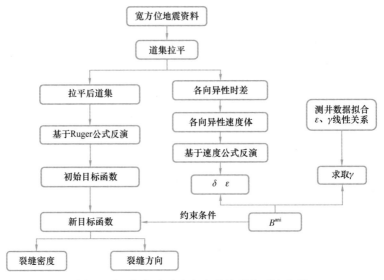

图 1　基于振幅和速度各向异性联合反演流程

3　模型测试

对测试模型（图 2）正演得到叠前全方位角道集（图 3），利用叠前全方位角道集进行振幅和速度各向异性联合反演，得到裂缝密度（图 4）和裂缝方位（图 5）。其中：模型顶界面的裂缝密度反演值为 0.1372（真实值为 0.1387），相对误差为 1.08%；裂缝走向方位角反演值约为 0（真实值为 0）。可见反演结果较准确。在叠前全方位角道集中加入信噪比为 10dB 的高斯白噪声后进行振幅和速度各向异性联合反演，得到的顶界面裂缝密度反演值为 0.1411（图 6），相对误差为 1.73%；裂缝走向方位角反演结果相对杂乱（图 7），但仍以 0 为主，说明方法切实可行。

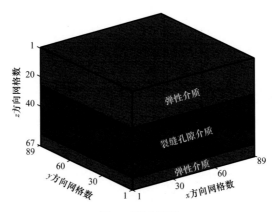

图 2　测试模型

网格数为 88×88×66，网格间距为 8cm。上层弹性介质：纵波速度为 4729m/s，横波速度为 2606m/s，密度为 2700kg/m³。裂缝介质：孔隙度为 5.81%，含气饱和度为 100%，裂缝密度为 30 条 /m（B^{ani}=0.1387），裂缝倾角为 90°，裂缝走向方位角为 0°。下层弹性介质：纵波速度为 5660m/s，横波速度为 3364m/s，密度为 2730kg/m³

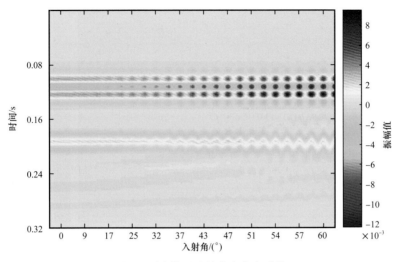

图 3　测试模型叠前全方位角道集
共 12 个入射角，73 个方位角

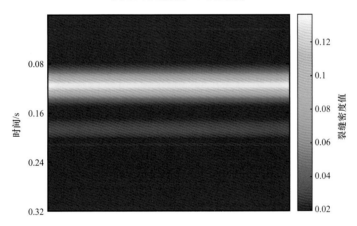

图 4　由模型数据反演的裂缝密度

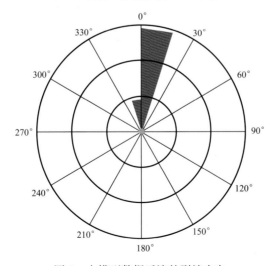

图 5　由模型数据反演的裂缝走向

图 6　由含噪模型数据反演的裂缝

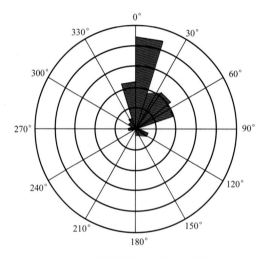

图 7　由含噪模型数据反演的裂缝走向

4　实际资料应用

4.1　工区概况

工区位于四川盆地中部遂宁市安居区与重庆市合川区潼南区的交界处。构造位置位于四川盆地乐山—龙女寺古隆起东段斜坡部位。乐山—龙女寺古隆起是一个长期继承性发育的巨型隆起，桐湾及加里东运动使二叠系以下地层遭受不同程度剥蚀，特别是对震旦系灯影组（Z_2dn）及寒武系—奥陶系（ϵ—O）的风化剥蚀，形成了灯4段（Z_2dn_4）、下寒武统龙王庙组（ϵ_1l）储层。钻探成果表明：乐山—龙女寺古隆起的震旦系—寒武系（Z—ϵ）储层发育，Z顶发育4个大型背斜圈闭，其中高石梯构造面积最大，达到365km²，具有较好的含油气性。

高石梯构造白云岩天然裂缝具有多种成因类型、多种尺度。根据裂缝的规模和当前的测量和预测手段，一般可以预测两类裂缝。一是大尺度裂缝，延伸距离长，可达几十米到几千米，断距大，地震剖面可以直接解释及识别；二是中、小尺度裂缝，延伸距离小，可达几厘米到几十米，断距小，岩心和成像测井显示为小尺度裂缝。工区内共收集到 13 口井的常规测井资料，11 口井的成像测井资料，其中 8 口有横波测井数据。经过资料筛选，在 Z_2dn_4 中一共处理、解释 10 口井数据。根据测井、地质综合评价将 Z_2dn_4 储层划分为裂缝—孔隙—孔洞复合型、孔隙—孔洞型、孔隙型三类，其中有效储层的主要储集空间类型为前二类。

4.2 实际资料应用效果

工区观测系统纵横比为 0.8325，地震资料为包含 3 个入射角（5°、15°、30°）、12 个方位角的叠前宽方位地震资料。

图 8 为不同方法得到裂缝密度剖面。由图可见：（1）叠前振幅各向异性反演结果（图 8b）较叠后振幅各向异性反演结果（图 8a）的横向连续性更好，反映了更多的层状信息，精度大幅提高（图 8a、图 8b 白框区域），但前者（图 8b）的井曲线与剖面吻合度不高。（2）叠前速度各向异性反演结果（图 8d）与井裂缝曲线吻合较好，可作为振幅反演的约束，但相对振幅反演结果（图 8b）分辨率较低。（3）叠前振幅和速度各向异性联合反演结果（图 8c）较叠前振幅各向异性反演结果（图 8b）明显提高了与井曲线的吻合度（图 8b、图 8c 蓝框区域），说明前者有效提高了反演准确性；而联合反演结果（图 8c）相对叠前速度各向异性反演结果（图 8d）提高了分辨率。（4）井裂缝密度曲线表明，在 ϵ_1q—Z_2dn_3 的上半层（ϵ_1q～2240ms），gs1 井、gs 9 井、gs 11 井裂缝密度依次降低；在 ϵ_1q—Z_2dn_3 的下半层（2240ms～Z_2dn_3），gs9 井、gs 1 井、gs 11 井裂缝密度依次降低。因此 gs11 井处裂缝不发育，各向异性不显著，导致反演效果不理想。

图 9 为叠前振幅各向异性反演与叠前振幅和速度各向异性联合反演得到的 ϵ_1q—Z_2dn_3 上半层裂缝密度切片。由图可见：叠前振幅各向异性反演结果（图 9a）与图 8b 的井裂缝密度曲线分布规律不一致；叠前振幅和速度各向异性联合反演结果（图 9b）与图 8c 的井裂缝密度曲线分布规律较一致。图 10 为叠前振幅各向异性反演与叠前振幅和速度各向异性联合反演得到的 ϵ_1q—Z_2dn_3 下半层裂缝密度切片。由图可见：叠前振幅各向异性反演（图 10a）与叠前振幅和速度各向异性联合反演（图 10b）在井点位置的反演结果分别与图 8b、图 8c 的井裂缝密度曲线分布规律一致，但就整体分布而言，图 10a、图 10b 的裂缝分别集中于 gs 1 井、gs 9 井附近；裂缝密度曲线（图 8）表明，gs 9 井区的裂缝较 gs 1 井区更发育，因此图 10b 的反演效果更精确。

图 11 为叠前振幅各向异性反演与叠前振幅和速度各向异性联合反演得到的 ϵ_1q—Z_2dn_3 裂缝走向方位角切片，图 12 为 gs 1 井裂缝走向玫瑰图。由图可见，叠前振幅各向异性反演结果（图 9a）与叠前振幅和速度各向异性联合反演结果（图 9b）相近，且在 gs1 井处裂缝走向方位角接近 90°（红色），与 gs 1 井裂缝走向玫瑰图（图 12）较吻合。

综上所述，与叠前、叠后振幅各向异性反演相比，叠前振幅和速度各向异性联合反演的精度最高。

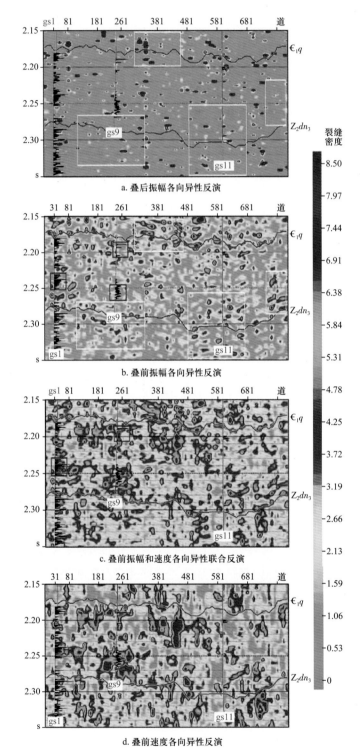

a. 叠后振幅各向异性反演

b. 叠前振幅各向异性反演

c. 叠前振幅和速度各向异性联合反演

d. 叠前速度各向异性反演

图 8　不同方法得到裂缝密度剖面

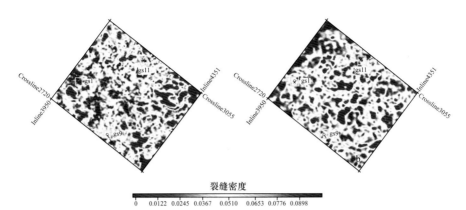

图 9　叠前振幅各向异性反演（a）与叠前振幅和速度各向异性联合反演（b）
得到的 $\mathcal{E}_1q$—Z_2dn_3 上半层裂缝密度切片

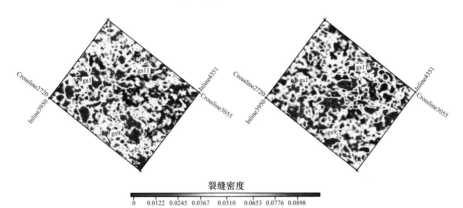

图 10　叠前振幅各向异性反演（a）与叠前振幅和速度各向异性联合反演（b）
得到的 $\mathcal{E}_1q$—Z_2dn_3 下半层裂缝密度切片

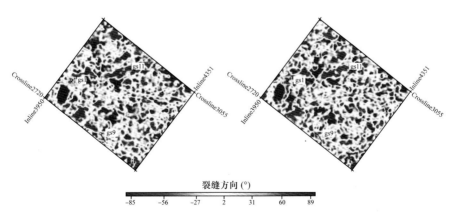

图 11　叠前振幅各向异性反演（a）与叠前振幅和速度各向异性联合反演（b）
得到的 $\mathcal{E}_1q$～Z_2dn_3 裂缝走向方位角切片

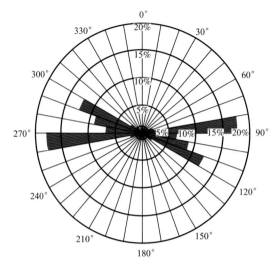

图 12　gs1 井裂缝走向玫瑰图

5　结论

本文分析了现有基于方位各向异性的裂缝检测方法的不足，提出了利用叠前振幅和速度各向异性的联合反演方法，模型测试和实际资料应用效果表明：

（1）与叠前、叠后振幅各向异性反演相比，文中方法的反演精度最高。

（2）在 gs1 井区，叠前速度各向异性反演结果与井裂缝曲线吻合较好，可作为振幅反演的约束，但较振幅各向异性反演的分辨率低，二者联合反演改善了速度反演分辨率低的问题。

参 考 文 献

［1］马珊珊.基于地震数据曲率几何属性的裂缝预测［D］.北京：中国地质大学（北京），2018.

［2］于晓东，桂志先，汪勇，等.叠前 AVAZ 裂缝预测技术在车排子凸起的应用［J］.石油地球物理勘探，2019，54（3）：624-633.

［3］龚明平，张军华，王延光，等.分方位地震勘探研究现状及进展［J］.石油地球物理勘探，2018，53（3）：642-658.

［4］于春玲，王建民，付雷，等.转换波各向异性速度分析与偏移成像［J］.石油地球物理勘探，2010，45（增刊 1）：44-47.

［5］Crampin S.Effective anisotropic elastic constants for wave propagation through cracked solids［J］.Geophysical Journal International，1984，76（1）：135-145.

［6］Thomsen L.Reflection seismology over azimuthally anisotropic media［J］.Geophysics，1988，53（3）：304-313.

［7］Tsvankin I. Reflection moveout and parameter estimation for horizontal transverse isotropy［J］.Geophysics，1997，62（2）：614-629.

［8］Rüger A.P-wave reflection coefficients for transversely isotropic models with vertical and horizontal axis of symmetry［J］.Geophysics，1997，62（3）：713-722.

［9］曲寿利，李玉新，王鑫，等. 全方位 P 波属性裂缝检测方法［J］. 石油地球物理勘探，2001，36（4）：390-397.

［10］Zhu Y，Tsvankin I.Plane-wave propagation in attenuative transversely isotropic media［J］.Geophysics，2006，71（2）：T17-T30.

［11］Zhu Y，Tsvankin I.Plane-wave attenuation anisotropy in orthorhombic media［J］.Geophysics，2007，72（1）：D9-D19.

［12］刘振峰，曲寿利，孙建国，等. 地震裂缝预测技术研究进展［J］. 石油物探，2012，51（2）：191-198.

［13］杨晓，王真理，喻岳钰. 裂缝型储层地震检测方法综述［J］. 地球物理学进展，2010，25（5）：1785-1794.

［14］齐宇，魏建新，狄帮让，等. 横向各向同性介质纵波方位各向异性物理模型研究［J］. 石油地球物理勘探，2009，44（6）：671-674，689.

［15］王洪求，杨午阳，谢春辉，等. 不同地震属性的方位各向异性分析及裂缝预测［J］. 石油地球物理勘探，2014，49（5）：925-931.

［16］孔丽云，张研，甘利灯，等. 基于两级尺度粗化的裂缝—多孔隙介质地震响应分析方法［J］. 地球物理学报，2018，61（9）：3791-3799.

［17］Mallick S，Craft K L and Meister L J.Determination of the principal directions of azimuthal anisotropy from P-wave seismic data［J］.Geophysics，1998，63（2）：692-706.

［18］王军，李艳东，甘利灯. 基于蚂蚁体各向异性的裂缝表征方法［J］. 石油地球物理勘探，2013，48（5）：763-769.

［19］Hudson J A.Overall properties of a cracked solid［J］.Mathematical Proceedings of the Cambridge Philosophical Society，1980，88（2）：371-384.

［20］吴国忱. 各向异性介质地震波传播与成像［M］. 东营：石油大学出版社，2006.

地震属性分析是油气藏描述最常用的一项技术，它以地震属性为载体从地震资料中提取隐藏的信息，并把这些信息转换成与岩性、物性或油藏参数相关的、可以为地质解释或油藏工程直接服务的信息，从而达到充分发挥地震资料潜力，提高地震资料在储层预测、表征和监测能力的一项技术。本组收录4篇文章，由1篇培训教材、2篇期刊论文和1篇获奖会议论文组成，文章简介如下。

"地震属性分析"是中国石油天然气股份有限公司主编的"地震资料解释新技术"培训教材的部分内容，主要包含地震属性内涵与分类、提取方法与分析流程、属性优化与分析方法等，以及相干体技术。

"花岗岩潜山裂缝地震预测技术"总结了叠后和叠前两大类常用的潜山裂缝预测技术，包括它们的优缺点、前提假设条件和应用效果，得到以下结论：相干体技术只能刻画同相轴错断的断层；曲率属性只能识别两侧存在地层褶曲现象的断裂；叠前方位各向异性与"蚂蚁"体属性结合可实现大尺度及中等尺度裂缝发育带定量预测；最大似然体属性精度更高，能实现断裂带内部及裂缝密集发育区的预测，但缺乏主干断裂信息；基于统计法的各向异性强度预测结果比基于椭圆拟合法的结果更准确。本文入选 CNKI 高被引论文。

"全方位叠前道集在花岗岩基岩潜山缝洞型储层预测中的应用——以乍得 Bongor 盆地 Baobab 潜山为例"采用全方位共反射角道集预测 Baobab 潜山的裂缝发育强度，有效提高了裂缝预测精度；对全方位共倾角道集资料进行散射成像处理，突出了小尺度地质体的不连续性，可在地震剖面上较清楚地识别小尺度溶洞。

"全方位地震储层预测技术及其在基岩潜山油藏描述中的应用"改变过去用一种数据体解决所有油藏描述问题的习惯，以全方位反射角道集和倾角道集为基础，形成了面向优质风化壳储层预测、多尺度裂缝识别与表征和小溶洞识别技术系列，构建了全方位地震储层预测配套技术，并在乍得 Bongor 盆地 Baobab 潜山应用中见到明显技术效果，如优质风化壳储层预测符合率81%；识别了米级溶洞体，预测的溶洞发育程度与钻井液漏失量吻合；预测的裂缝密度高值区主要分布在构造高部位与断裂附近，且平面分布与已知井测试产量高度一致。该文章获中国地球物理学会第六届油气地球物理学术年会优秀论文特等奖。

地震属性分析

甘利灯，姚逢昌

1 基本概况

1.1 几个关键词

1.1.1 地震属性

什么是地震属性？地震属性是指那些由叠前或叠后地震数据，经过数学变换而导出的有关地震波的几何形态、运动学特征、动力学特征和统计学特征的特殊测量值。一些属性可能对油气变化更加敏感，一些属性更擅长于揭示不易探测到的地下异常，而一些属性可以直接用于烃类检测。

1.1.2 地震属性分析

地震属性分析的目的就是以地震属性为载体从地震资料中提取隐藏的信息，并把这些信息转换成与岩性、物性或油藏参数相关的、可以为地质解释或油藏工程直接服务的信息，从而达到充分发挥地震资料潜力，提高地震资料在储层预测、表征和监测能力的一项技术。它由两个部分的内容组成，即地震属性优化与预测。预测既可以是含油气性、岩性或岩相预测，也可以是油藏参数预测（估算），前者强调地震属性的聚类与分类功能，主要通过模式识别来实现，后者强调地震属性的估算功能，主要方法是函数与神经网络逼近。

1.1.3 地震属性提取

在不同文献中，"属性提取"的含义并不完全相同。有的把"属性提取"专指属性的形成过程，有的指经变换（或映射）得到属性的过程，还有的指从形成到选择或变换再到得出有效属性的全部过程。在模式识别领域，"属性提取"，是指第二个含义，而在石油物探领域是指第一个含义。为了照顾石油物探领域的习惯和讨论方便，这里指第一种，即从地震数据中形成地震属性的过程称为属性提取。形成的属性有的文献称为原始属性，有的称为初始属性，此处简称为地震属性。

1.1.4 地震属性优化

地震属性优化是提高含油气与储层参数预测精度的基础，是地震属性分析的关键。每一种地震属性都是从不同角度反映储层的特征，但是它们与储层岩性、储层物性、孔隙流

原文收录于中国石油天然气股份有限公司主编的《地震资料解释新技术》培训教材，2001，275–311。

体性质之间的关系是非常复杂的，同一种属性在不同工区、不同储层对所预测对象的敏感性（或有效性、代表性）是不完全相同的，而且由于地震属性间存在的相关性，使得选取单属性较优的一组属性组合不一定能获得最优预测效果（只有在各地震属性间相互独立时才能获得最优效果）。因此，地震属性优化的任务就是利用人的经验或数学方法，优选出对所预测目标最敏感（或最有效、最有代表性）的、属性个数最少的地震属性或地震属性组合，提高地震属性的预测精度。

1.2　发展简史

在地震勘探发展的初期，人们利用地震反射同相轴的时间信息进行目标层的确定与构造成图，随着地震技术的发展，人们越来越多地使用其他地震属性辅助进行地震解释。如，20 世纪 60 年代，人们利用楔状模型的振幅响应进行薄层调谐厚度解释；70 年代，根据含气砂岩波阻抗的异常变化导致反射振幅的变化，提出了利用"亮点"或"暗点"对含气砂岩储集体进行预测；80 年代，利用振幅随炮检距变化（AVO）的规律进行岩性和流体成分识别；同期，随着地震地层学的迅速发展和应用，根据不整合面划分地震相单位，分析地震反射特征，确定地震相类型并进行沉积相转换，成了地震地层学的基本方法。地震地层学中使用的地震参数通常是物理参数、地震反射构型和地震相单元边界反射结构，它们大多数是定性参数。在这一时期使用最多的定量属性是三瞬属性，即瞬时振幅、瞬时相位和瞬时频率，它们是以复地震道变换为基础进行提取的。瞬时振幅和瞬时频率主要用岩性解释，而瞬时相位则用于检测地层的接触关系。尽管这类属性在过去的二十年间得到了广泛应用，但是，正如 Sangree 在 70 年代末一次报告中所指出的："我们一直只使用 20%的地震信息，由于地震属性的出现与应用，使用的地震信息将增加到 35%"。

20 世纪 90 年代以来，地震属性分析技术急剧发展，这有两个原因：一是精细储层描述的需要，二是三维地震数据体解释的需要[1]。地震资料可以很好地描述储层的形态分布和构造特征，这已成为公认的事实，但是随着勘探开发程度的不断提高，随着老油田挖潜的需要，以及二、三次采油的推广，人们越来越迫切地需要了解储层的非均质性，这已成为精细储层描述的关键。而这关键只有地震技术才能胜任，因为地震资料具有横向连续分布的特点。因而发展地震属性分析技术，希望从地震数据中，寻找隐藏在这些数据中的有关岩性和储层非均质性的信息，提高地震数据在油气田开发领域中的应用，成了一种动力。

三维地震资料采集技术的提高与进步，大大地降低了野外施工的成本，缩短了采集周期，而计算机技术的高度发展，加快了地震资料处理的步伐，因此，在当今的地震勘探中，大量地使用三维地震技术。由于三维地震资料数据量大，而工程要求的时效越来越强，必须在一个短时间内给出合理的地质解释。这就要求人们充分地利用计算机分析技术代替手工解释，加速解释进程，我们知道，地震信号的特征，是由地下沉积过程与岩石物理特征直接引起的。有理由相信，储层物性变化、储层饱和度和流体成分等有关信息，虽然可能受到各种畸变，甚至是不可恢复的扭曲，但确实是隐藏于地震数据之中。进行地震属性分析，并做出标定，消除数据畸变，有可能揭示出这些有关储层信息。

1.3　地震属性的分类

目前地震属性还没有公认的统一的分类，也很难建立一个完整的地震属性列表。但是很多作者在这方面进行了归纳和总结，Taner[2]等人对地震属性作了归纳整理。并将其划分为几何属性和物理属性两大类。几何属性或反射特征，用于地震地层学、层序地层学及断层与构造解释，如旅行时、地震反射构形、地震相单元边界反射结构（即层序边界反射终端）以及同相轴反射强度与横向连续性等。地震反射构型包括地震相单元的外形与地震相内部的反射结构，它们反映宏观沉积环境与沉积特征。地震相单元边界反射结构主要反映了沉积过程中所发生的地质事件，如沉积物来源、构造运动、海平面的相对变化等等。主要用于地震相解释与体系域划分。物理属性用于岩性及储层特征解释，本身又可分为两类：（1）由解析地震道计算出的属性，这是最常用的一些属性，包括：包络振幅及其一阶二阶导数、瞬时相位、瞬时频率、瞬时加速度、瞬时 Q 值及他们沿界面在一个时窗中的统计量。在地震道包络极大值处计算的瞬时属性称为主属性。另外还有地震道的频谱属性、相关系数以及由它们派生出来的属性。（2）由叠前资料计算出来的属性，如振幅随炮检距的变化规律、正常时差、纵波及横波层速度等。

从属性的基本定义出发，Brown（1996）将地震属性分为四类[4]：即时间属性、振幅属性、频率属性和吸收衰减属性。其中，源于时间的属性提供构造信息；源于振幅的属性提供地层和储层信息；源于频率的属性提供其他有用的储层信息（尽管还不很了解，但却坚信）；吸收衰减属性将可能提供渗透率信息（尽管还没有大量使用）。目前大多数地震属性从水平叠加数据和叠后偏移数据中提取，而叠前地震属性的典型例子是 AV0。Brown还将地震属性细分为迭前、迭后地属性，其中迭后属性再分为基于层位和基于时窗的两大类。

Chen（1997）则以运动学与动力学为基础把地震属性分成振幅、频率、相位、能量、波形、衰减、相关、比值等几大类，见表 1[4]。此外他还提出了按地震属性功能的分类方案，即把地震属性分为与亮点和暗点、不整合圈闭和断块隆起、油气方位异常、薄储层、地层不连续性、石灰岩储层和碎屑岩、构造不连性、岩性尖灭有关的属性，见表 2。

此外，为便于地震属性计算，可以按属性目标进行分类[3]。这可以分为剖面属性（基于剖面的属性）、层位属性（基于层位的属性）与数据体属性（基于数据体的属性）。剖面属性通常是瞬时地震属性或某些特殊处理结果，如速度或波抗阻反演结果等。层位属性是沿层面求取的，是一种与层位界面有关的地震属性，它提供了层位界面或两个层位界面之间的变化信息。基于数据体的属性是从 3D 地震数据体里推导出的整个属性数据体。

1.4　地震属性的提取方式

剖面属性的提取主要通过特殊处理过程来完成，如复地震道分析、道积分、地震反演等。

层位属性的提取方式有：瞬时提取、单道时窗提取与多道时窗提取。瞬时层位属性是由复地震道分析等特殊处理手段导出的在层位处拾取的属性。单道时窗层位属性是沿着一个可变的时窗内拾取的。在拾取过程中，可变的时窗既可以由两个层位加两个偏移量来定

表 1　根据波运动学／动力学特征进行的地震属性分类

振幅	波形	频率	衰减	相位	相关	能量	比率
瞬时真振幅	视极性	瞬时频率	衰减敏感带宽	瞬时相位	相关 KLPC1	瞬时真振幅乘以瞬时相位的余弦	特定能量与有限能量之比
瞬时振幅积分	平均振动路径长度	振幅加权瞬时频率	瞬时频率斜率	瞬时相位余弦	相关 KLPC2	反射强度	相邻峰值振幅之比
瞬时真振幅乘以瞬时相位的余弦	峰值振幅的最大值	能量加权瞬时频率	反射强度斜率	瞬时真振幅乘以瞬时相位的余弦	相关 KLPC3	基于分贝的反射强度	自相关值振幅值之比
反射强度	谷值振幅的最大值	瞬时频率的斜率响应频率	相邻峰值振幅之比	滤波反射强度乘以瞬时相位的余弦	相关 KLPC 比	反射强度基于分贝的中值滤波能量	目标区顶—底振幅比
基于分贝的反射强度	振幅峰态	平均零交叉点	自相关峰值振幅比	瞬时相位响应相位	相关长度	反射强度基于分贝的斜率的能量	目标区顶—底频谱比
反射强度基于分贝的中值滤波能量		平均峰值路径长度	目标区顶—底振幅比		平均相关	滤波反射强度乘以瞬时相位的余弦	正负振动之比
反射强度基于分贝的斜率		带宽额定值	目标区顶—底频谱比		集中的相关	平均振动能量	相关 KLPC 之比
滤波反射强度乘以瞬时相位的余弦		主频额定值	振幅斜率		相关峰态	复合包络能量	
平均振动能量		中心频率额定值			相关极小值	主功率谱	
平均振动路径长度		心迹线频率额定值			相关极大值	主功率谱的中心	
峰值振幅的最大值		第一个谱峰频率			相似系数	主功率谱宽带能量	
谷值振幅的最大值		第二个谱峰频率				有限频率带宽能量	
综合绝对值振幅		第三个谱峰频率				特定频率带宽能量	
复合绝对值振幅		衰减敏感带宽				特定能量与有限能量之比	
复合包络峰值						功率谱峰值	
相邻峰值振幅的比率						功率谱宽带宽	
目标区顶—底频谱的比率						目标区顶—底振幅比	
振幅斜率						相对半值时间	
相对半值时间							
振幅峰态							
大于门槛值的采样部分							
小于门槛值的采样部分							

表 2　根据储层特征进行的地震属性分类

亮点与暗点	不整合圈闭断块脊	含油气异常	薄储层	地层不连续性	石灰岩储层与碎屑岩储层的差异	构造不连续性	岩性尖灭
瞬时真振幅乘以瞬时相位的余弦 反射强度 基于分贝的反射强度 反射强度中的中值滤波能量 反射强度基于分贝的斜率 反射强度的斜率 滤波反射强度乘以瞬时相位的余弦 瞬时相位的余弦 平均振动能量 平均振动路径长度 振幅峰值的最大值 振幅谷值的最大值 求绝对值振幅 复合对值振幅 特定能量与有限能量之比 主功率谱 主功率谱的密度 大于门槛值的采样部分 小于门槛值的采样部分 振幅峰态	振幅斜率 相关 KLPC1 相关 KLPC2 相关 KLPC3 相关 KLPC 之比 相关长度 平均相关 集中的相关 相关峰态 相关极小值 相关极大值 相似系数	瞬时相位 瞬时相位的余弦 瞬时真振幅 瞬时真振幅乘以瞬时相位的余弦 振幅加权瞬时频率 能量加权瞬时频率 反射强度 基于分贝的反射强度 反射强度的中值滤波能量 反射强度基于分贝的斜率 反射强度的斜率 反射强度乘以瞬时相位的余弦 滤波反射强度乘以瞬时相位的余弦 瞬时相位的余弦 平均振动能量 平均振动路径长度 求绝对值振幅之和 复合对值振幅 平均零交叉点 第一个谱峰值频率 第二个谱峰值频率 第三个谱峰值频率 最大谱峰值振幅 最大值谱振幅 振幅峰态 特定能量与有限能量之比 大于门槛值的采样部分 小于门槛值的采样部分 相邻峰值振幅之比 自相关值振幅比 目标区顶—底振幅比 目标区顶—底频谱比	有限频率带宽能量 特定频率带宽能量 特定能量与有限能量之比 衰减敏感带宽 功率谱对称性 功率谱斜率	瞬时频率 振幅加权瞬时频率 能量加权瞬时频率 瞬时频率斜率 响应频率 带宽额定值 主频额定值 中心频率额定值 心迹线频率额定值 第一个谱峰值频率 第二个谱峰值频率 第三个谱峰值频率 衰减敏感带宽 瞬时相位 瞬时相位余弦 视极性 响应相位 平均振动路径长度 平均零交叉点 相关 KLPC1 相关 KLPC2 相关 KLPC3 相关 KLPC 之比 相关长度 平均相关 集中的相关 相关峰态 相关极小值 相关极大值 相关系数	相邻峰值振幅比 自相关值振幅比 目标区顶—底振幅比 目标区顶—底频谱比	瞬时相位的余弦 瞬时相位的余弦 视极性 响应相位 平均振动路径长度 平均零交叉点 相关 KLPC1 相关 KLPC2 相关 KLPC3 相关 KLPC 之比 相关长度 平均相关 集中的相关 相关峰态 相关极小值 相关极大值 相关系数	瞬时相位 瞬时相位的余弦 反射强度 基于分贝的反射强度 反射强度的中值滤波能量 反射强度基于分贝的能量 反射强度基于分贝的能量 平均振动路径长度 特定能量与有限能量之比 第一个谱峰值频率 第二个谱峰值频率 第三个谱峰值频率

义（图1a），它形成六个不同的界面，共有九种变化时窗，此时当时窗在道间滑动时，时窗的位置和长度都是可变的；也可以由一个层位、偏移距和时窗长度来定义（图1b），此时当时窗在道间滑动时，时窗的位置是可变的，而时窗长度是不变的。属性拾取的结果一般赋予时窗的中点，当拾取时窗在道间滑动而改变时，要尽量注意避免对地震属性使用平均这一算法，以保证可以在道间做有意义的比较。

多道时窗拾取法与单道时窗拾取法相似，它除了定义提取时窗的上、下界外，还要定义横向上提取的道数和模式，常用的模式有：Inline 方向、Crossline 方向、左对角线方向、右对角线方向、三角形、十字形、全对角线、矩形，如图2所示。并把地震属性提取结果赋予中间道。在每个中间道位置，重复上述拾取过程，可以获得一个新的属性平面。作为一个特例，时间切片可以被看作是一个无物理意义的等时层位。

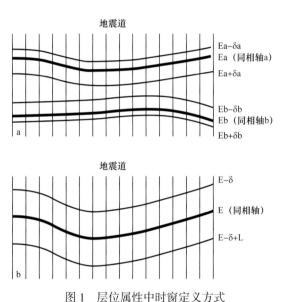

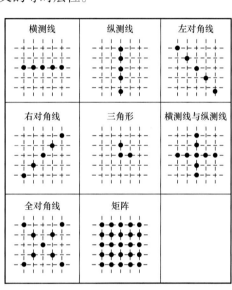

图 1　层位属性中时窗定义方式　　　　图 2　多道提取方法中选道模式

数据体属性提取方法，除了用时间切片，代替层位外，其他与层位地震属性提取方式相同。

1.5　地震属性分析的一般流程

随着地震属性提取能力的增加以及油藏地球物理重要性的不断增加，利用地震属性进行油藏特性预测得到了广泛应用。地震属性分析的一般流程如下：首先，最重要的一步就是精确地连接钻井资料和地震资料，即所谓的层位标定；其次进行层位追踪闭合，确定待预测层位的时窗，并在时窗内进行地震属性提取，计算出携带所要预测层段储层信息的 D 个地震属性，组成 D 维属性向量；再次是对所有提取的地震属性进行优化，优选出用于预测的数量最少的属性组合；最后以优化后的地震属性为基础，在密集的地震数据指导下通过稀疏井点处建立的地震属性与油藏特性之间的关系（或通过样本集的训练得到分类准则）对井间油藏特性进行预测。预测的方法有很多，它与预测的目标、建立二者关系时所使用的数学工具密切相关。目前用与地震属性分析中的数学工具大致有：线性与非线性回归、地质统计法、神经网络、模式识别、分行分维、小波、模拟退火、灰色理论、R/S 分析等方法。实际上，在地震属性分析中，地震属性优化、统计关系建立与预测三者是相互关联的。

2 地震属性优化

随着地震属性应用的不断深入，越来越多的属性被提出来。地震属性分析通常要经过一个属性个数从少到多，又从多到少的过程[5]。所谓从少到多，是指在设计预测方案的初期阶段应该尽量多地提取各种可能与储层预测有关的属性。这样可以充分利用各种有用的信息，吸收各方面专家的经验，改善储层预测的效果。但是，属性的无限增加对于储层预测也会带来不利的影响。这是因为：

（1）有些地震属性可能与目的层本身无关，而反映了其他地层的变化，这些属性只能对目的层的预测起干扰作用；

（2）属性的增加会给计算带来困难，因为过多的数据要占用大量的存储空间和计算时间；

（3）大量的属性中肯定会包含着许多彼此相关的成分，从而造成信息的重复和浪费；

（4）属性个数是与训练样本数有关的。就模式识别而言，当样本数固定时，属性数过多会造成分类效果的恶化。卡纳尔（Kanal, L.）就模式识别曾经总结过以下经验[6]：首先，样本个数 N 不能小于某个客观存在的界限；其次，样本数 N 与属性数 D 之比应该足够大；再次，如果 N 已经确定，那么当 D 增加时，分类性能先是得到改善，但是当 D 达到某个最优值后性能便会变坏；通常，样本数 N 应是属性数 D 的 5 倍到 10 倍左右。陈季镐[7]在一定的假设条件下，用统计模式识别方法得到了样本数、属性维数与平均识别准确率的关系曲线，如图 3 所示，图中结果表明：当样本数为 20 时，最优属性数为 5；当样本数为 100 时，最优属性数为 8。这与卡纳尔总结的样本数与属性数间的经验关系基本一致。尽管这些结论不一定具有普遍性，但这对地震属性优化仍具有一定的参考价值。

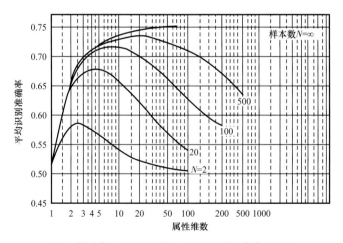

图 3 样本数、属性维数与平均识别准确率的关系

因此，针对具体问题，从全体地震属性集中，挑选最好的地震属性子集是必要的，此即地震属性优化问题。

地震属性优化方法可分为地震属性降维映射与地震属性选择两大类方法。前者通常使用 K-L 变换和主分量分解法，它们都是从大量原有地震属性出发，构造出少数有效的新地震属性。其缺点是原地震属性的物理意义已不存在。

地震属性选择是通过已有经验或数学方法来进行属性优选。在地震属性选择前，必须先设计好目标函数，目标函数根据储层预测方法和地震属性选择方法灵活确定，不同的方法有不同的目标函数。它可以分为专家优化、自动优化和混合优化。

（1）专家优化：一般说来，油田专家对某个地区储层信息与地震属性之间的关系比较了解的，可凭经验进行地震属性选择。有时专家能提出几组较优的地震属性或地震属性组合，但哪一组最优难下结论，这可通过计算误识率（模式识别）或预测误差（函数逼近或神经网络）并进行比较，选取误识率或预测误差最小者为最优的地震属性或地震属性组合。

（2）自动优化：由于所解问题与地震属性之间关系复杂，难于凭经验选取，为了取得储层预测的最优效果，需要优选地震属性组合，衡量"最优"的标准就是使误识率或预测误差最小。要想得到最优属性组合，只有采用枚举法，将各种属性组合（共有 2^D-1 个）的误识率或预测误差进行比较，选出最优属性组合，此即组合优化问题。由于 D 较大时，2^D-1 很大，不宜用枚举法求解。因此，只好寻找计算量较小的次优解法，常用的有属性比较法、顺序前进法、顺序后退法、增1减 r 法等，最近出现的遗传算法与 RS 理论决策分析方法是优选地震属性的新方法[5]。

（3）混合优化：为了克服专家知识与经验的局限性，减少自动优化的计算量，可将专家优化与自动优化结合起来进行地震属性优化。较常用的方法是专家优化与最优搜索算法结合，求取该组合优化问题的最优解。

由上述讨论可知，一般无法确定最好的地震属性子集。但是，实践经验表明，一个简单的属性选择（优化）方法都可能得到比随机选择属性更好的结果。在大型商业软件 LANDMARK 属性分析模块中，人们利用提取的所有属性两两进行相关得到相关分析矩阵，以此评价属性之间的相关性与进行属性优化。应该指出，在地震属性降维映射中，新地震属性是从大量原有地震属性中构造出的，而在地震属性选择中，被选择的地震属性是从原有地震属性集合中接受过来的。

3　地震属性分析方法

地震方法自20世纪产生以来，作为勘探的必要手段，在寻找和发现石油天然气资源中作出了巨大贡献。目前，地震技术的应用已经从构造形态深入到储层评价，从勘探初期延伸到开发阶段。随着油田开发对地震需求的不断增加推出了一个新的学科——开发地震，做开发地震核心技术之一的地震属性分析在油藏描述与评价中起到重了要作用，其作用主要表现为三个方面：油气预测、岩性或岩相预测和油藏参数估算。

3.1 油气预测方法

3.1.1 概况

随着各种新的数学工具、信号处理技术不断地引入地震勘探，从地震数据中提取的地下地质信息较过去大大地增加，人们很自然地产生了根据反射地震数据直接寻找地下油气藏的想法。首先是 20 世纪 70 年代出现的"亮点"技术，在这个技术中反射波的振幅和极性等被用来作为属性以识别油气藏。以后又出现了各种利用多种地震属性综合检测油气藏的技术。从 80 年代起，模式识别技术受到追捧，先后研究出了模糊模式识别、统计模式识别、神经网络模式识别等油气预测技术。新近出现的分形油气预测、灰色油气预测与 RS 理论决策分析油气预测方法是正在研究中的方法。陈遵德[5]对此进行了深入的分析与比较，得到以下认识：

（1）单属性油气预测方法，适用于地质条件比较简单、油气藏类型比较理想、原始地震数据信噪比较高的情况。它具有方法简单、快速、方便、经济等优点。但其应用条件难以满足，常出现如下弊端：① 只利用一个属性不能很好地分离含油气与不含油气；② 利用单项属性预测油气效果差，精度低，因此，本方法已不常用。

（2）统计模式识别油气预测方法是在单属性方法的基础上发展起来的。它有利于油气的定量分析，可提供丰富的成果。但如何优选大量地震属性是其困难之一。

（3）模糊模式识别油气预测方法可以充分利用已知井中有无油气的信息，使油气预测更切合实际。本方法存在的问题是标准模式难以选取，隶属函数的确定带有较大的人为因素。

（4）BP 神经网络模式识别油气预测是 20 世纪 90 年代初出现的新方法。具有自学习能力、自适应能力，还有较强的容错能力，是一种较好的油气预测方法。但是，训练样本的选取较为困难且不能优选地震属性，不适用于仅有油气井或仅有干井的区域。

（5）分形油气预测方法属无监督类预测方法，只需有井标定即可，它为油气预测提供了一种新的手段。但对预测结果进行解释时带有一定的人为因素。

（6）灰色油气预测方法是以样本为聚类中心，以属性变化的规律进行预测，考虑了井分布的区域性。但它本质上属线性分类器，具有强行分类的欠缺，应用在少井区将受到限制，它是一种正在走向成熟的方法。

（7）新近出现的 RS 理论决策分析油气预测方法是一种新颖的模式识别油气预测方法，它既可用于模式分类，又可用于地震属性优化。其缺点是它只能处理量化数据，且推广能力稍弱，是一种正在发展中的方法。

3.1.2 统计模式识别方法

模式识别之所以重要是因为人类的活动几乎都是以模式的形式出现。世界上的种种事物，往往需要用相互关联的所有特征组成的模式来描述。有时这些特征的相互关系并不明显，但我们知道它们是相关的，因为它们描述的都是同一事物。而不同的事物，它们之间的特征是有区别的。模式识别的任务就是根据这些特征的相似性和差异性，进行分类，再识别出来。

油气统计模式识别一种根据含油气与不含油气储层的地震波运动学和动力学特征（如波形、振幅、频率、相位等）的差异，从地震资料中提取多种地震属性，采用多元统计的方法，预测含油气储层的位置与范围的一种技术。由于用常规地震解释方法研究储层时，往往遇到不少困难而不易见效，常见的困难是储层较薄，无法分辨，另一困难是有些储层特征的变化在地震记录上反映很微弱，肉眼不易觉察。模式识别技术采用了多种地震属性对储层的变化进行判断，因而有较高的综合分辨能力。其实现过程可分如下两步：

（1）学习过程。

首先确定希望预测的油气藏类别，在地震剖面上选择与各种油气藏类别对应的一定数量的地震道，这些已知类别的地震道一般称为学习道；然后从学习道中提取多种地震属性，设计进行预测的分类器与属性优选，确定属性优选与分类器设计是否合理的标准是预测的学习道类别与已知的其所属类别是否相同。实践经验表明，时窗对模式识别的结果影响很大，因此在实际工作中常常也把时窗大小作为一个可变的因素参与分类器的设计。一旦分类器设计完成就同时完成了属性优选与时窗的大小，在以后的预测过程中时窗保持不变，同时仅使用优选后的地震属性。

在一般情况下，由于没有任何单独的地震属性能唯一地指示储层的某一特性，因此，目前利用地震属性进行地震储层预测时提取的属性较多，常用的地震属性有：从自相关函数中提取的八个属性：① A1/A0；② A2/A0；③ A3/A0；④ A 最小 /A0；⑤ T1，第一次过零时间；⑥ T2，第二次过零时间；⑦ T3，第三次过零时间；⑧ Tamin，第一个最小相关值。这些是纯数据型的信息。其中：A 表示在下标所示时间处的自相关函数；A0 为自相关极大值处的自相关值。A1 为极大值的 50%；A2 为极大值的 25%；A3 为第一个极小值。

由功率谱得到的地震属性：f_0，功率谱中把高能量带与低能量带分开的频率；fp，功率谱中第一个大峰值的频率；fm，功率谱中最大功率的频率；f1，产生最大能量处的频率；f2，产生频率加权功率 25% 处的频率；f3，产生频率加权功率 50% 处的频率；f4，产生频率加权功率 75% 处的频率；f5，产生功率为 25% 处的频率；f6，产生功率为 50% 处的频率；f7，产生功率为 75% 处的频率；f8，功率对数值降到最大值一半处的最低频率。

由自回归模型中提取 5～10 个特征参数。还有极性、相位等属性，这些属性提取只考虑地震波的特征，如振幅、频率、能量、波形等，而不带有直接的地质意义。

此外，还可以提取一些具有明确物理意义和地质意义的属性。如：衰减，速度（叠加速度、均方根速度、偏移速度或瞬时速度、纵横波速度比等），AVO 参数，声阻抗（伪速度、伪声阻抗、伪密度、速度梯度、相对波阻抗）等属性。

（2）预测过程。

对未知类别的地震道，计算学习过程中所优选的地震属性，用最终确定的分类器进行分类，预测出地震道所属的类别。分类器的种类很多，常见的有以下两种。

① Fisher 线性判别方法。Fisher 提出一个线性判别准则，要求特征向量在 C 方向投影后 $D(X)=C^T X$，在一维空间内，两类样本的均值之差越大越好，同时要求每类样本内部的离散度越小越好，因此 Fisher 准则函数可以定义为

$$F(C) = \frac{\left[D(X_{\mathrm{I}}) - D(X_{\mathrm{II}})\right]^2}{\frac{1}{N_{\mathrm{I}}}\sum_{i=1}^{N_{\mathrm{I}}}\left[D_i(X_{\mathrm{I}}) - D(X_{\mathrm{I}})\right]^2 + \frac{1}{N_{\mathrm{II}}}\sum_{i=1}^{N_{\mathrm{II}}}\left[D_i(X_{\mathrm{II}}) - D(X_{\mathrm{II}})\right]^2} \tag{1}$$

其中 $D(X_{\mathrm{I}})$ 为 I 类样本平均值的判别函数，$D_i(X_{\mathrm{I}})$ 为 I 类第 i 个样本的判别函数值，$D(X_{\mathrm{II}})$ 和 $D_i(X_{\mathrm{II}})$ 分别为 II 类样本的平均值的判别函数与第 i 个样本的判别函数值，N_{I} 和 N_{II} 分别为 I 类和 II 类的样本数，化简得

$$F(C) = \frac{\left[C^T(X_{\mathrm{I}} - X_{\mathrm{II}})\right]^2}{C^T SC} \tag{2}$$

使上式中的 $F(C)$ 为最大，就可求出系数向量 C。

② Bayes 线性判别方法。Bayes 决策理论原理是统计模式识别的一个常用方法。其中基于最小错误率的 Bayes 决策是人们最自然的要求，即：

若
$$P(W_l|x) = {}_j^{\max} P(W_j|x) \tag{3}$$

则决策
$$x \in W_l$$

由 Bayes 公式，可得
（3）等价形式。

如
$$P(W_i)P(x|W_l) = {}_j^{\max} P(W_j)\Big|P(x|W_j) \tag{4}$$

则决策
$$x \in W_l$$

由上式可知，用 Bayes 分类器需要知道：各类别总体的概率分布 $P(x|W_l)$ 和类 W_l 的先验概率 $P(W_l)$。

3.1.3　应用实例

（1）含油范围预测。

研究工区位于柴达木盆地西部茫崖凹陷内的跃进一号构造，它是红柳泉—跃进一号构造带的一个三级潜伏背斜构造，面积约 $60 \mathrm{km}^2$。在该构造全部 183 口深井中，E_3^2 地层见到油气显示的井有 43 口，其中跃灰 1 井与跃灰 4—7 井获得了工业油流。已有资料表明，该区 E_3^2 油藏属于大套泥岩中的裂缝性油藏，不仅受构造、岩性的制约，也受到超压带的影响。地质条件的复杂性、影响因素的多样性，加大了油气分布范围及分布规律预测的难度。

研究的目的是试图充分利用该区丰富的地震、钻井、试油等成果，采用多种先进的地震预测技术，探索出一套实用有效的研究方法，搞清 E_3^2 地层中裂缝性储层的特征及油气分布规律。针对问题复杂，技术难度大的特点，我们采用以地质研究和测井分析为基础，以地震研究为主要手段的技术思路，强调多学科、多种方法的综合。通过对 E_3^2 地层地质特征分析、测井储层分析和储层地震研究成果的综合分析，对 E_3^2 储层进行了综合评价，

并对三个有利区块进行了储量计算，提出了井位部署意见。模式识别技术在圈定含油范围中起到了重要作用。

模式识别是一种根据储层性质不同而引起地震特征变化、利用多种地震参数的差别而对储层进行分类的新方法。在本项目研究中，分如下三步实现：① 确定学习样本，把显示好的井作为一类样本，如跃灰 1 井与跃灰 4-7 井等，把没有显示的井作为另一类样本，如跃 8-5、跃 13-5 等。② 确定时窗。由于 T_4（相当于 E_3^2 底）比较稳定，因此在时窗选择时以它为参考标准。为了确定时窗，必须进行上、下时窗试验，其试验结果分别如图 4 与图 5 所示。上时窗分别取 T_4-126ms、T_4-146ms、T_4-166ms、T_4-186ms、T_4-206ms；下时窗分别取 T_4+16ms、T_4-16ms、T_4-36ms、T_4-56ms、T_4-76ms。显示好的井样本为跃 119 井与跃灰 1 井，没有显示井的样本为跃 13-5 井，其他如跃 4-5 井、跃 8-5 井、跃 110 井、跃 16-5 井和跃 146 井做为检验井。通过比较，上时窗选 T_4-166ms，下时窗选 T_4-36ms 的模式识别结果与所有样本井及检验井完全吻合，说明该时窗最能反映储层特征的变化。③ 预测。有了时窗与学习样本，就可以对每条测线进行处理，得到概率分布剖面，如图 6 所示。该图可分为两个部分，下半部为地震剖面，上半部为概率曲线，第一条曲线表示某一点可能是没有显示的概率，第二条表示某一点可能是好的显示的概率。把剖面结果投到平面上成图得到 E_3^2 储层好的显示概率分布平面图，如图 7 所示。其值分布范围为 0.2～0.9，以概率值大于 0.6 为划分标准，该区从北到南分布有三个有利区块，即跃灰 1 井区、跃 17 井区和跃 119 井区。

（2）含气范围预测。

研究区域地处陕甘宁盆地中部气田中区的陕 25—陕 5 井区，到目前已有钻井六口，地震测线 15 条 314km，面积约 380km^2，目的层位是奥陶系风化壳马五 1+2 储层。已有资料表明：储层主要集中于奥陶系顶部风化壳，盖层为石炭系煤系地层，底板为马五 $_5$ 高速致密灰岩；储层岩性为白云岩，储集空间主要是溶孔、溶洞和裂缝，单层厚度小，横向大面积分布；气藏主要受古地貌、古岩溶控制，天然气产量与储层厚度及储层物性的非均质性密切相关。因此，结合已有的钻井地质成果，应用地震新技术搞清泥质含量分布情况、储层厚度平面变化、侵蚀沟谷的平面分布、含气有利区范围等要素对提高天然气开发效益具有重要意义。模式识别的主要目的是确定含气的分布范围。

为了保证与反演结果的一致性，本次模式识别的基础资料选择了地震反演相对速度。首先对工区内的井进行分类，为了同时区分气层、含气水层和干层的分布，将六口井依据产气量的大小分成三类，即陕 5 井（$110 \times 10^4 m^3$）和陕 44 井（$45.76 \times 10^4 m^3$）为第一类，属于气层；G22-5 井（$3.2 \times 10^4 m^3$）和陕 23 井（$1.23 \times 10^4 m^3$）为第二类，属于气水同层；林 3 与陕 25 为第三类，属于干层。其次以陕 5 井（气层）、G22-5 井（气水同层）和陕 25 井（干层）为学习样本，以其他三口井为检验井进行了时窗试验与特征参数试验。试验结果得到最终判别时窗为 T_9+2-T_9+40ms。模式识别特征参数试验结果表明，KL 类参数的识别结果与实际不符，SSM（选为口信号模型参数）识别结果很不稳定，因而在实际处理中没有使用，最终选取自回归系数（AR）、自相关函数（AC）和最大炳谱，三类信息 21 个特征参数进行实际预测。

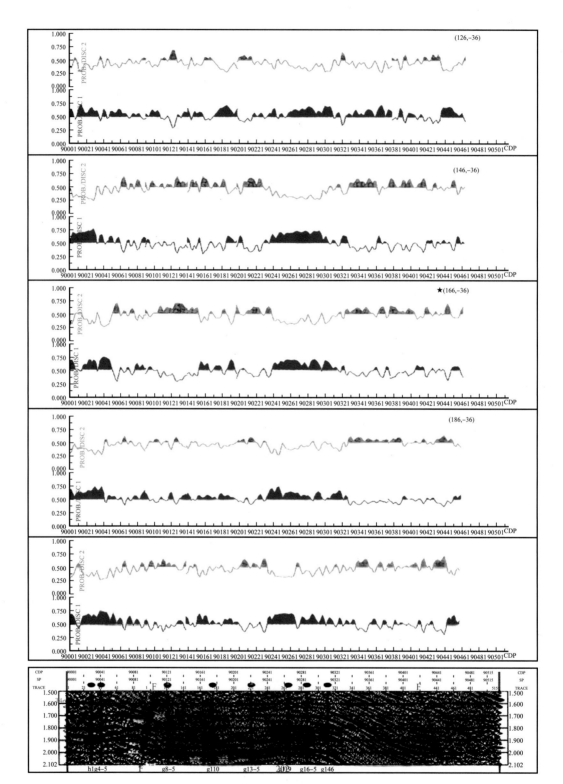

图 4　上时窗试验对比图

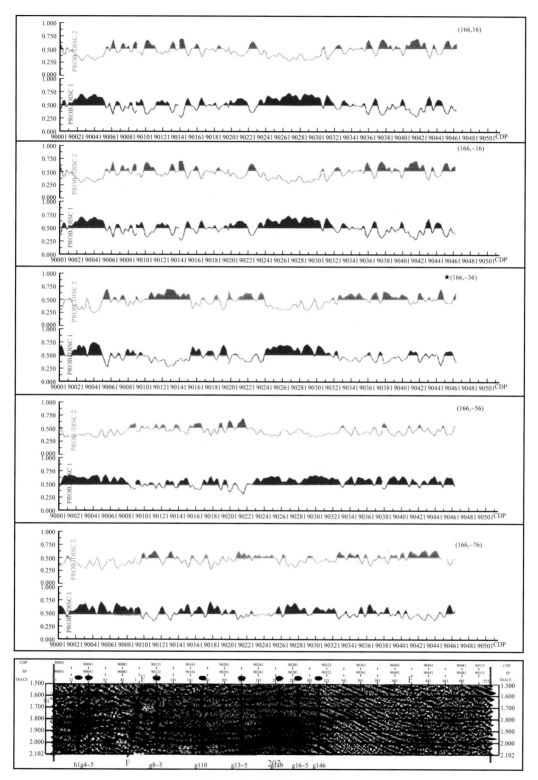

图 5　下时窗试验对比图

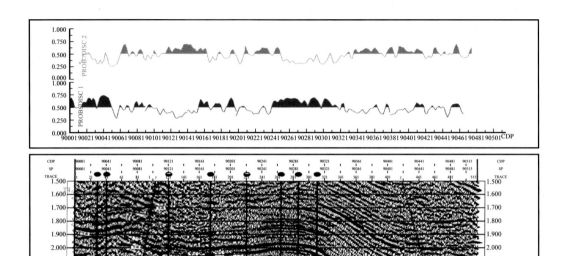

图 6　202 测线 E_3^2 地层模式识别剖面图

图 8 与图 9 分别为 L91115 与 L91724S 测线模式识别剖面图，上方的三条曲线分别表示含气层（下）、含气水层（中）和干层（上）的概率分布曲线，这三条概率曲线之和为 1。由图可见，陕 25 井和林 3 井反映为干层，陕 5 井为气层，G22-5 井为含气水层，其他测线结果说明，陕 23 井为含气水层，陕 44 井为气层。可见这些结果与实际试油结果相吻合，表明参数、时窗选择合理，识别结果有效。

图 10～图 12 分别为气层、含气水层和干层的概率平面分布图。显然，气层在本区是大面积分布（图 10），水层主要集中在 G22-5 井至陕 25 井之间（图 11），干层则是零星分布（图 12）。

3.2　定量地震相分析方法

3.2.1　概况

地震相是沉积相在地震剖面上的影射，它是指有一定分布范围的三维地震反射单元，其地震参数如反射结构、几何外形、振幅、频率、连续性和层速度，皆与相邻相单元不同。它代表产生其反射的沉积物的一定的岩性组合、层理和沉积特征[8]。正因为这样，可以说地震相是沉积相在地震剖面上的反映。

传统地震相划分方法是相对于近几年发展起来的定量地震相分析而言的。它是通过肉眼观测来描述的，俗称"相面法"。"相面法"地震相分析类似于观察和描述岩心或露头的沉积相分析，但它是通过对地震剖面上反射特征的观察和描述来进行的。地震相的特征可用地震相参数来表达，所谓地震相参数是地震相内部那些对地震剖面的面貌有重要影响，并且具有重要沉积相意义的地震反射参数。在传统地震相分析中地震相参数有三种类型，即物理参数、地震反射构型和地震相单元边界反射结构。

随着地震资料采集技术的不断提高，使得地震剖面上包含的地震信息更加丰富，而其中的许多信息光靠肉眼在地震剖面上观察是检测不出来的，必须借助地震数据处理技术和计算机技术加以提取、分析，并通过一定的数学方法，对这些地震信息的地质特征加以解释。在这种情况下，就产生了定量地震相分析。这一新的研究领域大致从 1984 年开始的，当时主要有两种方法。第一种方法是以频率分布图和交会图的方式来表示参考相，利用不同的相具有不同的散点集分布范围来区分参考相。第二种方法是以星状图的形式来表示参考相，在这种方法中不同的相具有不同的星状图。当然，上述参考相的建立是根据井旁地震资料制作的，并用井资料作了标定。只要将其他位置相同井段的地震参数与参考相作比较，就可以确定出它属于哪一类岩相。

经过一段时间的研究，人们发现采用少量地震参数并用上述的作图方法无法解决更复杂的地质问题，因此便从地震剖面上提取更多的地震参数（地震属性），例如，自相关函数、功率谱等二十多种地震属性，并用多元统计的方法进行研究。研究方法分为两步：第一步是选学习道（学习道一般取井旁地震道），然后根据学习道提取地震属性，再利用多元统计方法建立学习道的判别函数，由于这些学习道对应于井的沉积相，所以所建立的判别函数就是该沉积相的判别函数。如果研究区的井很多，那就可能建立若干个判别函数，不同的判别函数对应于不同的沉积相。第二步是进行预测。根据各 CDP 点提取的地震属性，最后确定它属于哪一类沉积相。

目前，模式识别、人工智能专家系统和人工神经网络已进入地震相定量分析这一研究领域。

3.2.2　模式识别

模式识别应用于地震相分析是最近十年的事。其步骤如下：

（1）地震相参数（即地震属性）的提取。

它是定量地震相分析的关键。一般情况下，应在经真振幅恢复的三维偏移资料上进行，当地层近于水平并且构造不复杂时，也可以利用叠加剖面提取地震属性。应该注意，提取地震属性的目的是要对古沉积环境和沉积相进行解释，因此，沉积后的任何大的地质事件，特别是构造运动，都对反映原始地层特征的地震属性构成威胁。另外，应采用尽可能多的技术、从各个不同的方面提取更多的地震属性。尽管这些地震属性不带有直接的地质意义，但综合分析这些地震属性，可以看出各种地质现象所对应的地震波的特征。定量地震相分析中常用的地震属性与油气模式识别方法中使用的地震属性相似。

（2）沉积相类型的确定。

确定某个地震层序有几种沉积相类型，这也是定量地震相分析的关键。传统的方法仅根据钻井、测井相分析确定，然而，对于一个盆地或一个大的区块或钻井较少的地区，这种方法显然不足。因此，沉积相类型应根据以下几个方面进行。

① 根据钻井、测井资料进行单井沉积相分析，以确定井区研究层的沉积相类型。

② 根据地震相模式确定沉积相类型。例如：中国东部中、新生代以来的陆相断陷盆地，其断层一侧若为杂乱或弱反射地震相，则一般为冲积扇相或扇三角洲相。

③ 根据盆地的沉积构造演化史，推测盆地的沉积环境以及沉积体系，从而分析可能存在的沉积相类型及其空间位置。

④ 根据有序样品聚类法确定可能存在的沉积相的平面位置。例如，有一条测线穿过

一个湖盆，在这条测线上已知有滨湖亚相、浅湖亚相、深湖亚相、滨浅湖亚相，它们依次排列，但不知其分界点位于何处。在这种情况下，可采用有序样品聚类法对其进行四分。这样，在不打乱原始样品次序的情况下，将四个相分开。

总之，沉积相类型的确定有两个目的：一是目的层序有几种沉积相；二是这几种沉积相分布在哪个位置或者哪条测线的哪些道，以便确定学习道。

（3）建立学习道判别函数。

将上述的几种沉积相位置处的地震道作为学习道，采用模式识别的方法建立其判别函数，如贝叶斯方法和 FISHER 准则等。

（4）沉积相预测。

根据各沉积相的判别函数，对研究区目的层段各地震道的地震属性进行判别分析，最后确定出目的层段的沉积相平面展布。

由于统计模式识别对属性提取与选择要求高，且当数据量大时，运算时间长，有时几乎不能实现。因而影响了该方法的效果与应用。

3.2.3 人工智能专家系统

自 1965 年美国斯坦福大学研究出第一个计算机专家系统（DENDRAL）以来，许多领域中都进行了这方面的尝试。近年来有人尝试将人工智能专家系统用于地震相的解释，其基本工作过程概括起来可分为两个步骤。第一步：就是先建立知识库。知识库包括两个方面的内容：①地震相模式；②地震相解释准则。地震相解释准则包括四个方面：a. 能量匹配准则；b. 井旁地震相标定准则；c. 沉积体系匹配准则；d. 沉积演化史匹配准则。第二步：用户输入要解释的地震相参数，这时专家系统就使用知识库中存放的知识对输入参数进行推理解释，最后确定它属于何种沉积相。上述的思想是正确的，但要将人工智能专家系统用于解决实际问题，还需做大量的工作。

3.2.4 人工神经网络

从广义上讲，人工神经网络（ANN-Artificial Neural Network）可以理解成，由大量在处理功能上与生物神经细胞类似的人工神经元高度并联，串联而成的，具有某些智能功能的系统。人工神经网络有效模型的建立有赖于人们对大脑思维过程的正确理解，但是目前人类对大脑组织与结构以及大脑思维过程的认识仍然有限，因此当今的人工神经网络仅是人脑神经系统的高度简化，尽管如此，人工神经网络在各行各业中的应用仍然充满勃勃生机。

目前经常使用的人工神经网络按功能可以分为：前馈神经网络、自组织神经网络、反馈神经网络、自适应共振网络，随机神经网络与视觉神经网络，根据其学习过程是否需要先验知识，神经网络可以分为有监督和无监督两大类。

自组织神经网络采用无监督的竞争学习方法。它是由 Kohonen 教授于 1982 年提出来的，因此也称为 Kohonen 神经网络。其生物学基础是，人脑由大量神经细胞组织，处于空间不同域；每个神经元的分工有所不同，Kohonen 教授认为神经网络在接受外界输入模式时，将会分成不同的对应区域，各区域对输入模式具有不同的向应特征，并且这一过程是自动完成的，他利用这个思想来构造人工神经网络，实现无监督的聚类与分类过程。

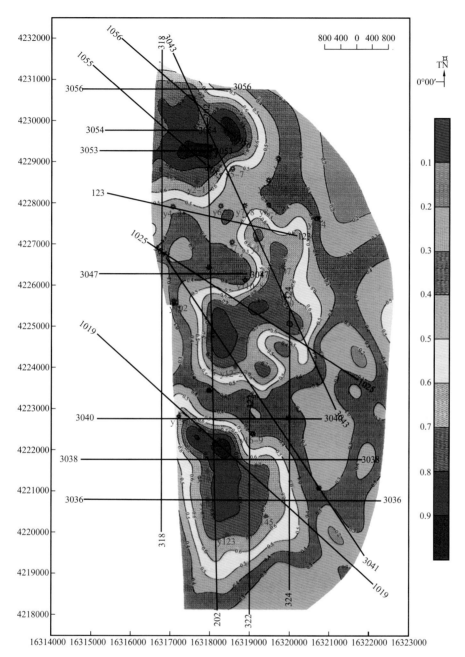

图7 E$_3^2$地层模式识别成果图

（1）聚类与相似性测量。

聚类能够实现把相似的对象划为同一组，而将不相似的对象分离，也就是说，通过聚类对不带有任何类别信息的模式，根据某种判定来标明类的成员及模式对各类的归属程度。假设类数事先已知，输入模式集为

$$\left\{\vec{X}_1, \vec{X}_2, \vec{X}_3, \cdots, \vec{X}_M\right\} \tag{5}$$

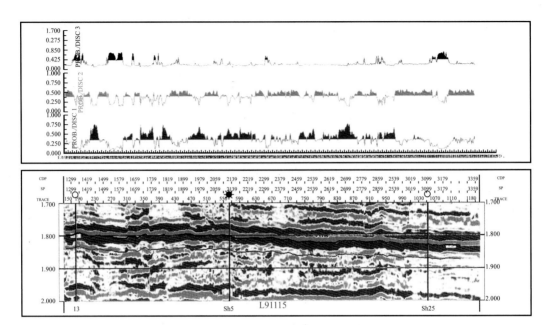

图 8 L91115 测线模式识别剖面图

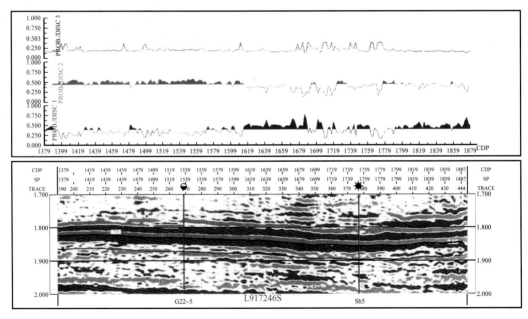

图 9 L91724S 测线模式识别剖面图

若无期望分类响应的信息，则需要寻找聚类的判据，在传统的模式识别中经常使用下述方法。

① 欧氏最小距离法。

为了定义一个类，需要确定类的范围。最常使用的方法是欧氏最小距离法。两个模式向量 $\vec{X}$ 和 $\vec{X}_i$ 的欧氏距离为

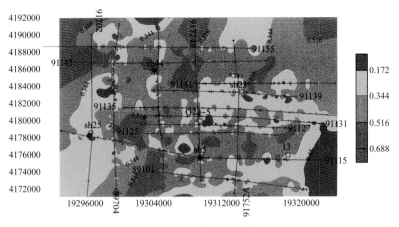

图 10　含气概率分布图

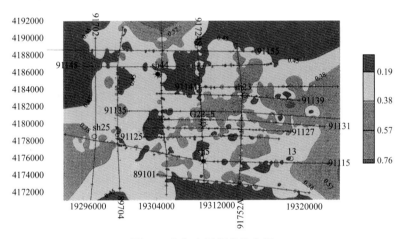

图 11　含气水层概率分布图

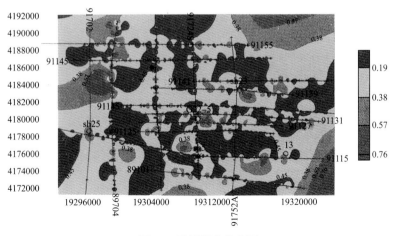

图 12　干层概率分布图

$$\left\| \vec{X} - \vec{X}_i \right\| = \sqrt{\left(\vec{X} - \vec{X}_i \right)^{\mathrm{T}} \left(\vec{X} - \vec{X}_i \right)} \tag{6}$$

欧氏最小距离法的基本思想是：若两个模式向量的欧氏距离越小，则两个模式向量越接近。定义 T 为类内所有模式向量间的最大欧氏距离，利用它可以作为类别的相似性测量的依据，参阅图13。

从图中可以看出，类内各模式向量间的距离都小于 T，但两类模式向量距离都大于 T。
② 余弦法。

另一种常用的方法是计算向量 $\vec{X}$ 和向量 $\vec{X}_i$ 之间夹角的余弦，即

$$\cos \phi = \frac{\vec{X}^{\mathrm{T}} \vec{X}_i}{\left\| \vec{X} \right\| \left\| \vec{X}_i \right\|} \tag{7}$$

在图14中，$\cos \phi_2 < \cos \phi_1$，则表明模式 $\vec{X}$ 更类似于 $\vec{X}_2$，而不是 $\vec{X}_1$。阈值角 ϕ_{T} 定义为最小类距夹角。不难看出，余弦法适用于按方向增大类的相似性测量。

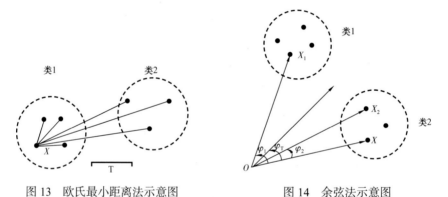

图13　欧氏最小距离法示意图　　　　　图14　余弦法示意图

（2）原理与步骤。

Kohonen 网络结构由两层构成：输入层和 Kohonen 层（输出层）。这两层是全连接的。每个输入层神经元与每个输出层神经元有一前馈连接，如图15所示，设神经元个数为 N，对应的神经元权向量为

$$\vec{W}_j = \left[w_{j1}, w_{j2}, w_{j3}, \cdots, w_{jp} \right] \quad j = 1, 2, 3, \cdots, N \tag{8}$$

输入模式为 $X_t = \left[x_1, x_2, x_3, \cdots, x_p \right] \quad t = 1, 2, 3, \cdots, M$

Kohonen 神经网络最重要的过程是竞争学习，它可以描述为，对于每一个输入模式，采用神经元权值向量与输入模式最相似的神经元获胜的准则，对获胜的神经元进行训练，使得该神经元权向量向输入模式靠拢。所谓的最相似，简单地说就是权值向量与输入模式具有最大欧氏范数距离或两向量的夹角最小，对于单位长度向量，这两者是完全等价的。但利用欧氏距离准则更方便一些。因此，竞争学习可以描述为：

对于第 t 个输入模式 $\vec{X}_t$，寻找与 $\vec{X}_t$ 距离最近的神经元 $\vec{W}_m$，该神经元满足：

$$\left\| \vec{X}_t - \vec{W}_m(t) \right\| = \min_{j=1}^{N} \left\{ \left\| \vec{X}_t - \vec{W}_j(t) \right\| \right\} \tag{9}$$

其权值调节准则为

$$\vec{W}_j(t+1) = \begin{cases} \vec{W}_j(t) + \alpha(t)\left[\vec{X}_t - \vec{W}_j(t) \right] & j = m \\ \vec{W}_j(t) & j \neq m \end{cases} \tag{10}$$

其中 $0 < \alpha(t) < 1$，且 $\alpha(t)$ 随时间递减。因此，训练结果是权值矢量逐渐向输入模式靠近。但是训练后的权值分布是无规律的，如果希望在输出层能够将特征进行聚集，以便于在阵列中互相靠近的位置可以找到类似的特征，那么就必须加入侧反馈。侧反馈的大小和类型（兴奋或抑制）可用侧反馈的权值来表示，侧反馈的权值一般是阵列内神经元之间几何距离的函数，如墨西哥草帽函数。该函数包含三个明显的侧反馈作用区域，当距离小于 R_0 时，侧反馈是兴奋的。在 R_0 和 R_1 之间的区域，有一个抑制反馈区，超过 R_1 为渐弱兴奋区，如图 16 所示。数值分析表明，墨西哥草帽函数侧反馈的效果可用有效的计算方法来模拟。此时，侧向反馈权值被消去并且用一个区域代替，在这一区域中响应被最大化，而侧反馈的调整可以通过简单地调整邻域的大小来体现：正向反馈邻域越大，负向反馈邻域就越小。加上侧反馈后，其权值调整不仅仅针对获胜的神经元，而是针对获胜神经元及其邻域内的所有神经元进行调整。其调整邻域大小可以用一个围绕获胜神经元的函数 $\Omega_m(t)$，它是一个离散时间（迭代次数）的函数。这意味着侧反馈邻域的大小可在训练过程中变化，邻域越大意味着正向反馈越多，训练区域越大。正是通过早期训练期间邻域函数的较大值，使得网络结构有序化。此时权值的调整可表示为

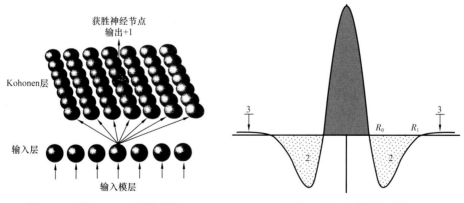

图 15 二维 kohonen 网络结构　　　　图 16 墨西哥草帽函数

$$\vec{W}_j(t+1) = \begin{cases} \vec{W}_j(t) + \alpha(t)\left[\vec{X}_t - \vec{W}_j(t) \right] & j \in \Omega_m(t) \\ \vec{W}_j(t) & j \notin \Omega_m(t) \end{cases} \tag{11}$$

由此可见，通过竞争学习，使邻近的神经元的权向量与获胜神经元权向量接近，而获胜神经元的权向量又是与某学习样本向量最接近的。因此，我们可以说，若学习样本向量中有明显的分类聚集关系，那么通过竞争学习后，神经网络中神经元权向量的分布呈现一种分区现象，同一区内的神经元权向量彼此接近，并且与某一类的样本向量最接近。达到分类与聚类的目的。

Kohonen 自组织神经网络的计算步骤可表示为：

步骤 1. 初始化：初始化权值向量 $\vec{W}_j(0)$ 时可选随机值，初始值通常选择小一点。初始化学习率 $\alpha(0)$ 和邻域函数 $\Omega_m(0)$ 时应尽量取大一些。

步骤 2. 对于样本中每个矢量 $\vec{X}_t$ 执行步骤 2a、2b 和 2c。

步骤 2a. 将样本矢量 $\vec{X}_t$ 送入到网络的输入层上去。

步骤 2b. 相似匹配：选择权值向量最匹配 $\vec{X}_t$ 的神经元作为获胜神经元。运用欧氏法则，获胜神经元的标号为 m，它满足：

$$\left\| \vec{X}_t - \vec{W}_m(t) \right\| = \min_{j=1}^{N} \left\{ \left\| \vec{X}_t - \vec{W}_j(t) \right\| \right\} \tag{12}$$

步骤 2c. 训练：

训练权值矢量，使得在活性泡范围内［即领域 $\Omega_m(t)$ 内］的神经元朝着输入矢量方向移动：

$$\vec{W}_j(t+1) = \begin{cases} \vec{W}_j(t) + \alpha(t) \left[\vec{X}_t - \vec{W}_j(t) \right] & j \in \Omega_m(t) \\ \vec{W}_j(t) & j \notin \Omega_m(t) \end{cases} \tag{13}$$

步骤 3. 更新学习率 $\alpha(t)$，学习率的线性减小将产生令人满意的结果。

步骤 4. 减小邻域函数 $\Omega_m(t)$。

步骤 5. 检查结束条件。

当权值不再发生明显的变化时退出，否则就转入步骤 2。

基于 kohonen 神经网络的定量地震相分析方法

无论是利用属性进行储层参数预测，还是进行定量地震相分析，传统的方法都强调井的作用，即井标定与井样本的监督。这在无形中就假定有限井点的类别代表了整个工区的所有类别，没有其他井点以外类别的存在，在定量地震相分析中即假设没有井点以外的地震相的存在，这显然与事实不符。此外，这样假设可能导致以下两个方面信息的缺失：（1）地震信息在整个工区内的变化程度（即地震资料总体变化程度）；（2）地震资料总体变化程度在空间上分布。对于利用地震信息进行分类而言，就是不知道整个工区内地震信息到底可以分成几类，每一类的分布情况如何。这导致无法评价井点处地震信号变化的大小，而且，如果有意义的地震信号变化不能与总体地震信号变化程度联系起来，就无法将这种有意义的地震信号变化外推。

那么，如何评价地震信号的总体变化程度呢？利用无监督神经网得到的地震相图。有了地震相图就可以将井点处地震信息变化程度通过地震相与地震信息的总体变化度相联系；这样井点的相对值可以被证实或推翻。该方法可以分为两个层次，第一，利用地震波波形的相似形进行地震相分析，第二，利用波形相似形和地震属性进行地震相分析。以波形相似性为基础的地震相神经网络分析方法以等时窗内地震波波形的变化特征为基础。地震道波形是地震数据的基本性质，它包含了所有的相关信息，如反射模式，相位，频率，振幅等信息。可以认为任何与地震波传播有关的物理参数变化都可以反映在地震道波形变化上，可以使用样点值随时间的变化来刻画和衡量地震道波形变化，它强调地震道的总体形态与相对变化，而实际振幅值大小对波形的影响意义不大，显示地震道波形相似性分布的图与显示相似地质特征的相图很类似，称为地震相图。其步骤是：

① 对部分地震数据集利用 Kohonen 神经网络技术从中抽取典型的具有代表性的典型地震道，它们能够代表整个工区的总体变化，各典型地震道按顺序渐变（指波形）排列，然后每一个道指定一个值或一种颜色，形成一组模型道，如图 17 所示。模型道的个数可以根据实际地震资料的复杂程度确定。

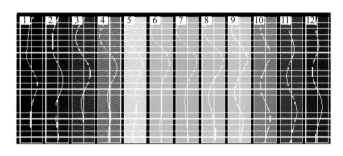

图 17　一组模型道示意图

② 把地震数据集内的每一道与所有典型地震道进行相关，并把与实际地震道具有最大相关值的典型地震道的数值或颜色赋给该地震道，这样相似的地震道具有相同或相近的值或颜色，形成了地震相分布图，如图 18a 所示。实际上它是实际地震道与典型地震道的相似性图。

该方法的第一个特点是无需井资料。第二个特点是快速，而且可以对不同的时窗进行分析，使得解释者能够快速地对整个数据进行快速扫描，很快确定目的区，并可以对目的区进行更细的研究工作，如图 18b。第三个特点是，与过去地震相分析相比，增强了定量性与客观性。在过去的地震相分析中，人们利用肉眼识别反射模式并将它们与标准的地震相模式进行比较，通过井点测井相校正得到地震相，最后进行人工成图，因而其结果缺乏客观性。

在神经网络地震相分析中，除了利用地震波的波形外，还可以使用大量的地震属性，这些地震属性主要是层间属性，详细的属性如下：

① 几何形态：时窗上界面等时图、时窗下界面等时图、等厚图（时间）

② 振幅属性：a.平均振幅，即时窗内所有样点绝对振幅的平均值，指示振幅异常带，用于较短的时窗，如 20～200ms，大时窗会造成振幅平均，不易发现异常。b.标准方差，

时窗内所有样点绝对振幅平均值的方差，指示时窗内振幅变化最剧烈的地方，通常在相同的时窗内标准方较平均振幅更加突出，时窗较大时三、四阶导数变化将更加突出。③三阶导数，所有样点绝对值的三阶导数，适用于较大的时窗，如250～1000ms，它突出遇到较高值的地震道，即时窗内振幅变化较大的地方。④四阶导数，所有样点绝对值的四阶导数，同三阶导数相似，适用于更大的时窗，如500～2000ms。

a. 全区地震分布图（河道清晰可见）　　　　　　b. 河道内部微相分布图

图18　基于Kohonen神经网络的地震相分析结果

③峰—谷属性：它可以分为两类。一是振幅，二是频率。振幅类有：a. 平均，所有峰与谷处绝对振幅的平均均值，指示峰或谷异常的存在，注意它既可能异常大，也可能异常小，该异常仅与峰谷有关，它在低频或含噪声数据中比平均振幅更突出。时窗内或上、下界某个同相轴的存在与缺失强烈影响计算结果，因此在剖面上检查异常很重要。b. 平均峰值，所有峰值的平均，它指示时窗内峰值异常的存在，突出一个或多个峰值异常低或异常高，通常比道平均更加突出，因为它集中在最大的同相轴上，适用于较短的时窗，如50～250ms，太大时窗使得一两个峰异常不容易发现。c. 平均谷值，同平均峰值相类似，只不过把峰换成谷。d. 峰—谷比值，所有峰平均值和所有谷平均值的比值。在大时窗中，它趋于1，时窗内同相轴的消失将改变这个值的平衡，因此已可以用于同相轴分裂或同相轴合并及类似的情况。注意，它必须保证边界沿着同相轴，如果同相轴（尤其振轴）与边界交叉，会造成总的平衡，导致异常。频率类有：a. 峰，时窗内正极性样点数除以峰样点数，它指示峰个数变化的区域，它可能与由地质或地球物理假象造成的与反射系数有关的信号特征变化有关，同样，下切河道也将影响结果。它虽然适用于各种类型的层段，但适用于包含固定反射同相轴（2-10）的层段，这样可以发现同相轴的分裂与合并现象，它用比值而不用HZ表示。b. 谷，时窗内负极性样点数除以谷样点数，其特点与峰频率属性相似。

④ 最强反射同相轴：a.时间构造图，时窗内指定极性最强同相轴的时间值，它仅指示最强同相轴。b.振幅，时窗内指定极性最强同相轴的振幅值。以上两者在碎屑岩沉积环境中，振幅异常可能对应含气层。

⑤ 累计振幅：a.中值，对每道求所有样点绝对振幅值的和，以此为参考确定 50% 绝对振幅值处的时间，它指示样点值垂直分布的变化，突出与因不同的地质单位造成的差异。b.用户定义，50% 这个门槛值可以用户定义，而且累计方向可以由上向下，也可以由下向上，它们都指示样点值垂直分布的变化。

3.2.5 应用实例

桩 106 区块位于山东省东营市河口区东北部的滩海地带，构造位置位于埕东凸起北部缓坡带上，南为埕东油田，北为渤海海域且与 EDC 合作区相邻，西为飞雁滩油田，东为桩西油田，勘探面积约 160km。1986 年 5 月以前主要勘探目的层为沙一段生物灰岩，没有将 Ng 组作为勘探的重点，同年桩 106 井发现了 Ng 上段含油层系。但以构造圈闭为勘探目标，在西部、北部部署了 14 口探井全部落空。1994 年以砂体描述的初步成果部署的桩 106-5 井钻遇 Ng 上段新的含油砂体，初步认识到该区油藏类型为复杂河流相构造岩性油藏，其储层分布、油水关系等都非常复杂，油藏的隐蔽性很强。

依据岩石类型、沉积构造、粒度参数特征和化石的特有组合，通过骨架砂体和砂体密度、测井曲线等综合分析，本区 Ng 上段为河流相沉积。因河流的改道、下切、叠置、穿插等因素导致本区砂体之间连通关系复杂，因而搞清砂体三维空间展布规律对研究剩余油的分布及预测有利储集相带显得尤为重要。这就需要我们从砂体的成因入手，进行河道分布与细致的沉积微相划分。地震属性与定量地震相分析为此提供了一种有效的工具。根据测井资料统计表明，砂岩的传播速度为 2500~2800m/s，泥岩的传播速度为 2000~2300m/s，二者差一般大于 500m/s，砂泥之间的反射系数可达 0.08~0.1，能在地震剖面上形成强反射。在沿着砂体走向的地震剖面上储层表现为强振幅的短粗反射，而且储层（河道）在沿层切片上清晰可见，如图 19 所示。在测井约束反演剖面上也可以见到类似的特征，如图 20 所示。定量地震相分析可以有效地突出河道分布，并赋予各相带更细的地质含义，如图 21 所示。可见，在该区利用地震属性分析与基于地震波形和地震属性的定量地震相分析对于识别河道分布是一种有效的方法。

3.3 储层参数估算方法

储层参数包括储层厚度、孔隙度、渗透率、饱和度、砂泥岩含量等，广义上可以认为是经过处理后的测井参数。储层参数估算的目的就是预测这些参数的井间变化，由于这些参数在油气田勘探和开发评价过程中都起着举足轻重的作用，吸引不少地球物理工作者对此产生了浓厚兴趣，并投入相当的人力、物力进行研究，推动了储层参数预测方法研究的不断深入，提出了许多储层参数预测方法，其主要方法大致可分为四大类：（1）仅用测井资料的 Kriging 方法；（2）测井资料与地震属性结合的线性回归方法；（3）测井资料与地震属性结合的地质统计方法；（4）测井资料与地震属性结合的神经网络逼近方法。第一种方法仅适用于井资料较多的时候，但也难以刻画储层参数的变化细节，随着储层描述精度的不断提高与细化，已经越来越少使用此类方法。后三种都强调与地震属性的结合，这代表了储层参数估算的发展趋势，并且已从单属性向多属性发展，可以说，基于多地震属性的储层参数估算方法是未来的发展方向。

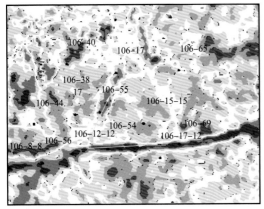

图 19　沿层振幅切片

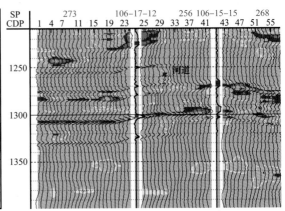

图 20　反演剖面上河道表现为高速特征（横剖面）

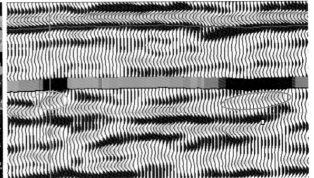

图 21　桩 106 区块定量地震相分析平面图与剖面图

3.3.1　基本方法

　　油藏描述要估算的第一个参数是厚度。地震对厚度的估算能力，通常用一个厚度渐变的楔形体地震模型给出。当厚度大于 1/4 波长时，直接丈量油藏顶底反射之间的时间，利用已知的油藏层速度，就可以算出厚度，厚度等于 1/2 间隔时间乘层速度。由此可见，地震频率越高，层速度越低，分辨的厚度就越小。因此，目前开展的高分辨率地震攻关研究，将有助于提高地震分辨薄层的能力。当厚度小于 1/4 波长时，反映薄层顶底的波谷至波峰的时间不再随厚度减小而减小，而是保持不变，因此用时间测量厚度的能力便消失。但是，振幅随厚度减小而减小，利用振幅可以估算厚度。振幅估算厚度的能力受信噪比的限制。一旦薄层的弱反射被噪声淹没，连反射都看不清楚了，也就无法估算厚度了。因此，高信噪比资料是检测薄层的必要条件。地震检测厚层均匀地层中的薄夹层容易，检测薄互层中的薄层困难。

　　要估算的第二个参数是孔隙度。钻井岩心和测井能够提供精确的孔隙度值，可以利用克里金方法进行平面作图。但是只能在井间进行内插，围绕钻井画圈，难以刻画横向变化。开发地震能够改善孔隙度的平面估算。常用方法是：做孔隙度与声波速度的交会图，建立孔隙度与速度的线性方程，然后用地震反演速度计算孔隙度。在孔隙度的估算中，有时会遇到这样一个问题，就是当储层是高速度层时，由于孔隙度增大和泥质含量增加都会引起速度降低，仅用一个常规的纵波速度估算孔隙度，就会误把泥质含量当成孔隙度估算，犯孔隙度估算偏大的错误。如果已知纵波速度和横波速度，通过解一个二元一次方程组，就可以唯一地分别计算出孔隙度和泥质含量。我们就能够知道哪些地方的低速度层是孔隙发育带，哪些地方的低速度层是泥质含量高值区域。上述纵、横波速度可以通过纵、横波联合勘探资料反演获得，也可以通过常规纵波资料的 AVO 反演获得。上述二元一次方程组的两个方程，分别由纵、横波速度与孔隙度和泥质含量的函数关系组成。

另外两个参数是渗透率和饱和度。地震估算渗透率和饱和度，目前还有一定的困难，通常是通过建立它们与孔隙度或速度的关系，把孔隙度或速度转换成渗透率或饱和度。含气饱和度与速度的关系相当复杂。经典的含气饱和度与速度的关系表明，砂岩只要含有一点儿气，速度就会显著降低。含气饱和度再大，速度不但不再降低，反而略有升高。这种复杂关系使我们无法用地震资料确定含气多少，有无工业价值，只能知道有没有气。最近的研究表明，上述困难情况只存在于气均匀分布在孔隙介质中的情况。对于非均匀的碎片模型，含气饱和度与速度的关系就非常简单，含气饱和度随速度的降低而增加呈线性关系。在这种情况下，利用速度估算含气饱和度就变得容易起来。因此首要的问题是，要鉴别所研究的气藏是均匀模型，还是碎片模型。碎片模型的鉴别标志，是根据测井资料计算的干燥岩石的泊松比是否超过 0.25，超过 0.25 就是碎片饱和（当然目前这仅是个经验值）。碎片模型适用于疏松未固结薄互层砂岩气藏的饱和度计算。

3.3.2 一种新思路—数据驱动法

传统储层参数估算方法都企图寻找储层参数与地震属性之间的物理关系，然后根据物理关系在假设条件（在实际应用中很难满足）下导出数学关系，以此为基础利用单属性进行参数预测。但是，在众多的地震属性中，有些地震属性的物理意义和地质意义都十分明确，使用也是相当直接的。如地震反射振幅，它在正常情况下，与储层的岩性、孔隙度和饱和度有关。但是有许多地震属性的定义十分明确，但其数值变化的物理解释很模糊，它与地下岩性和物性的关系不明显，它们之间没有由理论或理论的近似公式直接导出的定量关系。但是随着勘探开发程度的提高，我们拥有大量的地震与测井数据，实践经验表明，地震属性与测井岩性与物性参数之间经常存在良好的关系，这就暗示我们必须改变一贯从理论或理论近似关系出发的研究方法，而采用数据驱动的方法。所谓数据驱动法[9, 10, 11]，就是利用井点处大量地震属性和测井岩性物性解释结果利用地质统计、神经网络、模式识别、能工智能、模拟退火和遗传算法建立它们之间的关系，然后利用该关系由地震属性导出井点以外岩性或物性参数，经过测井标定和剩余校正得到可以解释的岩性和物性参数，如图22所示。它强调的是储层参数与地震属性之间的"数字"关系，而非物理关系，从而避免了因寻找物理关系而造成的时间拖延，通常寻找物理关系并非易事，需要大量的时间，有时即使花了时间还找不到。同时也避免了为推导物理关系对应的数学关系而引入的不现实的假设。

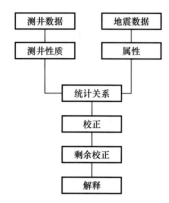

图 22 数据驱动法流程图

Dan Hampson 在数据驱动法的基础上，提出了利用多属性变换预测测井参数的方法[14]，并实现了软件化，形成了由简单到复杂的一系列方法组合（EMERGE），满足了各个层次的需要。其特点之一就是提出了利用交互有效性（Cross Validation）来评估预测的可靠性，并可以用于地震属性优化。下面对此做一详细介绍。

（1）单属性线性回归。

图 23 为某对测井参数与地震属性的交汇图，要建立它们之间关系的最简单的方法是假设它们之间呈线性关系，利用最小平方法很容易就可以确定线性关系如图 23。

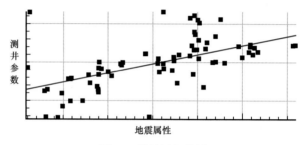

图 23 线性回归结果

（2）多属性线性回归。

在大多数情况下，我们要寻找一个函数将 m 个不同的属性转换成测井参数，这可以写成如下形式：

$$P(x, y, z) = F[A_1(x, y, z), A_2(x, y, z), \cdots, A_m(x, y, z)] \tag{14}$$

这里的 P 代表某一测井参数，它是坐标 x、y、z 的函数；F 是函数关系；A_i 为第 i 个地震属性。最简单的函数关系可能是线性加权和，即：

$$P = W_0 + W_1 A_1 + W_2 A_2 + \cdots + W_m A_m \tag{15}$$

其中 W_i 为加权因子。如果把孔隙度看作是波阻抗 $I(t)$、振幅包络 $E(t)$ 和瞬时频率 $F(t)$ 三种属性的加权和，并考虑一段时窗，如图 24a 所示，就有如下关系：

$$\phi(t) = w_0 + w_1 I(t) + w_2 E(t) + w_3 F(t)$$

利用最小二乘法求解可得：

$$\begin{bmatrix} w_0 \\ w_1 \\ w_2 \\ w_3 \end{bmatrix} = \begin{bmatrix} N & \sum I_i & \sum E_i & \sum F_i \\ \sum I_i & \sum I_i^2 & \sum I_i E_i & \sum I_i F_i \\ \sum E_i & \sum E_i I_i & \sum E_i^2 & \sum E_i F_i \\ \sum F_i & \sum F_i I_i & \sum F_i E_i & \sum F_i^2 \end{bmatrix} \begin{bmatrix} \sum \phi_i \\ \sum I_i \phi_i \\ \sum E_i \phi_i \\ \sum F_i \phi_i \end{bmatrix} \tag{16}$$

在这个方法中，没有考虑测井参数与地震属性之间的频率差异，实际上，测井参数的频率远高于地震属性的频率，因此一一对应的样点关系可能不是最优的，若用某一点测井参数与该点邻近的一组地震属性样点（如五点，图24b）建立关系则可降低二者的频率差异，这很容易让人想起褶积算子，此时孔隙度可以表达为三个地震属性的褶积之和：

$$\phi(t)=w_0+w_1 ※ I(t)+w_2 ※ E(t)+w_3 ※ F(t) \tag{17}$$

其中 ※ 为褶积算子。同样利用最小平方法可以求得褶积因子。可以证明，把乘积换成褶积相当于引入了一些新的地震属性，这些新的地震属性是原来属性经过时移的结果。

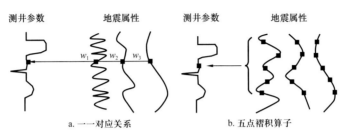

图24　测井参数与地震属性样点之间的对应关系

（3）利用逐步回归实现地震属性排序。

前面已经提到，当属性个数多时，利用全局寻优来优化地震属性太费机时，只能寻找次优的方法，方法之一就是逐步回归[13]。该方法假设，如果 M 个属性的最佳组合已知，那么 M+1 个最佳属性组合一定包括前面哪 M 个属性。这样整个回归过程可以分步描述如下：

① 对整个属性列表 A_1，A_2，A_3，A_4，…，A_m 进行全局寻优，得到单个最优属性，称为 B_1。

② 寻找最佳两个属性组合，其方法是利用 B_1 与属性列表形成一系列两个属性组合，如（B_1，A_1）、（B_1，A_2）、（B_1，A_3）…（B_1，A_m）。对每个属性组合求加权因子，然后计算预测误差，选预测误差最小的属性组合为最佳两个属性组合，称最佳两个属性组合中的另一个属性为 B_2。

③ 寻找最佳三个属性组合，其方法是利用（B_1，B_2）与属性列表形成一系列三个属性组合，如（B_1，B_2，A_1）、（B_1，B_2，A_2）、（B_1，B_2，A_3）…（B_1，B_2，A_m）。对每个属性组合求加权因子，然后计算预测误差，选预测误差最小的属性组合为最佳三个属性组合，称最佳三个属性组合中的另一个属性为 B_3。

④ 依次类推，直到结束。

在最后得到属性组合中，越靠前面的属性越重要，越靠后越不重要。该方法的优点是不用当心属性的个数以及它们之间是否相关，且可以大量节约计算时间；其缺点是得到的属性组合不能保证是最优的，但可以利用反证法证明属性越多预测误差越小（即增加属性不增加预测误差）。

（4）多层前馈神经网络法（MLFN）。

人工神经网络算法在确定两个测量变量之间的非线性函数关系，特别是未知非线性函数关系方面，具有速度快、容错性好、误差小的优点。正因为如此，近年来神经网络在地球物理学中得到广泛应用[9, 10, 11, 14, 15]，最近 Liu 提出了利用多层前馈神经网络（MLFN–

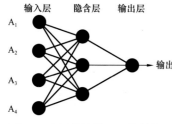

输入层　隐含层　输出层

A_1

A_2　　　　　　　　　输出

A_3

A_4

图 25　多层前馈神经网络结构图

Multi-Layer Feedforward Neural Network）从地震资料直接预测测井参数的方法[16]。MLFN 是一种传统的神经网络方法，如图 25。它包含一个输入层、一个输出层和一个或多个隐含层，每层有若干节点，各节点之间以权因子相连，这些权因子决定输出值的大小。输入层节点个数与属性个数相同，当使用褶积因子时输入层个数将增加若干倍（取决于褶积因子的长度）；输出层只有一个，为测井参数；隐含层的节点个数通过试验选择。利用 MLFN 进行预测时必须训练神经网络，其目的就是获得连接各个节点的权值，有了权值就可以进行井点以外的预测。图 26 为 5 个隐含节点时，使用与图 23 相同的数据获得的拟合结果。与线性回归（图 23）的结果相比 MLFN 的结果更加准确，这是 MLFN 的优点，其缺点是在低属性值部分存在"训练过度"。

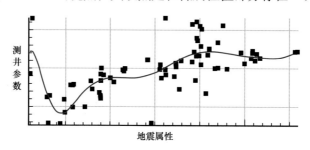

图 26　多层前馈神经网络逼近结果

（5）概率神经网络。

另一种神经网络方法是概率神经网络（PNN-Probabilistic Neural Network）。实际上，PNN 是一种数学内插方案，只不过在实现时利用了神经网络的构架。这是它潜在的优势，因为我们可以通过它的数学公式理解它的行为（而 MLFN 则像一个黑匣子）

与 MLFN 一样，它也利用训练样本，如 {A_{1i}, A_{2i}, A_{3i}, L_i}, $i=1$, 2, 3, $\cdots$, n。对于给定训练样本，PNN 假设新的测井参数可以表示为训练集中测井参数的线性组合。也就是说对于具有属性向量 x 的新样本，其测井参数可以表达为

$$\hat{L}(x) = \frac{\sum_{i=1}^{n} L_i \exp(-D(x, x_i))}{\sum_{i=1}^{n} \exp(-D(x, x_i))} \qquad (18)$$

其中：

$$D(x, x_i) = \sum_{j=1}^{3} \left(\frac{x_j - x_{ij}}{\sigma_j} \right)$$

训练网络的目的是确定 σ_j，确定 σ_j 的准则是整个网络的校验误差最小。所谓的校验误差是针对训练集中的样本而言的，某个样本的校验误差是该样本测井参数值与估计值之间的差，该估计值可以表达为

$$\hat{L}_m(x_m) = \frac{\sum\limits_{i \neq m} L_i \exp\left[-D(x_m, x_i)\right]}{\sum\limits_{i \neq m}^{n} \exp\left[-D(x_m, x_i)\right]} \qquad (19)$$

即除自身外其他训练集中各样本测井参数的线性组合。图 27 为概率神经网络逼近结果，所使用的数据与图 23 和图 26 中的数据相同。由图可见 PNN 不但具有与 MLFN 相同的精度，而且没有 MLFN 所具有的属性范围有限时的不稳定性。PNN 最大的问题是整个过程都不断地对训练集进行运算，因此计算速度很慢。

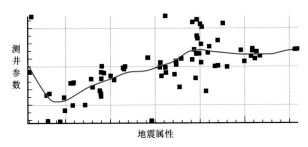

图 27　概率神经网络逼近结果

（6）可靠性评价与属性个数选择。

把全部数据分成两部分，一是训练数据集，二是校验数据集。训练数据集是用来建立变换（即测井参数与属性之间的关系），校验数据集用来计算最终预测误差。如果训练数据集中训练过度会造成校验数据集中拟合不好，如图 28 所示。在实际分析中，隐含井的样本组成校验数据集，除了隐含井外，所有其他井的样本为训练数据集。在交互校验过程中，一次将一口井（每次各不相同）的样本作为校验数据集，求它的校验误差，这个过程不断重复直所有井都完成为止，总的校验误差为单个校验误差的均方根。图 29 为校验误差与预测误差的比较，由图可见，校验误差总是大于预测误差，其原因是校验过程所使用的训练样本比预测时少，从而导致预测能力降低；校验误差并非单调减少，而有极小值，这个极小值的位置可以确定最优属性个数。

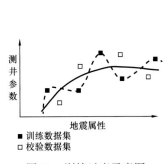

图 28　训练过度示意图

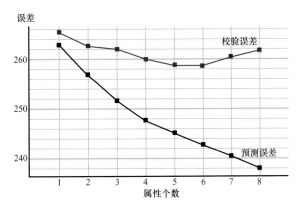

图 29　校验误差与预测误差的比较

4 相干体

相干体属性是多道地震数据间相似程度的一种度量，它可以在信号较弱或有效信号被噪声干扰的情况下，提供数据相似性的定量计算，一般情况下，它的估计值是一个能量归一化的度量值，也容易转化为信噪比值。因而可有效地对地震同相轴进行检测。特别当同相轴幅值较小或隐含在噪声中时它的计算显得更加重要。相干体计算的不相干位置（相干系数小或 0）往往与波组变异段或错断有关。这可用来识别断裂，较客观地研究断裂系统。在地震资料信噪比较高地区，与其他技术相配合（如反演技术）可以预测裂缝发育带。

设有 L 个独立道数据且从每道中取出 $A+1$ 个采样点，这些采样点构成了估计窗口，一个相干信号假定是线性穿过每道，时间为 $m(j)$，是任一道 j 的采样时差，一个时窗内第 j 道与第 k 道间的相互延迟为零的相关和可表达为

$$R_{jk}(O) = \sum_{i=0}^{A} t_i^j + m(j) t_i^k + m(k) \tag{20}$$

其中 t_i^j 为第 j 道第 i 采样点的幅值，非归一化的各道两两间互相关之和为

$$\sum_{k>j} \sum_{i=1}^{L-1} \frac{1}{A+1} R_{jk}(O) \tag{21}$$

j 与 k 的双重求和表示 L 个道对每一时间取两个的组合。令 λ 代表不相似性度量系数，它是给定时窗内各道输入（输出）比值的能量归一化互相关度量，可表示为

$$\lambda = \frac{[(L-1)/2]\sum_{j=1}^{L} R_{jj}(O) - \sum_{k>1} \sum_{J=1}^{L-1} R_j k(O)}{[(L-1)/2]\sum_{j=1}^{L} R_{jj}(O) - \sum_{k>1} \sum_{J=1}^{L-1} R_j k(O)} \tag{22}$$

这个值 $0 \leq \lambda \leq L/(L/2)$ 在之间，0 表示最大相似。

具体计算时，首先假定各道有一个或多个有效信号及噪声叠加而成，其次各道信号波形和强度相似且时间位置一致，第三噪声是随机的，且假定为由一个平衡时间系的整体中随机采样而得。所以所有各道的噪声具有近似为同一的功率—频率特性，而相位关系是随机的。

令 T^j，$j=1$，2，$\cdots$，L 表示出现在时窗中的地震道，每一道是一个时间序列 $T^j(i)$ 采样后为 T_i^j，其中 $t=ih$，h 为采样间隔，感兴趣的时间范围是 $t=0$ 到 $t=hA$，所以 $i=0$，1，2，$\cdots$，A，现构成下述人工道：

$T_i^j - T_i^k$ $j=1$，2，3，$\cdots$，$L-1$；$k>j=2$，3，$\cdots$，L

和 $T_i^j + T_i^k$ $j=1$，2，3，$\cdots$，$L-1$；$k>j=2$，3，$\cdots$，L

定义不相似性度量系数 λ 为

$$\lambda = \frac{\sum\limits_{j=1}^{k>j}\sum\limits_{j=0}^{L-1}\sum\limits_{i=0}^{A}\left(T_i^i - T_i^k\right)^2}{\sum\limits_{j=1}^{k>j}\sum\limits_{j=0}^{L-1}\sum\limits_{i=0}^{A}\left(T_i^i + T_i^k\right)^2} \tag{23}$$

其中 $\sum\limits_{i=0}^{A}\left(T_i^j \pm T_i^k\right)^2$ 表示人工道上时间 0 到 A 的功率，显然若所有道都一样则 λ 为零，

若各道都不相似或相位不一致则 $\lambda = L/\left(L-2\right)$。

据第一和第二假定

$T_i^j = N_i^j + S_i^j S_i^j \approx S_j^k = S_i$，$i$，$j$，$k > j$ 代入式（23）中为

$$\lambda = \frac{\sum\limits_{j=1}^{k>j}\sum\limits_{j=0}^{L-1}\sum\limits_{i=0}^{A}\left(N_i^i - N_i^k\right)^2}{\sum\limits_{j=1}^{k>j}\sum\limits_{j=0}^{L-1}\sum\limits_{i=0}^{A}\left(N_i^i + N_i^k + 2S_i\right)^2} \tag{24}$$

而由第三条假定上式又化为

$$\lambda = \frac{L\left(L-1\right)\sum\limits_{i=0}^{A}\left(N_i\right)^2}{L\left(L-1\right)\sum\limits_{i=0}^{A}\left(N_i\right)^2 + 2L\left(L-1\right)\sum\limits_{i=0}^{A}\left(S_i\right)^2} \tag{25}$$

对 $\left(N_i\right)^2$ 的求和表示在给定时窗内的噪声功率的平均，对 $\left(S_i\right)^2$ 的求和表示同一时间范内信号功率，令 D 表示上式中的分子，它是由定义公式中间道间差别项推出的，S 表分母，是定义公式中道间求和项导出的，令 P_D 为代表平方求和过程的功率算子，有

$$\lambda \approx \frac{D}{S} = \frac{L\left(L-1\right)P_D\left(N_i\right)}{L\left(L-1\right)P_D\left(N_i\right) + sL\left(L-1\right)P_D\left(S_i\right)} \tag{26}$$

求解上方程：$\dfrac{P_o\left(S_i\right)}{P_D\left(N_i\right)} = \dfrac{1}{2}\left[\dfrac{S}{D} - 1\right] \approx SNR$ 信噪比。

因此不相似性度量系数与信号功率对平均噪声功率之比有关。

$P_D\left(S_i\right)$ 的可由方程（3）导出并以 S 和 D 表示：

$$P_D\left(S_i\right) = \frac{1}{2L\left(L-1\right)}\left(S - D\right) \tag{27}$$

这样信号功率就与差值 $S-D$ 有关，此差值与所有各道之间的零延迟相关有关，其中只有信号的零延迟相关在式中起主要作用，所以能表达出时窗内有效地震信号的变化及其程度。

参 考 文 献

［1］杜世通.地震属性分析与地质统计方法［M］//开发地震，石油勘探开发研究院地球物理所编，1999.

［2］Taner M T，Schuelke J S，O'Doherty R，et al. Seismic Attributes Revisited：64th Annual Internat. Mtg.，Soc. Expl［M］//Geophys.，Expanded Abstracts，1994，1104-1106.

［3］Alistair R. Brown，1996，Seismic Attributes and Their Classification［J］.TLE，1996，10：1090.

［4］Quincy Chen and Steve Sidney. 1997，Seismic Attribute Technology for Reservoir Forecasting and Monitoring［J］.TLE，1997，3：445-456.

［5］陈遵德.储层地震属性优化方法［M］.北京：石油工业出版社，1998.

［6］王碧泉，陈祖荫.模式识别［M］.北京：地震出版社，1989.

［7］陈季镐.统计模式识别［M］.北京：北京邮电学院出版社，1989.

［8］C E 佩顿编.地震地层学［M］.牛毓荃，等译，北京：石油工业出版社，1980.

［9］Schltz P S，Ronen，S，Hattori M，et al. Seismic guided estimation of log properties，Part 1［J］.Leading Edge，1994，13（5）：305-310.

［10］Schltz P S，Ronen S，Hattori M，et al. Seismic guided estimation of log properties，Part 2［J］.Leading Edge，1994，13（6）：674-678.

［11］Schltz P S，Ronen S，Hattori M，et al. Seismic guided estimation of log properties，Part 3［J］.Leading Edge，1994，13（7）：770-776.

［12］Dan Hampson，et al. Using Multi-Attribute Transforms to Predict Log Properties from Seismic Data［J］.Geophysics，1999.

［13］Drapper N R，Smith H. Applied regression analysis：John Wiley & Sons［J］.Biometrische Zei tschrift，1966，11：427-427.

［14］McCormack Michael D. Neural computing in geophysics［J］.Geophysics the Leading Edge of Exploration，2012，10（1）：11-15.

［15］Schuelke J S，Quirein J A，Sarg J F. Reservoir architecture and porosity distribution，Pegasus Field，West Texas—an integrated sequence stratigraphy-seismic attribute study using neural networks［C］//67th Annual Internat. Mtg.，Sco. Expl. Geophys.，Expanded Abstracts，1997，668-671.

［16］Liu Z，Liu J. Seismic-controlled nonlinear extrapolation of well parameters using neural networks［J］.Geophysics，63（6）：2035-2041.

花岗岩潜山裂缝地震预测技术

姜晓宇，张研，甘利灯，宋涛，杜文辉，周晓越

1 花岗岩潜山油气藏勘探现状

目前世界上已经发现的基岩油气藏中，花岗岩油气藏约占 40%，储量占 75%[1]。在花岗岩潜山中发现油气藏的有：利比亚锡尔特盆地的 Nafoora 油田；委内瑞拉马拉开波盆地的 La Paz 油田；智利西麦哲伦盆地的 Lago-Mercedes 油田；美国堪萨斯中部的 Orth 油田；越南湄公河三角洲的白虎油田；乍得 Bongor 盆地的 Ronier 油田等[2-4]。

另外，还有很多基底为花岗岩的含油气盆地，如：中东波斯湾油气区；俄罗斯、哈萨克斯坦的滨里海盆地；苏丹的穆格莱特盆地；俄罗斯的伏尔加—乌拉尔盆地；澳大利亚的吉普斯兰盆地；加拿大西部盆地；美国的洛杉矶盆地、阿巴拉契亚盆地；委内瑞拉的东委内瑞拉盆地等[5-6]。

中国花岗岩油气藏主要分布在渤海湾盆地。如：辽东湾辽西潜山带的锦州 25-1S 油气田；渤海庙西凸起至渤东凹陷东的蓬莱 9-1 油田；济阳坳陷陈家庄凸起西南部的王庄油田；渤海沙垒田凸起西北倾没端的曹妃甸 1-6 油田等。此外，酒西盆地的鸭儿峡油田和珠江口凹陷的惠州凹陷[7-9]、松辽盆地、柴达木盆地的部分基底也由花岗岩组成[5]。

受地震资料品质和地质认识的限制，一般情况下，花岗岩潜山不是盆地勘探初期的主要目的层，潜山油气藏往往是在浅层碎屑岩油气藏加深兼探而发现的。以乍得 Bongor 盆地花岗岩潜山油藏的发现为例，2007 年发现下白垩统砂岩油气田，随着地震资料采集、处理技术的提高和地质认识的深入，系统复查已钻遇的测井和岩心资料以分析基岩潜山类型，结合钻井过程中的泥浆漏失情况，确定基岩存在以裂缝为主的储集空间，可为油气成藏的有利场所。2012 年针对潜山进行钻探，获得了油气发现。

随着花岗岩潜山油气藏的持续开发，潜山储层出现非均质性强、单井产能差异大、部分油井之间存在井间干扰、含水上升快等问题。裂缝识别与预测是解决上述问题的关键，也一直是具有挑战性的世界性难题[10-17]。目前国内采用的裂缝预测方法主要有：基于构造应力场或应变场数值模拟；叠后相干和曲率等属性。二者均存在尺度大、精度低等问题，而基于各向异性的叠前裂缝预测技术尚处于探索阶段。本文分析花岗岩潜山裂缝地

原文收录于《石油地球物理勘探》，2020，55（3）：694-704；该文章入选 CNKI 高被引论文。

震预测技术的前提条件、应用效果及优缺点，以期为花岗岩潜山油气藏的勘探提供指导作用。

2 花岗岩潜山裂缝地震预测技术

花岗岩潜山裂缝地震预测技术大体上可分为叠前和叠后两类，目前常用的裂缝地震预测技术的优缺点见表1，不同技术适用性及应用效果不同。

表 1 花岗岩潜山裂缝地震预测技术对比

类型	技术或方法	优点	缺点
叠后	构造属性	利用倾角、方位角、连续性、光照体等构造几何属性及其变化，可近似表征裂缝特征	可识别明显的差异变化（在地震资料上肉眼可识别），不足以反映精细的裂缝信息
	曲率	刻画地层中与裂缝相关的微小挠曲和褶皱特征最有效	基于'弯曲薄板'模型只适合于垂直力成因的褶皱，即幅度较低的横弯褶皱构造。主曲率法只能计算一次构造运动形成的简单构造
	相干	新近本征值算法，能更好地区分出断层细节，提高了识别精度	基于相邻点间相似性的局部算法，刻画精度仍限于断层及小断层级别
	频谱分解	分辨率高于常规地震资料的数据，显示储层的横向不连续性更清晰，可表征微断裂系统信息	主频优选困难
	"蚂蚁"追踪	凸显了断裂线状构造特征，去除了与断裂无关的信息，提高了断裂解释精度	参数太多，调节困难；平面特征杂乱，易出现"乱头发"现象
	最大似然	增强断裂地震资料成像效果，提升断裂刻画精度，叠后裂缝预测中精度最高	难以实现裂缝密度与方位定量预测
叠前	椭圆拟合	精度高，实现裂缝密度与方位定量预测	对偏移距—方位角叠加方法依赖性大，多解性强
	统计法	不需要偏移距—方位角叠加，化将不规则的道集处理成螺旋道集后直接在OVT道集中统计振幅或双程走时的方差以示各向异性强度	数据量大

由于潜山内幕地震资料成像差，信噪比低，一般可在裂缝预测前采用构造导向滤波处理技术提高地震资料品质。

构造导向滤波技术是利用地层倾角和方位角沿地层定向滤波，再利用曲率和相干属性描述地层不连续性，并对无意义的不连续性做平滑处理，从而达到边缘保护的目的，使地震数据同相轴的连续性和间断特征更明显。经构造导向滤波技术处理后，同相轴能量增强，断点清晰，潜山内幕信息更加明确（图1）。

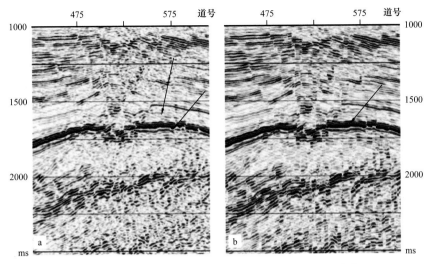

图1　构造导向滤波处理前（a）、后（b）效果对比[18]

箭头所指为花岗岩潜山顶面

2.1　裂缝叠后地震预测技术

2.1.1　相干体属性技术

相干体技术是基于地震反射同相轴的不连续性而预测断裂分布。相干类属性有以下优点：

（1）相干技术不受任何解释误差的影响，可直接从三维地震数据体中获取断层和地层信息，用于断层、岩性体边界的不连续性检测，极大地提高了解释精度；

（2）对横向一致的地层构造特征进行了压缩，提取的水平时间切片可以显示任意方向的断层，解决了平行同相轴的断层难以解释的问题；

（3）由于裂缝性储层的非均质性会引起地震反射特征的不规则变化，在相干体切片上表现为低相干的特征，因此相干体技术也可应用于裂缝性储层发育区的预测[19]。

相干体技术大致经历了三代的发展，第一代是基于归一化互相关算法的相干体技术（Correlation），计算速度快，分辨率高，但只适用于信噪比高的地震数据；第二代是基于相似性算法的相干体技术（Semblance），该算法可以对任意多道地震数据计算相似性，抗噪性强，但分辨率低。第三代是基于本征值算法的相干体技术（Eigenstructure），其将多道地震数据组成协方差矩阵，并计算特征值，提高了抗噪能力和分辨率，但计算量大，而且计算中采用了以计算点为中心的固定时窗长度，无法兼顾具有宽频带的浅层数据和窄频带的深层数据，导致计算的相干体属性不能真实反映波组特征[20-21]。

近年来，基于几何结构张量的相干体技术、基于高阶统计量的相干体技术、基于小波变换的多尺度相干体计算技术等对第三代相干体技术进行了改进，也有人称为新一代（或第四代）相干体技术。但是，相干体技术的应用仍有一定的局限性：首先要求地震数据的信噪比高；其次，相干体技术对地层的细微弯曲不敏感，相干体属性无法识别中反射波同相轴不断开的断裂（图2a）。对于断裂构造复杂的花岗岩潜山裂缝型储层，广泛发育着不同级次的断层和裂缝，地层产状（倾角和方位角）变化大，尤其是潜山内幕地震资料存在照明不均、成像差、信噪比低等问题，即使采用最先进的相干体算法，结果也不尽理想。

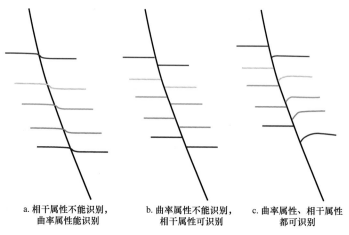

a. 相干属性不能识别， b. 曲率属性不能识别， c. 曲率属性、相干属性
　　曲率属性能识别　　　　　相干属性可识别　　　　都可识别

图 2　曲率属性、相干属性识别断裂比较
黑色线表示断层，彩色线表示层位

2.1.2　曲率属性技术

曲率属性属于地震几何属性的一种，与地震反射体的弯曲程度相对应，用于识别裂缝、断层和褶皱等地质构造。一般曲率越大，裂缝就越发育。

曲率属性技术是基于垂直作用下的弯曲薄板理论，应用时须满足以下前提条件：① 岩石是脆性的，裂缝形成主要是由于岩石破裂作用，不考虑岩层的塑性变形作用；② 只能用于预测弯曲岩层面上由弯曲引发的抗张应力而形成的张性缝，即断裂两侧若均不存在地层的褶曲现象，则曲率属性无法识别（图 2b）；③ 必须满足岩层受力变形而弯曲的条件[22-23]。

对于相干体属性无法预测的反射波同相轴不断开现象（图 2a），由于地层发生了弯曲，曲率属性可以识别。地层既发生错断又产生弯曲现象，相干和曲率属性都是可以识别（图 2c）。乍得 Bongor 盆地某区花岗岩潜山的曲率属性切片（图 3）和基于曲率体计算的裂缝玫瑰花图（图 4）均可以清楚地展现潜山的裂缝发育方向与程度。

2.1.3　谱分解技术

谱分解技术是通过提高地震资料分辨率，增强储层的横向不连续性，从而描述微断裂系统信息[25]。Stockwell 等[26]提出的 S 变换结合了小波变换和短时傅里叶变换的优点，在信号分析中得到广泛的应用。自该方法提出以来，为了解除 S 变换中固定的基本小波的限制，许多学者对 S 变换算法提出了改进方案[27]，并通过改变 S 变换中窗函数随频率变化的趋势，提出了广义 S 变换的概念。应用广义 S 变换对地震资料进行频谱分解可实现分频显示，并可获取丰富的地质信息，对于识别花岗岩潜山发育的小断层具有良好的效果[28-34]。

2.1.4　"蚂蚁"体追踪技术

"蚂蚁"体追踪技术基于蚁群算法实现对断裂的追踪和识别。该算法原理为模拟"蚂

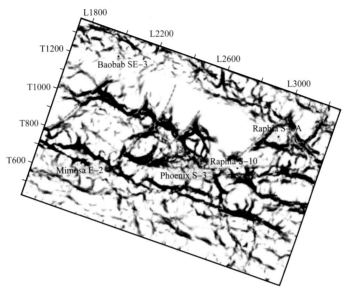

图 3　某区曲率属性平面分布图
深色表示裂缝发育，蓝色虚线为北东—南西走向断裂[24]

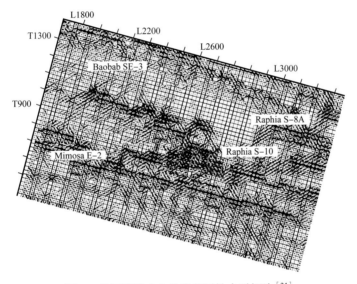

图 4　某区裂缝走向玫瑰花属性水平切片[24]
黑线表示裂缝方向

蚁"在食物和巢穴之间根据可吸引"蚂蚁"的信息素浓度寻求最短路径。在地震数据中，"蚂蚁"根据振幅及相位之间的差异，沿着可能的断层和裂缝移动完成对二者的刻画。

与相干属性相比（图5），"蚂蚁"体追踪技术凸显了断裂线状构造特征，去除了与断裂无关的信息，提高了断裂解释精度。缺点是平面预测结果往往过于杂乱，无规律。原因之一是控制"蚂蚁"追踪结果的参数太多，调节困难。

"蚂蚁"体追踪技术是基于叠后地震数据运算的，虽然其精度比相干等属性高，但也只适用于对小断层和大尺度裂缝的预测。可预测裂缝发育的方向，但难以定量化表征裂缝发育密度。

王军等[35-36]将"蚂蚁"追踪技术与叠前各向异性技术相结合，将叠前分方位各向异性信息融入到"蚂蚁"追踪技术中，得到裂缝的方向与密度，使裂缝预测由定性转向定量化，可预测大尺度及中等尺度裂缝发育带。图6为与基于"蚂蚁"体各向异性与基于振幅各向异性预测的裂缝密度切片对比，图中颜色的变化表示裂缝密度的变化，红色区域为裂缝集中发育区域。可以看出，基于"蚂蚁"体各向异性方法不仅可以清晰地预测裂缝发育带展布特征，还可以定量计算裂缝密度，对于交叉裂缝也能有效识别，比基于振幅各向异性刻画的裂缝更为精细和全面。

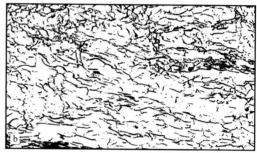

图5　某区相干属性（a）与"蚂蚁"追踪属性（b）平面切片对比

深色表示断裂或裂缝位置

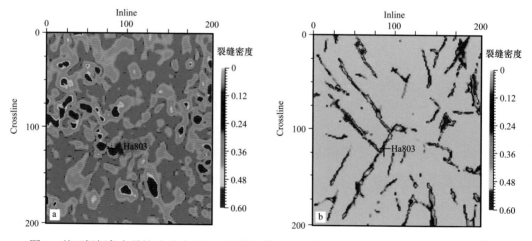

图6　基于振幅各向异性（a）与基于"蚂蚁"体各向异性（b）预测的裂缝密度切片对比[36]

2.1.5　最大似然属性技术

Hale[37]在研究断面提取和断距估算时提出了最大似然属性。最大似然属性是通过对整个地震数据体扫描、计算数据样点之间的相似性，断裂发育的最可能位置及概率。结合倾角扫描和构造导向滤波等技术，可以增强断裂的地震成像效果，提升断裂刻画精度。

最大似然属性主要包括 Likelihood 和 Thinlikelihood 属性计算两个方面。Likelihood 属性的计算基于地震相似性属性，是为了压制噪声从而突出断裂的成像。与相干体技术中的

Semblance 属性不同，Likelihood 属性是 Semblance 属性 8 次幂与 1 的差值，因此放大了相邻样点间相似性的对比关系，进一步凸显断裂的成像。Thinlikelihood 属性在 Likelihood 属性体计算的基础上进行样点扫描。对于每个样点附近一定步长范围内不同走向、倾角处不同的 Likelihood 属性值只保留最大值及其对应的倾角、方位角信息，其余值设置为 0，以此记录了断裂最有可能发育的位置及该位置断裂发育的概率，这个概率体称为 ThinLikelihood 属性体。ThinLikelihood 属性比 Likelihood 属性线对断裂的刻画更加准确。

最大似然属性计算关键步骤包括：①分析断裂的地震反射特征，便于最大似然属性计算参数的提取以及切片的地质解释；②倾角控制下断裂成像加强，目的是去除随机噪声，提高信噪比，突出断裂位置同相轴错断的成像效果；③提取最大似然属性；④解释属性切片。在断裂地质模式的指导下，进行断裂刻画[38-39]。

图 7 是某花岗岩潜山最大似然体与相干体平面对比图。由图可见：相干体比较清楚地刻画了主干断裂，但是无法刻画断裂带内部结构以及裂缝发育区；最大似然体比相干体精度高，比较清楚地刻画了断裂带内部结构，并且对于裂缝密集发育区的预测效果较好，但对主干断裂整体展布的刻画效果不如相干属性。

 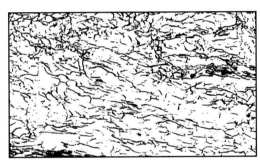

a. 相干体　　　　　　　　　　　　　　　b. 最大似然体

图 7　过某区花岗岩潜山属性平面图
深色表示断裂或裂缝发育位置

2.2　裂缝叠前地震预测技术

叠后方法预测裂缝速度快，但精度低，难以实现裂缝密度与方位信息的定量预测。近年来，关于裂缝叠前地震预测技术的研究越来越多。地震波在裂缝型介质中传播时表现为旅行时、速度、振幅、衰减、频率、相位等方位各向异性。虽然横波比纵波的方位各向异性更强，但由于横波的勘探成本高且信噪比低，限制了横波裂缝预测技术的发展。多分量转换横波裂缝检测技术还不完善。VSP 地震探测范围有限而无法对裂缝进行区域检测。目前，常用的裂缝叠前地震预测技术还是基于纵波振幅方位各向异性[40-47]。

基于纵波振幅方位各向异性裂缝预测技术是利用纵波振幅随方位角变化规律预测裂缝走向和密度。郝守玲等[48]对裂缝介质的纵波方位各向异性特征进行物理模型试验时发现，当裂缝走向与观测方位平行时（夹角为 0°），反射波振幅和速度最大；随着裂缝走向与测线方位之间夹角的增大，反射波的振幅和速度逐渐减小；当夹角为 90°时，反射波振幅和速度最小。Vladimir 等[49]将振幅或旅行时等随着裂缝走向与测线方位之间夹角的变化规律总结为椭圆方程：

$$R(\phi) = A + B\sin2\phi \qquad (1)$$

式中　R——振幅、旅行时或速度的幅值；

　　　ϕ——观测方位与裂缝的夹角，当$\phi=0°$时，表示裂缝走向，当$\phi=90°$时，表示垂直裂缝走向；

　　　A——各向同性振幅、旅行时或速度；

　　　B——振幅、旅行时或速度随反射角的变化量。

　　基于纵波属性方位各向异性的裂缝叠前地震预测技术对地震资料品质要求较高。传统窄方位采集的地震资料已不能满足花岗岩潜山裂缝预测精度要求。随着资料采集、处理技术的发展，"两宽一高"（宽频、宽方位、高密度）地震勘探技术逐渐兴起。与常规地震资料相比，高密度、宽方位地震采集资料能显著改善潜山的成像质量、拓宽频带宽度和提高信噪比，可提高潜山顶面及内幕成像精度（图8）。

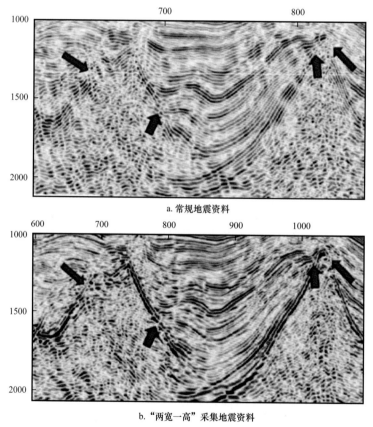

a. 常规地震资料

b. "两宽一高"采集地震资料

图8　常规地震资料与"两宽一高"地震资料对比[50]

　　利用"两宽一高"地震资料提供的OVT域五维道集资料能提高各向异性分析的精度[50]。夏亚良[51]以中非花岗岩潜山裂缝储层为例，以花岗岩裂缝地质特征为指导，以式（1）为理论基础，利用椭圆拟合法预测裂缝，不仅能预测裂缝发育的走向（图9a黑色线），还可定量预测裂缝发育的强度（图9a彩色部分），预测结果与测井成像结果一致。但是，用该方法预测裂缝时，需要进行局部偏移距和方位角叠加，可能存在以下几个方面的问题：（1）为保证椭圆的拟合性高，拟合点需要尽可能分布在椭圆的边界；（2）叠加后资料的品质要求高，如果叠加后资料品质较差，最终裂缝预测的准确度也会受到影响。只有满足了以上两个条件，才能保证预测结果的准确性。另外，OVT处理后的道集资料数据量大，运算时间长，如果拟合点过多，运算时间将会更长。

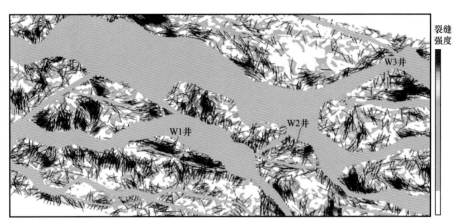

a. 裂缝预测图黑色杆状表示走向，彩色表示裂缝强度

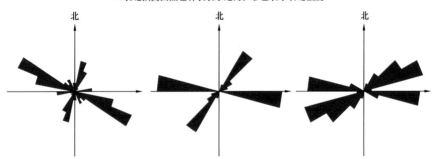

b. 测井裂缝走向玫瑰图，从左至右分别为W1、W2、W3井

图9　花岗岩基底裂缝强度及走向平面预测结果[51]

花岗岩潜山可能发育单组或多组高角度缝和网状缝。基于椭圆拟合的叠前AVAZ裂缝预测技术更适用于预测单组高角度裂缝发育带，不太适用于多组裂缝发育带（多个方位的裂缝），基于椭圆拟合的叠前AVAZ裂缝预测方法有其不适用性，主要因为：（1）多个方位裂缝发育时，反射系数随方位变化特征变得更为复杂，导致预测结果不太准确。如图10所示，在单组裂缝发育情况下，反射系数随方位变化规律近似椭圆（图10a）；在正交裂缝情况下，反射系数随方位变化规律变得复杂（图10b）。（2）多个方位裂缝发育时，利用不同炮检距的振幅进行椭圆拟合预测裂缝存在多解性，得到的各向异性会变弱，甚至无各向异性。以图11为例，当同时发育有两组走向不同的裂缝时，小炮检、中炮检距、大炮检距拟合的裂缝走向均不同，并且拟合椭圆的离心率会随着裂缝组数的增多而变小，各向异性强度也随之减小，导致部分裂缝无法识别。风化壳和基底下方可能发育的网状缝，由于不存在各向异性，叠前裂缝预测技术不适用。

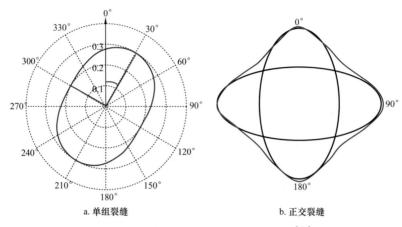

a. 单组裂缝   b. 正交裂缝

图 10   反射系数随裂缝方位变化特征[36]

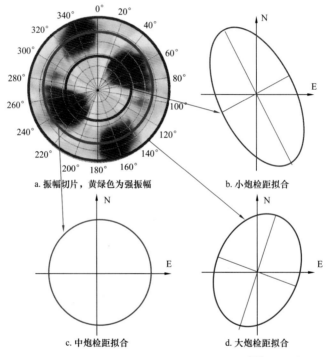

a. 振幅切片，黄绿色为强振幅   b. 小炮检距拟合

c. 中炮检距拟合   d. 大炮检距拟合

图 11   椭圆拟合方法的多解性分析[52]

　　针对上述问题，王霞等[52]、陈志刚等[53]提出了基于统计法的各向异性强度预测技术。与椭圆拟合不同的是，统计法各向异性强度虽然也是基于 AVAZ 原理，但没有进行局部偏移距与方位角叠加，而是首先通过道集规则化，将不规则的道集处理成螺旋道集后，直接在 OVT 道集中统计振幅或双程走时的方差，以指示各向异性强度的强弱。计算方差的离散公式：

$$\beta = \frac{\pi}{2N} \sum_{i=0}^{n} \frac{\left| R_i - R' \right|}{R_i'} \qquad （2）$$

式中　β——方差；

N——离散样点个数；

R_i——道集中某个点的振幅或双程旅行时；

R_i'——振幅或双程旅行时的平均值。

与椭圆拟合法相比，方位统计法对方位角进行离散，考虑了每组裂缝导致的方位属性值的偏离程度。当发育多组裂缝时，各向异性强度值的计算结果会增大，减少了多组裂缝预测的多解性。

图 12 所示的椭圆拟合预测结果符合率虽达到 80%，但从平面图上看，裂缝在全区普遍发育，规律性不明显。统计法各向异性强度预测结果与钻井符合率高且地质规律明显（图 13）。

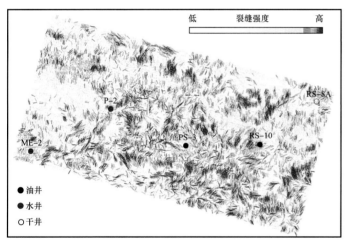
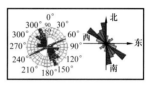
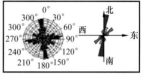
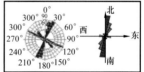

a. 各向异性强度平面图　　　　　　　　b. PS-3 井（上）、RS-10 井（中）和 ME-2 井（下）
预测玫瑰图与成像测井玫瑰图对比

图 12　椭圆拟合各向异性强度预测结果[53]

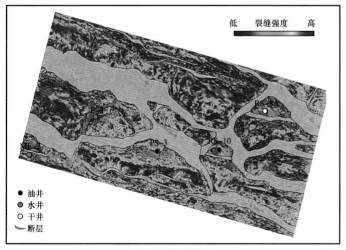
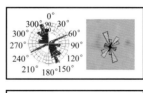
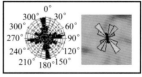
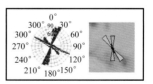

a. 各向异性强度平面图　　　　　　　　b. PS-3 井（上）、RS-10 井（中）和 ME-2 井（下）
预测玫瑰图与成像测井玫瑰图对比

图 13　统计法各向异性强度预测结果[53]

3 认识与展望

（1）构造导向滤波处理技术可改善潜山内幕地震资料成像品质。

（2）花岗岩裂缝叠后地震预测技术主要有：相干、曲率、"蚂蚁"追踪、最大似然属性等。每种技术都有其优缺点及适用条件。其中"蚂蚁"追踪与最大似然属性比相干等属性精度高，但也只能实现对大尺度及中等尺度裂缝发育带的定性预测。

（3）裂缝叠前地震预测技术能定量预测裂缝发育的密度和方位，预测效果较叠后方法精度更高；椭圆拟合法适用于单组裂缝预测，统计法适用于多组裂缝预测；叠后预测方法更适用于风化壳储层和基底下方发育的网状缝。

（4）裂缝叠前地震预测技术对资料品质要求较高。基于"两宽一高"采集地震资料可提高预测精度。但面对其产生的海量地震数据还需发展新的解释技术和数据压缩方法。目前大数据时代已经来临，期待更多的人工智能方法能与地震处理、解释方法相结合，解决五维地震数据量大的问题。

（5）花岗岩潜山裂缝预测技术发展方向主要是人工智能与模型驱动方法相结合，同时，加强方位信息处理是关键。

参 考 文 献

［1］《中国地质》编辑部.中国地质专家在乍得邦戈尔盆地花岗岩储层中探获石油，荣获国际大奖［J］.中国地质，2017，44（1）：198-199.

［2］马龙，刘全新，张景廉，等.论基岩油气藏的油气勘探前景［J］.天然气工业，2006，26（1）：41-46.

［3］赵政璋，杜金虎，牛嘉，等.渤海湾盆地"中石油"探区勘探形势与前景分析［J］.中国石油勘探，2005，10（3）：1-7.

［4］赵国.火山岩中找油气——访中国科学院院士刘嘉麒［J］.中国石油石化，2006，14（3）：38-39.

［5］潘建国，郝芳，张虎权，等.花岗岩和火山岩油气藏的形成及其勘探潜力［J］.天然气地球科学，2007，18（3）：380-385.

［6］李国玉，金之钧.最新世界含油气盆地图集（上、下）［M］.北京：石油工业出版社，2005.

［7］松辽断陷盆地的地质结构与油气［M］朱夏.中国中新生代盆地构造和演化.北京：科学出版社，1983：182-197.

［8］李军，张军华，韩双，等.火成岩储层勘探现状、基本特征及预测技术综述［J］.石油地球物理勘探，2015，50（2）：382-392.

［9］龚再升.继续勘探中国近海盆地花岗岩储层油气藏［J］.中国海上油气，2010，22（4）：213-220.

［10］刘安，吴世敏，李旭兵，等.沉积盆地花岗岩的分布特征及其对油气藏的影响［J］.断块油气田，2013，20（5）：545-550.

［11］郭春杰，刘春艳，黄铁坤.古潜山地层岩性分析与储层评价［J］.国外测井技术，2009（2）：17-21.

［12］徐锦绣，吕洪志，曹树春.JZS油田太古界变质岩潜山裂缝性储集层测井响应特征研究［C］.CPS/SEG 2009北京国际地球物理会议论文集，2009.

［13］李善军，肖永文，汪涵明，等.裂缝的双侧向测井响应的数学模型及裂缝孔隙度的定量解释［J］.地球物理学报，1996，39（6）：845-852.

［14］陈胜，章成广，范姗姗．双侧向幅度差异评价裂缝参数在油田中应用［J］．工程地球物理学报，2012（1）．

［15］程四洪，夏振宇，刘天琳．变质岩潜山内幕裂缝表征及储层预测研究［J］．地球物理学进展，2017，32（2）：596-602．

［16］张吉昌，刘增涛，薛大力，等．变质岩潜山储层地震波组特征分析与应用［J］．断块油气田，2014，21（4）：439-443．

［17］夏振宇，汪勇，蔡伟祥，等．变质岩裂缝段地球物理响应特征分析与裂缝预测［J］．科学技术与工程，2015，15（29）：7-14．

［18］胡佳，黄棱，王丽丽，等．GeoEast解释系统在松辽盆地王府断陷火山岩储层预测中的应用［J］．石油地球物理勘探，2014，49（增刊1）：148-153．

［19］仲伟军，姚卫江，贾春明，等．地震多属性断裂识别技术在中拐凸起石炭系中的应用［J］．石油地球物理勘探，2017，52（增刊2）：135-139．

［20］杨葆军，杨长春，陈雨红，等．自适应时窗相干体计算技术及其应用［J］．石油地球物理勘探，2013，48（3）：436-442．

［21］蔡涵鹏，胡光岷，贺振华，等．基于非线性变时窗相干算法的不连续性检测方法［J］．石油地球物理勘探，2016，51（2）：371-375．

［22］王振卿，王宏斌，张虎权，等．塔中地区岩溶风化壳裂缝型储层预测技术塔中地区岩溶风化壳裂缝型储层预测技术［J］．天然气地球科学，2011，22（5）：889-893．

［23］孙尚如．预测储层裂缝的两种曲率方法应用比较［J］．地质科技情报，2003，22（4）：71-74．

［24］王景春，窦立荣，徐建国，等．"两宽一高"地震资料在花岗岩潜山储层表征中的应用——以乍得邦戈盆地为例［J］．石油地球物理勘探，2018，53（2）：320-329．

［25］尹继尧，刘明高，赵建章，等．利用时频域地震信号相位残点特征检测地层连续性［J］．石油地球物理勘探，2014，49（4）：745-750．

［26］Stockwell R G，Mansinha L，LoweR P.Localization of the complex spectrum：the S transform［J］．IEEE Transactions on Signal Processing，1996，44（4）：998-1001．

［27］李振春，刁瑞，韩文功，等．线性时频分析方法综述［J］．勘探地球物理进展，2010，33（4）：239-246．

［28］郑成龙，王宝善．S变换在地震资料处理中的应用及展望［J］．地球物理学进展，2015，30（4）：1580-1591．

［29］姜晓宇，宋涛，杜文辉，等．利用广义S变换频谱分解不连续性检测技术预测断溶体油藏［J］．石油地球物理勘探，2019，54（6）：1324-1328．

［30］Matos M C.Characterization of thin beds through joint time frequency analysis applied to aturbidite reservoir in Campos Basin，Brazil．SEG Technical Program Expanded Abstracts，2005，24：1429-1434．

［31］朱秋影，魏国齐，杨威，等．利用时频分析技术预测依拉克构造有利砂体分布［J］．石油地球物理勘探，2017，52（3）：538-547．

［32］陈波，魏小东，任敦占，等．基于谱分解技术的小断层识别［J］．石油地球物理勘探，2010，45（6）：890-894．

［33］范明霏，吴胜和，曲晶晶，等．基于广义S变换模极大值的薄储层刻画新方法［J］．石油地球物理勘探，2017，52（4）：805-814．

［34］Kazemi K，Amirian M，Dehghani M J.The S transform using an window to improve frequency and time resolutions［J］.Signal Image & Video Processing，2014，8（3）：533-541．

［35］马晓宇，王军，李勇根，等．基于"蚂蚁"追踪的叠前裂缝预测技术［J］．石油地球物理勘探，

2014，49（6）：1199-1203.

［36］王军，李艳东，甘利灯.基于"蚂蚁"体各向异性的裂缝表征方法［J］.石油地球物理勘探，2013，48（5）：763-769.

［37］Grechka V，Contreras P，and Tsvankin I.Inversion of normal moveout for monoclinic media［J］.Geophysical Prospecting，2000，48：577-602.

［38］Hale D.Methods to compute fault images，extract fault surfaces，and estimate fault throws from 3Dseismic images［J］.Geophysics，2013，78（2）：33-43.

［39］马德波，赵一民，张银涛，等.最大似然属性在断裂识别中的应用——以塔里木盆地哈拉哈塘地区热瓦普区块奥陶系走滑断裂的识别为例［J］.天然气地球科学，2018，29（6）：817-825.

［40］Wu X M，Zhu Z H.Methods to enhance seismic faults and construct fault surfaces［J］.Computers & Geosciences，2017，107（ ）：37-48.

［41］刘依谋，印兴耀，张三元，等.宽方位地震勘探技术新进展［J］.石油地球物理勘探，2014，49（3）：596-610.

［42］吴萍，杨长春，王真理，等.HTI介质中的反射纵波方位属性［J］.地球物理学进展，2009，24（3）：944-950.

［43］马中高，张国保，孙成龙.多方位速度和AVOA同步分析［J］.石油地球物理勘探，2009，44（增刊1）：135-137，144.

［44］曹宜.AVO技术新进展［J］.油气地球物理，2004，2（1）：33-38.

［45］Wang S，Li X Y，Qian Z，et al.Physical modeling studies of 3D Pwave seismic for fracture detection［J］.Geophysical Journal International，2007，168（2）：745-756.

［46］Qu S，Ji Y，Wang X，et al.Fracture detection by using full azimuth P wave attributes［J］.Applied Geophysics，2007，4（3）：238-243.

［47］杜启振，杨慧珠.方位各向异性介质的裂缝预测方法研究［J］.石油大学学报（自然科学版），2003，27（4）：32-36.

［48］王洪求，杨午阳，谢春辉，等.不同地震属性的方位各向异性分析及裂缝预测［J］.石油地球物理勘探，2014，49（5）：925-931.

［49］郝守玲，赵群.裂缝介质对P波方位各向异性的影响——物理模型研究［J］.勘探地球物理进展，2004，27（3）：189-194.

［50］Vladimir G，Tsvankin I.3D description of normal moveout in anisotropic in homogeneous media［J］.Geophysics，1998，63（3）：1079-1092.

［51］陈志刚，徐刚，代双和，等."两宽一高"地震资料的敏感方位油气检测技术在乍得潜山油藏描述的应用［J］.地球物理学进展，2017，32（3）：1114-1120.

［52］夏亚良，魏小东，王中凡，等.OVT域方位各向异性技术在中非花岗岩裂缝预测中的应用研究［J］.石油物探，2018，57（1）：140-147.

［53］王霞，李丰，张延庆，等.五维地震数据规则化及其在裂缝表征中的应用［J］.石油地球物理勘探，2019，54（4）：844-852.

［54］陈志刚，李丰，王霞，等.叠前各向异性强度属性在乍得Bongor盆地P潜山裂缝性储层预测中的应用［J］.地球物理学报，2018，61（11）：4625-4634.

全方位叠前道集在花岗岩基岩潜山缝洞型储层预测中的应用——以乍得 Bongor 盆地 Baobab 潜山为例

姜晓宇，宋涛，甘利灯，李贤兵，杜文辉，周晓越，丁骞

1 引言

随着孔隙型油气藏勘探难度的不断增加，缝洞型油气藏逐渐得到地质学家和石油公司的重视[1-3]。地震数据在缝洞型储层预测方面具有重要意义，综合前人研究[4-6]，分析发现地震预测方法在缝洞型储层评价方面存在资料可靠性欠佳、裂缝预测精度较低、洞穴体预测难度大3个突出问题。（1）资料可靠性欠佳：常用的克希霍夫叠前深度偏移等地震处理方法以地面观测系统为基础对地下信息进行投影，得到的偏移距、方位角信息无法准确反映地下复杂构造反射点的方向信息，导致裂缝、洞穴等不连续体的偏移归位不准确，无法为缝洞型储层预测提供可靠的资料基础。（2）裂缝预测精度较低：基于常规叠后地震数据提取的相干、曲率等属性预测裂缝精度低，虽然常规叠前裂缝预测精度高，但在实际操作中存在预测结果具多解性的问题，无法提供准确的裂缝识别结果。（3）洞穴体预测难度大[7-10]：有些洞穴在地震剖面上表现为强能量的串珠状反射特征，例如塔北地区碳酸盐岩洞穴型储层，但有些洞穴由于规模小或受强顶界面的压制等因素影响，在常规地震剖面上无明显的反射特征，如花岗岩潜山洞穴等，给洞穴的识别及预测增加了难度。

全方位局部角度域深度偏移处理[11-15]通过在角度域重建成像道集，可有效提高地震成像的精度，在缝洞型储层的预测与评价方面具有良好的应用前景。该方法从成像点向地面进行射线追踪成像，将地面的地震信息映射到地下局部角度域，每个成像点都包含了地层的方位角信息，然后在地下局部角度域以连续方式对所有地震数据进行偏移成像，进而得到全方位共反射角道集与全方位共倾角道集。相较于传统叠前或叠后预测方法，应用全方位局部角度域深度偏移在处理数据方面具有明显的3个优势。（1）克服了共偏移距道集中存在的假象，提高了地震成像的精确度，实现了缝洞型储层的准确成像，可有效解决裂缝与洞穴的归位问题。（2）由于采集及成像的优势，全方位共反射角道集与全方位共倾角道集包含了全部真实的地层方位信息，且提供了真振幅反射系数，从而可得到真实的振幅异常，能反映地下速度和岩性变化等信息，克服了复杂构造及射线多路径产生的共偏移距

原文收录于《石油学报》，2022，43（7）：969−976。

道集不保幅等一系列缺陷给裂缝研究带来的困难，并且，利用全方位共反射角道集进行裂缝预测不需要进行分角度叠加，大大降低了裂缝预测的多解性。（3）全方位共倾角道集能够根据地下不同的反射波场区分出反映连续界面反射特征的镜像能量和反映不连续反射特征的散射能量，通过压制全方位共倾角道集的镜像能量、突出散射能量，可得到散射成像数据体，而散射成像体能够压制连续性反射界面，突出洞穴体等非连续地质体的几何特征。因此，全方位局部角度域深度偏移处理方法对于花岗岩潜山储层的弱反射洞穴体的刻画具有重要意义。

乍得 Bongor 盆地 Baobab 花岗岩潜山油气藏储集空间以裂缝、小尺度洞穴为主。随着油气藏的持续开发，花岗岩潜山储层非均质性强、单井产能差异大、部分油井之间存在井间干扰、含水率上升快等开发矛盾日益突出，而裂缝及小尺度洞穴的识别与预测是解决这些问题的关键。笔者以 Baobab 花岗岩潜山的缝洞型储层为例，采用全方位局部角度域深度偏移处理方法得到全方位共反射角道集与全方位共倾角道集，运用全方位共反射角道集进行 AVAZ（方位 AVO）反演预测裂缝，运用全方位共倾角道集进行叠加成像处理，形成散射成像数据体并开展洞穴体预测。通过对基于地下局部角度域的全方位资料信息的充分挖掘，提高了 Baobab 潜山缝洞型储层的预测精度，对油气储层分析与刻画和油气勘探具有重要指导意义。

2　地质概况

Bongor 盆地位于中非剪切带中段的北侧、乍得的西南部，是受中非剪切带影响发育起来的中—新生代陆内裂谷盆地，盆地呈 NWW 走向，长约 280km，宽度为 40~80km，面积约为 $1.8 \times 10^4 km^2$。由北向南盆地依次划分为北部斜坡、中央坳陷、南部隆起和南部坳陷[16]。Baobab 潜山位于 Bongor 盆地北部连片三维区的北部，呈 NW—SE 走向，向南东方向潜山埋深逐渐变大，最大落差达 2200m。潜山整体呈两翼临洼的构造格局，近 EW 向断层将潜山切割成多个高低差异较大的断块山（图 1）。

相对海拔
高
低

☼ 井

2km

图 1　Baobab 潜山分布立体特征

综合BC-2井岩石物理分析、储层储集空间组合特征、储层类型及其岩石物理特征，垂向上，自上而下将花岗岩潜山Baobab潜山划分为风化淋滤带、缝洞发育带、半充填裂缝发育带和致密带[17]。其中，风化淋滤带内部的孔隙、洞穴、裂缝发育，缝洞发育带内部的孔隙和裂缝发育、洞穴较发育，裂缝及半充填裂缝带局部发育充填—半充填的裂缝、洞穴，致密带仅局部发育裂缝，洞穴不发育。储层的垂向分带性为地震方法开展储层预测提供了理论依据。

3 全方位共反射角道集裂缝预测

全方位局部角度域成像方法利用射线追踪技术，将地面的地震信息映射到地下局部角度域，每个成像点M有4个极坐标分量（v_1、v_2、γ_1、γ_2，图2）。全方位共反射角道集是对成像点M的内法线倾角v_1和方位角v_2的积分（式1），能够很好地反映振幅在不同方位角的能量变化，为高精度裂缝预测奠定了数据基础[18]。

$$I_\gamma\left(M, \gamma_1, \gamma_2\right) = \int K_\gamma\left(M, v_1, v_2, \gamma_1, \gamma_2\right) H^2 \sin v_1 \mathrm{d}v_1 \mathrm{d}v_2 \tag{1}$$

Ruger等[19-20]提出了HTI介质（具有水平对称轴的横向各向同性介质）中振幅随方位角变化的P波反射系数公式：

$$R_\mathrm{P}\left(i, \varphi\right) = \frac{1}{2}\frac{\Delta z}{\bar{z}} + \frac{1}{2}\left\{\frac{\Delta\alpha}{\bar{\alpha}} - \left(\frac{2\bar{\beta}}{\bar{\alpha}}\right)^2\frac{\Delta G}{\bar{G}} + \left[\Delta\delta^v + 2\left(\frac{2\bar{\beta}}{\bar{\alpha}}\right)^2\Delta\gamma\right]\cos^2\varphi\right\}\sin^2 i + \\ \frac{1}{2}\left\{\frac{\Delta\alpha}{\bar{\alpha}} + \Delta\varepsilon^v\cos^4\varphi + \Delta\delta^v\sin^2\varphi\cos^2\varphi\right\}\times\sin^2 i\tan^2 i \tag{2}$$

在弱各向异性的假设条件下，当入射角较小时，可舍去高次项，得到P波反射系数的简化公式：

$$R_\mathrm{P}\left(i, \varphi\right) = A + B^{\mathrm{iso}}\sin^2 i + B^{\mathrm{ani}}\sin^2 i\cos^2\left(\phi - \phi^{\mathrm{sym}}\right) \tag{3}$$

Mallick等[21]进一步简化了P波反射系数的计算公式：

$$R_\mathrm{p}\left(\varphi\right) = a + b\cos 2\varphi \tag{4}$$

式4中a表征各向同性，$b\cos 2\phi$表征各向异性。在实际应用中，多采用椭圆拟合的方法来预测裂缝的密度和方位，通常以椭圆长轴（$a+b$）的方向指示裂缝的走向，以椭圆偏率（$a-b$）/（$a+b$）指示裂缝密度。这种基于分方位叠加来预测裂缝的方法一般将入射角i设为固定值，或将道集分方位叠加后进行反演预测[22-23]，未充分利用多个入射角和多个方位角的信息，具有以下不足：（1）CMP道集本身并不包含方位角信息；（2）分扇区叠加仅代表了扇区内信息的综合效应，无法反映地下某个点处的真实信息；（3）分扇区方法基于地面采集的方位角信息，不能代表地下真实反射面的方位角信息，且裂缝预测结果受

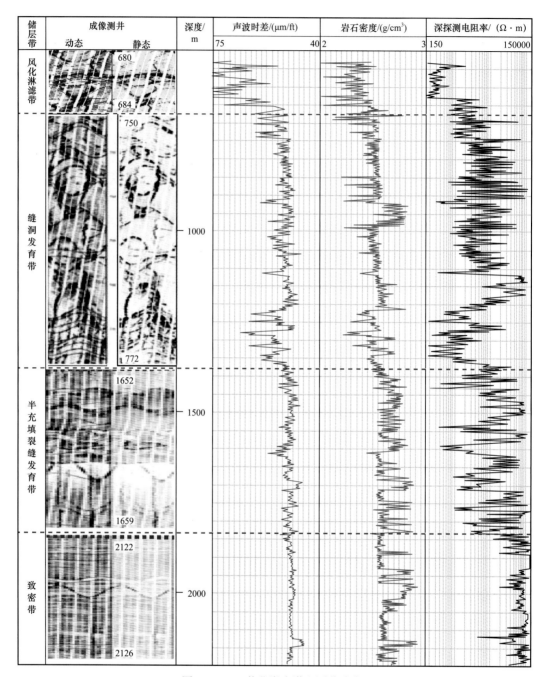

图 2　BC-2 井花岗岩潜山测井响应

扇区角度及其数目影响，不同偏移距叠加、椭圆拟合方案不同，裂缝预测的结果存在多解性（图 3）。

全方位 AVAZ 反演基于全方位局部角度域的深度偏移得到地下真实的方位角信息，对式（3）进行线性化处理，以适应多方位角、多入射角情况，实现了从叠后分方位资料到叠前全方位资料的应用[24-25]。

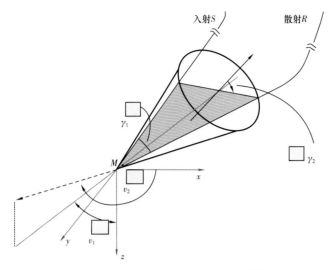

图 3 地下反射点极坐标参数示意[12]

$$R_{\mathrm{P}}(i, \phi) = A + A_1 \sin^2 i \cos^2 \phi + A_2 \sin^2 i \sin^2 \phi + A_3 \sin^2 i \sin \phi \cos \phi \qquad (5)$$

$$\begin{cases} A_1 = B^{\mathrm{iso}} + B^{\mathrm{ani}} \cos^2 \phi^{\mathrm{sym}} \\ A_2 = B^{\mathrm{iso}} + B^{\mathrm{ani}} \sin^2 \phi^{\mathrm{sym}} \\ A_3 = B^{\mathrm{ani}} \sin 2\phi^{\mathrm{sym}} \end{cases} \qquad (6)$$

因此，

$$\begin{cases} \phi^{\mathrm{sym}} = \dfrac{1}{2} \mathrm{atan}\, 2(A_3, \ A_1 - A_2) \\ B^{\mathrm{ani}} = A_3 / \sin(2\phi^{\mathrm{sym}}) \\ B^{\mathrm{iso}} = \dfrac{1}{2}[(A_1 + A_2) - B^{\mathrm{ani}}] \end{cases} \qquad (7)$$

其中，ϕ^{sym} 反映裂缝走向，B^{ani} 表征裂缝发育密度，其值越大，反映裂缝越发育。

全方位 AVAZ 反演应用了全部的方位信息，综合考虑了纵向分辨率、横向分辨率和方向分辨率，因此，其预测裂缝结果的分辨率高于常规叠前道集 AVAZ 反演方法，且该方法无需分方位叠加，大大降低了预测结果的多解性。利用全方位 AVAZ 反演可以得到各向异性参数及裂缝密度、裂缝方向等参数，进而开展缝洞型储层等各向异性储层的识别与评价。

图 4 展示了不同方法预测裂缝结果，对比分析发现，相较于分方位叠加椭圆拟合法，全方位 AVAZ 反演裂缝预测结果具有更高的分辨率，且与裂缝密度垂向分布的吻合度更高。整体上，Baobab 潜山缝洞型储层的裂缝主要分布在构造高部位的风化淋虑带与缝洞发育带，钻井显示裂缝分布规律相符。

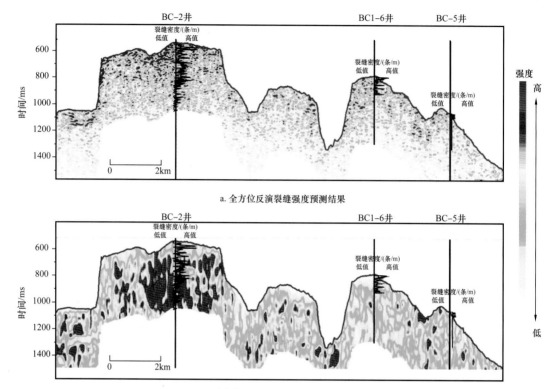

a. 全方位反演裂缝强度预测结果

b. 分方位叠加椭圆拟合法裂缝强度预测结果

图 4　不同裂缝预测方法结果对比剖面

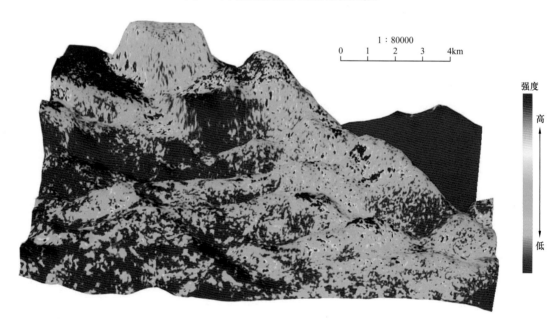

图 5　全方位 AVAZ 反演裂缝强度预测结果

4 全方位倾角道集预测洞穴

全方位共倾角道集是对成像点 M 的开角 γ_1 和方位角 γ_2 进行积分：

$$I_v\left(M,\ v_1,\ v_2\right)=\int K_v\left(M,\ v_1,\ v_2,\ \gamma_1,\ \gamma_2\right)H^2\sin\gamma_1\mathrm{d}\gamma_1\mathrm{d}\gamma_2 \qquad (8)$$

根据地下不同的反射波场，利用全方位共倾角道集可区分镜像能量和散射能量，其中，镜像能量是连续界面上反射点所产生的能量，散射能量为镜像能量之外的所有能量。压制镜像能量后进行叠加可得到散射成像体，其主要体现了非连续地质体的特征，加强了地震数据对微小断层和裂缝、洞穴等地质现象的分辨能力。受潜山顶面强反射界面的影响，潜山洞穴在常规叠后剖面上无明显的地震响应特征，如 BC1-4 井 1571~1608m、BC1-16 井 1306~1370m 钻进过程中钻井液漏失严重，成像测井指示洞穴发育，但在常规叠后数据体上无明显响应。

为识别潜山内幕的洞穴、厘清其分布规律，通过适当压制全方位共倾角道集的镜像权重，对得到的突出散射能量的共倾角道集进行叠加得到散射成像体。散射成像体去除了潜山顶面的强反射对洞穴的压制，突出了潜山内部缝、洞等不连续体的地震反射特征。洞穴在散射能量体上表现为强能量（图6a），因此，散射成像可以利用地震方法有效预测洞穴分布。

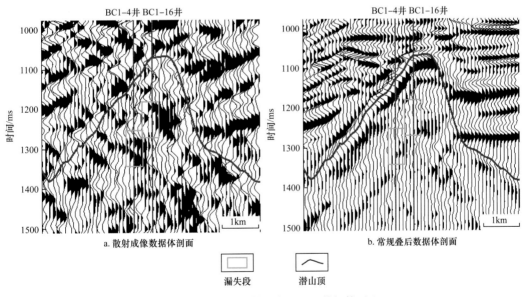

图 6 散射成像数据体与常规叠后数据体对比

图 7 展示了散射数据属性体与常规叠后属性体预测洞穴体分布的对比。相较于常规叠后属性体预测洞穴自上而下均有发育，散射数据属性体预测洞穴分布特征与钻探实践和地质规律更为符合，即洞穴主要发育在潜山上部的风化淋滤带和缝洞发育带。

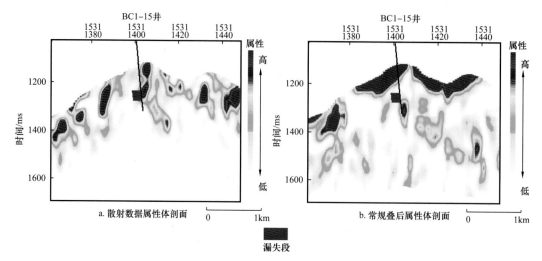

图7　散射数据属性体与常规叠后数据属性体预测洞穴结果对比

5　结论

（1）采用全方位局部角度域深度偏移处理方法可实现地下信息的准确成像，利用得到的全方位共反射角道集与全方位共倾角道集，可充分挖掘角度域信息对缝洞型储层的裂缝、洞穴等储集空间的预测潜力与精度。

（2）以乍得 Bongor 盆地典型花岗岩潜山 Baobab 潜山为例，采用全方位共反射角道集预测潜山裂缝分布特征的分辨率和准确率更高，与区域地质规律和钻探实践也更加吻合。证实了基于全方位共倾角道集的散射能量叠加得到的散射能量体可有效提高对洞穴的识别能力与预测精度，在缝洞型储层油气勘探领域具有良好的应用效果和推广前景。

6　符号注释

M——地下成像点，（°）；

I_v——全方位共倾角道集反射率，（°）；

v_1——成像点 M 的内法线倾角，即地层倾角，（°）；

v_2——成像点 M 的方位角，即地层方位角，（°）；

γ_1——射线对的开角，（°）；

γ_2——射线对的方位角，（°）；

$v=\{v_1,\ v_2\}$——角度域方向角子系统，（°）；

$\gamma=\{\gamma_1,\ \gamma_2\}$——角度域反射角子系统，（°）；

I_γ——全方位共反射角道集反射率，（°）；

H——倾角因子，（°）；

K_v——倾角积分的核函数，（°）；

K_γ——反射角积分的核函数，（°）；

R_P——反射系数；

i——入射角，（°）；

z——P 波阻抗，$(\mathrm{m/s})\cdot(\mathrm{g/cm^3})$；

G——剪切模量，GPa；

α——纵波速度，m/s；

β——横波速度，m/s；

$\bar{\alpha}$——纵波速度平均值，m/s；

$\bar{\beta}$——横波速度平均值，m/s；

$\bar{z}$——平均 P 波阻抗，$(\mathrm{m/s})\cdot(\mathrm{g/cm^3})$；

δ^v、γ、ε^v——描述 HTI 介质各向异性的 Thomsen 参数；

a——表征各向同性；

$b\cos2\phi$——表征各向异性；

ϕ——观测方位，（°）；

ϕ——观测方位与裂缝对称轴的夹角，（°）；

ϕ^sym——裂缝对称轴的方位，（°）；

atan2——四象限反正切函数，其函数值分布在 $(-\pi, \pi)$，所在象限由 A_3 和 (A_1-A_2) 的正负决定；

B^iso——各向同性梯度；

B^ani——各向异性梯度，表示裂缝发育密度，其值越大，反映裂缝越发育。

参 考 文 献

［1］刘宝增，漆立新，李宗杰，等．顺北地区超深层断溶体储层空间雕刻及量化描述技术［J］.石油学报，2020，41（4）：412-420.

［2］姜晓宇，张研，甘利灯，等．花岗岩潜山裂缝地震预测技术［J］.石油地球物理勘探，2020，55（3）：694-704.

［3］金强，张三，孙建芳，等．塔河油田奥陶系碳酸盐岩岩溶相形成和演化［J］.石油学报，2020，41（5）：513-525.

［4］林煜，李春梅，顾雯，等．深层碳酸盐岩小尺度缝洞储集体地震精细刻画——以四川盆地安岳气田震旦系灯四段为例［J］.天然气地球科学，2020，31（12）：1792-1801.

［5］姜晓宇，宋涛，杜文辉，等．利用广义 S 变换频谱分解不连续性检测技术预测断溶体油藏［J］.石油地球物理勘探，2019，54（6）：1324-1328.

［6］姚清洲，孟祥霞，张虎权，等．地震趋势异常识别技术及其在碳酸盐岩缝洞型储层预测中的应用——以塔里木盆地英买 2 井区为例［J］.石油学报，2013，34（1）：101-106.

［7］熊晓军，陈容，袁野，等．四川盆地卧龙河构造茅口组岩溶储层地震预测［J］.石油学报，2021，42（6）：724-735.

［8］王小垚，曾联波，魏荷花，等．碳酸盐岩储层缝洞储集体研究进展［J］.地球科学进展，2018，33（8）：818-832.

［9］韩东，袁向春，胡向阳．叠后地震储层预测技术在缝洞型储层表征中的应用［J］.石油天然气学报，2014，36（9）：63-68.

［10］LU Minghui，ZHANG Cai，XU Jixiang，et al. In-verse-scattering imaging of cavern models［J］. Petroleum Exploration and Development，2010，37（3）：330-337.

［11］Koren Z.，Ravve I. Full-azimuth subsurface angle domain wavefield decomposition and imaging：Part I-Directional and reflection image gathers［J］. Geophysics，2011，76（1）：1-13.

［12］Ravve I.，Koren Z. Full-azimuth subsurface angle domain wavefield decomposition and imaging：Part Ⅱ-Local angle domain［J］. Geophysics，2011，76（2）：51-64.

［13］Koren Z.，Ravve I. et.al. Full-azimuth angle domain imaging. SEG Expand Abstract，2008.

［14］Koren Z.，Ravve I. Specular/diffraction imaging by full azimuth subsurface angle domain decomposition［J］. SEG Expand Abstract 2010.

［15］Brandsberg-DahlS，UrsinB，deHoop M V. Seismic velocity analysis in the scattering angle/azimuth domain［J］. Geophysical Prospecting，2003，51（4）：295-314.

［16］窦立荣，肖坤叶，胡勇，等. 乍得 Bongor 盆地石油地质特征及成藏模式［J］. 石油学报，2011，32（3）：379-386.

［17］窦立荣，魏小东，王景春，等. 乍得 Bongor 盆地花岗质基岩潜山储层特［J］. 石油学报，2015，36（8）：897-904，925.

［18］臧胜涛，赵玉合，王小卫，等. 全方位局部角度域偏移成像在山地复杂构造带中的应用［C］. 中国石油学会 2019 年物探技术研讨会，2019，437-439.

［19］Ruger. Variation of P-wave reflectivity with offset and azimuth in anisotropic media［J］.Geophysics，1988，63（3）：935-947.

［20］Ruger，Tsvankin I. Using AVO for fracture detection：analytic basis and practical solutions［J］.The Leading Edge，1997，16（10）：1429-143

［21］Mallick S，K L Craft，L J Meister. Determination of the principal directions of azimuthal anisotropy from P-wave seismic data［J］. Geophysics，1998，63（2）：692-706.

［22］于晓东，桂志先，汪勇，等. 叠前 AVAZ 裂缝预测技术在车排子凸起的应用［J］. 石油地球物理勘探，2019，54（3）：624-633.

［23］龚明平，张军华，王延光，等. 分方位地震勘探研究现状及进展［J］. 石油地球物理勘探，2018，53（3）：642-658.

［24］孔丽云，张研，甘利灯，等. 基于两级尺度粗化的裂缝—多孔隙介质地震响应分析方法［J］. 地球物理学报，2018，61（9）：3791-3799.

［25］周晓越，甘利灯，杨昊，等. 利用叠前振幅和速度各向异性的联合反演方法［J］. 石油地球物理勘探，2020，55（5）：1084-1091.

全方位地震储层预测技术及其在基岩潜山油藏描述中的应用

甘利灯，杜文辉，姜晓宇，周晓越，戴晓峰

1 工区概况

Bongor 盆地位于中非剪切带中段北侧，是受中非剪切带影响发育起来的中—新生代陆内裂谷盆地。研究区 Baobab 潜山油藏位于盆地北部斜坡区，盆地基底花岗岩经历了长期构造运动改造和风化剥蚀，形成了类型多样、风化程度不一、空间展布复杂的花岗岩风化层，风化剥蚀程度由浅及深依次减弱。油藏内构造复杂，主要发育北西向和近东西向两组断层，二者相交将潜山切割成一系列断块圈闭，并控制潜山裂缝的形成。

Baobab 潜山油藏主要发育风化壳型（包括孔缝型和缝洞型）和裂缝型两种储层，受构造、岩性、溶蚀与充填等因素控制，储集空间为花岗岩破碎粒间孔、构造裂缝、溶孔、解理缝等。储层孔隙度、渗透率均偏小，孔隙度普遍小于 5%，绝大多数岩性渗透率分布在（0.01~5）×$10^{-3}\mu m^2$。储层分布具有平面分区，纵向分带的特征，纵向上可分为风化淋滤带、缝洞发育带、半充填裂缝发育带和致密带。目前，潜山油藏高效开发面临着储集空间类型多样，储层非均质性强，连通性变化大，单油层厚度差异大，单井产能差异大等问题。解决问题的核心是要充分利用已采集的全方位地震资料，做好裂缝发育带、小尺度洞穴体和优质风化壳储层地震预测。

2 全方位局部角度域叠前深度偏移成像

局部角度域叠前深度偏移处理技术通过射线追踪将地面采集系统映射到地下局部角度域，每个成像点有四个极坐标分量（半开角、半开角方位角、地层倾角、地层倾角方位角）；然后在地下局部角度域进行成像处理，产生方位反射角道集和倾角道集[1]。方位反射角道集包含沿层位振幅随方位角变化信息，以及不同层位间振幅随方位角变化信息，可以用于 AVAZ 和 VVAZ 裂缝预测。方位倾角道集含镜像能量和散射能量。其中，镜像能量反映的是地层倾向的法向能量，更有利于连续反射界面成像，散射能量能够加强超出地震分辨率的几何特征，如微小断层等。通过镜像和散射能量不同权系数优化组合，可以获得最适用的成像数据体，为多数据体联合储层预测奠定了基础。

在原始地震资料详细分析基础上，建立了针对性处理流程，其关键技术主要有基于各

原文收录于《第六届油气地球物理学术年会论文集》，2024；获优秀论文特等奖。

向异性的迭代速度建模、多次波压制和潜山顶界极性优化等技术。基于各向异性的迭代速度建模技术，是从时间域到深度域速度建模、从常规深度偏移到局部角度域深度偏移速度建模、从各向同性到各向异性速度建模，经过多次约束迭代，提高速度模型的精度和可信度。在处理中采用了组合压制多次波的思路，首先在叠前 CMP 道集上适度压制，其次在 CRP 道集上，进行高精度剩余速度分析与多次波压制迭代处理，最后在解释人员参与下，通过解释层位控制，人工识别压制多次波。

图 1 为 Baobab C 区块全方位局部角度域叠前深度偏移处理后的倾角道集叠加剖面。容易看出，潜山面和潜山内幕波组特征均较常规叠前深度偏移成像效果有明显改善，可以看到储层垂向分带的特征，保障了储层预测的顺利开展。

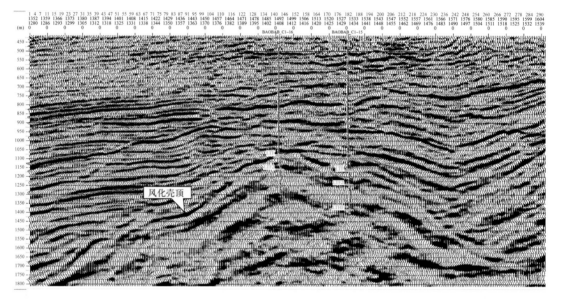

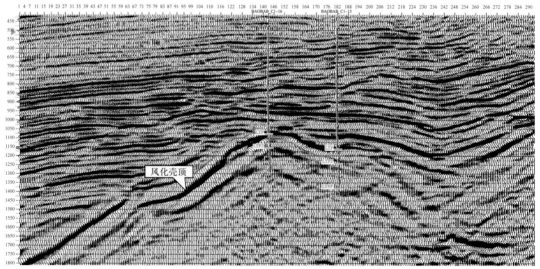

图 1 常规叠前深度偏移叠加剖面（上）与局部角度域深度偏移倾角道集叠加剖面（下）对比图

3 全方位地震储层预测

随着勘探开发程度不断推进，储层日益复杂，突出表现为储集空间多样化、复杂化，传统孔隙介质假设越来越难以满足勘探开发目标地震描述的需要，迫切需要基于裂缝—孔隙介质的地震波传播理论和储层预测技术。此外，通常用一种数据体解决油藏地震描述所有问题，即既用于构造解释，也用于储层预测，还用于流体检测和裂缝识别。然而这些技术对于地震资料的保真要求是不同的，如，地震构造解释要求旅行时保真就可以了，基于地震反演的储层预测则要求地震振幅和 AVO 属性是保真的，流体预测可能要求频率是保真的，裂缝预测要求是方位保真的。因此，一种数据体无法满足这一系列要求。宽/全方位地震采集和处理为多数据体联合储层地震预测提供了可能。所谓全方位地震储层预测就是要充分利用宽/全方位地震采集和处理获得的多种数据体，更好满足不同储层预测技术对资料的保真要求，并发挥各种数据体的优势。如，发挥叠前时间偏移数据保幅的优势，开展基于反向加权非线性叠前反演与波形分类的优质储层预测；发挥全方位角道集蕴含的各向异性信息，开展裂缝识别和预测；发挥散射成像数据横向分辨率优势开展裂缝解释和溶洞识别等。最后，将不同方法储层预测结果融合到一起，开展综合评价，解决油气藏勘探开发面临的问题。针对研究区需要解决的问题，初步构建了面向基岩潜山油藏描述的技术流程，如图 2 所示。

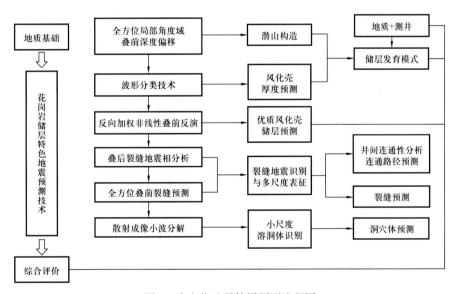

图 2　全方位地震储层预测流程图

3.1 风化壳厚度预测

该区主要出油层段位于潜山顶界面以下 120m 内。正演模拟结果与联井剖面对比分析发现，随着风化壳厚度变化，对应地震轴的波形和能量都在变化。当风化壳厚度从 120m 变化到 0m，地震轴也从双波峰变化到单波峰。因此，可以通过波形分类实现风化壳厚度的定性预测。定性预测结果可分为三类，一类风化壳发育，一般厚度大于 50m；二类厚度

10～50m；三类厚度小于10m。通过对19口井风化壳厚度分布统计，吻合率达84%。

3.2 优质风化壳储层预测

密度与储层孔隙度、饱和度、矿物含量等参数密切相关，能够较为直观地反映储层和流体的变化规律[2]。通常，可以通过叠前三参数反演获得密度信息，但密度反演结果稳定性差，其原因在于，反演求解方程中密度项系数比纵波速度项系数小很多（可达两个数量级），导致求解过程存在奇异性。反向加权非线性AVO反演方法[3]，针对不同反演参数增加了一个反向权重系数Cx，其大小和各系数项的大小成反比例关系。Cx有效降低了由各系数项差异引起的方程求解奇异性，提高了密度反演的精度。通过地震岩石物理分析和井震标定，可以确定优质储层密度门槛值，利用密度反演结果直接预测优质风化壳储层厚度分布。通过对32口井统计，符合率可达81%。

3.3 裂缝地震识别与多尺度表征

裂缝形态多样，尺度规模不一，具有明显的多尺度特征。不同尺度裂缝所呈现的地震响应不尽相同，地震对不同尺度裂缝描述的程度和能力也有所不同，受地震资料空间采样率和分辨率限制，为描述方便，可以将裂缝分为大、中、小、微四类。大尺度裂缝（含断层）常用应力分析相关方法表征；中尺度裂缝常用叠后地震属性表征，如相干体、曲率、"蚂蚁"追踪、最大似然等地震属性；小尺度裂缝常用叠前方位各向异性方法表征，如基于振幅各向异性的AVAZ反演和基于速度（旅行时）各向异性的VVAZ反演等；微尺度裂缝指存在于基质中的微裂隙，地震无法表征。可见，中小尺度裂缝表征是地震资料优势所在。

3.3.1 振幅与速度联合各向异性反演

针对裂缝对地震响应特征影响弱，裂缝地震反演多解性大的问题。孔丽云等对一个三层水平层状介质模型开展了全方位叠前波动方程正演模拟研究发现[4]，目的层顶界面反射振幅对各向异性比较敏感，而底界面旅行时（速度）对各向异性比较敏感特征。因此，可以联合顶界振幅和底界速度各向异性进行裂缝反演，以提高地震裂缝预测效果。联合反演的思路是将底界速度反演得到的各向异性梯度作为顶界振幅反演的约束[5]。

图3为乍得花岗岩潜山油藏联合反演得到的裂缝密度连井剖面。由图可见，反演结果与井上裂缝密度曲线具有很高的一致性，裂缝主要发育在潜山顶面附近，符合潜山储层垂向分带的区域地质认识。反演得到的裂缝密度平面分布，与试油产量具有很高的一致性，且裂缝密度高值区主要分布在构造高部位及两组断层交会区，符合构造裂缝形成的力学机理和地质特征。

3.3.2 多尺度裂缝建模与表征

不同尺度裂缝地震识别与表征方法不同，要系统表征裂缝的性质和特征，需要对裂缝进行分类，即裂缝地震相分析。裂缝地震相分析通过将多种能够描述断裂/裂缝体系的不同地震属性（如倾角属性、相干属性、最大曲率属性等）进行聚类分析，划分出不同尺度的裂缝类型。裂缝地震相利用地震数据对裂缝进行分级，限定了各尺度裂缝的分布范围与

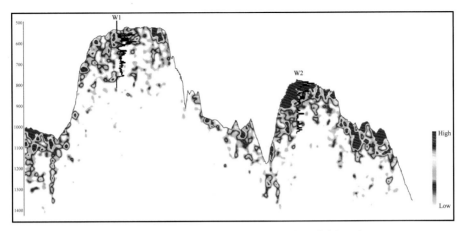

图 3　振幅—速度联合反演的裂缝密度连井剖面图

特点，为中小尺度裂缝建模提供了控制与约束。

　　裂缝尺度直接影响流体的储集和渗流，如果在建模的过程中把不同尺度的裂缝一起考虑，会影响油藏数值模拟结果的准确性。因此，需要按尺度对裂缝进行分类，分尺度建模，形成多尺度裂缝建模技术。大尺度裂缝（断层）可以采用构造建模；中尺度裂缝采用确定性建模方法，在地震数据上追踪识别裂缝片，每个裂缝片具有可度量的长度和方向，构成中尺度裂缝片模型；小尺度裂缝采用离散裂缝网络建模方法，由全方位 AVAZ 反演裂缝预测得到的裂缝强度与方向数据体作为约束，井上裂缝数据作为硬数据，构建小尺度裂缝模型；微裂缝没有方向特征，可以采用与基质孔隙度相同的方法建模，最后，在模型域实现孔隙度和渗透率估算，为油藏数值模拟奠定基础。此外，利用离散网络建模结果，可以分析井间裂缝连通性。

3.4　小尺度溶洞体地震识别

　　现有各种叠后地震技术能够通过识别叠加剖面上的"串珠现象"，刻画溶洞的空间分布。正演模拟结果表明[6]，当溶洞尺度小于地震波长的 1/20 时（如小于 5m），在叠后地震剖面上就难以观察到串珠现象，现有方法就不适用了。该区 C1-4 井在 1510m 处钻头放空 1.2m，钻遇了一个小型的溶蚀孔洞。目前，碳酸盐岩缝洞体识别仍以常规叠后资料为主，地震属性分析与反演是主流技术。现有方法对于小尺度缝洞体识别效果差。需要研究更有效的方法和技术。

3.4.1　基于叠前泊松比属性的溶洞体识别

　　基于 C1-4 井测井资料，设计了一个包含小孔洞体的二维层状模型。正演模拟研究表明，当溶洞规模小于 1/20 波长时，小溶洞的地震反射很弱，和围岩反射能量差异在 2 倍之内，且没有串珠现象。当有噪音时，在叠后剖面上几乎识别不出来。但是通过叠前拟泊松比属性可以放大溶洞与围岩的差异，即使在有噪音背景下也比较容易识别这种较小溶洞。利用该方法对研究区风化壳段内孔洞空间展布进行了预测，并用 29 口井钻井液漏失情况进行了间接验证，符合率达 83%。

3.4.2 基于散射体小波分解的溶洞体识别

当地下存在溶洞、裂缝、地层尖灭点等不连续体时，就能产生散射波。散射成像利用散射波信息，能够突出不连续地质体，加强花岗岩基岩潜山储层内非"串珠状"弱反射特征的洞穴的地震响应。通过对井旁散射地震道频谱分析发现，洞穴体表现特定频率的强能量特征，因此，可以通过频谱分解从散射数据体中提取特定频率能量信息，进而识别洞穴的位置。与傅里叶方法相比，三参数小波变换具有三个可调参数的参数，灵活性更高，具有更好的时频聚焦性，更好表征溶洞体发育程度。

图4为连井线散射数据三参数小波变换属性剖面，结合测井成像与钻井统计数据表明：散射成像体三参数小波分解结果不仅能预测洞穴发育的位置，还能定性表征泥浆漏失程度，间接表征洞穴体发育程度。平面预测结果显示，大断裂周边、断裂密集区，溶洞体发育，与地质认识一致。

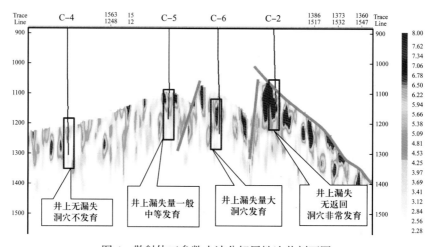

图4 散射体三参数小波分解属性连井剖面图

4 结论

随着油气藏储集空间日益复杂，孔缝洞地震识别和预测技术需求日益迫切，本文开展了基于全方位地震资料的储层预测方法探索，得到了一些有益的认识与结论。一是局部角度域叠前深度偏移可以获得方位倾角道集和方位入射角道集，二者组合可以获得多种地震数据体，更好地满足孔缝洞地震描述方法对资料保真性需求；二是基于叠前属性和散射体小波分解属性可以更好地识别小尺度溶洞体；三是多种各向异性属性联合反演有助于提高裂缝识别的精度；四是裂缝具有明显的多尺度特征，裂缝地震相约束的多尺度裂缝建模与表征是方向。随着宽/全方位地震资料日益普及，建议进一步加强全方位地震岩石物理与叠前正演模拟、全方位地震储层预测技术研究，更好地发挥宽/全方位地震资料的作用。

参 考 文 献

［1］曹彤，王延斌.基于全方位地震成像与叠前反演裂缝预测技术及应用［J］.科学技术与工程，2016，

16（34）：170−175.

［2］Li Y. A study on applicability of density inversion in defining reservoirs［J］. Seg Technical Program Expanded Abstracts，2005，24（1）：1646.

［3］魏超，郑晓东，李劲松.非线性AVO反演方法研究［J］.地球物理学报，2011，54（8）：2110−2116.

［4］孔丽云，张研，甘利灯，等.基于两级尺度粗化的裂缝−多孔隙介质地震响应分析方法［J］.地球物理学报，2018，061（9）：3791−9.

［5］周晓越，甘利灯，杨昊，等，2020.利用叠前振幅和速度各向异性的联合反演方法［J］.石油地球物理勘探，55（5）：1084−1091+935

［6］姚逢昌，狄帮让，等.缝洞型储层地震识别理论与方法［M］.北京：石油工业出版社，2010.

多分量地震

多分量地震增加了横波信息，纵横波联合降低了地震解释的多解性，可以提高油气藏地震描述的精度。本组收录 3 篇文章，由 2 篇期刊论文、1 篇获奖会议论文组成，文章简介如下。

"转换波反射系数近似公式及精度分析"梳理、总结了 6 种转换波反射系数近似公式，在对其假设条件、参数类型、适用范围进行总结的基础上，利用经典含气砂岩模型，分析了各种近似公式的相对误差随入射角的变化。结果表明，各种近似公式在中小入射角（25°～30°以内）时普遍适用，在大角度入射时，各种近似公式大都不能正确反映 PS 波的 AVO 变化规律，而且偏差方向和大小与模型上、下界面弹性参数的组合有关。

"多分量地震资料在识别隐蔽河道砂岩中的应用"通过四川盆地秋林地区沙溪庙组储层岩石物理分析发现，其纵波速度对孔隙度较敏感，在一定孔隙度范围内砂岩纵波速度与泥岩重叠，难以区分，纵波资料很难识别这类河道砂体（称为隐蔽河道）；而横波速度受孔隙度影响小，砂岩的横波速度明显高于泥岩，可以较好区分，因此，转换波振幅属性可以更好地刻画隐蔽河道砂岩的展布。

"多分量地震技术在致密气藏勘探中的应用"在前文转换波振幅属性刻画砂岩展布的基础上，依据纵波阻抗与储层孔隙度明显线性关系预测储层孔隙度；依据纵横波速度比与含气饱和度关系明显的特征，利用纵横波联合反演得到的速度比可以预测气层分布，三者结合形成了致密气藏纵横波联合描述的有效技术方案，提高了致密气藏描述精度，为井位部署提供有力的技术保障。本文获第一届（2023 年）中国石油物探技术年会优秀论文一等奖。

转换波反射系数近似公式及精度分析

唐旭东，甘利灯，李凌高

1 引言

AVO 技术是一项根据振幅随炮检距的变化规律，研究地下岩性及其孔隙流体的性质，直接预测油气和估计地下岩性参数的技术[1]。其理论基础是描述平面波在水平分界面上反射和折射的 Zoeppritz 方程。由于 Zoeppritz 方程在数学上极其复杂，而且又不具有直观的物理意义，因此很难得到直接的应用。为了克服反射系数在形式和计算上的困难，许多学者对 Zoeppritz 方程进行了简化。但是，这些简化工作大多将纵波（PP 波）反射系数公式作为重点[2, 3]，对转换波（PS 波）反射系数公式简化近似的研究相对薄弱[4, 5]，且鲜有研究人员对相关成果进行过系统的分析和归纳。随着 AVO 技术的不断发展和三维多分量地震勘探技术的广泛应用，转换波理论得到了进一步应用，纵、横波 AVO 技术互为补充的反演方法已经成为油气勘探和开发的重要手段之一。因此，我们认为有必要对各种近似方法进行系统的归纳和对比，旨在为 AVO 技术的研究提供参考和借鉴，为实际应用提供理论依据。

1980 年，Aki 和 Richards[6] 在假设相邻地层介质弹性参数变化较小的情况下，对 Zoeppritz 方程进行了近似，给出了形式简洁且精度较好的 PS 波反射系数近似式，即 Aki-Richards 近似公式。在此基础上，其他学者又提出了各种近似方法。1998 年，Donati 等[7] 推导出了一组用速度和密度相对变化来表达 PS 波反射系数的近似公式。同年，Xu Yong 等[8] 从 Zoeppritz 方程精确解出发，改进了 Aki-Richards 近似，用密度和弹性模量的相对变化表示 PS 波反射系数，导出了更高阶的近似公式。2000 年，Alejandro 等[9] 和 Ezequiel 等[10] 推导出了形式更为简单的线性表达式。2001 年，Ramos 等[11] 将 Aki-Richards 公式中的部分三角函数项作幂级数展开，化简得到了幂级数形式的反射系数公式。

本文对这些近似公式的推导方法进行了讨论，指出其假设条件和适用范围，并利用 Ostrander[12] 和 Goodway 等[13] 构建的含气砂岩模型，通过计算和对比分析，讨论了各种近似公式的精度。

2 PS 波反射系数近似公式

Sheriff 和 Geldart 在《地震波理论》一书中[14] 介绍了 Knott 和 Zoeppritz 的理论成果。

原文收录于《石油物探》，2008，47（2）：150-155。

1899 年，Knott 讨论了平面波入射到固体介质分界面上所产生的反射纵波（PP 波）、反射横波（PS 波）、透射纵波、透射横波，并给出了位移位方程组。1919 年，Zoeppritz 给出了对应的位移振幅方程组，Zoeppritz 方程组反映了上述 4 种波的能量分配关系，并能够解出各自的反射系数。然而，该方程组的解析解形式十分复杂，不方便直接使用。众多学者基于它推导出一系列近似方程，从各个角度描述 PS 波的反射系数。我们从 Aki 和 Richards[6] 给出的 Zoeppritz 方程精确解出发，对各近似公式进行详细讨论。

2.1　PS 波反射系数精确公式

Aki 和 Richards 对 Zoeppritz 方程的解析解进行了整理，将其表示为关于射线参数 p 的函数：

$$R_{PS}(p) = \frac{1}{v_{S1}D} \cdot \left[-2\frac{\cos\theta_1}{v_{P1}} \left(ab + cd\frac{\cos\theta_2}{v_{P2}}\frac{\cos\varphi_2}{v_{S2}} \right) v_{P1}p \right] \tag{1}$$

其中：

$$\begin{aligned}
a &= \rho_2(1-2v_{S2}^2p^2) - \rho_1(1-2v_{S1}^2p^2) \\
b &= \rho_2(1-2v_{S2}^2p^2) + 2\rho_1v_{S1}^2p^2 \\
c &= \rho_1(1-2v_{S1}^2p^2) + 2\rho_2v_{S2}^2p^2 \\
d &= 2(\rho_2v_{S2}^2 - \rho_1v_{S1}^2)
\end{aligned} \tag{2}$$

令：

$$E = b\frac{\cos\theta_1}{v_{P1}} + c\frac{\cos\theta_2}{v_{P2}}$$

$$F = b\frac{\cos\varphi_1}{v_{S1}} + c\frac{\cos\varphi_2}{v_{S2}}$$

$$G = a - d\frac{\cos\theta_1}{v_{P1}}\frac{\cos\varphi_2}{v_{S2}} \tag{3}$$

$$H = a - d\frac{\cos\theta_2}{v_{P2}}\frac{\cos\varphi_1}{v_{S1}}$$

$$D = EF + GHp^2$$

式中　θ_1 和 θ_2——分别表示 PP 波的入射角（反射角）和透射角；

　　φ_1 和 φ_2——分别表示 PS 波的反射角和透射角。

由式（1）可见，射线参数 p 的阶次很高，适当略去高阶项是简化此精确公式的手段之一[6]。

由 Zoeppritz 方程推导的反射系数精确公式完全考虑了界面两边介质的速度、密度等差异，适用于任何入射角度和各类岩性界面。如果界面之上地层的速度小于界面之下地层的速度，则存在临界角问题。当入射角大于临界角时，得到包含有相位信息的复数形式结果。

2.2 Aki–Richards 近似公式

Aki–Richards 公式基于 Zoeppritz 方程的精确解，并假设相邻介质的弹性参数变化较小，用横波速度和密度的相对变化来表达反射系数[6]：

$$R_{PS}(\theta) = -\frac{v_P}{2v_S}\tan\varphi \left| \left(1 - 2\frac{v_S^2}{v_P^2}\sin^2\theta + 2\frac{v_S}{v_P}\cos\theta\cos\varphi\right)\cdot\frac{\Delta\rho}{\rho} - \left(4\frac{v_S^2}{v_P^2}\sin^2\theta - 4\frac{v_S}{v_P}\cos\theta\cos\varphi\right)\frac{\Delta v_S}{v_S} \right|$$

（4）

其中：

$$\begin{cases} \Delta v_P = v_{P2} - v_{P1} \\ v_P = \frac{(v_{P2} + v_{P1})}{2} \\ \Delta v_S = v_{S2} - v_{S1} \\ v_S = \frac{(v_{S2} + v_{S1})}{2} \end{cases}$$

（5）

$$\begin{cases} \Delta\rho = \rho_2 - \rho_1 \\ \rho = \frac{(\rho_1 + \rho_2)}{2} \\ \theta = \frac{(\theta_1 + \theta_2)}{2} \\ \varphi = \frac{(\varphi_1 + \varphi_2)}{2} \end{cases}$$

（6）

Aki–Richards 近似公式基于如下 2 个假设条件：

（1）$\Delta v_P/v_P$，$\Delta v_S/v_S$ 和 $\Delta\rho/\rho$ 都非常小，二阶项和更高阶项可以忽略；

（2）入射角 θ 不超过临界角或者不等于 90°。

Aki–Richards 近似公式不适用于反射界面两边介质的弹性参数变化较大和入射角较大的情况。本近似方法第一次给出了能满足大多数地球物理介质的近似反射系数，提供了复杂问题的简化途径，为后续研究提供了坚实的基础。

2.3 Donati–Martin 简化公式

Donati 和 Martin 在 Aki–Richards 近似的基础上，将透射角的三角函数项全部替换成入射角的三角函数，并根据精度范围略去不同的高阶项，从而得到一系列体现速度和密度相对变化的近似公式[7]。

$$R_1^{PS}(\theta) \cong N\left\{\left(\frac{\Delta\rho}{\rho} - 2\frac{v_S^2}{v_P^2}\frac{\Delta\rho}{\rho} - 4\frac{v_S^2}{v_P^2}\frac{\Delta v_S}{v_S}\right) + \left[\left(2\frac{v_S}{v_P} - \frac{v_S^3}{v_P^3}\right)\frac{\Delta\rho}{\rho} + \left(4\frac{v_S}{v_P} - 2\frac{v_S^3}{v_P^3}\right)\frac{\Delta v_S}{v_S}\right]\cos\theta + \right.$$
$$\left. \left[2\frac{v_S^2}{v_P^2}\frac{\Delta\rho}{\rho} + 4\frac{v_S^2}{v_P^2}\frac{\Delta v_S}{v_S}\right]\cos^2\theta + \left[\frac{v_S^3}{v_P^3}\frac{\Delta\rho}{\rho} + 2\frac{v_S^3}{v_P^3}\frac{\Delta v_S}{v_S}\right]\cos^3\theta\right\} \tag{7}$$

$$N \cong -\left(\frac{v_S}{v_P}\sin\theta + \frac{1}{2}\frac{v_S^3}{v_P^3}\sin^3\theta\right) - \frac{\sin\theta}{2} \tag{8}$$

$$R_2^{PS}(\theta) = -\frac{\sin\theta}{2}\left(A_0 + A_1\cos\theta + A_2\cos^2\theta + A_3\cos^3\theta\right) \tag{9}$$

$$R_3^{PS}(\theta) = -\frac{\sin\theta}{2}\left(A_0 + A_1\cos\theta + A_2\cos^2\theta\right) \tag{10}$$

$$R_4^{PS}(\theta) = -\frac{B_0}{2}\sin\theta + \frac{1}{4}\left(B_1 - B_0\frac{v_S^2}{v_P^2}\right)\sin^3\theta \tag{11}$$

$$R_5^{PS}(\theta) = -\frac{B_0}{2}\sin\theta + \frac{1}{4}\left(B_1 - B_0\frac{v_S^2}{v_P^2}\right)\sin^3\theta + \frac{1}{8}\frac{v_S^2}{v_P^2}B_1\sin^5\theta \tag{12}$$

$$B_0 = \left(1 + 2\frac{v_S}{v_P}\right)\frac{\Delta\rho}{\rho} + 4\frac{v_S}{v_P}\frac{\Delta v_S}{v_S} \tag{13}$$

$$B_1 = 2\frac{v_S}{v_P}\left(1 + \frac{v_S^2}{v_P^2} + 2\frac{v_S}{v_P}\right)\left(\frac{\Delta\rho}{\rho} + 2\frac{\Delta v_S}{v_S}\right) \tag{14}$$

近似式（7）的假设条件和 Aki-Richards 近似式相同，近似式（9）到近似式（12）增加了纵横波速度比等于 2 的假设。式（7）在 90°以内能较好地拟合 Aki-Richards 公式；式（9）在入射角小于 60°时能较好地拟合 Aki-Richards 公式，最大相对误差为 20%～30%，最小相对误差为 1%～2%；式（10）在入射角为中等（20°～40°）时拟合误差较大；式（11）和式（12）在入射角小于 50°时能较好地拟合 Aki-Richards 公式。

2.4 Xu-Bancroft 改进公式

人们在应用 AVO 技术中发现，除了泊松比外，反映岩石物理性质的弹性参量对反射振幅也有很大影响。Xu 和 Bancroft 结合 Richards 等人的方法，首先将 Aki-Richards 公式化为入射角（或横波反射角）正弦函数的幂级数，再将横波速度相对变化替换成密度和剪切模量相对变化，得到体现剪切模量和密度相对变化的近似方程[8]，即：

$$R_{PS}(\theta) = -\frac{1}{2}\left(\frac{\Delta\rho}{\rho} + 2\frac{v_S}{v_P}\frac{\Delta\mu}{\mu}\right)\sin\theta - \frac{1}{2}\frac{v_S^2}{v_P^2}\left[\frac{1}{2}\frac{\Delta\rho}{\rho} - \left(\frac{v_P}{v_S} + 2\right)\frac{\Delta\mu}{\mu}\right]\sin^3\theta \tag{15}$$

$$R_{PS}(\varphi) = -\frac{1}{2}\frac{v_P}{v_S}\tan\varphi\left[\left(\frac{\Delta\rho}{\rho} + 2\frac{v_S}{v_P}\frac{\Delta\mu}{\mu}\right) - \frac{v_S}{v_P}\frac{\Delta\mu}{\mu}\left(\frac{v_P}{v_S} + 1\right)^2\sin^2\varphi\right] \quad (16)$$

其中：$\theta = (\theta_1 + \theta_2)/2$；$\varphi = (\varphi_1 + \varphi_2)/2$。

2.5 Alejandro–Reinaldo 线性公式

Alejandro 和 Reinaldo 在 Aki–Richards 近似式的基础上进一步假设，在小入射角的情况下 $\sin\theta \approx 0$，$\cos\theta \approx 1$，$\cos\theta \approx 1$ 成立，则可得到只含有透射角项，且体现速度和密度相对变化的线性近似公式[9]，即：

$$R_{PS}(\theta) \approx -2\sin\varphi\left[\left(\frac{1}{4}\frac{v_P}{v_S} + \frac{1}{2}\right)\frac{\Delta\rho}{\rho} + \frac{\Delta v_S}{v_S}\right] \quad (17)$$

由以上假设条件可以看出，此近似式仅能适用于小角度，且误差较大，优点是形式简单，涉及的参数较少。

2.6 Ezequiel 线性公式

Ezequiel 等人从 Aki–Richards 转换波反射系数非线性表达式出发，将入射角和透射角的各三角函数项全部统一为入射角的正弦，并略去高次项（部分高阶项假设 $\sin^2\theta \approx \frac{v_S^2}{v_P^2}$），推导出线性近似公式[10]：

$$R_{PS}(\theta) \approx E\sin\theta \quad (18)$$

$$E = -\frac{1}{2}\frac{\Delta\rho}{\rho} - \frac{v_S^2}{v_P^2}\left(2\frac{\Delta v_S}{v_S} + \frac{\Delta\rho}{\rho}\right)\left(\frac{v_P}{v_S} - \frac{1}{2}\frac{v_S}{v_P}\right) \quad (19)$$

此线性公式仍然体现速度和密度的相对变化。式（18）适用于入射角为 25°～30°时的情况，由于对部分高阶项的处理使用了假设条件 $\sin^2\theta \approx \frac{v_S^2}{v_P^2}$，如果入射角太小或者太大，该条件都不再成立，由此造成该近似式的使用范围很有限。

2.7 Ramos–Castagna 幂级数公式

郑晓东[15]和杨绍国等[16]利用幂级数对 Zoeppritz 方程进行了近似，并证明转换波反射系数可表示为射线参数 p 的奇函数。据此，Ramos 等人将 Aki–Richards 近似公式做了如下替换[11]：

$$\cos\theta \approx 1 - \frac{\sin^2\theta}{2}$$

$$\frac{1}{\cos\varphi} \approx 1 + \frac{v_S^2}{2v_P^2}\sin^2\theta \quad (20)$$

推导出以入射角的正弦函数为底的幂级数近似表达式：

$$R_{PS}(\theta) \approx A\sin\theta + B\sin^3\theta + C\sin^5\theta \qquad (21)$$

式中：

$$A = \left(-2\frac{v_S}{v_P}\right)\frac{\Delta v_S}{v_S} - \left(\frac{1}{2} + \frac{v_S}{v_P}\right)\frac{\Delta\rho}{\rho}$$

$$B = \left(2\frac{v_S^2}{v_P^2} + \frac{v_S}{v_P}\right)\frac{\Delta v_S}{v_S} + \left(\frac{3}{4}\frac{v_S^2}{v_P^2} + \frac{1}{2}\frac{v_S}{v_P}\right)\frac{\Delta\rho}{\rho}$$

$$C = \left(\frac{v_S}{v_P}\right)^4\frac{\Delta v_S}{v_S} + \frac{1}{2}\left(\frac{v_S}{v_P}\right)^4\frac{\Delta\rho}{\rho} \qquad (22)$$

特别是当入射角小于30°时，可忽略五阶项，即有

$$R_{PS}(\theta) \approx A\sin\theta + B\sin^3\theta \qquad (23)$$

式（23）是利用幂级数展开法得到的近似形式，特点是可以根据精度需要保留或略去其中一些阶项，且在每一项的系数中，横波速度和密度的相对变化项被清楚地分开来。

3　近似公式精度分析

为了分析各种近似公式的精度，引进了两种含气砂岩模型。需要说明的是，随着入射角逐渐增大，有些近似公式的假设条件已经不符合要求，大入射角区域的曲线仅具有参考意义。

3.1　模型简介

采用 Ostrander[12] 构建的含气砂岩模型和 Goodway[13] 根据实测资料给出的含气砂岩模型，模型参数见表 1。

表 1　Ostrander 和 Goodway 含气砂岩模型

模型	地层	v_P/（m/s）	v_S/（m/s）	ρ/（g/cm³）	泊松比	v_P/v_S
Ostrander	页岩	3048	1244	2.40	0.40	2.45
	含气砂岩	2438	1625	2.14	0.10	1.50
Goodway	页岩	2898	1290	2.43	0.38	2.25
	含气砂岩	2857	1666	2.28	0.24	1.71

3.2　反射系数曲线对比分析

图 1 为 Ostrander 模型条件下的计算结果，分析可知，当入射角小于 30°时，各近似公式的解都能较好地逼近 Zoeppritz 方程精解，比精确值略大；入射角大于 30°后，各近似方法的误差开始增大，其中，Alejandro-Reinaldo 和 Ezequiel 近似公式的解大约在 35°以后

小于 Zoeppritz 方程精确解，其他近似公式的解则大于 Zoeppritz 方程精确解，实际上，在 55°附近，各近似式的相对误差已经超过了 100%。

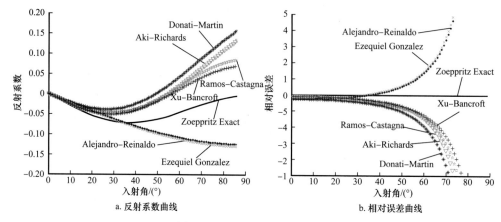

a. 反射系数曲线　　　　　b. 相对误差曲线

图 1　Ostrander 模型计算结果

图 2 为 Goodway 模型的计算结果，分析可知，当入射角小于 30°时，各近似方法都有较好的精度；在 30°以后误差迅速增大，Aleiandro-Reinaldo 和 Ezequiel 近似式的解大约在 25°以后小于精确解；在 0°～90°，仅有 Xu-Bancroft 和 Ramos-Castagna 近似公式始终能较精确地逼近 Zoeppritz 方程精确解。此外，相对误差曲线在 65°附近趋于无穷大，这是由于 Zoeppritz 方程精确解在 65°附近有一个零值点，过了该点反射系数由负变正，因此靠近该点的基于精确解的相对误差就增至无穷大。

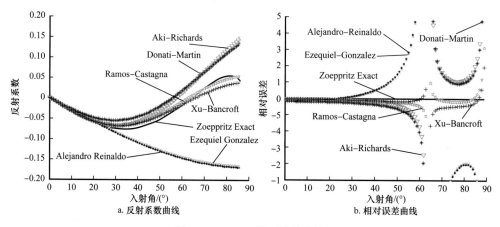

a. 反射系数曲线　　　　　b. 相对误差曲线

图 2　Goodway 模型计算结果

根据反射系数曲线特征可以将近似公式分为三组：（1）Aki-Richards 和 Donati-Martin 近似式；（2）Xu-Bancroft 和 Ramos-Castagna 近似式；（3）Ezequiel 和 Alejandro-Reinaldo 近似式。在每一组中，两个近似式的反射系数曲线很接近，有类似的精度特点。第一组和第二组在大入射角时近似值比精确值略大，而第三组近似值则较精确值小。

表 2 和表 3 给出了入射角为 0°～90°时利用各近似公式计算出来的反射系数，可以看出，仅在小于 30°时，各近似式的解大致能与精确解保持一致。

表 2　Ostrander 模型下不同近似方法的反射系数

入射角/(°)	Zoeppritz 反射系数	Aki-Richards		Donati-Martin		Ezeauiel		Alejandro-Reinaldo		Ramos-Castagna		Xu-Bancroft	
		反射系数	相对误差	反射系数	相对误差	反射系数	相对误差	反射系数	相对误差	反射系数	相对误差	反射系数	相对误差
0	0	0	0	0	0	0	0	0	0	0	0	0	0
10	-0.029640	-0.024130	-0.186000	-0.021630	-0.270350	-0.022720	-0.233480	-0.021770	-0.265550	-0.026680	-0.099750	-0.026420	-0.108640
20	-0.053930	-0.041870	-0.223740	-0.036310	-0.326790	-0.044750	-0.170320	-0.042880	-0.205030	-0.045630	-0.153870	-0.045230	-0.161350
30	-0.068590	-0.047980	-0.300420	-0.038570	-0.437640	-0.065420	-0.046250	-0.062680	-0.086150	-0.050990	-0.256640	-0.050880	-0.258120
40	-0.071310	-0.039370	-0.447920	-0.025550	-0.641760	-0.084100	0.179325	-0.080580	0.129988	-0.040260	-0.435400	-0.041380	-0.419650
50	-0.062520	-0.015690	-0.749100	0.002475	-1.039580	-0.100220	0.602977	-0.096030	0.535916	-0.015220	-0.756630	-0.018840	-0.698630
60	-0.045660	0.020469	-1.448300	0.042161	-1.923370	-0.113300	1.481488	-0.108560	1.377675	0.018348	-1.401840	0.011076	-1.242570
70	-0.026550	0.064039	-3.412090	0.087916	-4.311460	-0.122940	3.630792	-0.117800	3.437064	0.051931	-2.956060	0.040657	-2.531410
80	-0.011010	0.108527	-10.854100	0.133070	-13.082600	-0.128850	10.698940	-0.123450	10.209520	0.076622	-7.957200	0.062200	-6.647670
90	0	0.147430	$-\infty$	0.171223	$-\infty$	-0.130830	$+\infty$	-0.125360	$+\infty$	0.085688	$-\infty$	0.070068	$-\infty$

近似公式

表3 Goodway 模型下不同近似方法的反射系数

入射角/(°)	Zoeppritz 反射系数	Aki-Richards 反射系数	Aki-Richards 相对误差	Donati-Martin 反射系数	Donati-Martin 相对误差	EzeauieI 反射系数	EzeauieI 相对误差	Alejandro-Reinaldo 反射系数	Alejandro-Reinaldo 相对误差	Ramos-Castagna 反射系数	Ramos-Castagna 相对误差	Xu-Bancroft 反射系数	Xu-Bancroft 相对误差
0	0	0	0	0	0	0	0	0	0	0	0	0	0
10	-0.033960	-0.032690	-0.037570	-0.027770	-0.182240	-0.028910	-0.148720	-0.029590	-0.128670	-0.032910	-0.031010	-0.032510	-0.042600
20	-0.060910	-0.057320	-0.059040	-0.048150	-0.209490	-0.056940	-0.065200	-0.058280	-0.043170	-0.057740	-0.052040	-0.057110	-0.062500
30	-0.074960	-0.067280	-0.102510	-0.055280	-0.262590	-0.083240	0.110457	-0.085210	0.136623	-0.068350	-0.088230	-0.067960	-0.093500
40	-0.072340	-0.058630	-0.189490	-0.046000	-0.364090	-0.107020	0.479336	-0.109540	0.514193	-0.062050	-0.142250	-0.062870	-0.130910
50	-0.052220	-0.030970	-0.406990	-0.020470	-0.607930	-0.127540	1.442329	-0.130540	1.499877	-0.040510	-0.224200	-0.043870	-0.159960
60	-0.017360	0.012372	-1.712680	0.017977	-2.035610	-0.144180	7.305820	-0.147580	7.501529	-0.009540	-0.450390	-0.016600	-0.043980
70	0.024803	0.064831	1.613827	0.063634	1.565589	-0.156450	-7.307620	-0.160130	-7.456250	0.022294	-0.101170	0.011179	-0.549280
80	0.055369	0.118034	1.131778	0.109625	0.979902	-0.163960	-3.961210	-0.167820	-4.030980	0.045986	-0.169460	0.031681	-0.427820
90	0	0.163724	$+\infty$	0.149309	$+\infty$	-0.166490	$-\infty$	-0.170410	$-\infty$	0.054728	$+\infty$	0.039210	$+\infty$

4 结束语

基于 Ostrander 模型和 Godway 模型计算结果的分析，可得到如下认识：

（1）总体上各种方法都是基于 Zoeppritz 方程反射系数的小角度或者中等角度的近似，在临界角附近或者大入射角范围，各近似式大都不能正确反映 PS 波的 AVO 变化规律；

（2）Aki-Richards 和 Donati-Martin 近似式、Xu-Bancroft 和 Ramos-Castagna 近似式在大入射角时呈现正偏差，Alejandro-Reinaldo 和 Ezequiel 近似式则为负偏差；

（3）对于不同的地质模型，同一个公式所表现出的近似程度不尽相同，说明各种近似方法都对模型本身有一定的依赖性。

参 考 文 献

［1］黄中玉，赵金州．纵波和转换波 AVO 联合反演技术［J］．石油物探，2004，43（4）：319-322.

［2］孙鹏远，孙建国，卢秀丽．P-P 波 AVO 近似对比研究：定性分析［J］．石油地球物理勘探，2002，37（增刊）：164-171.

［3］孙鹏远，孙建国，卢秀丽．P-P 波 AVO 近似对比研究：定量分析［J］．石油地球物理勘探，2002，37（增刊）：172-179.

［4］孙鹏远，孙建国，卢秀丽．P-SV 波 AVO 分析［J］．石油地球物理勘探，2003，38（2）：131-135.

［5］孙鹏远，孙建国，卢秀丽．P-SV 波 AVO 方法研究进展［J］．地球物理学进展，2003，18（4）：602-607.

［6］Aki K，Richards P G.Quantitative Seismology［M］．San Francisco：Freeman and Coopration，1980.1-700.

［7］Donati M，Martin N W. A comparison of approximations for the converted wave reflection［R］．Crewes Research Reports. Calgary，1998，159-179.

［8］Xu Y. AVO developments applied to Blackfoot 3C-2D broadband line［D］．Calgary：University of Calgary. 1999.

［9］Alejandro A V，Reinaldo J M. Stratigraphic inversion of poststack PS converted waves data［J］．Expanded Abstracts of 70th Annual Internat SEG Mtg，2000，150-153.

［10］Ezequiel F G，Tapan M，Gary M. Facies classification using P-to-P and P-to-S AVO attributes［J］．Expanded Abstracts of 70th Annual Internat SEG Mtg，2000，98-101.

［11］Ramos A C B，Castagna J P. Useful approximations for converted-wave AVO［J］.Geophysics，2001，66（6）：1721-1734.

［12］Ostrander W J. Plane-wave reflection coefficients for gas sands at nonnormal angles of incidence［J］．Geophysics，1984，49：1637-1648.

［13］Goodway B，Chen T，Downten J. Improved AVO fluid detection and lithology discrimination using Lame petrophysical parameters；"$\lambda\rho$"，"$\lambda\rho$"，and "λ/μ fluid stack"，from P and S inversions. Expanded Abstracts of 67th Annual Internet SEG Mtg，1997，183-186.

［14］Sheriff R E，Geldart L P.Theory of seismic waves［A］．In：Exploration Seismology［C］．Cambridge：Cambridge University Press，1982，1-624.

［15］郑晓东.Zoeppritz 方程的近似及其应用［J］．石油地球物理勘探，1991，26（2）：129-144.

［16］杨绍国，周熙襄.Zoeppritz 方程的级数表达式及近似［J］．石油地球物理勘探，1994，29（4）：399-412.

多分量地震资料在识别隐蔽河道砂岩中的应用

张明，甘利灯，尉晓玮，张昕，孙夕平，于永才

1 引言

多分量地震综合利用纵波以及转换横波信息探测地质结构[1]，其技术发展大约经历了三个阶段：20世纪70年代，人们尝试采用横波震源进行勘探，利用横波速度相对较低的特点，期望获得高于纵波勘探的地震分辨率，但未得到预期效果[2]；20世纪80年代中后期，纵波激发、纵横波联合接收技术的应用，使海上多分量地震勘探开始进入工业化生产阶段；进入21世纪后，数字检波器技术的提升推动了多分量勘探由海上开始向陆上发展[3]。

纵、横波联合反演是利用多波地震资料降低地震勘探多解性的有效方法。Stewart[4]首次联合PP波和PS波数据进行反演，在反演过程中增加了PS波约束，提高了反演精度和信噪比。Larsen等[5]在Blackfoot油田采用最小二乘法多波联合AVO反演，反演结果的同相轴连续性和信噪比等优于PP波反演。Zhang等[6]在Pikespeak油田采用PP和PS波联合AVO反演提取对流体敏感的反射系数。自2002年以来，中国的石油勘探工作者在不同地区相继开展了二维和三维三分量勘探试验，取得了良好进展和宝贵经验。王大兴等[7]在苏里格气田采用多波AVO分析、多波联合叠前反演降低了纵波反演的多解性，提高了储层预测精度；符志国等[8]针对须家河组砂岩复杂气藏，建立了一套以多波叠后反射特征正演分析、多波地震属性优化与融合为主要手段的薄储层预测方法；王建民等[9]利用多分量地震振幅比、频率比等预测营城组有利含气区；张虹等[10]利用纵波叠前反演及纵横波叠后联合反演预测川西深层致密气藏储层，并利用多波频率衰减属性及流体密度反演预测含气性；李维新等[11]以现有纵波地震数据处理系统为基础，研发、集成了一套多波处理系统EWI，可处理海上三维多波多分量地震资料。

尽管多分量地震勘探中取得了一定效果，但该项技术仍存在不少问题[12-14]，其中影响其推广应用的主要原因是相对于投入成本产生的经济效益较低[15]。

笔者在解释四川盆地秋林地区的多分量地震资料过程中，发现一类特殊的沙溪庙组砂岩储层：在纵波剖面上反射特征不明显，很难发现；在转换波剖面上反射特征明显，能够清晰地识别。类似的现象曾经出现于北海Alba油田河道砂岩[16]。经钻井证实，这种相对于常规纵波勘探呈隐蔽特征的储层确实存在，并具有较大的商业价值。这一发现拓展了该区勘探领域，预计这种隐蔽河道砂岩在中国各油田可能广泛分布，勘探与生产潜力巨大，

原文收录于《石油地球物理勘探》，2023，58（3）：713-719。

为多分量地震技术的深入研究和应用提供了广阔前景。

2 研究区地质概况

四川盆地川中地区沙溪庙组是一套巨厚的陆相碎屑沉积，地层厚度约为 $1000 \sim 1500m$，主要发育河流—湖泊沉积体系，河道砂体普遍相对较薄（厚为 $10 \sim 20m$）[17]。沙溪庙组由下向上划分为沙一段和沙二段，沙二段由下向上又分为沙二$_1$、沙二$_2$、沙二$_3$、沙二$_4$四个亚段[18]。川中地区沙溪庙组发育多期次不同类型的砂体，砂体规模大、非均质性强，孔隙度为 $3\% \sim 18\%$，渗透率为 $0.05 \sim 1mD$。勘探实践证实，河道砂的储集条件最好，是该区油气聚集的最有利砂体[19]。

前期勘探结果表明，优质河道砂岩在测井曲线上呈"钟形"或"箱型"，即低自然伽马、中—高声波时差，相对于围岩主要表现为低速度、低密度，在地震剖面上呈"亮点"反射特征[20, 21]。

3 多分量地震采集、处理

秋林地区于 2020 年采集了面积为 $200km^2$ 的多分量地震资料，主要目的是联合纵、横波数据提高预测储层含气性的精度。多分量地震勘探采用炸药震源激发、DSU3 数字三分量检波器接收。震源间距为 40m，震源线距为 360m，接收点距为 40m，接收线距为 280m，最小炮检距为 260m，最大炮检距为 6000m，转换波覆盖次数为 $50 \sim 70$。

多分量地震资料处理以 PP、PS 波保幅处理为目标，针对 PS 波信噪比低的难点，使用分区、分域、分步保真与保幅噪声衰减技术，有效地提高了 PS 波资料信噪比。资料处理结果表明，PP、PS 波井震标定效果较好（图 1），目的层段 PP 波主频达到 35Hz，PS 波主频达到 18Hz。在井震标定的基础上，分别解释了 PP、PS 波目的层，并以 PP 波层位为基准，将 PS 波层位校正至 PP 波时间域，从而使 PP 与 PS 波在时间域匹配（图 2）。

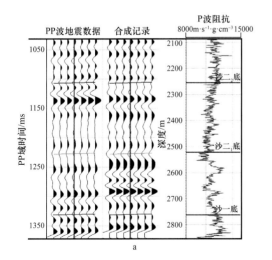
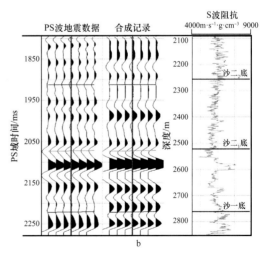

图 1 PP 波（a）、PS 波（b）合成记录标定

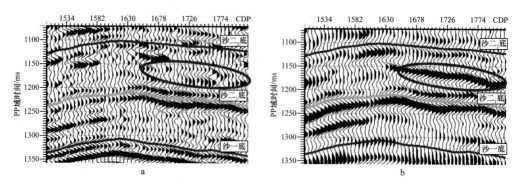

图 2 PP 波（a）、PS 波（b）地震剖面 A

4 多分量地震联合解释

由图 2 可见，PP 波剖面在标识位置（图 2a 的红色椭圆区域）地震反射很弱，较为杂乱，而 PS 波剖面呈非常强的反射（图 2b 的红色椭圆区域）。

为了解释上述 PP 波和 PS 波反射特征差异的成因及意义，根据该区岩性、物性分析岩石物理特征，在此基础上进行地震模型正演，利用正演结果分析不同地质条件的 PP 和 PS 波反射特征。

川中地区沙溪庙组岩石物理分析结果（图 3）表明：沙溪庙组砂岩的纵波速度随孔隙度增加而减小，与泥岩速度叠置（图 3a）；砂岩的横波速度则受孔隙度变化影响小，且横波速度通常高于泥岩（图 3b）。

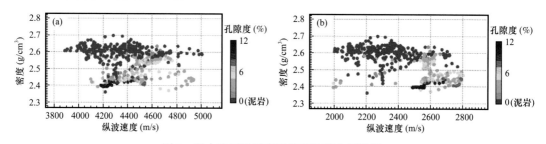

图 3 川中地区沙溪庙组岩石物理分析结果
（a）不同孔隙度的纵波速度—密度交会；（b）不同孔隙度的横波速度—密度交会

根据岩石物理分析结果（图 3）制作了正演模型（图 4）。为了避免 Zoeppritz 方程近似公式带来的计算误差，选用精确 Zoeppritz 方程（式 1）构建 PP、PS 波 AVO 正演模拟过程。

$$\begin{bmatrix} \sin\alpha & \cos\beta & -\sin\alpha' & \cos\beta' \\ \cos\alpha & -\sin\beta & \cos\alpha' & \sin\beta' \\ \sin 2\alpha & \dfrac{v_{P1}}{v_{S1}}\cos 2\beta & \dfrac{v_{P1}}{v_{S1}}\dfrac{v_{S2}^{2}}{v_{S1}^{2}}\sin 2\alpha' & -\dfrac{\rho_2}{\rho_1}\dfrac{v_{P1}}{v_{S1}}\cos 2\beta' \\ -\cos 2\beta & \dfrac{v_{S1}}{v_{P1}}\sin 2\beta & \dfrac{\rho_2}{\rho_1}\dfrac{v_{P2}}{v_{P1}}\cos 2\beta' & \dfrac{\rho_2}{\rho_1}\dfrac{v_{S2}}{v_{P1}}\sin 2\beta' \end{bmatrix} \begin{bmatrix} R_{PP} \\ R_{PS} \\ T_{PP} \\ T_{PS} \end{bmatrix} = \begin{bmatrix} -\sin\alpha \\ \cos\alpha \\ \sin 2\alpha \\ \cos 2\beta \end{bmatrix} \quad (1)$$

式中　α、α'——分别为反射、透射纵波出射角；

　　　　β、β'——分别为反射、透射转换横波出射角；

　　　　v_{P1}、v_{P2}——分别为反射、透射纵波速度；

　　　　v_{S1}、v_{S2}——分别为反射、透射转换横波速度；

　　　　ρ_1、ρ_2——分别为上、下层介质密度；

　　　　R_{PP}、R_{PS}——分别为纵波、转换横波反射系数；

　　　　T_{PP}、T_{PS}——分别为纵波、转换横波透射系数。

　　正演结果（图4）表明：（1）当砂岩物性差、孔隙度约为3%时，PP波道集AVO特征不明显，能量较强，叠加数据呈强振幅特征，PS波道集和叠加数据同样呈强振幅特征；砂岩顶面在PP和PS叠加剖面均呈波峰。（2）随着孔隙度增加，砂岩纵波速度开始降低，当孔隙度达到约6%时，砂岩纵波速度与泥岩接近，密度略低于泥岩，导致PP波道集反射能量变得很弱，叠加数据呈相对弱振幅特征；PS波道集和叠加数据仍呈强反射特征。（3）当砂岩孔隙度大于8%时，PP波道集呈明显的Ⅲ类AVO特征，反射能量又开始变强，叠加数据呈极强振幅——"亮点"特征；PS波道集和叠加数据仍呈稳定的强能量、强反射特征；砂岩顶面在PP剖面上为波谷，在PS剖面上为波峰。根据正演结果，将该区储层分为三类，总结了储层地震反射特征（表1）。

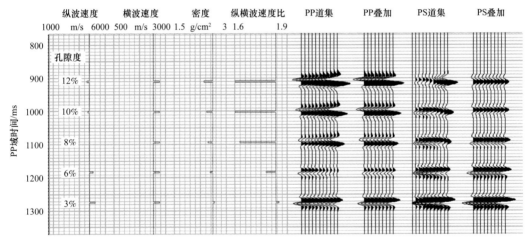

图4　川中沙溪庙组砂岩地震正演模拟

砂岩厚度为10m，孔隙度从3%逐渐增至12%，纵波速度由4860m/s逐渐降至4200m/s，密度由2.65g/cm³逐渐降至2.36g/cm³，横波速度均为2700m/s。泥岩纵波速度为4400m/s，横波速度为2400m/s，密度为2.6g/cm³

表1　川中沙溪庙组储层地震反射特征

储层分类	PP波 AVO特征	PP波 叠加	PS波 叠加	PP与PS波相位
优质	Ⅲ类	强振幅	强振幅	相反
较好	不明显	弱振幅	强振幅	相同
差	不明显	强振幅	强振幅	相同

第一类为孔隙度大于 8% 的优质储层，PP 波的"亮点"和Ⅲ类 AVO 特征明显。目前该区主力储层均属此类，钻井结果也证实了该类储层的良好产能。

第二类为物性相对稍差的较好储层，该类储层的孔隙度介于 6%～8%，在 PP 波剖面上反射特征不明显，但在 PS 波剖面上反射特征非常明显。因此，孔隙度变化是 PP 波（图 2a）和 PS 波（图 2b）反射特征差异的主要原因之一。该类储层的物性较优质储层略差，但孔隙度仍较高，具备商业开采价值，只是由于在常规纵波地震剖面上反射特征不明显，在储层识别时往往被遗漏。

第三类为孔隙度较低的差储层，不具备开采价值，在 PP 波叠加剖面上呈强反射，与第一类反射特征相似，但由于其 AVO 特征与第一类差异明显，所以不难区分。

综上所述，在秋林地区多分量地震数据中，PP 波反射特征不明显（图 2a）而很难识别，PS 波反射特征明显（图 2b），很容易识别，共同反映了第二类储层。

5 钻探结果验证与储层预测

该区最新完钻的 W 井证实了上述多分量地震联合解释的认识。该井在沙二₁钻遇的 8 号、7-2 号和 7-1 号砂体的平均孔隙度分别为 8.9%、7.3% 和 7.6%，其中 8 号砂体物性最好，属于优质储层，在 PP（图 5a）和 PS 波剖面（图 5b）上反射特征明显，且相位相反；7-2 号和 7-1 号砂体属于较好储层，在 PP 波剖面（图 5a）上几乎看不到反射信号，而在 PS 波剖面（图 5b）上均呈强反射特征。

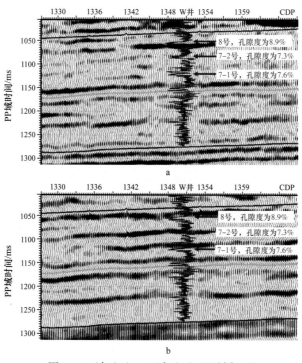

图 5　PP 波（a）、PS 波（b）地震剖面 B
测井曲线为伽马曲线

在 7-2 号和 7-1 号砂体的纵向深度范围内分别提取 PP 波和 PS 波数据的最大振幅属性（图 6）。由于砂体在 PP 波剖面上无反射，因此由 PP 波属性预测的砂体范围小，几乎无法识别显著的河道特征（图 6a），而 PS 波属性清晰地刻画了河道的展布与走向（图 6b）。

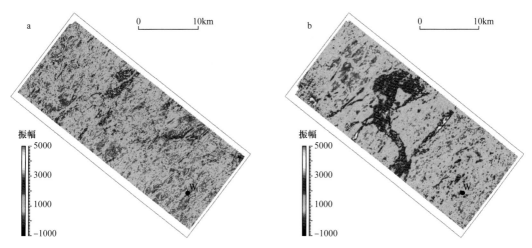

图 6　PP 波（a）、PS 波（b）数据最大振幅属性

6　结论

多分量地震发展至今，已积累了丰富的技术成果，但因其采集、处理成本高，经济效益不突出，一直阻碍着多分量地震技术的规模化应用。本文通过深入分析四川盆地秋林地区多分量地震资料，发现了在纵波地震剖面上无明显反射的隐蔽河道砂岩，进一步拓展了现有的勘探领域。同时，多分量地震技术在识别这种储层时展现的显著优势，将有力地推动其在勘探生产中的研究与应用。通过本文研究，得到如下认识。

（1）由于沙溪庙组砂岩纵波速度对孔隙度较敏感，致使 PP 波反射振幅受砂岩孔隙度影响较大。在一定孔隙度范围内，砂岩的纵波速度、密度等弹性参数组合导致隐蔽河道砂岩在 PP 波剖面上没有明显反射，隐藏在泥岩中难以识别，以往的勘探过程常常漏掉这类储层。

（2）PS 波反射振幅受孔隙度变化影响小，在预测岩性方面比 PP 波更具优势，钻井结果很好地验证了该认识。利用多分量地震资料进行的属性分析，能够清晰地刻画河道的空间展布特征。

在中国的多个盆地中，砂岩与泥岩纵波速度叠置的现象广泛存在。因此，相信有很大一部分隐蔽河道砂岩在以往的勘探中没有被识别，这将是极富潜力的一个新勘探领域，同时也能推动多分量地震技术进步。

参 考 文 献

[1]刘振武，张明，董世泰，等.多波地震技术在中国部分气田的应用和进展[J].石油地球物理勘探，2008，43（6）：668-672.

[2] 公亭，王兆磊，罗文山，等. 横波源三维地震资料矢量横波四分量旋转和快慢波分离技术 [J]. 石油地球物理勘探，2022，57（5）：1028−1034.

[3] 赵邦六. 多分量地震勘探技术理论与实践 [M]. 北京：石油工业出版社，2007.

[4] STEWART R R.Joint P and P−SV inversion [R].The CREWES Project Research Report，1990，2：112−115.

[5] LARSEN J A，MARGRAVE G F，LU H X，et al.Simultaneous P−P and P−S inversion by weighted stacking applied to the Blackfoot 3C−3D survey [R].CREWES Research Report，1998，10：501−523.

[6] ZHANG H B，MARGRAVE G F，BROWN R J.Joint PP−PS inversion at Pikes Peak oilfield，Saskatchewan [C].SEG Technical Program Expanded Abstracts，2003，22：177−180.

[7] 王大兴，张盟勃，陈娟，等. 多波地震技术在致密砂岩气藏勘探中的应用 [J]. 石油地球物理勘探，2014，49（5）：946−953，1005.

[8] 符志国，李忠，赵尧，等. 薄砂岩储层多波叠后地震反射特征分析及应用 [J]. 石油地球物理勘探，2017，52（5）：1016−1024.

[9] 王建民，杨冬，魏修成，等. 多分量地震资料预测松辽盆地兴城地区深层火山岩与有利含气带 [J]. 地球物理学报，2007，50（6）：1914−1923.

[10] 张虹，李曙光，徐天吉，等. 川西深层致密气多波地震预测技术及应用 [J]. 天然气工业，2019，39（增刊 1）：91−95.

[11] 李维新，崔炯成，武文来，等. 中海油多分量地震处理技术的发展与应用实例 [J]. 地球物理学报，2018，61（3）：1136−1149.

[12] 李向阳，王九拴. 多波地震勘探及裂缝储层预测研究进展 [J]. 石油科学通报，2016，1（1）：45-60.

[13] 马昭军，唐建明，徐天吉. 多波多分量地震勘探技术研究进展 [J]. 勘探地球物理进展，2010. 33(4)：247−253.

[14] 凌里杨，徐天吉，冯博，等. 基于深度学习的多波地震信号智能匹配方法与应用 [J]. 石油地球物理勘探，2022，57（4）：768−776.

[15] RISHI B，JAMES G. An introduction to this special section：Applications and challenges in shear−wave exploration [J].The Leading Edge，2013，32（1）：12−12.

[16] M. K. Macleod，R. A. Hanson，C. R. Bell. The Alba Field ocean bottom cable seismic survey：Impact on development [J]. The Leading Edge，November 1999，1306−1312.

[17] 蒋裕强，漆麟，邓海波，等. 四川盆地侏罗系油气成藏条件及勘探潜力 [J]. 天然气工业，2010，30（3）：22−26.

[18] 肖富森，韦腾强，王小娟，等. 四川盆地川中—川西地区沙溪庙组层序地层特征 [J]. 天然气地球科学，2020，31（9）：1216−1224.

[19] 肖富森，黄东，张本健，等. 四川盆地侏罗系沙溪庙组天然气地球化学特征及地质意义 [J]. 石油学报，2019，40（5）：568−576，586.

[20] 干大勇，黄天俊，吕龑，等. 地震振幅能量表征河道砂体及其储层物性——以川中地区中侏罗统沙溪庙组为例 [J]. 天然气工业，2020，40（10）：38−43.

[21] 赵邦六，张宇生，曾忠，等. 川中地区侏罗系沙溪庙组致密气处理和解释关键技术与应用 [J]. 石油地球物理勘探，2021，56（6）：1370−1380.

多分量地震技术在致密气藏勘探中的应用

张明，张昕，甘利灯，孙夕平，姜晓宇

1 引言

四川盆地秋林地区地层层序正常，自上而下发育白垩系剑门关组、侏罗系上统蓬莱镇组、遂宁组、中统沙溪庙组、下统凉高山组和自流井组。沙溪庙组主要为一套巨厚的陆相碎屑岩地层，中上部为河流相沉积，底部发育少量三角洲—湖泊交替相沉积，地层岩性以紫红色泥岩夹灰绿色粉砂岩、砂岩为主。

沙溪庙组底部以"关口砂岩"之底与下伏凉高山组灰黑色泥页岩为分界，顶部以遂宁组之底砖红色粉、细砂岩作为分界标志。沙溪庙组内部以"叶肢介页岩"之顶为分层标志，进一步将沙溪庙组划分为沙一段、沙二段。沙二段主要发育紫红色泥岩夹中—厚层块状浅灰色细—中砂岩，按照沉积旋回和层序地层划分原则，沙二段又分为 4 个亚段[1-2]，从上到下依次为沙二$_4$亚段（$J_2s_2^4$）、沙二$_3$亚段（$J_2s_2^3$）、沙二$_2$亚段（$J_2s_2^2$）和沙二$_1$亚段（$J_2s_2^1$）。其中沙二$_1$亚段为本次研究的主要目标层段，储层以细—中粒长石砂岩、岩屑长石砂岩为主，是沙溪庙组主要含油气层段之一。

川中地区沙溪庙组砂体规模大，孔隙度分布在 3%～18%，渗透率分布在 0.05～1mD 之间[3]，非均质性强，地震预测难度较大。2020 年，秋林地区采集了满覆盖面积 200km^2 的多分量地震资料，以提高储层及含气性预测的精度。

2 岩石物理分析

沙二$_1$亚段的密度—纵波速度、密度—横波速度交会分析结果表明（图 1a、图 1b），泥岩表现为相对高密度、低横波速度，砂岩（包括气层、差气层和干砂层）表现为相对低密度、高横波速度；砂岩和泥岩纵波速度范围基本一致。纵波速度对岩性不敏感，而横波速度对岩性敏感，这说明利用横波信息可以更好地进行砂岩和泥岩的判识。

在岩性区分的基础上，可进行储层孔隙度即物性的识别。如图 1c 所示，孔隙度与纵波阻抗线性关系较明显，孔隙度越高纵波波阻抗越低。因此可以利用纵波阻抗进行孔隙度定量计算。

图 1d 的交会图表明，含水饱和度与纵横波速度比有较好的线性关系，含水饱和度越

原文收录于《2022 年中国石油物探技术年会论文集》（下集），2022，1876-1879；获优秀论文一等奖。

高纵横波速度比越高。即含气饱和度越高,纵横波速度比越低,可依此进行含气饱和度的预测。

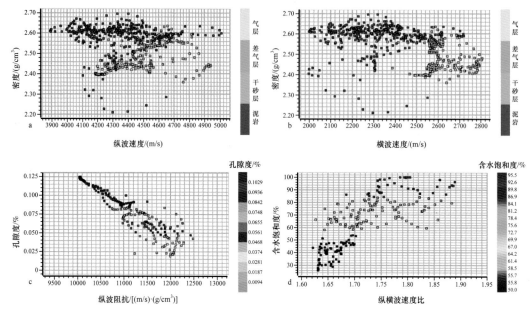

图1 沙二₁亚段岩石物理分析

3 岩性预测

根据岩石物理分析结果,横波在区分岩性方面较纵波更具优势。我们分别提取了 PP 波与 PS 波地震属性,并将预测结果进行了对比。图2为沙二₁亚段6号砂组 PP 波最大振幅属性及 PS 波最大振幅属性对比结果,可以看到 PP 波属性图上预测的砂体几乎无法识别出显著的河道特征,而 PS 波属性图清晰地刻画出河道的展布与走向。

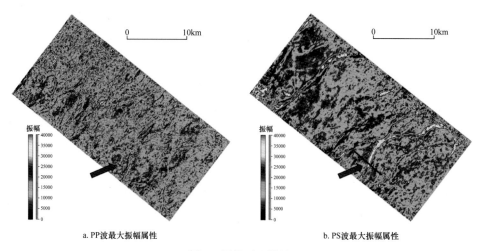

a. PP波最大振幅属性　　　　　　　b. PS波最大振幅属性

图2 属性对比结果

图 3 为 PP 波与 PS 波地震剖面，剖面位置在图 2 中标明。在 PP 波剖面上，红色箭头标识处没有明显的反射异常，而 PS 波显示出明显的强波峰反射特征。结合岩石物理分析结果，认为引起该现象的原因主要是河道砂岩与泥岩纵波速度差异小，因此在 PP 波剖面没有明显反射，而横波速度高于泥岩，在 PS 波剖面形成较强反射。该属性分析结果体现了转换波在岩性预测方面的优势，为后续的物性及含气性预测奠定了较好基础。

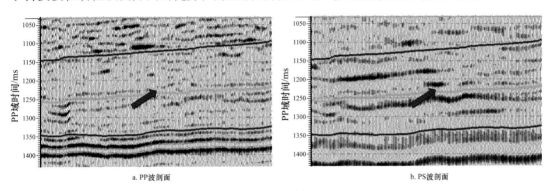

a. PP 波剖面　　　　　　　　　　　　　　　　　　　b. PS 波剖面

图 3　地震剖面

4　孔隙度预测

岩石物理分析表明沙溪庙组砂岩孔隙度与纵波阻抗有明显的线性关系，可以利用纵波阻抗进行孔隙度定量预测。首先采用纵波叠后反演得到纵波阻抗，然后根据孔隙度—纵波阻抗回归关系，预测得到沙二$_1$亚段的孔隙度数据体。孔隙度预测流程如下：

（1）提取地震数据目的层时窗内的统计性子波；

（2）针对直井和小斜度钻井，采用统计性子波进行合成记录标定；

（3）针对参与井震标定的所有井，建立反演初始模型，并检查地震工区范围内的多井一致性；

（4）根据多井一致性检查结果确定最终参与反演建模的井；

（5）进行叠后地震反演，获得纵波阻抗数据体；

（6）基于地震岩石物理分析得到的孔隙度—纵波阻抗关系，将反演的纵波阻抗转换为孔隙度数据体。

根据工区内已钻井的测井数据，可得到测井解释孔隙度和纵波阻抗之间的拟合关系为

$$Por = (-0.00239251) \cdot PI + 35.7141 \qquad (1)$$

式中　Por——孔隙度；

　　　PI——纵波阻抗。

利用该式可将反演纵波阻抗转换为孔隙度。图 4 为沙二$_1$亚段 6 号砂组孔隙度预测结果。

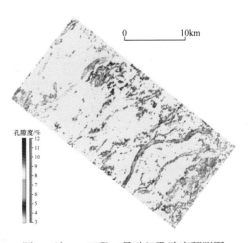

图 4　沙二$_1$亚段 6 号砂组孔隙度预测图

5 含气性预测

岩石物理分析表明，纵横波速度比与含气饱和度关系明显，因此可以利用纵横波速度比预测储层的含气性。含气性越好纵横波速度比越低，含气性越差纵横波速度比越高。本次研究采用纵横波联合叠后反演的方法得到纵横波速度比，进而预测含气储层展布。

PP-PS波联合反演的理论基础是Zoeppritz方程[4]，但该方程过于复杂，难以应用于实际工业中。Gardner提出了一个简化的公式[5]：

$$\begin{cases} R = (Z_2 - Z_1)/(Z_2 + Z_1) \\ \rho = a v_\mathrm{P}^\mathrm{b} \\ v_\mathrm{S} = (v_\mathrm{P} - 1360)/1.16 \end{cases} \tag{2}$$

式中　R——反射系数（PP波或PS波）；

　　　Z——波阻抗（PP波或PS波）；

　　　ρ——密度；

　　　a、b——常数，分别设为0.23、0.25；

　　　v_P——P波速度；

　　　v_S——S波速度。

上述公式表明，地震波参数与地下介质的相关参数可以相互推导和计算。如反射系数可以用波阻抗表示，介质密度可以用PP波速度估计，PP波速度与PS波速度之间存在线性关系。

联合反演的技术流程为：

（1）PP波与PS波井震标定，确定沙二₁亚段顶、底在PP波及PS波时间域位置；

（2）基于沙二₁亚段顶、底层位，将PS波校正至PP波时间域；

（3）提取PS波在PP波时间域的地震子波；

（4）根据井资料建立纵波速度、横波速度、密度低频模型；

（5）开展纵横波联合叠后反演，得到纵波速度、横波速度、密度、纵横波速度比等数据体。

图5为6号砂组纵横波联合反演速度比平面图，预测结果表明研究区西部一条河道含气性较好，东部含气储层较分散，中部有两条河道含气性好，为勘探有利区。

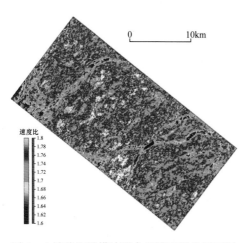

图5　6号砂组纵横波联合反演速度比平面图

6 结论

四川盆地沙溪庙组储层致密，地震预测多解性强。本次研究采用多分量地震，按照岩性—物性—含气性逐步预测的技术思路，在沙溪庙组储层精细描述中取得了较好应用效果。

（1）纵波速度难以区分岩性，而横波速度对岩性较敏感，利用 PS 波振幅属性能够清晰地刻画河道砂岩展布；

（2）纵波阻抗与砂岩孔隙度线性关系较好，可作为孔隙度定量预测的关键参数；

（3）储层含气性越好，纵横波速度比越低，纵横波联合反演速度比指示出含气储层有利区，为该区下一步勘探及井位部署指明了方向。

参 考 文 献

［1］肖富森，韦腾强，王小娟，等．四川盆地川中—川西地区沙溪庙组层序地层特征［J］．天然气地球科学，2020，31（9）：1216-1224.

［2］蒋裕强，漆麟，邓海波，等．四川盆地侏罗系油气成藏条件及勘探潜力［J］．天然气工业，2010.30（3）：22-26.

［3］肖富森，黄东，张本健，等．四川盆地侏罗系沙溪庙组天然气地球化学特征及地质意义［J］．石油学报，2019，40（5）：568-576，586.

［4］Aki K，Richards P G. Quantitative Seismology，Theory and Methods. W.H. Freeman and Co.，San Francisco，Calif.，1980，p. 557.

［5］Gardner G H F，Gardner L W，Gregory A R. Formation velocity and density—the diagnostic basics for stratigraphic traps［J］. 1974，Geophysics 39（6），770–780.

四维地震

　　四维地震是在油藏生产过程中，在同一地方，利用不同时间重复采集的、经过互均化处理的、具有可重复性的三维地震数据体，应用时间差分技术，综合岩石物理学和油藏工程等多学科资料，监测油藏变化，进行油藏管理的一种技术，是老油田增加可采储量和提高采收率的重要手段。本组收录4篇文章，由3篇期刊论文，1篇会议论文组成；其中获奖论文2篇，内容包括水驱四维地震可行性研究、叠前和叠后互均化处理与渤海湾地区应用实例，文章简介如下。

　　"**水驱四维地震技术可行性研究及其盲区**"通过深入剖析长期水驱过程引起的各种油藏参数变化规律以及这些参数变化对地震响应的影响，以渤海湾地区岩石物理数据为依据，结合渤海湾盆地高尚堡地区高29断块具体的油藏参数进行长期水驱四维地震可行性研究，指出过去水驱四维地震可行性研究中存在的盲区——没有考虑长期水驱过程造成物性变化及其对地震响应变化的影响。如果考虑这些因素的影响，监测注水前沿的推进可能比监测油藏的变化要容易得多，丰富、完善了水驱四维地震可行性研究成果。本文主要成果"水驱四维地震研究现状与研究方向分析"获中国石油学会东部地区第十一次（2002年）物探技术研讨会**优秀论文二等奖**。

　　"**水驱四维地震技术——叠前互均化处理**"利用渤海湾盆地高尚堡地区高29断块两次采集的三维地震资料，探讨了叠前互均化处理方法，建立了叠前互均化处理流程，对比说明了叠前互均化处理的必要性。

　　"**水驱四维地震技术——叠后互均化处理**"针对渤海湾盆地高尚堡地区高29断块两次采集的陆上三维地震资料特点，形成了叠后互均化处理技术和流程，处理结果与可行性研究结论相吻合，说明了处理流程和技术的有效性。最后指出，为了更好突出水驱油藏变化，最好在叠前互均化的基础上进行叠后互均化处理。

　　"**四维地震技术在水驱油藏监测中的应用**"以渤海湾地区高孔、

文章导读

四维地震

中高渗油藏的岩石物理数据为依据，结合高尚堡地区两个油藏二次三维采集地震资料，从可行性研究、叠前和叠后互均化处理以及动态油藏描述等方面对水驱四维地震技术进行了系统的研究。研究成果表明：（1）通过叠前和叠后互均化处理可以基本消除采集差异造成的影响；（2）长期人工水驱开采的油藏，由于物性和注水压力变化可造成16%～18%的速度降低，可以直接利用互均化后的叠后地震振幅差异监测水驱前沿；（3）对于天然开采油藏，只有流体的变化，因此速度变化小，利用叠后地震振幅差异无法刻画油藏的变化，必须利用叠前和多波地震信息才能突出油藏的变化，在实际应用中利用互均化处理后两次叠前弹性阻抗反演的差可以刻画天然开采油藏的变化。本文获中国石油学会石油工程学会主办的"井间剩余油饱和度监测技术及应用"研讨会**优秀论文二等奖**。

水驱四维地震技术可行性研究及其盲区

甘利灯，姚逢昌，邹才能，杜文辉，周成当，张祖波

四维地震是通过观测随时间变化的地震响应来刻画油藏随时间的变化，因此，在研究四维地震可行性之前，必须清楚地认识到，每个时刻的地震响应都受到油藏因素变化和非油藏因素变化的影响。前者是四维地震要突出的目标，而后者的影响是四维地震处理的核心。

1 四维地震的可行性研究

20 世纪 90 年代中后期，在四维地震研究中遇到了较多难以解决和解释的实际问题，迫使人们开始进行四维地震的可行性研究，发表了许多有意义的文章。Lumley 对岩石物理可行性进行了详细的研究，几乎对所有的因素都进行了归纳总结[1-3]。云美厚把这些因素分成静态参数和动态参数两个大类[4]，但他把泡点归结为静态参数显然是不太合适的，因为泡点与温度和压力有关，而压力和温度在开采过程中是变化的。在这些参数中，动态参数的变化，尤其是饱和度的变化（至少在传统的四维地震可行性分析中这么认为）起到关键的作用，但是，静态参数能够增强或减弱动态参数变化对储层声学性质的影响。很显然，在流体替换过程中，前后两种流体的差异越大，越有利于四维地震监测。Wang 论述了有利的流体替换方式[5]。在实际油藏开采中，流体替换过程是由开采方式决定的，不同的开采方式形成不同的流体替换模式，伴随着不同的油藏物理过程，它们对地震特性的影响也不相同。Batzle 总结了不同开采方式对储层地震特性的影响[6]。在注水或水驱过程中，如果油是轻油或活油，油与水之间的压缩系数之差较大，有利于四维地震监测；如果储层孔隙中含的是重油或死油，它与水的压缩系数之差较小，不利于监测的实施。Wang 对水驱过程中油藏变化及其对地震特性的影响进行了全面总结，他考虑了油藏压力变化造成溶解气析出、水饱和度变化、注水压力及温度等因素对速度的影响，但没有考虑注水过程中储层物性变化对速度的影响。

在确定了一个四维地震研究计划之后，紧接着就是评价实现该计划，达到预期目标的可能性，即四维地震可行性研究。它包括技术可行性与经济可行性。

1.1 技术可行性

技术可行性实质上是研究油气开采过程中油藏变化引起的地震响应变化的可观测性，包括岩石物理可行性与地震可行性，它回答什么样的油藏可以利用四维地震进行监测。

（1）岩石物理可行性重点研究油气藏开采过程造成的地震响应的变化及其度量。油藏开采过程通常造成以下 3 个方面的变化：① 储层物性参数的变化；② 油藏流体类型及其

原文收录于《勘探地球物理进展》，2003，26（1）：24-29；该文主要成果"水驱四维地震研究现状与研究方向分析"获中国石油学会东部地区第十一次（2002 年）物探技术研讨会优秀论文二等奖。

性质的变化；③ 油藏环境参数，如温度和压力等的变化[7, 8]。以上三者之间是相互关联的，这可能是岩石物理可行性研究的难点。

（2）地震可行性主要研究在什么样的地震条件下可以观测到油藏开发过程造成的地震变化，主要涉及地震主频、平均分辨率、图像质量、可重复性、流体界面可视性等因素。当然，由于四维地震涉及多次采集的地震资料，因此多次采集之间是否具有可重复性是最关键的因素。

1.2 经济可行性

经济可行性研究是要回答什么样的油藏值得使用四维地震进行监测，根据支付监测成本所需要的额外产量来评价监测的经济有效性也许是一种可行的方法。

四维地震可行性评价方法大致可以分为定量评分法、野外实验法、资料重新处理法、物理模型法和数值模拟法。值得指出的是，在具体的四维地震可行性分析中，以上几种方法经常综合使用，以达到快速、有效的目的。

2 长期注水过程造成油藏参数变化及其对速度的影响

在油气田开发过程中，人们通常利用地层压力把油气从地层的孔隙空间中开采出来。然而，单纯依靠油藏内部的各类天然能量并不能保证油气藏有较高的采出量。为了增加油的产量，一般采用向储层中注水的方法来人为地补充能量，这就是通常所说的水驱采油。目前，注水的主要方式有边外注水、边界注水和边内注水。

油田水驱开发过程是一个非常复杂的非线性过程，主要受水驱过程中岩石物理特性的变化、油的采出、水的注入、以及油水驱替等一系列非线性作用控制。长期水驱过程造成的油藏变化可以归结为 3 个方面：① 油藏流体类型及其性质的变化，即流体替换及其性质的变化；② 储层物性参数的变化，如孔隙度、渗透率、泥质含量、粒度中值等；③ 油藏环境参数，如温度和压力等的变化。下面逐一分析各种因素对地震特性的影响。

2.1 流体替换及其影响

为了更加客观地评价流体替换的影响，从以下 3 个方面进行了研究。

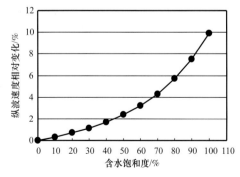

图 1　理论计算纵波速度相对变化与含水饱
和度关系曲线

2.1.1 理论计算

以高 29 断块的岩石物性参数为基础，利用 Gassmann 方程进行流体替换。结果表明，不同孔隙度情况下，由饱和度变化引起的纵波速度变化也不相同。当孔隙度为 30%，水饱和度从 30% 变化到 90% 时，纵波速度相对变化量为 6.4%；如果水饱和度从 30% 变化到 100%，纵波速度相对变化量也不过 8.8%（图 1）。所谓的相对变化，是以同等条件下 100% 油饱和时的速度为基准的。

2.1.2 岩心实验分析

选取 12 块砂岩样品，孔隙度范围是 13.6%～33.0%，在束缚水状态下进行水驱油至残余油，分别测量不同饱和度时的纵横波速度。测量结果表明，纵波速度随水饱和度的增加而增加，从束缚水状态到 100% 水饱和，速度增加约为 1.9%～7.4%，平均为 4.4%，而横波速度随水饱和度增加变化不大。如果考虑其中 3 个孔隙度大于 30% 的有效样品，其最大纵波速度相对变化量分别为 2.5%、5.5% 和 8.9%，平均为 5.6%。4 个典型样品纵横波速度随水饱和度的变化如图 2 所示。

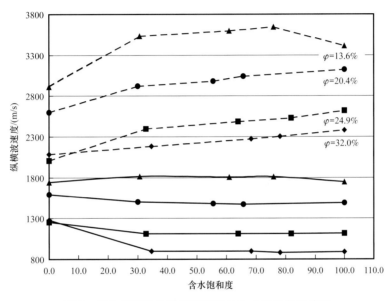

图 2　四个典型样品纵横波速度与含水饱和度的关系

2.1.3 油藏数值模拟结果

根据归纳分析得到的渤海湾地区河流相沉积环境下的油藏特性参数构造理论模型，进行了油藏数值模拟研究，然后利用油藏数值模拟得到的油饱和度分布，以 Gassmann 方程为基础，系统计算了典型河流相砂岩油藏（孔隙度为 26%）不同含水率之间的波阻抗差。该模拟研究表明，河流相砂岩油藏水驱不同阶段（含水率 0 与 97%）之间的波阻抗变化约为 5.5%，速度变化约为 4.5%。

2.2 物性参数变化及其影响

在油田的开发过程中，长期注水会导致储层物性参数发生变化，对其变化规律和机理，已有人做了大量的研究。王端平等人对胜坨油田二区沙二段 1-2 砂层组不同开发时期 17 口取心井的 1452 块样品进行了系统的地质统计分析，总结了物性参数变化的规律。实际上，张广敏、褚人杰等人 1993 年就对胜利孤岛油田中一区进行过类似的研究。王志章等人结合双河油田水驱实例，分析总结了油藏属性参数（包括物性参数）的变化规律[9]。以上这些研究涉及到孔隙度、渗透率、泥质含量和粒度中值等储层参数。

2.2.1 孔隙度

王端平等人利用胜坨二区 17 口取心井 955 块岩心样品的孔隙度数据进行了分析，这些岩心涉及 17 口取心井的 156 个小层，其中 20 世纪 60 年代 4 口井 27 层，70 年代 8 口井 55 层，80 年代 4 口井 51 层，90 年代 1 口井 23 层。考虑到只有相同沉积能量带中的岩心资料才具有可比性，按粒度中值划分区间进行分类统计。结果表明，注水开发以后，孔隙度表现出增大的趋势，从 20 世纪 60 年代不含水或弱含水到 90 年代的特高含水期，细砂岩孔隙度增大幅度为 10.3%，中砂岩增大幅度为 11.2%，粗砂岩以上增大幅度为 28.3%，见表 1。该区泥质含量低，对孔隙度的影响不明显，声波与孔隙度的关系不但可以采用简单的维利公式，而且 4 个不同阶段的回归方程非常相似，可以统一成一个方程

$$\phi = 0.09877 \times \Delta t - 2.36233 \qquad (1)$$

表 1   不同开发时期孔隙度变化对比表

阶段	粒度中值 /mm					
	0.01～0.25		0.25～0.5		＞0.5	
	块数	平均值 /%	块数	平均值 /%	块数	平均值 /%
20 世纪 60 年代	140	29	60	29.5	5	24.7
20 世纪 70 年代	232	30	142	31.1	4	28.8
20 世纪 80 年代	188	31.5	109	32	19	29.1
20 世纪 90 年代	22	32	20	32.8	14	31.8

王志章等对双河油田水淹前后储层参数基本特征及变化规律进行了研究[9]，结果表明，该区核三段Ⅳ油组储层水淹前后平均孔隙度增加了 1.9%，增加幅度约为 11%。杜庆龙等人对大庆检查井相同层位孔隙度资料进行了统计，结果显示：对于有效厚度小于 0.5m 的储层，水驱前后孔隙度发生明显变化，主要表现为孔隙度向高孔方向移动，孔隙度峰值增加 2%～3%，增加幅度在 10% 左右；对于厚度大于 0.5m 的储层，水驱前后孔隙度变化具有类似的特征，而且水驱后低孔隙度样品急剧减少，高孔隙度样品急剧增加，说明水驱后厚层的孔隙度增幅更大。综上所述，水驱过程会造成孔隙度增加，增加的幅度一般在 10%～30% 之间，而且储层厚度越大，孔隙度增加越多。

声波时差的增大主要是由孔隙度增加引起的，利用式（1）可计算出不同初始孔隙度和不同孔隙度增幅时速度的变化量（表 2）。由表可见，假定孔隙度的变化量为 10%，那么初始孔隙度为 15%～35% 时，声波的变化量为 8.6%～9.4%；如果孔隙度的变化量为 30%，那么初始孔隙度为 15%～35% 时，声波的变化量为 25.7%～28.1%。由此可见，速度相对变化与孔隙度增幅关系密切，而与原始孔隙度关系不大。王志章等人利用双河油田 S7-16 和 F7-16 对子井（相距很近，可对比性很强，不同时期完钻的两口井）统计了水驱前后声波的变化[9]，结果表明，声波平均增加 7%。这个值比胜坨二区计算的声波时差变化量要小，但是如果考虑到该区平均孔隙度主要分布于 15.9%～20.79% 之间，那么这两个结果之间的可对比性还是很好的。

表2 不同初始孔隙度条件下孔隙度增幅对速度变化的影响

原始		孔隙度增加 10%			孔隙度增加 20%			孔隙度增加 30%		
孔隙度	速度	孔隙度	速度	变化率 /%	孔隙度	速度	变化率 /%	孔隙度	速度	变化率 /%
15	5689	16.5	5236	8.6	18.0	4851	17.2	19.5	4518	25.8
20	4417	22.0	4054	8.9	24.0	3747	19.8	26.0	3482	26.7
25	3610	27.5	3308	9.1	30.0	3052	18.2	32.5	2833	27.3
30	3052	33.0	2793	9.3	36.0	2575	18.6	39.0	2388	27.9
35	2644	38.5	2417	9.4	42.0	2226	18.8	45.5	2064	28.2

2.2.2 渗透率

影响岩石渗透率的因素很多,但渗透率的大小主要取决于孔喉半径。注水冲刷后,岩石孔隙、喉道增大,从而增加了地层的渗流能力,导致水驱后渗透率升高。王端平等人在对胜坨二区 17 口井 835 块岩心进行数据分析后,以相同沉积能量带做对比的原则,按粒度中值划分区间进行分类统计,结果见表3。

表3 不同开发时期渗透率变化对比表

阶段	粒度中值 /mm					
	0.01~0.25		0.25~0.5		>0.5	
	块数	平均值 /mD	块数	平均值 /mD	块数	平均值 /mD
20 世纪 60 年代	89	2522	28	7871	—	—
20 世纪 70 年代	205	2927	143	10099	4	11342
20 世纪 80 年代	196	3234	110	11212	15	15431
20 世纪 90 年代	18	3441	15	12136	12	17732

由表可见,注水开发后油层渗透率表现出增大的趋势。从 20 世纪 60—90 年代,细砂岩渗透率增大幅度为 36.4%,中砂岩渗透率增大幅度为 54.2%;从 20 世纪 70—90 年代,粗砂岩渗透率增大幅度为 56.3%。说明注水开采过程对渗透率的影响是很大的。尽管如此,渗透率对地震响应的影响几乎为零。

图 3 为采用 Biot(1962)流体饱和多孔介质(双相介质)波动理论模拟得到的不同渗透率的地震合成记录及其差异(后续各道与第一道的差)。在该理论中,波动方程不仅涉及固

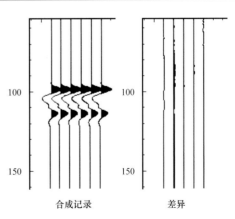

图 3 不同渗透率地震响应及其差异图

体、流体相的弹性参数、密度，还涉及介质的孔隙度、渗透率和流体的粘滞度。这里的固体是指油气储集层，流体为可流动物质的统称。双相介质波动理论更逼近于现实的油藏地质环境。

2.2.3 泥质含量

注入水进入储层后主要通过两种方式对黏土矿物发生作用：一是迁移—聚散作用，二是水化膨胀作用[7]。黏土矿物的种类不同，表现出的结果也不同。就胜坨二区而言，其黏土矿物以易于迁移的高岭石为主，这样，在注水冲刷过程中黏土矿物被冲出孔隙，造成泥质含量降低。统计表明：黏土总量平均值呈下降趋势，20世纪70年代为3.28%，80年代为3.07%，90年代为1.097%；最大值70年代为13.9%，80年代为8.7%，90年代为1.7%；最小值70年代为1.5%，80年代为0.8%，90年代为0.7%。

泥质含量降低，砂岩矿物含量并未增加，而是被水替代了，从而造成速度降低。速度降低的幅度与泥质速度、水的速度以及泥质含量降低的幅度有关，一般为2%~4%。当泥质含量较低时，速度降低的幅度也随之减小。

2.2.4 粒度中值

张广敏、褚人杰等对孤岛油田中一区不同开发阶段的粒度中值进行了统计对比，结果表明，从开发初期到中高含水期（含水率大于80%），再到特高含水期（含水率大于88%），粒度中值不断增加，但是目前我们还不了解粒度中值与声学性质之间的关系，因此本文不予考虑。

2.3 温度和压力变化及其影响

2.3.1 温度

在水驱过程中，油藏温度变化不大，一般不超过15℃。例如，在胜坨油田，原始油层温度为88.9℃。从1966年7月—1979年9月注入水温为20℃的黄河水，使其油层温度下降了10.8~14.9℃，年平均下降0.83~1.15℃。后来改注温度为57℃的污水，水温逐年上升，到1944年已接近原始油层温度。由此可见，注水开采油藏的温度与注入水的温度密切相关。高29断块油藏温度变化规律与胜坨二区非常类似。初期油藏温度较高，可达80℃左右，随着常温水的注入，油藏温度降低，1977年停注后，由于边水能量大，不断向油藏推进，油藏温度又恢复到较高的温度。在整个开采过程中，油藏温度变化始终在10℃以内。因此我们可以说，水驱开采过程中的温度变化一般在10℃左右。渤海湾与大庆地区岩心分析资料说明，温度对纵横波速度的影响不大，因此在可行性分析中可以不予考虑。

2.3.2 压力

水驱开采油藏过程中的压力变化比较复杂，各个油藏之间不尽相同。就生产井而言，在水驱开发过程中，压力基本不变，甚至略有降低。如果边水能量供应充足，压力变化就更小。如高29断块油藏，在整个油藏开采过程中，油藏压力几乎不变，波动的幅度只有0.5MPa。但是注入井的压力变化比较大，以高29断块为例，该区油藏压力平均为

21.5MPa，上覆岩层平均密度为 2.25g/cm³，产生的岩层静压力为 49.5MPa，平均有效压力为 28MPa。为把水注入储层，在注水时必须加压，该区施加的压力从 3~23MPa 不等，平均约 10MPa，与东部地区注水平均压力一致。这可能与储层的厚度、物性和水质有关。所施加的压力导致孔隙压力增加，有效压力降低，纵波速度降低。利用水饱和岩心速度随有效压力变化的分析数据，通过曲线拟合可以得到速度与压力之间的关系

$$v_p = -0.0005p^2 + 0.0449p + 2.9535 \qquad (2)$$

由此可以得到，初始有效压力为 28MPa 时，如有效压力降低 5MPa、10MPa、15MPa、20MPa 和 25MPa，则纵波速度相对降低量分别为 2.4%，4.7%，7.1%，9.4% 和 11.8%。初始有效压力越低，纵波速度相对变化量越大。所以，与流体替换相比，压力的影响不能忽视。

3 高 29 断块水驱四维地震可行性研究

现结合高 29 断块具体的油藏参数，就以上 3 方面因素对地震响应的影响进行如下总结。

该区油藏的平均孔隙度为 30%，初始有效压力为 28MPa，注水压力平均为 10MPa。由于该区泥质含量很低，对速度影响可以忽略不计。由上面分析可知，渗透率对地震响应的影响很小，也可以忽略不计。

假设长期注水后造成 10% 的孔隙度变化，那么在注水井附近，由于有效压力增加造成的纵波速度相对降低 4.7%；由于孔隙度增加造成的纵波速度相对降低 9.2%；如果注水井在油水界面以下，流体替换可以忽略不计，则速度相对降低 13.9%。在生产井附近，由于流体替换造成的速度相对增加为 4.5%~6.4%；国内水驱基本采用保持压力生产，压力基本不变，所以压力造成的影响忽略不计。综合以上 3 个因素的影响，在生产井附近速度相对减少 2.8%~4.7%，见表 4。

表 4　各种因素对地震响应影响程度统计表

项目	注水井附近（油水界面以下）	生产井附近
流体替代	忽略	+（4.5%~6.4%）
孔隙度变化	−9.3%	−9.3%
压力变化	−4.7%	忽略
温度变化	忽略	忽略
泥质含量变化	忽略	忽略
渗透率变化	忽略	忽略
合计	−14%	−2.9%~−4.8%

很明显，就速度相对变化而言，注水井附近速度变化比生产井附近大，因此监测注水前沿的推进可能比监测油藏的变化要容易得多。在注水井与生产井之间存在压降，而且注

水井附近和生产井附近的冲刷程度不同，流体饱和度在两井之间也是变化的，因此，注水井与生产井之间速度的变化过程虽有一定的规律，但比较复杂，可以结合油藏数值模拟进行详细研究，这是下一步研究的内容。

4 结论

综上所述，在注水开采过程中，影响四维地震可行性评价的主要因素有：

（1）储层物性参数的变化，如孔隙度、渗透率、泥质含量、粒度中值等；

（2）油藏流体类型及其性质的变化，即流体替换及其性质的变化；

（3）油藏环境参数，如温度和压力等的变化等。

流体替换的影响是国内外水驱四维地震可行性研究的重点。压力对四维地震可行性影响的研究在国外有一定的力度，但大都集中在生产井附近。长期注水冲刷后油藏物性的变化，如孔隙度和泥质含量变化造成的影响是过去水驱四维地震可行性研究的盲区。

本文研究结果表明，物性变化对水驱四维地震可行性研究的影响不能忽略，如果考虑所有这些因素对地震响应的影响，那么水驱四维地震的可行性要乐观的多。值得注意的是，孔隙度增加和泥质含量减少对速度的影响与注水压力对速度的影响在注水井处是正向叠加的，它们都使速度降低，这样就增强了水驱前后地震响应的差异，为四维地震监测提供了更有利的条件。

参 考 文 献

［1］Lumley D E，Behrens R A，Wang Zhijing.Assessing the technical risk of T L seismic project［J］. Expanded Ab-stracts of 67th Annual Internat SEG Mtg，1997，894-897.

［2］Lumley D E，Behrens R A，Wang Zhijing.Assessing the technical risk of a 4-D seismic project［J］.The Leading Edge，16（9）：1287-1291.

［3］Lumely D E，Coles，Meadows M.A risk analysis spread-sheet for both time-lapse VSP and TL seismic reservoir monitoring［J］.Expanded Abstracts.of 70th Annual Inter-nat SEG Mtg，2000，1647-1650.

［4］云美厚.油藏注水强化开采地震监测技术的研究与应用［D］：［博士学位论文］.北京：中国地质大学，2001.

［5］Wang Zhijing.Feasibility of time-lapse seismic reservoir monitoring：The physical basis［J］.The Leading Edge，1997，16（9）：1327-1329.

［6］Batzle M，Christiansen R，Han D H.Reservoir recovery processes and geophysics［J］.The Leading Edge，1998，17（10）：1444-1447.

［7］甘利灯.四维地震技术及其在水驱油藏监测中的应用［D］.北京：中国地质大学，2002.

［8］周成当.长期水驱油藏剩余油分布的地球物理预测理论基础研究［D］.北京：中国石油勘探开发研究院，2001.

［9］王志章，蔡毅，杨蕾.开发中后期油藏参数变化规律及变化机理［M］.北京：石油工业出版社，1991.

水驱四维地震技术——叠前互均化处理

胡英，刘宇，甘利灯，杜文辉

1　前言

四维地震主要是利用不同时间采集的地震资料的差异来反映地下储层流体的变化。它的基本假设是非油藏因素引起的地震响应特征不变，而油气藏本身在开采过程中的地震响应是随时间变化的。这样，在不同时间采集的地震资料差异数据体中，应该消除与油气藏的静态性质（如构造、岩性）有关的地震响应，以及与非油藏因素有关的地震响应，只保留与油气藏动态流体性质（流体饱和度、压力、温度等）有关的地震特征。所以，四维地震要求不同时间采集与处理的数据具有一致性，不一致会导致不同的噪声背景掩盖油气藏变化。

为了减少四维地震解释结果的多解性，四维地震资料处理的中心任务就是尽可能地减少或消除由于非油气藏因素引起的地震资料的不一致性，使由油气藏动态变化所造成的地震变化得到最佳成像。但实际上，两次采集的数据很难保证完全一致，导致不一致的主要原因有：潜水面的变化造成地表条件不一致；不同的环境噪声、不一致的震源组合、瞬时位置和放炮方式等因素会造成的地震数据能量不一致；不同的采集仪器导致不一样的仪器噪声和不同的频谱特征；不一样的观测系统使得两块数据体难以比较。所以目前进行四维地震处理的关键是研究尽量克服上述不一致性的互均化处理方法。所谓互均化处理是指地震监测过程中，包含匹配滤波、振幅标定和静态时移等各种校正的一个综合过程[1]。互均化处理一般包括叠前互均化处理和叠后互均化处理。由于叠前互均化处理难度较大，涉及的处理参数较多，目前国内外四维地震互均化处理多采用叠后互均化。虽然叠后互均化处理较叠前互均化处理简单，但是不能完全去除非油气藏因素产生的影响，因而提倡采用叠前互均化处理。本文重点探讨叠前互均化处理方法。

2　叠前互均化处理方法

叠前互均化处理是相对叠后互均化处理而言的一种一致性处理方法，目前国内外开展四维地震处理所用的资料大体分为以下两类。

第一类是严格意义上的时间推移地震，即采用完全相同的观测参数进行多次采集。这种方式所采集的数据一致性保持较好，处理起来较简单，能够更加客观地反映油气藏的变化，但是这种观测方式成本较高。目前仅在国外的北海地区有少量实践。

原文收录于《勘探地球物理进展》，2003，26（1）：49-53。

第二类是非严格的时间推移地震，由于不同年度施工的三维工区采集参数不同，造成三维地震数据之间差异较大。这些差异既含有油气藏变化也包括采集因数、环境变化等，对于这种四维地震数据的分析处理较困难。

目前国内大部分的四维地震试验区都属于第二类情况，因此只有在叠前进行地震数据的一致性处理，才能最大限度地消除非油藏因素造成的不一致性。根据 BP 公司对北海地区的四维地震资料分析，在相同的采集参数条件下，使用相似处理（即对已有三维处理结果的老数据不再重新处理，而对新采集的三维数据进行与老三维数据相似的处理）所得到的有关油藏变化特征的信号仅仅是并行处理（即同时对新老三维数据进行处理，处理人员相同，处理软件一样，处理参数一致）结果的一半，也就是说，相似处理结果的噪声比并行处理结果的噪声大一倍。可见，从叠前开始对多块三维数据同时开展叠前互均化处理比直接应用现有处理结果（非四维地震处理）进行叠后互均化处理所得到的有关油气藏变化的信息更准确[2]。

地震数据叠前互均化处理的基础是三维高分辨率保幅处理，但绝不是三维地震处理的简单重复。该方法主要针对不同年度施工的三维数据之间的能量、频率、相位和时移差别来设计处理流程和处理参数，主要包括面元一致性、随机噪声率减、振幅处理、子波处理和反褶积、静校正、三维 DMO、速度分析、匹配滤波、叠加和偏移等。每一步处理都要仔细调整参数，制作合成地震记录，对处理后的叠加剖面进行标定，将两块数据相减，观察差异剖面以检查处理参数的合理性。可见四维地震叠前互均化处理不是简单的三维处理，它与后期解释分析密切相关。下面以高 29 区块为例重点讨论叠前互均化处理中的几个关键步骤。

2.1 面元一致性处理

由于不同年度施工中所用的三维观测系统可能不一致，主要表现在面元大小和位置不一样。此时应该进行地下网格重排，即将地下面元插成一致，使得两块三维数据的共中心点面元位置一一对应，面元大小一样，这样才能开展后续的一致性处理[3]。此项处理的原则是将较小的网格向较大的网格靠，例如老三维面元大小为 50m×25m，新三维面元为 25m×12.5m，则将新三维网格抽稀，与老三维一致。

经过面元一致性处理之后，新旧三维数据的覆盖次数和偏移距仍然存在差异，可以通过 DMO 或者是叠前时间偏移来解决这个问题。将新旧三维 CMP 道集的覆盖次数和最大偏移距统一，以消除覆盖次数不均匀的影响。

2.2 噪声衰减

由于四维地震存在采集时间差异，野外采集技术水平可能不同，采集环境也不相同，造成数据品质差异较大，主要表现在覆盖次数、信噪比以及分辨率等方面。上述原因将会导致严重的非一致性，因而必须进行噪声压制，但是选择压制方法应该慎之又慎，最好采用统计性方法压制随机噪声。面波等规则干扰在四维地震数据上可能表现程度不一样，去面波的参数则会不一致，这种不一致是必须的，当然其前提还是不伤害有效波。只有在压制了这些干扰之后才能进行开展针对振幅、频率和相位的一致性处理。

2.3 地表一致性处理

由于炮点、接收点以及炮检点之间的地表条件存在差异，造成地震数据在能量、相位和时差存在差异，因而在消除了噪声，补偿了波前损失以后还要考虑根据地表一致性原则进行能量和相位关系的调整，包括地表一致性振幅补偿、地表一致性反褶积，以及地表一致性剩余静校正。地表一致性振幅补偿可使两块三维数据的能量达到均衡；地表一致性反褶积使得两块三维数据的振幅谱和相位谱一致。在进行反褶积展宽频带时要以老三维数据的有效频宽为基础。对于四维地震叠前处理而言，地表一致性剩余静校正的模型道选择可以与常规处理不同。由于新三维数据质量一般来说都会高于旧三维数据质量，因此可以选择新三维的叠加数据做旧三维数据的模型道，经过互相关之后，可以进一步缩小新旧数据之间的时差，同时还能够提高旧三维数据的信噪比。我们称这种剩余静校正方法为最佳剩余静校正法。

在此需要强调的是，一致性处理应该以统计性方法为基础。避免使用单道模块[3]。为了后续四维地震解释精度，一定要进行保幅处理。

图 1 是高 29 区块两块三维数据按照常规处理之后的 DMO 叠加剖面，图 1b 是 1985 年施工的三维（观测系统是 4 线 6 炮，面元大小是 50m×25m）；图 1a 是 1999 年施工的三维（观测系统是 8 线 13 炮，面元大小为 30m×15m）。可见两块三维数据体品质差异较大，相似性较差。

图 2 是经过上述一致性处理之后的叠加剖面。经过统一面元和地表一致性处理之后，可以看出两块三维体具有很强的相似性。可以开展四维地震研究。

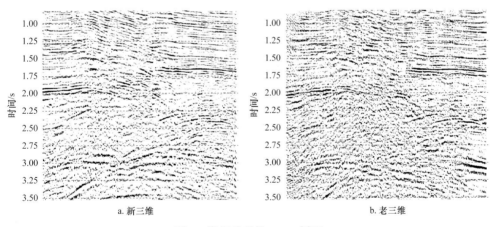

图 1　常规处理的 DMO 剖面

2.4 速度分析与成像

通常做法是经过 DMO 速度分析之后，利用统一的偏移速度分别对新旧三维数据进行叠后时间偏移。由于高 29 区块存在复杂断裂，叠后时间偏移无法使断块准确成像，如使用叠前时间偏移进行偏移归位，不仅能够提高速度分析和成像的精度，而且可以利用叠前偏移道集进行 AVO 分析，帮助落实油气藏中的流体变化。图 3 是两块三维数据体经过叠前时间偏移之后的剖面，可见剖面构造形态基本相似，但仍然存在一定的差异。

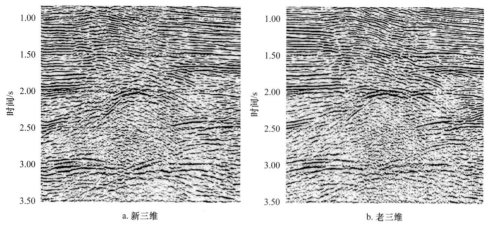

图 2　经过叠前一致性处理后的 DMO 叠加剖面

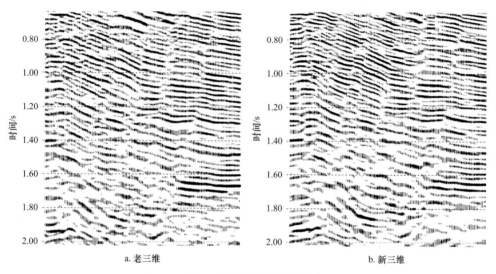

图 3　叠前时间偏移剖面

2.5　叠前互均化

在对新旧三维数据完成了上述一致性处理之后，地下面元位置大小一致；振幅能量数量级别一样；相位和频带宽度趋向一致；两块三维数据时差进一步减小。一般的四维地震叠前处理到此基本结束。但是这种一致性处理只是在数量级别上使得能量、频率、相位和时间等趋于一致，仍然不能完全消除油藏变化以外的非一致性因素的影响。为此，对叠前时间偏移道集进行匹配滤波。具体做法是以旧三维数据为基础，调整新三维数据的频率、相位和能量特征，使新三维数据中与油藏无关的特征尽量向旧三维数据靠近。

经过以上几个关键步骤处理，新旧三维数据之间的相似性得以加强，消除了许多由于采集和处理因素带来的非一致性。

图 4a 是对新三维叠前时间偏移道集进行匹配滤波之后再叠加的结果，与图 3 相比，新老三维数据的相似性得到进一步加强。

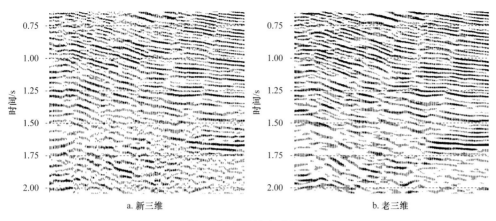

图 4　匹配滤波之后结果

a. 新三维　　　　　　b. 老三维

3　叠前互均化的必要性

以高 29 断块四维地震处理为例说明叠前互均化的必要性。在高 29 断块，1985 年首次进行了三维地震采集，1999 年为改善深层地震资料的成像效果又进行了一次三维采集，两次采集的浅层（明化镇组和馆陶组）地震资料质量较好，地震反射特征具有较大相似性，经过可行性分析，认为可以开展四维地震试验研究。但是，由于采集年代不同，仪器型号不同，采集参数也不同，两次采集的地震数据之间存在着差异。这种差异既包含了生产因素引起的差异，又包括了非生产因素导致的不一致。为此必须进行互均化处理。为了试验叠前互均化和叠后互均化的效果，进行了两种试验：第一种试验是对两次采集的三维数据从叠前开始依照上述方法进行叠前互均化处理，图 5a 是经过叠前互均化之后相减的结果；第二种试验采用的处理方法与上述的面元一致性和地表一致性相同，只是未在叠前做匹配滤波，而是在叠后进行互均化处理，图 5b 为经过叠后互均化处理后两块三维体相减的结果。将图 5a 与图 5b 进行对比后可以看出，经过叠前互均化处理后，两块数据体的

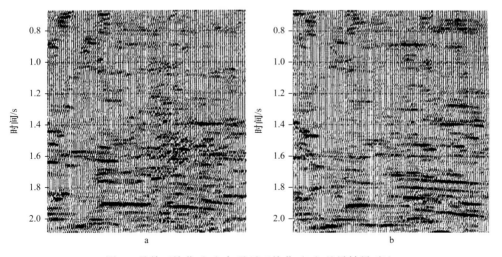

a　　　　　　　　　　　b

图 5　叠前互均化（a）与叠后互均化（b）差异结果对比

差异比未经叠前互均化处理的差异小，相似性更好，非油藏部分的反射更接近于零值，可以进一步减小四维地震分析中的多解性。

4 结论

叠前四维地震互均化处理可以最大程度地消除采集和处理因素造成的差异，是四维地震资料处理的发展趋势。通过大量试验，率先建立了针对中国陆上"继承性"四维地震数据的叠前互均化处理流程，强调了统计性处理方法的重要性，并应用最佳剩余静校正和叠前匹配滤波等处理优化了叠前处理流程，在高29断块的试处理中取得了明显效果。

但是，目前仍然不能完全确定四维地震一致性处理结果的正确性。只有对目标地质体进行认真分析和解释之后，才能最终确认采集和处理方法的确定性。因而，四维地震处理必须与解释相结合。另外，许多处理方法中都涉及开时窗的问题。对四维地震处理而言，这一点尤其重要，一般原则是选取信噪比较好的数据参加运算。在开时窗时是否包括目的层，例如对两个数据体进行匹配滤波时是否包括目的层来计算滤波算子，目前仍然有不同的观点。有人主张目的层不包含在内。对于这个问题，仍然需要仔细琢磨。

参 考 文 献

[1] Li Guoping，Purdue G，Weber S，et al. Effective processing of nonrepeatable 4-D seismic data to monitor heavy oil SAGD steam flood at East Senlac，Saskatchew an，Canada [J]. The Leading Edge，2001，20 (1)：54-63.

[2] Atlan S，Zhu Xinhua，Walker C，et al. Schiehallion：A 3-D time-lapse processing case history [J]. Expanded Abstracts of 69th Annual Internat SEG Mtg，1999，1624-1627.

[3] Ross C P，Cunningham G B，Weber D P .Inside the crosse-qualization black box [J]. The Leading Edge，1996，15 (11)：1233-1240.

水驱四维地震技术——叠后互均化处理

甘利灯，姚逢昌，邹才能，石玉梅，胡英，刘宇

四维地震主要是利用不同时期采集的地震资料的差异来反映地下储层流体的变化，其基本假设是非油藏因素引起的地震响应不随时间变化，而油藏因素在开采过程中的地震响应是随时间变化的。

四维地震资料处理的目的就是最大程度地消除那些非油藏因素造成的差异。这些随时间变化的非油藏因素主要可以归结为两类：采集因素和处理因素。采集因素包括采集环境、采集设备和采集参数；采集环境又可分为环境噪声、物理环境、近地表速度及其影响等。处理因素包括处理软件与处理参数[1, 2]。

1 叠后互均化处理类型

针对不同的资料，四维地震资料处理可分为[2]：

（1）多次重复采集叠后四维地震资料处理，主要指由于没有野外原始资料，或不想进行叠前四维地震处理而对新老叠后数据进行的互均化处理；

（2）多次重复采集叠前四维地震资料处理，即对多次采集的原始地震资料同时进行一致性处理，使处理过程造成的差异降低到最低程度；

（3）新采集的四维地震资料处理，系指由于非油藏因素的影响严重，对多次采集的老资料进行四维地震处理无法满足四维地震研究的要求，必须通过有针对性的四维地震采集获得新资料，再进行一致性处理。

应该说，第 3 种处理对四维地震研究工作最为有利。然而，在试验研究阶段，由于四维地震的经济可行性不明朗，大都采用多次采集地震资料开展研究，所以，目前我们碰到的主要是前 2 种情形。

2 叠后互均化处理流程

对于构造简单且差异比较小的多次采集叠后地震数据，互均化处理主要有以下几个流程[3-5]：

（1）面元重组，包括空间和时间重组，以校正不同的观测系统、不同的静校正或不同的 NMO 和偏移速度函数造成的影响；

（2）频带和相位均衡，以补偿不同震源子波等的影响；

（3）振幅均衡，以使数据在同一能量水平。

原文收录于《勘探地球物理进展》，2003，26（1）：54-60。

对于构造比较复杂或采集参数差异很大的多次采集地震数据，处理流程要复杂一些。总之，叠后四维地震资料处理的目标是克服由于采集和处理所造成的地震数据的不一致。因此，在处理时应考虑尽量选用采集参数相同的地震数据而丢弃那些采集参数不同的地震数据。如果在记录频带上有差别，则只能通过低通滤波求得频带的一致，因为目前在高频外推或拓宽高频处理方面很难取得好的效果。

3 叠后互均化处理方法

互均化是地震监测过程中匹配滤波、振幅标定和静态校正等各种校正的统称[6]。它通常在非油藏区求取一个子波或算子，然后对其中一个地震反射数据体进行滤波，使之与另一个数据体匹配。为了求取滤波算子，必须对两个数据体进行对比分析。互均化处理方法通常包括时移校正、振幅校正、频带校正、相位校正和波形校正等[7]。为了保证对比的正确性，必须进行空间内插，使两个数据体的每一道都一一对应。为方便起见，把被滤波或被内插的数据体称为输入数据体，把另一个数据体称为目标数据体。

3.1 空间内插

不同时期采集的地震资料，方位和面元往往不同，无法进行对比分析，更难以校正。因此，首先需要解决可对比性问题，即进行面元空间内插，也称为共反射面元重组（Rebinng），具体做法是将不同观测系统采集的来自地下不同反射面元或反射点的地震数据，校正成具有同一反射面元或反射点的数据，从而实现道与道之间的可对比性。一般情况下，把数据密度小的数据体作为目标数据体，而把数据密度大的数据体作为输入数据体。当然，只要满足空间采样定律，也可以互换。内插可以采用反距离、反距离平方、反距离三次方等加权方式。如果各向异性严重，内插还要考虑方向性，即将数据体按360°等分为若干片，内插时只使用同一片中相距最近的地震道。

3.2 对比分析

归纳起来，两个数据体对比分析的方法不外乎以下几种方法：互相关、求差、比值和交绘图。要进行对比分析必然牵涉到时窗的选取。定义时窗的方法多种多样，可以由2个层位加2个偏移量来定义（图1a），形成6个不同的界面，共有9种时窗，此时当时窗在道间滑动时，时窗的位置和长度都是可变的；也可以由一个层位、一个偏移量和时窗长度来定义（图1b），此时当时窗在道间滑动时，时窗的位置是可变的，但时窗长度不变。当然最简单的时窗定义就是从一个固定时间到另一个固定时间。

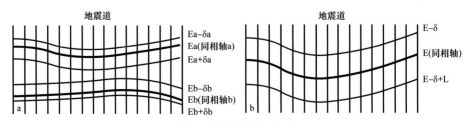

图 1　时窗的选取方式

3.2.1 互相关

两个数据体相应道之间的相似性可以利用互相关来衡量。互相关分析既可以是单时窗，也可以是多时窗的。在多窗口时，既可以按多个切片（每一个切片对应一个时窗内的互相关结果）形式输出，也可以按拟地震数据体形式输出。无论哪一种方式都包含各时窗内最大相关对应的时移量、最大相关系数以及该时窗的中点时间。时移量可以用于时差校正，最大相关系数主要用于评价两个数据体的相关性以及由相关性差所表达的两次观测之间地震响应的差异。

3.2.2 求差

求差有两种方法：一种是直接求差，即直接对两个数据体进行相减；另一种是完成了均方根振幅互均化后求差，即把两个数据体的均方根振幅校成一致后求差。

3.2.3 比值

两个数据体对应采样点逐个相除。

3.2.4 数据体交会图

把两个数据体中相同位置、相同时间的样点值进行交会，得到交会图。样点值既可以是地震振幅，也可以是其他地震属性。交会时窗的选择同样是多样的，如图1所示。

3.3 校正方法

3.3.1 校正方式

校正方式有3种，即逐道校正、滑动平均校正和全局平均校正。滑动平均是在INLINE和CDP的一定范围内，如5×5或11×11，用这些道的有效算子求平均校正算子，然后对中心道进行校正；全局平均就是利用整个工区内所有有效算子的平均进行校正。所谓有效算子是指满足给定条件的算子，这些条件包括相关系数大于某个门槛值，或时移量和相移量小于某个门槛值等。

3.3.2 时差校正

利用互相关分析或其他方法提供的时移量对输入数据体进行时移，如果每一道只有一个时移量，那么校正过程不是时变的，而是空变的，因为每一道的时移量不一样；如果每道提供对应于不同时窗的多个时移量，那么校正不但是空变的，而且是时变的，不同时间的时移量通过内插获得。当然，如果采用全局平均的方式，则既不是空变，也不是时变的。

3.3.3 频带校正

对目标数据体计算振幅谱，再进行振幅谱的平滑，然后用这条平滑曲线去归一化输入数据体的振幅谱。更简单的一种方法是对两个数据体进行参数相同的带通滤波。

3.3.4 相位校正

要把输入数据体的子波相位校正到与目标数据体一致，可以采用对输入地震道进行相位角扫描，然后与目标数据体对应的道进行对比，哪个相位角对应的道与目标数据体最相似，就用这个相位角设计一个纯相位滤波器，对输入地震道进行滤波，进而完成输入数据体的相位校正。最好的办法是把所有数据体都校正成零相位道，这对于后续的处理和解释是最理想的。

3.3.5　振幅校正

计算两个数据体的均方根振幅，其比值就是校正因子，利用提供的振幅校正因子对输入数据体进行振幅校正。如果使用单时窗，那么校正是空变的，但不是时变的；如果使用多时窗，那么校正不但空变，而且是时变的，不同时间的振幅校正因子通过内插获得。

3.3.6　整形滤波

用维纳—莱文森方法对输入数据体的地震道进行整形，使其与目标数据体相应的地震道相匹配。若记 x 为输入地震道，y 为目标地震道，则有

$$\begin{bmatrix} r_{xx}(0) & r_{xx}(1) & \cdots & r_{xx}(M) \\ r_{xx}(1) & r_{xx}(0) & \cdots & r_{xx}(M-1) \\ \vdots & \vdots & \ddots & \vdots \\ r_{xx}(M) & r_{xx}(M-1) & & r_{xx}(0) \end{bmatrix} \begin{bmatrix} f_0 \\ f_1 \\ \vdots \\ f_M \end{bmatrix} = \begin{bmatrix} r_{yx}(0) \\ r_{yx}(1) \\ \vdots \\ r_{yx}(M) \end{bmatrix} \quad (1)$$

式中　r_{xx}——数据道 x 的自相关；

　　　r_{yx}——数据道 y 与 x 的互相关。

用莱文森方法求解上述方程，可得到整形滤波器 f，用这个滤波器就可以实现对输入数据 x 的整形。实现方式既可以是单道的，也可以是滑动平均和全局平均的。

4　高 29 断块叠后互均化处理

4.1　两次叠后地震资料分析

高 29 断块 1985 年进行了首次三维地震采集，1999 年为改善深层地震资料的成像效果又进行了一次三维地震采集，两次采集的浅层（指明化镇与馆陶组地层）地震资料质量都很好。对比两次采集的地震资料，尽管它们采集的年代不同、仪器型号不同、采集参数不同，但是地震反射的形态特征是相同的，地震剖面反射强弱相对关系与反射特征是相同的，如图 2 所示。这为四维地震研究奠定了数据基础，为叠后互均化处理提供了前提。

在两次采集的地震资料中，相似性是主要的，但也存在差异，这些差异既包含了生产因素造成的差异，也包含了非生产因素引起的差异。这些非生产因素有以下 5 个。

（1）观测系统和面元。1985 年与 1999 年两次观测系统的方位有近 50° 的差异，1985 年的采集面元大小为 25m×25m，而 1999 年的面元大小为 15m×15m。

（2）增益差异。两个数据体具有不同的振幅增益，而且增益随时间或深度变化。

（3）振幅谱差异。由于采集仪器和采集参数不同，处理系统和处理参数也不相同，两次采集的地震资料振幅谱差异较大，主要表现为 1999 年数据的有效频宽明显大于 1985 年

的数据，而且这种差异既是空变，也是时变的。

（4）旅行时差异。如图2所示，在1999年地震剖面上，Ng3层位于波峰处，而在1985年的地震剖面上，相同时间的地震层位位于波谷上，相差约20ms。

（5）波形差异。

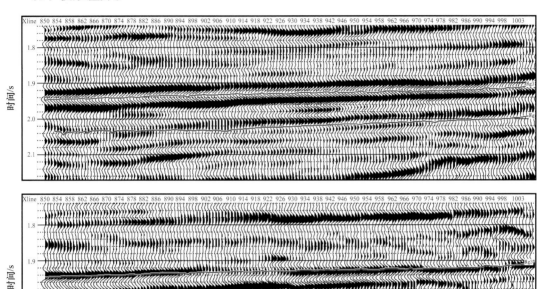

图2　高29断块1999年（上）与1985年（下）地震资料对比图（内插后）

4.2　叠后互均化处理准则与处理流程

叠后互均化处理的任务是通过比较来消除非生产因素造成的差异，其标准是，在与油藏无关的范围内地震差异应为零。这是理想状态，实际上是做不到的，只能说尽可能地小。一般来说，与油藏无关范围内的地震差异只要比与油藏有关范围内的差异小得多即可。既可以从纵向上，也可以从平面上确定与油藏无关的范围，如最浅储层以上的层段，或油田范围以外的区域。

在与油藏无关的范围内，通过不断试验，确定出处理流程与处理参数，并把这一流程与处理参数应用于整个区域，然后再对比两个范围内对应的地震差异的大小，来调整互均化的处理流程与处理参数，直到满意为止。此时就可以认为，在与油藏有关范围内的地震差异中已消除了非油藏因素的影响。当然，在建立处理流程时应首先考虑消除全局性的差异，如增益的差异、基准面等造成的全局旅行时差异、振幅谱差异等。在消除了全局性差异后，再消除局部差异，方法是多次循环迭代。根据这个原则建立了处理流程，如图3所示。

图3　叠后互均化处理流程

4.3 叠后互均化处理效果分析

为了便于对处理过程进行评价，将以上处理过程划分为 3 个部分：（1）带通滤波 + 增益调整 + 全局时移；（2）空变时移 + 相位匹配；（3）整形滤波 + 互均化。评价时主要采用了：剖面对比；相干分析提供的最大相关函数；最大相关函数对应的时移量对比等。

4.3.1 带通滤波 + 增益调整 + 全局时移

在设计带通滤波的频率参数时，以主频低且频带窄的数据为参考依据，因为拓宽频带处理不利于振幅的一致性。在增益调整前，目的层段内 1985 年地震资料的振幅分布范围是 −4000～4000，而 1999 年为 −30000～30000，二者相差很大。经过增益调整后，两个数据体的振幅不但已在同一个数量级范围内，而且，交绘图上散点的分布向对角线靠拢。这说明对应 CDP 点，相同采样点的振幅相互靠近。两个数据体之间的时移量一般是空变的，有一个分布范围。在高 29 断块区，时移量分布范围是 −30～−6ms，峰值约为 −20ms，负值表示 1985 年数据应该上移。所谓的全局时移就是指这个范围内时移量的平均值。

4.3.2 空变时移 + 相位匹配

经过第 1 步校正后，基本上消除了全局性差异。从统计意义的角度来看，第 2 步主要是消除差异的均值，使经过校正后的差异围绕零附近分布，这样使用统计方法时基础更加牢固。虽然此时的时移量分布在零附近，但分布范围和形态没有变化。经过第 2 步校正后，分布范围明显缩小，时移量小的成分明显增加，说明两个数据体的时移量差异得到明显改善。

4.3.3 整形滤波 + 互均化

第 3 步校正对时差的改善不大，这是因为第 3 部分主要是进行波形和增益方面的校正，与时差没有直接的联系，但它可以极大地改善相关性，主要表现为相关系数高的成分明显增加。

图 4 为校正前后剖面之间的比较，从上到下分别为 1999 年剖面（目标剖面）以及经过第 1、2、3 步校正后的 1985 年的剖面。由图 2 可见，不同年份采集的数据之间存在时移，经过全局时移后，二者之间大的时移被消除了。但相应道之间仍然存在时移量，而且这个时移量是空变的，这可以从 1999 年数据解释的层位基本落在 1985 年剖面上相应同相轴的附近，而不是完全落在波峰或波谷上得以证明。经过第 2 步校正后，层位基本落在波峰或波谷上，即空变时移得到了有效克服。第 3 步校正的目的是改善两次观测数据之间波形与振幅的差异，提高整体波形的相似性。通过第 2 步和第 3 步校正的交替进行，两个数据体的时移量越来越小，相关程度越来越高，波形越来越相似。实际处理中，每进行一步校正，都要进行求差分析，利用差异剖面来监控各个处理过程的质量。这样当非油藏部分差异与油藏部分差异相比较小时，就达到了处理的目的，此时的差异基本上可以反映油藏的变化。

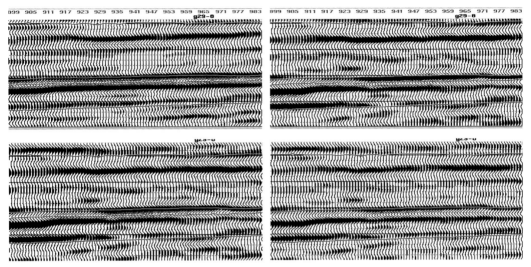

从上到下分别为1999年剖面、第一步校正后1985年剖面、第二步校正后和第三步校正后1985年剖面

图 4 校正前后剖面对比

4.4 互均化处理结果

根据层位标定结果，目的层位于地震层位 Ng3 附近，上下偏移约 15ms。这为确定差异振幅分析的时窗提供了依据。图 5 为以 Ng3 为中心 30ms 时窗内差异数据体均方根振幅平面分布图（其左上角为相应层位相干体切片）。由图可见，在 G37-2 井、G49 井以及 G29-2 井附近差异较大，与 G29 断块水驱四维地震可行性分析结果一致。可行性研究结果表明，长期水驱后，在注水井附近速度相对降低 13.9%，而在生产井附近速度相对增加 2.8%～4.7%。很明显，注水井附近速度变化比生产井附近大。这就是注水井附近地震差异大，而生产井附近地震差异小的原因。这暗示我们在水驱四维地震解释中要着重研究水驱前沿与路径，一旦水驱的前沿与路径清楚了，剩余油的分布也就明确了。除了三口注水井外，生产井 G29 和 G29-1 也落在差异较大的区域，这是否意味着四维地震资料处理结果与可行性研究结论相矛盾呢？恰恰相反，分析生产井的产液量数据（表 1）后不难看出，G29 和 G29-1 井的产水量远高于其他两口井的产水量，说明这两口井已被水淹，而其他两口井的产水量非常低，说明还没有被水淹。由此可以推断，注水井附近和被水淹的区域差异大，差异大的边界可能就是注水前沿。

在项目研究过程中，该区又完钻了 3 口开发调整井，它们分别为 G29-10，GC29 和 G29-12。相干体切片（图 5 左上角）显示，在 G29-8 与 G29-9 井的南面似乎有一个小断层（或岩性突变），阻挡了来自构造低部位注水井的水驱。考虑了这条小断层，就很容易理解开发调整井的钻探结果。GC29 井位于该小断层分隔的北断块的高部位，地震差异相对较小，所以试油结果最好；G29-10 井刚好位于小断层处，而且在低部位，这就是为什么该井出砂，并高含水的原因；G29-12 井位于 G29 断块主断层南面的相对高部位，地震差异小，初采高产，但含水在不断上升，这可能与临近西部的 G29-2 高含水区有关。

表 1　生产井和注水井产（注）液量统计表

井号	起始时间	截止时间	产油量 / $10^4 m^3$	注（产）水量 / $10^4 m^3$	累计注（产）液量 / $10^4 m^3$
G29-8	1998.12	1999.12	1.5890	0.1460	1.7350
G29-9	1999.08	1999.12	0.2119	0.0681	0.2800
G29-1	1989.10	1999.12	3.7631	15.2607	19.0238
G29	1986.05	1999.12	2.4725	9.9357	12.4082
G29-2	1991.06	1999.12	—	28.7209	28.7209
G37-2	1991.01	1999.12	—	40.8334	40.8334
G49	1991.01	1999.12	—	26.2594	26.2594

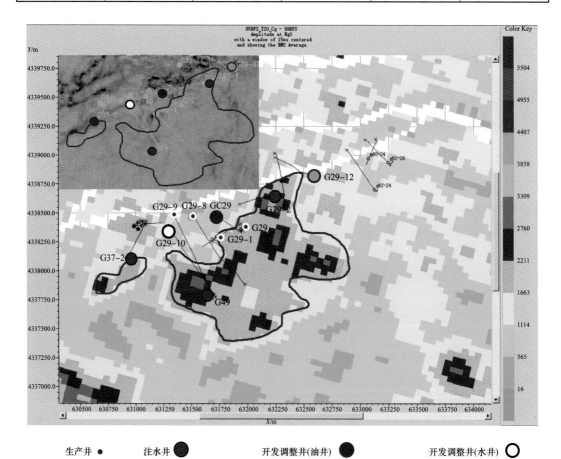

生产井 ●　　　注水井 ●　　　开发调整井(油井) ●　　　开发调整井(水井) ○

图 5　目的层段附近差异数据体 RMS 振幅平面分布图
兰线预测为注水前沿

5 结束语

本文在分析叠后互均化方法和原理的基础上，针对陆上两次采集三维地震资料空间变化强烈的特点，提出了叠后互均化处理的准则和处理流程，并对高 29 断块实际资料进行了处理。处理结果不但与已知生产井和注水井动态资料吻合，还与开发调整井钻探结果一致，证明了结果的可靠性和处理方法与处理流程的有效性。但是，在断层复杂区和低信噪比区，即使在水驱边沿之外，差异振幅仍然较大，有待进一步改进，最好先进行叠前互均化，在此基础上再进行叠后互均化。

参 考 文 献

[1] 甘利灯. 四维地震技术及其在水驱油藏监测中的应用 [D]. 北京：中国地质大学，2002.

[2] 云美厚. 油藏注水强化开采地震监测技术的研究于应用 [D]. 北京：中国地质大学，2001.

[3] 陈小宏，牟永光. 四维地震油藏监测技术及其应用 [J]. 石油地球物理勘探，1998. 33（6）：707-715.

[4] Suat Atlan，Xinhua Zhu，Chris Walker，et al. A 3-D Time-Lapse Processing Case History [J]. Expanded Abstracts of 69th Annul Internat SEG Mtg，1999：1624-1627.

[5] Guoping Li，Greg Purdue，Steven Weber，et al. Effective processing of nonrepeatable 4-D seismic data to monitor heavy oil SAGD steam flood at East Senlac，Saskatchewan，Canada [J]. The Leading Edge，2001，20（1）：54-63.

[6] Ross C P，Cunningham G B，Weber D P. Inside the crossequalization black box [J]. The Leading Edge，1996，15（11）：1233-1240.

[7] Bishop T N，Nunns A G. Correcting amplitude，time and phase mis-ties in seismic data [J]. Geophysics，1994，59（6）：946-953.

四维地震技术在水驱油藏监测中的应用

甘利灯，姚逢昌，杜文辉，刘宇，胡英

1 前言

四维地震是当今世界上正在迅速发展的一项进行油藏监测的新技术。它是在油藏生产过程中，在同一地方，利用不同时间重复采集的、经过互均化处理的、具有可重复性的三维地震数据体，应用时间差分技术，综合岩石物理学和油藏工程等多学科资料，监测油藏变化，进行油藏管理的一种技术，是老油田增加可采储量和提高采收率的重要手段。通常人们将第一次采集的地震数据称为基础测量数据，以后采集的地震数据称为监测测量数据，当然监测可以是多次的，分别记为第一次监测、第二次监测、第三次监测等。

四维地震的试验工作最早可追溯到 20 世纪 80 年代初期，为了监测火驱采油的效果，ARCO 公司于 1982—1983 年在北得克萨斯州 Holt 储层上首次实施了四维地震项目，即在火驱采油前进行了小范围的三维采集，在火驱期间重复采集一次，到火驱结束时再进行一次采集。不同时期地震图像之间的差异非常醒目，显示了四维地震监测火驱油藏的潜力，但是，早期四维地震主要运用于蒸汽驱油藏的监测，并先后在加拿大与印度尼西亚见到了商业价值。1987 年 King 等通过野外试验证实了四维地震监测注水的可行性。这一时期人们并没有充分认识到四维地震的复杂性，大多数史例都是采用 70 年代和 90 年初不同时间、不同观测系统条件下采集的常规三维数据，经过常规处理进行四维地震研究。随着研究的深入，人们开始认识到四维地震不像人们想象的那样简单。因此，在 90 年代中后期发表了很多四维地震问题分析和可行性研究的文章，也提出了叠前和叠后互均化处理，并进行了少量的有针对性的四维地震采集。

进入 21 世纪，四维地震得到了空前的发展，国外四维地震已初步进入商业应用阶段，至少在北海地区已成为一种提高采收率的重要手段，深刻影响了北海的石油开采业。同时，四维地震研究与应用的主要领域也从蒸汽驱向水驱转移，油水体系已成为四维地震的研究重点，而且 85% 的工区涉及砂岩油藏。比较典型水驱四维地震成功的实例有北海的 Foinhavn 油田、Draugen 油田、Gannet-C 油田和尼日利亚的 Meren 油田。在 Meren 油田，四维地震投资仅占通过四维地震找到剩余油价值的 1%。可见，其经济效益是非常高的。

根据统计，注水采油是我国最主要的一种开采方式，以中石油为例，分别占总储量与

原文收录于中国石油学会石油工程学会主编的《井间剩余油饱和度监测技术文集》，2005，20-31；获优秀论文二等奖。

产量的 84.38% 和 84.03%，而且目前平均含水率高达 84%，所以高含水后期地震监测是四维地震监测的主战场。此外，我国大部分储层为陆相沉积，非均质性强，采收率低，平均仅有 33%，未波及的可动剩余油储量高达 28%，可见，我国碎屑岩油藏的调整挖潜能力是相当大的。但是，随着老油田进入高含水、特高含水期，地下油水分布十分复杂，缺少有效的手段，正确认识剩余油分布状况，四维地震技术的出现为预测剩余分布提供了一条有效的途径。而且，东部各油区大都进入二次三维采集阶段，为利用多次重复采集的地震数据开展四维地震研究提供了资料基础，当然要充分发挥四维地震在油藏监测中的作用，还必须开展真正意义上的四维地震采集。

2　可行性研究

在确定了一个四维地震研究计划之后，紧接的任务就是评价实现该计划，并达到预期目标的可能性，这就是四维地震可行性研究的范畴，它包括技术可行性与经济可行性。技术可行性实质上是研究油气开采过程中油藏变化引起的地震响应变化的可观测性，它包括岩石物理可行性与地震可行性，它回答什么样的油藏可以利用四维地震进行监测。岩石物理可行性重点研究油气藏开采过程造成的地震响应的变化及其度量。油藏开采过程通常造成以下三个方面的变化：储层物性参数的变化、流体类型及其性质的变化以及油藏环境参数，如温度和压力等的变化。而且，这三者之间是相互关联的，这可能是岩石物理可行性研究的难点。地震可行性研究主要研究油藏开发过程造成的地震变化在什么样的地震条件下可以观测得到，它主要涉及地震主频、平均分辨率、图像质量、可重复性、流体界面可视性等因素，其中是否具有可重复性是最关键的因素。四维地震技术可行性评价方法大致可以分为定量评分法、野外实验法、重新资料处理法、物理模型法和数值模拟法。值得指出的是，在具体的四维地震可行性分析中，以上几种方法经常综合使用，以达到快速、有效的目的。经济可行性研究是要回答什么样的油藏值得使用四维地震进行监测，根据支付监测成本所需要的额外产量来评价监测的经济有效性也许是一种可行的方法。

20 世纪 90 年代中后期，对各种开采方式开展了大量的四维地震可行性研究，发表了许多有意义文章，但几乎没有人涉及长期水过程中物性变化对速度的影响。由于水替代油造成的速度差异小，再加上我国陆相储层厚度薄、油质重、东部油田大都处于高含水开发后期，所以很多人都对我国水驱四维地震监测持怀疑态度。实际上，水驱开发过程是一个非常复杂的非线性过程，是由水驱过程中岩石物理特性的变化、油的采出、水的注入、以及油水驱替这一系列非线性作用控制的。长期水驱过程造成的油藏变化可以归结为三个方面：储层物性参数的变化，如孔隙度、渗透率、泥质含量、粒度中值等；油藏流体类型及其性质的变化，即流体替换及其性质的变化；以及油藏环境参数，如温度和压力等的变化等。下面逐一分析各种因素对地震特性的影响。

2.1　流体替代及其影响

理论计算表明：渤海湾地区不同孔隙度由于饱和度变化引起的纵波速度变化是不同的，当孔隙度为 30%，水饱和度从 30% 变化到 90% 时，纵波速度相对变化量为 6.4%。如果水饱和度从 30% 变化到 100%，纵波速度相对变化量也不过 8.8%。12 块砂岩样品（孔隙度 13.6%～33.0%）在束缚水状态下进行水驱油至残余油，在不同饱和状态下测量纵横波速度，测量结果是：纵波速度随水饱和度的增加而增加，从束缚水状态到 100% 水饱和，速度增加为 1.9%～7.4%，平均为 4.4%，而横波速度随水饱和度增加变化不大。如果考虑其中三个孔隙度大于 30% 的有效样品，其最大纵波速度相对变化量分别为 2.5%、5.5%、8.9%，平均为 5.6%。渤海湾地区典型河流相油藏油藏数值模拟研究结果表明，河流相砂岩油藏水驱不同阶段（含水率 0 与 97%）之间的波阻抗变化约为 5.5%，速度变化约为 4.5%。可见，水替代油造成的纵波速度变化为 4.5%～6.4%。

2.2 物性参数变化及其影响

王端平等人利用胜坨二区 17 口不同时期（20 世纪 60—90 年代）取心井 955 块岩心样品的孔隙度数据进行了分析统计，结果表明，注水开发以后孔隙度表现出增大的趋势，从 60 年代不含水或弱含水到 90 年代的特高含水期，细砂岩孔隙度增大幅度 10.3%、中砂岩为 11.2%、粗砂岩为 28.3%。王志章等人和杜庆龙等人在研究水淹前后储层参数变化规律时，也发现了类似的现象。一般来说，水驱过程会造成孔隙度增加，增加的幅度一般在 10%～30%（即 3～9 个孔隙度），而且储层厚度越大，孔隙度增加越多。根据声波时差与孔隙度的关系，假定孔隙度的相对变化率为 10%，那么初始孔隙度为 30% 时声波的变化量约为 9.3%。王志章等人对子井（相距很近，可对比性很强，不同时期完钻的两口井）统计了水驱前后声波的变化，结果表明，声波平均增加 7%。尽管这个值偏小，但是如果考虑到该区平均孔隙度为 15.9%～20.79%，那么这两个结果之间的可对比性还是很好的。

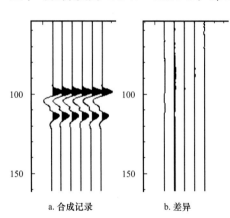

图 1　不同渗透率地震响应及其差异图

（a. 合成记录　b. 差异）

王端平等人利用相同工区的渗透率数据进行了分类统计，其结果是：从 60 年代到 90 年代，细砂岩渗透率增大幅度为 36.4%，中砂岩为 54.2%；从 70 年代到 90 年代，粗砂岩渗透率增大幅度为 56.3%。可见注水开采过程对渗透率的影响是很大的。尽管如此，渗透率对地震响应的影响几乎为零。图 1 为采用 Biot 流体饱和多孔介质（双相介质）中的波动理论模拟得到不同渗透率的地震合成记录及其差异（后续各道与第一道的差）。在该理论中波动方程不仅涉及固体、流体相的弹性参数、密度，还涉及介质的孔隙度、渗透率和流体的黏滞度。这里的固体就是指油气储层，流体为可流动物质统称。双相介质波动理论更逼近于现实的油藏地质环境。

注水冲刷过程中黏土矿物被冲出孔隙，造成泥质含量降低。统计表明：黏土总量平均值由 20 世纪 70 年代的 3.28%，降到 80 年代的 3.07%，90 年代的 1.097%。泥质含量降低，砂岩矿物含量并未增加，而是被水替代了，这造成速度降低。速度降低的幅度与泥质速度、水的速度以及泥质含量降低的幅度有关，一般降低 2%～4%。当泥质含量较低时，速度降低的幅度会更小。

2.3 温度和压力变化及其影响

在水驱过程中，油藏温度变化不大，一般不超过 15℃。例如，胜坨油田先注水温为 20℃的黄河水，导致油藏温度下降，后改注温度为 57℃的污水，水温逐年上升，但是，整个开发过程温度变化没有超过 15℃，平均年变化率不到 1℃。高 29 断块油藏由于边水能量大，不断向油藏推进，油藏温度变化在 10℃以内。由渤海湾与大庆地区岩心分析资料说明，温度对纵横波速度的影响不大，因此在四维地震可行性分析中温度的影响可以忽略不计。

就生产井而言，整个水驱开发过程中，压力基本不变，甚至略有降低，如高 29 断块油藏，在整个油藏开采过程中，油藏压力波动的幅度只有 0.5MPa。但是，注入井的压力变化比较大，以高 29 断块为例，该区油藏压力平均为 21.5MPa，上覆岩层静压力为 49.5MPa，平均有效压力为 28MPa。注水压力为 3~23MPa 不等，平均约 10MPa，这与东部地区注水平均压力是一致的。利用水饱和岩心速度随有效压力变化的分析数据，通过曲线拟合可以得到速度与有效压力之间的关系：

$$v_p = -0.0005p^2 + 0.0449p + 2.9535$$

由此可以得到初始有效压力为 28MPa 时，有效压力降低 5MPa、10MPa、15MPa、20MPa 和 25MPa 时，纵波速度相对降低量分别为 2.4%、4.7%、7.1%、9.4% 和 11.8%。初始有效压力越低，纵波速度相对变化量越大。可见，与流体替代相比，压力的影响不能忽视。

综上所述，假设油藏的初始平均孔隙度为 30%，长期注水后造成 10% 的孔隙度相对变化；初始有效压力为 28MPa，注水压力平均为 10MPa，那么，如果考虑以上三部分因素的影响，可以在注水井附近造成 16%~18% 速度相对降低，在生产井附近造成 4.9%~6.8% 速度相对降低，见表 1。很明显就速度相对变化而言注水井附近速度变化比生产井附近大，因此监测注水前沿的推进可能比监测油藏的变化要容易得多。当然，在注水井与生产井之间存在压降，而且注水井附近和生产井附近的冲刷程度不同，流体饱和度在两井之间也是变化的，因此，注水井与生产井之间速度的变化过程虽有一定的规律，但比较复杂，可以同油藏数值模拟进行详细研究，这是下一步研究的内容。

表 1　各种因素对地震响应影响程度统计表

项目	人工水驱		天然开采
	注水井附近（油水界面以下）	生产井附近	
流体替代	忽略	+（4.5%~6.4%）	+（4.5%~6.4%）
孔隙度变化	−9.3%	−9.3%	忽略
压力变化	−4.7%	忽略	较小
温度变化	忽略	忽略	忽略
泥质含量变化	−（2%~4%）	−（2%~4%）	忽略
渗透率变化	忽略	忽略	忽略
合计	−（16%~18%）	−（4.9%~6.8%）	+（4.5%~6.4%）

3　四维地震资料处理

四维地震资料处理，也称互均化处理，其目的就是尽可能地减少或消除由于非油藏因素引起的地震资料的不一致性，克服采集所造成的"脚印"问题，同时尽可能使有关油藏动态变化所造成的地震变化得到最佳成像。它可以分为叠前互均化处理和叠后互均化处理。叠后互均化处理比叠前互均化处理简单、容易实现，但是不能完全消除非油气藏因素产生的响应，而叠前互均化处理可以最大程度地消除由于采集、处理等因素造成的非一致性，应提倡开展叠前互均化处理，最好在叠前互均化处理的基础上，再进行叠后互均化处理。互均化处理是用于地震监测过程中匹配滤波、振幅标定和静态校正等各种校正的总称，其典型流程如图 2 所示。通常互均化处理包括时差校正、振幅校正、频带校正、相位校正和波形校正。

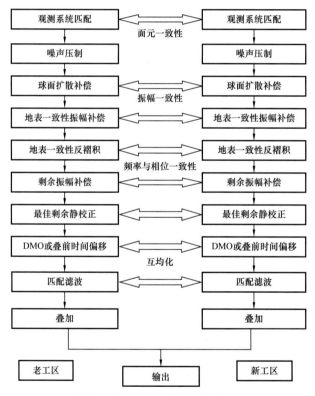

图 2　典型叠前互均化处理流程

3.1　一般处理原则

四维地震资料处理绝不是三维地震资料处理的简单重复，ROSS 等人证明简单处理会导致错误的结果，因此针对四维地震的目的和特点要用特殊处理方法。四维地震处理总的要求是相对振幅保持、高信噪比和一致性处理。在处理中要精心选择每一个处理模块，其一般原则如下：（1）处理流程的一致性；（2）应尽量保持相同的偏移距范围和覆盖次数；（3）应采用相同的 DM0 算子，尽可能保持偏移算法和偏移速度的一致性；（4）互均化处理，它是四维地震资料处理关键。零时重复性试验是检测处理流程合理性的一种有效方法。它是指在非常短的时间间隔内，按同一采集方式采集多套地震资料，然后，将处理后的多套资料相减，如果剩余反射能量为"零"或很小时，则认为地震资料的采集和处理的重复性好。否则就需要对采集或处理参数进行修正。

针对不同的资料情况可分为以下几种情形：（1）多次重复叠后四维地震资料处理，主要针对由于资料采集时间跨度长，寻找原始带比较困难；或由于叠前互均化处理费用过高；或构造简单、资料品质好，不用进行叠前互均化处理等情形。（2）多次重复叠前四维地震资料处理，是针对两次不同观测系统和野外采集参数的叠前四维地震处理，这种方法可以使处理过程造成的差异降低到最小程度，如果需要，可在叠前互均化的基础上再开展叠后互均化处理。（3）四维采集的地震资料处理，是针对相同观测系统和相同采集参数下两次采集的地震资料的互均化处理，是最简单、最容易、最理想的一种。

3.2 叠前互均化处理

对于四维采集的地震资料，基本流程各家大致相同。由于采集仪器、参数、观测系统引起的差异很少，处理的重点是保证处理步骤合理、一致，处理参数一致，使非储层差异尽量减少。经过多次试验，设计了一套以地表一致性处理方法为主的陆上四维地震叠前资料互均化处理流程，其流程如图2所示。其主要步骤为：（1）观测系统定义，保证新老数据的地下反射点位置一致；（2）噪声衰减，信噪比的高低与地震异常的可检测度密切相关，异常越大，对信噪比的要求越低；反之，异常越弱，对信噪比的要求就越高，因此，在处理阶段最大程度地去除噪声是十分必要的；（3）地表一致性处理，包括地表一致性反褶积、地表一致性振幅校正和地表一致性剩余静校正，其目的是消除近地表条件的变化对地震振幅、频率和时差的影响；（4）叠前剩余振幅补偿，目的是消除其他因素造成的振幅畸变；（5）DMO和叠前时间偏移，目的是更好的成像与归位；（6）匹配滤波，校正地震波形的差异。

对于多次重复采集的地震资料，由于采集参数差异大，新老数据的面元大小、偏移距、工区方位可能都存在差异，对此存在两种处理方案，一种是两块数据分别进行叠前处理，最后通过叠后网格重排，进行互均化。另一种是从预处理阶段就进行网格重排，把面元的地下位置统一，然后再进行一致性处理。第一种方案由于新老数据地下反射点位置不一一对应，当方位角一致时，使用DMO或叠前时间偏移统一地下反射点，当方位角不一致时，靠叠后网格重排统一。这种方法适用于覆盖次数差别不大，信噪比相似的数据，且不适合进行叠前反演。当新老工区的覆盖次数相差很大时，会对信噪比产生很大的影响。因此，人们希望从一开始新老数据具有相似的偏移距、覆盖次数，这就是第二种方案。它适用于方位角、覆盖次数、信噪比差异大的数据，且能够满足叠前反演的需要。本次处理中，我们采用第二种处理方案。图3为柳102油藏四维地震处理和常规处理后新老数据的最大互相关系数平面图（非储层段），由图可见，经过四维地震资料处理，新老数据的相关性大大提高，表明新老数据在非储层段的一致性大大提高，进一步说明，经过叠前四维地震处理基本上可以消除采集差异的影响。

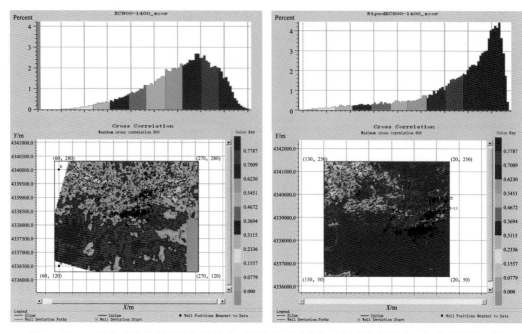

图 3 柳 102 油藏常规处理（左）和叠前互均化处理（右）后新老数据最大互相关系数平面图

3.3 叠后互均化处理

叠后互均化处理的任务就是通过比较叠后地震资料的差异进一步消除非生产因素造成的影响，要消除差异必须有标准，这个标准就是与油藏无关的非储层段内地震差异应为零，实际上，只要比储层段小得多即可。在非储层段内通过不断试验，确定处理流程与处理参数，并把相同的流程与处理参数应用于整个区域，对比储层段与非储层段地震差异的大小，来调整互均化的处理流程与处理参数，直到满意为止。此时，储层段内的地震差异就可以认为是消除了非油藏因素影响后，由于油藏变化产生的差异。当然，在建立处理流程时应首先考虑消除一些全局性的差异，如增益的差异、基准面等造成的全局旅行时差异、振幅谱差异等。在消除了全局性差异后，开始消除局部差异，方法是多次循环迭代。根据这个原则建立了处理流程，如图 4 所示。主要步骤有：（1）共反射面元重组，其目的是将不同观测系统采集的来自地下不同反射面元或反射点的地震数据校正成具有同一反射面元或反射点的数据，从而实现道与道之间的可对比性。如果叠前进行了面元重组，这一步就不用做了；（2）对比分析，主要是分析两个数据的差异，方法有互相关、求差、比值和交绘图等；（3）校正，目的是校正两套数据体的差异，包括时差、振幅、频率和相位校正以及整形滤波等，校正的方式可以是逐道、也可以是滑动平均和全局平均三种方式。

图 5 是高 29 断块叠后互均化效果图。由图可见，1985 年

重新网格化
对比分析
带通滤波
增益调整
全局常数时移
空变常数时移
时间与相位匹配 ｝多次循环
整形滤波
互均化
求差
属性分析

图 4 迭后互均化处理流程

与 1999 年两次采集的地震资料相似性是主要的，但由于是不同时期采集、不同时间和人员处理的结果，使得二者存在较大的差异，差异主要表现在以下几个方面：（1）观测系统和面元的差异；（2）增益差异；（3）振幅谱差异；（4）旅行时差异，二者相差约 20ms；（5）最后一点差异是很容易理解的，即波形上的差异。经过叠后互均化，二者的相似性有了很大的提高，这由差异剖面可以得到验证。

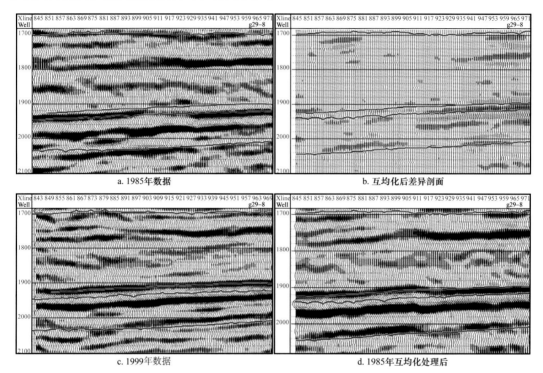

a. 1985年数据　　　　　　　　　b. 互均化后差异剖面

c. 1999年数据　　　　　　　　　d. 1985年互均化处理后

图 5　G29 断块叠后互均化效果分析

4　四维地震资料解释

经过四维地震资料处理后，基础数据与监测数据已经具备了可对比性，因此所有可以用于静态地震描述的方法都可以用于四维地震解释。然而由于在四维地震解释时同时拥有三个地震数据体，即基础地震数据、监测地震数据和差异地震数据体，这为四维地震解释提供了更加广阔的空间。从资料使用的角度来看，四维地震解释方法可以分为三大类：（1）以差异数据体为基础的解释方法，它可以使用部分静态油藏描述的方法，如地震属性分析等，但应注意，此时使用的资料是两次数据的差，是差异的属性。（2）以两个数据体油藏描述结果的差为基础的解释方法，即单独使用基础或监测数据体进行静态油藏描述，利用两次静态油藏描述结果的差异，来体现油藏的动态变化，这类方法可以使用所有静态油藏描述的方法。与静态油藏描述相比，它的优越在于，有不同时间的油藏描述结果互相约束与对比，这样不但可以搞清油藏的动态变化，还可以改善静态油藏描述的精度，例如，单靠第一次资料统计分析得出的孔隙度图无法剔除流体的影响因素，而有了第二次资料再加上井中数据就可以分离出流体成分，获得更具代表性的孔隙度特征，从而减少了地学中存在的多解性。（3）以两个数据体混合使用为基础的所谓交互解释方法，如交互模式识别技术，它利用第一次采集的地震资料和当时已知井的样本进行训练，得到判别准则，然后，利用该判别准则对第二次采集的地震数据进行判别分析，通过两次判别分析的结果的差反映油藏的变化。此外，在四维的解释方法中值得注意的一个方向是地震油藏模拟，它将多次采集的、经过互均化后的地震数据作为油藏数值模拟的约束，从而提高油藏数值模拟的精度和预测能力。

可行性分析表明，如果考虑水驱过程造成的储层本身变化对地震变化的影响，那么，水驱四维地震的可行性可能要乐观一些，但与蒸汽驱相比，水驱造成的地震差异还是偏小。要取得水驱四维地震的成功有赖于以下两个方面。其一是地震采集与处理质量的不断提高，尽可能真实地保留由于水驱开采过程造成的地震差异；其二是四维地震解释方法的改进与创新，使人们可以从不同的侧面、不同形式的数据和不同的方法中捕捉到由于水驱开采过程造成的较小差异。研究表明，地震振幅、弹性参数（如弹性阻抗等）、吸收系数、叠前地震属性以及纵横波联合是更好地捕捉差异，突出差异的有效方法。限于目前的资料状况，地震振幅和叠前地震属性与反演是切实可行的途径。

4.1 地震振幅

根据渤海湾地区的速度资料以及速度与反射系数的关系，地震振幅的变化约是地震速度变化的 15～30 倍，即地震振幅的差异更易于捕捉由于开采过程造成的油藏差异。这与国际上通常利用地震振幅而不用速度来体现差异的做法是一致的。当然，由于地震振幅受各种噪声影响大，有时容易造成假象，这就要求在四维地震资料处理中进行保幅处理，且要求高信噪比。

4.2 叠前属性与反演

叠前属性由于既包含了纵波的信息，又包含了横波的信息，可以更细致、更准确地估算物性与流体参数。在水驱油中，由于水饱和度的增加导致 v_p/v_s 增加，AVO 梯度增加，这可能使得两次观测的零炮检距地震振幅变化不大，但远炮检距地震振幅变化较大。水驱轻质油 1250 天前后油藏数值模拟和地震正演模拟结果表明：水驱前后远炮检距振幅变化约是近炮检距振幅变化的两倍。北海地区 Nelson 油田水驱油藏数值模拟结果表明：储层压力变化将产生近炮检距振幅的变化，而流体变化主要产生远炮检距地震振幅的变化。试验模拟与实际迭前资料表明，远炮检距振幅更易于突出饱和度的变化。此外利用 AVO 反演可以得到密度信息，利用密度相对变化有可能直接估算饱和度的变化。

Connolly 等人将波阻抗的概念推广到非零入射角，得到弹性阻抗的概念，这为突出远炮检距振幅的变化提供更直接、更广阔的空间。他利用北海 Foinanven 油田岩心测量数据计算了波阻抗与弹性阻抗随油饱和度的变化，结果表明，相同的油饱和度变化（50%～80%），弹性阻抗变化量是波阻抗的 4 倍。根据渤海湾地区四个典型样品的纵横波岩心分析资料计算了弹性阻抗随水饱和度的变化，结果是，当饱和度从 30% 变化到 100% 时，弹性阻抗的变化量约是 100%，而速度变化量不到 5%，前者是后者的 20 倍。可见其在突出饱和度差异上的潜力巨大。利用渤海湾地区一口全波测井资料对上第三系高孔高渗油层进行流体替代，获得水饱和度分别为 0，5%，10%，…，100% 时纵横波速度和密度曲线，利用这些资料通过叠前正演获得不同饱和度对应的地震道集，对这些叠前资料进行两参数叠前地震反演可以获得拉梅系数与密度的乘积，它随水饱和度的变化是常规波阻抗随水饱和度变化的 3 倍左右。可见，叠前反演可以突出油藏流体的变化，是四维地震解释发展的一个主要方向。

5 应用实例

5.1 人工水驱实例——高 29 断块油藏

高 29 断块油藏位于高尚堡浅层构造南端高 29 断层的南面，为一近南倾的断鼻状构造。断块内构造相对完整，地层平坦，倾角为 3°~6°。该区主力油层为 NgIV$_2$ 小层，地质储量 39.2×10^{4}t，高点埋深 2220m，闭合高度 50m，厚度 5m 左右，面积大于 5.2km^2，共有各类井 13 口。断块含油范围受构造和岩性双重控制，西部在 G34、G37 井附近发生岩性尖灭。

高 29 断块 1985 年进行了首次三维地震采集，1999 年为改善深层地震资料的成像效果又进行了一次三维地震采集，两次采集的浅层（指明化镇与馆陶组地层）地震资料质量都很好，可以开展四维地震试验研究。图 6 为目的层附件差异数据体均方根振幅平面分布图（其左上角为相应层位相干体切片）。由图可见，在注水井 G29-2 井、G37-2 井和 G49 井附近差异较大，这水驱四维地震可行性分析结果是一致的，即长期水驱后在注水井附近将产生 16%~18% 的速度降低，而在生产井附近速度降低为 4.9%~6.8%。很明显就速度变化而言，注水井附近速度变化比生产井附近大，这就是注水井附近地震差异大，而生产井附近地震差异小的原因。除了三口注水井外，有四口生产井，G29 井、G29-1 井、G29-8 井、G29-9 井，其中 G29-8 井、G29-9 井位于地震差异较小的区域，但是 G29 井、G29-1 井却落在差异较大的区域，这是否意味着四维地震资料处理结果与可行性研究结论相矛盾呢？恰恰相反，分析生产井的产液量数据（表 2），不难看出 G29 井和 G29-1 井的产水量远高于其他两口井的产水量，这说明这两口井已被水淹，而其他两口井的产水量非常低，说明还没有被水淹。由此可以推断，注水井附近和被水淹的区域差异大，差异大的边界推测为注水前沿。

在项目研究过程中，该区又完钻了三口开发调整井，它们分别是 G29-10 井、GC29 井、G29-12 井。相干体切片（图 6 左上角）显示在 G29-8 井与 G29-9 井的南面似乎有一个小断层（或岩性突变）阻挡了来自构造低部位注水井的水驱。考虑了这条小断层，开发调整井的钻探结果就很容易解释。GC29 井位于该小断层分隔的北断块的高部位，而且地震差异相对较小，所以试油结果最好；G29-10 井刚好位于小断层处，而且在低部位，这就是为什么该井出砂，治完砂 100% 产水的原因；G29-12 井位于 G29 断块主断层的南面地震差异较小的区域，所以初采产量高，但含水率上升快，这可能与其临近西部 G29-2 高含水区及比 GC29 井位置低有关。

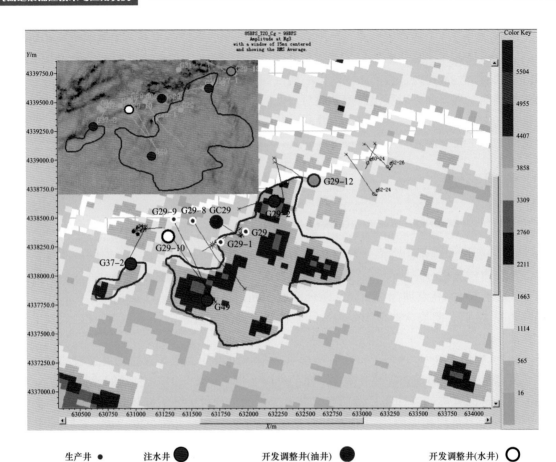

生产井 ●　　　注水井 ⬤　　　开发调整井(油井) ⬤　　　开发调整井(水井) ○

图 6　目的层段附近差异数据体 RMS 振幅平面分布图
蓝线预测为注水前沿

表 2　生产井和注水井产（注）液量统计表

井号	起始时间	截止时间	产油量 / 10^4m^3	累计注（产）液量 / 10^4m^3
G29-2	1991.06	1999.12		28.7209
G37-2	1991.01	1999.12		40.8334
G49	1991.01	1999.12		26.2594
G29	1986.05	1999.12	2.4725	12.4082
G29-1	1989.10	1999.12	3.7631	19.0238
G29-8	1998.12	1999.12	1.5890	1.7350
G29-9	1999.08	1999.12	0.2119	0.2800

5.2 天然开采实例——柳102油藏

柳102区块位于柳南柳102断鼻南侧。该区块已探明含油面积1.1km^2，探明石油地质储量369×10^{4}t，为高孔高渗储层，孔隙度28%～34%，渗透率0.25～4μm^2，单层厚度2～20m。主力油层是NmⅢ$_9$、NmⅢ$_1^2$和NgⅡ$_4$，深度1700～1900m。本次研究重点是NmⅢ$_1^2$油层。温度梯度3.70℃/100m，压力系数0.967，原油的密度0.87g/cm^3。该区块共有生产井17口，日产量300t，综合含水率82.1%，采油速度3%，采出程度17.2%，年产能力10×10^{4}t。该区块在整个勘探开发进程中遵循着勘探取得发现—滚动勘探开发—开发—滚动勘探开发这一勘探开发一体化的思路。

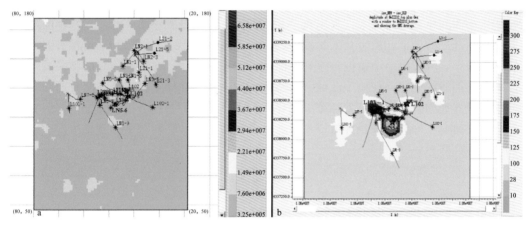

图7　弹性阻抗的差异（b）比振幅差异（a）更好地反映油藏的变化

该区块第一次三维地震资料采集于1987—1988年（南部的柳南三维和北部的柳赞三维），第二次三维地震资料采集于2000年（柳赞三维）。图7a为NmⅢ$_1^2$附近互均化后新老资料差异平面图，整个工区内差异都较小，无法反映油藏的变化，这可能与油藏开采方式有关。由于整个过程采用天然开采方式，物性、泥质含量和压力变化很小，根据可行性分析结果，开发过程引起的地震速度变化小，导致地震差异小。然而，互均化后新老弹性阻抗的差异却能很好地反映油藏的变化，如图7b所示。由图可见，弹性阻抗差异大的地区主要集中在L102井、L103-1井、LN5-6井附近，这与开发实践是相吻合的，因为在整个开采过程中只有这三口进动用过NmⅢ$_1^2$油层。由于各油层相距很近，所以上面动用过的油层对NmⅢ$_1^2$段地震振幅也有一定的影响，这表现在其他井点处弹性阻抗也有一些差异。

6 总结

综上所述，在注水开采过程中，影响四维地震可行性评价的主要因素有：（1）储层物性参数的变化，如孔隙度、渗透率、泥质含量、粒度中值等；（2）油藏流体类型及其性质的变化，即流体替换及其性质的变化；（3）油藏环境参数，如温度和压力等的变化。如果考虑所有这些因素对地震响应的影响，那么水驱四维地震可行性要乐观的多。渤海湾地区四维地震可行性研究成果表明，对于长期人工水驱开采的油藏，在注水井处，由于水驱过程造成物性变化以及注水压力变化都会导致相当可观的地震速度降低，可达16%～18%，但在生产井处，只造成4.9%～6.8%的速度降低；如果是天然开采，此时只有流体的变化，它导致4.5%～6.4%的速度增加。在四维地震资料处理上，针对陆上两次采集三维地震资料空间变化强烈的特点，提出了叠前和叠后互均化处理的准则和处理流程，并对高29断块和柳102油藏的实际资料进行了处理，处理结果不但与已知生产井和注水井动态资料吻合，还与开发调整井钻探结果一致，证明了处理结果的可靠性和处理方法与处理流程的有效性，即通过叠前和叠后互均化处理可以基本上消除采集和处理因素的影响，为四维地震解释提供了基础。四维地震解释方法研究与应用实例表明：对于长期人工水驱油藏，如果物性和压力变化较大，可以直接利用互均化后的地震振幅差异监测水驱前沿，但是对于天然开采的油藏，由于开采过程中物性和压力基本不变，整个开采过程引起的地震速度变化很小，利用叠后地震振幅差异无法刻画油藏的变化，必须利用叠前和多波地震信息才能突出油藏的变化，在柳102油藏动态描述中，利用互均化处理后两次叠前弹性阻抗反演的差很好地刻画了天然开采油藏的变化。总之，通过可行性分析、四维地震资料处理与解释方法研究，增强了利用地震资料，尤其是叠前和多波资料刻画油藏流体性质以及油藏动态变化的信心。

参 考 文 献

[1] 甘利灯，等. 水驱四维地震技术：可行性研究及其存在的盲区 [J]. 勘探地球物理进展 2003，26（1）：24-29.

[2] 胡英，等. 水驱四维地震技术：叠前互均化处理 [J]. 勘探地球物理进展，2003，26（1）：49-53.

[3] 甘利灯，等. 水驱四维地震技术：叠后互均化处理 [J]. 勘探地球物理进展，2003，26（1）：54-60.

[4] 甘利灯，等. 水驱四维地震研究现状于研究方向分析 [J]. 石油物探，2002，41，增刊，9-12.

[5] 甘利灯. 2002，四维地震技术及其在水驱油藏监测中的应用 [D]. 北京：中国地质大学（北京）.

[6] 云美厚. 2001，油藏注水强化开采地震监测技术的研究于应用 [D]. 北京：中国地质大学（北京）.

[7] 陈小宏，牟永光. 四维地震油藏监测技术及其应用 [J]. 石油地球物理勘探，1998，33（6）：707-715.

[8] 王志章，等. 开发中后期油藏参数变化规律及变化机理 [M]. 北京：石油工业出版社，1991.

[9] 王端平，等. 胜利油田二区沙二区1-2精细油藏描述及剩余油分布研究—测井解释 [R]. 胜利石油管理局胜利采油厂和地质科学研究院，1997.

测井—地震—油藏一体化

　　老油田挖潜的中心任务是提高原油采收率，关键是预测剩余油相对富集区，其核心是深化地震油藏描述。由于我国东部老油田储层多为陆相碎屑岩沉积，储层纵横向非均质性强，加上开采时间长、开采过程复杂、井网密度大，深化地震油藏描述面临巨大挑战。为此，必须转变地震油藏描述思路，遵从由地震到油藏，再回到地震的测井—地震—油藏一体化工作流程；在地震资料处理和解释过程中必须突出井控，充分发挥老油田井网密、测井资料丰富、测井资料纵向分辨率高的优势，做好测井与地震结合；在油藏工程阶段要突出地震约束，充分发挥地震资料在面上采集、具有较高横向分辨率的优势，做好地震与油藏的结合。本组收录 2 篇期刊论文，其中 1 篇论文入选中国精品科技期刊顶尖学术论文"领跑者 5000"和 CNKI 高被引论文，文章简介如下。

　　"高含水油田地震油藏描述关键技术"针对高含水油田开发后期地震油藏描述的目标尺度小、井网密、资料时间跨度大等特点，提出了以井控处理、井控解释和井震联合反演为核心的油藏描述技术思路，系统地开展了地震油藏描述关键技术研究。总结形成了地震岩石物理分析、井控地震资料处理、井控精细构造解释、井震联合地震反演和地震约束油藏建模和数值模拟 5 项关键技术。在大庆长垣喇嘛甸油田试验区应用表明，在密井网条件下，将地震资料与油藏静态和动态资料融合，可以明显改善精细构造解释、薄储层描述和剩余油分布预测的效果。本文入选中国精品科技期刊顶尖学术论文"领跑者 5000"和 CNKI 高被引论文。

　　"测井—地震—油藏模拟一体化技术及其在老油田挖潜中的应用"以大庆长垣喇嘛甸油田试验区为研究对象，在分析技术需求和难点的基础上，提出了以共享油藏模型为核心的测井—地震—油藏一体化技术理念，通过井震融合和震藏融合技术的研究，形成了动态地震岩石物理分析、井控保幅高分辨率地震资料处理、井控精细构造解释、井

测井—地震—油藏一体化

震联合储层研究、地震约束油藏建模和地震约束油藏数模技术系列，建立了老油田剩余油分布预测技术流程。该技术流程和技术系列在研究区应用中取得了明显的效果，实现了断距 2m 以上低级序断层的识别，构造解释平均相对误差小于 0.08%，2m 以下薄储层识别符合率达 86%，剩余油分布预测符合率 80%。研究成果指导了 15 口井补孔方案的编制和实施，与措施前相比，平均单井增液量 44.0t/d，增油量 8.9t/d，含水率下降 9.7%，为老油田挖潜提供了有效技术支持。最后，指出了在井震藏一体化工作流程中亟待解决的技术问题，如老油田复杂开发过程的地震岩石物理基础研究，储层孔隙结构和渗透性地震响应机理与预测方法研究，以及井震藏一体化软件平台研发等。

高含水油田地震油藏描述关键技术

甘利灯，戴晓峰，张昕，李凌高，杜文辉，刘晓虹，高银波，卢明辉，马淑芳，黄哲远

1 引言

目前，中国石油产量的 70% 仍来自老油田，其剩余可采储量依然相当可观[1]。与此同时，老油田经过几十年的开发，总体已进入"双高"（高采出程度、高含水）开发阶段[1-2]。高含水油田挖潜的中心任务是提高原油采收率，提高原油采收率的关键即准确预测剩余油相对富集区。实践表明，当老油田产液含水率超过 80% 后，地下剩余油的分布格局已发生重大变化，由含水率 60%～80% 时在中低渗透层还存在着大片连续剩余油的格局转变为"整体上高度分散，局部还存在着相对富集的部位"的分布格局[2]。需要通过"重新建立地下认识体系"，实现"准确地量化剩余油分布"[3]。"重新建立地下认识体系"的关键在井间剩余油分布预测，由于陆上储层非均质性强，井间地下体系非常复杂，仅靠井资料无法建立准确的井间地下体系，而地震是提供井间信息的唯一途径。"准确地量化剩余油分布"的基础是深化地震油藏描述。

中国油田储层中 92% 为陆相碎屑岩沉积，这类储层纵横向非均质性都比国外海相沉积为主的储层要复杂得多，这大大增加了油田开发的难度[4]，也对地震油藏描述提出了更高要求：（1）研究尺度更小，研究目标为识别砂泥岩薄互层中的砂体以及确定低级序断层、微幅度构造和废弃河道等"小尺度"地质体的位置和产状，例如，大庆喇萨杏油田厚度小于 1m 的砂体控制了 74.4% 的剩余地质储量，长 3～5m 的低级序断层常常阻断油水的渗流；（2）精度要求高，需要准确识别砂体边界以及提高孔隙度、厚度等储层物性参数的预测精度，甚至需要检测孔隙流体；（3）井网密，资料多，时间跨度大，井震匹配难，动静态资料融合需求迫切。要解决这些难题，必须转变油藏描述的思路，首先是从可分辨到可辨识的转变，前者属于时间域范畴，无论地震资料具有多高分辨率，都无法在常规地震剖面上识别薄层，后者强调在反演结果上可辨识，同样分辨率的地震资料在不同弹性参数反演剖面上可辨识程度不同，这为识别薄储层提供了可能；其次是从确定性到统计性的转变，由于目标尺度小，不确定性强，利用统计性方法可以评估这种不确定性；然后是从时间分辨率到空间分辨率的转变，目的是充分发挥地震资料在面上采集、具有较高横向分辨率的优势，以横向分辨率弥补纵向分辨率的不足；最后是从测井约束地震到地震约束测井

原文收录于《石油勘探与开发》，2012，39（3）：365-377；该文章入选中国精品科技期刊顶尖学术论文"领跑者 5000"和 CNKI 高被引论文。

的转变，其目的是充分发挥高含水油田开发后期井网密、测井资料丰富的优势。因此，地震岩石物理分析、井控地震资料处理、井控精细构造解释、井震联合地震反演和地震油藏融合是高含水油田开发后期地震油藏描述的核心。

2 地震岩石物理分析

地震岩石物理分析的目的是利用岩石物理学基本理论，建立油藏属性和地震属性间的联系，并指导储层和流体预测。

2.1 面向地震储层预测的测井资料处理和解释

2.1.1 井震匹配问题

由于高含水油田测井资料时间跨度大，故地震测井资料匹配问题突出，主要表现为以下3个方面：（1）地震和测井资料只与采集时油藏属性相匹配，二者采集时间差异影响井震匹配效果；（2）由于高含水油田测井时间跨度大，采集队伍、采集设备和采集参数不尽相同，测井响应空间不一致；（3）地震与测井资料差异，包括频散效应引起的地震波速度与测井声波速度的差异、常规测井处理获得的体积模型与地震岩石物理中使用的体积模型差异。此外，常规测井处理和解释可能是单井进行的，不同井或不同井段采用的处理和解释参数可能不尽相同，而地震岩石物理分析要求工区内所有井采用统一的解释模型和模型参数。上述因素均会影响井震匹配的效果，妨碍地震和测井资料的无缝衔接。

2.1.2 技术对策与效果

针对以上存在的问题，提出了一套相对系统的井震一致性校正流程和方法，主要包括空间一致性校正、井震一致性校正和时间一致性校正。

空间一致性校正，也称测井标准化，其目的是使研究区内所有同类测井数据具有统一的刻度、相同的测井响应特征和相同的解释模型，实现工区内所有井的空间一致性。直方图法是最常用的测井标准化方法，其基本思路是利用关键井标准层经环境影响校正后的测井参数（如密度、声波时差等）作直方图，并与工区内其他井相应标准层的测井参数直方图进行对比。若两者重合较好，说明该井的测井数据正确，不需进行校正；若重合不好，说明该井的测井数据可能存在刻度偏差，必须进行校正，峰值的差值即为校正量，此即单峰校正法。单峰校正通常只单独考虑泥岩标准层一个峰值的多井吻合程度，在实际操作过程中往往会因为只考虑泥岩标准层峰值而顾此失彼，影响砂岩标准化效果，出现较大误差，双峰校正的意义在于既考虑了泥岩标准层的影响又兼顾了砂岩峰值频率，从而改善了多井一致性标准化的效果，双峰法校正使得砂泥岩分布与标准井吻合更好（图1）。

井震一致性校正主要用于解决常规测井资料处理和解释中体积模型与地震岩石物理建模中体积模型不一致性和频散造成的速度不一致性问题。对于体积模型不一致问题，采用面向地震储层预测的测井资料处理和解释方法予以解决，即测井处理和解释与岩石物理建模不是相互独立的，而是有机的整体，其主要内容包括：（1）工区内所有井采用同一参数进行处理和解释；（2）选取石英和干黏土点为骨架点（常规测井处理和解释中选取湿泥岩和砂岩点为骨架点）求取体积模型；（3）在体积物理模型求解过程中采用超定方程优化求解；（4）测井解释结果的输出为干黏土含量、石英含量以及总孔隙度。图2是常规测井处理和解释体积模型与面向地震储层预测的测井处理和解释方法得到的体积模型的对比，前者结果中常有100%泥岩段，这不但无法用地震岩石物理建模，也与岩石构成相违背（泥岩纯度再高，其中也含有石英矿物，而且泥岩中也存在孔隙）。频散效应的校正必须依赖井筒地震资料，特别是VSP（垂直地震剖面）资料，由于VSP资料频带与地面地震频带接近，所以可以联合VSP得到的速度与声波测井资料求取地震波速度和声波速度之间的频散校正模型，然后利用该校正模型对声波测井速度进行校正，校正后声波测井资料制作的合成记录与地震剖面匹配效果得到了改善。

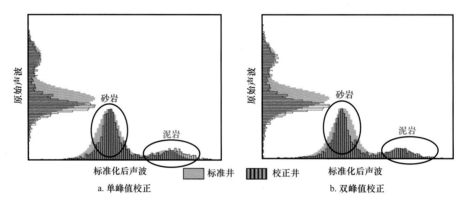

图1　单峰法和双峰法声波标准化结果对比图

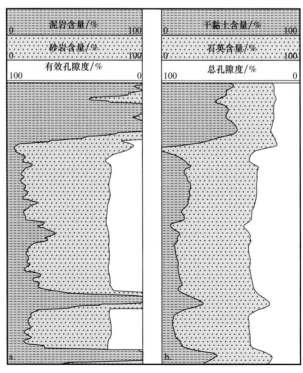

图2　常规测井解释的体积模型（a）与面向岩石物理建模的体积模型（b）对比

时间一致性校正主要解决在地震采集和测井采集时间段内由于油藏变化导致的测井响应变化问题，使得地震与测井资料时间一致。由于高含水油田开发时间长，过程复杂，地下储层岩性、孔隙微观结构、孔隙流体特征变化机理很难用数学和物理模型表达，目前只能通过数据驱动方法建立测井响应随时间的变化模型，进而校正由于时间差异造成的测井响应差异。具体步骤为：（1）利用检查井岩心分析数据，以及不同时期采集的相距很近井组内同一储层测井响应数据，建立测井响应随机时间变化模型；（2）根据建立的模型，将工区内所有测井响应校正到地震采集时间点上，实现井震时间匹配。需要指出的是，这种数据驱动的校正方法没有任何物理基础，未来需要从地震岩石物理学出发模拟分析油藏开发过程引起的测井响应特征变化，以此为基础提出校正方法。

2.2 地震岩石物理建模及其应用

2.2.1 地震岩石物理建模

地震岩石物理建模即利用各种岩石物理理论模型建立饱和储层岩石弹性参数与储层岩石基质、孔隙和孔隙中流体弹性参数之间的关系，实现饱和储层岩石弹性参数正演模拟的过程，具体可分为3个关键环节：基质等效弹性模量计算、干岩石骨架等效体积模量计算和饱和岩石等效弹性模量计算。

基质是固体矿物的混合体，如果已知每一种矿物的弹性模量以及体积含量，可以利用VRH平均或Hashin-Shtrikmanm上下边界平均计算基质等效弹性模量，基质等效密度可用算术平均方法计算[5]。

干岩石骨架是基质和各种形态干孔隙和干裂隙（孔隙和裂隙中不含任何流体）的组合。干岩石骨架弹性模量可以通过实验室测量得到，也可以用理论模型和经验公式计算。计算固结砂岩干岩石骨架弹性模量的理论模型有微分等效介质模型（DEM模型），KT模型、XuWhite模型和自恰模型等[5]。对于非固结砂岩，其等效弹性模量应采用接触理论进行计算，如Dvorkin模型[6]。计算固结砂岩干岩石骨架弹性模量的经验公式主要有Krief公式[7]、Murphy公式[8]、Nur临界孔隙度模型[9]等。

饱和岩石是干岩石骨架和孔隙内流体的组合，要获得整个组合体的等效弹性模量，必须已知孔隙内流体组合弹性性质、干岩石骨架弹性性质以及波传播过程诱导的流体流动。Batzle和Wang等人详细介绍了油、气和水的弹性模量计算方法[10]，据此可以获得不同条件下（温度、压力、矿化度、密度、气油比）油、气及水的弹性模量，然后计算各种流体组成的孔隙流体组合的等效弹性参数，在各种流体均匀混合情形下可以使用Wood公式[5]进行计算。波诱导的流体流动是造成衰减和频散的主要原因，按照波传播过程中引起的压力梯度的尺度可以将其分成宏观流、中观流和微观流：压力梯度尺度在一个波场左右，称之为宏观流，如Biot流；而孔隙尺度的压力梯度对应于微观流，如喷射流；中观流介于二者之间。与之对应，饱和岩石等效理论模型则可以分为4类：（1）以Gassmann方程为代表，这类模型不考虑波诱导流体流动的影响，因此不涉及衰减和频散，只适用于低频条件下的等效弹性模量计算；（2）以Boit模型为代表[11-12]，考虑了宏观流，但没有考虑微观流的影响，因而对频散效应估计不足；（3）以BISQ模型为代表[13]，同时考虑了Biot

流和喷射流，对频散的估计相对充分；（4）以 Patchy 模型为代表，主要考虑孔隙流体不均匀混合引起的频散效应，属于中观流范畴。

岩石物理建模的实现可以分为基础参数确定、岩石物理模型优选、模型参数标定和建模结果验证 4 个步骤。不断优化这 4 个过程使实测弹性参数与模拟弹性参数差异足够小就可得到岩石物理模型最终结果。

2.2.2 地震岩石物理模型的应用

地震岩石物理模型主要用于估算横波速度和制作地震岩石物理解释量版。以往横波速度估算多采用经验公式法，这类估算方法具有特定的使用范围，不具有推广价值，而基于岩石物理建模的横波速度估算方法具有明确的物理意义，且精度较高。图 3 为基于 XuWhite 模型，利用地震岩石物理建模得到的密度、纵横波速度预测结果与实测结果的对比图，可见预测结果与实测结果吻合很好，说明岩石物理建模参数标定合理，利用岩石物理建模方法预测的横波速度预测精度高。

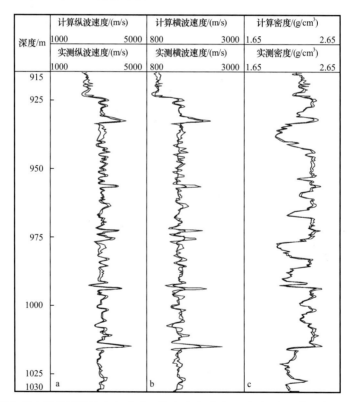

图 3　岩石物理建模估算纵波速度（a）、横波速度（b）和密度（c）曲线与实测曲线对比

Ødegaard 和 Avseth 首先提出了地震岩石物理解释量版的概念，并通过实际工区应用说明经过实际资料标定的解释量版可以指导岩性、物性和含油气性预测[14]。图 4 为纵波阻抗—速度比量版，泥质含量变化范围为 0～45%，孔隙度变化范围为 5%～35%，含水饱和度变化范围为 40%～100%。该图表明，在孔隙度较小时，泥质含量对速度比和波阻抗的影响比流体的影响大，即孔隙度较小时流体识别比较困难；但随着孔隙度增大，流体响

应逐渐增强，含油气性逐渐成为影响弹性参数变化的主要因素，此时进行含油气性预测相对容易。也可模拟油藏开发过程中油藏参数（如压力等）变化的影响，形成动态地震岩石物理量版。

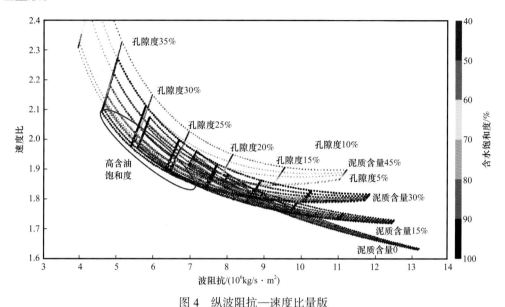

图 4　纵波阻抗—速度比量版

2.3　敏感参数优选

有些弹性参数和地震属性与岩性、物性和孔隙流体等油藏性质之间存在密切的内在联系，而哪些参数或属性可以最好地刻画岩性、物性和含油气性却因地而异，没有普遍性。因此，必须以研究区的数据为基础，通过敏感因子分析，找出最佳弹性参数或参数组合，指导岩性、物性和孔隙流体性质的预测，此即岩石物理敏感因子分析的内涵。经过长期探索，提出了一套适用、有效的敏感因子优选方法，称为 LPF 方法[15]。该方法将相关分析、交会分析、判别分析、因子分析、多元回归分析、神经网络等多种方法应用于储层定性识别和定量描述的参数优选中。交会分析用于初选岩性、物性、流体定性描述的弹性参数组合；判别分析依据判别结果的正判率和误判率对初选弹性参数进行排序和优化；相关分析用于评价单个弹性参数进行泥质含量、孔隙度、饱和度等定量预测时的可靠性；回归分析和人工神经网络用于对油藏属性进行多参数拟合和定量预测；因子分析可以在多参数预测前对数据进行降维，以提高预测精度。

3　井控地震资料处理

高含水油田开发后期井网密度高，但由于储层非均质性严重，剩余油分布高度分散，对地震油藏描述精度要求高，如在大庆长垣地区要求识别储层最小厚度为 1m，最小断距为 3m。因此高含水油田开发后期对地震资料处理的核心要求是提高分辨率，以满足小尺度地质体识别的需求。井控地震资料处理正是为了满足这一需求而发展的技术，可在提高地震资料分辨率的同时，提高地震资料信噪比，反射振幅相对保真，为开发阶段地震储层预测提供数据基础。井控地震资料处理可以利用井中观测的各种数据，对地面地震处理参数进行标定，对处理结果进行质控，其处理流程如图 5 所示。

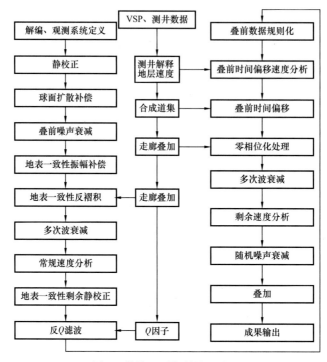

图 5　井控地震资料处理流程

3.1　井控子波提取与反褶积

子波反褶积是提高地面地震资料分辨率的一种常见方法，但受表层条件、传播路径、上覆地层吸收衰减等因素的影响，往往很难估算出一个准确的地震子波。VSP 资料中包含了丰富的上、下行波信息，由于受噪声影响相对较小，从下行波场中能观测到比较单纯的地震子波[16]。因此利用 VSP 资料提取反褶积算子，能够提高地面地震资料处理的质量。实际地震资料处理前后频谱对比表明，井控子波反褶积可以使地震资料主频提高 10Hz 左右。

3.2　井控 Q 值估算与 Q 值补偿

Q 值反映了岩石对地震波传播能量的吸收衰减作用，它对地震信号的振幅和相位都有直接影响。与地面地震资料相比，由于 VSP 记录只受到一次表层低降速带的衰减作用，下行波能量较强，是用于 Q 因子提取的理想数据。利用 VSP 资料估算 Q 值的方法很多[17-19]，最常用的是谱比法，但谱比法要求地震资料具有较高的信噪比，否则计算的 Q 值误差较大，甚至出现没有物理意义的数值。子波模拟法是由 Jannsen 等人在 1985 年提出的[18]，它通过 Q 因子扫描使相邻两道 VSP 初至波形的相关程度达到最大来获取 Q 值。由于相关过程中消除了随机噪声的影响，因此该方法具有更好的抗噪性。另外，在进行最佳 Q 因子扫描时增加了一个约束条件，将扫描范围限定在实际岩石品质因子的分布范围内，避免了无意义的负值。大庆喇嘛甸工区 Q 值计算结果与利用李氏公式[20]进行拟合的结果如图6所示，二者趋势非常一致。为方便资料处理，最终采用时变 Q 因子对地面地震资料进行 Q 值补偿：地震反射时间小于750ms时 Q 值取40，反射时间为 750～900ms 时 Q 值取75，反射时间为 900～1700ms 时 Q 值取100。经过 Q 值补偿，地面地震资料主频提高了15Hz，频带也扩宽了 10Hz 左右。

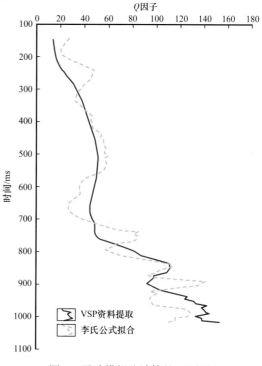

图6　子波模拟法计算的 Q 因子

3.3　井控零相位化处理

在相同带宽条件下，零相位子波旁瓣最小，地震资料分辨率最高，有利于地震解释、反演和储层预测。但在实际地震记录中，由于地震波传播和处理因素影响，使得最终地震资料子波相位特性不一定是零相位的，必须对其进行零相位化处理。现有子波零相位化方法一般都假设子波为常相位，这一条件实际很难满足。VSP 上行波场经几何扩散补偿和零相位反褶积处理后得到的走廊叠加道是零相位的，并且已知极性，是标定地面地震反射的重要资料之一。以走廊叠加道为标准，对地面地震数据进行零相位化处理，不但提高了地面地震资料的分辨率，也使井震匹配程度得到改善。

3.4　井控速度建模

常规叠前时间偏移都是通过速度扫描的方式得到最终偏移速度场，未充分考虑层速度分布形态和变化规律，构造复杂时很难得到精确的偏移归位效果。而利用测井速度和零偏 VSP 速度，可以对偏移速度场进行约束与修正，使之更加符合地层变化规律，更加合理。此外，在常规偏移中一般都认为速度是时间的函数，且假设速度是各向同性的，而实际地层是各向异性的，这会对 NMO、速度分析、DMO 和偏移等产生严重影响。实际资料处理中准确求取各向异性参数难度很大，目前大多采取反复对比多个不同参数结果的方法来确定，如果能够利用 VSP 资料就可以提取更加可靠的各向异性参数[21]，从而改善最终偏移成像效果。

4　井控精细构造解释

4.1　井控小断层解释

小断层，也称低级序断层，通常指四级或四级以下断层[22]。低级序断层对区域构造格局没有控制作用，但是能够成为局部微幅构造、剩余油富集及油水关系的主要地质控制因素[2-3]，对开发方案调整、完善注采关系、提高水驱开发效果具有重要影响，因此成为油田开发阶段构造研究的重点。

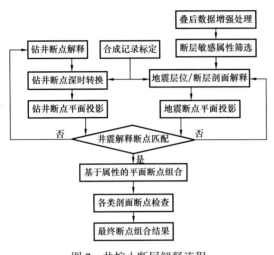

图 7　井控小断层解释流程

4.1.1　流程与效果

受井网密度和地质认识的影响，仅利用测井资料进行断层组合存在不确定性和无法组合的孤立断点。同样，分辨率不足和噪声影响导致的断层地震响应微弱和模糊，以及采集处理脚印和相变等其他地质因素导致的伪断层地震响应，也会影响小断层识别的准确性和精度。因此，井震联合小断层解释是必然的趋势，其流程如图 7 所示。它通过井点引导、断层增强处理、井震结合、开发动态检验等手段提高小断层解释的可靠性和精度。

从测井解释小断层与井震联合断层解释结果对比图（图 8）可见，二者存在较大差异，主要表现在以下两个方面：（1）尽管四级断层走向基本一致，但是断层的延伸长度和平面摆动有差异，如仅根据井资料解释认为断点 1 和断点 2 经过同一条断层，断点 3 和断点 4 经过另一条断层，且均为北西向，而井震联合解释发现断点 1、断点 3、断点 4 为同一条北西向断层，断点 2 属于另一条与之相交的五级北东向断层（图 8b）；（2）五级断层解释变化较大，原来井资料解释断层 18 条，而井震联合重新解释断层 24 条。通过重新解释，工区西部两个测井解释无法组合的孤立断点得到确认并新解释了断层，共新增加了 13 条测井资料未解释的断层（其中包括原来未发现的北东向断层），延伸了 3 条测井解释断层的长度，有 1 条测井解释断层的位置发生了整体迁移，10 个测井解释断点进行了重新组合等。可见，即使在超过 75 口 /km² 的高井网密度条件下（4km² 工区内有 298 口井），单纯依靠测井数据依然无法完全控制钻井断点组合、井间断层分布以及钻遇断层的平面延伸长度等，因此，井震联合小断层解释在开发后期不但非常有效，而且非常有必要。井震联合小断层解释结果需要通过油藏开发动态予以验证，目前验证断层连通性的方法主要包括压力梯度法、示踪剂法、干扰试井、不稳定试井、井组注采动态验证等。图 8 中断点 5 附近新解释的东北向断层得到了干扰试井法的验证。

4.1.2　断层增强处理

曲率、倾角、方差等构造类地震属性分析以及边缘检测、相干分析等连续度方法是断层解释中常用的手段[23-24]。近年来"蚂蚁"追踪方法的出现提高了小断层识别的能力，该方法模拟了自然界中"蚂蚁"觅食的行为[25]："蚂蚁"会倾向于选择信息素浓的路径，同时会在该路径上留下信息素，这样，信息素越多的路径会吸引更多的"蚂蚁"，而信息素少的路径会由于得不到加强而逐渐消失。该方法用在断层识别中就是地震属性中真实的断层信息会被大量"蚂蚁"捕捉到，而"虚假"的信息则只能被少量"蚂蚁"捕捉到，大量"蚂蚁"经过之处就是断层可能存在的地方。图9a是原始资料"蚂蚁"体切片图，可见，尽管有些区域断层成像不够清晰，但4m以上的五级断层都有指示，表明这一属性能够更加敏感地反映地震信号在横向上的微弱变化，因此非常适合于开发阶段小断层的解释。值得注意的是，"蚂蚁"算法也带有先天的多解性，即并非识别的所有不连续边界都是断层的响应，但断层在"蚂蚁"体上都有反映。

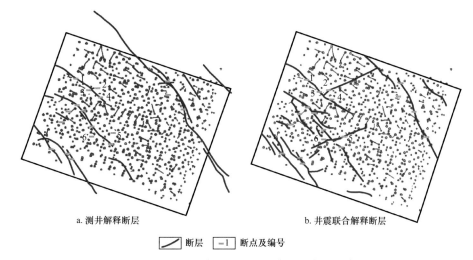

a. 测井解释断层　　　　　　　　　　b. 井震联合解释断层

▱／ 断层　▭1 断点及编号

图8　测井解释断层与井震联合解释断层分布

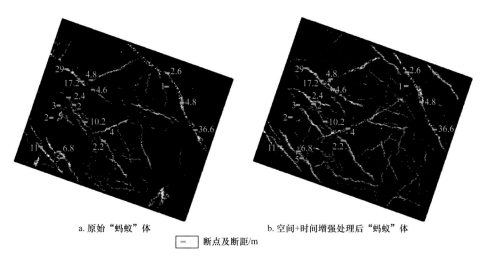

a. 原始"蚂蚁"体　　　　　　　　　b. 空间+时间增强处理后"蚂蚁"体

▭ 断点及断距/m

图9　原始"蚂蚁"体和空间加时间增强处理后"蚂蚁"体切片对比

提高地震资料的空间分辨率是改善小断层地震识别精度的基础。图像反褶积方法[26]可以提高地震资料的横向分辨率：该方法假设观测图像可以表示为一个真实图像和一个点扩散函数的褶积，由于点扩散函数的影响，使得真实图像被模糊了；经过偏移叠加处理后的三维地震数据体，可以看作受偏移孔径影响而被模糊的图像，通过多维反褶积处理消除点扩散函数的影响，就能够得到一个更清晰的图像。由于点扩散函数是一个不包含时间变量的二维函数，因此图像反褶积方法主要提高横向分辨率，而小波变换可以增强地震有效频带内高频成分的响应，从而提高地震资料的纵向分辨能力[27-29]，二者结合即可以提高空间分辨率。图9b为空间＋时间分辨率增强处理后的"蚂蚁"体切片，对比图9a可见，绝大多数五级断层的成像都变得更加清晰，其平面延伸及断层的交割关系也更加明确。对比井点断距可见，根据增强处理后的"蚂蚁"体切片可以识别长度在2m以上的五级断层。必须指出的是，数据增强处理在加强高频信号响应的同时也放大了高频噪声，因此必须依靠井数据对其进行标定和检验。

4.2　井控层位追踪

在薄互层中，井震标定与层位解释中3～5ms的误差都可能使不同的沉积单元错误地关联起来，产生"窜层"现象，因此，在高含水油田地震油藏描述中，不但要求地震解释层位遵循地震同相轴横向变化特征，同时还要求地震解释层位与时间域上已知井钻井分层完全匹配，这种理想的解释结果很难通过常规地震层位追踪来实现，因此需要采用井控层位追踪的解释方法。

首先在井震标定后，利用地震资料进行精细层位解释，主要采用自动追踪技术进行层位解释，从而最大限度地保持地震资料横向变化的细节，在低信噪比区域采用手动追踪，并对不连续和不合理的数据进行修改；其次，需要进行地震层位与地质分层的匹配校正，因为无论地震解释多么精细，地震解释层位与钻井分层也不可能完全重合，这种细小差异会影响后期构造成图、地震反演和油藏建模的精度，必须进行校正，这也是井控层位解释的核心。具体做法是利用已知井的时深关系，将地质分层由深度域转换到时间域，求取已知井点地质分层和地震层位的差异，分别从地质分层、时深关系和地震层位解释3个方面分析误差的可能性，不断迭代修改地质分层、时深关系和地震层位，最终得到在时间和深度域都与钻井分层一致的地震层位解释。

4.3　井控构造成图

井控构造成图法充分利用高含水后期井网密度大的优势，将井点构造信息和井间地震构造信息有机结合，用地震层位约束克里金内插法进行构造成图，从而避开了速度建模过程，构造图既忠实井点深度数据，井间又符合于地震层位的横向变化趋势[30]。

通过井控精细构造解释，构造解释精度明显提高，主要表现为：（1）提高了断层空间位置解释和组合精度。工区内17口没有声波测井曲线的盲井验证表明，构造深度绝对和相对误差均减小。在仅用井资料完成的构造图中，深度平均误差0.87m，平均相对误差0.11%，其中误差大于1m的井有7口。在井控精细构造解释结果中，深度平均误差0.6m，平均相对误差小于0.08%，误差大于1m的井只有3口。（2）在断层附近新发现了一批1～2m微幅度构造（图10b）。

分析其原因主要有两个：一方面断层附近应力集中，地层形变更大，易于形成局部构造；另一方面，为避免目的层断失，在部署井位时通常远离断层，致使断层边部井网密度低，现有井点仍然控制不住局部构造，地震资料恰恰弥补了这方面的不足，能对无井区细微的构造变化进行精细刻画。

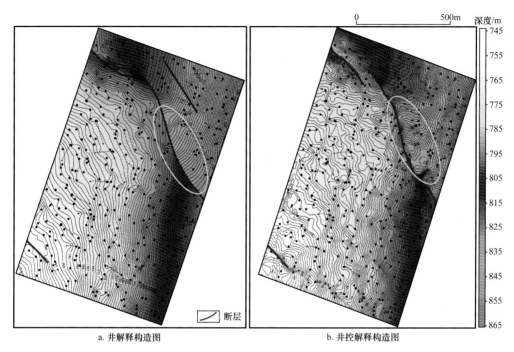

0　　　　　500m　　深度/m

a. 井解释构造图　　　　　　　　　　　b. 井控解释构造图

图 10　井解释构造和井控解释构造对比

5　井震联合地震反演

5.1　确定性反演与随机反演方法

确定性反演假定波阻抗在空间上是一个确定值，通常以褶积模型为基础，利用最小化准则进行求解，得到平滑（块状）的波阻抗估计值。由于地震资料是带限的，确定性反演最大的局限性是其反演结果既缺乏低频也缺乏高频成分，低频成分通常用叠前时间 / 深度偏移速度谱资料或测井低频资料来弥补，高频成分则主要通过测井资料来补充。约束稀疏脉冲反演[31]和基于模型反演[32]是两种最常用的确定性反演方法。

随机地震反演假设波阻抗在空间上是一个随机变量，可以用概率分布来表示，这个概率分布任意一次采样就是一次反演实现。随机地震反演将地震资料、测井资料和地质统计学信息融合为地下波阻抗的后验概率分布，利用马尔科夫链蒙特卡洛方法对这个后验概率分布进行采样，通过综合分析多个采样结果研究后验概率分布的性质[33]。

可见，确定性反演方法着重于获得这个分布中可能性最大的模型，而随机反演则研究整个概率分布的性质，是确定性反演的补充。与确定性反演方法相比，随机反演具有如下优势：首先，它综合利用了测井信息和地质统计学信息，且反演过程没有采用确定性反演中的局部平滑处理，可以从地震资料中提取更多的细节信息；其次，随机反演从井点出发，反演结果与井吻合程度非常高；再次，综合分析多个实现可以对反演结果的不确定性作出定量评估；最后，最新随机反演方法建立在贝叶斯公式的基础上，可以方便地融合多尺度信息。

5.2 不同反演结果比较

图 11 为 3 种反演方法得到的波阻抗联井剖面对比图，砂岩在自然电位曲线上表现为负异常，在波阻抗上表现为低值（红色和黄色区域）。图 11a 为约束稀疏脉冲反演结果，可以看出反演结果横向变化自然，大的变化特征与井基本一致，但纵向上分辨率低，单砂体和钻井结果符合不好，不能满足实际生产需求。图 11b 为基于模型反演结果剖面，其纵向时间采样率为 0.25ms，明显看出纵向分辨率大幅提高，薄层砂岩的边界比较清楚，与钻井解释的砂岩基本符合。这是因为初始波阻抗模型中包含了超出地震频带的高频测井信息，并一直保留到反演结果中。这种高频信息对应于薄层的响应，由于薄层通常分布规模小，横向相变快，必须有足够的井才能确保内插结果的可靠性，所以，基于模型反演需要一定数量的测井资料，更适合于开发和生产阶段地震油藏描述。

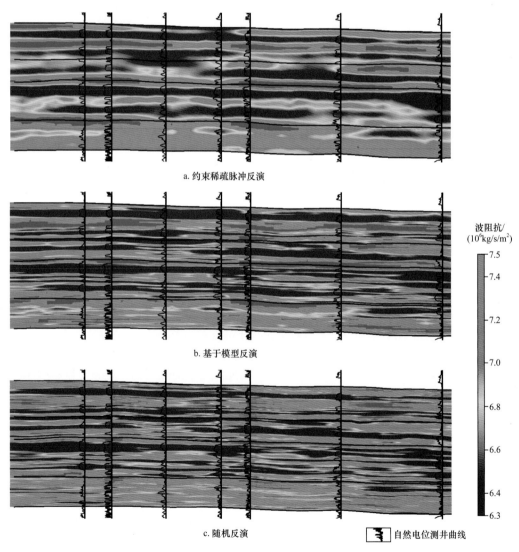

a. 约束稀疏脉冲反演

b. 基于模型反演

波阻抗/
$(10^6 kg/s/m^2)$

7.5
7.4
7.2
7.0
6.8
6.6
6.4
6.3

c. 随机反演　　　　　🔲 自然电位测井曲线

图 11　地震反演波阻抗联井剖面对比图

为了定量评价基于模型反演方法的适用性和对薄储层的预测能力，笔者先后进行了 3 次反演，然后利用盲井检验评价反演效果。为保证 3 次反演结果的可对比性，每次反演除了使用不同数量的井建立初始模型外，其他反演参数完全相同。整个工区共有井 298 口，3 次反演使用的井数分别是 42 口、118 口和 291 口，对应的井间距大约是 400m、200m 和 100m。考虑到不同厚度砂体横向分布稳定性有所差异，反演预测精度也有所不同，因此，在利用盲井统计砂体预测符合率时按厚度将砂体分成 3 组：大于 4m 砂体、2～4m 砂体和小于 2m 砂体。而且为了便于对比，只对 3 次反演都没有使用的 7 口盲井统计储层预测符合率，不同井网密度和不同厚度砂体条件下预测符合率见表 1。可见，砂体越厚，符合率越高，4m 以上砂体几乎可以准确预测，2～4m 砂体可以预测，但精度不高，2m 以下砂体几乎不能预测。此外，基于模型反演预测精度与井网密度密切相关，同样厚度砂体，井网密度越大，预测精度也越高。

表 1　基于模型反演砂体预测符合率统计表

砂体厚度 /m	预测符合率 /%		
	400m 井距	200m 井距	100m 井距
>4	95	100	100
2～4	66	75	91
<2	32	36	60

对比图 11 中基于模型反演（图 11b）和随机反演（图 11c）结果可见，厚砂体分布几乎完全一致，但薄砂体的可辨识性在随机反演剖面上得到提高，砂体横向连续性更加合理，而且井旁反演结果与测井砂体解释匹配程度更高。为了分析井网密度对随机地震反演精度的影响，以及便于对比确定性反演和随机反演砂体预测精度，笔者采用与基于模型反演中相同井网密度、盲井检验流程和符合率统计方法评价随机反演预测能力，其结果见表 2。分析表 1 和表 2 中数据，可以得到如下结论：（1）无论是确定性反演，还是随机反演，砂体厚度越大，反演预测精度越高，且井距越小，反演精度越高；（2）随机反演预测精度整体上高于确定性反演，而且井网越密，砂体越薄，随机反演效果越佳。4m 以上砂体确定性与随机反演预测精度相当，2～4m 砂体随机反演精度略有提高，小于 2m 砂

表 2　随机反演砂体预测符合率统计表

砂体厚度 /m	预测符合率 /%		
	400m 井距	200m 井距	100m 井距
>4	94	100	100
2～4	65	80	94
<2	42	57	86

体，随机反演预测精度大幅提高；（3）在随机反演中，4m 以上砂体预测符合率不低于 94%，可以准确预测；对于 2～4m 砂体，在井距不超过 200m 时可以有效预测（符合率高于 75%）；对于小于 2m 砂体，随着井距不断减少，预测符合率不断提高，当井距为 100m 时，预测符合率也达到了 80% 以上。可见，当井网密度足够大时，采用随机地震反演能够较准确地预测 2m 以下薄储层。

6 地震约束油藏建模和数值模拟

油藏地质建模的目的是有效表现油藏的结构及油藏参数的空间分布和变化规律。在高含水后期，研究区一般具有井网密度大、井距小的特点，但是井间储层信息仍然是"模糊"的，依据传统方法建立的地质模型在井间仍具有不确定性。近年来，随着老区开发地震技术的迅速推广应用，油藏地质信息得到了极大丰富和增强，只有在有机融合不同来源信息基础上，尤其是充分利用地震资料所提供的信息，才能建立最佳的、符合实际地质情况的高精度油藏模型。

地震约束油藏地质建模是以地质统计学理论为核心，结合常规地震解释、反演、地震属性分析等成果以及井间地震、VSP 等资料，建立油藏地质模型的一项综合技术[34]。在高含水后期，地震资料对油藏地质模型的约束作用主要体现为控制构造空间形态、表征储层非均质性以及降低模型不确定性上，主要通过两个途径实现：一是作为模拟或插值的边界或者约束（包含平面约束和体约束），从形态和趋势上对计算过程进行控制；二是地震数据本身参与到计算中，通过与已知井点数据建立某种形式的方程组，以不同的克里金方法求解方程组待定系数，进而计算待估点的数值。其研究内容包括地震约束构造建模、沉积相建模和油藏属性建模 3 个方面。

地震约束构造模型包括层位模型和断层模型，主要反映油藏的空间框架和断层格局。综合利用地震、地质、测井等多资料信息建立储层的三维构造模型，从而为储层的分布提供空间约束。沉积相建模通常不采用以地震数据为第二变量的克里金方法来直接参与地质统计学计算，而是用趋势控制的方法加以约束。油藏属性建模则以分相带建立的地震参数与油藏属性参数之间的关系为基础，将地震参数作为软约束通过同位协克里金的方式进行计算，提高模型的合理性。

油藏数值模拟是在反映油藏非均质性的油藏模型基础上，以流动规律为指导，以井中流动历史为条件，对空间流体流动进行模拟的过程。地震约束油藏数值模拟技术的核心是在历史拟合过程中引入了地震信息，减少了历史拟合的不确定性，使油藏模型更加符合地质规律，从而提高了剩余油分布预测的可靠性[34]，其流程如图 12 所示。地震约束油藏数值模拟的优势是不但可以实现井点模拟结果和实际动态数据匹配，还保证了油藏模型对应的地震合成记录与实际资料匹配，从而提高了油藏数值模拟的精度和剩余油分布预测的可靠性。图 13 为试验区内常规油藏历史拟合和地震约束油藏历史拟合结果对比，可见地震约束改善了单井产油量和含水率历史拟合效果，从而提高了整个油藏拟合的精度。

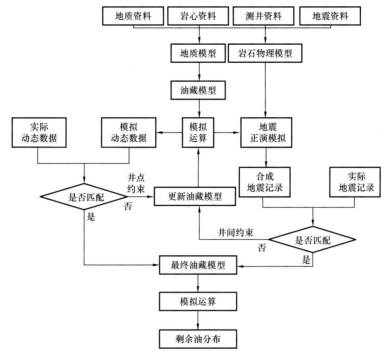

图 12　地震约束油藏数值模拟技术流程

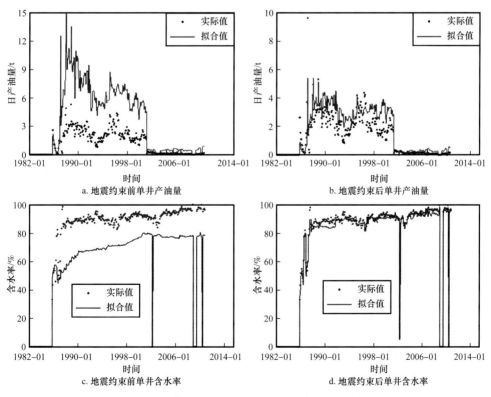

图 13　地震约束前后单井产油量和含水率历史拟合对比图

7 结论

尽管高含水油田开发后期地震油藏描述的目标尺度小、精度要求高，但是由于井网密度大，地质、测井和油藏动态信息丰富，通过井控处理、井控解释、井震联合反演、地震约束油藏建模和数值模拟将地震资料与油藏静态和动态资料融合，可以明显改善油藏描述的效果，如井控小断层解释可以识别断距为2m的小断层，随机地震反演可以大幅提高厚度在2m以下的储层预测精度，地震约束油藏建模和数值模拟可以提高油藏建模和历史拟合的精度等。因此，以井点为核心开展多学科融合是高含水油田开发后期地震油藏描述的根本出路，这不仅涉及地质、地震、测井等学科，更重要的是需要结合生产动态信息进行综合油藏描述，以达到准确建立静态和动态油藏模型、有效预测剩余油相对富集区、提高原油采收率的目的。

参 考 文 献

［1］胡文瑞.论老油田实施二次开发工程的必要性与可行性［J］.石油勘探与开发，2008，35（1）：1-5.

［2］韩大匡.准确预测剩余油相对富集区提高油田注水采收率研究［J］.石油学报，2007，28（2）：73-78.

［3］韩大匡.关于高含水油田二次开发理念、对策和技术路线的探讨［J］.石油勘探与开发，2010，37（5）：583-591.

［4］徐安娜，穆龙新，裴怪楠.我国不同沉积类型储集层中的储量和可动剩余油分布规律［J］.石油勘探与开发，1998，25（5）：41-44.

［5］Mavko G，Mukerji T，Dvorkin J. The rock physics handbook-tools for seismic analysis in porous media［M］. London：Cambridge University Press，1998.

［6］Dvorkin J，Berryman J G，Nur A. Elastic moduli of cemented sphere packs［J］. Mechanics of Materials，1999，31（7）：461-469.

［7］Krief M，Garat J，Stelling W，et al. A petrophysical interpretation using the velocities of P and S waves（full-waveform sonic）［J］. The Log Analyst，1990，31（6a2）：15-20.

［8］Murphy C A，Reischer A，Hsu K. Modulus decomposition of compressional and shear velocities in sand bodies［J］. Geophysics，1993，58（2）：227-239.

［9］Nur A，Mavko G，Dvorkin J，et al. Critical porosity：A key to relating physical properties to porosity in rocks［C］. 65th SEG Annual Meeting Expanded Abstract. Tulsa：SEG，1995.

［10］Batzle M，Wang Z. Seismic properties of pore fluids［J］. Geophysics，1992，57：1396-1408.

［11］Biot M A. Theory of propagation of elastic waves in a fluid-saturated porous solid（Ⅰ）：low-frequency range［J］. Journal of the Acoustical Society of America，1956，28（2）：168-178.

［12］Biot M A. Theory of propagation of elastic waves in a fluid-saturated porous solid（Ⅱ）：higher frequency range［J］. Journal of the Acoustical Society of America，1956，28（2）：179-191.

［13］Dvorkin J，Nur A. Dynamic poroelasticity：A unified model with the squirt and the Biot mechanisms［J］. Geophysics，1993，58（4）：524-533.

［14］Ødegaard E，Avseth P. Well log and seismic data analysis using rock physics templates［J］. First Break，2004，22：37-43.

［15］李凌高，甘利灯，杜文辉，等.面向叠前储层预测和油气检测的岩石物理分析新方法［J］.内蒙古石油化工，2008，33（18）：116-119.

［16］王紫娟，刘德威．VSP 与 3D 地震资料的联合处理［J］.石油物探，1995，34（2）：16-25.

［17］Tonn R. The determination of the seismic quality factor Q from VSP data：A comparison of different computational method［J］. Geophysical Prospecting for Petroleum，1991，39（1）：1-27.

［18］Jannsen D，Voss J，Theilen F. Comparison of methods to determine Q in shallow marine sediments from vertical reflection seismograms［J］. Geophysical Prospecting，1985，33（4）：479-497.

［19］王成彬．井控地震资料处理技术及其在 LS 地区的应用［J］.石油物探，2008，47（4）：381-386.

［20］田树人．用李氏经验公式估算反 Q 滤波中的 Q 值［J］.石油地球物理勘探，1990，25（3）：354-361.

［21］凌云，郭向宇，孙祥娥，等.地震勘探中的各向异性影响问题研究［J］.石油地球物理勘探，2010，45（4）：606-623.

［22］李阳，刘建民.油藏开发地质学［M］.北京：石油工业出版社，2007.

［23］徐亮.低序级断层的地震识别技术在惠民凹陷辛 34 断块中的应用［J］.矿物岩石，2007，27（2）：86-93.

［24］邓维森，林承焰.葡萄花和敖包塔油田葡Ⅰ组油层低级序断层的地震识别［J］.石油物探，2010，49（1）：79-84.

［25］Dorigo M，Maniezzo V，Colorni A. Positive feedback as a search strategy［R］. Milan：Milan Politecnico di Milano，1991.

［26］陆文凯，张善文，肖焕钦.用于断层检测的图像去模糊技术［J］.石油地球物理勘探，2004，39（6）：686-689，696.

［27］高静怀，陈文超，李幼铭，等.广义 S 变换与薄互层地震响应分析［J］.地球物理学报，2003，46（4）：526-532.

［28］马丽娟，金之钧.复杂断块构造的精细解释［J］.石油地球物理勘探，2005，40（6）：688-692.

［29］陆文凯，丁文龙，张善文，等.基于信号子空间分解的三维地震资料高分辨率处理方法［J］.地球物理学报，2005，48（4）：896-901.

［30］刘文岭，朱庆荣，戴晓峰.具有外部漂移的克里金方法在绘制构造图中的应用［J］.石油物探，2004，43（4）：404-406.

［31］Debeye H W J，Ripel P. Lp-Norm deconvolution［J］. Geophysical Prospecting，1990，38（4）：381-403.

［32］Brian H R，Daniel P H. A comparison of poststack seismic inversion methods［C］. 61th SEG Annual Meeting Expanded Abstracts. Tulsa：SEG，1991.

［33］Tarantola A. Inverse problem theory：Methods for data fitting and model parameter estimation［M］. Amsterdam：Elsevier Science Publication Co.，Inc.，1987.

［33］胡水清，韩大匡，夏吉庄.高含水期地震约束储层地质建模技术［J］.石油与天然气地质，2008，29（1）：128-134.

［34］夏吉庄，杨宏伟，吕德灵，等.永 3 复杂断块油藏多尺度地球物理资料流体预测研究［J］.石油物探，2010，49（4）：336-343.

测井—地震—油藏模拟一体化技术及其
在老油田挖潜中的应用

甘利灯，戴晓峰，张昕，李凌高，杜文辉，高银波，卢明辉

1 引言

我国东部老油田总体进入"双高"（高采出程度、高含水）开发阶段[1-2]。老油田挖潜的中心任务是提高原油采收率，关键是预测剩余油相对富集区[3]，其核心是深化地震油藏描述。由于我国东部老油田储层多为陆相碎屑岩沉积，储层纵横向非均质性强，加上开采时间长、开采过程复杂，深化地震油藏描述面临巨大挑战[4]，主要表现为以下四方面：（1）目标尺度更小，精度要求更高。经过多轮精细油藏描述和长期开发，井间距越来越小，目标尺度越来越小，如要求识别1m以上厚度的砂体，断距3m左右的断层，3m左右的微幅度构造，以及准确识别砂体边界和泥岩隔层，提高物性预测精度等；（2）资料时间跨度大，如大庆长垣最早采集的测井资料与地震资料采集时间相差近40年，井震匹配难；（3）井网密，测井资料多，地震油藏描述的时效性低，影响了地震技术在开发阶段的应用；（4）资料种类丰富，多学科资料融合需求强烈，但目前缺乏一体化工作模式、流程和相应的技术与软件平台。

要解决这些难题，必须转变地震油藏描述的思路。首先是从可分辨到可辨识的转变，前者属于时间域范畴，无论地震资料具有多高分辨率，都无法在常规地面地震剖面上识别1m的薄层，后者强调在反演结果上可辨识，同样分辨率的地震资料在不同弹性参数反演剖面上可辨识程度不同，这为识别薄储层提供了可能；其次是从确定性到统计性的转变，由于目标尺度小，不确定性强，利用统计性方法可以评估这种不确定性；再次是从时间分辨率到空间分辨率的转变，目的是充分发挥地震资料在面上采集、具有较高横向分辨率的优势，以横向分辨率弥补纵向分辨率的不足；最后是从测井约束地震到地震约束测井的转变，其目的是充分发挥老油田井网密、测井资料丰富的优势，实现（测）井（地）震（油）藏（模拟）多学科一体化。

实际上，不同学科的资料都是油藏特征在不同侧面的反映，具有不同的特点，可以相互印证，相互补充。例如测井资料具有纵向分辨率高的优势，而地震资料具有横向连续分布的优势，因此，井震结合可以最大程度发挥地震和测井资料的优势，这个理念在油藏静态描述中得到普遍认可与广泛采用。同样，生产动态资料蕴含了丰富的油藏静态和动态信

原文收录于《石油物探》，2016，55（5）：617-639+691。

息，与地震资料结合，可以更好地进行油藏静态描述和动态分析。在地震与油藏模拟融合上，Huang 等[5]最早将时移地震技术与油藏数模相结合，提出了利用时移地震数据约束历史拟合，以提高了历史拟合的精度。随后，又提出利用生产动态数据约束时移地震资料分析[6]，最终形成了从地震到油藏，再回到地震的技术流程，为地震与油藏融合提供了一种有效途径[7]。当前，从地震到油藏，井震藏结合已成为油藏地球物理技术发展的一个重要趋势。

喇嘛甸油田位于大庆长垣背斜的最北端，面积约 100km²，是东部老油田的典型代表。该油田发现于 1960 年，其后勘探开发历程非常复杂，大致经历了 1960—1966 年的勘探阶段、1967—1972 年的评价阶段、1973—1975 年的开发阶段和 1976 年至今的开发调整阶段。在开发调整阶段又经历了开发层系调整、全面转抽稳产、注采系统调整、二次加密调整、聚合物驱接替稳产等时期，现已进入"双高"阶段。油田经历了基础井网，一次加密、二次加密、三次加密和四次加密，目前平均井网密度高达 100 口 /km²。喇嘛甸油田是一个短轴背斜气顶油藏，具有统一的油气界面和油水界面，自下而上发育有高台子、葡萄花、萨尔图 3 套油层、8 个油层组、37 个砂岩组、97 个小砂层，油层总厚度为 390m。研究工区位于该油田北部的北北区二块 789 行列二次开发试验区内，面积 4km²，约 400 口井。研究目的层为萨尔图油层，属于盆地北部沉积体系的大型叶状三角洲相沉积，厚度约 100m，上部萨一组为嫩一段沉积地层，是一套灰黑色泥岩与薄层粉砂岩、细砂岩的岩性组合；下部萨二组、萨三组为姚家组上部沉积地层，是一套灰绿、紫红色块状泥岩与中厚层砂岩交互出现的岩性组合。萨尔图油层又分 3 个油层组、10 个砂岩组、19 个小砂层，重点研究层段是萨Ⅱ油层组，可分为 12 个小砂层。

虽然该油田开展了多次油藏描述研究，但仍然不能满足现阶段开发的需求，主要表现在以下几个方面。一是构造解释的精度有待提高，目前钻井打到的断点组合率只有89.2%，希望搞清断层组合和断层要素，进一步提高断距 3m 以上小断层的识别精度，同时提高构造成图精度，以满足剩余油水平井挖潜的需要。二是薄砂体识别和砂体边界圈定，包括大面积分布河道砂体边界与单一河道识别问题、窄小河道砂体边界预测、河间薄层砂预测和河道砂体内夹层识别与表征。三是剩余油相对富集区预测。为此，在2007 年冬季开展了 104.31km² 三维三分量地震资料采集，观测系统为 16L8S168R 斜交，20m×20m 面元，14×8 次覆盖，采样率 1ms。本文以此地震资料为基础，从测井、地震和油藏模拟三方面开展系统研究，实现了从地震到油藏，再回到地震的技术思路，通过井震融合和震藏融合实现了井震藏一体化，充分发挥了多学科资料各自的优势，提高了油藏建模和数模的精度，进而提高了剩余油分布预测的精度，为老油田挖潜提供了技术支持和实践经验。

2 老油田井震藏一体化理念与技术路线

井震融合是地震油藏描述的关键环节，它可以实现两个目的，一是充分利用井点的资料，如测井资料和井筒地震资料等，二是保证测井与地震的一致性。井震一致性是地震岩石物理研究的内容之一，在勘探阶段由于测井与地震几乎同时采集的，不存在时间一致性问题，但是在开发阶段地震与测井的采集时间差异非常大，如大庆长垣油田二者相差近40年，这40年间储层发生了很大变化，因此地震资料与测井资料是不匹配的，存在时间一致性匹配问题，这需要将地震岩石物理技术推广到开发后期，解决随时间变化的地震岩石物理分析问题，称为动态地震岩石物理分析技术。其目的是解决阻碍开发后期井震融合存在的时间、空间和井震不一致性问题，为实现井震融合奠定岩石物理基础。井震融合的另一个基础是井控保幅高分辨地震资料处理，其目的是充分发挥井筒地震资料的优势，不但为地震资料高分辨率处理提供处理参数和约束，而且也为保幅处理质控提供依据，为实现井震融合奠定地震资料基础。此外，为了油藏工程师能够更好地使用地震油藏描述结果，井点处地震储层预测结果必须与测井解释成果一致，包括构造、储层和含油气性等。同时，也为了充分发挥开发阶段井网密的有优势，井控地震资料解释方法就成了开发阶段地震油藏描述技术的必然选择，如井控精细构造解释，井震联合储层研究等。井控精细构造解释包括井控小断层解释、井控层位追踪和井控构造成图技术，其目的是提高构造解释精度，实现构造解释的井震一致性。地震反演是储层定量研究的关键技术之一，大部分地震反演都是通过正演的方法来实现的，即建立初始波阻抗模型，然后修改模型让模型的合成记录与实际地震记录逼近，达到一定精度后的模型就是反演结果，可见这些技术逼近的目标是地震资料，因此，在很多情况下，储层厚度预测结果与井点差异较大，油藏工程师无法使用这些结果，因此，开发阶段地震储层预测要尽可能使让井点处预测结果与测井解释成果符合，或从井点已知信息出发结合地震资料进行外推，就地震反演而言，随机反演可能是开发阶段最适合的反演方法，它既可以提高薄储层预测的精度，又可实现储层预测的井震一致性。可见，井控是老油田地震资料处理和地震油藏描述的突出特征，动态地震岩石物理分析和井控保幅高分辨地震资料处理是井震融合的基础，井控精细构造解释和井震联合储层研究，特别是随机地震反演，是井震融合的关键手段。

传统上，地震油藏描述、油藏建模和油藏数模的关系是接力式的，即油藏建模使用地震油藏描述的结果，油藏数模利用粗化后的油藏建模结果，由于粗化使得从油藏数模无法回到地质建模，更无法回到地震，如图1a所示，限制了地震资料在油藏工程中作用的发挥。实际上地震资料是面上采集的唯一资料，可以降低井间描述模糊性。为此，首先不能进行粗化，这样油藏模型与地质模型是等价的，通过历史拟合更新油藏模型就是更新地质模型，实现从数模到建模的闭合循环，其次通过动态地震岩石物理和正演模拟技术实现从建模到地震资料解释，甚至是地震资料处理的闭合循环，最终形成从地震到油藏，再回到油藏的闭合循环，为充分发挥地震的作用提供保障，如图1b所示。在此基础上，通过地震约束建模和地震约束数模，充分发挥地震资料在油藏建模和数模中的作用，提高油藏建模和数模的精度，最终提高剩余油分布预测的精度。因此，油藏工程阶段要突出地震约束，通过地震约束建模和数模实现地震油藏一体化，其基础是不粗化。

地震测井融合和地震油藏一体化实现了地质、钻井、测井、地震和油藏等多学科一体化，形成了老油田井震藏一体化技术体系，构建了面向老油田开发的剩余油分布预测技术流程，如图2所示。其关键技术包括动态地震岩石物理分析、井控保幅高分辨率地震资料处理、井控精细构造解释、井震联合储层研究（随机地震反演）、地震约束油藏建模和地震约束油藏数模技术等。

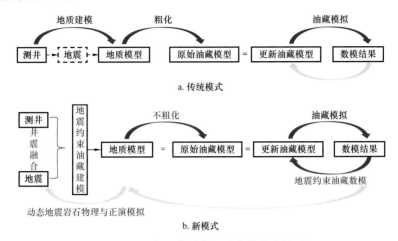

图 1   地震与油藏建模和油藏数模的关系

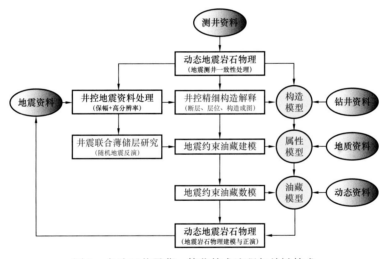

图 2   老油区井震藏一体化技术流程与关键技术

3   井震藏一体化技术体系

3.1   动态地震岩石物理分析技术

动态是相对静态而言的，静态是指物理性质只随空间位置变化，不随时间变化，勘探阶段油藏没有发生变化，因此勘探阶段地震岩石物理分析可以认为是静态的；开发阶段则不同，由于长期开发，储层岩性、孔隙结构和孔隙中的流体都随时间变化而变化，因此，动态地震岩石物理分析更关注时间变化对储层弹性性质的影响，以及由此造成的井震匹配问题。

3.1.1 老油田井震匹配问题与技术对策

开发阶段地震与测井资料匹配问题更加突出，主要原因包括三个方面：（1）测井响应空间不一致性，由于老油田测井时间跨度大，采集队伍、仪器设备和采集参数不尽相同。（2）地震与测井资料不一致性，首先是频散效应引起地震速度与测井声波速度的差异；其次是常规测井处理获得的体积模型与地震岩石物理中使用的体积模型有差异，前者通常由不同岩性（如砂岩和泥岩）和有效孔隙度构成，后者需要各种矿物含量（石英和黏土）和总孔隙度进行岩石物理建模；还有就是常规测井资料处理和解释可能是单井逐井进行的，不同井或不同井段采用的处理和解释参数也不尽相同，而地震岩石物理分析要求工区内所有井采用统一的模型和模型参数。（3）地震和测井资料只与采集时油藏属性相匹配，不同时期采集会影响井震匹配效果，造成时间不一致性。所有这些因素都会影响井震匹配的效果，阻碍地震和测井资料的融合。针对以上存在的问题，提出了一套相对系统的井震一致性处理流程和方法，主要包括空间一致性处理、井震一致性处理和时间一致性处理。

3.1.2 空间一致性处理

空间一致性校正，也称测井标准化，其目的是使研究区内所有同类测井数据具有统一的刻度、相同的测井响应和相同的解释模型，实现工区内所有井的空间一致性。直方图法是一种最常见的测井标准化方法。其基本思路是利用关键井标准层经环境影响校正后的测井数据（如密度、声波时差等）作直方图，并与工区内其他井相应标准层的测井数据直方图进行对比。若两者重合较好，说明该井的测井数据是正确的，不用进行校正；若重合不好，说明该井的测井数据可能存在刻度偏差，必须进行校正，峰值的差值即为校正量，这就是单峰校正法。单峰校正通常只单独考虑泥岩标准层一个峰值的多井吻合程度，这样做虽然能实现一定程度的多井标准化，但是在实际操作过程中往往会因为只考虑砂岩峰值或者只考虑泥岩标准层峰值而顾此失彼，出现较大的误差。为此提出并实现了双峰校正法，它既考虑了标准层泥岩峰值的影响又兼顾了砂岩的峰值，从而提高了多井一致性标准化的效果[8]。

3.1.3 井震一致性处理

井震一致性校正主要解决常规测井资料处理与解释中体积模型与地震岩石物理建模中体积模型不一致性和频散造成的速度不一致性问题。通常，地震岩石物理分析是在测井解释与评价基础上开展工作，测井评价与地震岩石物理分析是两个独立、互不影响的工作流程。但通过地震岩石物理建模通常会发现测井解释环节存在的问题，而测井解释结果的改善又会提高岩石物理分析的精度。因此，为更好地开展地震岩石物理分析工作，建立了测井评价 – 地震岩石物理分析一体化流程（图3）。该流程将测井评价与岩石物理分析有机结合，使测井评价与地震岩石物理分析互为验证并作为质量控制的手段，实现测井地层评价和地震岩石物理的真正同步。而且，通过该流程获得的岩石体积参数可以直接用于地震岩石物理建模，实现了井震体积模型的一致性。频散效应的校正必须依赖井筒地震资料，特别是VSP资料，由于VSP资料频带与地面地震频带接近，所以可以联合VSP得到的速度与声波测井资料求取地震速度建立频散校正模型，然后利用该校正模型对声波测井速度进行校正，校正后声波测井资料制作的合成记录与地震剖面匹配效果得到了改善[8]。

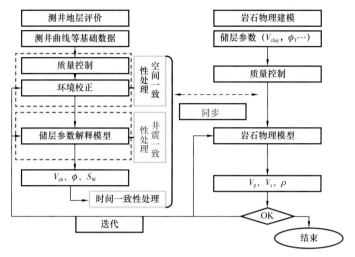

图 3　测井评价与地震岩石物理分析一体化技术流程

3.1.4　时间一致性处理

　　东部老油田测井资料通常时间跨度达到数十年，由于长期水驱造成的储层孔隙度、泥质含量和饱和度等变化会造成波阻抗的变化，因此，早期测井资料对应的合成记录与近几年采集的三维地震实际记录存在较大差异，如图 4a 所示。由图 4a 可见合成记录与实际记录在泥岩段（目的层上部）匹配很好，但在储层段差异较大，因此，可以判断这种差异不是由于地震资料处理造成的，而是由于测井资料与地震资料采集时间差异造成，必须进行校正。但是，由于开发时间长，过程复杂，引起的地下储层岩性、孔隙微观结构、孔隙流

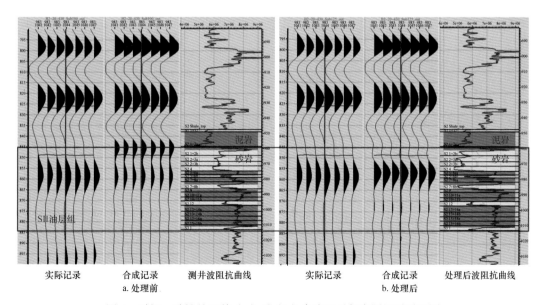

图 4　时间一致性处理前（a）后（b）合成记录与实际记录对比图

体特征变化机理很难用数学和物理模型表达，所以，目前只能利用检查井岩心分析数据，以及不同时期采集的相距很近的井组内同一储层测井响应数据，建立测井响应随机时间变化模型，进而校正由于时间差异造成的测井响应差异。图 4b 为校正后合成记录与实际记录的对比，它们之间的匹配程度大大提高。当然，最理想的方法应该是从地震岩石物理出发模拟分析油藏开发过程引起的测井响应特征变化，以此为基础提出校正方法。

3.2 井控保幅高分辨率地震资料处理技术

3.2.1 老油田地震地质条件与处理难点分析

3.2.1.1 地震地质条件

与勘探阶段不同，老油田多处于人口密集区附近，经过长期勘探开发，地震地质条件复杂，因此老油田地震资料采集和处理都比勘探阶段要复杂得多，其主要表现在以下几个方面。首先是地表建筑物众多，地下管网密布，工农关系复杂，造成观测系统不规则和采集参数不一致性严重。其次是老油田不仅存在自然环境的干扰因素，还存在人文干扰因素，因此噪声类型多且复杂。再次是东部老油田虽然地势平坦，高程相差不大，但是由于盆地第四纪沉积非常不均匀，低降速带横向变化较大，速度变化剧烈，造成近地表结构复杂。最后是在油田开发过程中，近地表结构受到不同程度的改造和破坏，激发条件差，横向一致性差。

3.2.1.2 地震资料处理要求与处理难点分析

老油田地震研究的核心是剩余油分布预测，这对地震资料处理提出更高要求，不仅要求处理结果能够保持几何学特征，还要保持动力学特征，即要相对保幅处理。由于开发阶段面临的地质目标尺度进一步减小，对地震资料的信噪比和分辨率的要求也更高，因此，高信噪比、高保真和高分辨率是老油田地震资料处理的总体要求。

老油田地震资料处理难点主要包括以下几个方面。一是近地表结构调查和静校正问题；二是保幅去噪问题；三是横向一致性问题；四是相对保幅问题；五是高分辨率处理问题；六是一体化质控问题。

3.2.2 地震资料处理理念与关键技术

保幅、高分辨和一致性是老油田地震资料处理的核心目标，井控地震资料处理为实现这个目标提供了很好的保障。井控地震资料处理理念的宗旨是利用井中观测的各种数据，对地面地震资料处理参数进行更为客观地标定，并对处理结果进行质控，以达到优化处理参数、提高资料分辨率和振幅相对保持，最终实现井震更加匹配的目的，为井震融合奠定地震资料基础。主要技术包括井控子波提取与反褶积、井控 Q 值估算与 Q 补偿、井控零相位化处理和井控速度建模等[8]。

3.2.2.1 保幅处理关键技术

保幅一般都是指的是相对保幅保持，保幅处理的关键技术主要包括组合静校正、保幅去噪、振幅和子波一致性处理、叠前数据规则化、井控速度建模和道集优化处理技术等。

组合静校正的基本思路是：先应用表层模型静校正技术解决超出一个排列长度的长

波长问题，解决大于地震子波视周期一半的剩余静校正量；再应用折射波静校正技术解决一个排列长度内的中短波长问题；最后，利用剩余静校正和分频剩余静校正技术解决小于1/2 视周期的剩余静校正量。组合静校正技术结合了多种静校正方法的优势，使用表层数据库模型静校正的低频分量和初至折射波法静校正的高频分量进行组合，既保证叠加成像质量，又确保成像构造的正确性。

保幅去噪需要对各类干扰源产生噪声的类型、噪声分布的频带范围、噪声能量强弱及噪声在不同域的表现形式进行认真分析，针对不同噪声和干扰波采用不同压制手段，进行多域分类逐级去噪。根据各种噪声的特点，形成了六分法去噪，即分区、分类、分时、分频、分域、分步的去噪思路和方法，以解决老油田区特殊噪声问题，保护有效信息及其波组特征不受损害，提高资料的信噪比。为尽可能多地保留有效信号，利用去噪与振幅补偿、反褶积和速度分析的循环迭代逐级去噪。

一致性处理包括振幅一致性和子波一致性处理，其目的是在地震资料处理中最大程度地消除近地表因素引起的反射能量与子波的空间差异，关键技术是地表一致性处理。振幅一致性处理包括三维空变速度场球面扩散补偿和基于模型的一致性振幅补偿；子波一致性处理主要通过炮检域分步反褶积等技术来实现。球面扩散补偿是针对受球面扩散影响造成的纵向上的能量差异进行补偿，使其保持仅与地下反射界面反射系数有关的振幅值。开发阶段要求地震振幅能够精细地表征地下储层的变化，必须进行三维空变速度场球面扩散补偿。地表一致性振幅补偿的目的主要是为了消除由于地表激发、接收条件的不一致性引起的地震波振幅的变化。以地表一致性方式对共炮点、共检波点、共偏移距道集的振幅进行补偿，有效地消除各炮、道之间的非正常能量差异，使振幅达到相对均衡、保真的目的。在近地表和大地吸收衰减得到了较好的补偿后，时间域和频率域的振幅差异基本被消除了。但是振幅差异的消除和补偿并不能消除激发子波差异。其原因是，激发子波的形态除了受制于频带宽窄外，还受到相位和虚反射差异影响。相位和虚反射的空间变化主要来自近地表的风化层厚度和潜水面变化的影响，野外施工表明，实际激发的子波随空间变化剧烈。近地表虚反射引起的波形差异需要依靠反褶积处理加以解决。反褶积处理提高分辨率的同时，可以解决由于近地表条件变化导致的激发子波在空间上的不一致性问题。炮点和检波点产生的虚反射存在周期差异，单一的地表一致性反褶积无法提供合适的参数来消除在炮点和检波点上产生的虚反射，因此需要考虑在炮域和检波点域分两步进行地表一致性反褶积。

受到野外采集障碍和采集成本的影响，原始三维地震数据在炮检距、方位角和覆盖次数的分布上会出现不均匀。覆盖次数分布的不规则会引起叠前时间偏移剖面上的振幅出现条带状分布，同时有可能破坏叠前偏移道集上的 AVO 特征。因此，开展叠前地震数据规则化处理是保幅叠前时间偏移的前提条件。对非均匀观测系统进行规则化的方法有很多，生产应用较为广泛的有基于面元的借道法和补偿法。借道方法通过从相邻面元中借道来弥补面元中的缺道，增加覆盖次数，该方法只适合于频率和倾角均较低的情况，否则会出现空间假频。加权补偿法包括基于能量的补偿和基于覆盖次数的补偿。基于能量的补偿方法在叠后纯波数据体上求取比例因子，并将求取的比例因子应用到 CMP 数据上，从而实现叠前时间偏移的纯波数据体在能量上的一致性。基于覆盖次数的补偿方法根据面元中覆盖次数的分布情况，求取比例因子，然后对同一 CMP 道集应用统一的比例因子。由于覆盖次数易于准确统计，我们采用基于覆盖次数的补偿方法，在对覆盖次数进行补偿以后，还要对每一个炮检距组内的能量进行均衡，即分炮检距能量补偿，才能进一步减小数据不规则性引起的叠前时间偏移道集上的振幅异常。具体做法是，对每个炮检距组中的所有道进行振幅统计，为每个炮检距组求出一个统一的补偿因子，然后将该因子应用到对应炮检距组的所有道上，从而达到保持 AVO 特性的振幅补偿的目的。

常规叠前时间偏移都是通过速度扫描的方式得到最终偏移速度场，未充分考虑层速度分布形态和变化规律，构造复杂时很难得到精确的偏移归位效果。为此，提出井控速度建模，即利用测井速度和零偏 VSP 速度，对偏移速度场进行约束与修正，使之更加符合地层变化规律，更加合理，从而改善最终偏移成像效果。道集优化包括道集拉平、信噪比提高、角道集生成、部分叠加设计、有效炮检距优选技术等。

3.2.2.2 高分辨处理关键技术

高分辨率处理技术包括井控零相位化处理、井控反褶积技术和井控反 Q 补偿等技术[8]。现有子波零相位化方法一般都假设子波为常相位，这一条件实际很难满足。VSP 上行波场经几何扩散补偿和零相位反褶积处理后得到的走廊叠加道是零相位的，并且已知极性，是标定地面地震反射的重要资料之一。我们以走廊叠加道为标准，对地面地震数据进行零相位化处理，这不但提高了地面地震资料的分辨率，也使井震匹配程度得到改善。井控反褶积利用井中提取的反射系数和井旁地震道直接求取双边反子波，再用求取的双边反子波与地震记录褶积。与先求取子波再求取反子波进行反褶积的方法相比，直接求取反子波进行反褶积抗噪能力更强，并且双边反子波比单边反子波反褶积后分辨率更高。如果直接使用反射系数求解上式，由于测井曲线和地震数据频谱差别很大，造成求解得到的反子波不稳定。地层吸收衰减是影响地震分辨率的主要因素，吸收衰减补偿即反 Q 补偿是提高地震分辨率的有效手段，做好反 Q 补偿的关键是求取准确的 Q 场。一种比较实用的做法是，针对目的层对工区中的井采用统一频率的子波做 AVO 模型正演，然后对井点实际的共反射点道集进行 Q 补偿扫描，选择一个产生的 AVO 响应特征与模型道非常接近的 Q 值；然后对多个井点求取的 Q 值进行插值处理获得空变 Q 场，再对所有道集进行补偿处理。这种补偿方法对目的层埋深变化较大的地区，效果较好。

3.2.3 地震资料处理质量控制

处理质控包括两个方面，一是常规质控，是指以点、线、面方式对每一步处理过程、处理参数和处理结果进行监控，按照处理流程，主要包括预处理，静校正，球面补偿，叠前去噪，地表一致性振幅补偿，反褶积，速度分析，剩余静校正，叠前数据规则化，叠前时间偏移，道集优化处理等。质控内容包括基础资料可靠性分析，处理参数优化，和处理结果的对比分析，目的是优化处理流程和参数，保障资料处理质量。二是保幅处理质量控制，通常包括垂向振幅保持、水平方向振幅保持和偏移距方向的振幅保持，其重点是偏移距方向的振幅保持，即保持反射振幅随偏移距变化的关系，即 AVO 关系。传统 AVO 振幅保持质控方法是利用叠前合成记录与实际记录 AVO 曲线的对比进行质控，因此是结果的质控、井点的质控和定性的质控。为了实现更全面、更定量的质控，提出了基于 AVO 属性的质控方法（技术流程如图 5 所示），即提取每步处理前后的 AVO 属性，比较处理前后 AVO 属性的变化情况，以此判断该处理步骤是否保持了 AVO 属性。比较的方法有很多，最简单的有两种，一种方法是将处理前后属性体进行交会，如果都落在 45°线附近，表明 AVO 保持较好，否则较差。另一种方法是将处理前后得到的 AVO 属性体进行点对点互相关，得到最大互相关系数及其对应的时差平面分布图，互相关系数越大，时差越小，AVO 保幅性越高，反之，越差。值得指出的是，这种质控方法不适用于偏移处理，原因是偏移处理造成数据空间位置的移动，因此偏移处理只能使用合成记录进行质控，这样，两种质控方法联合使用就可以实现全过程质控、面的质控和定量质控，为 AVO 分析和叠前地震反演奠定了数据基础。

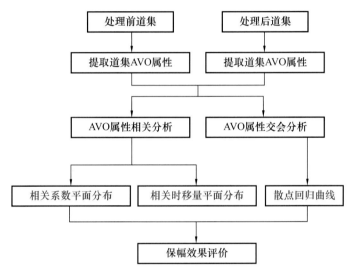

图 5　基于 AVO 属性的保幅质控流程图

3.3　井控精细构造解释技术

老油田经过长期勘探开发，大的构造特征已经非常清楚，主要技术需求是小断层和微幅度构造识别，以及提高构造成图精度，因为它们对开发方案调整、完善注采关系、提高水驱开发效果具有重要意义，是油田开发阶段构造研究的重点。其技术对策就是充分利用已有的钻井资料，开展井控精细构造解释，包括井控断层解释、井控层位追踪和井控构造成图[8]。

3.3.1　井控断层解释

井震联合小断层解释是老油田开发中后期地震资料解释的必然趋势[9]，它通过井点引导、断层增强处理、井震结合、开发动态检验等手段提高小断层解释的可靠性和精度[10]，其流程如图 6 所示。该技术在研究区应用中见到明显的效果，如图 7 所示，主要体现在三个方面：一是与以前解释的断层都是北西向不同，井震联合解释后发现了北东向断层，如过断点 5 和 6 的断层，该断层通过干扰试井法得到验证，是封闭的断层。二是断层之间的关系发生变化，如井震结合前认为断点 1 和 2 是一条断层，断点 3 和 4 是另外一条断层，井震结合后，认为断点 1、3 和 4 是一条断层，断点 2 是另外一条断层，两条断层相交与断点 3 附近。三是低级序断层变化更大，增加了 11 条，延长了 3 条，重新组合了 10 个断点。可见，即使在近 100 口 /km^2 密井网条件下，单纯依靠井数据依然无法完全控制钻井断点组合、井间断层分布以及钻遇断层的平面延伸长度等，因此，井震联合小断层解释在开发后期依然是非常必要且有效[10]。

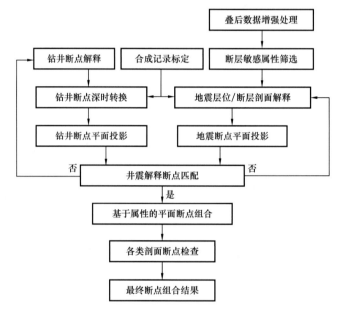

图 6　井控断层解释技术流程图

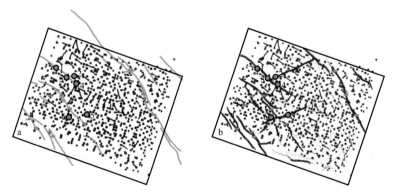

图 7　测井解释断层（a）与井震联合解释断层（b）对比图

注：绿色圆圈和横杠都代表井钻遇断点

实践证明，"蚂蚁"体可以提高小断层识别的能力，图 8a 是原始资料"蚂蚁"体切片，图中黄色数据为钻井资料解释的断距，可见，尽管有些区域断层成像不够清晰，但工区内 3m 以上的五级断层都有指示，表明这一属性能够更加敏感地反映地震信号在横向上的微弱变化，因此非常适合于开发阶段小断层解释。值得注意的是，"蚂蚁"算法也带有先天的多解性，识别所有不连续边界并非都是断层的响应，但断层在"蚂蚁"体上都有反映。提高地震资料的空间分辨率是改善小断层地震识别精度的重要途径之一。基于图像反褶积[11]可以提高地震资料横向分辨率，而小波变换可以增强地震有效频带内高频成分的响应，从而提高地震资料的纵向分辨能力[12-14]，二者结合可以提高地震资料的空间分辨率。图8b为纵横向分辨率增强处理后"蚂蚁"体切片，对比图8a可见，绝大多数五级断层的成像都变得更加清晰，其平面延伸及断层的交割关系也更加明确，结合分辨率增强处理后的断层剖面解释，可以更清晰地识别工区的断裂体系。对比钻井断距可见，通过分辨率增强处理的"蚂蚁"体切片可以识别研究区2m以上的五级断层（图8b）。必须指出的是，分辨率增强处理在加强高频信号响应的同时也放大了高频噪声，因此必须依靠钻井断点数据对其进行标定和检验。

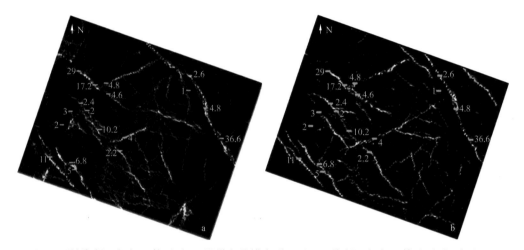

图8　原始资料"蚂蚁"体（a）和纵横向分辨率增强处理后资料"蚂蚁"体（b）切片对比图

3.3.2　井控层位解释

在薄互层中，井震标定与层位解释中3～5ms的误差都可能使不同的沉积单元错误地关联起来，产生"窜层"现象，因此，在老油田地震油藏描述中，不但要求地震解释层位遵循地震同相轴横向变化特征，同时还要求地震解释层位与时间域已知井钻井分层完全匹配，这种理想的解释结果很难通过常规地震层位追踪来实现，因此需要采用井控层位追踪的解释方法。井控层位追踪主要步骤如下：首先在井震标定后，利用地震资料进行精细层位解释，主要采用自动追踪技术进行层位解释，最大限度地保持地震横向的变化细节，在低信噪比区域采用手动追踪，并对不连续和不合理的地方进行修改。其次，进行地震层位与地质分层的匹配校正。具体做法是利用已知井的时深关系，将地质分层由深度域转换到时间域，求取已知井点地质分层和解释地震层位的误差，分别从地质分层、时深关系和地震层位解释三方面分析误差的可能性，不断迭代修改地质分层、时深关系和地震层位，最终得到同时在时间和深度域都与钻井分层一致的地震层位，为井控构造成图奠定基础。

3.3.3 井控构造成图

传统构造成图方法可以分为两大类，第一类是利用时深关系和地震解释的等 T_0 图获得深度构造图，时深关系多采用多项式拟合结果或井资料建立空变速度场等，前者方法简单实用，但是在井点处钻井深度和构造图深度存在一定误差，且横向速度变化越大误差越大，构造成图精度低；后者能够保证井点处钻井深度域构造深度吻合，但井间没有趋势约束，速度横向变化剧烈，甚至产生畸变。第二类是当井网密度足够大时，可以利用已知井点的分层深度数据直接绘制构造图，这样做保证了井点构造成图准确性，但井间没有充分利用地震层位揭示的构造信息。为了克服以上问题，提出了井控构造成图法，它充分利用老油田井网密度大的优势，采用将井点构造信息和井间地震构造信息有机相结合的地震层位约束克里金内插法。其原理是以时间域地震层位为外部漂移变量，对构造成图进行层面趋势约束，利用已知井对应分层的深度值进行插值。从而避开了速度建模过程，构造图既忠实井点深度数据，井间又符合于地震层位的横向变化趋势[15]。利用该方法在断层附近发现了一批以前没有发现的 $1\sim2m$ 微幅度构造，如图9b中的红色圆圈所示，图9b是图9a局部放大图，图9c是过该微幅度构造的剖面图。

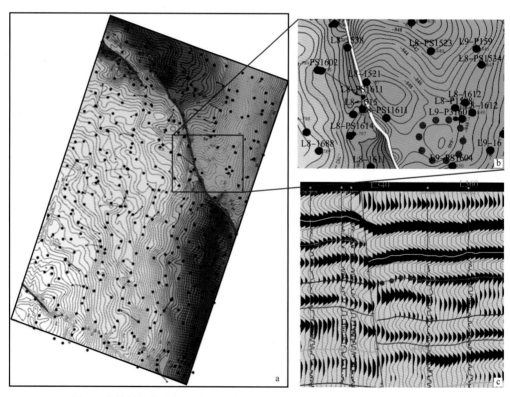

图 9　井控精细构造解释发现的微幅度构造平面图（a、b）与剖面图（c）

3.4　井震联合储层研究技术

地震反演技术消除了子波的影响，某一深度点储层物理性质只与对应时间点反演结果有关，实现了一一对应的关系，而且反演结果物理意义明确、分辨率高，是开发阶段井震联合储层研究的关键技术之一。根据不同的准则，地震反演有不同的分类，可以分为叠后和叠前反演，也可以分为确定性反演和随机反演。

3.4.1 确定性反演与随机反演

确定性反演假定波阻抗在空间上是一个确定值，通常以褶积模型为基础，利用最小化准则进行求解，得到平滑（块状）的波阻抗估计值。由于地震资料是带限的，确定性反演最大的局限性是其反演结果既缺乏低频，也缺乏高频成分，低频成分通常用叠前时间/深度偏移速度谱资料或测井声波低频来弥补，高频则主要通过测井资料来补充。约束稀疏脉冲反演[16]和基于模型反演[17]是两种最常用的地震确定性反演方法。随机地震反演假设波阻抗在空间上是一个随机变量，可以用概率分布来表示，这个概率分布任意一次采样就是一次反演实现。随机地震反演将地震资料、测井资料和地质统计学信息融合为地下波阻抗的后验概率分布，利用马尔科夫链蒙特卡洛（MCMC）方法对这个后验概率分布进行采样，通过综合分析多个采样结果研究后验概率分布的性质[18]。与确定性反演方法着重于获得这个分布中可能性最大的模型不同，随机反演则研究整个概率分布的性质，是确定性反演的补充，确定性地震反演是所有可能的非唯一随机实现的平均[19-20]。与确定性反演方法相比，随机反演具有如下优势：首先，它综合利用了测井信息和地质统计学信息，加上反演过程没有像确定性反演那样进行局部平滑处理，可以从地震资料中提取更多的细节，反演结果分辨率更高；其次，随机反演从井点出发，反演结果与井吻合程度更高；再次，综合分析多个实现可以对反演结果的不确定性作出定量评估；最后，最新随机反演方法建立在贝叶斯公式的基础上，可以方便地融合不同多尺度的多学科信息。

3.4.2 确定性反演与随机反演结果比较

图10为三种方法反演波阻抗联井剖面对比，井点处插入的测井曲线是自然电位（SP）曲线，砂岩在SP上表现为负异常，在波阻抗上表现为低值（红色和黄色范围）。图10a为约束稀疏脉冲反演结果，可以看出反演结果横向变化自然，大的变化特征和井基本一致，但纵向上分辨率低，单砂体和钻井结果符合不好，不能满足油田生产需求。图10b为基于模型反演结果剖面，其纵向时间采样率为0.25ms，明显看出纵向分辨率大幅提高，薄层砂岩的边界比较清楚，和钻井解释的砂岩基本符合。原因是初始波阻抗模型中包含了超出地震频带的高频测井信息，并一直保留到反演结果中。这种高频信息与薄层相对应，由于薄层通常分布规模小，横向相变快，因此，必须有足够的井才能确保内插的可靠性。所以，基于模型反演需要一定数量的测井资料，比较适合于评价与生产阶段地震油藏描述。图10c为随机反演联井波阻抗剖面图，对比图10b和图10c可见，厚砂体分布几乎完全一致，但薄砂体的可辨识性在随机反演剖面上得到提高，砂体横向连续性更加合理，而且井旁反演结果与测井砂体匹配程度更高，最适合生产阶段油藏描述。

为了分析井网密度对反演精度的影响，基于模型反演和随机反演各自进行了三次，然后利用盲井检验评价反演效果。为确保三次反演结果的可对比性，除了使用不同数量的井外，其他反演参数各自相同。三次反演使用的井数分别是42口、118口和291口，对应的井间距大约是 400m、200m 和 100m。考虑到不同厚度砂体横向分布稳定性有所差异，反演预测精度也有所不同，因此，利用盲井统计砂体预测符合率时按砂体厚度分成三组：大于 4m 的砂体、2～4m 砂体和小于 2m 砂体，不同井网密度和不同厚度砂体预测结果见表 1。由表可以得到如下几个结论：（1）无论是确定性，还是随机反演，砂体厚度越大，井距越小，反演识别砂体的精度越高。（2）随机反演识别砂体精度整体上高于确定性反演，而且井网越密，砂体越薄，随机反演效果越佳。4m 以上砂体二者精度相当，2～4m 砂体随机反演精度略高，小于 2m 砂体，随机反演精度大幅提高。（3）4m 以上砂体，确定性和随机反演在小于 400m 井距条件下都可以准确识别，2～4m 砂体，确定性和随机反演需要 200m 以内井距才能有效识别（符合率大于 75%）；2m 以下砂体只能通过随机反演才能有效预测，而且井距需小于 100m（符合率大于 86%）。可见，当井网密度足够大时，采用随机地震反演能够比较准确预测 2m 以下薄储层。

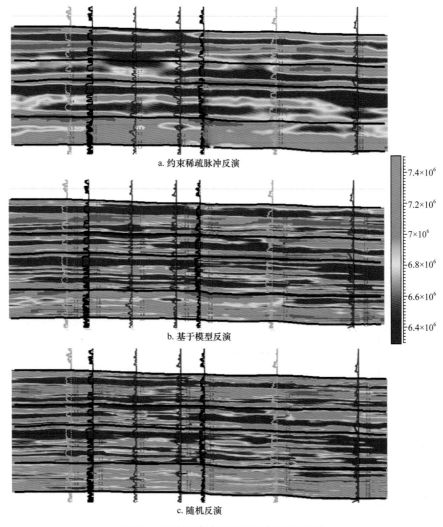

a. 约束稀疏脉冲反演

b. 基于模型反演

c. 随机反演

图 10　三种反演波阻抗联井剖面对比图

表 1　基于模型反演和随机反演单砂体预测精度统计表

砂体厚度	400m		200m		100m	
	模型反演	随机反演	模型反演	随机反演	模型反演	随机反演
>4m	95%	94%	100%	100%	100%	100%
2～4m	66%	65%	75%	80%	91%	94%
<2m	32%	42%	36%	57%	60%	86%

图 11 是不同反演方法以及实际测井解释结果内插得到的单砂体厚度分布图对比图，图 11a 和图 11c 分别为确定性和随机反演结果，图 11b 是实际测井解释厚度内插结果，图中红色实心圆圈大小表示井点处测井解释的砂体厚度，圆圈越大砂体厚度越大。由图可见，在厚砂体分布区（红色和黄色区域），确定性反演和随机反演结果都与井吻合较好，砂体边界也十分相似。在砂体厚度较薄的区域（蓝色和紫色区域），确定性反演预测的厚度误差较大，有些砂体甚至没有反演出来；而随机反演除了能较好保持砂岩边界形态，反演预测的砂岩厚度还和测井解释厚度基本一致，因此，它更适合开发后期单砂体描述与油藏地质建模的需求。

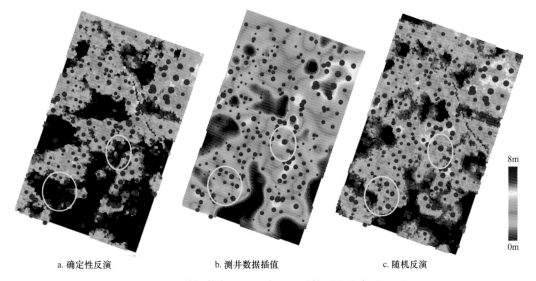

　　a. 确定性反演　　　　　　　　b. 测井数据插值　　　　　　　　c. 随机反演

图 11　测井插值与地震反演预测砂体厚度分布对比图

3.5　地震约束油藏建模

　　油藏地质建模就是在三维空间内定量表征油藏构造和储层地质特征的一个过程，内容主要包括构造建模与属性建模。地震是能够提供井间地质信息的有效技术之一，因此，为了提高井间油藏建模精度，地震资料越来越多地参与到油藏建模中[21-22]。地震约束油藏建模就是将地震资料有机地加入储层地质建模中，充分利用地震资料在平面上密集采样和测井资料在纵向上分辨率高的优势，发挥地质统计学对多学科资料融合的能力，实现高精度地质建模，最大程度满足老油田挖潜的需求[23]。地震约束油藏建模的关键作用是利用地震信息井间变化趋势来约束建模过程，降低因插值和模拟方法带来的井间不确定性，使模型更忠实于地下实际地质情况。其主要作用体现在两个方面，一是地震解释的断层和构造层面约束提高构造建模的精度，且为储层属性建模确定可靠的边界；二是利用地震属性或地震反演结果约束提高属性储层建模的精度。

3.5.1 方法与流程

在老油田开发后期，高密度开发井网和大量的开发动态数据是第一手地质资料，它们基本反映了构造、储层和油藏的特征，这些资料在建模中被视为硬数据，作为主变量，起主要作用。尽管地震数据覆盖密度要比井资料大，但地震资料的纵向分辨率相对测井来说较低，因此，地震资料只能用来控制井间横向变化趋势，被视为软数据，作为协变量，处于次要地位。地震约束油藏建模流程如图12，首先利用井控断层解释结果建立断层模型，然后利用井控层位追踪得到的地震层位解释结果建立层位模型，二者结合形成构造模型；其次，是利用地震信息约束开展属性建模，为此需要建立地震信息与储层参数的对应关系，通常情况下，由于地震反演结果与对应深度点的储层参数实现了一一对应关系，而且物理意义更加明确，因此，多选择反演结果，特别是波阻抗反演体作为建模的约束。在储层横向变化比较大的情况下，为了提高属性建模效果需要相控，即利用测井解释的沉积相建立沉积相模型，用于约束属性建模，即相控属性建模。由图12可见，建模过程是一个迭代过程，如果不满足质控条件可以返回到任何一个环节，如地震反演，构造建模，井控精细构造解释等，进行修改，直到达到要求为止，充分体现了多学科的融合。

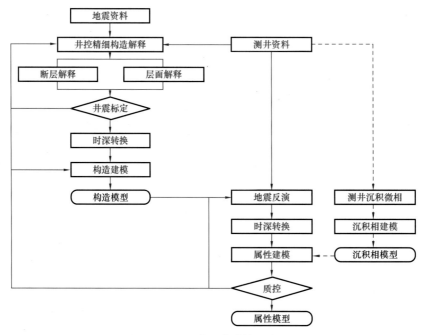

图 12　地震约束油藏建模技术流程

3.5.2 关键技术

地震约束油藏建模主要包括时深转换、构造建模和属性建模等技术。时深转换的基础是井震标定，与井控精细构造解释密切相关，是测井层位划分与断层和层位解释多次交互的结果，它确定大套层位的时深对应关系，通过内插可以建立更加细致的空变速度场，以此作为时深转换的依据。建模中的时深转换包括构造模型转换和三维地震数据体（反演结果）转换两部分内容。首先对构造模型进行转换，然后利用完全相同的速度关系对地震数据体进行转换，以保证构造模型与三维地震数据体之间有良好的时深对应关系。时深转换完成后，通过检查时间域模型与深度域模型在构造趋势、地层厚度等方面是否一致，以及与钻井结果是否吻合进行质量监控。

构造模型反映储层的空间格架，由断层模型和层面模型组成。构造建模包括三个方面内容：第一，利用井控断层解释结果建立断层模型；第二，在断层模型和井控层位解释结果的控制下，建立各个地层顶底界层面模型。在实际建模中，层面模型是划分建模单元的基础，遵循由大到小的原则，先开展油层组和砂层组构造层面的建模，再进行小层级别构造层面的建模，这样就避免内部小层的窜层现象。第三，以断层及层面模型为基础，建立一定网格分辨率的三维地层网格体模型，为后续的储层属性建模及图形可视化奠定基础。目前主流建模软件大多采用一体化的构造建模流程，即将断层、层面以及地层网格体作为一个整体进行建模。

地震约束相控属性建模的主要内容为：（1）地震反演体模型建立；（2）沉积相模型建立；（3）孔隙度模型建立；（4）渗透率模型建立；（5）净毛比模型建立。地震反演体模型建立的具体做法是将目的层段内的三维地震反演数据体转换到深度域，且时深转换后地震反演体与深度域层位必须匹配，再经过重新采样就是地震反演属性体。要建立沉积相模型，首先要对单井进行相识别，并将解释结果网格化；其次在测井相和地震属性体的约束下，利用序贯指示模拟与确定性模拟相结合的方法建立沉积相模型。地震约束相控属性建模就是通过分析各种相的储层参数分布特征，在沉积相模型的约束下，运用基于象元的序贯高斯模拟和协同克里金方法建立的。例如，地震约束相控孔隙度建模就是用沉积相模型来约束测井孔隙度内插的空间范围，即空间上任何一点只用与该点沉积相相同的井数据进行内插，其他沉积相类型的井不参与该点插值。同时用与测井孔隙最相关的地震属性来约束井间内插，最佳相关地震属性可以是反演得到的三维孔隙度体数据，或者通过云变换把地震属性数据体转换成的孔隙度数据体。在前面三个模型的基础上，通过数学关系很容易实现渗透率和净毛比模型的建立。

3.5.3 质控与效果

地震约束建模效果和井间预测精度通过储量核实、已知井对比和井间对比来验证。油气储量计算结果与储层地质模型的各项静态参数有着直接的关系，储层地质模型中的孔、渗、饱参数以及泥质含量的空间分布决定了油气藏中油气的空间分布，同样这些参数的空间非均质性和不确定性也给储量计算带来不确定性，反过来储量拟合程度也对模型的准确性起到验证作用。本次模型储量拟合结果与原地质储量计算结果相对误差低于1.0%，因此能够为后续油藏地球物理研究提供相对可靠的地质模型。从模型提取的曲线与原始单井解释曲线进行对比，结果表明建模前后数据分布较为一致，说明模型准确可信。

图 13 是地震约束前后建模得到砂体分布对比图，图 13a 是没有地震约束时地质建模得到的某一砂体分布平面图和剖面图（叠合了地震波形），由图 13a 可见，砂体分布范围与振幅变化边界不一致。图 13b 是地震约束建模结果，此时砂体分布范围与弱振幅边界非常一致，提高了油藏模型与地震信息的一致性。

3.6　地震约束油藏数值模拟技术

油藏数值模拟通过生产历史拟合，再现从投产到当前的全部生产过程，从而可得到油藏目前剩余油饱和度的分布状况，并根据剩余油分布及生产情况调整开发方案，进一步预测在不同调整方案下的油气生产情况，优选最佳开采方案。历史拟合是油藏数值模拟中一项极其重要的工作。因为一个油藏模型被建立起来以后，它是否完全反映油气藏实际，并未经过检验。只有将生产历史数据输入模型并运行模拟器，再将计算的结果与油气藏的实际动态相比，才能确定模型中采用的油气藏参数是否合适。若计算获得的动态数据与油藏实际动态数据差别大，就必须不断地调整输入模型的参数，直到由模拟器计算得到的动态数据与油藏生产的实际动态数据相近到一定程度为止。在传统历史拟合中，判断参数调整是否合适的标准是单井动态符合率是否提高，即只以井点处的生产动态资料为约束。但是，地震资料具备横向连续采集的特性，可以对井间信息直接定量化描述。研究发现[24-25]，地震信号与油藏开发过程中的流体变化存在一定关系，置换不同的流体能够引起不同的声学属性变化[26]，从而引起地震响应的变化，因此，地震资料可以约束油藏数模。1997 年，Huang 提出了利用时移地震改善生产历史拟合的方法[5]，为地震约束油藏数模提供了思路。所谓地震约束油藏数值模拟技术，就是在历史拟合过程中引入地震信息约束，减少历史拟合的不确定性，使油藏模型更加符合地质规律，从而提高剩余油分布预测的可靠性。

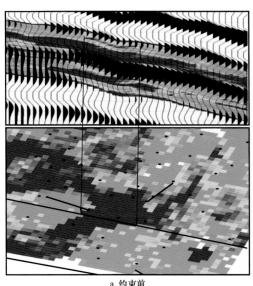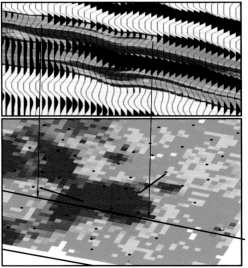

a. 约束前　　　　　　　　　　　　　　　　　　b. 约束后

图 13　地震约束前（a）后（b）砂体分布剖面图与平面图

3.6.1 方法与流程

地震资料应用于约束油藏数模的关键技术是不粗化，动态岩石物理分析和地震正演模拟，不粗化为地震约束油藏数模提供了可能（图 1b），动态岩石物理分析为将油藏模型转化为地震正演模拟需要的弹性参数模型提供保障，正演模拟为地震约束提供了条件。地震约束油藏数值模拟可以利用原始地震记录、地震反演结果、两次采集的地震属性差异等单独或联合约束。地震约束油藏数值模拟流程是地震拟合和历史拟合同步进行、相辅相成的过程。首先从全区入手，分析全区的地震属性拟合与油藏历史拟合情况，优化整体油藏模型；然后，聚焦到局部，如井组和单井。对于存在差异的区域，通过修改油藏局部参数，如渗透率，有效厚度，孔隙度等，在改善生产历史拟合的同时，也使实际地震属性与数模结果对应的地震属性逐步趋于一致，其流程如图 14 所示。

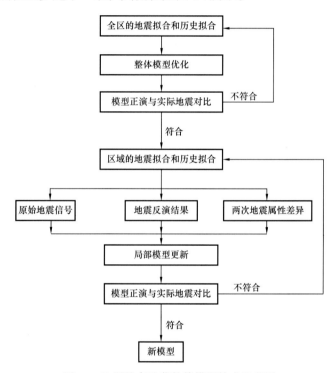

图 14　地震约束油藏数值模拟技术流程图

3.6.2 关键技术

地震约束油藏数模的关键步骤包括油藏模型与参数确定，生产动态数据准备，油藏模型地震正演，历史拟合与地震拟合分析和模型更新等。

3.6.2.1 油藏模型与参数确定

油藏模型以地质模型为基础进行网格化得到，研究区油藏模型包括萨Ⅰ、萨Ⅱ、萨Ⅲ三个油层组，分别划分为 28 个、105 个和 32 个小层，目的层是萨Ⅱ油组。油藏模型参数主要包括储层孔隙度，绝对渗透率，净毛比，油层岩石和流体性质（密度、黏度、相对渗透率、毛管压力等）随压力、饱和度和组分变化参数，原始状态（压力、饱和度、溶解气油比、挥发油气比），产量，注水量控制和限制，模拟时间长度，垂向流动的动态曲线和油管模拟参数等。油藏模型使用的相渗曲线是由多个探井相渗实验数据归一化后，经过束缚水饱和度端点校正，再将相渗曲线与 PVT 压力、体积和温度曲线进行"光滑"处理得到的。

3.6.2.2 生产动态数据准备

研究区内萨 II 油组共有生产井 61 口，其中注水井 13 口，都是从 1974 就开始注水，由于开采历史较长，生产历史过程中各油水井经历了众多的措施，包括补孔与封堵改层，压裂与酸化改造，配产与配水调整等，这些措施无疑都影响到各层的产量组成，这给各井的注采数据劈产带来了很大困难。研究区注采数据劈产采用的方法是按打开层的地层系数值的比例进行，并参考油田实际测试数据。也就是说各层注采量和各层地层系数所占比例成正比，当有实际分层测试数据时以实际测试值进行劈产。油水井的射孔、补孔数据取自油田开发数据库。按射孔深度对照油田单井地质分层数据表进行了层位归位，归位后按模拟层与地质层的对应关系产生模拟模型的射孔层位。地层系数值取自射孔数据表的渗透率和有效厚度解释值。在射孔数据中有一些薄差层没有解释有效厚度和／或渗透率，而这些层在实际注采中是作出贡献的。在与技术人员交流后确定，对于未解释渗透率的层一律赋值 $9.87 \times 10^{-3} \mu m^2$；对于未解释有效厚度的层一律按 1/3 射孔厚度作为有效厚度处理，有效厚度的最小值取为 0.2m。对于有补孔或封堵换层的井，按新的打开层位计算目标层系的地层系数比例，按地层系数比例劈产。在开采过程中，有些油井曾进行过多次油层压裂改造，且压裂增产效果明显。为了正确劈分压裂井的产量，需要正确确定压裂层地层系数的变化。为此，对压裂效果进行评价，估算地层系数变化，统计压裂前后 6 个月的产量变化，取得产量提高倍数，按压裂段的地层系数比例，计算压裂段地层系数提高倍数。

3.6.2.3 油藏模型地震正演模拟

与传统地震正演模拟不同，在油田开发过程中，油藏参数是随着开发时间变化的，利用动态岩石物理模型可以将油藏动静态参数转换为实时变化的弹性参数，为叠前和叠后地震正演奠定基础。叠后正演模拟，首先由油藏模型生成波阻抗模型，即利用萨 II 油藏模型中的动静态参数，如岩性、孔隙度、压力、含水饱和度等，根据地震岩石物理模型正演纵、横波速度与密度，进而得到波阻抗模型；其次由已经建立的时－深转换关系完成深度－时间转换，并计算反射系数序列；最后利用褶积模型完成合成记录计算。注意，由于油藏模型的纵向范围通常较小，如研究区萨 II 油组纵向范围仅有 30ms 左右，小于子波长度，无法开展正演模拟。因此，除了萨 II 油层组外，还必须要加上上覆的萨 I 油组和下伏的萨 III 和葡萄花油组共同组成正演模拟层段。将褶积模型换成 Zeoppritz 方程或其简化形成就可得到叠前合成记录，也可以通过波动方程正演模拟实现叠前正演模拟。

3.6.2.4 历史拟合与地震拟合分析

生产历史拟合就是反复地修改油藏模型参数（即扰动模型），让油藏模型计算的结果与实际动态数据逼近的过程。由于地震数据与油藏动态属性关系密切，也可以作为另一个约束生产历史拟合的参数。这样，通过扰动数模模型，改善生产历史拟合的同时，也使得油藏模型对应的合成地震记录与实际地震记录最佳匹配。因此，评价拟合效果的目标函数

F 可以用以下公式表达：

$$F = W_1 \cdot \Delta H + W_2 \cdot \Delta S \qquad (1)$$

式中　ΔH——生产历史拟合的误差，包括产量拟合和压力拟合等；

　　　ΔS——合成地震与实际地震属性之间的差异，通过扰动模型，使 F 的值逐步减小直至小于预设门限值；

　　　W_1、W_2——分别生产动态数据和地震属性的权值，且 $W_1 + W_2 = 1$。

由此可见，当 $W_2 = 0$ 时，是一个不使用地震信息的传统历史拟合过程，$W_2 = 1$ 时，是一个不考虑生产数据的地震历史拟合过程，当 $W_2 \neq 0$ 时，是一个同时进行地震拟合和历史拟合的过程。通常 W_2 取值与地震资料的保真度有关，保真度越高，W_2 取值越大。

3.6.2.5　油藏模型更新

三维三相黑油模型参数很多，主要包括厚度、孔隙度、初始压力、PVT 参数、相渗曲线、渗透率、表皮系数、边水能量大小、综合压缩系数等。历史拟合过程中模型更新遵循以下几个原则：（1）不确定参数优先，拟合前必须先研究所取得的各油层物性参数的可靠性，尽可能调整不确定性比较大的物性参数，如不易测定或因资料短缺而借用的参数；不调或少调整比较可靠的参数。（2）敏感参数优先，在历史拟合过程中，要掌握油层物性参数对目标函数影响的大小，在条件允许的范围内，尽可能调整较为敏感的参数。（3）先全局后局部，优先调整对全局动态有普遍影响的参数，如相对渗透率曲线、压缩系数、边水体积等；其次调整对局部动态有影响的参数，比如某井附近的渗透率分布等。

从油藏工程角度看，相渗曲线是全局参数，对动态资料最敏感，要优先优化，而且相渗曲线的特征与区域沉积有关。通常，来自实验室的原始相渗曲线仅有端点值相对可靠（残余油对应的水相相对渗透率值，或束缚水饱和度对应的油相相对渗透率值），因此，全局参数优化主要集中在相渗曲线上。由于研究区基础数据全面，油藏情况清楚，参数可靠性强，因此不考虑改动对全局动态有普遍影响的基本参数，如相对渗透率曲线、压缩系数、边水体积等参数。

局部参数是指网格属性参数，进一步优化局部参数的目的是让模型更好地描述油藏的非均质性。局部模型更新包括油藏地质参数和与流动相关的参数，由于井点位置的油藏参数有测井数据进行检验，因此在地震约束油藏数值模拟过程中，局部参数更新主要体现在井间油藏参数的修改上。研究区油藏模型正演模拟结果分析表明，岩性变化、断层和油气界面位置对地震响应有较强的影响，在模型修改过程中要予以重点关注，实际上，这些参数在地震约束建模中已初步得到解决。由于渗透率场在模型中是最不确定因素，因此，在油藏数模中主要通过修改渗透率来调整流体场，其次是砂泥比，在某些情况下对孔隙度作小幅调整。图 15a—d 为 L7-1617 井地震约束前动态生产拟合曲线，图 15e 至图 15h 为该井地震约束后的动态生产拟合曲线。可以看出，地震约束前动态生产拟合曲线中除了产液量外（图 15d），产油量、产水量和含水率的拟合数据与实际动态数据差异大。利用地震同相轴连续性约束修改油藏渗透率模型后，L7-1617 井产油量、产水量和含水率拟合结果都有不同程度改善。

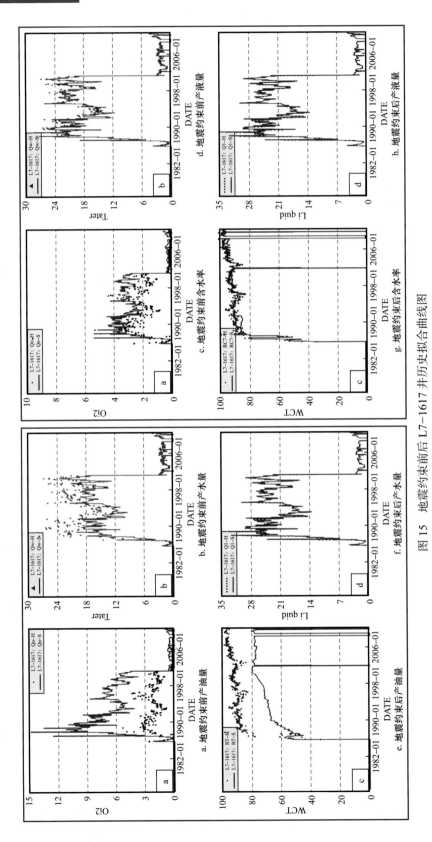

图 15　地震约束前后 L7-1617 井历史拟合曲线图

3.6.3 质控与效果

当权值 W_1 和 W_2 确定后，目标函数 F 的值由两个参数 ΔS 和 ΔH 决定，即地震拟合误差、生产历史拟合误差决定了油藏数模的质量，是质控的两个关键环节。

历史拟合的对象主要包括油气储量、单井和全区产液量、含水率、产油量、产水量，以及单井和全区的压力等。储量拟合主要调整砂体分布和孔隙度局部值，研究区储量拟合的误差为 1.4%，达到了储量拟合误差要求。一般地，利用修改局部渗透率和有效厚度来拟合实测的产液量，其中地震资料用来指导这些参数修改方向和大小，如果采用定液求产方式，是否完成产液量将直接影响拟合结果的质量，此时产液量误差容忍范围较小。含水率拟合是拟合过程中较为重要的一步，它的拟合好坏直接关系到油藏饱和度场分布准确与否，进而影响到剩余油分布的准确度。拟合含水率主要通过优化相渗曲线，扰动局部渗透率等来实现。产油量和产水量是油藏工程计算的重要参数，关系到油藏物质平衡计算，进而影响到剩余油分布的准确度。产油量、产水量主要通过调整注采井网的连通性来拟合，主要方法之一是扰动局部渗透率，这可以通过地震同相轴连续性约束来实现。通过全区参数优化和局部参数调整，全区产油量、产水量、含水率和产液量实现了较好的生产拟合，如图 16a—d 所示。

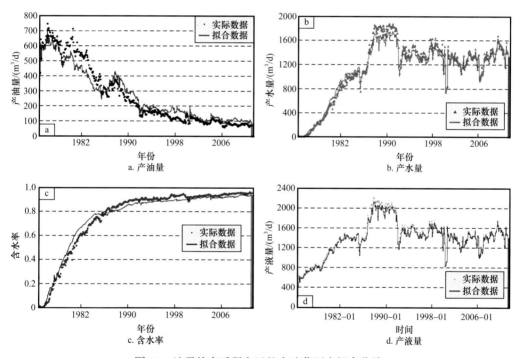

图 16　地震约束后研究区整个油藏历史拟合曲线

4　应用效果分析

将井震藏一体化技术体系应用于庆长垣喇嘛甸油田试验区。应用效果主要体现在三个方面，一是通过井控精细构造解释和井震联合储层描述提高了构造和储层描述的精度，二是通过地震约束油藏建模和数模，提高了油藏数模的精度，从而提高了剩余油分布预测的可靠性，三是在提高构造、储层和剩余油分布预测精度的基础上，指导补孔方案设计，提高了挖潜措施的效果。

在构造解释方面，通过断层增强处理和井控断层解释实现了断距2m以上低级序断层的识别（图8b）；通过井控层位追踪和井控构造成图实现2m以上低幅构造度识别（图9）；井控精细构造解释技术的应用也大幅提高了构造成图的精度，工区内17口没有声波曲线的盲井验证表明，构造深度绝对和相对误差明显减小（表2），平均相对误差小于0.08%，平均深度误差0.6m，误差大于1m的井只有3口，基本满足了水平井开发的需求。在储层预测方面，通过随机地震反演大幅提高了薄砂体的预测精度，在100米井网条件下2m以下薄砂体预测符合率达86%（图10c和表1）。

表2　井控精细构造解释误差统计表

井名	井分层	地震解释	绝对误差	相对误差
L7-1627	−779.2	−779.2	0	0
L7-171	−774.4	−774.83	−0.43	0.06%
L7-172	−766.6	−766.08	0.52	−0.07%
L7-181	−762.2	−762.01	0.19	−0.02%
L7-J1711	−771.5	−771.84	−0.34	0.04%
L8-151	−834.7	−833.86	0.84	−0.10%
L8-1537	−792.7	−792.63	0.07	−0.01%
L8-1538	−794.3	−795.28	−0.98	0.12%
L8-1566	−819	−820.02	−1.02	0.12%
L8-1612	−847.6	−846.85	0.75	−0.09%
L8-1627	−797.1	−795.77	1.33	−0.17%
L8-17	−783.7	−782.37	1.33	−0.17%
L8-1788	−788.7	−788.94	−0.24	0.03%
L8-1818	−793.6	−793.06	0.54	−0.07%
L8-183	−770.4	−770.8	−0.4	0.05%
L8-P182	−782.6	−783.42	−0.82	0.10%
L8-P1855	−778.5	−777.88	0.62	−0.08%

在剩余油分布预测方面，通过地震约束油藏建模和数模提高了历史拟合的精度，研究区地震约束前历史拟合比较好的井有19口，不好的井有29口，符合率39%。地震约束后历史拟合比较好的井有25口，不好的井有23口，符合率52%，提高13%，这为剩余油

分布预测精度的提高奠定了基础。L8-PS1502 井为研究区内新完钻的调整井，完钻时间与数模结果完成时间相近，其测井解释的剩余油饱和度基本能代表该点当时地下实际油藏情况。该井萨 II 油层组有效厚度 9.8m，测井解释的低、中水淹层厚度达到 6.7m，占目的层有效厚度的 68.4%，油藏数值模拟结果显示该井目的层剩余油饱和度普遍大于 60%，即未水淹和低中水淹层与油藏数模结果中剩余油饱和度大于 60% 的层非常吻合，如图 17 所示。可见，由于地震约束油藏数模提高了历史拟合精度，从而提高了剩余油分布预测的可靠性。

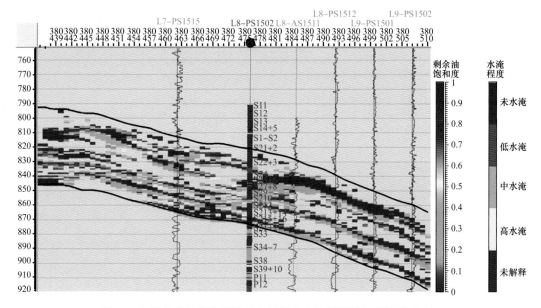

图 17　地震约束油藏数模结果与新钻井水淹层测井解释结果对比图

　　老油田挖潜主要依据是沉积微相和数模结果，前者为砂体分布再认识提供依据，后者为剩余油分布再认识提供指导。当前沉积微相的编制主要利用测井相手工内插而成，井间缺乏约束，可靠性低，为此，提出了井震结合沉积相带图绘制方法，即在测井相解释的基础上，以地震约束建模获得的各沉积单元厚度图为约束确定沉积微相边界，再以孔隙度分布图为依据落实砂体宽度和连通性，最终确定沉积微相分布。各小层沉积微相和剩余油分布综合研究表明，平面上，研究区内剩余油相对富集区主要存在四种形式，一是断层边部注采不完善区，二是河道边部相变部位剩余油滞留区，三是河道砂末端及河间砂边部注采不完善区，四是孤立形砂体区；纵向上，厚油层顶部是剩余油相对富集的地方。有了剩余油相对富集区，结合动静态资料进行综合分析，就可以有针对性地提出挖潜对策，编制调整方案和补孔方案，为老油田挖潜提供指导。我们利用该研究成果指导了研究区内 15 口井补孔方案编制，措施实施后平均单井日产液量 74.3t，日产油量 10.1t，含水率 86.4%，与实施前相比，平均单井增液为 44t/d，日增油 8.9t，含水率下降 9.7% 各井具体结果见表 3。其中有 12 口井含水率下降大于 3%，增油大于 5t/d，与数模结果吻合，符合率达 80%。

表3　研究区各井补孔效果统计

井号	措施前			措施初期			差值		
	产液/t	产油/t	含水/%	产液/t	产油/t	含水/%	产液/t	产油/t	含水/%
7-1811	46	3	93.9	35	22	37	−11	19	−56.9
8-1777	5	0	97.1	70	25	64.5	65	25	−33.6
8-1801	50	3	93.7	60	21	65	10	18	−28.7
9-1801	41	1.9	95.4	59	13.6	78.5	18	10.7	−16.9
9-1811	25	3.6	89.6	43	10	76.7	18	7.4	−13.9
8-1537	22	0.7	96.7	50	6.1	87.8	28	5.4	−8.9
9-1718	18	0.8	95.8	64	6.6	89.6	46	5.8	−6.2
8-1431	22	0.5	97.7	84	6.6	93.1	62	6.1	−5.6
9-1818	30	1.0	96.7	86	7.2	91.6	56	6.2	−5.1
8-1818	60	0.7	98.7	108	6.8	93.7	48	6.1	−5.0
7-1601	50	2	96.2	88	7	91.8	38	5	−4.4
7-1711	31	0.6	98.2	129	6.2	95.2	98	5.6	−3.0
7-1714	24	1.0	94.3	82	6.4	93.2	58	5.4	−2.1
7-1437	9	0	94.6	59	5.1	93.6	50	5.1	−2
9-1431	22	0	98.1	97	3	97.3	75	3	−0.8
合计	455	17.8	96.1	1114	151.6	86.4	659	133.8	−9.7
平均单井	30.3	1.2	96.1	74.3	10.1	86.4	44	8.9	−9.7

5　结论与建议

研究成果表明，即使在密井网条件下，地震技术无论在构造解释、储层描述，还是在剩余油分布预测中都可以发挥很好的作用。要充分发挥地震资料的作用，就需要按照井震藏一体化的思路，遵从从地震到油藏，再回到地震的交互式技术流程，通过井控地震处理与解释，以及地震约束建模和数模实现多科学资料融合，提高动静态油藏描述可靠性，实现高精度剩余油分布预测。当然，在实施多学科资料融合的过程还有很多技术有待研究与进一步完善，如基于地震岩石物理的井震时间一致性处理技术、密井网条件下井震标定、属性分析和地震反演技术，不粗化油藏数模的高效算法，以及多学科一体化软件平台建设等。为此，有必要进一步开展以下研究工作：一是集成成熟技术，研发井震藏一体化软件平台，为地震技术向油藏工程领域延伸奠定基础；二是攻关瓶颈技术，如密井网井震标定，井地联合储层预测，地震约束沉积微相自动成图等技术，提高多学科一体化技术的时效性；三是探索前沿技术，强化面向开发过程的地震岩石物理基础研究，如储层孔隙结构和渗流特性地震响应机理研究，为井震藏一体化技术研究提供数理基础和依据。

参 考 文 献

［1］胡文瑞．论老油田实施二次开发工程的必要性与可行性［J］．石油勘探与开发，2008，35（1）：1-5.

［2］韩大匡．准确预测剩余油相对富集区提高油田注水采收率研究［J］．石油学报，2007，28（2）：73-78.

［3］韩大匡．关于高含水油田二次开发理念、对策和技术路线的探讨［J］．石油勘探与开发，2010，37（5）：583-591.

［4］凌云，郭向宇，高军，等．油藏地球物理面临的技术挑战与发展方向［J］．石油物探，2010，49（4）：319-335.

［5］Huang Xuri，Laurent Meister，Rick Workman．Production history matching with time lapse seismic data［J］．SEG Technical Program Expanded Abstracts，1997，16：862-865.

［6］Huang Xuri，Robert Will．Constraining time-lapse seismic analysis with production data［J］．SEG Technical Program Expanded Abstracts，2000，19：1472-1476.

［7］Huang Xuri．Integrating time-lapse seismic with production data：A tool for reservoir engineering［J］．The Leading Edge，2001，20（10）：1148-1153.

［8］甘利灯，戴晓峰，张昕，等．高含水后期地震油藏描述技术［J］．石油勘探与开发，2012，39（3）：365-377.

［9］邓维森，林承焰．葡萄花和敖包塔油田葡Ⅰ组油层低级序断层的地震识别［J］．石油物探，2010，49（1）：79-84.

［10］张昕，甘利灯，刘文岭，等．密井网条件下井震联合低级序断层识别方法［J］．石油地球物理勘探，2012，43（3）：462-468.

［11］陆文凯，张善文，肖焕钦．用于断层检测的图像去模糊技术［J］．石油地球物理勘探，2004，39（6）：686-689，696.

［12］高静怀，陈文超，李幼铭，等．广义S变换与薄互层地震响应分析［J］．地球物理学报，2003，46（4）：526-532.

［13］马丽娟，金之钧．复杂断块构造的精细解释［J］．石油地球物理勘探，2005，40（6）：688-692.

［14］陆文凯，丁文龙，张善文，等．基于信号子空间分解的三维地震资料高分辨率处理方法［J］．地球物理学报，2005，48（4）：896-901.

［15］刘文岭，朱庆荣，戴晓峰．具有外部漂移的克里金方法在绘制构造图中的应用［J］．石油物探，2004，43（4）：404-406.

［16］Debeye，H. W. J.，Van Riel，P. Lp-Norm Deconvolution［J］．Geophysical Prospecting，1990，v. 38：381-403.

［17］Brian Russell，Dan Hampson．Comparison of poststack seismic inversion methods［J］．SEG Expanded Abstracts，1991，10，no. 1：876-878.

［18］A. Tarantola．Inverse problem theory：methods for data fitting and model parameter estimation．New York：Elsevier Science Publ. Co.，Inc，1987：167-186.

［19］A. Francis．Understanding stochastic inversion：part 1［J］．First Break，2006，24，no. 11：69-78.

［20］A. Francis．Understanding stochastic inversion：part 2［J］．First Break，2006，24，no. 12：79-85.

［21］Tjolsen C B，JohnsenGyrid，Halvors en Gunnar，et al．Seismic data can improve the Stochastic facies modeling［R］．SPE 30567，1996：141-145.

［22］Behrens R A，MacLeod M K，Trann T T，et al. Incorporating seismic attribute maps in 3D reservoir models［R］. SPE 36499，1998：31-36.

［23］陈建阳，于兴河，李胜利，等. 多地震属性同位协同储集层地质建模方法［J］. 新疆石油地质，2008（1）：106-108.

［24］夏吉庄，杨宏伟，吕德灵，等. 永3复杂断块油藏多尺度地球物理资料流体预测研究［J］. 石油物探，2010，49（4）：336-343.

［25］李 阳. 油藏综合地球物理技术在垦71井区的应用［J］. 石油物探，2008，47（2）：107-115.

［26］Nur，A. Four-dimensional seismology and（true）direct detection of hydrocarbon：the petrophysical basis［J］. The Leading Edge，1989，8（9）：30-36.

一　基础篇

地震岩石物理分析

地震资料保幅处理与质控

二　技术篇

地震反演

地震属性分析

多分量地震

四维地震

测井—地震—油藏一体化

储层渗透性地震预测

三　综述篇

地震层析成像

地震油藏描述

油藏地球物理

储层渗透性地震预测

　　储层渗透性的分布特征影响着油气的分布、运移和开采，对油气勘探和开发具有十分重要的意义。储层渗透性地震预测方法可以分为三类：一是基于频散和衰减的预测方法，常见的方法是流度预测；二是基于孔隙结构的储层渗透率预测方法，最早的方法是根据 Sun 等人提出的柔度因子可以区分不同的孔隙类型，并在每一类型中利用不同孔隙度—渗透率关系预测渗透率，提高了渗透率预测精度；三是基于地震属性分析和人工智能的预测方法，主要是采用神经网络等人工智能方法直接将地震属性体转换为渗透率体。本组收录 6 篇文章，由 4 篇期刊论文、2 篇会议论文组成；其中获奖会议论文 1 篇，文章简介如下。

　　"基于孔隙结构参数的相控渗透率地震预测方法"将柔度因子单参数划分孔隙类型推广到弹性参数和柔度因子多参数划分岩相，提出基于孔隙结构参数的相控渗透率地震预测方法。该方法首先采用孔隙度、弹性参数及柔度因子划分岩相，然后在每一类岩相中用多元回归预测渗透率，并在准噶尔碎屑岩储层中进行了应用，结果表明渗透率预测的误差在一个数量级以内，为渗透率地震预测指明了方向。

　　"碳酸盐岩储层孔隙结构因子及渗透率敏感性分析"在归纳总结常用岩石物理模型基础上，推导了 5 种新的孔隙结构因子；对比了各种孔隙结构因子对低孔低渗和高孔高渗碳酸盐岩渗透率的敏感性，优选出对渗透率更敏感的剪切 Lee 因子，因此，在渗透率预测时考虑剪切 Lee 因子可以提高预测精度；剪切 Lee 因子渗透率敏感机理分析表明，剪切 Lee 因子与孔隙主尺度之间具有良好的线性关系，这为孔隙主尺度地震预测提供了一条途径。

　　"储层渗透性地震预测研究进展"在储层渗透性地震预测岩石物理可行性分析的基础上，系统总结三类储层渗透性预测方法，运用实例展示了主要方法的技术效果；提出了未来技术发展建议，一是基于岩石物理模型的预测方法与基于数据驱动的预测方法相结合；二是由于储层渗透性对地震响应特征影响弱，二者关系复杂，因此，要更好地做好地震资料保真处理。

"双孔隙结构因子及其在储层渗透性地震预测中的应用"提出了基于双孔隙结构因子的储层渗透性相控预测方法，它将孔隙纵横比与剪切 Lee 因子组成双孔隙结构因子，然后利用双孔隙结构因子及 GA-BP 神经网络对储层岩相进行分类，最后在岩相分类的基础上采用双孔隙结构因子及 GA-BP 神经网络对储层渗透率进行预测。由于该方法既考虑了孔隙形态，也考虑孔隙尺度的影响，在准噶尔碎屑岩储层渗透率预测中将预测误差降到半个数量级以内。本文主要成果"基于双孔隙结构因子的相控渗透率预测方法"获 2021 年物探技术讨论会优秀论文特等奖。

"基于孔隙结构的致密砂岩储层渗透性地震预测技术与应用"提出地震孔隙结构，将基于双孔隙结构因子的储层渗透性相控预测方法在四川盆地秋林地区沙溪庙组致密砂岩储层中进行了应用，预测了沙溪庙组 8 号砂体的渗透性平面分布，5 口已知井渗透率高低与测试产能大小完全一致，证实了方法的有效性；井点渗透率预测误差可以控制在半个数量级以内，比基于剪切柔度因子的单因子方法的精度提高了 5 倍，为储层渗透性地震预测提供了一种更有效的手段。

"基于 White 层状模型的流度响应特征分析与反演方法"基于 White 层状模型，应用数值模拟研究了致密和疏松砂岩储层流度变化对地震波频散衰减特征的影响，结果表明，流度变化对纵波的频散衰减影响显著，通常在含气饱和度较低的疏松砂岩储层中，流度对地震响应特征的影响更为显著；提出了利用粒子群算法和速度频散数据进行流度反演的方法，苏里格岩心实测速度频散数据的反演结果验证了反演方法的稳定性、收敛性和可靠性。

基于孔隙结构参数的相控渗透率地震预测方法

甘利灯，王峣钧，罗贤哲，张明，李贤斌，戴晓峰，杨昊

1 引言

渗透率是刻画储层特征和地下流体流动性的重要参数，对开发方案设计、地下流体特征研究均具有重要作用，因此对地下渗透率参数进行预测具有重要意义[1]。目前，石油工业界储层渗透率预测仍主要以测井数据和岩心分析为主，方法包括压汞实验分析、核磁共振分析等，但是这些实验手段相对昂贵且观测数据所覆盖储层范围有限，难以实现对储层渗透率大尺度横向分布规律的研究。地震数据提供了丰富的地层横向展布信息，利用地震数据进行储层渗透率预测，可为储层预测提供有效的渗流场信息，对储层评价和油气藏开发具有重要意义。

利用地震数据进行储层渗透率预测一直是储层预测的前沿和难点问题，众多学者对此进行了诸多研究[2]，主要技术方法有经验法、地震属性分析法[3-4]和地质统计学模拟法等。经验法即通过井中实测孔隙度和渗透率散点交汇图进行拟合，将拟合公式应用于实际地震数据中。在岩石孔隙较为复杂时，往往很难得到孔隙度与渗透率的线性回归关系，导致该二元线性回归方法存在较大误差[2]。地震属性分析法即采用神经网络等方法将地震属性与渗透率建立非线性神经网络关系，然后将空间分布的地震属性体转换为渗透率体[5]，该技术可能存在因渗透率样本较少导致神经网络过拟合现象。地质统计学模拟方法即采用协克里金插值方法，以井点渗透率为主变量，通过次变量地震属性趋势约束对渗透率曲线进行插值，该方法要求井资料丰富，而且要求井在平面上分布较均匀[5]。

综上所述，目前采用地震数据预测渗透率仍存在诸多难点，究其原因，主要是渗透率与孔隙度不是单纯的一一对应关系，还受到孔隙结构的影响。不同孔隙结构的岩石，孔隙度与渗透率对应关系存在明显差异，只有结合储层孔隙结构进行渗透率预测才能降低多解性，提高预测精度[6]。

前人研究表明，储层弹性参数可以用于储层孔隙结构预测，比如通过弹性参数和岩石物理模型可以反演孔隙纵横比[7]，通过弹性参数和岩石物理模型反演骨架柔度因子（frame flexibility factor）[8]。近年来，以 Sun 为代表的研究人员探索了将孔隙度和骨架柔度因子结合进行渗透率预测的新思路，在美国得克萨斯、四川盆地普光气田等碳酸盐岩储层中取得了较为成功的应用[8-9]。该方法首先在测井数据中计算得到骨架柔度因子，结合

原文收录于《石油勘探与开发》，2019，46（5）：883-890。

骨架柔度因子和岩石薄片对岩石进行分类，然后在每一类岩石中进行孔隙度和渗透率的回归计算[8, 10-12]。该技术通过结合孔隙结构参数有效降低了渗透率预测的多解性，但实际应用过程中仍然存在诸多问题，主要表现在：（1）现有方法采用骨架柔度因子数据直接分段进行岩石分类过于简单，实际在岩石分类过程中有必要综合考虑孔隙度、速度等信息，提高岩相分类准确性；（2）现有方法仅通过孔隙结构参数进行分类，在分类后直接采用孔隙度对渗透率进行线性回归过于简单，没有考虑到孔隙结构和速度信息对渗透率预测的影响；（3）现有基于孔隙柔度的渗透率预测大多仅限于测井数据，目前利用地震数据进行空间渗透率预测的研究较少；（4）现有研究利用岩心薄片对柔度因子分类准则进行标定，实际应用过程中可能存在岩心薄片数量有限等问题，急需探索采用其他数据进行分类预测的方法。针对以上问题，本文在数据分析基础上探索出一套基于地震数据和测井数据的渗透率空间分布预测新方案，即采用储层段孔隙度、弹性参数及骨架柔度因子进行岩相分析，在每类岩相中采用孔隙度、弹性参数及骨架柔度因子进行多元回归得到预测渗透率，实际应用验证了该方法的有效性，为储层渗透性参数空间分布预测提供了可行思路。以上研究方案突出了"相"控和孔隙结构参数在储层渗透率预测中的重要作用，这也是当前复杂储层预测重要的发展方向。

2 方法与原理

本文中使用方法主要涉及骨架柔度因子计算、岩相分类和多元回归方法。由于多元回归方法较为常见不再赘述，下面仅对骨架柔度因子和基于集成学习（Adaboost）的岩相分类方法进行介绍。

2.1 骨架柔度因子计算

骨架柔度因子（γ，γ_μ）是 Sun[13] 推导的新的岩石物理模型中引入的参数，主要包含体骨架柔度因子（γ）和剪切骨架柔度因子（γ_μ，shear frame flexibility factor）[13]。这些骨架柔度因子参数可以用于描述不同形状和大小孔隙对地层弹性属性的影响，其中体骨架柔度因子解释了在应力条件下的体应变，剪切骨架柔度因子解释了剪切形变[11]。主要公式如下：

$$v_p = \sqrt{\frac{p + \frac{4}{3}\mu}{\rho}} \qquad (1)$$

$$v_s = \sqrt{\frac{\mu}{\rho}} \qquad (2)$$

$$K_d = K_s \left(1 - \phi\right)^\gamma \qquad (3)$$

$$\mu_d = \mu_s \left(1 - \phi\right)^{\gamma_\mu} \qquad (4)$$

通常流体对体积模量影响较大，导致实际体骨架模量难以计算，而剪切模量不受流体影响，此时可将干岩石剪切模量近似等价为岩石总体剪切模量，即$\mu=\mu_d$。有研究表明，在低孔隙度区域，不同孔隙类型的纵波速度差异相对较小，此时剪切柔度因子对于孔隙形态变化有更加明显的响应[11]；因此在本文研究中主要采用剪切柔度因子。基于以上公式，可以得到剪切柔度因子计算公式：

$$\gamma_\mu = \frac{\lg\left(v_s^2\rho\right)-\lg\mu_s}{\lg\left(1-\phi\right)} \tag{5}$$

孔隙度可以通过密度计算得到，也可以通过计算岩石总孔隙度获得，基质剪切模量可以通过实验室岩心测试获得。通常在地震数据中可以先进行叠前反演得到纵横波速度、密度，采用岩石物理约束反演或地震属性预测方法得到孔隙度，带入上述公式中即可算出剪切柔度因子。

2.2 基于集成学习方法的岩相分类

岩相分类是测井解释中的一项基本工作，人工解释工作量大，因此采用机器学习方法进行分类成为当前岩相分类发展的重要趋势。目前实际应用比较多的是支持向量机（SVM）岩相分类方法，该方法核心思想是找到一个超平面将数据进行区分，但是实际应用过程中数据复杂度较高，单纯采用SVM方法很难实现岩相准确分类，本文采用集成学习方法进行岩相分类。

集成学习方法是一种自适应权重更新算法，该算法首先训练一些基本分类器，然后给训练样本赋予权重，每次训练新分类器时，会利用当前分类器处理结果更改训练样本权重，使被正确分类样本权重减小，错误分类样本权重增加，使分类器模型更为关注那些错误分类的样本，循环迭代即可有效提升普通分类器分类效果，其具体算法流程如图1所示[14]。为表明应用效果，笔者利用研究区FUD7井和FUD6井进行了岩相分类测试，并与SVM分类效果进行了对比（图2），图2中岩相分类数为两类，分别代表砂岩（黄色）和泥岩（蓝色）。从分类精度对比可见，集成学习方法分类精度（FUD7井为92.18%，FUD6井为89.43%）要高于SVM方法（FUD7井为70.78%，FUD6井为64.63%），因此后文均采用集成学习方法进行岩相分类。

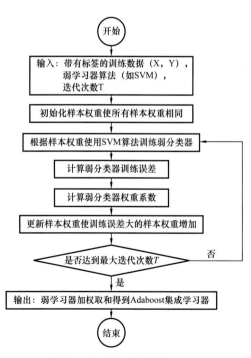

图1 集成学习算法流程图

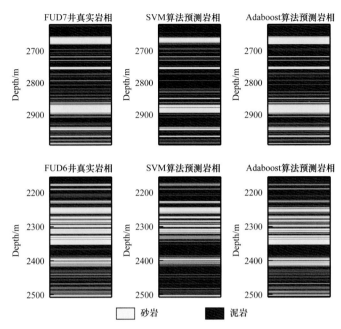

图 2　研究区 FUD7 井（训练数据）与 FUD6 井（测试数据）SVM 及集成学习岩相分类对比

3　测井资料渗透率预测

3.1　工区概况及储层地球物理特征分析

　　研究区位于准噶尔盆地中央坳陷带东部的阜东斜坡区，油藏类型主要为岩性－地层油气藏，侏罗系自下而上可划分为八道湾组（J_1b）、三工河组（J_1s）、头屯河组（J_2t）和齐古组（J_3q）等，头屯河组底界向东逐渐抬升、尖灭，与上覆白垩系砾岩不整合接触。该区主要勘探目的层为头屯河组，整体为水退沉积，以河流－三角洲沉积为主。岩性为灰色、灰绿色、褐色中厚层细砂岩、粉砂岩与褐色、浅紫色中厚层泥岩互层，砂岩孔隙度为 3.0%～30.25%，平均为 16.65%，渗透率为（0.017～696.610）×$10^{-3}\mu m^2$，平均为 $4.13 \times 10^{-3}\mu m^2$。

　　该工区典型井 FUD7 井测井曲线如图 3 所示。岩石物理分析表明，研究区头屯河组砂岩与泥岩纵波速度和密度差异小，波阻抗叠置严重，叠后反演难以区分岩性，而纵横波速度比差异较大，可以较好区分；与致密干砂岩相比，高孔隙度砂岩表现为低纵波阻抗、低纵横波速度比特征。由图 3 测井渗透率和剪切柔度因子曲线对比可发现，孔隙度和渗透率对应关系不明显，但是渗透率与剪切柔度因子具有一定对应关系，高渗层段基本对应低剪切柔度因子，反之则不一定成立，即低剪切柔度因子层段不一定是高渗的。

　　在 Huang 等提出的基于柔度因子的测井渗透率预测中[11]，其采用柔度因子与岩石薄片建立联系，然后通过柔度因子硬阈值划分区域，最后在每一个划分区域中进行孔隙度—渗透率关系拟合。以 FUD7 井为例，采用孔隙度—渗透率—柔度因子交会图方式分析该方法可行性。图 4 为 FUD7 井头屯河组上部孔隙度—渗透率—剪切柔度因子交汇图，由于该对应井段没有岩心薄片，因此将柔度简单划分为 8 段进行显示。可以发现，整体上单个孔隙度可能和多个量级渗透率存在对应关系，孔隙度和渗透率单一线性关系不明显；结合剪切柔度因子来看，剪切柔度因子对孔隙度—渗透率具有一定区分性但不够明显，直接采用硬阈值方法很难实现区域划分。从该井孔隙度—渗透率—岩性交会图（图 5）分析可以发现，渗透率和孔隙度在不同岩相上分布存在重叠。从剪切柔度因子—渗透率—岩性交汇图（图 6）分析可以发现，柔度和渗透率关系在不同岩相上也存在重叠，如果不区分岩相，也很难有效分析柔度因子与渗透率的关系。由此可以初步判定，单纯采用柔度因子划分区域后进行孔隙度—渗透率回归或者单纯采用孔隙度—渗透率经验关系进行渗透率预测都很难取得好的效果。由于储层岩相对孔隙度—渗透率—剪切柔度因子关系影响较大，因此本论文拟采用剪切柔度因子与岩相相结合的渗透率预测新方案。

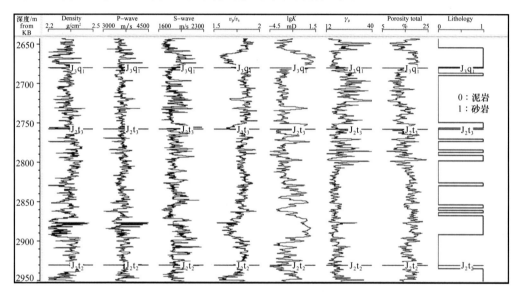

图 3　研究区 FUD7 井头屯河组上部测井曲线图

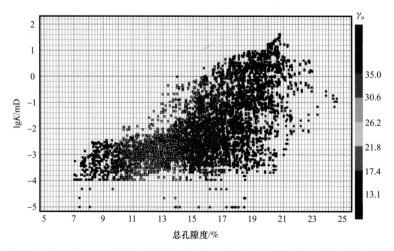

图 4　目标工区 FUD7 井头屯河组上部孔隙度—渗透率—剪切柔度因子交会图

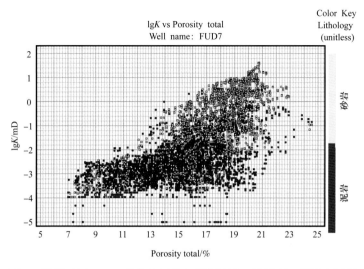

图 5　目标工区 FUD7 井头屯河组上部孔隙度—渗透率—岩性交汇图

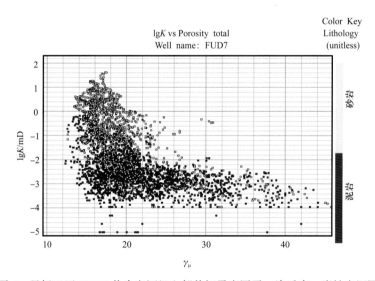

图 6　目标工区 FUD7 井头屯河组上部剪切柔度因子—渗透率—岩性交汇图

3.2　基于剪切柔度因子的多元回归分析

　　由以上分析可知，渗透率与孔隙度之间相关性差，为此尝试引入其他弹性参数来改善它们之间的线性回归关系，并探讨柔度因子对渗透率预测的影响。为了将该方法能应用于地震数据，笔者选择纵波速度、纵横波速度比、剪切柔度因子和孔隙度用于渗透率预测（由于密度反演可靠性低，在此不予考虑），进行如下几类测试：（1）孔隙度对渗透率回归；（2）孔隙度加剪切柔度因子对渗透率进行多元回归，然后将剪切柔度因子依次替换为纵波速度、纵横波速度比对渗透率进行多元回归，分析剪切柔度因子对渗透率回归的影响；（3）利用孔隙度、纵波速度、纵横波速度比对渗透率进行预测；（4）孔隙度、纵波速度、纵横波速度比和剪切柔度因子对渗透率进行多元回归预测。此处笔者选择 FUD7 井作为训练井，FUD6 井作为测试验证井。表 1 为以上测试计算曲线的均方误差（ *MSE* ）和决定系数（ R^2 ），其中决定系数为相关系数的平方，决定系数越大表示预测结果与真实结果相关程度越高。可以发现，单纯采用孔隙度进行渗透率预测误差较大，加入纵波速度、纵横波速度比和剪切柔度因子后可以有效改善预测精度，但是剪切柔度因子与孔隙度结合对渗透率预测精度提高更为明显（加入剪切柔度因子后预测误差为 0.7765，要小于其他方法计算结果）；如果将孔隙度、纵波速度、纵横波速度比和剪切柔度因子都用于多元回归误差最低，预测误差为 0.7421。从以上分析可以得出结论，即采用弹性参数、剪切柔度因子多元回归可以提高渗透率预测精度，剪切柔度因子相比纵波速度、纵横波速度比等常规弹性参数对渗透率更加敏感，对于提高渗透率预测精度意义更大。图 7 显示了以上方法在FUD7 井和 FUD6 井预测的渗透率与真实渗透率对比，其中图 7a、图 7b 为单纯采用孔隙度预测渗透率结果，图 7c、图 7d 为孔隙度 + 剪切柔度因子预测渗透率结果，图 7e、图 7f为孔隙度 + 纵波速度 + 横纵波速度比 + 剪切柔度因子渗透率预测结果。

表 1　多元回归均方误差及决定系数统计

回归参数	是否分相	FUD7 井		FUD6 井	
		MSE	R^2	*MSE*	R^2
孔隙度	不分相	0.9599	0.4392	1.5056	0.3269
	分相	0.9387	0.5067	1.2961	0.5250
孔隙度 + 纵波速度	不分相	0.9569	0.4409	1.4026	0.3508
孔隙度 + 横纵波速度比	不分相	0.9239	0.4602	1.4014	0.3921
孔隙度 + 剪切柔度因子	不分相	0.7765	0.5463	1.3564	0.4961
孔隙度 + 纵波速度 + 纵横波速度比	不分相	0.8975	0.4757	1.0756	0.4989
	分相	0.8924	0.5408	0.9542	0.5925
孔隙度 + 纵波速度 + 纵横波速度比 + 剪切柔度因子	不分相	0.7421	0.5664	0.9356	0.6016
	分相	0.6721	0.7948	0.8943	0.7924

　　进一步分析图 7 可以发现，预测结果在部分区域仍存在较大误差，分析该误差段岩相发现其主要是非储层的泥岩段（FUD6 井 2320～2350m 深度段），在泥岩段，渗透率普遍较小，但剪切柔度因子与砂岩段有重叠，这是导致多元回归存在误差的主要原因，因此在渗透率预测中应该考虑岩相变化对渗透率预测的影响。

3.3　基于剪切柔度因子的相控多元回归分析

　　在前述实验基础上，笔者对岩相变化对渗透率预测的影响进行了分析，为避免岩相预测误差的影响，先直接利用录井获得的真实岩相。此次仍采用 FUD7 井进行训练，FUD6井进行预测。具体步骤为：对于训练井中不同岩相对应数据分别计算回归关系，然后将训练得到的对应岩相回归关系应用到预测井中获得渗透率预测结果。图 8 为仅采用孔隙度进行相控训练和预测获得的渗透率与测井渗透率的对比图；图 9 为利用孔隙度、纵波速度、纵横波速度比等 3 种参数进行相控回归训练和预测获得的渗透率和测井渗透率对比图，图 10 为利用孔隙度、纵波速度、纵横波速度比和剪切柔度因子 4 个参数进行相控回归训练和预测获得的渗透率与测井渗透率对比图。以上相控渗透率预测均方误差及决定系数见表 1。与前面不分相多元回归预测误差和决定系数对比发现，相控前后预测误差有不同程度减少，决定系数有不同程度提高，而且回归参数包含剪切柔度因子后，预测误差减少幅度和相关系数提高幅度都是最大的，也即岩相控制下的包含弹性参数和剪切柔度因子的多元回归是储层渗透率预测的可行方案。

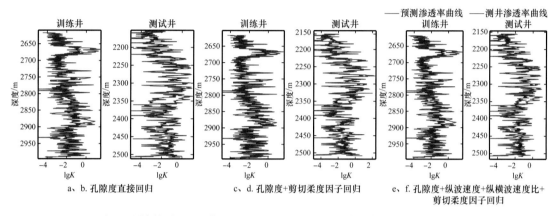

图 7　训练井（FUD7 井）和测试井（FUD6 井）渗透率预测结果对比图

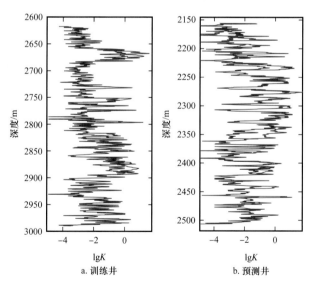

图 8　仅采用孔隙度进行相控训练井（FUD7 井）和预测井（FUD6 井）获得的渗透率与测井渗透率的对比图

前述分析中所使用的是真实岩相，但实际应用时只能通过已知弹性数据进行岩相划分。为了评价岩相分类误差对渗透率预测的影响，笔者设计以下 3 种参数组合：（1）孔隙度；（2）孔隙度 + 纵波速度 + 纵横波速度比；（3）孔隙度 + 纵波速度 + 纵横波速度比 +

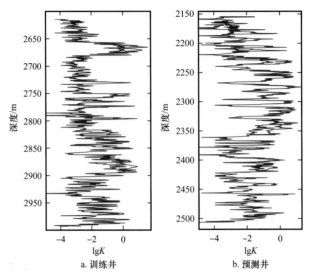

图 9　采用孔隙度 + 纵波速度 + 纵横波速度比训练（FUD7 井）和预测（FUD6 井）获得的渗透率与测井渗透率的对比图

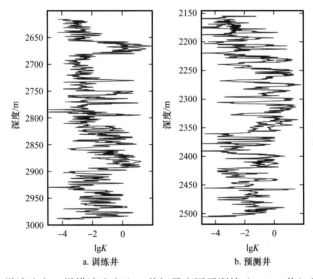

图 10　采用孔隙度 + 纵波速度 + 纵横波速度比 + 剪切柔度因子训练（FUD7 井）和预测（FUD6 井）获得的渗透率与测井渗透率的对比图

剪切柔度因子。基于 3 种参数组合，利用支持向量机方法进行岩相划分，在岩相划分基础上利用各自参数组合进行相控多元渗透率回归和预测。同样采用 FUD7 井作为训练井，FUD6 井作为测试井。表 2 为录井岩相分类基础上渗透率回归和预测结果与常规方法（支持向量机方法）岩相分类后渗透率回归和预测的误差对比。从岩相分类效果看，剪切骨架柔度因子对岩相划分的精度影响不大，因此在渗透率预测时可以先采用常规弹性参数对岩相进行分类，但前面已经指出，岩相分类方法对结果影响很大。从渗透率预测误差对比可以发现，采用 SVM 方法获得的岩相分类精度较低（约 70%），此时无论增加常规弹性参数还是剪切柔度因子进行训练和预测，渗透率预测的误差改善很小（表2），即岩相划分精度对渗透率预测精度影响很大。将表2中基于SVM分相的预测结果与表1不分相预测结果对比可以发现，分相预测结果甚至比不分相时预测结果误差更大（FUD6井不分相预测误差为0.9356，采用SVM分相后预测误差为2.0627），由此可见，可靠的岩相分类是渗透率预测的基础，增加纵横波速度等弹性参数可以提高岩相划分精度，但岩相分类方法选择尤为重要。在高精度岩相划分的基础上，增加纵波速度、纵横波速度比等常规弹性参数可以提高相控渗透率预测的精度，但不如增加剪切柔度因子效果明显。

表2 岩相划分精度对相控渗透率预测的影响

回归参数	预测方法	FUD7井 MSE	FUD6井 MSE	预测方法	FUD7井 分相准确度	FUD7井 MSE	FUD6井 分相准确度	FUD6井 MSE
孔隙度分相预测	常规岩相识别	0.9387	1.29614	SVM	0.7033	0.9587	0.4823	2.4880
孔隙度＋纵波速度＋纵横波速度比分相回归		0.8924	0.9542		0.6985	0.9588	0.5132	2.4685
孔隙度＋纵波速度＋纵横波速度比＋柔度分相回归		0.6721	0.8943		0.7078	0.9587	0.6463	2.0627

4 地震资料渗透率预测

4.1 预测过程

经过上述分析可以得到利用地震资料进行渗透率预测的方案：先利用叠前地震反演结果计算孔隙度和剪切柔度因子，再利用叠前反演结果、孔隙度、剪切柔度因子进行储层岩相划分，在分类基础上利用以上几种属性进行多元回归，实现渗透率预测。图11为计算得到的剪切柔度因子连井剖面，图12为岩相分类剖面，图13为对数渗透率连井剖面。

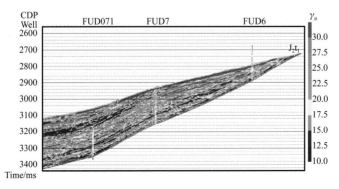

图11 研究工区头屯河组剪切柔度因子连井剖面

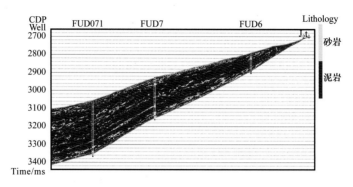

图 12　研究工区头屯河组岩相分类连井剖面

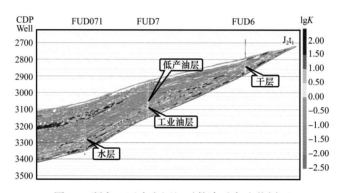

图 13　研究工区头屯河组对数渗透率连井剖面

4.2　预测效果分析

为了验证上述预测方法的有效性，笔者仍以 FUD7 为训练井，选择 FUD071 井和 FUD6 井进行验证，从剖面与嵌入的测井渗透率对比来看，对数渗透率符合程度较高（图 13），预测误差在两个色标以内，即渗透率预测误差基本可以控制在 1 个数量级以内。

由图 13 可见，FUD7 井产油层与 FUD071 井水层孔隙度高，渗透性好，两口井间砂体是连通的，因此处于低部位的 FUD071 井产水，而处于高部位的 FUD7 井产油，同时，该套砂体向东高部位逐渐减薄，并尖灭于 FUD7 井和 FUD6 井之间，因此 FUD6 井干层与 FUD7 井产油层属于不同期次沉积的砂体。FUD7 井低产油层虽然砂体物性好，但由于砂体较薄、分布范围小，导致产量低。

5　结论

通过测井数据渗透率预测试验表明，与常规弹性参数相比，表征孔隙结构的剪切骨架柔度因子对渗透率更加敏感，可以更好地用于渗透率预测；岩相分类准确性对渗透率预测精度影响很大，是渗透率预测的基础。在此基础上形成的基于剪切骨架柔度因子的相控渗透率地震预测方法可以将渗透率预测精度控制在一个数量级内，为利用地震资料开展渗透率空间预测提供了一种有效方法。下一步需要研究更高精度的岩相分类方法，以及对渗透率更加敏感的孔隙结构参数提取方法。

6 符号注释

MSE——均方误差，无因次；

K——渗透率，$10^{-3}\mu m^2$；

K_d——干岩石体积模量，GPa；

K_s——基质体积模量，GPa；

v_p——纵波速度，m/s；

v_s——横波速度，m/s；

p——体积模量，GPa；

R^2——决定系数，无因次；

T——算法迭代次数，无因次；

ρ——密度，g/cm^3；

γ——体骨架柔度因子，无因次；

γ_μ——剪切骨架柔度因子，无因次；

ϕ——孔隙度，%；

μ——剪切模量，GPa；

μ_d——干岩石剪切模量，GPa；

μ_s——基质剪切模量，GPa。

参 考 文 献

［1］RAZAVIRAD F，SCHMUTZ M，BINLEY A. Estimation of the permeability of hydrocarbon reservoir samples using induced polarization and nuclear magnetic resonance methods［J］. Geophysics，2019，84（2）：R73-R84.

［2］陈遵德，郭爱华.地震数据预测渗透率问题的讨论［J］.石油地球物理勘探，1998，33（S2）：86-90.

［3］李忠，贺振华，巫芙蓉，等.地震孔隙度反演技术在川西砂岩储层中的应用与比较［J］.天然气工业，2006，26（3）：50-52.

［4］贺锡雷，贺振华，王绪本，等.岩石骨架模型与地震孔隙度反演［J］.应用地球物理，2012，9（3）：349-358.

［5］何琰，彭文，殷军.利用地震属性预测渗透率［J］.石油学报，2001，22（6）：34-36.

［6］靳秀菊，侯加根，刘红磊，等.普光气田礁滩相复杂孔隙类型储集层渗透率地震预测方法［J］.古地理学报，2016，18（2）：275-284.

［7］钱恪然，张峰，李向阳，等.基于网格分析法的页岩储层等效孔隙纵横比反演［J］.石油物探，2015，54（6）：724-734.

［8］DOU Q，SUN Y，SULLIVAN C. Rock-physics-based carbonate pore type characterization and reservoir permeability heterogeneity evaluation，Upper San Andres reservoir，Permian Basin，west Texas［J］. Journal of Applied Geophysics，2011，74（1）：8-18.

［9］张汉荣，孙跃峰，窦齐丰，等.孔隙结构参数在普光气田的初步应用［J］.石油与天然气地质，2012，33（6）：877-882.

［10］JIN X，DOU Q，HOU J，et al. Rock-physics-model-based pore type characterization and its implication for porosity and permeability qualification in a deeply-buried carbonate reservoir, Changxing Formation, Lower Permian, Sichuan Bain, China [J]. Journal of Petroleum Science and Engineering, 2017, 153: 223-233.

[11] HUANG Q, DOU Q, SUN Y. Characterization of pore structure variation and permeability heterogeneity in carbonate rocks using MICP and sonic logs: Puguang gas field, China [J]. Petrophysics, 2017, 58 (6): 576-591.

[12] SUN Y F, BERTEUSSEN K, VEGA S, et al. Effects of pore structure on 4D seismic signals in carbonate reservoirs [R]. Tulsa: Society of Exploration Geophysicists, 2006: 3260-3264.

[13] SUN Y F. Pore structure effects on elastic wave propagation in rocks: AVO modelling [J]. Journal of Geophysics and Engineering, 2004, 1 (4): 268-276.

[14] HELLE H B, BHATT A, URSIN B. Porosity and permeability prediction from wireline logs using artificial neural networks: A North Sea case study [J]. Geophysical Prospecting, 2001, 49 (4): 431-444.

碳酸盐岩储层孔隙结构因子及渗透率敏感性分析

丁骞，甘利灯，魏乐乐，戴晓峰，张明，姜晓宇

1 引言

    储层渗透率作为储层物性参数之一，其分布特征影响着油气的分布、运移和开采，对油气勘探和开发、非常规储层分类以及油藏工程具有重要意义。地震数据能够提供井间的储层信息，因此利用地震数据研究储层渗透性成为趋势，但由于渗透性与地震响应之间的关系复杂且隐蔽，同时渗透率还受孔隙度、孔隙结构等多种控制因素的影响，利用地震数据研究渗透性面临诸多难题。寻找对渗透率更加敏感的地震弹性参数有望为地震储层渗透性研究提供新方法和思路。

    孔隙度是影响渗透率最主要的因素，孔隙度越大，岩石内部供流体流动的空间就越大。但由于孔隙结构的影响，孔隙度相近的碳酸盐岩储层渗透率通常相差多个数量级[1]。碳酸盐岩的孔隙结构主要受沉积和成岩作用的影响。沉积作用主要影响碳酸盐岩的孔隙类型[2]。碳酸盐岩储层在胶结、压实和溶蚀等成岩作用的改造下，形成的次生孔隙和裂缝使得碳酸盐岩孔隙结构更加复杂[3]。上述作用影响孔隙形态、孔隙尺度大小、孔隙连通性、孔喉半径、孔道迂曲度等孔隙结构，进而直接影响岩石的渗透率[4]。

    地质中表征孔隙结构的参数很多，但地震中通常用孔隙纵横比表征孔隙的结构[5]。孔隙纵横比对孔隙类型和孔隙形态具有明显的指示作用，如以铸模孔或孔洞为主的碳酸盐岩孔隙纵横比较大，而以裂缝为主的碳酸盐岩孔隙纵横比较小[6]。孔隙纵横比对渗透率有重要影响，WEI 等[7]研究孔隙结构对渗透率的影响时发现，相同孔隙度下，碳酸盐岩孔隙纵横比越大，渗透率越低；熊繁升等[8]、魏乐乐等[9]的多孔介质渗透率数值计算结果表明，相同孔隙度下孔隙纵横比对渗透率有显著影响，渗透率的数值可以跨越多个数量级。除孔隙纵横比之外，VERWER 等[10]用孔隙主尺度（岩心薄片上占据总孔隙空间50% 的最大孔隙尺度）描述了碳酸盐岩的孔隙结构，研究结果表明，孔隙主尺度对渗透率同样敏感，相同孔隙度下，孔隙主尺度越大，渗透率越大。但在地震中如何表征孔隙主尺度几乎空白。

    除此之外，SUN 等[11]基于孔隙弹性理论建立了岩石骨架和基质的关系，并从中推导出表征孔隙结构的因子，称为柔度因子（包括体柔度因子和剪切柔度因子）。DOU 等[12]

原文收录于《石油物探》，2022，61（3）：556-563。

将体柔度因子应用到圣安德烈斯碳酸盐岩储层中，结果表明，体柔度因子可以划分孔隙类型并且对渗透率有一定的敏感性。HUANG 等[13]将剪切柔度因子应用到普光气田碳酸盐岩储层中，结果表明，剪切柔度因子对孔隙类型的划分效果优于体柔度因子并对储层渗透率更加敏感；赵建国等[14-15]结合数字岩心技术证明柔度因子与孔隙纵横比之间存在负相关关系，孔隙纵横比越大，柔度因子越小。甘利灯等[16]的测井分析结果表明，高渗透率砂岩层段基本对应低剪切柔度因子，但低剪切柔度因子层段不一定是高渗的，因此还需要继续研究对渗透率更加敏感的孔隙结构参数。

从岩石骨架模型中推导表征孔隙结构的因子是一种可行的思路。岩石物理认为饱和岩石由岩石骨架和流体组成，岩石骨架（又称干岩石）包括基质和孔隙（不含流体）两部分，基质由多种矿物混合而成，基质中不包含孔隙。岩石骨架与基质的关系中包含了孔隙结构信息，因此能够从岩石骨架和基质的关系中推导出反映孔隙结构的因子，称为孔隙结构因子。为了研究对碳酸盐岩储层渗透率更敏感的孔隙结构因子，本文首先借鉴剪切柔度因子的推导方法，从其他 5 种岩石骨架模型中分别推导出 5 种新的孔隙结构因子；其次选用低孔低渗和高孔高渗碳酸盐岩岩心样品对比 6 种孔隙结构因子对渗透率的敏感性；最后优选孔隙结构因子并进行渗透率敏感机理分析。

2　孔隙结构因子

SUN 等[11]基于孔隙弹性理论建立了岩石骨架与基质之间的关系（岩石骨架模型），并从中推导出称为柔度因子的孔隙结构因子。借鉴 SUN 的研究思路，本文系统总结了Biot 模型[17]、Han 模型[18]、Nur 临界孔隙度模型[19]、Mavko 模型[20]、Lee 模型[21]等岩石骨架模型，并从中推导出用于描述孔隙结构的 5 种因子，将这些因子称为剪切 Biot 因子、剪切 Han 因子、剪切 Nur 因子、剪切 Mavko 因子、剪切 Lee 因子。这 5 种岩石骨架模型与 SUN 等的岩石骨架模型表达形式类似，都包含岩石骨架模量、基质模量、孔隙度、孔隙结构因子，且从这些模型中推导孔隙结构因子相对容易，因此选用这 5 种模型进行分析。下面将分别介绍各模型及孔隙结构因子。

2.1　基于 Biot 模型

BIOT 等[17]在建立土壤三维固结问题时，提出了孔隙弹性理论。之后在有效应力定律中引入一个修正系数，即 Biot 系数，并将 Biot 固结理论推广到岩石中。在低频假设的条件下，Biot–Gassmann 理论[22]被广泛应用于多孔介质地震波理论研究中。

岩石骨架与基质之间的关系为

$$K_d = K_m (1 - \beta) \tag{1}$$

式中　K_d——岩石骨架体积模量；

　　　K_m——基质体积模量；

　　　β——Biot 系数，定义为相同孔隙压力下，孔隙体积变化 ΔV_{pore} 与总体积变化 ΔV 之比。

将含 Biot 系数的岩石骨架体积模量和基质体积模量的关系，式（1），推广到岩石骨架剪切模量与基质剪切模量的关系：

$$\mu_{\mathrm{d}} = \mu_{\mathrm{m}}\left(1 - \beta_{\mu}\right) \tag{2}$$

式中　β_{μ}——剪切 Biot 因子；

　　　μ_{d}——岩石骨架剪切模量；

　　　μ_{m}——基质剪切模量。

速度表达式为

$$v_{\mathrm{p}} = \sqrt{\frac{K_{\mathrm{s}} + \dfrac{4}{3}\mu_{\mathrm{s}}}{\rho_{\mathrm{s}}}} \tag{3}$$

$$v_{\mathrm{s}} = \sqrt{\frac{\mu_{\mathrm{s}}}{\rho_{\mathrm{s}}}} \tag{4}$$

式中　v_{p}——纵波速度；

　　　K_{s}——饱和流体岩石的体积模量；

　　　μ_{s}——饱和流体岩石的剪切模量；

　　　ρ_{s}——饱和流体岩石的密度；

　　　v_{s}——横波速度。

一般情况下体积模量受流体的影响很大，而剪切模量基本不受流体影响，所以当储层含有油气时，饱和岩石剪切模量近似等于岩石骨架剪切模量，即：

$$\mu_{\mathrm{s}} = \mu_{\mathrm{d}} \tag{5}$$

由式（2）、式（4）和式（5）得到剪切 Biot 因子的表达式：

$$\beta_{\mu} = \frac{\mu_{\mathrm{m}} - v_{\mathrm{s}}^{2}\rho_{\mathrm{s}}}{\mu_{\mathrm{m}}} \tag{6}$$

2.2　基于 Han 模型

HAN 等[18]在研究孔隙度和泥质含量对饱和疏松砂岩（80 块岩石样品）波速的影响时，建立了岩石骨架体积模量与基质体积模量的关系式：

$$K_{\mathrm{d}} = K_{\mathrm{m}}\left(1 - D\phi\right)^{2} \tag{7}$$

式中　D——经验系数；

　　　ϕ——孔隙度。

同样将体积模量的关系推广到剪切模量中，得到：

$$\mu_d = \mu_m \left(1 - D_\mu \phi\right)^2 \tag{8}$$

式中 D_μ——剪切 Han 因子。

由式（4）、式（5）和式（8）得到剪切 Han 因子的表达式：

$$D_\mu = \frac{1}{\phi} - \sqrt{\frac{v_s^2 \rho_s}{\phi^2 \mu_m}} \tag{9}$$

2.3 基于 Nur 临界孔隙度模型

NUR 等[19]通过实验分析大量砂岩样品提出了临界孔隙度的概念以及临界孔隙度模型。岩石的孔隙度增大到一定程度时，岩石的组成矿物彼此相互分离，此临界状态下所对应的孔隙度即为临界孔隙度。NUR 等利用临界孔隙度建立了岩石骨架模量与基质模量之间的关系：

$$K_d = K_m \left(1 - \frac{\phi}{\phi_c}\right) \tag{10}$$

$$\mu_d = \mu_m \left(1 - \frac{\phi}{\phi_c}\right) \tag{11}$$

式中 ϕ_c——临界孔隙度。

为了区分体模量关系中的临界孔隙度和剪切模量关系中的临界孔隙度，本文将剪切模量关系中的临界孔隙度用 $\phi_{c\mu}$ 表示，并将 $\phi_{c\mu}$ 称为剪切 Nur 因子，即：

$$\mu_d = \mu_m \left(1 - \frac{\phi}{\phi_{c\mu}}\right) \tag{12}$$

由式（4）、式（5）和式（12）得到剪切 Nur 因子的表达式：

$$\phi_{c\mu} = \frac{\phi \mu_m}{\mu_m - v_s^2 \rho_s} \tag{13}$$

2.4 基于 Mavko 模型

MAVKO 等[20]在研究孔隙空间的可压缩性时，分析了相同储层温压条件下，岩性接近的 10 块岩石（基本不含泥质的砂岩），建立了岩石骨架体积模量与基质体积模量之间的关系：

$$K_d = K_m \left(1 - a\phi\right) \tag{14}$$

式中 a——环境影响系数。

将式（14）推广到剪切模量关系中，得到：

$$\mu_d = \mu_m \left(1 - a_\mu \phi\right) \tag{15}$$

式中 a_μ——剪切 Mavko 因子。

不难发现，当 $a_\mu = 1/\phi_{c\mu}$ 时，式（12）变为式（15），即当 $a_\mu = 1/\phi_{c\mu}$ 时，Mavko 模型等同于临界孔隙度模型。

由式（4）、式（5）和式（15）得到剪切 Mavko 因子的表达式：

$$a_\mu = \frac{\mu_m - v_s^2 \rho_s}{\phi \mu_m} \tag{16}$$

2.5 基于 Sun 模型

为了分析碳酸盐岩孔隙类型，SUN 等[11]基于孔隙弹性 Biot 理论建立了岩石骨架和基质的关系，并从中推导出了表征碳酸盐岩储层孔隙结构特征的孔隙结构因子，称为柔度因子（包括体柔度因子和剪切柔度因子），通常流体对体积模量影响较大，而剪切模量不受流体影响，因此在本文研究中只讨论剪切柔度因子。岩石骨架模量与基质模量之间的关系如下：

$$K_d = K_m \left(1 - \phi\right)^\gamma \tag{17}$$

$$\mu_d = \mu_m \left(1 - \phi\right)^{\gamma_\mu} \tag{18}$$

式中 γ_μ——剪切柔度因子；

γ——体柔度因子。

由式（4）、式（5）和式（18）得到剪切柔度因子的表达式：

$$\gamma_\mu = \frac{\lg\left(v_s^2 \rho_s\right) - \lg \mu_m}{\lg\left(1 - \phi\right)} \tag{19}$$

2.6 基于 Lee 模型

Walton[23]、Pride 等[24]引入固结系数来描述岩石矿物颗粒之间的固结程度，并建立了岩石骨架模量与基质模量之间的关系：

$$K_d = K_m \frac{1 - \phi}{1 + c\phi} \tag{20}$$

$$\mu_d = \mu_m \frac{1 - \phi}{1 + 1.5c\phi} \tag{21}$$

式中 c——用于表示岩石固结程度的固结系数，该系数不仅包含了孔隙的信息，还与基质体积模量与基质剪切模量的比值有关[24]。

式（21）中系数 1.5 的选择存在随意性，5/3 或者 2 也是可行的[25]。为了避免这种随意性，Lee 等[21]对岩石骨架剪切模量和基质剪切模量的关系进行了修改：

$$\mu_d = \mu_m \frac{1-\phi}{1+\gamma_c c\phi} \tag{22}$$

$$\gamma_c = \frac{1+2c}{1+c} \tag{23}$$

式中 γ_c——中间变量。

$c=1$ 时，$\gamma_c=1.5$，式（22）等于式（21）；随着 c 增大，γ_c 逐渐接近 2。即 Pride 骨架模型是 Lee 骨架模型的特例。

令 $\gamma_c c=c_\mu$，本文将 c_μ 称为剪切 Lee 因子。式（22）可以进一步表示为

$$\mu_d = \mu_m \frac{1-\phi}{1+c_\mu\phi} \tag{24}$$

由式（4）、式（5）和式（24）得到剪切 Lee 因子的表达式：

$$c_\mu = \frac{\mu_m(1-\phi)}{\phi v_s^2 \rho_s} - \frac{1}{\phi} \tag{25}$$

表 1　基于岩石骨架模型的孔隙结构因子列表

岩石骨架模型	模型表达式	推广至剪切模量	推导的孔隙结构因子	孔隙结构因子的名称
Biot 模型	$K_d = K_m(1-\beta)$	$\mu_d = \mu_m(1-\beta_\mu)$	$\beta_\mu = \dfrac{\mu_m - v_s^2 \rho_s}{\mu_m}$	β_μ 称为剪切 Biot 因子
Han 模型	$K_d = K_m(1-D\phi)^2$	$\mu_d = \mu_m(1-D_\mu\phi)^2$	$D_\mu = \dfrac{1}{\phi} - \sqrt{\dfrac{v_s^2 \rho_s}{\phi^2 \mu_m}}$	D_μ 称为剪切 Han 因子
Nur 模型	$K_d = K_m\left(1-\dfrac{\phi}{\phi_c}\right)$ $\mu_d = \mu_m\left(1-\dfrac{\phi}{\phi_{c\mu}}\right)$		$\phi_{c\mu} = \dfrac{\phi\mu_m}{\mu_m - v_s^2 \rho_s}$	$\phi_{c\mu}$ 称为剪切 Nur 因子
Mavko 模型	$K_d = K_m(1-a\phi)$	$\mu_d = \mu_m(1-a_\mu\phi)$	$a_\mu = \dfrac{\mu_m - v_s^2 \rho_s}{\phi\mu_m}$	a_μ 称为剪切 Mavko 因子
Sun 模型	$K_d = K_m(1-\phi)^\gamma$ $\mu_d = \mu_m(1-\phi)^{\gamma_\mu}$		$\gamma_\mu = \dfrac{\lg(v_s^2 \rho_s) - \lg\mu_m}{\lg(1-\phi)}$	γ_μ 是剪切柔度因子
Lee 模型	$K_d = K_m\dfrac{1-\phi}{1+c\phi}$ $\mu_d = \mu_m\dfrac{1-\phi}{1+c_\mu\phi}$		$c_\mu = \dfrac{\mu_m(1-\phi)}{\phi v_s^2 \rho_s} - \dfrac{1}{\phi}$	c_μ 称为剪切 Lee 因子

3 渗透率敏感性对比

选用低孔低渗和高孔高渗碳酸盐岩岩心样品分别分析不同孔隙结构因子对渗透率的敏感性，以此来优选对渗透率敏感的孔隙结构因子。

敏感度 S 定义为单位渗透率变化幅度内的孔隙结构因子变化幅度，即：

$$S = \frac{x_{\max} - x_{\min}}{\lg K_{\max} - \lg K_{\min}} \tag{26}$$

式中 $x_{\max}$、$x_{\min}$——分别为一组岩心样品孔隙结构因子的最大值和最小值；

$\lg K_{\max}$、$\lg K_{\min}$——分别为一组岩心样品对数渗透率的最大值和最小值。

3.1 低孔低渗碳酸盐岩样品

样品数据来源于文献［26］，岩心样品是塔里木盆地奥陶系鹰山组 40 块石灰岩，样品数据包括纵波速度、横波速度、密度、孔隙度和渗透率等，其中孔隙度为 0.75%～11.93%，平均为 2.53%，渗透率小于 0.5mD（$1mD \approx 1 \times 10^{-3} \mu m^2$），平均为 0.09mD。岩心样品具有低孔隙度低渗透率的特点。根据（26）式分别计算出 6 个孔隙结构因子对渗透率的敏感度。

不同孔隙结构因子对低孔低渗碳酸盐岩渗透率的敏感性如图 1 所示，可以看出，剪切 Lee 因子 c_μ 对渗透率的敏感性最高（为 5），剪切柔度因子 γ_μ 次之（为 4.2），两者相差 0.8。

3.2 高孔高渗碳酸盐岩样品

样品数据来源于文献［10］和文献［27］，86 块岩石样品来自中东、东南亚、澳大利亚的多个取心井，岩心薄片分析的孔隙类型有 3 类：孔洞型、孔隙型、裂缝型。岩心样品孔隙度为 8%～30%，平均孔隙度为 21.1%，渗透率为 0.01～25000.00mD 范围内，平均渗透率为 518.8mD，孔隙度、渗透率值域范围广。碳酸盐岩样品具有高孔隙度高渗透率的特点。由（26）式计算出 6 个孔隙结构因子对渗透率的敏感度。高孔高渗碳酸盐岩孔隙结构因子对渗透率的敏感性如图 2 所示，可以看出，剪切 Lee 因子对渗透率的敏感性依然最高

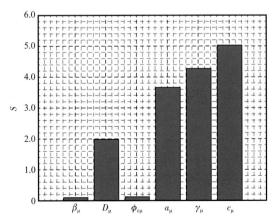

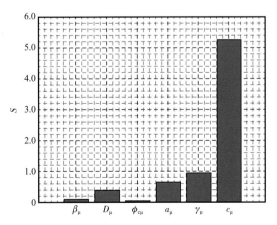

图 1 不同孔隙结构因子对低孔低渗碳酸盐岩
渗透率的敏感性

图 2 不同孔隙结构因子对高孔高渗碳酸盐岩
渗透率的敏感性

（为 5.25），剪切柔度因子次之（为 0.93），两者相差 4.32。

上述结果表明，无论低孔低渗碳酸盐岩还是高孔高渗碳酸盐岩，剪切 Lee 因子都对渗透率最敏感，剪切柔度因子次之。

4 剪切 Lee 因子渗透率敏感机理分析

选用高孔高渗碳酸盐岩样品进一步分析剪切 Lee 因子对渗透率敏感的原因以及该因子在碳酸盐岩储层孔隙结构表征中的作用。选用高孔高渗碳酸盐岩样品分析剪切 Lee 因子渗透率敏感性，这是因为高孔高渗岩心样品数量多，孔隙结构多样，孔隙度、渗透率值域范围广，具有代表性。

4.1 剪切 Lee 因子与孔隙主尺度的关系

高孔高渗碳酸盐岩样品剪切 Lee 因子与孔隙尺度的关系如图 3 所示，结果表明，剪切 Lee 因子与孔隙主尺度（取对数）具有良好的线性关系（拟合线如图中黑线所示），两者的相关系数平方为 0.732。孔隙主尺度是岩心薄片上占据总孔隙空间 50% 的最大孔隙尺度，反映了孔隙尺度大小[7, 10, 27]。

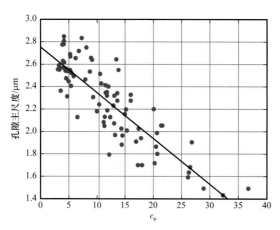

图 3　碳酸盐岩剪切 Lee 因子与孔隙主尺度（取对数）的交会结果

剪切 Lee 因子是从 Lee 模型中推导出的，代表了岩石的固结作用，岩石固结作用越强，岩石骨架越坚硬，纵横波速度越高，孔隙尺度越小，渗透率越低。碳酸盐岩的溶蚀、压实和胶结等成岩作用使其孔隙结构更加复杂，其中溶蚀作用对孔隙起到建设作用，而压实和胶结作用则对孔隙起到破坏作用。压实和胶结作用越强，剪切 Lee 因子越大，孔隙尺度越小，渗透率越低。因此，剪切 Lee 因子能够近似表示孔隙主尺度，并且对渗透率敏感；同时剪切 Lee 因子与孔隙主尺度之间良好的线性关系，为孔隙主尺度地震预测提供了一条途径。

4.2 剪切 Lee 因子与孔隙类型的关系

由于孔隙结构的影响，不同孔隙类型的碳酸盐岩储层渗透率差异较大，因此需要先划分孔隙类型，然后在每一类孔隙中研究渗透率。

图 4 显示了剪切柔度因子和剪切 Lee 因子划分孔隙类型的概率密度。概率密度表示单位孔隙结构因子区间内岩心样品数量的占比，其中，蓝色曲线代表岩心分析的岩石孔隙类型主要为孔洞型，绿色曲线代表岩心分析的岩石孔隙类型主要为孔隙型，红色曲线代表岩心分析的岩石孔隙类型主要为裂缝型。

图 4a 为剪切柔度因子 γ_μ 划分孔隙类型的概率密度，可以看出，在 γ_μ 取 5.6 和 7.2 时，

能够区分大部分孔隙类型；在 γ_μ 取 5.4～5.9 时，蓝色曲线和绿色曲线重叠，即此范围内 γ_μ 无法区分孔洞型和孔隙型；在 γ_μ 取 6.8～7.8 时，绿色曲线和红色曲线重叠，即此范围内 γ_μ 无法区分孔隙型和裂缝型。图 4b 为剪切 Lee 因子 c_μ 划分孔隙类型的概率密度，可以看出，在 c_μ 取 9 和 16 时，能够很好地区分 3 种孔隙类型。

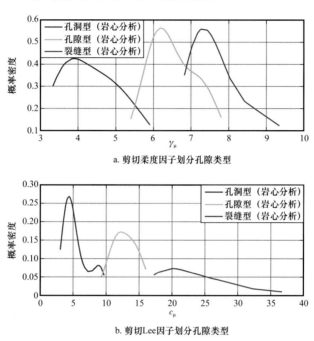

a. 剪切柔度因子划分孔隙类型

b. 剪切Lee因子划分孔隙类型

图 4　孔隙类型敏感性因子概率密度

图 5 是统计的剪切柔度因子 γ_μ 与剪切 Lee 因子 c_μ 区分孔隙类型的准确率。准确率是指被正确分类的数量与总数量的比值。剪切柔度因子 γ_μ 的准确率为 84%；而剪切 Lee 因子 c_μ 的准确率为 93%，比剪切柔度因子提高了 9%。

以上结果表明，剪切 Lee 因子 c_μ 区分孔隙类型的效果优于剪切柔度因子 γ_μ。尤其是孔隙型和裂缝型岩石，剪切 Lee 因子划分的效果明显优于剪切柔度因子；并且剪切 Lee 因子的值域范围更大，更容易划分孔隙类型。

4.3　剪切 Lee 因子与渗透率的关系

碳酸盐岩储层空间通常以次生孔隙和裂缝为主，这使得碳酸盐岩储层孔隙结构更加复杂，而不同孔隙类型的岩石，渗透率与孔隙度的关系差异较大。在研究了剪切 Lee 因子划分孔隙类型的效果之后，进一步对比基于剪切 Lee 因子和剪切柔度因

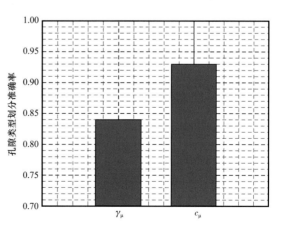

图 5　孔隙结构因子划分孔隙类型的准确率

子孔隙分类的渗透率与孔隙度的关系。

图 6 和图 7 分别为剪切柔度因子 γ_μ、剪切 Lee 因子 c_μ 划分的不同孔隙类型的渗透率与孔隙度交会结果。根据 3.2 节的分析，当 $\gamma_\mu < 5.6$ 时孔隙为孔洞型（蓝色），当 γ_μ 为 5.6～7.2 时孔隙为孔隙型（绿色），当 $\gamma_\mu > 7.2$ 时孔隙为裂缝型（红色）；当 $c_\mu < 9$ 时孔隙为孔洞型（蓝色），当 c_μ 为 9～16 时孔隙为孔隙型（绿色），当 $c_\mu > 16$ 时孔隙为裂缝型（红色）。R^2 为相关系数的平方。总体来看，不考虑孔隙类型时，渗透率与孔隙度的相关性较差；而在考虑孔隙类型后，渗透率与孔隙度的相关性得到了大幅度提高。结合图 6 和图 7 可以看出，剪切 Lee 因子划分的孔洞型、孔隙型、裂缝型岩石，其渗透率与孔隙度的相关性明显高于剪切柔度因子划分的。

综上所述，剪切 Lee 因子区分孔隙类型效果更好，并且基于剪切 Lee 因子孔隙分类的渗透率与孔隙度相关性更高。因此预测渗透率时考虑剪切 Lee 因子能够提高预测精度。

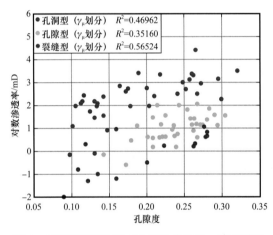 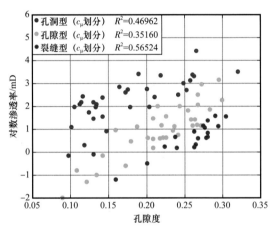

图 6　基于剪切柔度因子孔隙分类的孔—渗相关性　　图 7　基于剪切 Lee 因子孔隙分类的孔—渗相关性

5　结论

碳酸盐岩孔隙结构的表征是储层渗透率预测的基础，因此研究对储层渗透率更加敏感的孔隙结构因子尤为重要。本文从多种岩石骨架模型中推导出孔隙结构因子，并用碳酸盐岩岩心数据分析了这些因子对渗透率的敏感性，优选出了对渗透率更敏感的剪切 Lee 因子。该因子与孔隙主尺度之间具有良好的线性关系，这为孔隙主尺度地震预测提供了一条途径。同时，剪切 Lee 因子能够作为更好的描述碳酸盐岩孔隙结构的参数，在孔隙结构分类的基础上预测渗透率有助于提高预测精度。下一步需要利用测井资料研究剪切 Lee 因子对渗透率的敏感性，此外碳酸盐岩储层渗透率是多种因素共同作用的结果，建议采用多个孔隙结构参数（如孔隙纵横比和剪切 Lee 因子）联合预测渗透率。

参 考 文 献

［1］SUN Y F. A two-parameter model of elastic wave velocities in rocks and numerical AVO modelling［J］. Journal of Computational Acoustics，2012，12（4）：619-630.

［2］焦养泉, 荣辉, 王瑞, 等. 塔里木盆地西部一间房露头区奥陶系台缘储层沉积体系分析［J］. 岩石学报, 2011, 27（1）: 285-296.

［3］秦瑞宝, 李雄炎, 刘春成, 等. 碳酸盐岩储层孔隙结构的影响因素与储层参数的定量评价［J］. 地学前缘, 2015, 22（1）: 251-259.

［4］王小敏, 樊太亮. 碳酸盐岩储层渗透率研究现状与前瞻［J］. 地学前缘, 2013, 20（5）: 166-174.

［5］TEILLET T, FOURNIER F, ZHAO L, et al. Geophysical pore type inversion in carbonate reservoir: Integration of cores, well logs, and seismic data (Yadana field, offshore Myanmar)［J］. Geophysics, 2021, 86（3）: 1-69.

［6］PAN J G, DENG J X, LI C, et al. Effects of micrite microtextures on the elastic and petrophysical properties of carbonate reservoirs［J］. Applied Geophysics, 2019, 16（4）: 399-413.

［7］WEI X C, INNANEN K. Prediction of reservoir parameters with seismic data［C］. CREWES Meeting Poster. Calgary: Consortium for Research in Elastic Wave Exploration Seismology, 2019: 1-4.

［8］熊繁升, 甘利灯, 孙卫涛, 等. 裂缝—孔隙介质储层渗透率表征及其影响因素分析［J］. 地球物理学报, 2021, 64（1）: 279-288.

［9］魏乐乐, 甘利灯, 熊繁升, 等. 基于三维孔隙网络模型的纵波频散衰减特征分析［J］. 地球物理学报, 2021, 64（12）: 4618-4628.

［10］VERWER K, EBERLI G P, WEGER R J. Effect of pore structure on electrical resistivity in carbonates［J］. AAPG Bulletin, 2011, 95（2）: 175-190.

［11］SUN Y F. Pore structure effects on elastic wave propagation in rocks: AVO modelling［J］. Journal of Geophysics and Engineering, 2004, 1（4）: 268-276.

［12］DOU Q F, SUN Y F, CHARLOTTE S. Rock-physics-based carbonate pore type characterization and reservoir permeability heterogeneity evaluation, Upper San Andres reservoir, Permian Basin, west Texas［J］. Journal of Applied Geophysics, 2011, 74（1）: 8-18.

［13］HUANG Q F, DOU Q F, SUN Y F, et al. An integrated approach to quantify geologic controls on carbonate pore types and permeability, Puguang gas field, China［J］. Interpretation, 2017, 5（4）: T545-T561.

［14］赵建国, 潘建国, 胡洋铭, 等. 基于数字岩心的碳酸盐岩孔隙结构对弹性性质的影响研究（上篇）: 图像处理与弹性模拟［J］. 地球物理学报, 2021, 64（2）: 656-669.

［15］赵建国, 潘建国, 胡洋铭, 等. 基于数字岩心的碳酸盐岩孔隙结构对弹性性质的影响研究（下篇）: 储层孔隙结构因子表征与反演［J］. 地球物理学报, 2021, 64（2）: 670-683.

［16］甘利灯, 王峣钧, 罗贤哲, 等. 基于孔隙结构参数的相控渗透率地震预测方法［J］. 石油勘探与开发, 2019, 46（5）: 883-890.

［17］BIOT M A. General Theory of Three Dimensional Consolidation［J］. Journal of Applied Physics, 1941, 12（2）: 155-164.

［18］HAN D, NUR A, MORGAN D. Effects of Porosity and Clay Content on Wave Velocities in Sandstones［J］. Geophysics, 1986, 51（11）: 2093-2107.

［19］NUR A. Critical porosity and the seismic velocities in rocks［J］. Eos Transactions American Geophysical Union, 1992, 73（1）: 43-66.

［20］MAVKO G, MUKERJI T. Seismic pore space compressibility and Gassmann's relation［J］. Geophysics, 1995, 60（6）: 1743-1749.

［21］LEE M W. A simple method of predicting S-wave velocity［J］. Geophysics, 2006, 71（6）: F161-F164.

［22］GASSMANN F. Elastic waves through a packing of spheres［J］. Geophysics，1951，16（4）：673－685.

［23］WALTON K. The effective elastic moduli of a random pack of spheres［J］. Journal of the Mechanics and Physics of Solids，1987，35（2）：213－226.

［24］PRIDE S R，BERRYMAN J G，HARRIS J M. Seismic attenuation due to wave－induced flow［J］. Journal of Geophysical Research，2004，109（B1）：1－19.

［25］WALSH J B，BRACE W F，ENGLAND A W. Effect of porosith on compressibility of glass［J］. Journal of the American Ceramic Society，1965，48（1）：605－608.

［26］PAN J G，WANG H B，LI C，et al. Effect of pore structure on seismic rock－physics characteristics of dense carbonates［J］. Applied Geophysics，2015，12（1）：1－10.

［27］WEGER R J，EBERLI G P，BAECHLE G T，et al. Quantification of pore structure and its effect on sonic velocity and permeability in carbonates［J］. AAPG Bulletin，2009，93（10）：1297－1317.

储层渗透性地震预测研究进展

甘利灯，魏乐乐，丁骞，张银智，杨昊，戴晓峰

当前获得渗透性的手段主要有岩心测量、试油、测井与地震预测等。通过岩心测量和试油得到的渗透率精度高，但资料少且覆盖范围小。测井资料解释得到的渗透率相对准确，但只能反映井点的储层渗透性。地震数据能够提供井间储层信息，且成本相对较低，因此，利用地震资料能否预测渗透性以及预测方法研究具有重要意义。2001 年美国能源部组织了来自工业界、国家实验室、大学的众多专家在加利福尼亚州伯克利针对地震渗透率预测问题进行了为期两天的研讨，Pride 等对研讨会和前人相关工作做了系统总结，认为地震资料中包含储层渗透性的信息，但预测渗透性面临巨大挑战。此后，地震预测储层渗透性的岩石物理机理和方法研究逐步受到关注。渗透性参数预测的地震岩石物理基础是孔隙弹性理论，经典的 Biot 方程就是从微观尺度的渗流机理出发，推导出宏观尺度的地震波传播方程，这为从地震波场信息中提取渗透性参数奠定了理论基础。研究表明，储层渗透性与孔隙形态，如孔隙纵横比和孔隙尺度，以及与地震频散和衰减关系密切。与之对应地发展了三类储层渗透性地震预测技术，一是基于频散和衰减的预测方法，最常见的是流度预测方法；二是基于地震孔隙结构因子的渗透性预测；三是基于神经网络和人工智能的方法。

1 储层渗透性地震预测可行性分析

地震岩石物理是地震响应与储层参数之间的桥梁，也是地震预测渗透性可行性分析的基础。地震岩石物理理论及岩石物理实验研究表明，渗透率受多种控制因素的影响，尤其是孔隙结构，而孔隙结构特征的变化会导致岩石物理弹性参数表现出明显差异。孔隙纵横比是表征孔隙类型和孔隙形态的重要指标，如以铸模孔或孔洞为主的碳酸盐岩储层孔隙纵横比较大，而以裂缝为主的碳酸盐岩储层孔隙纵横比较小。孔隙纵横比对渗透率有重要影响，相同孔隙度下，孔隙纵横比越大，渗透率越低。King 等做的渗透率与压力变化岩心实验结果表明，孔隙纵横比明显影响渗透率；Sun 等基于扩展 Biot 理论提出了表征孔隙结构的柔度因子；熊繁升等基于裂缝—孔隙介质模型的渗透率数值计算结果表明，相同孔隙度下孔隙纵横比对渗透率有显著影响，渗透率的数值可以跨越多个数量级。此外，Wei 等研究表明，孔隙主尺度对渗透率同样敏感，相同孔隙度下，孔隙主尺度越大，渗透率越大。丁骞等利用国内外两组碳酸盐岩岩心分析数据分析了地震孔隙结构因子与渗透率的敏感性，结果表明，剪切 Lee 因子对渗透率敏感性更高，且与孔隙主尺度之间具有良好的线

原文收录于《2022 年中国地球科学联合学术年会论文集》，2022，701−702。

性关系，这为孔隙主尺度地震预测提供了一条途径，也为进一步提高渗透性预测精度指明了方向。

另外，渗透率的变化会影响流固耦合，从而引起地震波频散和衰减的变化。早在2001年，李亚林等就利用成分相同而孔隙度与渗透率不同的人造岩样进行了测试，结果表明，品质因子与孔隙度无明显关系，而与渗透率关系明显，随后 Batzle 等和 Taeyuk 等也通过实验验证了渗透率或流度（渗透率/黏度）与频散与衰减之间存在密切关系。张银智在总结分析现有地震岩石物理模型的基础上，分析储层渗透性相关参数对地震频散、衰减以及地震响应的影响，验证了频散预测流度的可行性；指出在地震频带，基于中观流机制的岩石物理模型更适合描述渗透性对频散与衰减的影响。魏乐乐等裂缝—孔隙网络模型数值模拟表明，储层岩石纵横比对渗透率、纵波速度和特征频率有显著影响。这些成果与认识表明，利用地震资料预测储层渗透性是有岩石物理基础的，也为预测方法研究提供了思路。

2　储层渗透性地震预测方法

基于可行性研究，储层渗透率地震预测方法可以分为三类。一是基于频散和衰减的预测方法，常见的方法是流度预测。Silin 等基于 Biot 理论对地震反射系数进行了低频渐进分析，推导出了流度属性表征公式，并在储层流度属性预测中取得了一定的效果，但流度属性表征式中未知系数较多，且没有统一的确定方法。

二是基于孔隙结构的渗透率预测。主要是根据 Sun 等提出的柔度因子区分不同的孔隙类型，然后在每一类中利用孔隙度–渗透率关系预测渗透率。柔度因子的方法能够有效降低渗透率预测的多解性，但实际应用过程中仍然存在诸多问题，主要表现在：（1）直接采用柔度因子进行孔隙类型分类过于简单；（2）分类后直接采用孔渗二元关系进行渗透率预测过于简单；（3）基于柔度因子的渗透率预测大多限于测井数据；（4）用于标定柔度因子分类准则的岩心薄片数量有限等。针对以上问题，甘利灯等提出基于孔隙结构参数的相控渗透率地震预测方法，将柔度因子单参数划分孔隙类型推广到弹性参数和柔度因子多参数划分岩相。该方法首先采用孔隙度、弹性参数及柔度因子划分岩相，然后在每一类岩相中用多元回归预测渗透率，最后应用于碎屑岩储层，结果表明渗透率预测的误差在一个数量级以内。这种方法充分考虑了孔隙形态的影响，但没有考虑孔隙尺度的影响，因此在地震孔隙结构因子与渗透率敏感性分析的基础上，丁骞提出了基于双孔隙结构因子的储层渗透性相控预测方法，并在四川盆地秋林地区沙溪庙组致密砂岩储层渗透率预测中将预测误差降到半个数量级以内，预测的渗透性与5口已知井测试产能完全符合，验证了方法的有效性，也为储层渗透性地震预测提供了一种有效手段。

三是基于地震属性分析和人工智能的预测方法，其主要是采用神经网络等手段直接将地震属性体转换为渗透率体。该方法本质上是数据驱动，缺乏岩石物理基础。为此，学者们提出基于物理模型和数据双驱动的人工智能渗透率预测技术。

3 结论与建议

地震岩石物理分析是储层渗透性预测的基础，研究表明，储层渗透性受孔隙结构和流体性质等多种因素的影响，而孔隙结构和流体性质影响地震波传播，如纵横波速度和频散与衰减，因此利用这些信息可以预测储层的渗透性。由此，可以将地震预测储层渗透性分为三类：基于地震孔隙结构因子、基于频散与衰减属性和基于神经网络和人工智能的方法，把基于岩石物理模型的方法与基于数据驱动的方法相结合将是未来渗透性地震预测技术的发展方向。特别指出的是，由于储层渗透性对地震响应特征影响弱，二者关系复杂，因此地震资料保真处理尤为重要。

参 考 文 献

［1］张银智.储层渗透性参数地震预测方法研究［D］.北京：中国石油勘探开发研究院，2015.

［2］甘利灯，王峣钧，罗贤哲，等.基于孔隙结构参数的相控渗透率地震预测方法［J］.石油勘探与开发，2019，46（05）：883-890.

［3］魏乐乐，甘利灯，熊繁升，等.基于三维孔隙网络模型的纵波频散衰减特征分析［J］.地球物理学报，2021，64（12）：4618-4628.

［4］丁骞.基于双孔隙结构因子的储层渗透性地震预测方法研究［D］.北京：中国石油勘探开发研究院，2022.

双孔隙结构因子及其在储层渗透性地震预测中的应用

丁骞，甘利灯，魏乐乐，张宇生，杨昊，姜晓宇，王嵃钧

1 引言

储层渗透性的分布特征影响着油气的分布、运移和开采，对油气的勘探和开发具有十分重要的意义。通过岩心和测井可以相对准确地测量出岩石样品和井中的渗透率，但其只能反映小范围储层的渗透率信息。地震方法可以获得井间的储层信息，利用地震方法获得储层渗透率成为趋势。但地震渗透率预测面临着诸多困难，其中一个主要的原因是渗透率受到孔隙度、孔隙结构等多种因素的影响，因此只有在考虑孔隙结构的基础上才能提高储层渗透率预测的精度[1-2]。

沉积和成岩作用都会影响储层的孔隙结构。沉积作用主要影响储层的孔隙类型，不同的孔隙类型，渗透率存在明显差异[3]。成岩作用对储层孔隙结构有明显的改造，如碳酸盐岩储集空间在胶结、压实和溶蚀等成岩作用的改造下，形成的次生孔隙和裂缝使其孔隙结构更加复杂[4]。上述作用影响孔隙形态、孔隙尺度大小、孔隙联通性、孔喉半径、孔道迂曲度等孔隙结构，进而直接影响岩石的渗透率[5-7]。

在实际应用中表征孔隙结构的参数相对有限，最常用的参数之一是孔隙纵横比。孔隙纵横比对孔隙类型和孔隙形态具有明显的指示作用，以孔洞为主的储层孔隙纵横比较大，而以裂缝孔为主的储层孔隙纵横比较小[8]。孔隙纵横比对渗透率有重要影响。Wei等[9]研究孔隙结构对渗透率的影响时发现，相同孔隙度下，储层孔隙纵横比越大，渗透率越低；熊繁升等[10]的多孔介质渗透率数值计算结果表明，相同孔隙度下孔隙纵横比对渗透率有显著影响，渗透率的数值可以跨越几个数量级。Verwer[11]等用孔隙主尺度参数描述储层的孔隙结构。孔隙主尺度是岩心薄片上占据总孔隙空间50%的最大孔隙尺度，即孔隙空间的一半是由小于等于主尺度的孔隙空间构成。研究表明，孔隙主尺度对渗透率有重要影响，相同孔隙度下，孔隙主尺度越大，渗透率越大，并且结合孔隙主尺度可以改善渗透率与孔隙度的关系。孔隙纵横比和孔隙主尺度都能够表征孔隙结构并对渗透率有重要影响，但孔隙纵横比的研究比较深入，而如何用实际数据表征孔隙主尺度几乎是空白。

除此之外，在储层渗透性地震预测中主要采用 Sun 等[12]定义的柔度因子来描述孔隙

原文收录于《石油学报》，2023，44（2）：339-347；该文主要成果"基于双孔隙结构因子的相控渗透率预测方法"获 2021 年物探技术研讨会优秀论文特等奖。

结构。利用柔度因子划分不同的孔隙类型，然后在每一类孔隙中建立孔隙度与渗透率的关系，能够提高储层渗透率预测的精度。Dou 等[1]将体柔度因子应用到 San Andres 碳酸盐岩储层渗透率预测中，表明体柔度因子可以将孔隙度—渗透率趋势进行分类，从而提高渗透率预测的精度。Huang 等[2]将剪切柔度因子应用到普光气田碳酸盐岩储层中发现，剪切柔度因子可以更好地区分孔隙类型并提高渗透率预测精度。赵建国等[13-14]结合数字岩心技术获得了地震尺度上的柔度因子属性体，并得出孔隙纵横比与柔度因子之间存在关系。针对孔隙结构复杂、岩相分布非均质性较大的储层，甘利灯等[15]提出用孔隙度、弹性参数及柔度因子先对岩相分类，然后对渗透率进行多元回归预测的方法。

利用岩相、弹性参数及柔度因子等多参数约束渗透率与孔隙度的关系可以提高渗透率预测的精度。但储层渗透率受孔隙形态、孔隙尺度等多种控制因素的影响，而单个孔隙结构因子考虑的因素有限，因此在预测渗透率时有必要加入多个孔隙结构因子；且回归预测渗透率的各参数之间并非完全相互独立的，不宜直接用这些参数进行线性回归，因此选用神经网络预测；另外，地震预测渗透率时采用反演资料，因此选用阻抗信息更适宜。

笔者在前人研究的基础上采用双孔隙结构因子及遗传算法优化的 BP 神经网络（GA-BP）预测渗透率。首先根据剪切柔度因子的研究思路，从 Lee 岩石骨架模型[16]中推导出新的孔隙结构因子——剪切 Lee 因子，并分析了其与孔隙主尺度的关系；然后利用双孔隙结构因子（孔隙纵横比和剪切 Lee 因子）、孔隙度、纵 / 横波波阻抗以及 GA-BP 神经网络对岩相进行分类；最后在岩相分类的基础上，用双孔隙结构因子、孔隙度、纵 / 横波波阻抗以及 GA-BP 神经网络对渗透率进行预测。

2 孔隙结构因子

饱和岩石由岩石骨架和流体组成，岩石骨架（又称干岩石）包括基质和孔隙（不含流体）两部分，基质由多种矿物混合而成，基质中不包含孔隙。岩石骨架与基质的关系中包含了孔隙结构信息，因此可以从岩石骨架与基质的关系中推导出反映孔隙结构的因子，称为孔隙结构因子。Sun[12]从岩石骨架模型中推导出了孔隙结构因子，称为柔度因子。据此，笔者从 Lee 模型[16]中推导出新的孔隙结构因子，称为剪切 Lee 因子。

2.1 剪切柔度因子

Sun 等[12]定义的柔度因子包括体柔度因子和剪切柔度因子。主要的计算公式如下：

$$v_p = \left[\left(K_s + \frac{4}{3} \mu_s \right) / \rho_s \right]^{\frac{1}{2}} \quad (1)$$

$$v_s = \left(\mu_s / \rho_s \right)^{\frac{1}{2}} \quad (2)$$

$$\mu_{\mathrm{d}} = \mu_{\mathrm{m}}\left(1-\phi\right)^{\gamma_\mu} \tag{3}$$

$$K_{\mathrm{d}} = K_{\mathrm{m}}\left(1-\phi\right)^{\gamma} \tag{4}$$

当储层含有油气时，干岩石剪切模量近似等于流体饱和岩石剪切模量，即

$$\mu_{\mathrm{d}} = \mu_{\mathrm{s}} \tag{5}$$

联立式（2）、式（3）、式（5）可得剪切柔度因子的表达式：

$$\gamma_\mu = \left[\lg\left(v_{\mathrm{s}}^2 \rho_{\mathrm{s}}\right) - \lg\mu_{\mathrm{m}}\right] / \lg\left(1-\phi\right) \tag{6}$$

2.2 剪切 Lee 因子

Pride 等[17]通过引入固结系数来描述岩石矿物颗粒之间的固结程度，建立了岩石骨架模量与基质模量之间的关系。Lee 等[16]对其进行了修改后得到

$$K_{\mathrm{d}} = K_{\mathrm{m}}\frac{1-\phi}{1+c\phi} \tag{7}$$

$$\mu_{\mathrm{d}} = \mu_{\mathrm{m}}\frac{1-\phi}{1+\gamma_{\mathrm{c}}c\phi} \tag{8}$$

$$\gamma_{\mathrm{c}} = \left(1+2c\right) / \left(1+c\right) \tag{9}$$

其中，c 是表示岩石固结程度的固结系数，其不仅包含了孔隙的信息，还与基质体积模量与基质剪切模量的比值有关。令 $\gamma_{\mathrm{c}}c = c_\mu$，则式（8）可表示为

$$\mu_{\mathrm{d}} = \mu_{\mathrm{m}}\frac{1-\phi}{1+c_\mu\phi} \tag{10}$$

联立式（2）、式（5）、式（10）可得剪切 Lee 因子 c_μ 为

$$c_\mu = \frac{\mu_{\mathrm{m}}\left(1-\phi\right)}{\phi v_{\mathrm{s}}^2 \rho_{\mathrm{s}}} - \frac{1}{\phi} \tag{11}$$

2.3 孔隙纵横比

孔隙纵横比采用 Kumar[18]的流程进行计算，原始流程中采用 DEM 模型，而 DEM 模型是隐式方程，不利于计算，因此笔者改用 DEM 解析模型[19]，计算流程如图 1 所示。

Kumar 等将孔隙分为硬孔、参考孔和裂缝孔，而本文研究区孔隙以参考孔为主，因此只将参考孔的孔隙纵横比（α_{r}）作为孔隙结构因子进行岩相分类和渗透率预测。其中，v_{pC} 是 v_{prC}、v_{psC} 和 v_{pcC} 的统称。

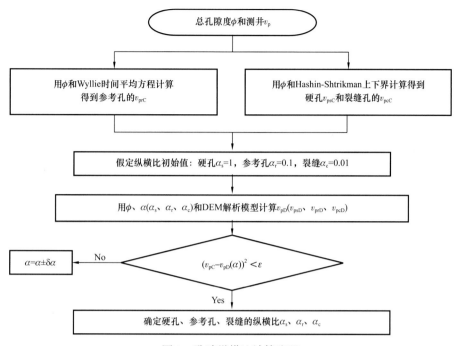

图 1 孔隙纵横比计算流程

孔隙纵横比计算步骤如下：（1）利用孔隙度和 Wyllie 时间平均方程计算参考孔的纵波速度 v_{prC}；（2）给定孔隙纵横比的初始值 0.1（参考孔）和孔隙纵横比的增量 $\delta\alpha$；（3）用孔隙度、孔隙纵横比和 DEM 解析模型计算纵波速度 $v_{pD}(\alpha)$；（4）判断 $v_{pD}(\alpha)$ 与 v_{prC} 的误差是否达到给定的精度 ε；若是，则 α 为此孔隙度点对应的孔隙纵横比；若否，则 $\alpha=\alpha\pm\delta\alpha$，返回步骤（3）重新计算纵波速度 $v_{pD}(\alpha)$；（5）对所有深度点进行上述计算，最终可得到每个深度点对应的孔隙纵横比。

3 双孔隙结构因子的理论基础

Wei 等[9] 的研究表明，储层渗透率是孔隙形态和孔隙尺度共同作用的结果，单独使用孔隙纵横比或者孔隙主尺度一个孔隙结构参数不足以考虑多种控制因素，且孔隙主尺度对渗透率的影响与孔隙纵横比相反。相同孔隙度下，渗透率与孔隙纵横比大体呈现负相关关系（图 2a），而渗透率与孔隙主尺度大体呈现正相关关系（图 2b）。因此，在储层渗透率预测时有必要考虑孔隙纵横比和孔隙主尺度双孔隙结构因子。

在地震上如何表征孔隙主尺度研究几乎空白。为此，笔者利用 Wei 等[9] 的碳酸盐岩数据和 Gomez 等[20] 的法国 Fontainebleau 砂岩数据分析孔隙结构因子与孔隙主尺度的关系。研究结果表明，剪切 Lee 因子与孔隙主尺度具有良好的线性关系（图 3）。碳酸盐岩剪切 Lee 因子与孔隙主尺度的相关系数平方为 64.9%（图 3a），而剪切柔度因子与孔隙主尺度的相关系数平方为 47.34%；砂岩剪切 Lee 因子与孔隙主尺度的相关系数平方为 84.04%（图 3b），而剪切柔度因子与孔隙主尺度的相关系数平方为 73.79%。

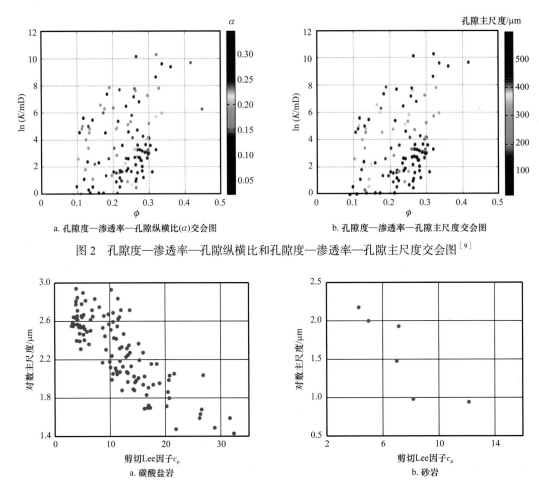

a. 孔隙度—渗透率—孔隙纵横比(α)交会图

b. 孔隙度—渗透率—孔隙主尺度交会图

图 2　孔隙度—渗透率—孔隙纵横比和孔隙度—渗透率—孔隙主尺度交会图[9]

图 3　剪切 Lee 因子与对数主尺度交会图

a. 碳酸盐岩

b. 砂岩

剪切 Lee 因子是从 Lee 模型中提出的，其代表了岩石的固结成岩作用。溶蚀、压实和胶结等成岩作用使储层孔隙结构更加复杂，其中溶蚀作用对孔隙起到建设作用，而压实和胶结作用则对孔隙起到破坏作用[21]。压实和胶结作用越强，剪切 Lee 因子越大，孔隙尺度会越小。因此，可以用剪切 Lee 因子近似表示孔隙主尺度。

4　测井资料渗透率预测

4.1　工区简介及储层特征

研究区位于准噶尔盆地中央坳陷带东部的阜东斜坡区，油藏类型主要为岩性—地层油气藏，该区主要勘探目的层为头屯河组，以河流—三角洲沉积为主。岩性为细砂岩、粉砂岩与泥岩互层，砂岩储层单层厚度约为 30m，孔隙度为 3.00%～30.25%，平均为 16.65%，渗透率为 0.017～696.61mD，平均为 4.13mD。

工区代表井 FUD7 井测井曲线如图 4 所示。砂岩和泥岩纵波速度和密度差异较小，横波阻抗略好，单独用阻抗划分砂泥岩效果不理想。由测井渗透率和双孔隙结构因子曲线对比可发现，高渗层段（砂岩）基本对应低剪切 Lee 因子及高孔隙纵横比，反之则不一定成立，即低剪切 Lee 因子和高孔隙纵横比层段不一定是高渗的。因此，笔者综合孔隙度、阻抗、双孔隙结构因子划分测井和地震的砂泥岩及预测渗透率。

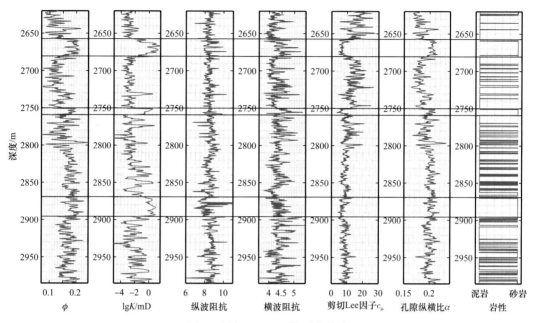

图4　研究区 FUD7 井测井曲线

4.2　GA–BP 神经网络

　　BP 神经网络是一种按误差逆传播算法训练的多层前馈网络，可完成输入到输出的任意非线性映射。BP 神经网络模型拓扑结构包括输入层、隐含层和输出层，适用于求解内部机制较为复杂的问题。BP 算法作为神经网络使用最多的算法之一，具有简单、易行、计算量小、并行性强等优点。但 BP 神经网络每次训练时会随机给出网络的初始权值和阈值，而不同初始值的训练结果相差较大，因此笔者用遗传算法（GA）优化 BP 神经网络的初始权值和阈值。遗传算法模拟自然选择和遗传学机理，使用遗传算法优化 BP 神经网络的初始权值和阈值可以更好地拟合数据，克服 BP 神经网络收敛速度慢、陷入局部最优的问题[22]。GA–BP 神经网络算法流程如图5所示。

4.3　基于双孔隙结构因子的岩相分类

　　首先采用不同参数组合以及 GA–BP 神经网络对研究区 FUD7 井（训练井）和 FUD6 井（预测井）的岩相进行分类（分为砂泥岩两相），参数组合类型及岩相分类精度如图6所示。分类精度是指岩相被正确分类的数量与总数量的比值。

　　由图6可以看出，利用孔隙度、纵/横波波阻抗（I_p、I_s）和双孔隙结构因子（剪切 Lee 因子 c_μ 和孔隙纵横比 α）对岩相分类的精度高于单孔隙结构因子（剪切柔度因子 γ_μ）。由 FUD6 井岩相预测结果（图7）可以看出，双孔隙结构因子预测的岩相与测井岩相吻合程度更高。

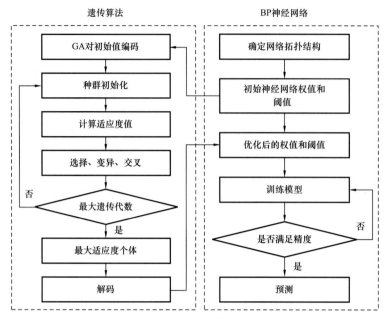

图 5　GA-BP 神经网络算法流程

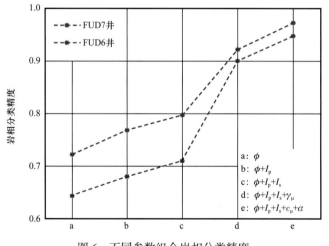

图 6　不同参数组合岩相分类精度

4.4　基于双孔隙结构因子的渗透率预测

在岩相分类的基础上，采用孔隙度、纵波阻抗、横波阻抗和双孔隙结构因子以及 GA-BP 神经网络对渗透率进行预测。FUD7 为训练井，FUD6 为预测井。

由单孔隙结构因子和双孔隙结构因子预测的渗透率和测井渗透率的对比（图 8）可以看出，主要砂岩层段（FUD7 井 2850～2900m 处，FUD6 井 2250～2300m 处），双孔隙结构因子预测结果与测井吻合程度更高。由在岩相分类基础上采用不同参数组合对渗透率预测的误差（图 9）可以看出，利用孔隙度、纵 / 横波波阻抗和双孔隙结构因子对渗透率预测的误差小于单孔隙结构因子。渗透率是多种因素共同影响的结果。描述孔隙结构通常都是一个参数，大多也都与孔隙纵横比有关。相同的孔隙纵横比下，孔隙尺度可大可小，孔隙尺度越大，渗透性越好。双孔隙结构因子考虑了孔隙尺度大小和孔隙形态因素，因此预测的渗透率精度更高。

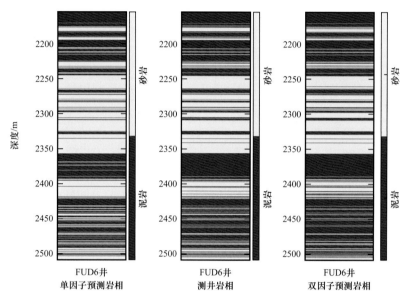

图 7　FUD6 井岩相预测结果

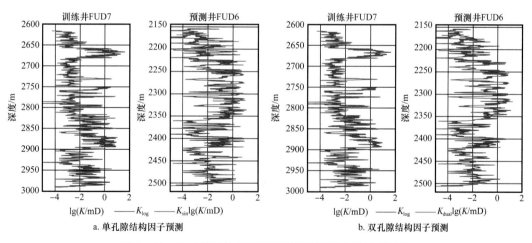

图 8　单、双孔隙结构因子预测渗透率和测井渗透率对比

5　地震资料渗透率预测

地震预测渗透率时，先利用叠前地震资料反演出纵、横波波阻抗，然后利用反演结果计算孔隙度、孔隙结构因子，再结合反演结果、孔隙结构因子及 GA-BP 神经网络将岩相划分为砂泥岩两相，最后在每一类岩相中利用反演结果和孔隙结构因子及 GA-BP 神经网络预测渗透率。

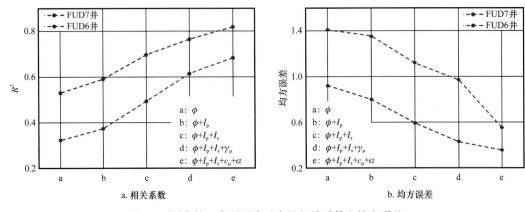

图9 不同参数组合预测渗透率的相关系数和均方误差

以 FUD7 为训练井，FUD071 为验证井进行地震渗透率预测。图 10a 是单孔隙结构因子预测的渗透率连井剖面，预测误差在两个色标以内。图 10b 是双孔隙结构因子预测的渗透率连井剖面，预测误差基本可以控制在一个色标以内。双孔隙结构因子预测的结果与井上吻合程度更高，同时，双孔隙结构因子刻画的砂体层次更加分明。由 FUD7 井测井渗透率与井旁道地震预测渗透率对比（图 11a）可以看出，在主要砂岩层段（2960～2970ms 及 3077～3096ms），双孔隙结构因子预测的渗透率与测井渗透率吻合程度更高。由 FUD071 井测井渗透率与井旁道地震预测渗透率对比（图 11b）可以看出，在主要砂岩层段（3270～3288ms），双孔隙结构因子预测的渗透率与测井渗透率吻合程度更高。图 12a 是井点处单孔隙结构因子预测的地震渗透率与测井渗透率的交会图，红色虚线是一个数量级误差线，所有点都在红色虚线之间，即渗透率预测误差在一个数量级以内。图 12b 是井点处双孔隙结构因子预测的地震渗透率与测井渗透率的交会图，红色虚线是半个数量级误差线，所有点均在红色虚线之间，即渗透率预测误差在半个数量级以内。

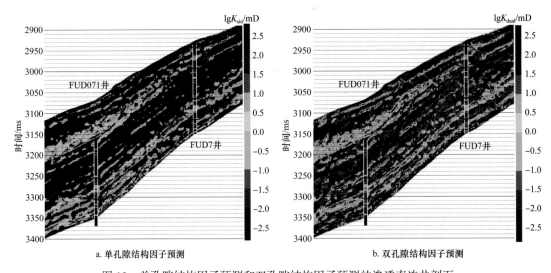

图 10 单孔隙结构因子预测和双孔隙结构因子预测的渗透率连井剖面

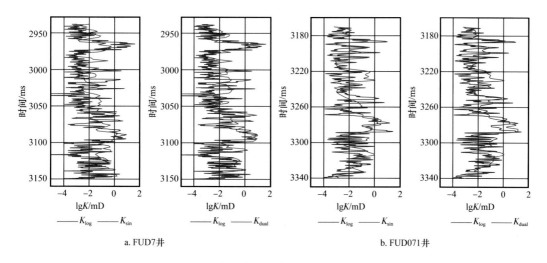

a. FUD7井 b. FUD071井

图 11 测井渗透率与井旁地震预测渗透率对比

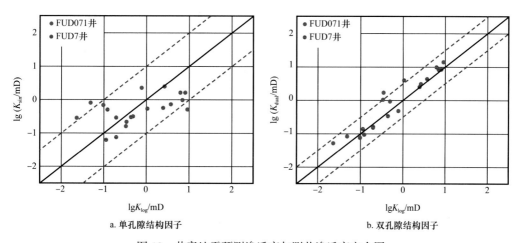

a. 单孔隙结构因子 b. 双孔隙结构因子

图 12 井旁地震预测渗透率与测井渗透率交会图

6 结论

（1）剪切 Lee 因子与孔隙主尺度之间具有良好的线性关系，这为孔隙主尺度地震预测提供了一条途径。

（2）与单孔隙结构因子相比，基于双孔隙结构因子的岩相分类精度和渗透率预测精度更高，渗透率预测精度能够控制在半个数量级以内。

（3）实际地震资料的应用效果验证了基于双孔隙结构因子的渗透率地震预测方法在碎屑岩中的有效性，为储层渗透性地震预测提供了一种有效手段。

符号注释：v_p、v_s——纵、横波速度，km/s；K_s、μ_s——流体饱和岩石的体积模量和剪切模量，GPa；K_d、μ_d——干岩石体积模量和剪切模量，GPa；K_m、μ_m——基质体积模量和剪切模量，GPa；ρ_s——流体饱和岩石的密度，g/cm³；ϕ——孔隙度；γ、γ_μ——体柔度因子和剪切柔度因子；γ_c——中间变量；c——岩石固结程度的固结系数；c_μ——剪切 Lee 因子；v_{prC}——时间平均方程计算得到的参考孔的纵波速度，km/s；v_{psC}、v_{pcC}—HS 模型计算得到的硬孔和裂缝孔的纵波速度，km/s；v_{pC}—v_{prC}、v_{psC}、v_{pcC} 的统称，km/s；α_s、α_r、α_c—硬孔、参考孔、裂缝孔的孔隙纵横比；$\delta\alpha$—孔隙纵横比的增量；v_{pD}—由 3 种孔隙纵横比和 DEM 模型计算得到的 3 种纵波速度 v_{psD}、v_{prD}、v_{pcD} 的统称，km/s；ε—精度；K—渗透率，mD；K_{sin}—单孔隙结构因子预测渗透率，mD；K_{dual}—双孔隙结构因子预测渗透率，mD；K_{log}—测井渗透率，mD；R—相关系数；I_P、I_S—纵、横波波阻抗，（g/cm^3）·（km/s）。

参 考 文 献

［1］DOU Qifeng，SUN Yuefeng，SULLIVAN C. Rock-physics-based carbonate pore type characterization and reservoir permeability heterogeneity evaluation，upper San Andres reservoir，Permian Basin，west Texas［J］. Journal of Applied Geophysics，2011，74（1）：8-18.

［2］HUANG Qifei，DOU Qifeng，JIANG Yiwei，et al. An integrated approach to quantify geologic controls on carbonate pore types and permeability，Puguang gas field，China［J］. Interpretation，2017，5（4）：T545-T561.

［3］焦养泉，荣辉，王瑞，等. 塔里木盆地西部一间房露头区奥陶系台缘储层沉积体系分析［J］. 岩石学报，2011，27（1）：285-296.

［4］秦瑞宝，李雄炎，刘春成，等. 碳酸盐岩储层孔隙结构的影响因素与储层参数的定量评价［J］. 地学前缘，2015，22（1）：251-259.

［5］王小敏，樊太亮. 碳酸盐岩储层渗透率研究现状与前瞻［J］. 地学前缘，2013，20（5）：166-174.

［6］黄兴，倪军，李响，等. 致密油藏不同微观孔隙结构储层 CO$_2$ 驱动用特征及影响因素［J］. 石油学报，2020，41（7）：853-864.

［7］何晶，何生，刘早学，等. 鄂西黄陵背斜南翼下寒武统水井沱组页岩孔隙结构与吸附能力［J］. 石油学报，2020，41（1）：27-42.

［8］PAN Jianguo，DENG Jixin，LI Chuang，et al. Effects of micrite microtextures on the elastic and petrophysical properties of carbonate reservoirs［J］. Applied Geophysics，2019，16（4）：399-413.

［9］WEI Xiucheng，INNANEN K. Prediction of reservoir parameters with seismic data［C］//Proceedings of CREWES Meeting Poster 2019.［s.l.：s.n.］，2019：33.

［10］熊繁升，甘利灯，孙卫涛，等. 裂缝—孔隙介质储层渗透率表征及其影响因素分析［J］. 地球物理学报，2021，64（1）：279-288.

［11］VERWER K，EBERLI G P，WEGER R J. Effect of pore structure on electrical resistivity in carbonates［J］. AAPG Bulletin，2011，95（2）：175-190.

［12］SUN Yuefeng. Pore structure effects on elastic wave propagation in rocks：AVO modelling［J］. Journal of Geophysics and Engineering，2004，1（4）：268-276.

［13］赵建国，潘建国，胡洋铭，等. 基于数字岩心的碳酸盐岩孔隙结构对弹性性质的影响研究（上篇）：图像处理与弹性模拟［J］. 地球物理学报，2021，64（2）：656-669.

［14］赵建国，潘建国，胡洋铭，等. 基于数字岩心的碳酸盐岩孔隙结构对弹性性质的影响研究（下篇）：储层孔隙结构因子表征与反演［J］. 地球物理学报，2021，64（2）：670-683.

［15］甘利灯，王峣钧，罗贤哲，等. 基于孔隙结构参数的相控渗透率地震预测方法［J］. 石油勘探与开发，2019，46（5）：883-890.

［16］LEE M W. A simple method of predicting S-wave velocity［J］. Geophysics，2006，71（6）：F161-F164.

[17] PRIDE S R, BERRYMAN J G, HARRIS J M. Seismic attenuation due to wave-induced flow [J]. Journal of Geophysical Research: Solid Earth, 2004, 109 (B1): B01201.

[18] KUMAR M, HAN Dehua. Pore shape effect on elastic properties of carbonate rocks [M] //MONK D. SEG Technical program expanded abstracts 2005. Houston: Society of Exploration Geophysicists, 2005: 1477-1480.

[19] LI Hongbing, ZHANG Jiajia. Analytical approximations of bulk and shear moduli for dry rock based on the differential effective medium theory [J]. Geophysical Prospecting, 2012, 60 (2): 281-292.

[20] GOMEZ C T, DVORKIN J, VANORIO T. Laboratory measurements of porosity, permeability, resistivity, and velocity on Fontainebleau sandstones [J]. Geophysics, 2010, 75 (6): 191-204.

[21] 张龙海, 周灿灿, 刘国强, 等. 孔隙结构对低孔低渗储集层电性及测井解释评价的影响 [J]. 石油勘探与开发, 2006, 33 (6): 671-676.

[22] 刘春艳, 凌建春, 寇林元, 等. GA-BP 神经网络与 BP 神经网络性能比较 [J]. 中国卫生统计, 2013, 30 (2): 173-176.

基于孔隙结构的致密砂岩储层渗透性地震预测技术与应用

甘利灯，丁骞，魏乐乐，张明，杨昊，张昕，戴晓峰，姜晓宇，周晓越

1 引言

储层渗透性是储层物性关键参数之一，其分布特征影响着油气的分布、运移和开采，对油气勘探和开发具有重要意义。一方面储层渗透性参数直接影响油藏数值模拟的结果，是油藏工程最关键的参数之一；另一方面储层渗透性参数也是非常规储层分类的重要指标[1]。目前，获得渗透性的手段主要有岩心测量、试油结果、测井解释、地震预测等。通过岩心、试油、测井得到的渗透率精度较高，但资料少且覆盖范围小。地震数据能够提供井间的储层信息且成本相对较低，逐渐受到地球物理工作者的关注。目前利用地震数据进行储层渗透性预测的方法主要有三种：一是基于地震属性分析和人工智能的方法，二是基于频散衰减的预测方法，三是基于孔隙结构的预测方法。基于孔隙结构的预测方法具有明确物理含义，是未来发展的趋势和现在研究的热点。

Sun 等[2]基于孔隙弹性理论建立了岩石骨架和基质的关系，并从中推导出表征孔隙结构的因子，称为柔度因子，（包括体柔度因子和剪切柔度因子）。Dou 等[3]和 Huang 等[4]将柔度因子应用到碳酸盐岩储层中，结果表明剪切柔度因子对孔隙类型的划分效果优于体柔度因子，并对储层渗透率更加敏感。尽管基于柔度因子的方法能够有效降低渗透率预测的多解性，但实际应用过程中仍然存在诸多问题[5]，主要表现在：① 直接采用柔度因子进行孔隙类型分类过于简单；② 分类后直接采用孔渗二元关系进行渗透率预测过于简单；③ 基于柔度因子的渗透率预测大多限于测井数据；④ 用于标定柔度因子分类准则的岩心薄片数量有限等。针对以上问题，甘利灯等[5]提出基于孔隙结构参数的相控渗透率地震预测方法，将柔度因子单参数划分孔隙类型推广到弹性参数和柔度因子多参数划分岩相。该方法首先采用孔隙度、弹性参数及柔度因子划分岩相，然后在每一类岩相中用多元回归预测渗透率，碎屑岩储层应用结果表明渗透率预测的误差在一个数量级以内。Wei 等[6]研究孔隙结构对渗透率的影响时表明，渗透率是孔隙形态和孔隙尺度共同作用的结果，相同孔隙度下，孔隙形态越圆、孔隙尺度越小，渗透率则越低；孔隙主尺度对渗透率同样敏感，相同孔隙度下，孔隙主尺度越大，渗透率越大。地震中常用孔隙纵横比表征孔隙的形态[7]，而柔度因子与孔隙纵横比之间存在负相关关系[8]，这也是柔度因子可以表征孔隙

原文收录于《2023 年度中国石油和化学工业数字化转型智能化发展大会学术论文集》（《中国化工装备》2023 年增刊），2023，384-390。

类型的岩石物理基础。为了找到表征孔隙主尺度新的孔隙结构因子，论文首先借鉴柔度因子的推导方法，从其他 5 种岩石骨架模型中分别推导出了 5 种孔隙结构因子；然后，利用国内外两种岩心数据优选出了对孔隙尺度敏感的新孔隙结构因子；接着将新孔隙结构因子与孔隙纵横比结合，实现了基于双孔隙结构因子的相控渗透性预测方法；最后将该方法应用到四川盆地秋林地区沙溪庙组致密砂岩储层渗透率预测中，以此来论证双孔隙结构因子渗透率预测方法的有效性。

2 地震孔隙结构因子

地震岩石物理模型是储层参数与弹性参数和地震响应的桥梁，可以分为饱和、骨架、基质岩石物理模型和流体模型。饱和岩石由岩石骨架和流体组成，岩石骨架（又称干岩石）包括基质和空孔隙（不含流体）两部分，基质由多种矿物混合而成。岩石骨架与基质的关系中包含了孔隙结构信息，包括孔隙大小与孔隙结构，因此，能够从骨架和基质的关系（模型）中推导出反映孔隙结构的弹性因子，且这种弹性因子可由地震反演结果计算得到，因此称为地震孔隙结构因子。

借鉴 Sun 的研究思路，归纳总结了 Biot 模型[9]、Han 模型[10]、Nur 模型[11]、Mavko 模型[12]、Lee 模型[13][14] 等常用的岩石骨架模型，并从中推导出用于描述孔隙结构的 5 种因子，称为剪切 Biot 因子、剪切 Han 因子、剪切 Nur 因子、剪切 Mavko 因子、剪切 Lee 因子。这些地震孔隙结构因子见表 1。

表 1　基于岩石骨架模型的地震孔隙结构因子

岩石骨架模型	模型表达式	推导的孔隙结构因子	孔隙结构因子的名称
Biot 模型	$K_d = K_m(1-\beta)$ ，$\mu_d = \mu_m(1-\beta_\mu)$	$\beta_\mu = \dfrac{\mu_m - v_s^2 \rho_s}{\mu_m}$	β_μ 称为剪切 Biot 因子
Han 模型	$K_d = K_m(1-D\phi)^2$ ，$\mu_d = \mu_m(1-D_\mu\phi)^2$	$D_\mu = \dfrac{1}{\phi} - \sqrt{\dfrac{v_s^2 \rho_s}{\phi^2 \mu_m}}$	D_μ 称为剪切 Han 因子
Nur 模型	$K_d = K_m\left(1-\dfrac{\phi}{\phi_c}\right)$ ，$\mu_d = \mu_m\left(1-\dfrac{\phi}{\phi_{c\mu}}\right)$	$\phi_{c\mu} = \dfrac{\phi\mu_m}{\mu_m - v_s^2 \rho_s}$	$\phi_{c\mu}$ 称为剪切 Nur 因子
Mavko 模型	$K_d = K_m(1-a\phi)$ ，$\mu_d = \mu_m(1-a_\mu\phi)$	$a_\mu = \dfrac{\mu_m - v_s^2 \rho_s}{\phi\mu_m}$	a_μ 称为剪切 Mavko 因子
Sun 模型	$K_d = K_m(1-\phi)^\gamma$ ，$\mu_d = \mu_m(1-\phi)^{\gamma_\mu}$	$\gamma_\mu = \dfrac{\lg(v_s^2 \rho_s) - \lg\mu_m}{\lg(1-\phi)}$	γ_μ 是剪切柔度因子
Lee 模型	$K_d = K_m\dfrac{1-\phi}{1+c\phi}$ ，$\mu_d = \mu_m\dfrac{1-\phi}{1+c_\mu\phi}$	$c_\mu = \dfrac{\mu_m(1-\phi)}{\phi v_s^2 \rho_s} - \dfrac{1}{\phi}$	c_μ 称为剪切 Lee 因子

通常流体对体积模量影响较大，导致实际体骨架模量难以计算，而剪切模量不受流体影响，因此可将干岩石剪切模量近似等价为岩石总体剪切模量，即：$\mu_d = \mu_s$。再结合模型表达式（剪切模量关系）、横波速度表达式 $v_s = \sqrt{\mu_s / \rho_s}$ 即可得到孔隙结构因子表达式。其中，μ_s 为饱和流体岩石的剪切模量；ρ_s 为饱和流体岩石的密度；v_s 为横波速度；μ_d 为岩石骨架剪切模量；μ_m 为基质剪切模量；K_d 为岩石骨架体积模量；K_m 为基质体积模量；c 是用于表示岩石固结程度的固结系数。

3 地震孔隙结构因子与渗透率敏感性分析

3.1 渗透率敏感性分析

选用两组不同的岩心样品数据分析不同孔隙结构因子对渗透率的敏感性，以此来优选对渗透率敏感的孔隙结构因子。A 组是 Gomez 等[15]文献使用的常规砂岩，B 组是四川盆地秋林地区沙溪庙组致密砂岩，样品信息见表 2。

表 2 岩心样品数据简介

编号	岩心数据来源	地区	样品数量	孔隙度范围 / %	平均孔隙度 / %	渗透率范围 / mD	平均渗透率 / mD	样品特点
A 组	Gomez 等的文献[15]	枫丹白露	6 块	8～25	15	<3630	580	常规砂岩
B 组	本文研究区	四川盆地秋林沙溪庙	17 块	7.3～15	10.3	<1.33	0.29	致密砂岩

敏感度 S 定义为单位渗透率变化幅度内的孔隙结构因子变化幅度，即：

$$S = \frac{x_{max} - x_{min}}{y_{max} - y_{min}} \tag{1}$$

式中 x_{max}、x_{min}——一组岩心样品孔隙结构因子的最大值和最小值；

y_{max}、y_{min}——一组岩心样品渗透率的最大值和最小值。

根据式（1）分别计算出 6 个孔隙结构因子对渗透率的敏感度。不同岩石样品孔隙结构因子对渗透率的敏感性如图 1 所示。图示结果表明无论是致密砂岩还是常规砂岩，剪切 Lee 因子对渗透率的敏感性最高，剪切柔度因子次之。

3.2 剪切柔度因子与孔隙纵横比的关系

图 2 是两组岩心样品剪切柔度因子与孔隙纵横比交会图，由图可见，剪切柔度因子与孔隙纵横比呈现线性关系，这与赵建国等[8]的碳酸盐岩数字岩心结果是一致的。其中，A 组常规砂岩两者的相关系数平方为 0.82，B 组致密砂岩两者的相关系数平方为 0.75。由此可见，剪切柔度因子与孔隙纵横比存在良好线性关系，二者存在信息冗余，在预测渗透性时只要采用其中一个就行。

a. A组常规砂岩　　b. B组致密砂岩

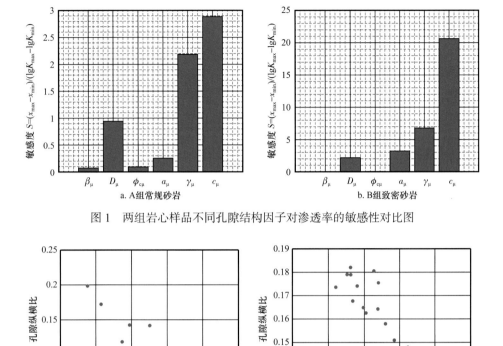

图 1　两组岩心样品不同孔隙结构因子对渗透率的敏感性对比图

a. A组常规砂岩　　b. B组致密砂岩

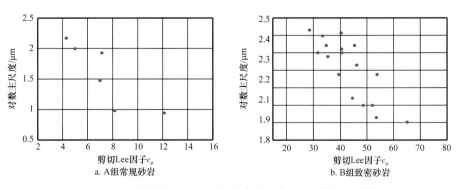

图 2　两组砂岩剪切柔度因子与孔隙纵横比的交会图

3.3　剪切 Lee 因子与孔隙主尺度的关系

用两组岩心样品分析剪切 Lee 因子与孔隙主尺度的关系，如图 3 所示。剪切 Lee 因子与孔隙主尺度（取对数）具有良好的线性关系，A 组常规砂岩两者的相关系数平方为 0.74，B 组致密砂岩两者的相关系数平方为 0.72。孔隙主尺度是岩心薄片上占据总孔隙空间 50% 的最大孔隙尺度，反映了孔隙尺度大小[6]。

a. A组常规砂岩　　b. B组致密砂岩

图 3　两组砂岩剪切 Lee 因子与孔隙主尺度（取对数）的交会图

剪切 Lee 因子是从 Lee 模型中推导出的，代表了岩石的固结作用，岩石固结作用越强，岩石骨架越坚硬，纵横波速度越高，孔隙尺度越小，渗透率越低。成岩作用使储层孔隙结构更加复杂，其中溶蚀作用对孔隙起到建设作用，而压实和胶结作用则对孔隙起到破坏作用。压实和胶结作用越强，剪切 Lee 因子越大，孔隙尺度越小，渗透率越低。因此，剪切 Lee 因子能够近似表示孔隙主尺度，并且对渗透率敏感。此外，剪切 Lee 因子与孔隙主尺度之间良好的线性关系，为孔隙主尺度地震预测提供了一条途径。

4 方法与流程

剪切 Lee 因子与孔隙主尺度之间良好的线性关系表明，剪切 Lee 因子可以表征孔隙的尺度，结合孔隙纵横比，就可以表征孔隙大小和形态，而且二者对渗透率都很敏感，由此提出基于孔隙纵横比和剪切 Lee 因子的相控渗透性地震预测方法。

4.1 技术流程

基于孔隙结构的渗透率地震预测流程如图 4 所示，主要分为测井资料训练与验证过程以及井间地震资料预测过程。

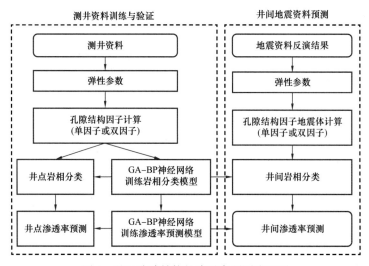

图 4 基于孔隙结构的渗透率预测流程图

4.1.1 测井资料训练与验证过程

（1）选择两口以上具有代表性的井，并从井资料中获得纵横波阻抗等弹性参数和孔隙度。

（2）由弹性参数等计算井的不同孔隙结构因子曲线。单孔隙结构因子指剪切柔度因子，双孔隙结构因子指孔隙纵横比（计算过程如图 5 所示）和剪切 Lee 因子。

（3）测井岩相分类。首先选择部分井为训练井，部分井为验证井，然后用训练井的孔隙度、弹性参数、孔隙结构因子结合 GA-BP 神经网络训练分相模型，最后利用分相模型对验证井的岩相进行分类。

（4）测井渗透率预测。在训练井的每一类岩相中用孔隙度、弹性参数、孔隙结构因子结合 GA–BP 神经网络训练渗透率预测模型，然后利用渗透率预测模型预测验证井的渗透率。

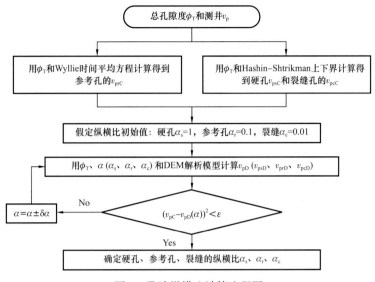

图 5　孔隙纵横比计算流程图

4.1.2　井间地震资料预测过程

（1）从地震资料中获得纵横波阻抗等弹性参数及孔隙度。

（2）由弹性参数等地震资料预测孔隙结构因子，预测过程与测井上类似。

（3）井间岩相分类。用地震上的孔隙度、弹性参数、孔隙结构因子结合分相模型对地震岩相进行分类。

（4）井间渗透率预测。在每一类岩相中用孔隙度体、弹性参数、孔隙结构因子体结合渗透率预测模型预测地震渗透率。

4.2　孔隙结构因子计算

剪切柔度因子和剪切 Lee 因子可根据表 1 中的表达式计算，其过程相对简单。孔隙纵横比采用 Kumar[16] 的方法计算，因其中的 DEM 模型是隐式方程不利于计算，因此改用 DEM 解析模型[17]。流程如图 5 所示。Kumar 等将孔隙分为硬孔、参考孔和裂缝孔，而本文研究区孔隙以参考孔为主，因此只将参考孔的孔隙纵横比（α_r）作为孔隙结构因子进行岩相分类和渗透率预测，其中 v_{pC} 是 v_{prC}、v_{psC} 和 v_{pcC} 的统称，计算步骤如下：

（1）利用孔隙度和 Wyllie 时间平均方程计算参考孔的纵波速度 v_{prC}；

（2）给定孔隙纵横比的初始值 $\alpha_r=0.1$ 和孔隙纵横比的增量 $\delta\alpha_r$；

（3）用孔隙度、孔隙纵横比和 DEM 解析模型计算纵波速度 $v_{pD}(\alpha_r)$；

（4）判断 $v_{pD}(\alpha_r)$ 与 v_{prC} 的误差是否达到给定的精度 ε；若是，则 α_r 为此孔隙度点对应的孔隙纵横比；若否，则 $\alpha_r=\alpha_r\pm\delta\alpha_r$，返回（3）重新计算纵波速度 $v_{pD}(\alpha_r)$；

（5）对所有深度点进行上述计算，最终可得到每个深度点对应的孔隙纵横比。

5 应用实例

5.1 研究工区概况

研究工区为四川盆地金秋气田侏罗系沙溪庙组气藏三维工区，研究以沙二段8号砂组为主。金秋气田处于四川盆地中部丘陵区北缘，最高海拔674.4m，最低海拔299m，地势由西北向东南逐渐降低。沙溪庙组主要为一套巨厚的陆相碎屑岩地层，地层岩性以紫红色泥岩夹灰绿色粉砂岩、砂岩为主要特征。沙溪庙组内部进一步划分为沙一段、沙二段。金秋气田沙溪庙组气井主要分布在沙二段上部，储集岩以细—中粒长石砂岩、岩屑长石砂岩为主，是沙溪庙组含油气层的主要储层段之一。

研究区大部分位于三角洲前缘地带，沙溪庙沙二段8号砂组储层物性总体表现为低孔—中孔、特低渗—低渗。岩心实测物性统计表明，沙二段8号砂组孔隙度在1.7%～17.9%之间，平均孔隙度为10.4%。渗透率在0.001～8.170mD之间，平均渗透率为0.718mD。研究区典型井QL203井测井曲线如图6所示。测井渗透率和双孔隙结构因子曲线对比可发现，渗透率与双孔隙结构因子具有一定对应关系，高渗层段基本对应低剪切Lee因子和高孔隙纵横比。因为，孔隙纵横比代表孔隙的形态，纵横比越大，孔隙越圆，相同的孔隙度下，孔隙纵横比越大，速度越高，渗透性越低。剪切Lee因子代表孔隙的尺度，相同的孔隙度下，孔隙尺度越大，渗透性越高。

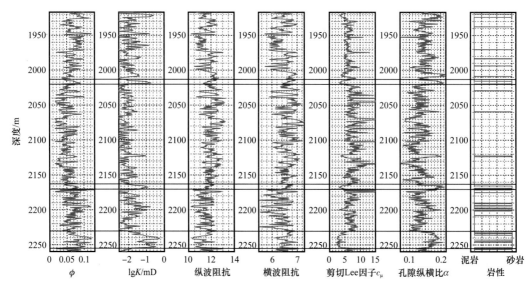

图6 研究区QL203井测井曲线图

5.2 技术效果

以研究区QL203井和QL17井为训练井，其余为预测井，开展储层渗透率地震预测。图7为预测的渗透率连井剖面，重点是沙二段8号砂体的渗透率。图7a和图7b分别为单孔隙结构因子和双孔隙结构因子预测的渗透率，从剖面和嵌入井对比可以看出，单孔隙结构因子渗透率预测误差在四个色标（一个数量级）以内，而双孔隙结构因子预测误差在两个色标以内。图8为井点处单孔隙结构因子预测的地震渗透率与测井渗透率的交会图，红色虚线是一个数量级误差线，大部分点在红色虚线之间，即渗透率预测误差在一个数量级以内。图9为井点处双孔隙结构因子预测的地震渗透率与测井渗透率的交会图，红色虚线是半个数量级误差线，渗透率预测误差在半个数量级以内，双因子较单因子预测精度提高了5倍。

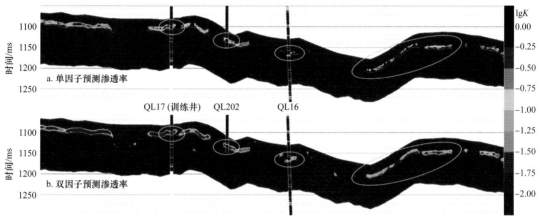

图 7　渗透率连井剖面

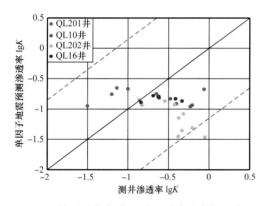

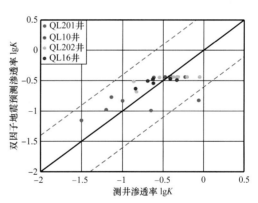

图 8　单因子井旁道地震预测渗透率与测井　　图 9　双因子井旁道地震预测渗透率与测井
　　　　渗透率交会图　　　　　　　　　　　　　　　渗透率交会图

5.3　地质效果分析

图10为双孔隙结构因子预测的8号砂组的渗透率切片图，图11为8号砂组的孔隙度切片图。H1~H7为7口水平井，总体来看，不同井渗透率与产能相对关系吻合更好，高渗区产能高（如H1井、H2井、H5井），低渗区产能低（如H3井、H4井）。渗透率与孔隙度关系并不单一，高孔隙度区域渗透率有高有低，如H2井和H3井孔隙度都较高，但H2井渗透率较高，H3井渗透率较低。渗透率与试气结果吻合更好，如H2井渗透率较高产能也较高，H3井渗透率较低产能也较低。因此研究渗透率对定性描述储层产能具有一定的意义。

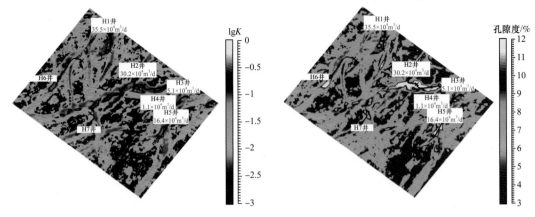

图 10　双孔隙结构因子预测的 8 号砂组的渗透率切片　　　图 11　8 号砂组的孔隙度切片

6　结论

从岩石物理模型中推导出一种称为剪切 Lee 因子的地震孔隙结构因子，它与孔隙主尺度之间具有良好的线性关系，能够表征孔隙的尺度，为孔隙主尺度地震预测提供了一条途径。结合反映孔隙形态的孔隙纵横比，可以更好地表征储层孔隙结构特征，而且都对渗透率比较敏感，二者结合形成的基于双孔隙结构因子的相控渗透性地震预测方法的预测精度较单因子方法提高了 5 倍。该方法的有效性在准噶尔盆地阜东地区头屯河组砂岩和四川盆地秋林地区沙溪庙组致密砂岩储层应用中得到验证，为了储层渗透性空间分布预测提供了一种崭新途径。

参 考 文 献

［1］Razavirad F，Schmutz M，Binley A. Estimation of the permeability of hydrocarbon reservoir samples using induced polarization and nuclear magnetic resonance methods［J］. Geophysics，2019，84（2）：73−84.

［2］Sun Y F. Pore structure effects on elastic wave propagation in rocks：AVO modelling［J］. Journal of Geophysics and Engineering，2004，1（4）：268−276.

［3］Dou Q F，Sun Y F，Charlotte S. Rock−physics−based carbonate pore type characterization and reservoir permeability heterogeneity evaluation，Upper San Andres reservoir，Permian Basin，west Texas［J］. Journal of Applied Geophysics，2011，74（1）：8−18.

［4］Huang Q F，Dou Q F，Sun Y F，et al. An integrated approach to quantify geologic controls on carbonate pore types and permeability，Puguang gas field，China［J］. Interpretation，2017，5（4）：545−561.

［5］甘利灯，王峣钧，罗贤哲，等 . 基于孔隙结构参数的相控渗透率地震预测方法［J］. 石油勘探与开发，2019，46（05）：883−890.

［6］Wei Xiucheng，Innanen K. Prediction of reservoir parameters with seismic data［C］. CREWES Meeting Poster，2019，31（33）.

［7］Teillet T，Fournier F，Zhao L，et al. Geophysical pore type inversion in carbonate reservoir：Integration of cores，well logs，and seismic data（Yadana field，offshore Myanmar）［J］. Geophysics，2021，86（3）：1−69.

［8］赵建国，潘建国，胡洋铭，等．基于数字岩心的碳酸盐岩孔隙结构对弹性性质的影响研究（下篇）：储层孔隙结构因子表征与反演［J］．地球物理学报，2021，64（02）：670-683．

［9］Biot，Maurice A. General theory of three dimensional consolidation［J］. Journal of Applied Physics，1941，12（2）：155-164．

［10］Han D，Nur A，Morgan D. Effects of porosity and clay content on wave velocities in sandstones［J］. Geophysics，1986，51（11）：2093-2107．

［11］Nur A. Critical porosity and the seismic velocities in rocks［J］. EOS，1992，73（1）：43-66．

［12］Mavko G，Mukerji T. Seismic pore space compressibility and Gassmann's relation［J］. Geophysics，1995，60（6）：1743-1749．

［13］Walton K. The effective elastic moduli of a random pack of spheres［J］. Journal of the Mechanics and Physics of Solids，1987，35（2），213-226．

［14］Lee，Myung W. A simple method of predicting S-wave velocity［J］. Geophysics，2006，71（6）：161-164．

［15］Gomez C T，Dvorkin J，Vanorio T. Laboratory measurements of porosity，permeability，resistivity，and velocity on Fontainebleau sandstones［J］. Geophysics，2010，75（6）：191-204．

［16］Kumar M. Pore shape effect on elastic properties of carbonate rocks［J］. SEG Technical Program Expanded Abstracts，2005，24（1）：1477-1480．

［17］Li H B，Zhang J J. Analytical approximations of bulk and shear moduli for dry rock based on the differential effective medium theory［J］. Geophysical Prospecting，2012，60（2）：281-292．

基于 White 层状模型的流度响应特征分析与反演方法

魏乐乐，甘利灯，丁骞，杨志芳，王大兴，张昕，杨昊，周晓越

1 引言

流度是指某相流体有效渗透率与流体黏度的比值，反映了储层岩石骨架中孔隙结构的渗透性和孔隙流体的黏度的共同作用。流度的大小表征了流体在多孔介质中的渗流能力，流度值越大，渗流能力越强。流度作为常规与非常规油气藏分类的标志性参数、油气藏数模的关键参数，其信息可应用于油气检测、储层预测等方面[1-2]。

国内外学者利用孔隙弹性介质界面的地震反射系数，建立了流度与地震响应特征之间的物理联系。Silin 等对反射系数进行了低频渐进分析，在反射系数的渐进表达式中包含了流度[3]。Batzle 等通过实验室测量直接观察到流度对地震波频散衰减特征的影响[4]。实验结果表明，降低流度会增加流体平衡所需的松弛时间，从而降低特征频率，频散、衰减曲线表现为向低频方向移动。Baztle 等的工作为流度的研究提供了实验基础。Gloshubin 等提出了一种关于流度的频变属性，该属性正比于流度的平方根，并用该属性来估算储层的渗透率[5-6]。此外，Zhao 等基于双孔双渗模型，分析了流度对速度频散和衰减特征的影响[7]。卢莉推导了贝叶斯理论框架下流度频变反演的目标泛函，提出了一种流度的直接反演计算方法[8]。现有关于流度计算的方法大多是基于时频谱分解的方法来近似求取流度的属性值[9-11]。然而基于岩石物理模型，探讨流度对含气砂岩储层地震响应特征的影响以及流度反演的方法研究较少。

岩石物理模型是储层参数与地震响应之间的桥梁。基于岩石物理模型，通过正演模拟分析储层参数对地震波传播特性的影响，可为储层地球物理参数的反演提供技术思路。一般来说，岩石物理反演方法首先需要从叠前地震数据中获取纵波速度、横波速度和密度等储层弹性参数，再利用岩石物理模型由弹性参数预测孔隙度、饱和度等储层物性参数。因此，从叠前地震数据中获得的弹性参数的精度、岩石物理模型与实际岩石的匹配程度等都会影响岩石物理反演的效果[12]。

在过去的几十年里，学者们根据流动产生的压力梯度特征长度尺寸，提出了宏观、微观和介观尺度的流体流动机制，发展出了许多岩石物理模型。

Biot 建立了完全饱和孔隙介质中波传播的动力学方程[13]。然而，越来越多的研究发

原文收录于《地球物理学报》，2023，66（6）：2611-2620。

现，Biot 理论的这种宏观的流体流动机制很难解释实际生产中地震波的高频散和强衰减现象[14]。为了突破 Biot 理论的局限性，Mavko 和 Nur 建立了微观尺度的喷射流模型来描述弹性波在流体部分饱和的裂缝 / 孔隙介质中的传播[15]。Dvorkin 和 Nur 基于一维各向同性介质，将孔隙介质中流体流动的宏观和微观机制统一起来，给出了同时包含 Biot 理论和喷射流机制的 BISQ 模型，该模型能够较好地解释实际应用中的高频散和强衰减现象。在此基础上[16]，Yang 和 Zhang 基于固—流耦合相对运动微观速度的各向异性[17]和固－流耦合附加密度各向异性（二阶张量）。建立了相应的各向异性 BISQ 模型[18]。基于 BISQ 模型以及各向异性的 BISQ 模型，学者们深入研究了渗透率、孔隙度等储层参数对纵波频散衰减特征的影响[19-21]，并提出了众多储层参数的岩石物理反演方法。聂建新等应用小生境遗传算法实现了对孔隙度、渗透率和含流体饱和度等的反演[22]。张显文等推导了三维双相各向异性介质频散方程，利用多方位速度频散对孔隙度和渗透率进行了联合反演[23]。许多、吴涛等学者基于 BISQ 模型的储层参数反演也取得了一系列成果[24-28]。

在 Biot 理论的框架下，White 首先引入了介观尺度的耗散机制，提出了部分饱和的孔隙介质模型，也称为斑块饱和模型[29-30]。Dutta 利用 Biot 理论验证了 White 模型的有效性和准确性[31-32]。由于 White 模型对地震频带的频散和衰减效应的模拟精度较高，因此学者们广泛利用该模型研究频散衰减与孔隙度、渗透率、含气饱和度等储层参数的关系[33-36]。Pride 等提出了一种物理意义更为清晰的双重孔隙介质理论，用于分析非饱和介质中弹性波的传播规律[37]。巴晶等[38-39]、Ba 等[40]基于此模型对地震波的传播进行了模拟和分析，并制作了多尺度的岩石物理图板，结合叠前地震反演结果实现了储层孔隙度与饱和度的反演。此外，Sun[41]提出了一种 BIPS（Biot-patchy-squirt）模型，用于描述非混相流体饱和的裂缝孔隙弹性介质中的波的频散衰减特性，这一发现将推动宏观、微观、介观三种频散衰减机制在油气勘探等实际问题中的潜在应用。

介观尺度的流体流动机制由于可以较好地解释孔隙介质在地震频段表现出的强衰减和高频散现象，因而引起众多学者的关注。注意到，在 White 层状斑块饱和模型中，频散衰减方程建立了流度与相速度和逆品质因子之间的关系。基于此模型，本文首先应用数值模拟详细研究了流度对地震波频散衰减特征的影响。其次，提出了基于模型进行流度反演的方法。最后，利用苏里格岩心实测频散数据和粒子群算法对流度进行反演，验证了本文提出的流度反演方法的有效性和准确性。

2 基本理论

2.1 White 层状斑块饱和模型

层状斑块饱和模型中每层孔隙介质饱和一种流体，波在传播的过程中因挤压含多相流体的岩石，从而在层间产生压力梯度，进而导致波的频散和衰减等现象。

以下推导了 White 层状斑块饱和模型中纵波相速度和逆品质因子的表达式。

假设模型由两层孔隙介质组成，每层孔隙介质的厚度分别为 L_1 和 L_2，定义两相流体

的饱和度分别为 $S_1=L_1/(L_1+L_2)$ 和 $S_2=1+S_1$。

定义参数 α 和 M 为（Johnson，2001）

$$\alpha = 1 - \frac{K_b}{K_s} \tag{1}$$

$$M = \frac{K_s}{1 - K_b/K_s - \phi + \phi K_s/K_f} \tag{2}$$

式中　K_b、K_s——分别为干岩石、矿物颗粒的体积模量；

　　　ϕ——孔隙度；

　　　K_f——流体的体积模量。

纵波有效模量：

$$K_E = \frac{\left[K_b + (4/3)N\right]M}{K_{BG} + (4/3)N} \tag{3}$$

式中　N——干岩石的剪切模量；Gassmann 模量

$$K_{BG}(K_f) = \frac{K_s + \left[\phi(K_s/K_f) - \phi - 1\right]K_b}{1 - K_b/K_s - \phi + \phi K_s/K_f} \tag{4}$$

当地震波的频率足够低时，岩石内部的两相流体有足够的时间进行压力平衡，这时孔隙流体的有效体积模量 K_W 可由 Wood 定律计算得到[42]：

$$\frac{1}{K_W} = \frac{S_1}{K_{f_1}} + \frac{S_2}{K_{f_2}} \tag{5}$$

式中　S——流体的饱和度。

在低频条件下，Gassmann 模量近似为[42]

$$K_{BGW} = K_{BG}(K_W) \tag{6}$$

在高频条件下，岩石内部两相流体的孔隙压力没有足够的时间达到平衡，Hill 给出了 Gassmann 模量在高频的近似表达式[42]：

$$\frac{1}{K_{BGH} + (4/3)N} = \frac{S_1}{K_{BG}(K_{f_1}) + (4/3)N} + \frac{S_2}{K_{BG}(K_{f_2}) + (4/3)N} \tag{7}$$

White 给出了描述纵波复模量的表达式[34]

$$E(\omega) = \left\{\frac{1}{K_{BGH} + (4/3)N} + \frac{2(\gamma_2 - \gamma_1)^2}{i\omega(L_1 + L_2)(I_1 + I_2)}\right\}^{-1} \tag{8}$$

省略角标 i，对于每一层介质：

$$\gamma = \frac{\alpha M}{K_{BG} + (4/3) N} \tag{9}$$

为快纵波流体张力与总应力之比；与慢纵波相关的阻抗系数：

$$I = \frac{\eta}{\kappa k} \coth\left(\frac{kL}{2}\right) \tag{10}$$

式中　η——黏滞系数；

　　　κ——渗透率。

慢纵波的复波数[44]：

$$k = \sqrt{\frac{i\omega\eta}{\kappa K_{E}}} \tag{11}$$

式中　ω——角频率。

2.2　相速度和逆品质因子表征

根据平面波理论，可以计算纵波的复速度[34]：

$$V(\omega) = \sqrt{\frac{E(\omega)}{(1-\phi)\rho_{s} + \phi\left(S_1\rho_{f_1} + S_2\rho_{f_2}\right)}} \tag{12}$$

式中　ρ_{s}、ρ_{f}——分别表示矿物颗粒和流体的密度。

等效的相速度 V_{p} 和逆品质因子 Q^{-1} 的表达式如下[34]：

$$V_{p} = \left\{\mathrm{Re}\left[\frac{1}{V(\omega)}\right]\right\}^{-1} \tag{13}$$

$$Q^{-1} = \frac{\mathrm{Im}\left[V^2(\omega)\right]}{\mathrm{Re}\left[V^2(\omega)\right]} \tag{14}$$

3　流度与频散衰减的数值关系

流度定义为流体有效渗透率与流体黏度的比值，用 M^{*} 表示流度，则[4]：

$$M^{*} = \frac{\kappa}{\eta} \tag{15}$$

联立式（8）～式（11）与式（15），则式（8）中的 $E(\omega)$ 可以改写为流度的函数，见式（16）。进一步，由式（12）～式（14）可知，纵波的相速度、逆品质因子也都为流度的函数。这表明，在 White 层状斑块饱和模型中，频散衰减方程建立了流度与相速度和逆品质因子之间的关系，为下文基于 White 层状斑块饱和模型来分析流度对含气砂岩储层地震响应特征的影响奠定了物理基础。

$$E(\omega) = \left[\frac{1}{K_{BGH} + (4/3)N} + \frac{2(\gamma_2 - \gamma_1)^2 \sqrt{M^*}}{\sqrt{i\omega}(L_1 + L_2) \cdot \sum_{j=1}^{2} \sqrt{K_{E_j}} \coth\left(\frac{L_j}{2} \sqrt{\frac{i\omega}{M^* K_{E_j}}} \right)} \right]^{-1} \quad (16)$$

4 流度对频散衰减特征的影响

4.1 模型参数

考虑一个水、气交替的砂岩储层，储层中每层固体骨架性质相同。采用两种砂岩储层进行研究，砂岩 1 为疏松高孔的砂岩储层，砂岩 2 为致密低孔的砂岩储层。具体的孔隙介质模型参数见表 1[43]。设砂岩储层的厚度为 6cm，L1、L2 层分别含气和水，其厚度分别为 0.6cm、5.4cm，即含气饱和度为 10%。为了研究流体的饱和度是否会影响地震响应对流度的依赖性，同时考虑了含气饱和度为 50% 的情形，即 L1、L2 层的厚度分别为 3cm、3cm。

表 1 孔隙介质模型参数

岩石骨架参数	砂岩 1	砂岩 2
颗粒体积模量 /GPa	K_s=37	K_s=37
颗粒密度 / (g/cm³)	ρ_s=2.65	ρ_s=2.65
干岩石体积模量 /GPa	K_b=4.8	K_b=17.2
干岩石剪切模量 /GPa	N=5.7	N=20.45
孔隙度	Φ=0.3	Φ=0.15
孔隙流体参数	流体 1（气）	流体 2（水）
体积模量 /GPa	K_{f1}=10⁻⁴	K_{f2}=2.25
密度 / (g/cm³)	ρ_{f1}=0.1	ρ_{f2}=1

4.2 流度对地震波频散衰减特征的影响

为了分析流度对地震波相速度和逆品质因子的影响，分别取流度值为 0.01mD/cP、0.1mD/cP、1mD/cP、10mD/cP 和 100mD/cP，利用式（12）～式（16）计算得到不同流度条件下相速度和逆品质因子的频率依赖曲线。

图 1a、图 1b 给出了砂岩 1 在含气饱和度为 10% 的条件下，纵波的频散和衰减曲线。

从图中可以看出，随着流度的增大，频散曲线向高频方向移动。这表明流度值越大，渗流能力越强，孔隙流体到达压力平衡所需的时间越短，纵波发生频散的频率变化区间越向高频方向移动。在相同的频率下，流度越大对应的相速度越低，纵波速度相差可达 392m/s。此外，流度的变化对特征频率影响显著，而几乎不影响逆品质因子曲线的峰值。随着流度的增大，特征频率向高频方向移动，当流度从 0.1mD/cP 变化到 100mD/cP 时，特征频率从 0.3Hz 增加到 300Hz。对于含气饱和度为 50% 的砂岩 1（图 1c、图 1d）以及两种含气饱和度条件下的砂岩 2（图 2），也可以得到类似的结果，且与 Baztle 等[4] 在实验室测量得到的结论相一致。

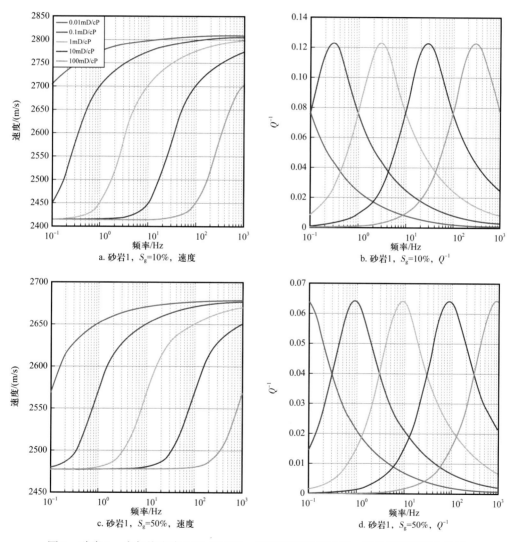

图 1　砂岩 1，含气饱和度 10% 和 50%，不同流度下相速度、逆品质因子频变曲线

此外，可以发现，对于同一砂岩储层，在相同的流度下，含气饱和度越低，纵波的频散衰减效应越明显，特征频率越向低频方向移动。对于同一含气饱和度，在相同的流度下，疏松高孔的砂岩储层中纵波的频散衰减效应较致密低孔的砂岩储层更为显著且对应的

特征频率值越低。综上所述，流度对纵波频散衰减特征的影响显著且含气饱和度影响流度的作用效果。注意到，在本节的数值模拟中，当流度在 0.1～10mD/cP 的范围内变化时，含气砂岩储层在地震频带内会产生明显的频散衰减效应。这说明用 White 层状斑块饱和模型可以有效表征地震频带内的衰减和速度频散现象，而且其特征频率与流度直接相关，为评估流度对地震响应特征的影响提供了有效手段。

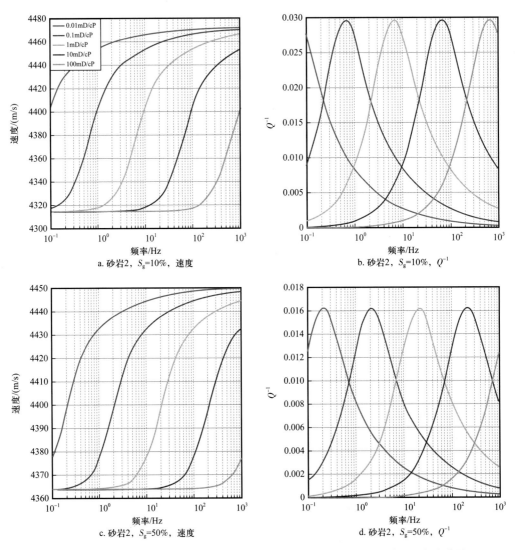

图 2　砂岩 2，含气饱和度 10% 和 50%，不同流度下相速度、逆品质因子频变曲线

5　流度反演方法

5.1　流度反演思路

通过第 3 节中公式的推导，建立了利用速度频散进行流度反演的理论框架。上文

分析了流度对速度频散特征的影响，验证了利用速度频散进行流度反演的可行性。总的来说，基于 White 层状斑块饱和模型的流度反演可以归结为应用频散表达式来反演流度。

具体反演流程如下：给定一组实际的纵波速度频散数据，在给定的流度的取值范围内寻求流度值，使得模型正演得到的纵波速度频散数据最佳逼近实际的纵波速度频散数据。在这种意义下，流度迭代反演问题即转化为一个最优化问题—非线性多峰值函数的极小值问题。

5.2 粒子群反演算法

遗传算法是模拟生物在自然环境中的遗传和进化过程而形成的一种自适应全局优化概率搜索最优解的算法[45]。该算法控制变量多，局部搜索能力较差，导致单纯的遗传算法比较费时，在进化后期搜索效率较低。

本文选用的粒子群算法[46]，没有遗传算法的"交叉"和"变异"操作，操作简单、收敛速度快，在处理非线性连续优化问题、组合优化问题和混合整数非线性优化问题等表现出优势[47-49]。具体地，粒子群法在求解优化问题时，粒子群中的每个粒子都代表一个问题的可能解。在适应度函数的约束下，粒子群中的个体通过互相协作和信息共享，迭代更新各自的速度和位置，最后输出粒子的最优位置，即问题的最优解。

应用粒子群算法实现流度反演的流程如下。

5.2.1 初始化粒子群

定义算法的运行参数：种群大小 $N=100$，最大迭代次数为 10000，惯性因子 $\omega=1$，学习因子 c_1、c_2 分别取 1.5、1.5，粒子飞行速度范围为 $-0.6 \leqslant v \leqslant 0.6$，流度的取值范围为 $0.001 \leqslant M \leqslant 1000 \mathrm{mD/cP}$。

5.2.2 确定适应度函数

定义适应度函数为理论预测的纵波速度频散与实际纵波速度频散的误差值，可表示为

$$
\begin{aligned}
fitness(x) &= \left\| v_\mathrm{p} - v_\mathrm{p}^*(x) \right\|_2 \\
&= \sqrt{\sum_{i=1}^{H} \left(v_\mathrm{p}(i) - v_\mathrm{p}^*(x,i) \right)^2}
\end{aligned}
\tag{17}
$$

式中　H——纵波速度频散样本点的个数；

v_p——实测纵波速度；

$v_\mathrm{p}^*(x)$——流度为 x 时理论预测的纵波速度。

流度反演问题即为求解适应度函数最小值的问题，即反演问题中的目标函数为 $\min$ $fitness(x)$。

5.2.3 更新粒子的速度和位置

粒子的速度和位置更新的表达式如下[50]：

$$\begin{cases} v_j^{k+1} = \omega v_j^k + c_1 rand_1^k \left(p_{best\,j}^{\ k} - x_j^k \right) \\ + c_2 rand_2^k \left(g_{best\,j}^{\ k} - x_j^k \right) \\ x_j^{k+1} = x_j^k + v_j^{k+1} \end{cases} \qquad (18)$$

式中 $1 \leqslant j \leqslant N$；

v_j^k、x_j^k——粒子 j 在第 k 次迭代时的速度与位置；

rand——［0，1］之间的随机数；

$p_{best\,j}^{\ k}$、$g_{best\,j}^{\ k}$——第 k 次迭代时，粒子 j 的个体极值点的位置与种群的全局极值点的位置。

5.2.4 输出全局最优粒子的位置，即流度的预测值。

6 岩心分析数据验证

为了验证基于 White 层状斑块饱和模型，利用粒子群算法和速度频散数据进行流度反演的可行性与有效性，在本节将选取两组中国石油勘探开发研究院地震岩石物理实验室实测的苏里格岩心样品的纵波频散数据进行流度反演。

6.1 岩心数据

苏里格岩心样品 1、岩心样品 2 均为砂岩，其弹性参数见表 2。实测纵波频散数据样本点个数为 26，测量的频率范围为 1～1171Hz，含气饱和度为 0.01%。在测量的频率范围内，纵波速度均表现出明显的频散现象，频散幅值分别为 204.630m/s、202.635m/s。

表 2 岩心的弹性参数

岩石骨架参数	样品 1	样品 2
颗粒体积模量 /GPa	K_s=37	K_s=37
颗粒密度 /（g/cm³）	ρ_s=2.303	ρ_s=2.414
干岩石体积模量 /GPa	K_b=11.8	K_b=16.7
干岩石剪切模量 /GPa	N=12.4	N=21
孔隙度 /%	Φ=13.54	Φ=9.39

6.2 流度反演

基于 White 层状斑块饱和模型进行正演模拟时，需要定义模型厚度这一参数［见式（16）中 L_1+L_2］。但在岩石物理实验中，这个参数是无法通过测量获得的。因此，对于每组岩心样品的实测纵波频散数据，需要反演模型厚度以及流度值这两个参数。

粒子群算法的运行参数同 5.2 节中定义。模型厚度的取值范围为 $0.1 \leqslant L_1+L_2 \leqslant 10$cm。将式（17）中的适应度函数修正为

$$fitness(x) = \left\| v_p - v_p^*(x,d) \right\|_2 \qquad (19)$$

式中 $v_p^*(x, d)$——流度为 x、模型厚度为 d 时理论预测的纵波速度。

由于在实际实验中，有限的带有误差的数据不足以保证反演结果的唯一性。又因为，在此问题中模型厚度的反演结果直接影响流度的预测值。因此，首先将上述实验进行 300 次得到模型厚度的反演均值，并将其作为厚度的预测值。确定模型厚度后，再依照式（17）中的适应度函数，进行 100 次实验得到流度的反演均值，并将其作为流度的预测值。

图 3、图 4 分别显示了利用岩心样品 1、样品 2 的实测纵波频散数据在模型厚度、流度的反演过程中，模型厚度、流度的反演均值随实验次数的变化。从图中可以看出，随着实验次数的增加，模型厚度、流度的反演均值趋于稳定，收敛到其最优解。这表明模型厚度、流度的预测值稳定可靠、收敛性好。

表 3 显示了利用粒子群算法和速度频散数据进行流度值反演的结果及其相对误差。结果表明，对于岩心样品 1 的实测频散数据，本文方法反演流度值的精度较高，相对误差为 2.5177%。对于岩心样品 2 的实测频散数据，相对误差为 23.0714%。

表 3 流度的反演结果及相对误差

岩心样品	厚度 /cm	实测流度 /（mD/cP）	反演结果 /（mD/cP）	相对误差 /%
样品 1	5.9571	1.553	1.5139	2.5177
样品 2	5.9110	0.28	0.3446	23.0714

将表 3 中的反演结果代入 White 层状斑块饱和模型，通过模型正演得到理论预测的纵波速度频散数据。图 5 对比了岩心样品的实测与理论预测的纵波速度及其相对误差。图示结果表明，各样本点实测与理论预测的纵波速度吻合良好，速度相对误差均不超过 1%，从而进一步验证了本文基于 White 层状斑块饱和模型的流度反演方法在处理实测数据时的有效性与准确性。

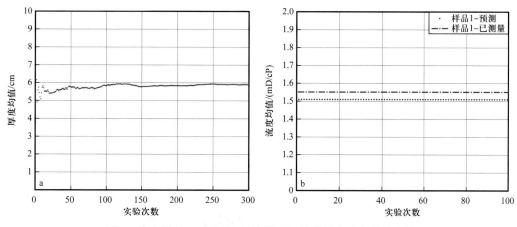

图 3 岩心样品 1，厚度、流度的反演均值随实验次数的变化

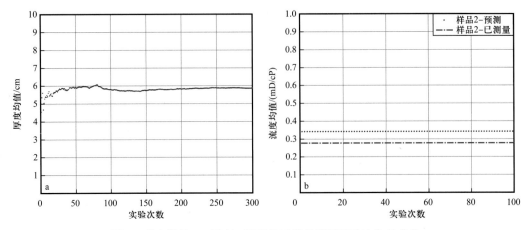

图 4　岩心样品 2，厚度、流度的反演均值随实验次数的变化

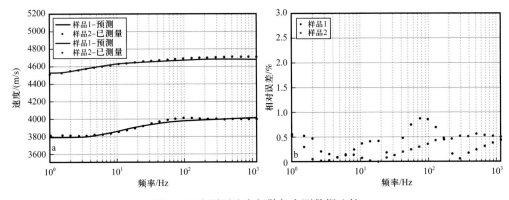

图 5　理论预测速度频散与实测数据比较

此外，根据表 3 中厚度的反演结果可以计算：对于岩心样品 1，流度为 1.553mD/cP 时，其理论预测的纵波速度值与实测数据的平均相对误差为 0.378%，略高于流度值为 0.28mD/cP 时岩心样品 2 的速度平均相对误差 0.338%。然而表 3 中流度反演结果的相对误差表明，岩心样品 1 的流度反演精度明显高于岩心样品 2 的反演精度。结合表 2 中岩心弹性参数可知，在越疏松、孔隙度越大的砂岩储层中，本文提出的流度反演方法具有更好的抗噪性能。

7　结论

介观尺度的 White 层状斑块饱和模型中，频散方程建立了流度与相速度和逆品质因子之间的关系。基于此，本文首先针对疏松高孔和致密低孔的砂岩储层及两种含气饱和度 10% 和 50%，应用数值模拟研究了流度对地震波频散衰减特征的影响。其次，提出了基于 White 层状斑块饱和模型，利用粒子群算法和速度频散数据进行流度反演的方法。最后，通过苏里格岩心实测数据的反演应用，验证了本文方法反演流度值的有效性和准确性。认识到：

（1）流度的变化对地震波的频散衰减效应影响显著。随着流度的增大，纵波的频散和衰减曲线向高频方向移动。一般来说，在疏松高孔、含气饱和度较低的砂岩储层中，流度对地震响应特征的影响更为显著。

（2）基于 White 层状斑块饱和模型的流度反演方法，收敛速度快、算法稳定且具有较高的反演精度。对于岩心样品 1、岩心样品 2 的实测纵波频散数据，流度反演结果的相对误差分别为 2.5177%、23.0714%，各样本点实测与理论预测的纵波速度的相对误差均不超过 1%。

上述研究为流度的岩石物理反演提供了理论依据和新的技术思路。

参 考 文 献

［1］代双和，陈志刚，于京波，等. 流体活动性属性技术在 KG 油田储集层描述中的应用［J］. 石油勘探与开发，2010，37（5）：573-578.

［2］Zhang Y，Wen X，Jiang L，et al. Prediction of high-quality reservoirs using the reservoir fluid mobility attribute computed from seismic data［J］. *Journal of Petroleum Science and Engineering*，2020，190：107007.

［3］Silin D B，Korneev V A，Goloshubin G M，et al. A hydrologic view on Biot's theory of poroelasticity［J］. *Office of Scientific & Technical Information Technical Reports*，2004.

［4］Batzle M L，Han D H，Hofmann R. Fluid mobility and frequency-dependent seismic velocity-Direct measurement［J］. *Geophysics*，2006，71（1）：N1-N9.

［5］Goloshubin G，Silin D，Vingalov V，et al. Reservoir permeability from seismic attribute analysis［J］. *Leading Edge*，2008，27（3）：376-381.

［6］Goloshubin G，Van S C，Korneev V，et al. Reservoir imaging using low frequencies of seismic reflections［J］. *The Leading Edge*，2006，25（5）：527-531.

［7］Zhao L X，Yuan H M，Yang J K，et al. Mobility effect on poroelastic seismic signatures in partially saturated rocks with applications in time-lapse monitoring of a heavy oil reservoir［J］. *Journal of Geophysical Research：Solid Earth*，2017，122，8872-8891.

［8］卢莉. 油气储层流体流度频变地震反演预测方法研究［D］. 中国石油大学（华东）：硕士学位论文，2019.

［9］Chen X H，He Z H，Zhu S X，et al. Seismic low-frequency-based calculation of reservoir fluid mobility and its applications［J］. *Applied Geophysics*，2012，9（3）：326-332.

［10］Zhang S，Li C，Yan T，et al. Calculation method of reservoir fluid mobility and its application based on seismic complex spectral decomposition［J］. *SEG Technical Program Expanded Abstracts*，2016，Society of Exploration Geophysicists：2981-2985.

［11］Xue Y J，Cao J X，Zhang G L，et al. Application of synchrosqueezed wavelet transforms to estimate the reservoir fluid mobility［J］. *Geophysical Prospecting*，2018，66（7）：1358-1371.

［12］Li H B，Zhang J J，Pan H J，et al. Nonlinear simultaneous inversion of pore structure and physical parameters based on elastic impedance［J］. *Science China（Earth Sciences）*，2021，64（6）：977-991.

［13］Biot M A. Theory of propagation of elastic waves in a fluid-saturated porous solid. i. low frequency range. ii. higher frequency range［J］. *The Journal of the Acoustical Society of America*，1956，28（182）：168-191.

［14］Carcione J M，Morency C，Santos J E. Computational poroelasticity-a review［J］. *Geophysics*，2010，75（5）：75A229-75A243.

［15］Mavko G M，Nur A. Wave attenuation in partially saturated rocks［J］. *Geophysics*，1979，44（2）：161-178.

［16］Dvorkin J，Nur A. Dynamic poroelasticity：a unified model with the squirt and the Biot mechanisms［J］. *Geophysics*，1993，58（4）：524-533.

［17］Yang D H，Zhang Z J. Effects of the Biot and the squirt-flow coupling interaction on anisotropic elastic waves［J］. Chinese Science Bulletin，2000，45（23）：2130-2138.

［18］Yang D H，Zhang Z J. Poroelastic wave equation including the Biot/Squirt mechanism and the solid/fluid coupling anisotropy［J］. *Wave Motion*，2002，35（3）：223-245.

［19］Parra J O. The transversely isotropic poroelastic wave equation including the Biot and the squirt mechanisms：Theory and application［J］. *Geophysics*，1997，62（1）：309-318.

［20］杨顶辉，陈小宏. 含流体多孔介质的 BISQ 模型［J］. 石油地球物理勘探，2001，36（2）：146-159+262.

［21］Wang Z J，He Q D，Wang D L. The numerical simulation for a 3D two-phase anisotropic medium based on BISQ model［J］. *Applied Geophysics*，2008，5（1）：24-34+83-84.

［22］聂建新，杨顶辉，杨慧珠. 基于非饱和多孔隙介质 BISQ 模型的储层参数反演［J］. 地球物理学报，2004，6：1101-1105.

［23］张显文，王德利，王者江，等. 基于 BISQ 机制三维双相正交裂隙各向异性介质衰减及频散方位特性研究［J］. 地球物理学报，2010，53（10）：2452-2459.

［24］许多. 双相介质储层参数非线性反演［D］. 成都：成都理工大学，2008.

［25］吴涛，李红星，陶春辉，等. 基于改进遗传算法的 BISQ 模型多参数反演方法研究［J］. 地球物理学进展，2012，27（5）：2128-2137.

［26］张生强. 孔隙介质储层参数反演与流体识别方法研究［D］. 吉林：吉林大学，2014.

［27］杨磊，杨顶辉，郝艳军，等. 多种物理机制耦合作用下的储层介质参数反演研究［J］. 地球物理学报，2014，57（8）：2678-2686.

［28］Fang Z L，Yang D H. Inversion of reservoir porosity，saturation，and permeability based on a robust hybrid genetic algorithm［J］. *Geophysics*，2015，80（5）：R265-R280.

［29］White J E. Computed seismic speeds and attenuation in rocks with partial gas saturation［J］. *Geophysics*，1975a，40（2）：224-232.

［30］White J E. Low-frequency seismic waves in fluid-saturated layered rocks［J］. *Acoustical Society of America Journal*，1975b，57（S1）：654-659.

［31］Dutta N C，Ode H. Attenuation and dispersion of compressional waves in fluid-filled porous rocks with partial gas saturation（White model）-Part Ⅰ：Biot theory［J］. *Geophysics*，1979a，44（11）：1777-1788.

［32］Dutta N C，Ode H. Attenuation and dispersion of compressional waves in fluid-filled porous rocks with partial gas saturation（White model）-Part Ⅱ：Results［J］. *Geophysics*，1979b，44（11）：1789-1805.

［33］Carcione J M，Helle H B，Pham N H. White's model for wave propagation in partially saturated rocks：comparison with poroelastic numerical experiments［J］. *Geophysics*，2003，68（4）：551-566.

［34］Ren H T，Goloshubin G，Hilterman F J. Poroelastic analysis of permeability effects in thinly layered porous media［J］. *Geophysics*，2009，74：N49-N54.

［35］邓继新，王尚旭，杜伟. 介观尺度孔隙流体流动作用对纵波传播特征的影响研究 - 以周期性层状孔隙介质为例［J］. 地球物理学报，2012，55（8）：2716-2727.

［36］王娆钧，陈双全，王磊，等．基于斑块饱和模型利用地震波频散特征分析含气饱和度［J］．石油地球物理勘探，2014，49（4）：715-722+4-5．

［37］Pride S R，Berryman J G，Harris J M. Seismic attenuation due to wave-induced flow［J］. *Journal of Geophysics Research*，2004，109，B01201.

［38］巴晶，Carcione J M，曹宏，等．非饱和岩石中的纵波频散与衰减：双重孔隙介质波传播方程［J］．地球物理学报，2012，55（1）：219-231．

［39］巴晶，晏信飞，陈志勇，等．非均质天然气藏的岩石物理模型及含气饱和度反演［J］．地球物理学报，2013，56（5）：1696-1706．

［40］Ba J，Xu W，Fu L，et al. Rock anelasticity due to patchy saturation and fabric heterogeneity: a double double-porosity model of wave propagation［J］. *Journal of Geophysical Research-Solid Earth*，2017，122（3）：1949-1976.

［41］Sun W. On the theory of Biot-patchy-squirt mechanism for wave propagation in partially saturated double-porosity medium［J］. *Physics of Fluids*，2021，33，076603.

［42］Johnson D L. Theory of frequency dependent acoustics in patchy-saturated porous media［J］. *The Journal of the Acoustical Society of America*，2001，110（2）：682-694.

［43］Rubino J G，Velis D R，Klaus H. Permeability effects on the seismic response of gas reservoirs［J］. *Geophysical Journal International*，2012，189（1）：448-468.

［44］凌云．介观尺度孔隙介质地震波衰减特征与流体识别［D］．吉林：吉林大学，2015．

［45］周明，孙树栋．遗传算法原理及应用［M］．北京：国防工业出版社，1999．

［46］Eberhart R，Kennedy J. A new optimizer using particle swarm theory，Mhs95 Sixth International Symposium on Micro Machine & Human Science［J］. IEEE，2002.

［47］袁三一，陈小宏．一种新的地震子波提取与层速度反演方法［J］．地球物理学进展，2008，23（1）：198-205．

［48］庞聪，丁炜，程诚，等．粒子群优化广义回归神经网络与 HHT 样本熵结合的地震辨识研究［J］．地球物理学进展，2022，37（4）：1457-1463. doi: 10. 6038/pg2022FF0438.

［49］李曦，范翔宇，王兆峰，等．基于 PSO-SVM 的测井岩性识别方法研究——以南图尔盖盆地 K 油田古生界（Pz）储层为例［J］．地球物理学进展，2022，37（2）：617-626. doi: 10. 6038/pg2022FF0254.

［50］杨维，李歧强．粒子群优化算法综述［J］．中国工程科学，2004，5：87-94．

地震层析成像

　　20 世纪 90 年代初，井间地震风靡油气开发界，受总公司开发局委托对井间地震开展系统文献调研，并对地震层析成像进行了系统总结与评述。本组收录 1 篇期刊论文，文章简介如下。

　　"**地震层析成像的现状与展望**"主要包括四部分内容：一是明确了地震层析成像的定义，指出它的特点和研究内容；二是回顾了地球物理层析成像的发展历史，阐明井间层析成像的优越性及其产生的必然性；三是总结了井间地震对井下设备的要求、井下震源和检波器系统的现状与各自的优缺点，并为野外施工参数的选择提供一些依据；四是对地震层析成像方法进行分类，指出地震层析成像的现状、发展方向和应用前景。

地震层析成像的现状与展望

甘利灯

1 地震 CT 的定义和分类

地震层析成像也称为地震 CT，它是 CT 技术（Computerized Tomography）在勘探地球物理学中应用的一个范例。

CT 技术是根据物体外部的测量数据，依照一定的物理和数学关系反演物体内部物理量的分布，最后得到清晰的分布图像的技术[1]。它具有以下三个基本特征[2]：（1）它是一种反演问题。是从观测数据反演物理模型；（2）观测数据必须能表示成物理模型的积分，从观测数据反演物理模型，也就是从积分反演被积函数；（3）必须有一簇曲线或一簇曲面作为它的积分回路，其重点是研究这些积分回路具有什么样的几何性质时，能够依据函数在回路上的积分确定函数本身，这一特征是它区别于其他反演问题的主要标志。地震CT 就是根据地震波在地层中的传播规律，利用积分将地表或井中观测的资料与某些地层参数联系起来，并反演这些地层参数的过程。

从理论上说，CT 问题可以分为线性与非线性两大类[2]。如果积分回路与被积函数无关，这样的 CT 问题就是线性的；反之，若积分回路与被积函数有关，则称为非线性 CT问题。从物理意义讲，CT 问题都是非线性的，线性问题只是在波长相对于被探测物体的几何尺度很小时的一种近似。医学 CT 可以看成是线性的，因为 X 射线频率很高，因而波长相对于人体有意义的病理组织而言可以忽略不计。而地震 CT 则属于非线性的，因为地震波的波长很长，相对于地质上有意义的构造和岩性体来说，不能忽略。这也是医学 CT与地震 CT 的重要差异之一，表明了地震 CT 比医学 CT 更为复杂，也困难得多。

任何一个问题，从不同的角度可以得到不同的分类，地面 CT 也是如此。如果从数据的观测形式（或扫描几何结构）来分，地震 CT 可以分为地震 CT、井间 CT、VSP CT 和联合 CT。所谓联合 CT，就是利用两种或两种以上观测形式的资料进行层析成像。从成像所利用的波形看，可以分为反射 CT、透射 CT 和绕射 CT。若从地震波的运动学特征和动力学特征出发可分为两大类，一类是射线 CT，另一类是波动方程 CT[3]。前者是目前地震 CT 中最常见的一类。

地震 CT 既然是一种反演，它所要解决的内容与反演大致相同。这些内容是[4]：（1）什么是正确的地层模型？如何"正确"地参数化模型；（2）在确定观测结果与模型响应之间的拟合程度时，什么是"正确"的误差标准？实际上，就是什么是好的拟合？

原文收录于《石油地球物理勘探》，1993，28（3）：362–373。

（3）噪声将怎样影响反演算法？（4）关于解的唯一性、稳定性、不适定性评价；（5）要获得有地质意义的结果，什么是可行的算法？（6）采用联合 CT 的好处是什么？是只满足于时间 CT 呢？还是力求全波形 CT？所有这些都是地震 CT 应该解决的问题。

2　地震 CT 的发展历史

CT 技术起源于医学。其数学基础是 1917 年奥地利数学家 Radon 发表的"关于由函数沿某些回路积分确定该函数"的论文。其物理思想是 1921 年法国医生 A.E.M.Bocage 提出的焦平面层析术。此后，R.N.Bracewell，A.M.Cormack，G.N.Housfield 在这方面也做了大量的工作，终于在 1972 年诞生了第一台 x 射线 CT 装置，标志着 CT 技术在医学上的应用趋于成熟。从此 CT 技术从医学向光学干涉、无损检测、物质结构、显微成像以及勘探地球物理等领域渗透。

对于勘探地球物理而言，人们总是希望从地表或井中观测的资料中得到更多有用参数，推断地下岩性，总是希望得到更精确、更直观的地球内部的图像。在地球物理层析成像中，人们首先使用的是电磁波，即所谓电磁（EM）层析法，对地下裂缝和孔隙分布的勾绘，地下隧道的确定等方面进行了成功的研究[5]。1984 年 Cities 井下地球物理服务公司的 Wieterhot 与 Kret-zschmar 甚至还利用 1～30MHz 的电磁波对提高采收率的蒸汽驱动试验进行了现场监测[6]。

地震 CT 起步较晚，尽管最早有关地震 CT 的文献涉及井间地震 CT[7-8]，但此后的绝大多数文献却研究地面资料的层析成像问题。从近几届 SEG 年会的论文摘要中可以清楚地看到这一点（表 1）。这一时期所使用的方法大都是线性方程组的直接求解，如高斯一牛顿法[9-11]和奇异值分解法（SVD）[12-13]。这些方法的缺点是费用昂贵，而且受计算机内存与速度的限制。

表 1　SEG 54～SEG 60 届年会论文摘要中有关层析成像文献统计表

SEG 届数	总数	地面 CT	井间 CT	VSP CT	联合 CT	设备与采集	理论与方法	物理实验	应用	
									方法试用	初步工业应用
54	5	4					3		2	
55	7	4	1	2	1		6	1		
56	8	5	2	1	2		4	1	3	
57	7	3	3		1	1	2		4	
58	14	3	4			6	6		2	
59	9	2	7				6	1	1	1
60	15		14		1		6		3	6

Charrette 等人利用自形分布，井间观测和有限差分模拟对井间各种尺度散射体的影响进行了研究[31]。发现当非均匀体的相关尺度大于波长或传播路径的长度时，异常体对初

至有重要的影响；当异常体的相关尺度小于波长或传播路径的长度时，异常体对初至的影响非常小。这意味着在地震层析成像中只利用初至来描述储层中小的随机非均匀体的特征是不够的，必须在反演中加入振幅因素，即采用全波形数据。也就是说，在非均匀体的尺度与波长相近时，折射和绕射效应就变得显著，使射线理论无效，并已被许多地震 CT 的实践所证实[28-29]。Harlan 也认为目前射线 CT 中所用的各种射线追踪方法都有一个假设，即频率无限高，因而射线无限窄[35]。目前使用的地震波都是有限带宽的，当地震波的传播距离较短，而且介质速度差异较大时，这个假设显然不能满足，此时射线必须用"波径"来代替[36]。

在井间地震中，原始记录所包含的波型非常丰富，这些波相互干扰以及周波跳跃使初至拾取存在误差，从而影响成像结果的质量[37]。克服射线 CT 不足的方法有两个：（1）附加约束条件；（2）利用全波形进行反演或利用绕射层析成像。因此，许多人在完善射线 CT 的同时，进行了大量绕射 CT 的研究。目前，这项技术已在医学上得到了广泛的应用。在地球物理学中，已在实验室中取得了较满意的结果，正逐步向实际应用迈进，预计它将会对地震 CT 的成像分辨率和质量起促进作用。

总之，地震 CT 的发展大致经历了三个阶段。从 20 世纪 70 年代初到 80 年代初属于探索阶段，把医学 CT 引入地球物理领域，并进行了一些尝试。由于地震波震源的原因，此期间地球物理 CT 技术主要集中在电磁 CT 上。80 年代初到 80 年代末属于第二阶段，主要进行地面 CT 的研究。由于井间 CT 的优越性以及井下设备的发展，促使地震 CT 向井间 CT 转移，同时进行了大量模型数据和少量实际数据的成像研究，但成功例子很少。1989年以后，在 SPE 和 SEG 年会论文中出现了一些非常成功的地震层析成像实例，标志着地震 CT 步入了初步工业应用阶段。同时也逐步意识到射线 CT 所固有的缺点，对波动方程 CT 的研究有所增加。目前，国内也有许多单位，如东南大学、哈尔滨工业大学、中科院地球物理所等进行地震 CT 的研究工作，并取得了许多成果，但在石油勘探领域才刚刚起步。

3 井下震源与检波器

3.1 井间 CT 对震源与检波器的要求

井间地震的成功与否首先取决于井下震源和检波器的发展。要设计出一种既满足很多技术要求又经济可行的井下震源是很困难的。它必须具备以下条件[24-25, 38]：（1）不具破坏性，可以在钻井与开采过程中安全操作，这是研制井下震源的关键。对于水泥固井，要求震源在井壁产生的应力不应大于 20psi[39]；（2）频带要宽，一般要求频率上限为 1000Hz，甚至更高；（3）必须有足够的能量，使之能在通常的井间距和多数目的层深度的条件下观测到大于噪声能量的信号。这与不具破坏性是矛盾的，所以在选择震源时需要根据实际要求进行权衡；（4）可重复性，即要求震源可以在短时间内重复激发以提高勘探效率；（5）与深度无关的震源输出，否则就使资料处理变得困难，一般要求深度在 20000ft（6000m）内输出信号不变；（6）耐高温与高压；（7）既可以在固井中操作，也可以在裸井中操作；（8）必须既能激发 P 波也能激发 S 波；（9）体积必须足够小，以便能在各种孔径的井中操作，一般要求外径小于 5in（12.7cm）。

井下检波器也要求它具备与井下震源相应的条件。对于记录仪要求采样速度高，以便保留高频成分。

3.2 井下震源与检波器系统的现状

井间地震的硬件部分正在迅速地取得进展。1988 年在洛斯阿拉莫斯由洛斯阿拉莫斯国家实验室与 SEG 开发开采委员会共同举办了井间地震专题讨论会，会上报道了 15 种震源与 5 种检波器，详见表 2 和表 3。同年，在第 58 届 SEG 年会上，以井下震源为专题对这些震源进行了讨论。这些震源基本上代表了目前井下震源的状况，大致可分为可控型震源和脉冲型震源两大类。

表 2　井下震源系统

类型	震源系统名称	研制机构
可控型	井下液压式可控震源 Downhole hydraulic vibrator	雪弗龙公司 Chevron oil Field Research Company
	井下充气式可控震源 Pneunatic	桑迪亚国家实验室 Sandia National Laboratory
	井下共振频率扫描式可控震源 Resonant swept-frequency	西方阿特拉斯国际公司 Western Atlas International
	井下共振扫描横波可控震源 Resonant swept-frequency shear wave	劳伦斯伯克利实验室 Lawrence-Berkeley Laboratory
	井下压电陶瓷弯曲棒式可控震源 Piezoceramic bender bars	何莱威尔公司 Honeywell
	井下压电陶瓷加速式可控震源 Piezoceramic accelerometers	多伦多大学 University of Toronto
脉冲型	井下空气枪 Airgun	波尔特公司 Bolt
	岩心枪 Core gun	斯伦贝谢公司 Schlumberger
	电弧放电 Arc discharge	西南研究所 Southwest Research Institute
	重锤 Weight-drop	法国石油研究院 Institut Francais du petrole
	管波转换器 Tube wave converter	埃克森公司 Exxon
	电火花 Sparker	英国地质调查局 British Geological Survey

续表

类型	震源系统名称	研制机构
脉冲型	钻具震源 Drill string	克莱温尼斯　威肯森公司 Klaveness-Wilkensen Co
	炸药 Explosive	CGG 公司 CGG
	磁致伸缩震源 Magnetostrictive	洛斯阿拉莫斯国家实验室 Los Alamos National Laboratory

表 3　井下检波器

检波器名称	研制机构
50 道压敏检波器串 50-channel hydrophone streamer	法国石油研究院 Institut Francais du Petrole
三分量检波器 Three-conponent geophone	CGG 公司 CGG
压电陶瓷圆柱状压敏检波器 Piezoceramic cylinder hydrophone	西南研究所 Southwest Research Institute
压电陶瓷压敏检波器 Piezoceramic hydrophone	洛斯阿拉斯国家实验室 Los Alamos National Laboratory
四轴检波器 Four-axis geophyone	桑迪亚国家实验室 Sandia National Laboratory

3.3　各种震源与检波器的比较

文献［25］和［40］对井下液压震源和空气枪震源比较后得到以下几点结论：（1）对井壁的破坏性，空气枪使固井强度降低 30%，而液压震源只降低 2%；（2）能量，液压震源的能量大约是空气枪的 50 倍，而且道间一致性也比空气枪好；（3）液压震源的频带较宽，可达 2～720Hz。但目前液压震源仍处在试验阶段。而空气枪已有 4 年的商业应用历史，并正在不断地改进，如在震源下部安装一个管波衰减器以消除管波的影响。

文献［42］对炸药、电火花发生器和重锤三种震源以及两种不同的检波器（三分量地震检波器和压敏检波器串）进行了比较。炸药震源是由 9g 导火索组成的，具有最好的 P 波辐射模式，能量强，但管波也强。电火花发生器具有操作安全和发火率高的优点，但能量弱，必须进行垂向叠加。重锤是一种 S 波震源，能量适中，但频带窄。

就检波器而言，压敏检波器适合高能震源。地震检波器虽然具有良好信噪比和三分量等优势，但由于不能记录宽频带资料，其优势被部分抵消。尽管由于 VSP 的应用使得井下检波器的研制起步较早，但为适应井间地震技术的发展，仍需要研制专门的井下检波器。

4 野外施工与数据采集

井间地震层析成像的观测方式有两种，如图 1 所示。图 1a 也称井间地震测井，而目前最常见的观测方式是将图 1b 的形式和逆 VSP 联合使用。为了提高资料质量，地震检波器常埋在地表以下一定深度的地层中。大多数采集系统使用微机。

图 2 是 Bolt 公司采集系统框图。由于在采集阶段影响最终层析图像质量的因素很多，因此在施工前必须做好野外施工设计。文献［43］利用水槽试验对此做了一些总结。

（1）异常体方位与激发接收形式之间的关系。文献［43］利用直射线 SIRT 法对此进行的研究认为：只有射线穿过异常体并且可以用射线作为异常体边界时，异常体的形态与位置才能确定。在异常体存在时，某个方向射线的缺失会使该方向上的构造形态变得模糊。但在均匀介质中，有限视角射线覆盖不影响成像效果。

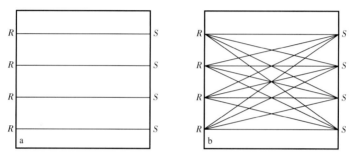

图 1 井间地震中两种不同的观测形式

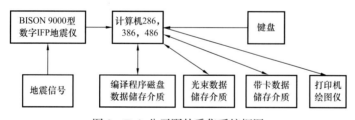

图 2 Bolt 公司野外采集系统框图

（2）所获得的最佳分辨率为

$$\Delta r_{\min} = \frac{\Delta t v_A v_M}{|v_A - v_M|}$$

式中，Δt 为旅行时误差；v_A 为异常体速度；v_M 为骨架速度。

可见，最佳分辨率与初至拾取精度和工区内速度异常的大小有关。

（3）网格的大小为 $\Delta r_{\min}$ 的 1～1.5 倍比较合理。

（4）成像的局部分辨率取决于局部射线密度。如果要求成像区内每一个点都有最大的分辨率，合理的震源与检波器间距应与网格的尺度相同，一般采用 5～25ft（1.525～7.625cm）。

（5）排列长度取决于震源的辐射模式与井间距，一般要求射线孔径为 −45°～45°。

（6）采样间隔与震源的频率成分有关，频率越高，采样间隔越小，一般要求小于 2ms。

5　地震层析成像方法

　　根据地震波的运动学和动力学特征，地震层析成像方法可分为两大类：其一是以运动学特征为基础的射线层析成像；其二是以动力学特征为基础的波动方程层析成像。Worthington 认为射线层析成像又可分为直接分析法、矩阵反演法和迭代重建法[44]。直接分析法是以傅氏变换或逆拉当变换为基础。傅氏变换法利用切片投影定理。拉当变换法也称"滤波反投影"或"褶积反投影"法。如果震源与检波器排列规则，该方法具有一定的优势。由于野外条件的限制，震源与检波器排列不规则，因此在反演之前必须进行延拓。在数字计算中，通常利用求和代替积分，这样层析成像问题就可以用一个线性方程组来表示，但它不是常定的，必须采用特殊的方法进行求解，如广义矩阵法。其优点是震源与检波器的排列不受限制，但反演矩阵巨大，需要大量的计算机内存和计算时间。因此，许多人采用迭代重构技术。该方法首先假设参数分布的初始值，然后对每一条射线计算理论值，将理论值与实际观测值进行比较来改进初始值，直到某种结束准则满足为止。其特点是适用于任意形态的震源与检波器分布，没有内存限制。此外，迭代法还可以考虑射线弯曲的影响，此时只需在计算理论值之前插入射线追踪过程即可。

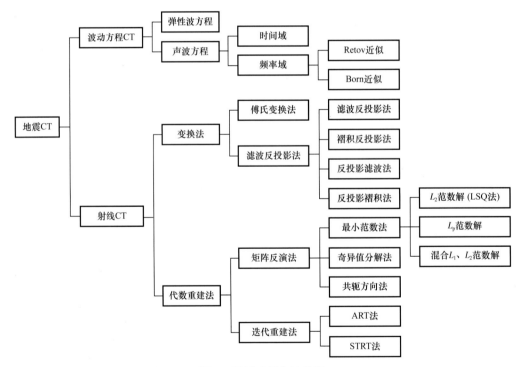

图 3　层析成像方法分类

　　射线层析成像方法一般分为四大类，即：傅氏变换法、滤波反投影或褶积反投影法、矩阵反演法和迭代重建法[15-16]。前两种以积分变换为基础，后两种以解线性方程组为基础。笔者认为这四种方法可归结为变换法与代数重建法两大类，算法的详细分类如图 3 所示。目前最常用的方法是代数重建法与波动方程层析成像。

在射线 CT 中，变换法很少使用，主要原因是它们以直射线假设为前提。代数重建法可以克服这一缺点，并具有以下优点：（1）适合于任意形态的激发接收模式；（2）在代数重建法中可以加入先验知识，对求解过程进行约束。文献 47 认为，带约束的 CG 法比 ART 法优越。

McGaughey 等人利用野外井间资料以平均剩余误差为准则，对 ART、SIRT、LSQ（最小平方法）和 SVD 法进行比较认为[31]，在有数据误差的情况下，SIRT 比 ART 优越，SVR 法比 LSQ 法优越，当然也比 SIRT 方法好。这是因为相同的剩余误差，大奇异值截断的 SVD 法与阻尼 LSQ 法所产生的模型扰动比 SIRT 法小，如图 4 所示。所以在计算机硬件与时间允许的条件下，我们极力推荐使用 SVD 法。

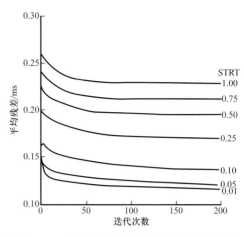

图 4　ART 算法中平均残差与迭代次数的关系
（松弛因子 =0.01～1）

另外，在层析成像过程中，我们还面临选择迭代次数（SIRT 法）、阻尼因子的大小（LSQ 法）以及自由度（SIRT 法）的问题，这可分别利用平均模型扰动、平均剩余误差和平均模型标准方差以及平均模型概率散度图来解决，如图 5 和图 6 所示。一般认为图 6 中拐点是最优的选择。在无任何先验信息的条件下，我们可选择拐点，但它不是最好的，应该向高平均剩余误差方向移动一些才是最好的。

总之，尽管有些人声称自己使用了波动方程进行层析成像[29]，但目前使用最多的仍然是 SIRT+ 曲射线追踪法。

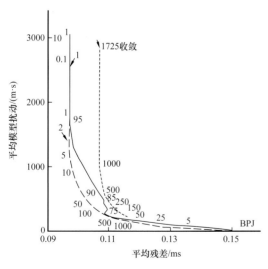

图 5　平均模型扰动与平均残差的关系
① SVS：自由度 =1～100；② LSQ：阻尼因子 =10⁻³～10⁵；
③ SIRT：迭代次数 =1～1725

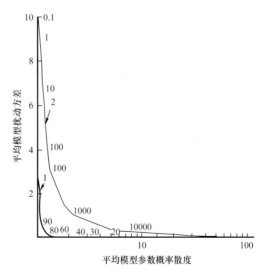

图 6　平均模型扰动方差与平均模型参数
概率散度的关系
① SVS：自由度 =1～100；② LSQ：阻尼因子 =10⁻³～10⁵

6 地震层析成像应用与展望

地震层析成像，尤其是井间地震层析成像技术，在石油勘探与开发中的应用非常广泛。大致可以分为以下几个方面：（1）EOR 过程监测，如蒸汽驱[29, 48-50]、火驱[29, 51]、水驱[28]等的监测；（2）储层描述[32-33,40,52-53]；（3）断层定位[54]和岩性不均匀体的圈定，如砂岩透镜体[55]、礁体[56]、盐丘[56]、裂缝带[57-58]、洞穴[59]等；（4）各向异性[60]；（5）低速层连续性[61]。其中前三种应用最为广泛。

1983 年底，在冷湖地区进行井间地震试验，震源为 100g 炸药索，在注蒸汽前、后进行两次试验。该试验证实了一些重要结果：（1）注蒸汽前后的地震信号变化程度可以用来判断射线是否经过蒸汽区，利用信号的延迟时间可以大致推断蒸汽带的厚度；（2）注蒸汽前、后的频谱在幅值和特征方面都大不相同，主要表现为注蒸汽前的频谱是单峰，集中在 200Hz 周围，注蒸汽后则较复杂，频谱常为双峰，已急剧衰减。

Laine 等人（1987）也论述了利用井间地震与井间 ME 层析进行注蒸汽区储层描述的可能性[50]。此后，用井间地震监测 EOR 过程的研究获得了迅速发展。Justice 等人利用多次井间测量结果成功地监测了蒸汽在注入井与生产井之间的扩散过程[29]。在火驱试验后，纵波速度层析图清楚地反映了地层中低速燃烧带的倾向和没有燃烧的地层，并已被地质和测井资料所证实。更令人鼓舞的是利用纵横波层析图得到的泊松比都处于合理的分布范围内，不但燃烧区周围的高泊松比值恰好处于该油田液体饱和储层范围内，而且燃烧区的泊松比值与预测值（较低值）相一致。

在储层描述方面，Midway Sunset 井间试验区[31-32]和 Mckittrick 井间试验区[33, 53]是两个典型的例子。在前例中利用层析图发现了 Potter B_1 砂岩中三个高速带和一个低速带；利用速度层析图和 Wyllie 时间平均方程可以获得泊松比和孔隙率层析图。尽管所得到的孔隙率值比岩心测量结果大，但相对孔隙率值仍然有意义。

文献[40]还讨论了纵波速度与温度和油饱和度的相互关系。一般来说，高速表示低温，也表明高的油饱和度；相反，低速表明低的油饱和度。因此，利用 P 波速度层析图也可以定性地表示为油饱和度剖面。文献 32 依据岩心测试所得到的泊松比与饱和度成反比的初步结果，指出泊松比层析图可以作为油饱和度的一种度量尽管上述两种提法不尽相同，但有一点是一致的，即利用井间地震可以提供蒸汽驱中重油饱和度的信息。

Mckittrick 油田是一个浅层油藏（深度不到 400m），其中饱和与欠饱和 Potter 砂岩的孔隙率差别很大，其分布主要受 Mckittrick 逆掩断层带的控制。在该地区，利用井间试验成功地确定了逆掩断层带以及饱和与欠饱和带的分布，并认为 Potter 砂岩中影响地震速度的主要因素是温度与饱和度。它们之间的关系是 V_P 越大，S_o 越高；反之，T 越大，S_o 越小。这便是利用速度圈定饱和与欠饱和带的依据。这个结果与 Midway Sunset 试验区的结果非常一致。

在断层定位与岩性不均匀体的圈定方面，Harris 在海湾地区中新统地层中利用层析图上速度的分界面进行断层定位和低速多孔砂岩的圈定[54]。Adam Gersztenkorn 利用深度偏移和层析进行盐丘圈定[56]，所解释的盐丘顶底深度被随后的钻井所证实，深度估计误差不到 2%。利用同样方法也可以进行礁体和砂岩透镜体的圈定[55-56]。

井间地震层析成像由于它独特的观测方式和所能提供的比地面地震高一个数量级的分辨率而成为当今地震勘探领域的一个新热点。随着井下设备的发展，预计它将成为开发地震中一种极为重要的工具。

目前，已研制了不少井下震源，但除 Bolt 空气枪已具备商业应用外，其他的都处于试验阶段，Bolt 公司开始研制一种"内爆"震源，这种震源的一个特点是静水压力越大，它所产生的能量也越大。预计它将会摆脱井间地震层析成像受深度制约的局面。尽管井下检波器研制较早，但多道且能够记录宽频带的井下检波器的研制工作仍迫在眉睫。同时，信号传输和采集技术与设备仍有待完善。

在野外施工上应进行一口井激发多口井接收，即进行三维层析成像。野外施工设计参数必须认真选择，最好能在施工前针对所要解决的问题，进行模拟实验以求得最佳设计方案。

地震 CT 的主要用途是储层描述。刻画储层特征的参数很多，其中最重要的是孔隙率、渗透率和饱和度。因此，在进行井间地震层析成像同时，必须认真地研究地震速度与上述参数之间的关系。在研究过程中应充分利用测井和岩心资料，研究地震用于 EOR 过程[29]监测的物理基础，并对地震用于 EOR 过程监测的可行性进行论证。

7　结束语

反演地球内部结构是地球物理学的宏伟目标，井间观测为我们实现这种目标迈出了坚实的一步。

在我国的石油勘探界，井下震源与层析成像方法的研究刚刚起步。在这种情况下，地震层析成像工作还应以地面 CT 和 VSP CT 为起点，然后向井间 CT 和联合 CT 发展。尽管地面 CT 具有多解性，但配合测井资料和 VSP CT，预计多解性会在一定程度上得到解决。此外，深度偏移和层析的交互使用也可得到可靠的成像，一些实例已经证实了这种做法的可行性。

总之，地震层析成像，尤其是井间地震层析成像是一项新技术，许多成功的实例预示了它将成为未来开发地震的一种重要工具。储层的不均匀性是非常复杂的，具有很大的多解性，只有联合利用多种信息、多种方法，才能缩小多解性，求得更真实的解。

在成文过程中，始终得到我院地球物理所各位领导以及方法室诸位同仁的大力支持，在资料收集过程中得到李幼铭研究员和石油总公司情报所刘兵工程师及我院的张怡荣高级工程师的热情支持和帮助，在此一并表示感谢。

参 考 文 献

[1] 陈颙等. 地球科学中的新技术 [M]. 北京：地震出版社，1989，121-147.

[2] 马争鸣，李衍达. 地震层析成像 [J]. 石油地球物理勘探，1991，26（1）：109-124.

[3] 陆国纯. 地球物理衍射 CT 技术的综述 [J]. 地球物理技术汇编，1990（13）：1-12.

[4] Sven，Treitel. 地球物理反演——梦想与现实 //SEG 第 57 届年会论文集 [C]. 北京：石油工业出版社，

1990，41-46.

［5］吴律等编译.地震层析技术译文集［R］.中国石油天然气总公司情报研究所，1990，41-46.

［6］Witterholt E J，Kretzschmar J L. 用 MHz EM 波对蒸气驱油区作图 //SEG 第 54 届年会论文集［C］.北京：石油工业出版社，1985，468-471.

［7］Bios P，La porte M，Lavergne M et al. Essai de determination automatique des viteses sismiques par mesures entre puits［J］. *Geophys*，*Prosp*，1971，19（1）：42-83.

［8］Bios M，La Ports，Lavergne M and Thomas G. Well-to-well seismic measuremets［J］. *Geophysics*，1972，37.（3）：471-480.

［9］Bishop T N，Spongberg M E. 地震层析成像：实例研究 //SEG 第 54 届年会论文集［C］.北京：石油工业出版社，1985，458-460.

［10］Spindler D A，Love P L. 在速度场有水平变化时利用地震层析成像确定深度 //SEG 第 54 届年会论文集［C］.北京：石油工业出版社，1985，463-465.

［11］Bishop T N et al. Tomographic determination of velocity and depth in laterally varying media［J］. *Geophysics*.1985，50（6）：903-923.

［12］Bube K P，Resnick J R. 地震层析成像中能够准确测定的和不能准确测定的特征参数（第一部分）//SEG 第 54 届年会论文集［C］.北京：石油工业出版社，1985，465-468.

［13］Buhe K P et al. 地震反射层析成像技术中的适定和不适定特性（第二部分）//SEG 第 55 届年会论文集［C］.北京：石油工业出版社，1986，457-460.

［14］Cutler R T et al. 地震层析成像：公式与方法 //SEG 第 54 届年会论文集［C］.北京：石油工业出版社，1985，457-458.

［15］Toksoz M N，Tien-When Lo，Karl Coyner. 关于地震层析成像的超声波实验室试验 //SEG 第 55 届年会论文集［C］.北京：石油工业出版社，1986，465-470.

［16］Christof Stork，Robert W Clayton. 在用射线跟踪层析成像中的问题 //SEG 第 58 届年会论文集［C］.北京：石油工业出版社，1989，609-613.

［17］William R P et al. 用全波形反演进行井中地震层析成像 //SEG 第 58 届年会论文集［C］.北京：石油工业出版社，1989，637-639.

［18］Phillip M Carrion，Donizet de Jesus Carneiro. 透射层析成像 //SEG 第 59 届年会论文集［C］.北京：石油工业出版社，1990，296-299.

［19］Bube K P，Langan R T，Resnick J R. 地震反射层析成像唯一地确定反射面深度 //SEG 第 59 届年会论文集［C］.北京：石油工业出版社，1990，310-315.

［20］Ivansson S. Seismic borehole tomography-theory and computational methods［J］. *Proc. of the IEEE*，1986，74（2）：328-338.

［21］Ivansson S. 地震反射层析成像中唯一性和非唯一性的一些研究 //SEG 第 56 届年会论文集［C］.北京：石油工业出版社，1987，322-325.

［22］Cbristof Slok，Robert W Clayton. 用迭代层析成像和偏移进行地震图像重建 //SEG 第 55 届年会论文集［C］.北京：石油工业出版社，1986，460-464.

［23］Bjorn N P et al. The Mckittrick cross-well seismology project part 1 data acquisition and tomographic imaging［C］. Presented at 60th SEG International Meeting. Expanded Abstracts，1990，26-29.

［24］James T R. Interwell seismic surveying workshop［J］. An overview. *TLE*，1989，8（6）：38-40.

［25］Paulsson B N P. A three-component downhole seismic vibrator［C］. Presented at 58th SEG International meeting，Expanded Abstracts，1989，139-142.

［26］Harris J M，Cross-well seismic measurements in sedimentary rocks［C］. Presented at 58th SEG

International Mccting，Expanded Abstracts，1989，147-150.

［27］Dines K A，Lytle R J. Computerized geophysical tomography［J］. *Proc. of the IEEE*，1979，67（7）：1065-1073.

［28］Justice J H，et al. 储集层监测中的岩石特性和层析成像 //SEG 第 59 届年会论文集［C］. 北京：石油工业出版社，1990，154-157.

［29］Justice J H et al. Acoustic tomography for monitoring enhanced oil recovery［J］. *TLE*，1989，8（1）：12-19.

［30］Singh R P，Nyland E. Ray bending due to strong velocity anomalies［J］. *Geophysics*，1988，53（2）：201-205.

［31］McGaughey W J，Young R P. Comparison of ART，SIRT，Least-Squares and SVD two-dimensional tomo-graphic invcrsions of field data［C］. Presented at 60th SEG International Meeting，Expanded Abstracts，1990，74-77.

［32］Philip L Inderwiesen. Tien-when Lo. Cross-hole seismic tomographic imaging of reservoir inhomo-geneities in the midway sunset field. California［C］. Presented at 60th SEG International Meeting，Expanded Abslracts，1991，22-25.

［33］Tien-When Lo，et al. Mckittrick cross-well seismology project：Part 2—tomographic processing and in-telpretation［C］. Presented at 60th SEG International Meeting，Expanded Abstracts，1990，30-33.

［34］Charretle E E. Nafi Toksoz M. 随机非均匀体对井间成像的影响 //SEG 第 59 属年会论文集［C］. 北京：石油工业出版社，1990，289-292.

［35］Willian S Harlan. Tomographic estimation of shear velocities from shallow cross-well seismic data［C］. Presented at 60th International Meeting. Expanded Abstracts，1991，86-89.

［36］Woodward M J. Wave-equation Tomography［D］. Stanford Univ. 1989.

［37］Royer T Crher. 特邀序言：地震层析成像 //SEG 第 57 届年会论文集［C］. 北京：石油工业出版社，1989，452-454.

［38］William Kennedy，Windell Wiggins，Peter Aronstam. Swept-frequency borehole source for inverse VSP and cross-borehole surveying［C］. Presented at 58th SEG international Meeting，Expanded Abstracts，1989. 158-160.

［39］Karsan D I，Krahl N W. New API equalion for grouted pile-to-structure connections［C］. 16th Annual OTC in Houston，1984.

［40］Bjorn N P Paulsson，John W Fairborn. Characterization of a shallow steamed oil reservoir using crosswell seismology［C］. Presented at 19th Annual Convention of Proceedmgs Indonesian Petroleum. Association，1990.

［41］Winbow G A. Seismic sources in open and cased boreholes［C］. Presented at 59th SEG International Meeting. Expanded Abstracts. 1990，8-10.

［42］Delvaux J，Nicoletis L，Noual G，et al. Acquisition techniques in cross-hole seismic surveys［R］. SPE 16785.

［43］Christina Krajewski et al. herative tomographic methods to locate seismic low-velocity anomalies：A Model Study［J］. *Geophy. Prosp.* 1989，37（7）：717-75l.

［44］Worthington M H. An introduction to geophysical tomography［J］. *Firsl Break.* 1984，2（11）：20-26.

［45］Hatton L，Worthington M H. Kakin J. *Seismic dala processing*［M］. *Theory and Practice*，1986.

［46］Doans S R. *The Radon transform and some of ils application*［M］. Wiley-Interscience，1983.

［47］Frank M S. Balanis C A. A conjugate direction for geophysical inversion problems［J］. *IEEE Trans on*

Geos and Remote Sensing，1987，GE-25（6）：691-701.

[48] Macrides C G et al. Multiborehole seismic imaging in steam injection heavy oil recovery projects [J]. *Geophysics*，1988，53（1）：65-75.

[49] Huit P R et al. Applications of cross-borehole seismic tomography to monitor EOR displacement fronts in heavy-oil fields of kern [R]. Country. California，SPE 19855. 1990.

[50] Laine E F. Remote monitoring of the steam-flood enhanced oil recovery process [J]. Geophysics，1987，52（11）：1457-1465.

[51] Bregman N D. Hurley P A，West G F. Seismic tomography at a fire-flood site [J]. *Geophysics*，1989，54（9）：1082-1090.

[52] Beydoun W B，et al. Practical aspecls of an elastic migration/inversion of crosshole data for reservoir characterization：A Paris Basin Example [J]. *Geophysics*. 1989，54（12）：1587-1595.

[53] Bjorn N P et al. Mckittrick cross-well seismology project：part I，data acquisition and tomographic imaging [C]. Presented at 60th SEG International Meeting，Expanded Abstracts，1991，26-29.

[54] Harris J M et al. Cross-well tomographic imaging of geological structures in gulf coast sediments [C]. Presented at 60th SEG Iniernational Meeting，Expanded Abstracts，1991，37-40.

[55] Sherwood John W C. Depth sections and interval velocities from surface seismic data [J]. *TLE*，1989，8（9）：44-49.

[56] Larry Lines. Applications of tomography to borehole and reflection seismology [J]. *TLE*，1991，10（7）：11-17.

[57] Wang J et al. Cross-hole seismic scanning and tomography [J]. *TLE*，1987 6（1）：26-41.

[58] Yummoon Jung el al. Mapping of fracture zones in salt：High-resolution corss-gallery seismic tomogramphy [J]. *TLE*，1991，10（4）：37-39.

[59] McCann D M，Baria R et al. Application of cross-hole seismic measurements in site investigation surveys [J]. *Geophysics*，1986，51（4）：914-929.

[60] Wintersteln D F，Paulsson B N. Velocity anistropy in shale determined from crosshole seismic and vertical seismic profile data [J]. *Geophysics*，1991，55（4）：470-479.

[61] Christine E Krohn. Cross-well continuity logging using seismic guided waves [C]. Presented at 60th SEG In-ternational Metting，Expanded Abstracts，1991，43-46.

文章导读

地震油藏描述

　　油气藏地震描述就是以地震资料为主，综合运用地质、测井和油藏工程等信息，以石油地质学理论为指导，充分发挥地震资料空间连续采样的优势，最大限度地应用计算机手段对油气藏进行定性、定量描述与评价的一项综合研究方法和技术。其核心是储层预测，就是以地震信息为主要依据，综合利用其他资料（地质、测井、油藏等）作为约束，对油气储层的品质参数，如几何特征、地质特性、油藏物理特性等进行预测的一门专项技术。本组收录 2 篇文章，由 1 篇期刊论文和 1 篇会议论文组成；其中获奖会议论文 1 篇，CNKI 高被引论文 1 篇，文章简介如下。

　　"地震油藏描述技术现状与展望"包括三个部分内容：一是概况，简要介绍地震油藏描述技术的含义、研究内容与发展历史，以及地震油藏描述技术面临的挑战、对策与关键技术；二是研究实例，是在过去大量研究与应用成果的基础上，按照储层的类型进行归类、总结，力图阐明各类储层地震描述的特点及其相应的关键技术与技术组合；三是前沿技术，主要包括当下地震油藏描述中的热点研究领域，如三维 AVO、井间地震、四维地震与多波多分量等，介绍它们的原理、技术要点、发展概况与应用领域。论文受到与会专家和参会代表的好评，获优秀论文二等奖，会后受邀将全文刊载于中国石油学会物探专业委员会会讯（第 11 期），随后，《石油物探信息》（第 410-411 期）又进行了转载。

　　"从勘探领域变化看地震储层预测技术现状和发展趋势"在中国石油天然气股份有限公司十多年物探技术攻关过程跟踪与成果分析和总结的基础上，分析了构造、岩性地层和非常规勘探领域对地震储层预测技术的需求，从勘探领域变化与地震技术储备之间的关系阐明了当前地震储层预测技术存在的问题与不足，并从地震波的物理定义出发，基于地震储层预测技术前提假设与实际勘探领域介质之间存在的差异，总结了地震储层预测技术的发展趋势，分析了储层预测关键技术的发展方向，给出了整体技术发展建议，即以连续、非均匀、各向

异性介质及其弹性波传播理论为基础；强化地震岩石物理分析和资料
保真处理研究；研发基于衰减与频散，以及方位相关地震属性的储层
预测特色技术；通过整合技术资源，形成面向复杂岩性地层和非常规
油气勘探领域的地震储层预测配套技术；做好储层预测质控，提高储
层预测的精度、可靠性和适用性。本文入选了 CNKI "三高" 论文，
即高 PCSI 论文、高被引论文和高下载论文。

地震油藏描述技术现状与展望

甘利灯，邹才能，姚逢昌

本文共分三个部分，第一是概况，简要介绍地震油藏描述技术的含义、研究内容与发展历史，以及地震油藏描述技术面临的挑战、对策与关键技术；第二是研究实例，它们是在过去大量实际应用项目研究的基础上按照储层的类型进行归类、总结，力图阐明各类储层地震描述的特点及其相应的关键技术与技术组合；第三是前沿技术，主要包括当今地震油藏描述中的热门研究领域，如三维 AVO、井间地震、四维地震与多波多分量等，介绍它们的原理、技术要点、发展概况与应用领域。

1 地震油藏描述技术

油藏描述是应用地质、物探、测井、测试等多学科相关信息，通过多种数学工具，以石油地质学、构造地质学、沉积学为理论基础，以储层地质学、层序地层学、地震地层学、地震岩性学、测井地质学、油藏地球化学为方法，以数据库为支柱，以计算机为手段，由复合型研究人员对油藏进行时空定量化描述、表征及预测的一种技术。它是油藏地质描述、油藏测井描述、油藏地震描述与油藏数值模拟的综合。可分为油藏静态描述与动态描述两个部分，静态油藏描述就是对油藏进入开采前的全部状态进行的描述，其主要内容有：油藏几何形态与边界条件、油藏内流体性质与展布以及储集性能与渗流特征；动态油藏描述是对油藏开采过程造成的油藏变化进行的描述，其主要目的是通过寻找剩余储量与强化采油过程监测来优化油藏管理，提高采收率。由于地震信息具有覆盖面广，可提供无井区以及井间地质信息的优势，因而地震油藏描述已成为油藏描述中不可缺少的一项技术。无论是勘探阶段还是开发阶段，地震油藏描述都发挥着极其重要的作用。

回顾地震油藏描述技术的发展历史，它大约经历了以下四个阶段，一是 20 世纪 60 年代的"形态描述"阶段，主要针对构造油气藏，以小三角形测网、水平叠加、手工三维二步法偏移为主要方法；二是 20 世纪 70 年代的"储层描述"阶段，主要针对构造与岩性油藏，以道积分、叠后偏移为主要技术；三是 20 世纪 80 年代的"技术积累"阶段，这一时发展了大量技术，如三维地震、地震反演、VSP、AVO、地震属性、相干体、迭前偏移、参数估算、模式识别、地震目标处理等，使得地震储层描述的能力大大加强，可以解决比较复杂油气藏的地震描述；四是九十年代的"动态监测"阶段，这个时期地震油藏描述技术在储层描述中的应用从静态向动态发展，面对的储层也越来越复杂，主要技术有 3D

原文为中国石油学会东部地区第十次（2001 年）物探技术研讨会论文，获优秀论文二等奖；全文转载于中国石油学会物探专业委员会会讯第 11 期和《石油物探信息》第 410-411 期。

AVO、AVO 反演、全三维解释与可视化、4D、多波多分量等。这些技术大多还处在试验研究阶段。

通过多年研究与应用，我国各大油田地震油藏描述技术研究与应用都取得了显著进步。但是随着勘探开发程度的不断加深，地震油藏描述技术也面临着巨大的挑战，这主要表现为两个方面，一是地震油藏描述技术的对象越来越复杂，如复杂地表、复杂构造、复杂岩性、复杂储层与复杂的油气水关系；二是尽管目前新技术层出不穷，其应用前景也很广阔，但其成本一般较高，面对我国不断下降的储层质量与储量品位，新技术应用的投资回报率将面临严峻考验。对此我们认为我国地震油藏描述技术发展的方针应该是，在进行新技术先导试验的同时，立足现有技术与资料，通过加强项目管理，协调各学科之间的关系，从现有技术与资料中要效益。对于复杂研究对象我们提出了如下研究思路：以地质模式为指导，以测井信息为桥梁，以地震技术为手段，以历史拟合为约束，以综合解释为核心，以突出储层为目标，强调多学科人员组合、多学科资料整合、多种地震技术的结合。从技术的角度来看，经过多年的积累，我们已获得各种地震技术的优缺点以及在不同类型储层中应用的经验，在此基础上必须加以归纳、总结，针对不同的储层类型，提出不同的地震技术组合，以期达到最佳应用效果。同时强调多种方法结果的叠合，去伪存真。

2 不同储层类型地震油藏描述技术组合

2.1 复杂断块区与小幅度构造

三维地震是目前地震勘探的基本观测方式，能够准确查明油藏的几何形态。由于三维地震具有面积上密集覆盖的优势，横向分辨率高，且每一个地震道都是铅垂道，因此有能力查明复杂断块构造，发现微小圈闭。

要准确地描述构造形态，关键是要做好偏移。而要做好偏移，就必须选准偏移速度。常规时间域偏移只有在速度横向变化不大，或者是地层倾角不大的情况下，才能获得正确的构造成像。一旦构造复杂，速度横向变化大时，常规时间偏移处理就不能使反射波聚焦成像，成像模糊不清，空间归位位置不准，构造形态失真。即使是速度连续变化的第三系碎屑岩中的复杂断裂构造，在时间域用直射线偏移代替过去的手工曲射线深度域偏移，也因偏移过量，使本欲沿断层面下面穿屋脊油藏带的钻井，误钻到断层面上面断块的低部位水层段去了。如果用层状介质近似连续介质，进行深度域偏移，就能够准确落实小断块的空间位置。总之，在复杂构造地区进行勘探，只有在深度域进行偏移成像，才能使反射聚焦成像，得到准确的构造形态和空间位置。要做好叠前深度偏移处理，首先要建立最佳的速度模型，既要研究基于地质构造解释模型的速度建模方法，又要研究基于物理抽象的速度建模方法。研究基于地质构造解释模型的速度建模方法，需要建立各种复杂构造的模式。

对于复杂断块区，地震油藏描述的核心是断层正确成像与解释。目标处理、三维连片处理、曲射线偏移、迭前深度偏移有助于断层正确成像，相干体技术能够检测出反射波的中断点，可以从面上解决断层解释与组合，此外，倾角、方位角、曲率、粗糙度等地震属性对于断层，尤其是小断层识别与组合是非常有益的。正在兴起的全三维解释与可视化技术可以充分地利用三维数据体，提高时效，大大地提高解释的精度与速度。

低幅度构造是指构造幅度在30~40m，时间差10~20ms的构造，由于幅度小，地震油藏描述的核心就是提高静校正精度，提高油藏形态作图精度，通过综合钻井与地震的深度、时间和速度资料，采用变速作图方法是提高构造图精度的有效方法。其关键技术为：（1）折射静校正；（2）表层层析成像，消除近地表影响；（3）建立正确的速度模型与深度偏移；（4）变速作图等。

2.2 复杂河流相储层

由于河流相沉积的复杂性，其砂体走向、厚度等在平面上变化快，规律性差，通过精细油藏描述，原认为分布范围较大、厚度较厚的砂体实际上是由多个、多期自然砂体叠加形成的，各砂体均有独立的油水系统。所以无论是在构造的高部位、还是在构造的低部位，只要存在独立砂体均可能含油，都应作为勘探开发的重点目标。因此复杂河流相储层地震油藏描述的核心是高分辨率与单砂体描述。为了提高地震反演结果的分辨率以满足薄单砂层描述的需要必须提高地震资料的采样率，因为地震采样率直接影响初始模型的分辨率，从而影响反演结果的分辨率；必须充分做好反演中的对层，以避免初始模型中砂层串层，为此必须以层序地层学理论与测井曲线建立的等时格架为依托进行全区闭合，完成从点—线—面，再面—线—点的追踪闭合过程；在河流相储层描述中河道的分布是评价储层质量的关键因素，虽然利用地震属性分析有助于河道识别，但基于地震波形与地震属性的定量地震相分析可以突出河道并赋予各相带更明确的地质含义，有利于评价河流沉积体系中各相带的好坏；最后必须结合动、静态开采资料确定砂体的连通性，进行油气水分析，判断含油气性。针对复杂河流相储层，地震储层描述的关键技术与步骤如下：（1）以测井、录井和地质资料为基础进行高分辨率层序地层学分析，建立等时地层格架，分析砂体走向与分布，进行高精度砂层对比；（2）利用地震属性分析与定量地震相分析进行河道识别，弄清砂体与河道的关系，从横向上把握有利砂体发育的相带。（3）通过岩石物理分析，进行储层地球物理特征重构，突出储层特征；（4）进行高分辨率储层特征反演，弄清单砂体空间展布；（5）以井约束的地震相分类或模式识别进行含油气范围圈定；（6）结合动、静态开采资料确定砂体的连通性，进行油气水分析，判断含油气性，井位部署。

2.3 裂缝、裂缝溶洞型储层

常规的地震反演，只能获得声波速度（或声阻抗）的信息，当储层在声波或波阻抗上有明显特征时，利用常规地震反演可以获得很好的效果，如四川薄层灰岩，砂泥岩岩速度具有明显差异的砂岩储层，枣北喷发相火成岩中的裂缝储层等。但是对于很多复杂储层，尤其是裂缝性储层，它们在声波（声阻抗）上往往没有明显可以识别的特征。常规地震反演就无能为力。针对这种复杂储层，我们提出了储层特征重构技术。所谓储层特征重构技术，就是针对具体的地质问题，以岩石物理学关系为基础，从众多的测井曲线中重构出一条储层特征曲线，使得储层在这条曲线上有明显的特征。然后通过储层特征反演将储层特征重构曲线外推到井点以外，获得特征重构数据体进行储层描述。多年实践表明，这种方法具有很强的地质问题针对性，强调多学科数据的整合与多学科人员的结合。

对裂缝性油藏，除了储层特征重构与储层特征反演外，早年曾借助小断层解释，间接预测裂缝发育带。近几年，开始利用三维相干体技术间接预测裂缝发育带，也已见到了不错的效果。此外，利用地震属性，如倾角、方位角、曲率等也有助于小断层与裂缝发育带的解释。我国很多裂缝性储层在常规地震剖面上常表现为同相轴不连续、弱反射、极性反转、杂乱反射等特征，因此基于波形变化的定量地震相分析有可能有助于储层的评价。这种方法的最大优点在于直接、客观、快速。当然就裂缝性储层而言，最有潜力的技术应该是多波多分量，目前 3D AVO 也用于裂缝各相异性的检测，但这两项技术在国内还没有见到应用。

3 前沿技术

3.1 四维地震

四维地震是在油藏生产过程中，在同一地方，利用不同时间重复采集的、经过互均化处理的、具有可重复性的三维地震数据体，应用时间差分技术，综合岩石物理学和油藏工程等多学科资料，监测油藏变化，进行油藏管理的一种技术。它是监测剩余油分布与油藏开发动态的重要技术。在优化油田开发，优化油藏管理，延长油田寿命，提高采收率等方面正发挥着越来越重要的作用。它已成为仅次于地震成像技术的一项热门研究技术。对于国外四维地震主要认识如下：

（1）四维地震已成为地震勘探领域的一个新热点。国外各大石油公司和大学竞相开展四维地震技术研究。例如西方地球物理公司目前已累计投入了 2600 万美元的研究经费到该课题之中，占近两年西方地球物理公司总研究经费的 35%。目前，四维地震在勘探地球物理市场中的所占份额持续增长，已占到 14% 左右，总投资额以每年 10 亿～30 亿元的速率递增。四维地震将成为今后地震的主要工作方式。

（2）四维地震可以大幅提高采收率。根据 BP 和壳牌公司在 Foehaven 油田的应用效果统计：1984 年以前靠 2D 地震技术，油气采收率为 25%～30%；1984—1995 年期间采用 3D 地震技术，采收率达到 40%～50%；而 1996 年以来应用时移地震技术，使采收率提高到 65%～70%。加拿大 Cool Lake 油田通过两个相邻区块（面积相同，一个进行了四维地震，一个没有进行）月产量的比较结果也表明，四维地震可以大幅提高稠油热采的产量。

（3）四维地震的主要作用。四维地震是非常有用的油藏管理手段，其作用可以归纳为：查明死油区位置；辨别出未开发区块；更新开发方案；优化加井/注入井网；延长生产井寿命；减少/缩短关井时间；可预知作业难度；避免开采进程受阻；增加了可采储量；提高了油气采收率；加快了成本回收；提高了投资回报率。

（4）四维地震可行性研究非常重要。尽管四维地震在油藏管理中非常有用，但是并非所有油藏、所有开发过程都适合于四维地震油藏监测，因此可行性研究是四维地震研究的重要组成部分。它包括技术和经济两个方面的可行性。技术上的可行性实质上是研究油气开采过程中油藏变化引起的地震响应变化的可观测性，它又包括岩石物理和地震观测两个方面，它回答什么样的油藏可以利用时移地震进行监测。而经济上的可行性则回答什么样的油藏值得使用时移地震。关于四维地震经济可行性，一般认为投资小于增加效益的20%是可行的。

（5）四维地震采集。四维地震采集的目的是最大程度地记录油藏开发过程所产生的地震差异，因此何时观测监测记录以及如何保证两次观测之间的可重复性是它的关键。一般选择地下油藏物理变化状态达到最有利于监测成功的时候进行地震采集，这需要利用温度、压力以及其他开发动态监测资料加以判别，地震资料的一致性主要取决于激发与接收的一致性以及地震资料的信噪比。野外试验说明，使炸药在充满水的介质中激发、"浅坑半埋"法接收能够保持多次激发与接受的重复性。

（6）四维地震处理。其目的是克服采集所造成的"脚印"问题，同时进尽可能使有关油藏动态变化所造成的地震变化进行最佳成像。针对不同的资料情况可分为三大类：① 老资料迭后处理；② 老资料迭前处理；③ 新采集四维地震资料处理。尽管每种情况下资料处理的流程不尽相同，但都强调均一化处理。其一般原则有：① 处理流程的一致性；② 应尽量保持相同的偏移距范围和覆盖次数；③ 偏移速度和偏移算法的细心选择；④ 互均化处理是四维地震资料处理关键步骤。

（7）四维地震解释。其目的突出有关油藏动态变化所造成的地震变化，强调真实性与可视化，主要方法有：① 地震多属性分析与模式判别，用一些与油藏特性相关好的地震属性进行差异性和相似性分析可能比直接用四维地震数据效果更好、更直观；② 地震反演，四维地震反演技术是连接反射地震差异与储层流体变化的一个"桥梁"。它使四维地震资料解释更加定量化。原则讲，一切能用于常规地震资料的反演都可以用于四维地震，但要注意以下几点：储层位置、子波的时变性和约束条件的一致性；③ AVO 分析与反演，由于它对流体更加敏感，更有利于突出开采过程造成的油藏变化；④ 求差技术，主要用突出相似形与差异；⑤定量地震历史拟合，起着相互验证的作用，减少多解性；⑥ 可视化技术，使得相似形与差异更加直观。

（8）多学科的协同研究是四维地震的重要手段。

（9）"定量地震历史拟合"是四维地震研究的发展方向。它是将多次地震观测数据估算的储层参数与开发的历史拟合有机结合起来，通过储层参数扰动、油藏数值模拟、地震正演得到各个时期地震合成记录，利用合成记录与实际地震记录的比较修改储层参数，这时的储层参数既与地震、测井资料吻合，也与开发动态资料吻合，提高了储层参数估算的精度。这些储层参数还为计算储量提供了有力保障。

我国石油储量分布状况表明，常规平均采收率仅有33%，未波及的可动剩余油储量达28%，不可动残余油储量占39%。造成采收率偏低，剩余油和残余油储量如此之高的主要原因是，我国陆相湖盆储层存在强的非均质性。在未波及的各类碎屑岩可动剩余油储量中，河流相砂岩油藏储量占到51.5%。这表明，我国碎屑岩油藏的调整挖潜能力是相当大的。因此四维地震研究具有广阔的应用前景。但是，在国内目前有针对性的四维地震采集尚未见到报道。然而，为了强化采油而进行的多次采集则有一些例子，如在新疆、二连、辽河、胜利等油田进行的多次采集试验。在新疆红 1-1 先导区进行的采集试验结果令人满意，在注气井附近观察到了速度降低、振幅及波形变化、时滞现象。辽河千 12 块 64-54 井区的采集则由于分辨率不满足成像要求，两次采集差异无法反映储层信息的变化而宣告失败。物探局在二连盆地吉 28 井区蒸汽吞吐区分别在注汽前、注汽后、采油后进行了三次高分辨率三维地震采集，圈定了蒸汽前缘，划分了蒸汽驱后温度与黏度的变化。此外在胜利也进行了一些试验。因此，有必要尽快开展四维地震研究工作，以使它在"稳定东部"的战略决策中发挥应有的作用。

3.2 井间地震

井间地震，是在一口井内放置震源，激发地震波，在另一口井中用检波器接收的一种新的地震观测方式，其处理方法包括井间层析成像和井间反射波成像。80 年代初产生的井间层析成像的原理来自医学 X—射线层析成像。90 年代初在井间层析成像的基础上，吸收 VSP 和地面地震反射法的思想以及数字处理方法，建立了井间高分辨率反射波成像方法。井间地震因其激发与接收过程避免了衰减严重的近地表低速带，记录直达波与其他各种有效波，噪声级别低，而且还可以提供比 VSP 更广的对目标区的扫描。Paulsson 和 Harris 于 1988 年曾经证明，当震源和检波器置于风化层之下时，所得到地震资料的频率高达 1000Hz，这比地面资料的频率高一个数量级以上。一般来说，声波测井、岩心分析具有很高的分辨率，从 1mm 到 1m 左右。VSP（垂直地震剖面）的分辨率为 10m。地面地震分辨率更低一些，通常在 10m 以上。井间地震的分辨率正好在声波测井、VSP 和地面地震之间，从几十厘米到几米的分辨率。这为描述储层不均匀性提供了物质保证。因此而成为岩性分析、储层描述及油田开发的一种有效方法。该方法在经历了 80 年代的研究热潮和 90 年代的初步应用后日趋成熟。

井间地震采集的设备主要包括三部分：井中震源、井中检波器和数据传输系统以及接收仪器。井中震源是井间地震的关键设备。在 80 年代中期研制了数十种震源，例如化学炸药脉冲震源，井下弧光放电脉冲震源，电火花震源，井下重锤，井下空气枪，钻头震源，可控型震源，井下磁致伸缩震源等。鉴定井中震源优劣的基本标准是：井中震源能量大，传播距离远且不破坏井壁，宽频要带，可以在短时间内重复激发以提高施工效率，耐高温与高压以保证与深度无关的震源输出，必须既能激发 P 波也能激发 S 波，必须足够小以便能在各种孔径中操作。

井间地震层析原理是引用医学射线层析，它利用两口井之间观测的初至波信息，用计算机重建两口井之间速度分布图像或速度的倒数慢度的分布图像。其算法也是引用 X—射线层析成像中的算法，例如 APT（代数重建方法）、SIRT、LSQ（最小平方法）和 SVD（奇异值分解法）等。

井间地震反射成像是在井间层析的基础上，由 VSP-CDP 发展而来。井间观测与 VSP 观测在直观上很相似，井间资料可以看成是由一系列具有相同偏移距的 VSP 资料组成的，只是其震源点的深度有变化。所以，90 年代初 Steward 等人称井间地震反射成像为 XSP-CDP，其原理与处理方法均与 VSP-CDP 很相似。

井间地震的应用主要包括：稠油热采（包括蒸汽驱和火驱等）前沿监测与油藏管理，

优化开发方案；油藏精细成像，研究油气水分布和寻找剩余油，为二、三次采油提供依据；储层连通性填图（RCM）；复杂区储层成像，如盐丘翼部与火成岩下部储层等。

许多学者认为井间地震，从技术上已经从实验室进入了油气开发的应用阶段。它的理论基础研究是雄厚的，技术方法是先进的，并日臻完善，野外试验效果是令人满意的。井间地震的数据采集成本远超过 VSP 和地面地震。90 年代初的一则报道认为，井间地震数据采集的准备工作比较复杂，包括调遣修井设备，中断采油生产，移出油管，停产损失，重新布油管和启动生产，遣回设备等都需要费用支出。仅从深井或海上提出油管，其费用就高达 25 万美元。以井间距 1000ft，道距 15ft，200（炮）×200（检波点），总共 40000 道，其采集费约为 15 万美元。国外实例表明，对于大型油田，增产 1％即可收回成本，小型油田增产 5％就可以收回费用。随着油价的提高，根据 Williams 的预测，未来几年将是井间地震在油气开发中应用的高峰期。

3.3 P 波方位 AVO 与多波方位 AVO

AVO 分析是利用地震反射波振幅随炮检距变化这一关系寻找油气的一种技术。20 世纪 80 年代这项技术的研究和应用比较火热，国内外不乏利用 AVO 技术预测油气的成功例子（尤其是在墨西哥湾），但也有相当数量失败的例子。其主要问题可能出在影响反射振幅的各种因素的校正和综合分析上，经过近十年的降温与冷静思考，人们充分认识到，AVO 只是地震属性中的一种，它需要综合其他的属性和资料继续解释，才能提高其置信度和精度。

从近几年的技术发展情况看，对 AVO 的研究重点除了放在精确校正各种影响振幅的因素和加强综合分析外，一个值得注意的趋势就是 P 波方位 AVO 和多波方位 AVO 的研究与应用。随着三维地震技术的深入发展和人们对三维体解释概念的增强，P 波方位 AVO 已作为一种预测油气藏各向异性的有效方法而受到青睐。另一方面，随着海上地震采集技术（4D×4C）的突破，多年来人们追求的用地面多分量地震资料研究地层各向异性的理想将在海上成为现实。

所谓 P 波方位 AVO 就是利用不同方位上的振幅随炮检距变化来检测地层的各向异性。长期以来，方位各向异性研究和裂缝检测是多波多分量的主要研究目标，但由于地面横波采集成本太高等原因，这项技术目前进展不大。近年来，人们尝试利用 P 波资料来探测由裂缝产生的方位各向异性。对垂直裂缝而言，通常最显著的影响是在与裂缝走向平行和垂直的方向上。在平行于裂缝的走向方向上，裂缝带对 P 波不产生影响。相反，在与裂缝走向垂直的方向上，裂缝带的振幅随炮检距的增加而急剧减小。可以采用三条或更多的测线来确定振幅方位变化的特征，并以此确定裂缝的走向。美国能源部（DOE）资助的针对三维方位 AVO 而提出的一套采集、处理和解释成果表明：针对方位各向异性分析需要而采集和处理的三维 P 波地震数据，能够直接检测含气裂缝地层中强裂缝带和潜在产气层。

多波方位 AVO 就是利用 P-P 波、P-S 波和 S-S 波振幅随炮检距变化来预测裂缝和识别岩性的一种方法。在方位各向异性介质中，P-P 的振幅、速度和层间时差的方位变化表现为椭圆变化特征，可用于确定介质裂缝的走向，这已被实际资料所证实。但是，P 波的各向异性效果仅产生在足够大的炮检距上。P-S 波振幅的方位变化似乎对裂缝等各向异性体更敏感。当然，S 波乃至多分量 AVO 分析的效果应该更好，它们能将密度、速度和裂缝变化对地震振幅响应的影响分离开来，通过分别绘制这些参量的变化，精确描述油气藏中的裂缝和孔隙度。近几年来，海上地震采集技术的突破（海底三分量、垂直电缆等）为多波多分量 AVO 分析展示了美好的前景。

3.4 多波多分量

横波技术在应用于油气勘探之前经历了"三个史前"阶段，即物理学家和数学家研究阶段，天然地震学阶段和民用工程阶段。在油气勘探早期人们鲜于使用横波的主要原因是：（1）在构造为主要勘探目标时期，纵波即可胜任，而且比横波更优越；（2）横波各向异性理论很复杂，影响了人们的研究热情；（3）横波震源的激发与操作难度大；（4）资料处理中遇到严重的静校正问题。

横波资料的采集试验始于 20 世纪 60 年代的俄罗斯（Puzyrev 等，1966；Brodov 等，1968）；20 世纪 70 年代中期，俄罗斯和法国开始野外横波采集试验，当时主要记录 SH 波和纵波，随后法国和俄罗斯利用三个正交方向激发与接收进行了多分量数据采集。尽管如此，由于陆上多分量资料的品质差、费用高，而使得多波多分量勘探直到 90 年代中期仍停滞不前。近年海上多分量的崛起为这一领域带来生机。海上半商业性质的采集起于1996 年秋天，但到了 1997 年中就有一定的商业需求，目前有 100 多个多分量研究工区，其中大多数是二维的，只有 20 多个是三维的，但 3D 多分量增长很快。这些工区主要分布于北海、远东、西非海、中东、墨西哥湾、印尼和泰国海、南中国海等。其采集费用大约是传统海上三维的 1.5~4 倍，并成降低趋势。

海上多分量的广泛应用，推动了多波多分量地震资料处理、解释新技术的研究，目前各大院校、技术服务公司和计算机软件公司都把针对多波多分量处理和解释作为其主攻方向之一。尽管现在还没有现成的集成化的商业软件，但在多次波消除、波场分离、静校正、转换波偏移成像等诸多方面取得长足进步，很多油公司和研究机构都能获得比较满意的处理效果。

多波多分量的应用主要有两个方面，一是成像，占 60%；二是岩性与流体识别，约占40%。前者主要包括提高由于气烟囱或泄漏气造成的成像杂乱区的成像效果，盐岩或玄武岩底成像；透明油藏（纵波波阻抗差小，但横波波阻抗差大）成像以及多次波消除等。后者包括岩性识别，如碳酸岩与碎屑岩、泥岩与砂岩的识别；流体识别；饱和度成像；油水边界确定；各向异性与裂缝预测等。

从勘探领域变化看
地震储层预测技术现状和发展趋势

甘利灯，张昕，王峣钧，孔丽云，杨廷强

1 引言

地震储层预测就是以地震信息为主要依据，综合利用其他资料（地质、测井、油藏等）作为约束，对油气储层的品质参数，如几何特征、地质特性、油藏物理特性等，进行预测的一门专项技术[1]。其主要内容大体分为四个方面：一是岩相预测，即控制储层发育的相带；二是岩性预测，包括储层的岩性、厚度和顶面构造形态；三是物性预测，诸如孔隙度、渗透率等；四是含油气性综合分析，即研究储层内所含流体性质及其分布、饱和度等。随着非常规油气的兴起，储层预测的内涵也得到了迅速扩展，已从储层品质预测扩展到烃源岩品质和工程品质预测。当前，地震储层预测技术已经成为油气勘探生产中储层预测的主导技术之一，它能较好地根据不同勘探生产阶段的不同需要，提供不同类型、不同精度的储层预测成果，为油气勘探生产服务。

地震储层预测遵循"找规律、提信息、做解释"的过程。其中"找规律"是基础，需要地质模式的指导，其核心是发现储层和非储层的地球物理差异及其可识别性，属于地震岩石物理分析的研究范畴。"提信息"是关键，就是把这种可识别的差异信息从地球物理信号中提取出来，属于地震储层预测方法的研究范畴，主要技术有地震属性分析与地震反演等，它不但要求地震资料是保真的，即实际地震资料与井点合成记录（叠后、叠前道集、蜗牛道集）吻合，而且要满足地震储层预测技术的前提假设。"做解释"是目的，就是依据差异信息解释储层的空间展布形态、储层内部的非均质性和含油气性，甚至烃源岩品质和工程力学品质等，最终实现储盖组合评估、砂体追踪、物性预测、流体预测、储量估算、井位井型井网优化等勘探生产任务。获得高保真的地震资料与采集和处理密切相关，因此，地震储层预测实际上是一个系统化的采集、处理、解释过程，任何一个环节都会影响其最终的预测结果，其中最关键的基础有两个，一是地震岩石物理分析，二是高保真地震资料处理。

地震储层预测是20世纪70年代初兴起，20世纪90年代迅速发展普及的一项技术，已在国内外各大油田得到广泛应用，效果显著，成为提高钻井成功率和勘探开发效益的重

原文收录于《石油地球物理勘探》，2018，53（1）：214-225；该文章入选 CNKI 三高论文（高 PCSI、高被引和高下载）。

要手段。其发展历程大致可以分为以下几个阶段[2,3]。第一阶段是 20 世纪 70 年代以前，主要利用地震波旅行时信息进行构造和断层识别，确定潜在的油气圈闭。第二阶段是 20 世纪 70 年代初到 70 年代末，主要利用的信息从旅行时发展到地震振幅，先后出现了"亮点"技术，以地震剖面彩色显示和复地震道分析为核心的地震属性分析技术，以递推反演为代表的波阻抗反演技术，以及以地震相分析为核心的地震地层学分析技术等。第三个阶段是 20 世纪 80 年代初至 20 世纪末，主要进展包括两个方面，一是利用的信息从叠后振幅发展到叠前振幅，如 80 年代初期出现的 AVO 分析技术，1999 年出现的 EI 反演技术，使地震属性分析和反演技术从叠后推向叠前；二是随着 90 年代初期三维地震技术的普及，涌现了大量新的地震属性（如倾角、方位角、相干体、方差体、纹理和频谱分解属性等），地震属性分类与聚类技术、模式识别技术和基于神经网络的属性分析技术，以及各种叠后地震反演技术的迅猛发展和大规模应用，解决了大量岩性地层油气藏的勘探开发问题，充分显示了地震储层预测技术的重要作用。第四个阶段就是 21 世纪以来，随着储层预测技术日趋成熟，以及"两宽一高"地震技术的推广应用，地震储层预测利用的信息也从叠前振幅逐步向宽 / 全方位叠前振幅发展，先后出现了地震岩石物理分析与叠前反演相结合的定量地震解释技术、方位各向异性属性分析和反演技术、曲率属性、多属性分析技术，以及基于频散和衰减属性的地震储层预测技术等，这个时期随方位和频率变化信息的利用得到了重视，这也预示了储层预测技术未来发展的方向。此外，基于地震岩石物理分析，结合地质、测井和油藏等多学科资料的综合应用技术也已成为地震储层预测发展的趋势。本文试图从勘探领域变化带来的储层介质的变化，以及储层预测技术的前提假设与实际介质之间的差异出发，分析当前储层预测技术现状和技术需求，总结储层预测技术发展趋势，给出整体技术的发展建议。

2 地震储层预测技术需求

与全球油气勘探发展历程一样，中国油气工业的发展历史也主要经历了构造油气藏、岩性地层油气藏和非常规连续型油气藏三个发展阶段或勘探领域[4]。20 世纪主要以构造油气藏勘探为主，对地震技术的需求是构造成图，需要准确的旅行时信息，因此精确构造成像是关键。20 世纪末，中国陆上油气勘探总体上从构造油气藏向岩性地层油气藏转变，并在"十一五"期间进入发现高峰期[5]。其核心是寻找有利的岩性地层圈闭，地震技术要解决复杂岩性，如大面积薄互层砂岩、深层火成岩、缝洞碳酸盐岩等储层描述问题，岩性和物性（孔隙度和裂缝等）预测是关键，需要准确的时间和振幅信息，包括叠后、叠前和宽方位叠前振幅信息。当前，油气勘探领域已进入 3 个并重发展阶段[6]，即构造与岩性地层油气藏、深层与中浅层油气藏以及常规与非常规油气资源并重发展，且以岩性地层油气藏勘探为主，深层和非常规油气越来越重要的阶段。从岩性地层油气藏向非常规连续型油气跨越的过程中，找油气的思路是从岩性地层圈闭向无明显圈闭界线的储集体系过渡，核心是找油气储集体[4]。对地震技术的需求是三品质预测，即烃源岩品质、储层品质和工程品质，包括 TOC（总有机碳含量）、岩性、物性、含油气性、脆性、应力和裂缝等[7]，需要准确的时间、振幅、频率和方位等信息。可见，从构造到岩性地层再到非常规油气，对地震储层预测技术需求日益增多，对地震信息的保真要求日益增强（表1），地震储层预测面临的挑战日益突出。

表 1   不同勘探领域对地震资料与保真处理的需要

	构造	岩性地层	非常规油气
地质需求	构造成图	构造成图 储层品质预测 （岩性、物性和含油气性）	构造成图 烃源岩、储层和工程三品质预测
资料类型	叠后	叠后＋叠前（或宽/全方位叠前）	叠后＋宽/全方位叠前＋和/或多分量
保真处理	旅行时	旅行时 叠后振幅＋AVO（或 AVAZ）	旅行时 叠后振幅＋AVO＋AVAZ＋频率相关信息＋ 和/或 PS AVO/AVAZ 等

3 地震储层预测技术现状

目前，由于地震技术储备跟不上勘探领域变化带来的技术需要，物探人员总感到力不从心、疲于应付。地震储层预测技术的发展历程[2]可以清晰证实这个观点。早在20世纪80年代初，地震勘探先后出现了"亮点"和AVO技术、波阻抗反演技术、模式识别技术等，到了20世纪90年代末岩性目标的描述在地震领域已经是非常成熟的技术，此时，地质上才逐步提出了岩性地层勘探的理念。也就是说地震技术领先于勘探领域对技术的需求，所以物探人员可以从容应对。随后在21世纪初又从波阻抗反演进一步延伸到叠前反演，岩性地层勘探问题可以得到更好地解决。但是，近几年勘探目标很快从岩性转到了火山岩、碳酸盐岩等复杂岩性，接着又转入了致密油气，甚至是页岩油气，勘探目标的快速变化，使原来的地震储层预测技术的介质假设不适应勘探新领域的实际介质条件，地震技术储备严重不足，技术应用面临前所未有的挑战。此外，当前储层预测过程中沿用了一些构造圈闭预测的做法，如以储层顶界为基础的属性分析和储层解释方法，这与当前勘探目标不匹配。技术储备不足和面向构造圈闭的储层预测思路与做法，使当前地震储层预测技术应用处于混沌状态：似乎每一项勘探开发工作都要用到地震技术，即地震是万能的，但在实际应用中又都做不到彻底解决问题，总感到心有余而力不足，如碳酸盐岩缝洞雕刻，致密砂岩和页岩气储层中TOC含量预测、裂缝识别、油气检测和脆性预测，以及开发后期的超薄砂体预测和剩余油分布预测等，致使地质家和油藏工程师对地震技术的应用产生了质疑和动摇。

4 地震储层预测关键技术发展方向

储层预测是为油气勘探开发服务的，勘探领域从构造、到岩性地层、再到非常规油气的变化，决定了地震储层预测的技术需求。为了适应这种变化，地震储层预测需要解决的关键基础问题就是如何准确描述地震波在"介质"中的"传播"。

地震波"传播"的描述,既可以采用几何地震学的方法,也可以采用波动地震学的方法。前者通过波前、射线等几何图形研究地震波的传播规律,包括传播路径(射线)、传播速度、旅行时间等运动学参数。几何地震学以费马原理、惠更斯原理、反射定律和透射定律为理论依据,以褶积模型为手段,通常假设介质是层状、均匀、各向同性的。它可以非常好地解决构造问题和部分岩性地层问题,要想进一步解决更复杂的地质问题,如孔隙结构、孔隙中的流体预测问题,还需采用波动地震学的方法。波动地震学从介质运动的基本方程—波动方程出发研究地震波的传播规律,包括波形、频率、吸收、极化特点等动力学参数,可以适应不同类型介质条件,也为时间和振幅之外的地震信息,如相位、频率、衰减和频散等信息的应用提供了理论基础。频散和衰减是地震波蕴含的两个非常重要的信息,因为这两个参数与孔隙结构和孔隙中流体相对固体运动造成的影响密切相关。整体上看,从基于几何地震学的储层预测方法向基于波动地震学的储层预测方法过渡是今后发展的必然趋势。但是,基于波动方程的储层预测方法计算量大,目前大规模工业化应用还不成熟,因此基于波动方程线性化近似公式的储层预测方法更为现实。波动地震学在一定条件下可以过渡到几何地震学,一是异常体尺度远大于波长,二是振幅的旋度为有限值,因此地质体尺度与使用的频率决定了地震传播描述方法的可靠性。

其次是"介质",这是地震储层预测的起点,也是储层预测的目标,对储层预测技术的影响至关重要。沿着勘探目标从构造、岩性地层、致密油气到页岩油气这个趋势看,地震储层预测的对象发生了很多变化。第一,从盆地边缘向盆地中心推进,埋深越来越大;第二,储层与围岩的差异越来越小,非常规油气则没有围岩的概念;第三,储层越来越薄,尺度越来越小;第四,物性越来越差,主要表现在孔隙度和渗透率越来越低,而且孔隙结构越来越复杂。从地震的角度看,最本质的变化有两个方面,一是介质发生了变化,即介质越来越复杂,从构造勘探阶段的层状均匀介质,到岩性勘探阶段的孔隙(非均匀各向同性)介质,再到非常规油气的裂缝–孔隙(非均匀各向异性)介质;二是异常体尺度越来越小,从构造勘探阶段的千米级,到岩性勘探阶段的百米级,再到非常规油气阶段的十米级。通常地震勘探中使用的地震波长在几十米范围,在构造勘探阶段,异常体尺度远大于波长,因此几何地震学是适用的;在岩性勘探阶段,如果不考虑复杂岩性体,如裂缝型火山岩和碳酸盐岩储层,几何地震学也是适用的;但在裂缝—孔隙型储层和非常规油气勘探中,由于目标尺度接近地震波长,且储层存在非均质性和各向异性,因此理想介质模型应该是非均匀各向异性模型,理论上不能用几何地震学描述如此复杂介质中传播的地震波。

此外,随着孔隙度和渗透率的降低,孔喉半径越来越小,孔隙中流体流动由达西流变成非达西流,这导致波传播过程中孔隙流体诱导的衰减和频散增强,描述波传播必须考虑衰减和频散的影响,对应的储层预测方法应该是基于非均匀各向异性介质和黏弹性波动方程的预测方法。然而,基于这种理想介质模型的储层预测技术大多数仍处于试验阶段。目前流行的绝大多数储层预测技术都基于最为简单的层状均匀介质假设,这种介质假设考虑孔隙的大小，但没有考虑孔隙形态和结构，更不考虑孔隙中流体相对于固体的运动，因此仅适用于高孔隙度条件下的岩性（固体基质部分）和孔隙度预测。实际上，2000年王之敬就指出[8]：孔隙形态对弹性性质的影响远超岩性和孔隙度本身的影响。同样，这种介质假设也没有考虑各向异性，因此无法描述火成岩和碳酸盐岩储层，以及非常规储层中普遍发育裂缝的特征。

随着勘探领域的变化，储层介质日益复杂，地震资料处理保真性难以保证，预测的可靠性越来越低，这是造成当前地震储层预测技术困境的根本原因。为此，储层预测技术的介质假设应该从层状、均匀、各向同性介质向连续、非均匀、各向异性介质发展；其次是储层预测方法应从基于几何地震学向基于波动地震学发展，基于频散与衰减属性以及基于宽方位地震属性的储层预测方法是重点发展趋势，未来地震解释应该基于全波场或矢量波场；第三是保真资料处理，如保幅、保AVO、保方位和保频处理，要特别关注地表和浅层多次波对目的层资料的影响，考虑全波场或矢量波场的保真处理是终极目标；第四，由于储层日益复杂，横向变化越来越大，地震相约束的储层预测技术，特别是相控地震反演技术已成为重要趋势[9-10]。这些趋势也就决定了地震储层预测关键技术的发展方向，具体包括以下五个方面。

4.1　地震岩石物理分析技术

地震岩石物理研究地层参数与岩石物理参数之间的关系，用于分析地层参数变化对地震响应的影响，可以分为试验、理论和应用岩石物理三个部分。三者的关系是：试验岩石物理的作用是验证，理论岩石物理的结果是模型，应用岩石物理的基础是理论（即模型），因此模型的建立和使用是岩石物理研究的核心。从岩石构成出发，可以将岩石物理模型细分四个部分[11]：孔隙流体（油、气、水）模型、基质模型（固体矿物＋孤立孔隙）、骨架模型（基质＋空的连通孔隙）以及饱和模型（骨架＋孔隙流体）。这样，将每一部分中的一种模型组合起来，就可以形成所需要的、接近实际介质的岩石物理模型。确定了理论模型之后，就可以利用实测的纵横波速度和密度约束模型参数的优选，从而完整地确定目标层段合适的岩石物理模型，这就是岩石物理建模的过程，它是地震岩石物理分析的基础。在岩石物理建模的基础上，从三个尺度（宏观、中观和微观）和三个维度（频率、孔隙与流体分布）分析储层参数对弹性性质的影响，进而开展岩性、物性、含油气性等敏感因子分析与优选，为地震解释提供依据和解释量版，这就是地震岩石物理分析的主要内容。在试验岩石物理方面，首先要发展低频测量技术，形成全频带岩石物理分析技术；其次是研发复杂孔隙结构与孔隙流体分布的测试和描述技术；第三是研究裂缝型储层岩心分析和致密储层岩石驱替等试验技术。在理论岩石物理方面，围绕三个维度，特别是孔隙和流体分布非均匀性对弹性性质的影响研究是未来发展的重要方向，如裂缝－多孔介质的岩石物理建模、频散和衰减与储层参数之间的关系等，其次是数字岩石物理。在应用岩石物理方面，基于频散与衰减和各向异性的敏感因子分析、基于地震岩石物理的定量解释、开发和开采过程的岩石物理机理研究和模拟、非常规油气地震岩石分析，以及地震岩石物理分析技术的工业化应用是主要发展趋势[12]。

4.2　地震正演模拟技术

地震正演模拟就是在假定地下介质结构模型和相应物理参数已知的情况下，模拟地震波的传播规律[13]，并研究地震波的传播特性与介质参数的关系，最终实现对实际观测地震数据的最优逼近[14]。地震正演模拟可以分为几何射线法和波动方程法两大类。

几何射线法属于几何地震学的范畴，是建立在射线理论基础上的波动方程高频近似，其主要目标是记录地震波传播路径、反射点位置、波场分布特征等运动学特征，通过求解程函方程和输运方程来分别得到地震波的旅行时和振幅信息，主要包括基于平面波理论的射线追踪方法和基于球面波理论的反射率法。射线追踪法的计算成本低、效率高，但由于是高频近似，计算精度低，不能很好地描述地震波的临界反射、转换波和层间多次波等，不适用于物性参数变化较大的介质模型[15]和各向异性介质模型[16]。反射率法考虑了反射层中的多次反射波和转换波，具有很高的计算效率和精度[17]，广泛应用于层状各向异性[18]和方位各向异性[19]等介质的合成地震记录计算，但该方法只能适用于垂向非均匀介质，即水平层状介质。

波动方程法以波动理论为基础，其主要目标是获取地震波在地层中传播的频率、振幅和相位的变化及其他地震波的动力学特征，可以分为积分法和微分法。积分法是基于惠更斯、菲涅耳和克希霍夫积分等原理建立起来的一套理论体系，其核心是求取或计算 Green 函数，主要用来解决均匀背景介质上的非均匀地质体散射问题，计算过程中需要给出特定的边界条件[20]。微分法是对介质模型网格化，通过数值求解描述地震波传播的微分方程来模拟地震波场传播，主要包括有限元法、伪谱法、有限差分法等。有限元法是以变分原理和插值技术为基础的地震波方程数值模拟方法[21]，对计算机内存要求很高，计算量大。伪谱法大大加快了计算速度，并节省了计算机存储空间[22]，但该方法对边界的处理较难。有限差分法是目前应用最广泛的方法[23]，其方法简单，运行速度快，但难以克服空间离散带来的数值频散问题。高阶差分方法和一阶弹性波交错网格方法的提出与结合，形成了一阶交错网格高阶有限差分方法[24]，与常规有限差分法相比，该方法较好地克服了数值频散问题的影响，因而在弹性介质[25]、黏弹性介质[26]、非均匀介质[27]、各向异性介质[28]、孔隙介质[29]、裂缝—孔隙介质[30]的正演模拟中取得了相对成功的应用，但该方法在处理非均匀性较强的介质时需要对物性参数进行平均或插值，且对自由界面也需要进行单独处理。旋转交错网格技术（Rotated Staggered Grid，RSG）的提出[31, 32]和不断改进[33]，有效改善了常规交错网格方法的不足，未来将在非均质储层的地震正演数值模拟中发挥更大的作用。

上述两类数值模拟方法各有其特点，同时又有着千丝万缕的联系。几何射线法将地震波波动理论简化为射线理论，主要考虑的是地震波传播的运动学特征，缺少地震波的动力学信息，因此计算速度快；波动方程法能够得到地震波场所有信息，但其计算速度比几何射线法要慢。随着地震勘探目标从构造、岩性到非常规储层的发展，勘探目标尺度越来越小，所对应的介质也经历了从层状均匀介质、孔隙介质到各向异性孔隙介质的变化过程，这就要求地震正演模拟在保证计算效率的前提下尽可能得到地震波场的所有动力学信息，因此，只有将波动方程法和几何射线法相结合，才能够更好地解决当前勘探领域面临的各种正、反演问题。

4.3　井控保真宽频资料处理与质控技术

随着勘探领域由构造到非常规油气的转变，地震储层预测对地震资料的要求日益苛刻，主要包括三个方面，一是资料必须满足储层预测技术的前提假设，二是要保证井震一致性，即合成记录与实际资料必须吻合，三是满足各向异性分析需求的宽方位地震资料处理。第一个要求可以归结资料保真性问题，如构造解释的时间保真，基于振幅储层预测的振幅保真，基于频散和衰减方法的频率保真，基于方位各向异性方法的方位保真。因此多目标处理是发展方向。目前，时间信息保真比较容易实现，唯一要注意的是长波长静校正问题。振幅保真是当前最为紧迫的问题，而频率和方位保真还处于探索阶段。第二个要求就是加强钻井信息的约束、辅助和验证作用，即井控地震资料处理。第三个要求是适应各向异性分析和"两宽一高"地震资料采集的发展趋势。因此，井控、保幅、宽频／宽方位地震资料处理是地震储层预测对资料处理的总体要求。

井控地震资料处理理念是20世纪末西方公司提出的，其宗旨是利用井中观测的各种数据提取球面扩散补偿因子、Q因子、反褶积算子、各向异性参数和偏移速度场等参数，用于地面地震资料处理或参数标定，使处理结果与井资料达到最佳匹配。发展到现在，井控地震资料处理的内涵不断扩大，井控处理可以利用井中观测的各种数据，对地面地震处理参数进行标定，对处理结果进行质量控制[34]。

保幅一般都是指相对振幅保持，通常包括以下三个方面。① 垂向振幅保持，是指通过多种处理手段消除地震波在垂直方向上由于球面扩散、地层吸收衰减等原因造成的振幅损失，处理方法主要包括球面扩散补偿、Q补偿、透射补偿等。② 水平方向振幅保持，是指消除地表及近地表结构、采集参数（震源类型、检波器类型、药量、激发井深、设备等）等因素的横向变化造成的地震波在水平方向上的振幅变化，包括炮间能量差异、道间能量差异、叠加剖面的横向能量异常等。这些振幅变化仅与地表观测条件有关，而与地下地质构造和储层及油藏性质无关。处理方法主要包括子波整形、地表一致性振幅补偿、叠前数据规则化、剩余振幅补偿等。③ 炮检距方向的振幅保持，主要是指保持反射振幅随炮检距的变化关系，即AVO关系，这是AVO分析和叠前地震反演的基础。面向复杂岩性地层油气藏和非常规油气的保幅宽频处理，旨在提高地震资料分辨率和振幅保真度，关键处理技术包括组合静校正、表层吸收补偿、保幅去噪、地表一致性处理、井控精细速度建模、黏弹性叠前时间偏移、道集优化以及叠后保幅拓频处理等。其中道集优化处理，包括噪声衰减、道集拉平、剩余振幅补偿、角道集生成、部分叠加分析等。宽频处理是在保幅的前提下适当拓宽频带，提高高频有效信号的信噪比，使高频段有效信息相对增强，达到分辨薄储层的目的。主要方法有：地表一致性反褶积、井控反褶积、空变反Q补偿，以及拓频处理等。

振幅保真质控包括常规质控与保幅质控两个方面。基于控制点、控制线和平面属性的常规质量控制涵盖了预处理、静校正、球面补偿、叠前去噪、地表一致性振幅补偿、反褶积、速度分析、剩余静校正、叠前数据规则化、叠前时间偏移以及道集优化等各个环节，在振幅、频率、相位的相对保持及静校正量、速度场等关键参数合理选取方面都起到了明显的作用，但监控结果仍不能满足储层预测的需求。保幅质控面向地震储层预测的需求，主要包括三方面内容，一是通过多井井震标定，评价叠后振幅保真度；二是通过 AVO 正演和每步处理前后 AVO 特征监控，实现了全过程质量控制、面的质量控制、定量的质量控制[34]；三是通过地质研究成果辅助处理方法、参数和流程的完善，实现处理解释一体化，进一步确保了井震一致性。

对于宽/全方位地震资料，传统的地震资料处理多沿用窄方位角数据的处理思路，如采取分方位处理等方法[35]，未能充分挖掘宽方位采集数据中的方位和炮检距信息。近年来发展了在炮检距向量片（简称 OVT）道集[36]上进行资料处理的方法，以及局部角度域成像方法[37]，为宽方位地震资料处理开辟了一条新的途径。

4.4　地震属性分析技术

地震属性是指那些由地震数据经过数学变换而导出的有关地震波的几何形态、运动学特征、动力学特征和统计学特征的特殊测量值，可以分为沿层属性、剖面属性和体属性。它们是地下岩性、物性和含油气性以及相关物理性质的表征。地震属性分析就是以地震属性为载体从地震资料中提取隐藏的信息，并把这些信息转换成与岩性、物性或油藏参数相关的、可以为地质解释或油藏工程直接服务的信息[38]。其关键步骤有三个，即属性提取、优化和预测。其中属性优化是核心，是提高储层和含油气性预测精度的基础。其目的就是优选出对预测参数最敏感（或最有效、或最有代表性）的、属性个数最少的地震属性组合。主要方法大致有两类：经验法和数学法。经验法就是根据本地区的经验优选出最佳地震属性组合，数学法包括降维映射法（如 K–L 变换）、聚类、交会分析等。预测既可以是含油气性、岩性或岩相预测，也可以是油藏参数估算。前者强调地震属性的聚类与分类功能，主要通过模式识别和神经网络来实现，后者强调地震属性的估算功能，主要方法是函数与神经网络逼近。

领域变化带来了储层预测对属性分析技术需求的变化，推动了地震属性技术的发展，主要展现出以下几种趋势。第一是几何属性被越来越多地用于火山岩、碳酸盐岩、致密砂岩、页岩气储层的裂缝检测，包括倾角、相干、方差和曲率属性等。相干、方差和曲率属性计算都要消除倾角的影响，因此倾角估算是基础。由于消除了时间域中采样间隔的限制，基于频率域倾角估算可以提高倾角估算的精度，进而提高频率域相干、方差和曲率属性计算精度[39]。还有一个方向就是为了增强横向分辨率而提出的断层增强处理，它可以显著提高小断层和裂缝发育带识别的可靠性。第二是针对储层与非储层差异小的问题，地震属性从叠后向叠前、宽/全方位叠前和多分量叠前发展，传统的 AVO、AVOAZ 和转换波 AVO 属性与地震岩石物理和正演模拟结合形成定量地震解释模板技术，指导了储层和流体定量预测[40]。第三是基于全方位/宽方位叠前地震资料的裂缝方位和裂缝密度预测技术得到广泛应用[41]。第四是随着孔隙形态更为复杂，孔隙流体之间以及孔隙与固体之间的相对流动日益受到重视，以波传播导致孔隙流体流动机理为基础，利用频散与衰减属性进行流体检测逐渐流行[42]。

4.5　地震反演技术

反演是根据各种地球物理观测数据推测地球内部的结构、形态及物质成分，定量计算各种相关地球物理参数的过程。油气勘探的诸多问题最终都可归结为弹性动力学反问题，因此弹性动力学反问题研究在油气地震勘探中具有重要意义[3]。地震反演消除了子波的影响，某一深度点储层物理性质只与对应时间点反演结果有关，实现了一一对应的关系，而且反演结果物理意义明确、分辨率高，是地震储层预测的核心技术之一。现今地震反演方法的分类多而繁杂，根据不同的准则，地震反演有不同的分类。从反演的正问题出发，可以分为基于褶积模型、Zeoppritze 方程和波动方程的反演。从数学算法上，既可以分为确定性反演和随机反演，也可以分为线性与非线性反演。从使用数据形式上，可以分为纵波、转换波与多波多分量反演，也可以分为叠后、叠前与宽 / 全方位叠前反演，还可以分为时间域和深度域，以及二维、三维和四维反演。从使用的地震信息上，可以分为时间反演、振幅反演，以及频散与衰减反演等。

　　理论上说，地震反问题一般可以归结为非线性泛函极小问题，这需要解决两个科学问题，一是反演的正问题，二是反问题中的不适定性问题，包括稳定性和多解性问题。在反演的正问题上，传统基于水平层状均匀介质假设推导的反演方程已经很难适应现今勘探领域的需求，主要表现为传统反演方程只能表征弹性参数，限制了对孔隙形态与结构、孔隙流体类型、流体饱和度及其分布等参数的直接反演需求；反演方程没有考虑储层介质的多尺度特征，制约了对地质体精细刻画的能力。解决方法有三种：一是摒弃原有的近似方程，采用更加精确的反演方程，如 Zeoppritze 方程、各向异性方程和波动方程等，或采用新的理论（如地震波散射理论、地震波衰减理论）推导新的反演方程，用于品质因子、衰减和各向异性参数的反演[43]。二是在原有各向同性 / 各向异性反演方程基础上，通过引入岩石物理模型，修改反演方程，形成基于地震岩石物理反演方法，直接反演更多的弹性参数，如杨氏模量和泊松比[44]，甚至是储层物性和含油气性参数，如等效流体体积模量[45]、缝隙流体因子[46]。三是在贝叶斯反演框架下以储层弹性与物性参数的联合后验概率为目标函数，同步反演储层物性参数和弹性参数[47]。

　　对于不适定性问题，随着勘探目标和勘探领域的变化，反演面临如下挑战，一是带限地震数据和已知信息的有限性，导致常规反演方法不适定问题严重，反演结果多解性增加，反演分辨率受到限制；二是构造和储层复杂、横向变化快，先验模型构建困难，反演多解性问题加重；三是非常规油气评价需要反演更多储层参数，如烃源岩、储层和工程品质参数，导致反演结果存在严重的多解性；四是目的层深，信噪比低，强噪声背景下的地震反演的稳定性受到严重挑战。主要对策有：一是在原有方法基础上，增加先验信息来提高反演稳定性，降低多解性，如稀疏约束反演[48]、全变差正则化约束反演[49]、平滑模型约束反演[50]、构造约束多道反演[51]、相控地震反演[10]等；二是提高初始模型构建精度，或者采用不依赖于初始模型的方法提高反演稳定性，减少多解性，如近年来提出将马尔科夫蒙特卡罗方法、混沌反演方法和人工神经网络等全局搜索方法用于改进反演结果对初始模型依赖性等[52]；三是提高反演算法的抗噪性，将常规反演目标函数的高斯噪声假设（最小二乘）修改为能够压制多种类型噪声（高斯噪声和非高斯噪声）的反演方法，如 L1 范数反演算法[53]、Huber 范数反演方法[54]、自适应混合范数和广义极值分布反演方法[55, 56]等。

从应用上说，经过 20 多年的发展，叠后地震反演经历了递推反演、基于模型的反演、地震属性反演、地质统计学反演和随机反演等阶段，已成为非常成熟的技术，分别用于油气勘探开发的不同阶段，但是常规的叠后反演只能提供波阻抗预测结果，对于解决构造和简单的地层岩性油气藏是非常有效、适用的。对于复杂的岩性和非常规油气需要利用更多的参数进行描述，叠前反演应运而生。由于叠前反演充分利用了梯度信息，减少了储层和流体预测的多解性，可以提高岩性、物性和含油气性的预测精度，已成为当前储层预测的核心技术之一。多分量地震由于增加了横波信息，弥补了纵波在中远炮检距能量弱的不足，可以进一步提高地震反演的精度，增强孔隙流体描述的能力。随着"两宽一高"地震采集资料的不断增多，宽/全方位资料处理使方位叠前地震反演和方位裂缝预测成为可能，这为裂缝描述提供了一条新的途径，近年来该技术已在国内外取得了广泛应用[57]。近年来提出的频变 AVO 技术（FAVO），由于考虑到流体引起的频散作用，可以更好地预测储层流体的变化，也逐渐受到重视，并见到了实际应用效果[58, 59]。开发阶段井数量的增多，使地质统计学建模效果和精度得到很大提升，推动了地质统计学反演的应用和发展，这种"软约束"反演充分利用了测井数据的纵向分辨率，极大地提高了储层预测的分辨能力，近年来已在国内外多个工区取得了理想的应用效果[60]。此外，随着计算机技术和人工智能技术的发展，相信未来人工智能和机器学习技术也会逐步应用到地震反演中，用于改进地震反演先验信息的获取，提高初始模型构建精度，简化反演流程，最终实现地震反演的智能化。

5 地震储层预测技术发展建议

随着勘探目标从构造向岩性和非常规油气转变，基于层状均匀介质的储层预测方法已不能满足勘探目标的需求，需要以非均匀、各向异性介质假设为基础，利用叠前、宽/全方位叠前和多分量叠前地震资料，发展基于弹性动力学信息，如基于频率、频散与衰减的储层预测方法，为此，需要做好以下五个方面工作。

一是强化两个基础，即地震岩石物理基础和地震资料基础。地震岩石物理分析的核心是建立整个工区通用的岩石物理模型，相关内容涉及多井空间一致性校正、矿物体积模型优化和频散校正、横波速度预测、敏感因子分析、解释模板建立，以及结合正演模拟的岩石物理可行性评估。高品质的地震资料是保证储层预测结果可靠性的基础，应满足储层预测方法的前提假设和井震一致的要求。资料处理应面向地质目标，要用好井筒地震资料，做好处理过程质控，实现处理解释一体化。要做好地震资料可行性评估，结合岩石物理可行性，对储层预测的可行性进行整体评估，给出明确的评价结果。

二是研发特色技术。从构造、岩性，到非常规油气，储层与非储层差异越来越小，孔隙结构越来越复杂，裂缝越来越发育，储层个性化日益突出，特色技术需求日益迫切。关于储层与非储层差异小的问题，应该从叠后拓展到叠前和多分量叠前，在不断增加信息的前提下，结合岩石物理敏感因子优选和提取来解决，如衰减和频散属性相关的敏感属性提取技术等。

关于孔隙及其结构预测问题，应加强多孔介质岩石物理模型研究和应用的力度，并进一步探索孔隙形态，甚至是渗透率的预测技术，形成先岩性、孔隙度、再孔隙形态、渗透率，最后流体类型和饱和度的预测思路。在这个过程中，也要非常关注频率相关信息的提取和应用。

关于裂缝预测问题，首先应在成因和分布规律研究基础上建立有效的模型，如 VTI、HTI、TTI 模型，并开展针对性的处理和解释。例如高角度缝可以用 HTI 介质来模拟，应该用方位各向异性分析（AVAZ）解决裂缝方向和密度问题。VTI 介质只能用来描述水平缝，目前主要可以通过各向异性偏移参数描述。其次，要开展裂缝 - 多孔介质岩石物理建模和正演模拟，分析裂缝对地震影响特征影响，指导地震解释方法优选。最后，要开展裂缝地震综合预测方法研究。目前裂缝预测方法除了 AVAZ 方法物理基础较可靠外，其他方法本质上都是间接的。即便是 AVAZ 方法，目前也存在很多问题，如不能解决多组裂缝问题，无法克服溶洞的影响等。此外，目前采用的分方位处理也不满足方位保持的需要。因此，多种方法综合裂缝预测应该是近期的出路。对于构造缝，可以通过地应力模拟和构造分析识别几十米大尺度裂缝（断层），通过相干、曲率、"蚂蚁"体等地震属性识别分米—米级（低级序断层）中尺度裂缝，通过各向异性分析方法，如 AVAZ 方法识别厘米级小尺度裂缝。近期提出的离散裂缝网络建模可能是整合大、中、小尺度裂缝的一项可行技术。

三是促进应用配套。随着勘探目标尺度越来越小，储层非均质性越来越强，以地质模式为指导，多学科资料综合，多种方法结合的综合储层预测成为趋势，需要总结发展针对性的配套技术。对于常规岩性油气藏，其难点是砂体薄、纵横向展布复杂、连通性不清、油水关系复杂。当前核心问题是超薄砂体（1～3m）和小断层（3～5m 断距）的识别，以及物性和含油气性检测的精度。为此要提高地震成像处理精度，以地震横向高分辨率弥补纵向分辨率的不足，以地震沉积学为指导建立地层体模型，以此为约束开展高分辨率地震反演与属性分析，预测砂体展布与连通性，并充分利用叠后、叠前和多分量资料提高物性、含油气性的预测精度。

对于火成岩油气藏，其难点是埋藏深、信噪比低、内幕反射弱、边界（断层）和内幕成像难、内部结构不清，严重影响火成岩期次划分、岩体解剖和岩相刻画精度；储集空间类型复杂，非均质性强，储层表征与预测难。主要技术对策有火山岩体精细刻画技术、火山岩储层预测技术、烃类检测技术等。火山岩体精细刻画步骤是：火山口检测定"点"，主要利用频谱分解在纵向上检测典型火山通道，多窗口倾角扫描在平面上确定火山口位置；火山岩相带分析定"形"，利用井约束多属性体划相技术分析火山喷发期次，明确火山单体平面展布范围，刻画火山机构；空间雕刻定"体"，通过三维可视化确定火山岩体。火山岩储层预测技术包括地震响应模式建立、储层敏感参数分析、"体控 + 相控"反演、裂缝识别和预测等技术。烃类检测技术主要是 AVO 属性分析和叠前衰减属性分析等。

对于碳酸盐岩油气藏，储层预测面临的难点是：目的层埋藏深，资料信噪比低；储层类型复杂，非均质性强，预测难度大；油气藏类型多样，流体关系复杂，识别困难。经过多年研究，碳酸盐岩储层预测已经由"相面"向定量化雕刻和流体检测方向发展，形成了以古地貌、沉积模式和成岩作用为指导，利用地震岩石物理分析、AVO 分析、叠前反演进行储层预测，利用叠后属性、叠前各向异性分析和应力场分析进行裂缝预测，最后结合钻井和试油资料进行综合评价和水平井部署设计的技术系列，大幅提高了缝洞型储层描述和预测的精度。其关键是缝洞识别和预测，发展方向是多尺度裂缝综合预测，主要手段是离散裂缝网络（DFN）。

对于非常规油气，其难点是岩性复杂，裂缝发育，与围岩差异小，需要开展三品质预测，预测内容多、难度大，如TOC含量预测、裂缝预测和地应力预测等。其技术对策是以非均匀、各向异性介质理论为指导，以地震岩石物理和保真地震资料处理为基础，以叠前地震属性与反演技术解决储层非均质性问题，如复杂岩性识别、复杂孔隙结构和脆性等预测，以宽/全方位地震属性分析和反演技术解决TOC、裂缝和地应力引起的各向异性问题，以基于频散和衰减的属性解决流体识别和预测问题。由于一些三品质参数，如TOC含量、脆性和地应力与弹性参数的物理关系不明确，很多时候利用基于地质统计学和大数据的方法进行预测，因此预测的质控尤为重要。需要指出的是，由于基于宽/全方位地震资料的储层预测方法大多数还处于研究探索和初步应用阶段，是今后储层预测研究需要加强的一个重要发展方向。

四是储层预测质控。当前储层预测技术众多，流程不规范，且缺乏强有力的质控，导致预测结果因人而异，且差别很大，给决策和部署带来很大困扰，因此储层预测质控体系的建立刻不容缓。该体系至少应该包括三个方面内容：一是基础资料的评估与质控，如测井资料和地震资料等，地震资料评估和质控必须与处理阶段的资料质控形成有机整体，相辅相成，互为补充；二是储层预测过程质控，如层位和断层解释、时深转换关系、构造成图、井震标定、子波提取、地震岩石物理分析、地震反演、地震属性分析和储层综合评价等过程；三是储层预测结果的质控，包括误差分析、平面分布规律分析、风险评估等。要针对不同勘探领域将质控流程与关键技术组合，形成储层地震预测的质控体系和相应的实用软件，使储层预测的基础更牢固，过程更规范，结果更客观，全面提升储层预测技术的应用效果。

最后是多学科一体化。地震储层预测是地震解释的核心工作，在勘探开发整个流程中起到承上启下的作用，它涉及多个学科的资料和技术环节，是一个系统工程。在项目组织和实施过程中应强调四个一体化，即处理要面向解释，做到处理解释一体化；解释要面向地质，做到地质地震一体化；地震要用好测井，做到地震测井一体化；应用要向工程延伸，做到地震—地质—油藏—工程一体化。

6 结论与认识

随着勘探领域由构造向非常规油气快速推进，地震储层预测的目标介质发生了很大变化，具有明显的非均质、各向异性特征，而当前大多数储层预测技术是建立在层状、均匀、各向同性介质的基础上，不能满足勘探领域的需求。其次，随着勘探领域的快速推进，储层与非储层的差异小，对保真处理的要求日益苛刻，但目前保真处理技术仍有待发展，保真处理质控流程还不够完善，这些都使地震储层预测技术的潜力受到限制，预测精度普遍降低。为此，要以连续、非均匀、各向异性介质及其弹性波传播理论为基础，通过强化地震岩石物理分析和资料保真处理两个基础研究，研发基于波动地震学的储层预测技术，形成面向不同勘探目标的地震储层预测配套技术，做好储层预测质控，使地震储层预测更好适应当前勘探领域的需要。

参 考 文 献

［1］赵政璋，赵贤正，王英民. 地震储层预测理论与实践［M］. 北京：科学出版社，2005.

［2］Chopra S. and Marfurt KJ. Evolution of seismic interpretation during the last three decades［J］. The leading Edge，2012，31（6）：654-676.

［3］杨午阳，姚逢昌，印兴耀，等. 地震反演技术回顾与展望［J］. 石油地球物理勘探，2015，50（1）：184-202.

［4］邹才能等. 非常规油气地质［M］. 北京：地质出版社，2011.

［5］邹才能. 岩性地层油气藏［M］. 北京：石油工业出版社，2009.

［6］赵文智，胡素云，等. 我国陆上油气勘探领域变化与启示—过去十余年的亲历与感悟［J］. 中国石油勘探，2013，18（4）：1-10.

［7］杜金虎等. 中国陆相致密油［M］. 北京：石油工业出版社，2016.

［8］Wang Zhijing. Fundamentals of seismic rock physics［J］. Geophysics. 2001，66（2）：398-412.

［9］关达，张卫华，管路平，等. 相控储层预测技术及其在大牛地气田D井区的应用［J］. 石油物探，2006，45（3）：230-233.

［10］张志伟，王春生，林雅平，等. 地震相控非线性随机反演在阿姆河盆地A区块碳酸盐岩储层预测中的应用［J］. 石油地球物理勘探，2011，46（2）：304-310.

［11］Xu S. and Payne M A. Modeling elastic properties in carbonate rocks［J］. The Leading Edge，2009，28（1）：66-74.

［12］董世泰，李向阳. 中国石油物探新技术研究及展望［J］. 石油地球物理勘探，2012，47（6）：1014-1023.

［13］董良国. 地震波数值模拟与反演中的几个关键问题研究［D］. 上海：同济大学，2003.

［14］孙成禹. 地震波理论与方法［M］. 东营：中国石油大学出版社，2007.

［15］吴国忱. 各向异性介质地震波传播与成像［M］. 东营：中国石油大学出版社，2006.

［16］Chapman CH，Shearer PM. Ray tracing in azimuthally anisotropic media-Ⅱ：Quasi-shear wave coupling［J］. Geophysical Journal International，1989，96（1），65-83.

［17］Fuchs K，G Muller. Computation of synthetic seismograms with the reflectivity method and comparison with observations［J］. Geophys. J. R. Astron. Soc，1971，23（4）：417-433.

［18］Booth DC，Crampin S. The anisotropic reflectivity technique：anomalous reflected arrivals from an anisotropic upper mantle［J］. Geophysical Journal International，1983，72（3）：767-782.

［19］Mallick S，Frazer LN. Computation of synthetic seismograms for stratified azimuthally anisotropic media［J］. Journal of Geophysical Research：Solid Earth，1990，95（B6）：8513-8526.

［20］梁锴. TI介质地震波传播特征与正演方法研究［D］. 东营：中国石油大学（华东），2009.

［21］Lysmer J and Drake LA. A finite element method for seismology. Methods in Computational Physics：Advances in Research and Applications［M］. Academic Press，1972，11：181-216.

［22］Kosloff DD，Baysal E. Forward modeling by a Fourier method［J］. Geophysics，1982，47（10）：1402-1412.

［23］孙卫涛. 弹性波动方程的有限差分数值方法［M］. 北京：清华大学出版社，2009.

［24］董良国，马在田，曹景忠，等. 一阶弹性波方程交错网格高阶差分解法［J］. 地球物理学报，2000，43（3）：411-419.

［25］裴正林.三维各向异性介质中弹性波方程交错网格高阶有限差分法数值模拟［J］.石油大学学报（自然科学版），2004，28（5）：23-29.

［26］李军，苏云，李录明.各向异性黏弹性介质波场数值模拟［J］.大庆石油学院学报，2009，33（6）：38-42.

［27］裴正林，牟永光.非均匀介质地震波传播交错网格高阶有限差分法模拟［J］.石油大学学报（自然科学版），2003，27（6）：17-21.

［28］裴正林.三维双相各向异性介质弹性波方程交错网格高阶有限差分法模拟［J］.中国石油大学学报（自然科学版），2006，30（2）：16-20.

［29］王秀明，张海澜，王东.利用高阶交错网格有限差分法模拟地震波在非均匀孔隙介质中的传播［J］.地球物理学报，2003，46（6）：842-849.

［30］孔丽云，王一博，杨慧珠.裂缝诱导TTI双孔隙介质波场传播特征［J］.物理学报，2013，62（13）：555-564.

［31］Saenger E H, Gold N, Shapiro S A. Modeling the propagation of elastic waves using a modified finite-difference grid［J］. Wave Motion，2000，31（1）：77-92.

［32］Saenger EH, Bohlen T. Finite-difference modeling of viscoelastic and anisotropic wave propagation using the rotated staggered grid［J］. Geophysics，2004，69（2）：583-591.

［33］胡自多，贺振华，刘威，等.旋转网格和常规网格混合的时空域声波有限差分正演［J］.地球物理学报，2016，59（10）：3829-3846.

［34］甘利灯，戴晓峰，张昕，等.高含水油田地震油藏描述关键技术［J］.石油勘探与开发，2012，39（3）：365-377.

［35］张保庆，周辉，左黄金，等.宽方位地震资料处理技术及应用效果［J］.石油地球物理勘探，2011，46（3）：396-406.

［36］Li X. An introduction to common offset vector trace gathering［J］. CSEG Recorder，2008，33（9）：28-34.

［37］段鹏飞，程玖兵，陈爱萍，等.TI介质局部角度域高斯束叠前深度偏移成像［J］.地球物理学报，2013，56（12）：4206-4214.

［38］邹才能，张颖.油气勘探开发实用地震新技术［M］.北京：石油工业出版社，2002.

［39］隋京坤.地震不连续特征监测方法研究［D］.北京：中国石油勘探开发研究院，2015.

［40］杨志芳，曹宏，姚逢昌，等.致密碳酸盐岩气藏地震定量描述［A］//中国地球物理学会第二十九届年会会议论文集［C］.2013，731-732.

［41］Roure B, Downton J, Doyen PM, et al. Azimuthal seismic inversion for shale gas reservoir characterization［R］. IPTC，2013，NO. 17034.

［42］Li Xiangyang, Wu Xiaoyang, Mark Chapman. Quantitative estimation of gas saturation by frequency dependent AVO: Numerical physical modeling and field studies［R］. IPTC，2013，NO. 16671.

［43］Moradi S, Innanen AK. Scattering of homogeneous and inhomogeneous seismic waves in low-loss viscoelastic media［J］. Geophysical Journal International，2015，202（3）：1722-1732.

［44］宗兆云，印兴耀，张峰，等.杨氏模量和泊松比反射系数近似方程及叠前地震反演［J］.地球物理学报，2012，55（11）：3786-3794.

［45］邓炜，印兴耀，宗兆云.等效流体体积模量直接反演的流体识别方法［J］.石油地球物理勘探，2017，52（2）：315-325.

［46］陈怀震，印兴耀，高成国，等.基于各向异性岩石物理的缝隙流体因子AVAZ反演［J］.地球物理学报，2014，57（3）：968-978.

［47］Grana D. Bayesian linearized rock-physics inversion［J］. Geophysics，2016，81（6）：625-641.

［48］Sattari H，Gholami A，Siahkoohi HR. Seismic data analysis by adaptive sparse time-frequency decomposition［J］. Geophysics，2013，78（5）：207-217.

［49］Li C，Zhang F. Amplitude-versus-angle inversion based on the L1-norm-based likelihood function and the total variation regularization constraint［J］. Geophysics，2017，82（3）：173-182.

［50］李坤，印兴耀，宗兆云. 利用平滑模型约束的频率域多尺度地震反演［J］. 石油地球物理勘探，2016，51（4）：760-768.

［51］Hamid H，Pidlisecky A. Structurally constrained impedance inversion［J］. Interpretation，2016，4（4）：577-589.

［52］王丽萍. 智能优化算法叠前 AVO 非线性反演研究［D］. 北京：中国地质大学（北京），2015.

［53］Li S，Peng Z. Seismic acoustic impedance inversion with multi-parameter regularization［J］. Journal of Geophysics and Engineering，2017，14（3）：520-532.

［54］Ha T，Chung W，Shin C. Waveform inversion using a back-propagation algorithm and a Huber function norm［J］. Geophysics，2009，74（3）：R15-R24.

［55］刘洋，张家树，胡光岷，等. 叠前三参数非高斯反演方法研究［J］. 地球物理学报，2012，55（1）：269-276.

［56］Zhang J，Lv S，Liu Y，et al. AVO inversion based on generalized extreme value distribution with adaptive parameter estimation［J］. Journal of Applied Geophysics，2013，98（11）：11-20.

［57］Wang Y，Chen S，Li XY. Anisotropic characteristics of mesoscale fractures and applications to wide azimuth 3D P-wave seismic data［J］. Journal of geophysics and engineering，2015，12（3）：448-464.

［58］Wang H，Sun SZ，Wang D，et al. Frequency-dependent velocity prediction theory with implication for better reservoir fluid prediction［J］. The Leading Edge，2012，31（2）：160-166.

［59］李坤，印兴耀，宗兆云. 基于匹配追踪谱分解的时频域 FAVO 流体识别方法［J］. 石油学报，2016，37（6）：777-786.

［60］沈洪涛，郭乃川，秦童，等. 地质统计学反演技术在超薄储层预测中的应用［J］. 地球物理学进展，2017，32（1）：248-253.

文章导读

油藏地球物理

　　尽管不同学者对油藏地球物理技术概念的表述有所不同，但其本质相似，即为油藏评价和生产服务的地球物理技术的总称。主要包括油藏静态描述、油藏动态监测和油藏工程支持技术，以及为这些技术提供支撑的地球物理技术，如测井油藏描述技术、井筒地震技术、岩石物理技术和地震资料处理技术等。可以预见，随着勘探开发的目标从常规油气藏到非常规油气藏延伸，油藏地球物理技术的内涵也将更加丰富，如包含烃源岩特性、脆性、各向异性和地应力的预测，以及压裂过程的监测等。本组收录 2 篇期刊论文，其中 CNKI 高被引论文 1 篇，文章简介如下。

　　"油藏地球物理技术进展"指出油藏地球物理技术是勘探地球物理技术向油田开发和生产领域的延伸，在总结前人定义的基础上，明确了油藏地球物理的定义；回顾了国内外油藏地球物理技术的形成过程和技术现状，对国内油藏地球物理技术及应用进行了介绍和总结，并对今后的发展方向进行了探讨。

　　"中国石油集团油藏地球物理技术现状与发展方向"在回顾油藏地球物理技术发展历程、技术内涵变迁的基础上，从油藏类型和开采方式分析了国内油藏地球物理技术的任务与需求，对照当今世界油藏地球物理技术最新进展，结合国内油藏地球物理技术的发展历程，从岩石物理分析、高精度地震资料处理、地震资料定量解释、井筒地震、多波多分量地震、时移地震、井震藏联合动态分析、微地震监测和应力场模拟等 9 个方面分析了中国石油天然气集团有限公司的技术现状与面临的挑战，指出了技术发展方向，提出了技术发展建议。同时，也认识到，油藏地球物理技术并非勘探地球物理技术的简单延伸，二者在井震资料作用上有本质区别，勘探地球物理技术以地震资料为主，井资料为辅；而油藏地球物理技术以井资料为主，地震资料为辅。井震资料作用的不同决定了技术的差异。本文入选 CNKI 高被引论文。

油藏地球物理技术进展

王喜双，甘利灯，易维启，张明，汪恩华

1 引言

随着油气藏勘探开发的不断深入，油藏地球物理技术不断向油气田开发领域延伸，使得该技术已经成为油气田开发与生产的一个重要技术手段。油藏地球物理技术因油气田开发与开采的需要而兴起，以美国为首的西方国家对其进行了较长时间的探索研究。1977年，美国能源部资助斯坦福大学开展油藏地球物理基础研究；20世纪80年代，SEG专门成立了开发与开采委员会，每年召开专题研讨会，推动油藏地球物理技术的发展；进入90年代，油藏地球物理技术得到了长足的进步，发展至今油藏地球物理技术已经涉及岩石物理、油藏建模、油藏描述、油藏管理、油藏监测、油藏开发及经济评价等诸多方面，已在世界范围内得到广泛应用并不断带来巨大的经济效益。

油藏地球物理技术的概念与内涵也随着技术的发展与应用不断趋于完善。孟尔盛指出"油藏地球物理也称开发与开采地球物理，其内涵包括油藏描述与油藏管理[1]。"Sheriff将它定义为"利用地球物理方法帮助油藏圈定和描述，或在油藏开采过程中监测油藏变化[2]。" Pennington提出"油藏地球物理可以定义为地球物理技术在已知油藏中的应用，依据应用顺序，进一步将油藏地球物理分为'开发'和'开采'地球物理，前者用于油气田的初次有效开发，后者用于油田开采过程的理解[3]。"在总结了前人定义的基础上，根据油藏地球物理在油气田开发中的内容与目标，可将其定义为：在充分利用已知油藏构造、储层和流体等信息的基础上，开展有针对性的地震资料采集、处理和解释研究，全面提高油藏构造成像、储层预测和油气水判识的精度，为油藏三维精细建模、调整井位部署、剩余油分布预测服务，最终实现油气田高效开发的目标。油藏地球物理与勘探地球物理的最大区别在于油藏地球物理是用于已探明的油气藏，工区内至少有一口井及其相关资料，服务对象是油藏的开发与生产。

油气田从勘探到生产大体可分为四个阶段，包括：资源预探、油藏评价、产能建设及油气生产（后三个阶段在国外合并成开发和生产两个阶段）。油藏地球物理则贯穿于油气藏开发和开采两个阶段。在开发阶段，油藏地球物理的主要任务是建立三维概念模型和三维静态模型，包括精细构造形态、储层横向变化、油气分布范围等，目的是探明资源，优化井位。在开采阶段，油藏地球物理的主要任务是开展动态油藏描述研究，不断深化对油藏的认识，建立三维动态油藏模型，为剩余油分布预测、开发措施调整提供地质依据，目

原文收录于《石油地球物理勘探》，2006，41（5）：606-613。

的是发现剩余资源，实现高效开采。由此可以看出，油藏地球物理的研究目标更加明确，地震资料采集、处理和解释的方法更有针对性。其特点是精度要求高，基本单元小，与动态结合紧密，可验证性强，数据量大，数字化程度高。

在国外油藏地球物理技术进步的带动下，国内油藏地球物理技术也不断获得了发展。1989 年原石油部在勘探开发科学研究院成立了地震横向预测研究中心，经过多年努力，形成了以地震反演、AVO、地震属性分析等技术为手段，地震、地质、钻井、油藏工程等多学科综合研究为特色的储层地球物理技术系列，迈出了我国油藏地球物理研究的第一步。随后在 50 多个油藏进行了实际应用，取得了显著的社会、经济效益，在石油行业起到了导向、示范的积极作用。1996 年我国出版了第一部系统论述油藏地球物理方法的专著《油气田开发地震技术》。近十年来，我国的油藏地球物理研究取得了长足的发展，在复杂油藏精细描述方面取得了明显进步，形成了以大庆油田为代表的多层砂岩油藏精细描述技术，以大港油田、冀东油田为代表的复杂断块油藏精细描述技术，以及以吉林油田为代表的低渗裂缝油藏精细描述技术。同时，在多波地震、井筒地震和四维地震等方面也有了一定的技术积累，为油藏地球物理技术的进一步推广应用奠定了良好的基础。

2　国内外技术现状

油气藏开发与开采为地球物理技术开辟了一个广阔天地。与勘探地球物理技术相比，油藏地球物理技术对纵、横向分辨率要求更高，对流体的可预测性要求更强。为满足这些要求，油藏地球物理发展了一些对应的技术，包括从资料采集开始的特色技术，如高精度三维地震技术，井筒地震技术，多波多分量地震技术和四维地震技术；基于常规地震资料的精细油藏描述技术，如精细地震资料处理，叠后与叠前地震属性和地震反演，油藏建模与油藏数值模拟等技术。

三维地震是油藏地球物理的基本观测方式。随着岩性勘探的不断深入，人们对地震的精度和纵横向分辨率要求越来越高，促进了高精度三维地震技术的发展。高精三维地震技术，WesternGeco 称为"Q-land 技术"，PGS 称为 HD3D 技术。其特点是单位面积内检波点、炮点有足够密度，记录的波场连续、不失真，为后续的处理提供了更多的选择，为叠前地震属性分析和反演提供了资料保障，它可以提高数据的分辨率和保真度，提高对小断层、岩性尖灭等识别的可靠性。目前，国外三维地震面元现已达到 12.5m×12.5m，PGS 在泰国海湾获得的地震剖面主频高达 150Hz。此外，数字检波器和 24 位地震仪出现，进一步推动了高精度三维地震技术的发展。与此同时，高精度三维地震技术在我国也进行了一些试验，取得了非常好的效果，如吉林扶余油田通过高精度三维地震技术使得地震资料品质大幅提升，带动了老油田扩边的巨大成功；长庆苏里格气田高精度数字检波器采集使处理后的道集资料得到质的飞跃，为叠前地震资料潜力的挖潜奠定了基础。因此，高精度三维是油藏地球物理技术的基础。与国外高精度三维地震相比，国内高精度三维地震面元偏大，仍以 25m×25m 为主，有待进一步提高。

井筒地震是将地震接收系统和 / 或激发系统放到井中进行采集，得到井下或者井地联合地震数据的一类地震技术。从采集的方式来看，井筒地震可分为井间地震、各种 VSP、单井地震、随钻地震和微地震等。由于激发系统和 / 或接收系统可以尽可能接近地质目标体，同时可以避免了地面干扰和近地表低降速带的影响，因此井筒地震可得到高信噪比和高分辨率的地震数据。如井间地震的分辨率比地面地震高一个数量级，能够精细刻画两井之间的储层变化，这是井间地震技术普遍得到开发界认可的重要原因。但值得注意的是，油藏地球物理技术并非只是井间地震。目前，作为一类特色技术，井间地震和各种VSP 技术在国外都已进入商业化应用阶段，而随钻地震和微地震技术仍处于试验应用阶段。VSP 技术即使在国内也已成功地用于开发领域。例如辽河油田利用 VSP 资料与地面地震资料相结合准确预测了潜山顶面，误差仅 5m；长庆油田、新疆油田、大庆油田、吉林油田、塔里木及四川等油田利用 VSP 资料对重点探区的地震剖面进行了速度校正和层位标定，取得了良好效果。大庆和辽河油田通过三维 VSP 试验，获得了高分辨率的地震资料，刻画了井周边的断层和地层的分布，为油气藏滚动开发奠定了基础。2004 年还在长庆苏里格地区开展了 3C 三维 VSP 试验，进一步拓宽了人们对三维 VSP 的认识。通过技术引进和联合开发，东方地球物理公司基本上形成了三维 VSP 资料的处理体系。此外，国内仍以二维 VSP 为主。国内从 20 世纪 90 年代中后期开始利用国外设备在辽河、胜利、江汉、中原、吐哈及大庆等油田进行井间地震采集、处理和解释试验，取得了阶段性的成果，所获井间资料能比较精细地刻画井间地质细节。在引进、吸收和消化国外技术的同时，也开始了自主研发，如西安石油仪器厂和勘探院进行了井间地震激发和接收设备的研制，东方地球物理公司等单位开展了井间资料处理和解释方法研究，并在吉林油田野外试验和室内处理与解释中见到初步效果，初步形成了股份公司井间地震技术系列。

多波多分量地震技术在石油工业中的应用始于 20 世纪 70 年代横波地震勘探，由于接收到的纯横波频率偏低、费用高，而未能取得预期效果，从 70 年代后期到 80 年代中期，人们对利用纵、横波资料联合提取岩性信息和识别真假亮点的兴趣，以及对由各向异性导致的横波分裂现象的关注，导致了多波研究第二次浪潮。90 年代中后期，海上纵波激发、三分量或四分量接收的转换波技术，使多波勘探进入了第三次发展高潮，并从方法研究开始转入工业化应用阶段。目前，随着海上多波多分量地震采集成本的不断下降，国外越来越多的已知油田采用多波多分量地震技术，并实现了采集、处理和解释的商业化应用。

海上多分量技术的应用主要有两个方面，一是成像，占 60%；二是岩性与流体识别，约占 40%。前者主要包括提高由于气烟囱或泄漏气造成的成像杂乱区的成像效果，盐岩或玄武岩底成像；透明油藏（纵波波阻抗差小，但横波波阻抗差大）成像以及多次波消除等。后者包括岩性识别，如碳酸岩与碎屑岩、泥岩与砂岩的识别，流体识别，饱和度成像，油水边界确定，各向异性与裂缝预测等。我国多波多分量地震技术的发展历程与国外基本相似，即先横波勘探，后转换波勘探。令人欣慰的是经过多年的努力，最近我国在转换波采集上取得了可喜的进展，目前大多数采集结果表明，可以得到目的层深度的转换波资料，为转换波资料处理与解释奠定了基础。在理论和方法研究，特别是各向异性介质的正演模拟和资料处理方法研究方面，石油大学（北京）、同济大学、成都理工大学、东方地球物理公司都取得了许多重要科研成果，初步形成了多波多分量地震资料处理和解释技术系列。近几年，随着对岩性油气藏认识的不断深入和生产需求的不断增加，特别是多分量数字检波器的出现，多波多分量地震勘探技术在石油行业引起了广泛重视。长庆油田在鄂尔多斯盆地苏里格气田，西南油气田在四川盆地川中、川西北矿区，大庆油田在松辽盆地徐家气田，以及胜利油田等先后开展了二维三分量或三维三分量的工业化试生产，并在实际生产中取得了初步应用效果。与国外多波多分量地震技术相比，国内在岩石物理机理研究、转换波叠前偏移、转换波解释等方面存在较大差距，使得应用效果不够突出，影响技术的推广和应用。

四维地震（又称时移地震）是在油藏生产过程中，在同一位置利用不同时间重复采集的、经过互均化处理的、具有可重复性的三维地震数据体，应用时间差分技术，综合岩石物理学和油藏工程等多学科资料，监测油藏变化，进行油藏管理的一种技术，是老油田增加可采储量和提高采收率的重要手段[4]。四维地震是当今世界上正在迅速发展的一项油藏监测新技术，在国外已初步进入商业应用阶段，至少在北海地区已成为一种提高采收率的重要手段。四维地震研究与应用的主要领域也从早期的蒸汽驱向水驱转移，油水体系已成为四维地震的研究重点。水驱四维地震的成功实例有北海的 Foinhavn 油田、Draugen 油田、Gannet-C 油田和尼日利亚的 Meren 油田。在 Meren 油田，四维地震投资仅占通过四维地震找到剩余油价值的 1%。可见，其经济效益是非常高的。2001 年出现的"仪器化油田"（Instrumented Oil Fields- 雪佛龙）或"电子化油田"（Electric Oilfield- 阿莫科）标志着四维地震技术的新进展，尽管名词不同，但都包含两层含义：（1）在地表、近地表和井中永久布置检波器不断进行地震监测，用于大尺度流体动态成像；（2）在注入井与生产井中永久布置仪器不断监测温度、压力与饱和度等的变化，用于刻画井附近小尺度流体动态；二者结合可以提供几乎是实时的储层流体流动现状，进行优化开采。现在北海的 Foinaven 油田与墨西哥湾的 Teal South 油田都已铺设了永久海底地震检波器，实现了实时采集、实时监测的尝试。预计该项技术可以在 5～10 年内达到商业化阶段。

国内四维地震研究起步较晚，目前有针对性的四维地震采集在国内尚未见报道，但为了强化采油而进行的多次采集则有一些例子，如新疆、二连、辽河、胜利等油田的应用。胜利油田于 1988 年首次在单家寺地区进行了蒸汽吞吐与蒸汽驱稠油热采地震监测试验。在新疆红 1-1 先导区进行的采集试验结果也令人满意，在注气井附近观察到了速度降低、振幅及波形变化、时滞现象。近年为了提高东部地区地震资料的品质，开展了大量二次三维地震采集，目前，渤海湾地区二次三维采集面积已占 18%。如果两次采集的地震资料品质都比较好，就可以开展四维地震研究，如冀东油田的上第三系。中国石油勘探开发研究院地球物理研究所在深入剖析长期水驱过程引起的各种油藏参数变化规律以及这些参数变化对地震响应影响的基础上，以渤海湾地区高孔中高渗油藏的岩石物理数据为依据，结合冀东二次三维地震采集资料，从可行性研究、叠前和叠后互均化处理以及动态油藏描述等方面对水驱四维地震技术进行了系统的研究，取得了许多重要成果，初步形成了配套技术，并在高 29 断块、高 104-5 和柳 102 油藏中进行了应用，初步实现了工业生产能力。新疆油田通过与东方地球物理公司和其他公司合作，利用二次采集的地震资料开展了稠油油藏四维地震监测，利用监测结果改变了注采方式，收到比较明显的地质效果。可见，在新资料静态油藏描述的基础上，如何用好老资料，达到动态油藏描述的目的是今后国内四维地震发展的方向。

反演是利用地震资料预测储层参数最常见的方法，也是油藏地球物理的核心技术，主要可分为叠后反演和叠前反演两类方法。传统叠后地震反演以褶积模型为数学基础，以叠加资料为输入，只能得到纵波阻抗的信息，在提供纵波速度和密度关系的前提下，可以得到纵波速度和密度资料。按测井资料在地震反演中所起作用大小又可分成三类：地震直接反演、测井控制下的地震反演、井震联合反演。从实现方法上有道积分、递推反演和基于模型反演三类。地震反演得到的波阻抗信息可以直观地反映岩性，而且在反演过程中常常以测井资料为约束，可以提高分辨率，因此，此法在地震油藏描述中得到了广泛的应用，但随着储层越来越复杂，单纯利用纵波阻抗进行油气藏描述显得力不从心，人们希望从叠后地震资料中提取多种参数，为此提出了地震特征反演，即通过地质统计和神经网络方法将地震振幅及其属性与测井参数联系起来并求解测井参数的过程。这种方法可以提供多参数反演结果，但物理基础不够扎实。由道积分到基于模型反演、特征反演，它们对井资料的依附程度不断增加，但分辨率也不断提高，所提供的信息也不断增加，分别用于油气勘探开发的不同阶段[5]。叠前反演主要利用反射振幅随炮检距变化信息反演岩石的纵横波速度、密度以及其他弹性参数。叠前反演又分为基于波动方程的全波形反演、基于Zoeppritz方程的AVO反演和弹性阻抗反演。基于波动方程反演精度高，可以反演各种弹性参数，但效率低，目前仍处于试验研究阶段；AVO反演简单、高效、可操作性强，它又可分为两参数反演和三参数反演，其原理是分别利用两项或三项Zoeppritz方程近似公式对叠前道集进行拟合，而获得两项或三项近似公式的系数。通常这些系数是以反射系数的方式给出的，如纵波速度反射系数、横波速度反射系数、纵波阻抗反射系数、横波阻抗反射系数、泊松比反射系数、拉梅系数反射系数、剪切模量反射系数、密度反射系数以及其他弹性参数的反射系数，通过对这些反射系数的积分便可以得到相应的弹性参数。有了这些弹性参数就可以求其他的弹性参数或复合弹性参数。目前使用最广的是利用两项AVO反演求纵横波阻抗，然后利用纵、横波阻抗求拉梅系数与密度的乘积（Lamda-Rho）和剪切模量与密度的乘积（Mu-Rho），即LRM方法。弹性阻抗反演方法与传统的波阻抗反演相同，只是用不同入射角叠加数据及其对应的子波代替传统的叠加数据及其对应的子波，可以获得不同入射角的反演结果，扩展了地震反演解决地质问题的能力。目前国外主要应用叠前反演，尤其是在油藏开发与开采阶段，国内仍以叠后反演为主。最近中石油在塔里木、四川和冀东油田开展了叠前地震反演技术攻关研究，以期形成基于叠前地震资料的精细油藏描述技术。

油藏地质模型是地震油藏描述的最终结果，油藏建模是以三维数据体的形式定量表征构造、储层和流体分布特征，为油藏数值模拟和油藏工程、采油工艺等研究工作服务。地质模型一般包括构造模型、砂体骨架模型、物性参数模型及流体分布模型等。近年来，新疆、大港油田分公司在很多油田开展了高水平的地质建模工作，如港东、港西、港中、王官屯、小集、王徐庄、枣园油田、周清庄油田、陆梁油田、百重7油田以及克拉玛依油田的四、六、九区等，推动了地质建模的进步，主要表现在：（1）建模范围不断扩大，几乎遍及每个油藏；（2）地质模型的更新频率越来越快，主力油田的模型几乎每年都在更新；（3）强调多学科资料综合利用，所建地质模型基础更扎实，与实际情况更接近；（4）网格粗化技术发展迅速，地质建模与数模的衔接更紧密、合理；（5）建模方法日益丰富，新方法，如布尔模型、截断高斯域、指示模拟、马尔科夫随机域等随机模拟方法得到越来越广泛的应用。

油藏数值模拟综合应用地震、测井、地质、岩心分析的成果，在地质模型的基础上，根据渗流力学原理，定量模拟地下油气水三相的流动，解释流动机理，表征剩余油分布，并对未来的开发效果进行预测。近年来，油藏数值模拟的应用范围明显扩大，模拟的目的由新油田概念设计和开发方案编制扩展到老油田剩余油挖潜和调整方案设计；模拟的对象由常规油气藏扩展到凝析气藏、挥发油藏、稠油油藏和煤成气藏；模拟的储层类型由砂岩扩展到碳酸岩盐、火成岩等其他岩性；模拟的开采方式由枯竭式开采、水驱扩展到聚驱、注入凝胶、碱水驱、表面活性剂驱、化学驱、三元复合驱、蒸汽吞吐、蒸汽驱、重力驱、油层火烧、泡沫油开采、电流加热开采等。通过这些应用也推动了油藏数值模拟技术的进步，如微机集群和网格技术的应用，以及油藏数值模拟与四维地震技术的结合等。

3 应用实例

近年来，中国石油天然气集团有限公司油藏地球物理技术发展迅速，收到了显著的应用效果，形成了高精度三维地震技术和精细油藏描述技术，以及以井筒地震、多波地震和四维地震为主的前缘地震技术系列，其主要应用实例如下。

3.1 高精度三维地震技术

吉林扶余油田发现于 1959 年，目的层埋深 280~500m，1970—1990 年产量在 100×10^4t 以上，2000 年以后产量下降到 50×10^4t 左右，且含水率高，油田的发展面临严峻的挑战。到 2003 年底，针对扶余油田产量持续下降的困境，油田公司在松原市区部署二百多平方千米三维地震的勘探工作量。通过针对城市市区的高精度三维地震采集技术，使地震资料品质得到显著提高（图1），对构造及油藏的评价获得了全新认识，取得了重要的地质成果：（1）为探明杨大城子油层提供了可靠依据，落实探明储量 2000 多万吨，新增含油面积 14.9km²；（2）为扶余油层的外围滚动勘探指明了方向，新增含油面积 28km²，预计可探明储量 3000×10^4t，现已部署评价井 25 口，完钻 17 口，有 16 口井见到油层；（3）为深层天然气勘探准备了目标。

大庆油田目的层主要为大型陆相河流—三角洲沉积，在构造上具有地层平缓、构造幅度小、断层发育、断距小的特征；储油层具有薄互层、非均质和单层厚度薄的特点[6]。随着大庆油田开发进入高含水后期，在新的油田开发形势下，为满足砂泥岩薄互层地质条件下油田开发的需要，自 2001 年以来的 4 年时间，在开发区域共完成 17 个区块的勘探工作，总面积近 1000km²。其中，二维地震 11 个区块，测线长度合计 3000km 以上；三维地震 6 个区块，总面积为 200km² 以上。共部署开发井 1000 多口，钻井成功率达到 95% 以上，动用面积 100km^2，动用储量 3000×10^{4}t 以上，设计产能 80×10^{4}t 以上，为外围油田的增储上产作出了重要贡献。

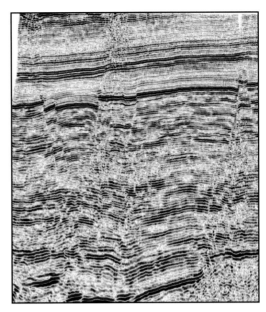

a. 老资料　　　　　　　　　　　　　　　b. 新资料

图 1　扶余油田新老资料对比

3.2　井筒地震技术

辽河油田锦 612 复杂断块油藏主力储层为下第三系沙河街组浊积岩，储层厚度变化大，分布不稳定，纵、横向非均质性都很强。常规地面地震方法难以精确落实井旁精细构造和预测储层横向变化。针对这些问题，2001 年辽河油田采用三维 VSP 技术明显提高了三维地震资料的分辨率，利用三维 VSP 与地面地震相结合准确地落实了锦 612 断块北部、西部断层的位置，查清了储层在北部、西北部方向上的分布特征，为锦 612 断块油田扩边挖潜提供了重要的依据。以此结果为依据部署的 6 口开发井，实施后获得平均 30t/d 的自喷产量。

大庆油田杏 69 井区主要产油层是葡萄花层和扶余层、杨大城子层。葡萄花层开采中遇到的主要问题是砂岩储层中含有泥岩夹层，对于砂岩中泥岩夹层的分布及泥岩夹层是否堵塞油气运移通道情况不明。扶余层和杨大城子层遇到的主要问题是储层中的小层分辨不清，储层中的含油气情况也不清楚。针对这些问题，2004 年大庆油田在此井区进行了井间地震实验，通过井间地震资料比较精细地刻画了井间砂体分布，取得了良好的地质效果，为利用井间地震技术解决薄砂体连通性问题提供了重要思路。

为了探讨井间地震技术在开发与开采阶段的应用效果和前景，2003 年在辽河欢 2-6-17 井区开展了井间地震试验研究工作，并获得比较满意的效果。井间地震原始数据记录主频达到了 250Hz，频带范围为 120~350Hz，分辨率达到了 3m，比较精细地刻画了井间地层结构和储层的横向变化。通过与地面地震资料的结合，对主力储层兴Ⅲ$_{10}$砂体的空间展布进行了预测，为水平井轨迹设计提供了依据。钻探结果表明，水平井油层钻遇率达77.7%，取得了很好的地质效果。

2004年大庆油田在徐家围子进行的随钻地震技术试验研究，通过对下行反射和上行反射分别处理，获得的地震剖面能比较精细的刻画井周边地层的展布，其地震频带比该地区地面地震频带有明显的拓宽，高频达到了140Hz（图2）。通过与合成记录的对比，证实了资料是可靠性，展示了随钻地震在提高井周边地震资料分辨率的潜力。

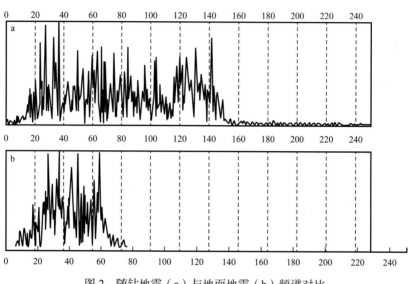

图2　随钻地震（a）与地面地震（b）频谱对比

3.3　多波多分量地震技术

鄂尔多斯盆地苏里格气藏属于大面积分布的低孔、低渗、低压、低含气饱和度气藏，主要储层为上古生界河流相叠合砂体[7]，含气层单层厚度薄，产量低。如何有效预测含气富集区，提高钻探成功率是气田开发的关键问题。自2003年开始，中石油集团公司在苏里格地区进行了三分量二维、三分量三维多波地震的试验。

运用3C-2D成果，综合预测了苏6-苏16井区存在9个I类有利的含气富集区，同时提供了9口建议井位，已完钻的4口井多波钻前预测成果与实际钻探结果一致，其中苏40-10井获得了日产$50 \times 10^4 m^3$的高产工业气流。在三分量三维工区，利用资料信息种类多、信息量大、地质内涵丰富的优势，综合评价出I、II类含气有利及较有利区块9个，面积90多平方公里，优选建议井位18口。这些成果为下一步开发方案的设计及开发井位的部署提供了依据。

3.4　四维地震技术

2002—2005年，中石油股份公司结合冀东油区二次三维采集的地震资料，在高29断块、高104-5和柳102油藏系统地开展了四维地震应用研究，取得了许多重要成果：在叠前和叠后互均化处理上，提出了适合我国陆上四维地震资料处理的思路和准则，建立了相应的处理流程，形成了工业化处理能力，获得了与可行性研究成果相一致的处理结果。

实际资料处理结果表明，经过叠前互均化处理基本上可以消除时移地震采集差异的影响。可行性研究与实例研究成果表明，对于长期实施人工水驱开采的油藏，由于水驱过程造成物性变化以及注水压力变化都会导致地震速度降低，可达 16%～18%，此时可以直接利用互均化后的叠后地震振幅差异监测水驱前沿（图 3）；但是对于天然开采油藏，由于开采过程中物性和压力基本不变，整个开采过程引起的地震速度变化很小，利用叠后地震振幅差异无法刻画油藏的变化，必须利用叠前和多波地震信息才能突出油藏的变化（图 4）。通过四维地震技术的应用，圈定了油水边界，预测了剩余油分布，根据这些应用成果新钻调整井 13 口，新增产值 5800 多万元。

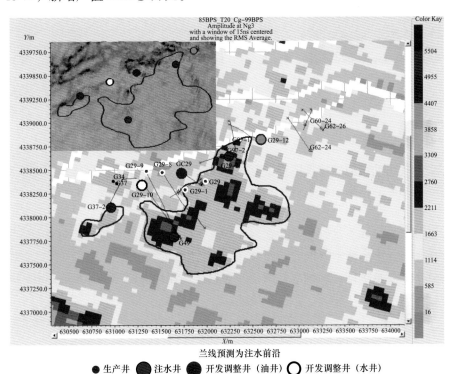

兰线预测为注水前沿

● 生产井　　■ 注水井　　⬤ 开发调整井（油井）　　○ 开发调整井（水井）

图 3　高 29 断块目的层段附近差异数据体 RMS 振幅平面分布图

蓝线预测为注水前沿

3.5　精细油藏描述技术

2005 年大港油田分公司在王官屯下降盘、板中南、周清庄、风化店、马东、唐家河、乌马营等 9 个油田展开精细油藏描述工作，描述含油面积 100 多平方千米。三维地震解释面积 800 多平方千米，测线解释密度为 50m×50m，重点区块达 12.5m×12.5m。对各个开发区块进行层位标定，完成合成记录 124 口井，三、四级断层增加 194 条，减少 85 条，有 340 口井断点发生了变化，完成全区 18 层油组构造图，初步确定了 9 个有利钻探目标，并在此基础上完成 551 层微构造图。

通过老油田精细油藏描述研究工作，于 2005 年先后共提交井位 40 口，油井 35 口，水井 5 口，钻井成功率 100%，累计生产原油 4 万余吨。

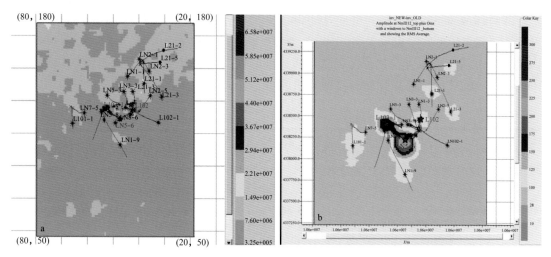

图 4　柳 102 油藏阻抗的差异（b）比振幅差异（a）更好地反映油藏的变化

4　结论

近年来，我国油藏地球物理取得了巨大进步，如大庆油田的多层薄互层、大港和冀东油田复杂断块形成的精细油藏描述技术等，然而与国外相比仍有较大的差距，主要表现在以下几个方面：

（1）基础研究投入不足，尤其是在岩石物理基础和新理论与新方法研究等方面，方法的针对性还不强，影响技术效果的发挥。

（2）技术缺乏系统性，如叠前反演、井间资料处理和解释、多分量资料处理和解释以及四维地震与油藏数值模拟的一体化解释等。

（3）对横波测井资料的作用认识不足，资料少，应用不充分，制约地震前缘技术的发展。

（4）开采地球物理发展慢，近年来，开发地球物理取得了巨大进步，形成了特色技术，但在开采地球物理的研究和应用上还有较大差距，尤其是技术的引导作用有待加强。

为此，我们应加强对油藏地球物理重要性的认识，不断完善技术系列，提高我国油藏地球物理技术水平。具体做法包括：推广适用技术，如精细油藏描述技术；攻关瓶颈技术，如叠前地震反演技术；强化前缘技术，如井筒地震技术、多波多分量地震技术、四维地震和微地震等技术的研究力度。同时，需要深化对油藏地球物理有效性的认识，包括适用性、局限性以及技术可行性和经济有效性等。

总之，为适应地球物理技术的发展趋势，我国地球物理工作者应紧紧抓住这种机遇，克服以上差距，奋起直追，进一步发展具有中国特色的油藏地球物理技术，为中国石油的开发生产提供重要的技术保障。

参 考 文 献

［1］孟尔盛，等 . 开发地震［M］. 北京，1999.

［2］Robert E. Sheriff. Encyclopedic Dictionary of Applied Geophysics［M］，2002.

［3］WAYNE D. Pennington. The Rapid Rise of Reservoir Geophysics［J］. The Leading Edge 24，S86（2005）.

［4］甘利灯，姚逢昌，等．水驱四维地震技术［J］.勘探地球物理进展，2003，26（1）：54-60.

［5］姚逢昌，甘利灯．地震反演的应用与限制［J］.石油勘探与发，2000，27（2）：53-56.

［6］唐建仁，崔凤林．高分辨率三维地震技术在油田开发中的应用［J］.石油物探，2000，39（1）：50-56.

［7］曾忠，阎世信．苏里格气田地震预测技术效果分析及对策［J］.石油勘探与开发，2003，30（6）：63-67.

中国石油集团油藏地球物理技术现状与发展方向

甘利灯，黄旭日，陈小宏，李凌高

1 引言

在过去一个多世纪的油气勘探和开发历程中，地球物理技术经历了构造油气藏勘探、地层岩性油气藏勘探和油藏地球物理三个发展阶段，其研究任务由构造成像与岩性预测发展为储层孔渗特征描述、油藏流体场的静态描述和动态监测等。当前，油藏地球物理技术正不断向油气田开发和工程领域延伸，已成为发现剩余油气和提高采收率的重要技术手段。

油藏地球物理技术因油气田开发与开采的需求而兴起。1977 年，受美国能源部的资助，Nur 在斯坦福大学成立了岩石物理研究小组，开展提高采收率（EOR）过程地震监测的岩石物理基础研究，后来向井筒地球物理拓展，并于 1986 年创立了 SRB（斯坦福岩石物理和井筒地球物理）研究组，为将地球物理信息与油藏参数相联系做出了巨大贡献，也为油藏地球物理技术奠定了基础。1982 年麻省理工学院的 Toksöz 成立了地球资源实验室，随后分别设立了由 Arthur 领导的全波形声波测井研究小组和由 Roger 领导的油藏描述小组，从事井筒地球物理技术评价、研究和开发。同年 8 月 Geophysics 杂志首次报道了法国 CGG 公司用于增加石油产量的油藏地球物理技术。1984 年美国 SEG 协会成立了开发和开采委员会，负责加强地球物理学家、开发地质学家和油藏工程师们之间的联系。1985 年 Tom 在科罗拉多矿业学院组建了油藏描述项目（RCP）组，研究多分量和时移地震技术，及其在油藏动静态描述中的应用。1986 年 SEG 年会首次召开了以油藏地球物理为主题的专题研讨会；1987 年，SEG 和 SPE 联合举办了油藏地球物理的研讨会，White 和 Sengbush 合著出版了《开采地球物理学》（Production Seismology）。此后，油藏地球物理一直是地球物理研究的热点，SEG 每年至少都要举行两次专题讨论会，世界各大石油公司、院校和研究机构也不断加大研究力度。1992 年以后，The Leading Edge 杂志每年刊发 1～2 期专辑以发表 SEG 油藏地球物理专题讨论会的论文，到了 2004 年，该专题因文章太多而转为更细分的专题。伴随计算机特别是高速工作站的飞速发展，油藏地球物理技术得到了长足进步，特别是在地震属性分析、储层预测、油藏表征、油藏监测、裂缝性储层描述等方面，已在世界范围内得到广泛应用并不断带来巨大经济效益。进入 21 世纪，随着叠

原文收录于《石油地球物理勘探》，2014，49（3）：611-626；该文章入选 CNKI 高被引论文。

前地震反演、多波多分量、时移地震技术的进步，地震技术已贯穿油气勘探开发全过程，如今以地震技术为主导的油藏多学科一体化技术已成为一种发展趋势。2010年SEG出版了Johnston[1]主编的《油藏地球物理方法和应用》（Methods and Applications in Reservoir Geophysics）论文集，从支撑技术、油藏管理、勘探评价、开发地球物理、生产地球物理和未来发展方向六个方面进行了系统回顾与总结，基本反映了当今油藏地球物理的最新进展。

油藏地球物理技术的概念与内涵也随着技术的发展与应用不断趋于完善。孟尔盛等[2]指出，"油藏地球物理也称开发与开采地球物理，其内涵包括油藏描述与油藏管理"。刘雯林给出了具体定义：开发地震是在勘探地震的基础上，充分利用针对油藏的观测方法和信息处理技术，紧密结合钻井、测井、岩石物理、油田地质和油藏工程等多学科资料，在油气田开发和开采过程中，对油藏特征进行横向预测，做出完整描述和进行动态监测的一门新兴学科[2]。Sheriff[3]将它定义为"利用地球物理方法帮助油藏圈定和描述，或在油藏开采过程中监测油藏变化"。Pennington[4]提出"油藏地球物理可以定义为地球物理技术在已知油藏中的应用，依据应用顺序，进一步将油藏地球物理分为'开发'和'开采'地球物理，前者用于油气田的初次有效开发，后者用于油田开采过程的理解"。王喜双等[5]在总结前人定义的基础上，将油藏地球物理技术定义为："在充分利用已知油藏构造、储层和流体等信息的基础上，开展有针对性的地震资料采集、处理和解释研究，全面提高油藏构造成像、储层预测和油气水判识的精度，为油藏三维精细建模、调整井位部署、剩余油分布预测服务，最终实现油气田高效开发目标的地球物理技术"。可以预见，随着勘探开发的目标从常规油气藏到非常规油气藏的延伸，油藏地球物理技术的内涵也将更加丰富，如烃源岩特性、脆性、各向异性和地应力的预测，以及压裂过程的监测等。可见，尽管不同学者对油藏地球物理技术概念的表述有所不同，但其本质相似，即为油藏评价和生产服务的地球物理技术的总称，主要包括油藏静态描述、油藏动态监测和油藏工程支持技术，以及为这些技术提供支撑的地球物理技术，如测井油藏描述技术、井筒地震技术、岩石物理技术和地震资料处理技术等。

2 油藏地球物理任务与技术需求

2.1 油藏地球物理主要任务

油气勘探开发可以划分为预探、评价与生产三个工作阶段。不同阶段的工作任务和目标各不相同，但可以顺序衔接，形成一个整体。评价阶段油藏地球物理工作的主要任务是建立油藏三维概念模型与静态模型，其核心是精细油藏描述，包括描述油藏构造形态、表征储层横向变化、预测油气分布范围，为评价井位优选、探明储量和开发方案编制提供依据。生产阶段油藏地球物理工作的主要任务是：紧密结合开发生产动态和新井资料进行地质地球物理综合研究，开展动态油藏描述研究，不断深化对油藏的认识，为调整井位优选和开发方案优化提供地质依据；应用针对性的前缘技术（井筒地震、多波、四维），监测油藏动态变化、发现剩余油气资源。随着开发过程中水平井、分段压裂的广泛应用，利用地震资料指导水平井部署，开展水压裂监测也将成为油藏地球物理技术的主要任务之一。

2.2 油藏地球物理技术需求

按照油藏分类管理原则，中国现今发现的油藏主要可以分为多层砂岩油藏、复杂断块油藏、低渗透砂岩油藏、砾岩油藏、稠油油藏和特殊岩性油藏六大类。除了稠油油藏采用蒸汽驱，少量低渗透油藏进行过 CO_2 驱试验外，绝大多数油藏采用水驱开采方式。韩大匡[6, 7]在系统总结中国东部老油区水驱开采现状时指出：当老油田含水超过80%以后，地下剩余油分布格局已发生重大变化，由含水60%～80%时在中、低渗透层还存在着大片连续的剩余油转变为"整体上高度分散，局部还存在着相对富集的部位"的格局，提出了"在分散中找富集，结合井网系统的重组，对剩余油富集区和分散区分别治理"的二次开发基本理念。文章指出深化油藏描述是量化剩余油分布的基础，其主要研究工作可以归结为油藏静态描述、油藏动态监测和油藏工程支持三大方面。

油藏静态描述主要包括：油藏形态描述、范围圈定、储层描述和流体识别四方面内容。当然，不同油藏类型，油藏静态描述的重点有所不同，如在中国大庆、青海、玉门等油田普遍发育的多层砂岩油藏，该类油藏具有陆相多层砂岩多期叠置沉积、内部结构复杂、构造样式多的特点，开发过程主要矛盾是注水的低效、无效循环，急需发展不同类型单砂体及内部结构表征技术，对地震纵向分辨率的需求更加迫切。对于在大港、辽河、华北、冀东等油田发育的复杂断块油藏，由于具有断层多、断块小、储层变化快的特点，对构造、储层边界的识别更加重要，因此要进一步提高横向分辨率。在长庆、吉林油田发育的低渗透砂岩油藏主要地质问题是储层物性差、非均质性强，微裂缝较发育，因此要发展基于岩石物理的叠前与多分量地震技术，以及基于各向异性的裂缝方向与密度预测技术。砾岩油藏主要发育冲积扇类型储层，具有岩相复杂多变，孔隙结构多样，储层构型规模、连通性及渗透性等分布不均的特点，应在井震结合精细处理解释、单砂体构型、水淹层解释、三维地质建模及单砂体剩余油评价等方面加强针对性研究。稠油油藏普遍采用蒸汽驱，地震隔层识别与蒸汽腔前沿识别是剩余油分布预测的关键。特殊岩性油藏主要包括碳酸盐岩、火山岩、变质岩等，主要分布于辽河、塔里木、华北等油田，这些类型油气藏埋深大、非均质性强、内幕构造复杂、储集空间多样、油水关系复杂等，其重点是应用地震技术识别外形、内部非均质性预测和油气检测。静态油藏描述技术主要包括两大类：一是基于纵波资料的地震解释技术，如井地联合构造解释、地震属性分析和地震反演等；二是多波多分量地震技术，由于增加了横波波场信息，不但可以提高孔隙型储层预测和流体识别的精度，而且可以提高裂缝型储层预测的潜力，因为横波分裂与裂缝发育密切相关，其主要技术包括纵横波匹配、纵横波联合属性分析与反演和基于各向异性的裂缝识别技术等。二者共同的基础是测井油藏描述技术、井筒地震技术、岩石物理分析技术，以及高精度地震成像处理与保幅、高分辨、全方位资料处理技术。

油藏动态监测的目的是寻找剩余油分布区，其技术包括井震藏联合动态分析技术和时移地震技术。前者以单次采集的地震资料为基础，通过地震、地质、测井和油藏多学科资料和技术的整合实现剩余油分布预测，如时移测井、3.5维地震勘探技术和地震油藏一体化技术等。后者以两次或两次以上采集的地震资料为基础，通过一致性处理消除不同时间采集资料中的非油藏因素引起的差异，最后利用反映油藏变化的地震差异刻画油藏的变化，预测剩余油分布。

油藏工程支持主要面向致密油气和非常规油气，目的是优化水平井部署和压裂方案，最终实现优化开采，主要技术包括应力场模拟技术和微地震技术。

油藏地球物理技术与任务之间的关系如图1所示。

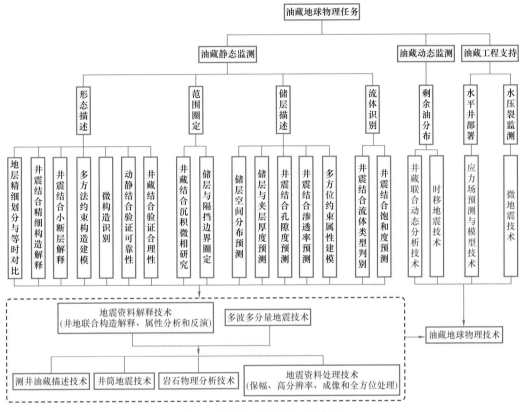

图1 油藏地球物理技术与任务

3 中国石油集团油藏地球物理技术现状

早在20世纪60年代末，中国曾出现过"开发地震"术语。当时的所谓开发地震，只不过是用地震细测及手工三维地震查明复杂断裂构造油田的小断层、小断块，为油田开发提供一张准确的构造图，并在作图过程中，已开始注意到应用油气水关系及油层压力测试资料帮助地震划分小断块。70年代末就曾用合成声波测井圈定了纯化镇—梁家楼油田的浊积岩储层的分布。到80年代，地震技术取得了长足进步，为开发地震准备了技术基础。1988年中国石油学会物探专业委员会（简称SPG）与SEG协会联合召开了"开发地震研讨会"。1989年原石油部在勘探开发科学研究院成立了地震横向预测研究中心，致力于储层预测技术研究，形成了以叠后地震反演、AVO、地震属性分析等为主要技术手段，以地震、地质、钻井、油藏工程等多学科综合研究为特色的储层地球物理技术系列，并在90年代开展了大量油藏实际应用研究，取得了显著的社会与经济效益。1996年，刘雯林[8]在系统总结研究成果的基础上，出版了国内第一部系统论述油藏地球物理方法的专著《油气田开发地震技术》。

20世纪后期，面对日益复杂储层结构，波阻抗反演技术在大多情况下无法区分储层，促进了叠后地震反演技术的发展。1997年，前人[9,10]提出一种新的多信息多参数反演方法，该反演方法基于场论和信息优化预测理论，采用非线性反演技术把地震数据反演成波阻抗和各类测井参数数据体，可适用于勘探、开发及老油田挖潜等各个阶段[11]，为日后时移测井和地震信息融合提供了基础；同年，甘利灯等[12]提出了储层特征重构反演，解决了复杂储层的地震预测难题。1999年，在孟尔盛的倡导下，物探专业委员会聘请多位地球物理专家编写了《开发地震》培训教材，开始了开发地震技术的推广应用[2]。此后，"开发地震""储层地球物理"和"油藏地球物理"也成为国内各种学术会议和技术培训的主题之一。

进入21世纪，人们意识到地震不仅可以描述静态油藏参数，也有监测油藏动态变化的能力，而二次采集地震资料的增加，为实现这种能力提供了可能，因此，基于二次二维和二次三维采集的时移地震技术研究成为热点，先后在新疆、大庆和冀东等蒸汽驱油藏和水驱油藏进行了试验研究，见到了比较明显的技术效果[5]。同期也开展了基于双相介质的油藏流体检测方法研究[13]和大量叠前地震反演与多波多分量地震技术试验[14-16]，大幅提高了地震油藏描述可靠性。

2008年，在韩大匡的提议下，中国石油提出了"二次开发"重大工程，借此在大庆长垣和新疆克拉玛依油田开展了大面积高密度三维地震采集，开启了油藏地球物理技术研究与应用的新篇章。同年，中国石油勘探开发研究院物探技术研究所油藏地球物理研究室以大庆长垣喇嘛甸油田的4D3C区块为研究对象，通过五年研究，初步构建了开发后期密井网条件下地震油藏多学科一体化技术体系[17]。从2009年开始，中国石油东方地球物理公司油藏地球物理研究中心开展了地震、测井、地质和油藏的多学科综合研究和大量各种油藏类型的应用研究，积累了丰富的静态油藏描述与动态油藏监测的经验，并在此基础上提出了3.5D地震的理念[18]和井地联合一体化采集、处理与解释的理念[19]。2009年中国石油开始了真正意义的时移地震采集，次年中国石油集团科技部设立了"时移地震与时移电磁技术现场试验"重大现场试验项目，在辽河油田稠油蒸汽热采和大庆油田水驱油藏中开展了时移地震和地震油藏一体化技术攻关，建立了相对完整的技术系列，并在剩余油挖潜中见到明显效果。

总之，近30年来，中国油藏地球物理技术研究取得了长足的进步。首先，以高精度三维为基础，以地震属性、地震反演为核心手段，结合解释性处理，形成了针对不同油气藏类型的精细油藏描述配套技术，并取得了明显成效。其次，在高密度宽方位地震、多波多分量地震、井筒地震和时移地震等方面也开展了大量试验研究，推动了地震采集装备、采集技术、处理技术、解释技术和前沿地震技术的进步，初步形成了一些技术系列，为今后油藏地球物理技术的进一步推广应用奠定了良好的基础。

3.1 岩石物理分析技术

岩石物理分析是建立岩石物理性质和油藏基本参数之间关系的主要途径，可有效提高地震岩性识别、储层预测与流体检测的精度和可靠性，它是促进常规地震勘探从定性走向半定量乃至定量的最重要工具[20]。中国石油勘探开发研究院早在 2002 年就开始岩石物理分析技术的探索和研究，已在岩石物理实验、理论和应用方面取得许多重要进展。在实验研究方面，通过与国际知名机构合作，建成了具有国际领先水平的岩石物理实验室，具备了超声、低频、流体测量、微观孔隙结构表征等方面的试验能力。在理论研究方面，提出了可变临界孔隙度模型[21]和双孔介质模型[22]，提高了岩石物理建模的精度，为井震融合提供了理论依据。在应用研究方面，从面向储层预测的测井资料处理解释到岩石物理量板建立进行了系统的研究，制定了 LPF 法敏感参数分析流程[23]，有效地指导了储层敏感参数的优选；提出了"二分法"，解决了复杂火山岩储层岩石物理建模和岩石物理量板建立的难题，为首次实现火山岩储层的叠前储层预测奠定了基础[24]；提出了时间、空间和井震一致性校正的方法，解决油藏开发后期井震联合储层描述的瓶颈问题，将岩石物理研究从勘探阶段延伸到开发阶段，拓展了应用领域[17]。当前，岩石物理研究热潮不减，许多大学和科研机构、油公司和服务公司仍在开展深入研究，其应用广度也从常规油气领域发展到非常规油气领域。比较而言，国内整体研究水平仍然较低，无论是试验分析、理论模型研究，还是实际应用还有许多问题有待解决，这些问题主要为：一是复杂孔隙结构描述与岩石物理建模；二是孔隙流体分布描述与岩石物理测试；三是非均匀饱和双重孔隙介质理论研究；四是开发和开采过程岩石物理机理和模拟；五是岩石物理分析技术的工业化应用[20]。

3.2 高精度地震资料处理技术

伴随着计算机和信息处理技术的进步，地震资料处理技术在经历了 60 年代的水平叠加、70 年代的叠后偏移、80 年代的叠前时间偏移和 90 年代叠前深度偏移四个发展阶段后，正朝着深度域、各向异性、全/宽方位、高密度、宽频带、混叠源、多分量、弹性波的方向发展。伴随软、硬件条件的不断改善，中国石油地震资料规模处理能力得到进一步提升，已在高陡构造叠前偏移成像、全/宽方位处理和井控高分辨率保幅处理等方面取得重要进展[25-28]。

井控高分辨率保幅处理是油藏地球物理的基础。井控地震资料处理理念是 20 世纪末西方地球物理公司提出的，其主要做法是从 VSP 资料中提取球面扩散补偿因子、Q 因子、反褶积算子、各向异性参数和偏移速度场等参数，用于地面地震资料处理或参数标定，目的是提高地面地震资料处理参数选取的可靠性和准确性，使处理结果与井资料达到最佳匹配。从现今的应用情况看，井控地震资料处理的内涵不断扩大，井控处理可以利用井中观测的各种数据，对地面地震处理参数进行标定，对处理结果进行质量控制[17]。保幅一般都是指相对振幅保持，通常包括以下三个方面。（1）垂向振幅保持，是指通过球面扩散补偿、Q 补偿等，消除地震波在垂直方向上由于球面扩散、地层吸收衰减等原因造成的振幅损失。处理方法主要包括球面扩散补偿、Q 补偿、透射补偿等。（2）水平方向振幅保持，是指消除地表及近地表结构、采集参数（震源类型、检波器类型、药量、激发井深、设备等）等因素的横向变化造成的地震波在水平方向上的振幅变化，包括炮间能量差异、道间能量差异、叠加剖面的横向能量异常等（即这些振幅变化仅与地表观测条件有关，而与地下地质构造和储层及油藏性质无关）。处理方法主要包括子波整形、地表一致性振幅补偿、叠前数据规则化、剩余振幅补偿等。（3）炮检距方向的振幅保持，主要是指保持反射振幅随炮检距的变化关系，即 AVO 关系，这是 AVO 分析和叠前地震反演的基础。主要处理方法是道集优化处理，包括噪声衰减、道集拉平、剩余振幅补偿、角道集生成、部分叠加分析等。实现保幅处理的关键是质量控制，除了常规的处理质量控制，还要进行保 AVO 的质量控制。传统的做法是将井点处最终处理结果道集 AVO 特征与合成道集 AVO 特征对比来判断道集是否保幅，属于结果的质量控制、点的质量控制、定性的质量控制。

中国石油勘探开发研究院提出了基于 AVO 属性质量控制方法，即提取每步处理前后的 AVO 属性，分析 AVO 属性变化情况，以此判断道集是否保幅，实现了全过程的、面的、定量的质量控制，为 AVO 分析和叠前反演奠定了数据基础。提高分辨率处理是在保幅的前提下适当拓宽频带，提高高频有效信号的信噪比，使高频段有效信息相对增强，达到分辨更薄储层的目的。主要方法有：地表一致性反褶积、井控反褶积技术、空变反 Q补偿技术，以及拓频处理技术等。

3.3 地震资料定量解释技术

在油气田开发和开采阶段，地震资料解释的重点是将各种地球物理信息综合转化为岩性、物性和含油气性以及岩石力学性质等信息，这对地震解释的精度提出了更高的要求，定量化解释成为趋势，而且更强调多学科结合，尤其是与测井和油藏动态资料的结合。

地震资料定量解释技术除了精细构造解释之外，主要包括地震属性分析、地震反演和油藏综合描述等技术。地震属性技术的发展呈如下趋势：一是几何属性被越来越多地用于碳酸盐岩、致密砂岩、页岩气储层的裂缝检测；二是将传统的 AVO 属性与岩石物理和正演模拟相结合形成地震解释模板技术，指导储层和流体定量预测[29]；三是以波传播导致孔隙流体流动机理为基础，利用频散与衰减属性进行流体检测逐渐流行[30]；四是基于全方位/宽方位叠前地震资料的裂缝方位和裂缝密度预测技术得到广泛应用[31]。地震反演正向叠前、全方位、多波反演等方向发展。由于叠前反演充分利用了梯度信息，降低了储层和流体预测中多解性，可以提高岩性、物性和含油气性的预测精度，已成为当前储层预测的核心技术之一。随着"两宽一高"地震采集资料的不断增多，全方位叠前地震反演成为可能[32]。从反演算法角度看，非线性和随机反演是未来发展方向，尤其是基于贝叶斯框架的地震反演方法。

面对小尺度勘探目标，储层非均质性严重，应以地质模式为指导，开展以油藏模型为核心的多学科资料综合、多种方法结合的综合油藏描述。如在碳酸盐岩储层描述中，形成了以古地貌、沉积模式和成岩作用为指导，利用岩石物理分析、AVO 分析、叠前反演进行储层预测，利用叠后属性、叠前各向异性分析和应力场分析进行裂缝预测，最后结合钻井和试油资料进行综合评价和水平井部署设计的技术系列，大幅提高了缝洞型储层描述和预测的精度[25]。

3.4 井筒地震技术

井筒地震是油藏地球物理技术的重要组成部分，井筒地震是将地震接收系统或激发系统放到井中进行地震数据采集的技术。从采集方式来看，井筒地震可分为 VSP、井间地震、随钻地震等。由于激发系统或接收系统可以尽可能接近地质目标体，同时可以避免地面干扰和近地表低降速带的影响，因此井筒地震可得到高信噪比和高分辨率的地震数据，如井间地震的分辨率比地面地震高一个数量级，能够精细刻画两井之间的储层变化，这是井间地震技术普遍得到开发界认可的重要原因。目前，作为一类特色技术，各种 VSP 和井间地震技术在国外都已进入商业化应用阶段；随钻地震经过近 30 年的发展，演变成地震导向钻井技术，提高了钻头前方地层的预测精度[33]，正处于应用发展阶段。

中国石油集团从 1980 年开始调研 VSP 技术，1984 年通过引进国外技术和设备迅速形成生产力。目前，拥有自主产权的 KLSeis-VSP 采集系统和 GeoEast-VSP 处理软件，常规 VSP 技术形成了完善配套的服务能力。其作用也从早期简单的区域速度研究和层位标定，发展为井地联合的、处理与解释一体化的油藏精细描述工具，为复杂油藏评价和开发提供了有效手段[19]。中国石油集团 1993 年就开始了井间地震技术的系统调研[34]，随后通过引进、合作等方式，先后在胜利、辽河、克拉玛依、吉林、大庆等油田开展了大量井间地震试验研究。目前具备初步技术服务能力，但还没有形成商业化软件，井下震源研究还处于跟踪阶段。井间地震主要利用层析成像和反射成像进行井间薄储层空间展布与连通性分析，研究井间物性变化，监测井间油藏变化，通过与地面地震资料的结合，井间地震可以对主力砂体的走向和空间展布进行更准确的预测，可以辅助水平井轨迹设计，提高水平井钻探效果[5, 35]。目前，国内随钻地震仍处于前期探索研究阶段，基于钻头信号的随钻资料处理方法已形成初步工作流程，成像结果可靠，地震剖面分辨能力有明显的提升，信息更加丰富。

总之，由于井筒地震观测范围小，要发挥井筒地震的作用，必须与地面地震相结合，形成井地联合的处理和解释一体化技术，主要包括：基于 VSP 参数（大地球面发散与吸收衰减参数、反褶积参数、速度参数、各向异性参数）的井驱动地面地震处理，基于 VSP 储层物性标定与精细岩性（AVO、叠前反演）解释驱动的地面地震解释，以及针对特定油藏目标的井间地震与地面地震联合解释等，这也是未来井筒地震的发展趋势。

3.5 多波多分量地震技术

多波多分量地震技术在油气勘探中的应用经历了横波、转换波和多波多分量地震勘探三个发展阶段。20 世纪 70 年代，人们企图利用横波速度低的特点来获得比纵波更高的地震分辨率，从而兴起了横波勘探的热潮，但由于横波频率低、能量衰减快，在实际应用中未能得到预期的效果。80 年代中后期，海上多波地震采集设备的出现和纵波激发横波接收的技术的应用，使转换波勘探进入了发展高潮，并开始了工业化应用。2000 年，SEG 和 EAGE 联合举办了多波多分量技术研讨会，对多波多分量技术的作用、存在的问题和技术发展趋势进行了详细的总结，指出了下一步研究和发展的方向[36]。进入 21 世纪后，数字检波器的出现推动了多波多分量地震技术由海上到陆上的发展，全面开启了多波多分量研究的新局面。2005 年，EAGE 和 SEG 再次联合召开了多波多分量技术研讨会，在讨论了数据采集、处理和解释技术的基础上，指出了可能的应用领域[37]。目前，多波多分量采集技术已经基本成熟；处理技术基本过关，建立了比较系统的基于偏移成像的处理流程，拥有商业化处理软件系统；解释技术相对比较薄弱，但近年进展很快，初步建立了三分量资料用于储层描述的流程，商业化解释软件平台日趋成熟，如 ProMC、VectorVista、RockTrace 等。总之，多波多分量地震技术经过近 40 年的发展，已从纯粹的理论研究走向了工业化的实验应用阶段，除了在复杂构造成像、致密砂岩气藏识别和高孔油藏精细描述外，多波多分量地震技术在油藏监测，特别是稠油油藏蒸汽驱、低渗透油藏 CO_2 驱，以及页岩气开采中的应用不断增加，4D3C 地震学逐渐成为现实。

中国石油集团多波多分量地震勘探始于 20 世纪 80 年代初，也大致经历了 80 年代初期横波勘探、80 年代末至 90 年代末的转换波勘探和 21 世纪的多波多分量勘探三个阶段。2002 年以来，中国石油集团在鄂尔多斯盆地苏里格气田、四川盆地广安气田、松辽盆地大庆油田、柴达木盆地三湖地区开展了数字二维三分量和三维三分量的工业化试验[35]。目前，苏里格气田已成为中国数字多分量地震规模化应用最广的地区，经过多年攻关研究，资料品质得到明显提高，形成了以叠前 AVO 分析与交会、叠前弹性参数反演与交会、多波属性及多波联合反演等关键技术的多波有效储层预测和含气性检测技术系列，大幅度提高了有效储层的钻井成功率[38]。此外，在广安和徐深气田，以及三湖地区应用中，同时利用纵波与转换波提高了构造成像效果，圈定了含气范围，更清晰刻画火山岩喷发旋回和火山岩的各向异性[15]。2013 年中国石油西南分公司在四川盆地魔溪—龙女寺地区采集了陆上最大面积数字三维三分量地震资料。

尽管如此，至今多波多分量地震技术在大多数地区的应用仍没有充分体现该技术的价值，其主要原因如下：一是目前资料处理和解释周期过长，难以满足生产需求，没有充分体现多分量地震的潜力；二是处理和解释技术不能满足各种复杂地表和地下条件的需求，如纵波和转换波分别处理，处理效果不稳定，一套处理参数难以兼顾浅、中、深层，处理结果信噪比低、分辨率低；此外因纵波和转换波频率和相位的差异大，导致纵横波匹配难等；三是没有做好采集、处理和解释规划和可行性研究，导致其应用效果不能令人满意。因此，要用好多波多分量地震技术，必须从地质问题出发，在可行性研究的基础上，统筹制定采集、处理和解释对策，强化基于模型的处理和解释技术研究，实现采集、处理和解释一体化。

3.6 时移地震技术

时移地震是在油藏开采过程中，通过对同一油气田在不同的时间重复进行三维地震测量，用地震响应随时间的变化表征油藏性质的变化，应用特殊的时移地震处理技术、差异分析技术、差异成像技术和计算机可视化技术，结合岩石物理学、地质学、油藏工程等资料来描述油藏内部物性参数（孔隙度、渗透率、饱和度、压力、温度）的变化，追踪流体前缘[38]。时移地震试验工作最早可追溯到 20 世纪 80 年代初期，但与时移地震相关的成功案例直到 20 世纪 90 年代初期才见诸文献[40]。为了监测热采的效果，ARCO 公司于 1982—1983 年在北得克萨斯州 Holt 储层上首次实施了时移地震试验，在火驱采油前、后和火驱过程中各进行了一次地震采集，不同时期地震图像之间的差异非常醒目，显示了时移地震监测火驱的潜力[41]。1987 年 King 等通过野外试验证实了地面地震监测注水的可行性。在 80 年代中后期和 90 年代初期，Nur 等[42]做了大量岩石物理学实验研究，为时移地震的发展奠定了坚实的岩石物理基础。1992—1995 年间在印度尼西亚 Duri 油田取得的巨大成功表明了时移地震可以在油田开发中发挥重要的作用，促进了世界范围内时移地震研究的开展[43]。进入 21 世纪，人们提出 efield 的概念[44]，即在油田开发的每个阶段，在油藏表面、井筒内（如套管上）均安装检波器，然后，选择不同时间进行地震激发，并迅速进行数据处理和分析，以及时跟踪油藏动态并调整开发方案，最终获得最佳的采收率。目前，时移地震技术已成为油藏监测的一项核心技术被广泛地应用于海上油气田的开发和生产过程中。

中国石油集团时移地震研究起步较晚，2000 年以前属于文献调研和时移地震资料处理和解释方法探索阶段[45-47]。2000 年以后开始进行一些现场实验研究，主要是以二次二维和二次三维采集的地震资料为基础进行互均化处理和时移地震解释研究，取得了一些初步成果。2001 年凌云等[18]提出了特殊的处理方法和流程，在不采用互均化处理条件下获得时移地震储层的差异信息。2000—2001 年开展了一些稠油热采的时移地震监测试验[49-50]。随后向水驱油藏监测延伸，2002—2003 年，云美厚等[51]、易维启等[52]从时移地震可行性分析出发，对大庆油田 T30 井区两次采集的二维地震资料进行了归一化处理，利用时移地震资料差异属性变化研究了该区剩余油分布规律。2003 年，甘利灯等[53-55]、胡英等[56]在深入剖析长期水驱过程引起的各种油藏参数变化规律以及这些参数变化对地震响应影响的基础上，结合冀东油田二次三维地震采集资料，从可行性研究、叠前和叠后互均化处理以及动态油藏描述等方面对水驱时移地震技术进行了系统的研究，初步形成了配套技术，并在应用中利用振幅差异和时移弹性阻抗反演差异预测了水驱前缘，圈定剩余油分布范围。2007 年，凌云等[57]基于准噶尔盆地某油田二次三维采集资料，消除了采集因素差异造成的影响，改善了时移地震的可重复性，获得了反映蒸汽驱油藏的变化，指导了油田进一步开发。2009 年后，中国石油集团开始了真正意义的时移地震采集，于 2009 年 2 月和 2011 年 2 月在辽河曙光油田完成了 $7km^2$ 的时移地震资料采集和 2 口时移 VSP 资料采集，通过时移地震处理和解释联合攻关，很好地刻画了蒸汽腔的几何形态和演变过程[58]。

目前，国内时移地震技术已具备工业化应用的基础，但推广应用面临巨大障碍，主要原因有两点：① 大多数老油田都在陆上，与海上油田相比，地震采集费用高，钻井费用低，加上井网密，大大降低了时移地震技术的经济可行性；② 大多数油田属于陆相沉积，储层薄、纵横向变化剧烈，加上水驱为主的开发方式，短时间内油藏变化造成的地震差异小，加上开采过程复杂，开采过程的岩石物理机理研究薄弱，大大降低了时移地震技术可行性。因此，国内时移地震，尤其是水驱时移地震应用研究任重道远。未来发展的方向应该是地震油藏多学科一体化技术（图 2），这样既避免了分辨率的问题，又避免了水驱油藏造成地震差异小的问题。

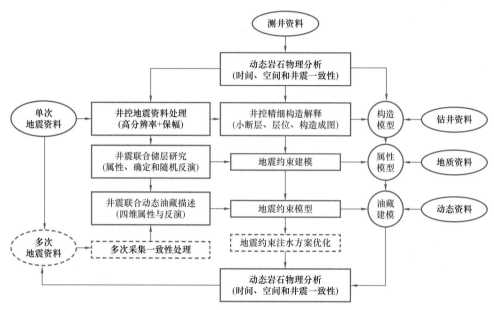

图 2　开发后期密井网条件下地震油藏多学科一体化技术流程

3.7　井震藏联合油藏动态分析技术

油气藏开发阶段最大的特点是资料丰富，既有地质、测井和地震资料，又有丰富的油藏动态资料。不同学科的资料都是油藏特征不同侧面的反映，具有不同的特点，可以相互印证，相互补充。例如测井资料具有纵向分辨率高的优势，而地震资料具有横向连续分布的优势。因此，在油藏静态描述中应用井震结合可以最大程度发挥地震和测井资料的优势。同样，油藏动态资料蕴含了丰富的油藏静态和动态信息，与地震资料结合，可以更好地进行油藏静态描述和动态分析。国际上，Huang 等[59]最早将时移地震技术与油藏数值模拟相结合，提出了利用时移地震数据约束历史拟合的概念，提高了历史拟合的精度。随后，又提出利用生产动态数据约束时移地震资料分析[60]，最终形成了从地震到油藏，再回到地震的技术思路和流程，为地震与油藏融合提供了一种有效途径[61]。当前，从地震到油藏，井震藏结合已成为油藏地球物理技术发展的一个重要趋势。

20 世纪末，师永民等[10]就尝试利用基础和加密井网测井资料和三维地震资料，结合油藏动态数据，通过"地震约束时移测井非线性反演技术"，建立开发初期和开发中后期油藏模型，最后通过油藏模型的差异分析，结合动态资料综合预测剩余油分布[11]。凌云等[18]针对中国广泛开展二次或三次高精度 3D 地震勘探这一背景，将地震与油藏动态资料相结合，提出了 3.5D 地震勘探方法。其研究成果认为：油田开发中、晚期采集的静态高精度 3D 地震数据经过严格的相对保持振幅、频率、相位和波形的提高分辨率和高精度成像处理，通过精细 3D 构造演化解释、沉积相解释以及结合油田开发动态信息的综合解释，可以较有效地解决油田开发中的问题，预测剩余油气的分布范围。3.5D 地震勘探较好地回避了时移地震勘探中存在的非重复性噪声问题，解决了某些油田没有早期 3D 地震或早期 3D 地震数据质量差的问题，因此可以减少油田开发阶段地震勘探的投入。甘利灯等[17]以大庆长垣喇嘛甸油田"二次开发"实验区采集的、观测系统相近的拟4D3C资料（炮点和检波点95%以上重合）为基础，从资料处理、岩石物理、油藏静态描述和动态描述，到油藏建模和数值模拟开展了系统研究，提出了以油藏静态和动态模型为核心，通过动态岩石物理分析和井控保幅处理实现井震融合，通过不对油藏模型进行粗化、地震约束油藏建模和数值模拟实现地震油藏融合，最终实现从地震到油藏，再回到油藏的技术思路。初步构建了以八大技术系列为核心的开发后期密井网条件下地震油藏多学科一体化技术体系，建立了基于一次和多次采集地震资料的剩余油分布预测技术流程（图2）。此项研究成果有效地指导了油田剩余油挖潜方案设计和措施实施，采取措施后15口井平均单井日增油8.9t，含水率下降了9.7%。

3.8 微地震监测技术

微地震监测技术是通过接收地下岩石破裂产生的声发射事件，定位分析地下破裂产生的几何形态和震源机制，揭示地下岩石破裂性质的技术。观测方式包括井中、地面和井地联合等；资料处理包括速度模型优化、微地震事件筛选、初至拾取、偏振分析、事件快速定位等技术；解释技术包括裂缝网络几何形态分析、地应力估计、储层改造体积（SRV）计算等。通过微地震监测能够对非常规油气开发的水力压裂进行实时指导和评估压裂效果，为压裂施工和油气开发方案提供依据。

微地震监测技术始于地热开发行业，20世纪80年代水力压裂地面监测微地震试验由于信号信噪比太低而宣告失败，随后转入水力压裂井下地震监测试验，并获得成功，使井下观测方式得以快速商业化。2000年左右，随着检波器性能的提高和信号处理技术的发展，地面监测方式重新受到关注，并加大了研究力度，2003年水压裂地面微地震监测在国外开始走向商业化[62]。目前，井中微地震监测技术日渐成熟，斯伦贝谢、ESG、MSI、Magnitude、Pinnacle等公司均有井中监测实时处理能力。展望未来，井中监测的检波器级数不断增加、井地联合微震监测、多井监测是微地震采集的主要发展趋势。在处理和解释上，人们已经不再满足于微震事件的定位，如何利用微地震记录波形反演得到描述破裂性质的震源参数成为竞相研究的热点，如裂缝网络连通性分析及有效SRV估计等。在应用上，水力压裂的微地震监测也将逐步向油藏动态监测发展。

中国石油集团微地震监测技术研究起步较晚。东方地球物理公司自2006年开始技术调研，2009年进行了压裂微震监测先导性研究，2010年起，开展了专题技术研究，并在微地震震源机理、资料采集、资料处理、定位方法等方面取得重要进展，建立了技术流程。2013年东方地球物理公司与中国石油勘探开发研究院廊坊分院成功研发了井中微地震裂缝监测配套软件，通过引进法国Sercel公司井下三分量数字检波器，形成了较为成熟的井下微地震监测服务能力，已在国内14个油气田进行了80多口井的微地震监测，整体技术水平与国际同步。川庆物探公司依托集团公司项目"微地震监测技术研究与应用"，形成了成熟的地面微地震监测技术，建立了野外施工流程。在蜀南、威远、长宁和昭通地区页岩气区带评价和开发应用中，优选了页岩气有利勘探区域，提供了直井和水平井井位部署意见和支撑服务。

3.9　应力场模拟技术

在地壳的不同部位，不同深度地层中的地应力的大小和方向随空间和时间的变化而变化构成地应力场[63]。它无所不在，无时不在，而且直接影响着固体介质及其蕴含的各种流体的力学行为，是地学研究的重要领域之一。研究表明，古应力场影响和控制油气运移与聚集。现今应力场影响和控制着油气田开发过程中油、气、水的动态变化，它对注采井网部署、调整及开发方案设计；对井壁稳定性研究，套管设计、油层改造和水力压裂设计方案优化；对采油过程引起的地层出砂，注水诱发地震与地层蠕动，以及由此导致的大面积套管损坏具有重要意义。因此，地应力研究在油气勘探开发中有着十分重要的应用价值。

获取地应力场信息最直接的方法就是原地测量，最早的地应力测量可以追溯到 1932 年，美国垦务局利用解除法对哈佛大坝泄水隧道表面应力进行测量。20 世纪 50 年代初，瑞典科学家 Hast 博士发明了测试地应力的仪器，此后开展了大规模浅地层应力测量。随着水压致裂法技术的逐步成熟，20 世纪 70 年代地应力测量的深度不断加大，可达 5000～6000m。其后，地应力测量与测井技术结合使得测量深度进一步加大，测量方法日趋多样化。目前地应力测量大致可以分为四大类[64]，主要包括：构造行迹、裂缝行迹分析法，实验室岩心分析法，测井资料计算法和矿场应力测量法。虽然现场实测地应力是提供地应力场最直接的途径，但是在工程现场，由于测试费用昂贵、测试所需时间长和现场试验条件艰苦等原因，不可能进行大量的测量；而且地应力场原因复杂，影响因素众多，各测点的测量成果受到测量误差的影响，使得地应力测量成果有一定程度的离散性。地应力模拟则可以弥补地应力测量的不足，可以获得更为准确的、范围更大的三维地应力场。目前，模拟方法主要有物理和数学模拟两类：物理模拟是以相似理论为依据，在人工条件下，用适当的材料模拟某些构造变形在自然界的形成过程；数学模拟是用数学力学的方法进行构造应力场模拟计算，最常用的是有限元法。地下应力场主要与三个因素有关：一是地层结构，如地层形态和结构，断层的位置与方向等；二是介质的性质，如介质的弹性、强度和密度等；三是外部应力，如构造应力和孔隙压力等。这些信息可以从地质、测井和地震资料中获取。因此在数学模拟中，以岩心和测井地应力分析资料为基础，以实际地应力测量数据为约束，充分发挥地震资料面上采集连续的优势，采用多学科一体化的模拟流程和技术是未来的发展方向，图 3 为斯伦贝谢公司地应力模拟流程与数据来源。

中国地应力测量和研究工作起步较晚，始于 20 世纪 50 年代末期，20 世纪 80 年代中期成功研制出了 YG-81 型压磁应力计。1980 年 10 月在河北易县首次成功进行了水力压裂法地应力测量，目前中国的水力压裂地应力测量深度已突破 6000m。1990 年以来，以蔡美峰领衔的北京科技大学研究组不仅在地应力测试理论方面进行了系统的研究，而且还在实验研究和现场实测的基础上，提出了一系列考虑岩体非线性、不连续性、非均质性和各向异性，并正确进行温度补偿的应力解除法测量技术和措施，大幅度提高地应力的测量精度。在石油工业中，20 世纪 80 年代以来，北京石油勘探开发科学研究院及廊坊分院，辽河、吉林、胜利、大庆和华北油田等都相继开展了地应力测量及应用的研究工作。1993 年，中国石油天然气总公司组织了"地应力测量技术及其在油气勘探开发中的应用"的攻关项目，从应力测量、计算、模拟、解释和应用等方面进行系统研究，其研究成果已在中国石油行业得到推广和应用。但是，以储层为中心的地应力场理论研究还不够深入，地应力场测量和模拟方法还有待进一步提高，地应力场在油气勘探开发中应用研究还不广泛。虽然如今油气勘探开发中积累了大量的地质、物探、测井、钻井、采油、注水、压裂等资料可为地应力研究提供丰富的信息，但至今还没很好地开发和利用。随着勘探开发目标由常规油气富集区向致密和非常规油气区的转移，水平井分段压裂已逐渐成为增产的主要手段，油气勘探开发对地应力研究的需求定会越来越多，不仅需要宏观的、区域的地应力场，也需要局部的、微观的地应力场；不仅需要平面的地应力场，更需要空间的地应力场；不仅需要了解地应力强度的分布，还需要了解地应力的方向；不仅需要了解地层中地应力的现今状况，也需要了解地应力场的演化历史。

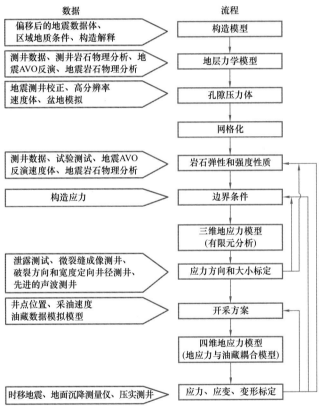

图 3　地应力模拟流程与数据来源（据斯伦贝谢公司）

4　中国石油集团油藏地球物理技术展望

4.1　面临挑战

　　地球物理技术从面向勘探到面向开发目标的延伸是目前国际地球物理技术发展的趋势，但对于中国陆相薄互层油气藏，加上开发过程复杂，井网密度大，开发和开采阶段的地球物理技术面临着严峻的挑战，主要表现在以下几个方面。

第一，现有的技术效果与地质需求仍存在较大差距。油藏地球物理面临的研究对象具有如下两个特点：一是尺度小，如砂泥岩薄互层中单砂体、低级序断层、微幅度构造以及废弃河道等；二是精度要求高，需要准确识别砂体边界与泥质隔层，需要提高孔隙度、厚度等储层参数的预测精度，甚至需要进行孔隙流体检测。这些目标和需求使油藏地球物理技术面临严峻考验。

第二，动态岩石物理研究有待加强，开发和开采过程造成的地震响应变化的机理研究严重不足。油藏地球物理的核心任务就是建立共享油藏模型，包括静态和动态模型，需要通过岩石物理技术建立储层参数与地震参数之间的联系。由于开发和开采过程会造成油藏参数的变化，如油藏压力和饱和度的变化，如果长期水驱还会造成孔隙度与孔隙形态，以及泥质含量的变化，这些变化及其对地震响应的影响是监测油藏动态变化和建立油藏动态模型的基础。然而，目前这方面的研究几乎是一片空白，而且研究难度巨大，如长期水驱后孔隙度与孔隙结构如何变化，以及孔隙结构变化对渗流的影响；聚合物驱的弹性性质及其对地震响应的影响；黏土矿物在水驱过程中的化学变化以及这些变化对弹性性质的影响等，所有这些无一不是世界级难题。

第三，尽管面向"二次开发"的高精度地震采集技术初见成效，但处理、解释和油藏描述配套技术尚未完善，仍不能满足油藏开发与生产的需求。主要表现在：① 高分辨和保幅处理技术有待提高与完善，尤其是高精度静校正、保幅去噪、保幅偏移等；② 地震油藏描述与油藏建模和数值模拟结合不够，直接影响地震在油藏开发中的应用，大大减低了地震资料的价值；③ 开发阶段井网密度大，由于没有适合的批处理软件，使得井震结合储层研究的工作量大幅增加，工作时效性降低，难以赶上生产节奏，影响了地震资料的使用率；④ 面向开发和开采阶段的地震新技术还不够成熟，如高密度、井地联合、多波和时移地震资料处理和解释等技术，使得采集的相关资料不能及时发挥作用，这都成为"地震无用"的证据。

第四，开发和开采阶段井网密集，拥有大量地质、测井和动态生产资料，但是，由于条块管理，阻碍了多学科之间的交流；由于缺乏地震、测井、油藏等多学科融合的技术与软件平台，降低了油藏地球物理技术应用的时效性；加上开发部门没有足够的地球物理人员，使得多学科资料融合成为一句空话，难以落到实处，制约了地震作用的发挥。

第五，高密度、多波多分量和时移地震野外采集成本较高，还面临经济可行性争论。

4.2 发展方向

油藏地球物理是勘探地球物理的延伸，勘探阶段由于井少，储层预测主要依赖地震资料，而开发与开采阶段由于井多，地震的作用逐渐减低，这种主次关系的转变，决定了油藏地球物理技术不是勘探地球物理技术简单重复与延伸，要更好地发展油藏地球物理技术需要转变思路。第一，从可分辨到可辨识的转变，前者属于时间域范畴，无论地震资料具有多高分辨率，都无法满足单砂层识别的需求，后者强调在反演结果上可辨识，由于同样分辨率的资料在波阻抗和密度反演结果上可辨识程度是不同的，这为识别薄储层提供了可能。第二，从确定性到统计性的转变，由于目标尺度小，不确定性强，利用统计性方法可以评估这种不确定性，提高预测结果的可靠性。第三，从时间分辨率到空间分辨的转变，目的是充分发挥地震在面上采集、具有较高横向分辨率的优势，以横向分辨率弥补纵向分辨的不足。第四，从测井约束地震到地震约束测井，其目的是充分发挥高含水后期井网密，测井资料丰富的优势。第五，从单学科到多学科的转变，建立由地震到油藏再回地震的闭合循环技术流程，以充分挖掘动态资料中所蕴含的丰富油藏信息。通过以上转变思路，要形成以动静态油藏模型为目标，以井控资料处理、井控解释和井震联合储层研究实现井震融合，以油藏模型不粗化、地震约束建模和地震约束数值模拟实现地震油藏一体化为技术对策的技术系列，在此基础上建立基于一次采集地震资料和多次采集地震资料的剩余油分布预测技术流程，最大程度发挥地震资料的价值（图2）。为此必须做好以下几个方面的研究工作。

第一，要强化基础研究，做好动态岩石物理分析，为井震和震藏融合奠定基础。在开发与生产阶段，由于更加关注油藏的变化与流体在储层中的流动，即油藏的渗流特性，这与储层的微观结构、孔隙的形态与流体的可流动性密切相关。因此开发与开采阶段岩石物理研究要突出动态与微观两个特征，更加注重孔隙中流体的流动及其对地震响应的影响，这对岩石物理提出更高要求。此外，由于开发后期测井资料时间跨度大，使得地震、测井资料不匹配问题更加突出，还必须做好井震一致性处理与校正。

第二，要强化井控处理，做好井地联合采集与处理，充分发挥井筒地震的作用。井筒地震的分辨率介于测井与地面地震之间，是连接二者的最佳桥梁，可以在资料处理中发挥重要作用，其主要作用有两个方面：井控处理与保幅处理质量控制。此外，由于井筒资料分辨率较高，可以通过约束提高地面地震处理结果的分辨率，以更好满足开发阶段对分辨率的需求。通过井控地震资料处理进一步实现井震资料的一致性，为井震融合解释提供基础，未来井筒地震与地面地震联合采集、处理与解释将是油藏地球物理发展的一个方向。

第三，要发挥地震和测井资料各自优势，做好井震联合储层研究，提高井间储层描述可靠性。地震资料的优势在于横向分辨率，而测井资料的优势在于纵向分辨率，二者结合才能优势互补，满足开发阶段对构造解释和储层的预测高精度需求，全程井控的构造解释和储层预测是未来油藏地球物理解释技术发展的另一个趋势，主要内容包括井控小断层解释、井控层位追踪、井控构造成图、井控属性分析和随机地震反演等技术。

第四，要发挥叠前和多分量地震资料优势，提高储层与流体描述精度。由于增加了梯度信息，基于叠前地震资料的储层预测技术不但可以提高岩性和物性预测的精度，还可以提高流体检测精度，叠前反演与时移地震技术结合，还可以区分不同因素引起的油藏变化，如区分油藏压力与饱和度变化，减低时移地震剩余油分布预测的多解性。同样，多分量地震技术由于增加了横波的信息，可以弥补纵波成像的不足，提高储层预测精度，增强流体识别能力，突破裂缝预测瓶颈。近年来问世的4D3C地震技术已展示良好的发展前景，可应用于各种复杂油藏，如碳酸盐岩油藏和致密CO_2驱油藏的监测。

第五，要探索时移地震和微地震监测技术，提高动态油藏描述的可靠性。时移地震油藏监测是预测剩余油分布最直接的手段，由于中国东部老油区大部分地区都开展过二次三维采集，充分利用已采集的资料开展时移地震研究具有重要经济价值，当然由于不是真正意义的时移采集，资料的可重复性差，需要研发新的互均化处理技术，以消除采集参数差异造成的影响。更需要研发快速有效的四维资料解释技术，这种技术能够将互均化处理后不同时间的地震资料与动态资料关联，从中找出一些敏感的地震参数反映油藏的变化，达到预测剩余油分布的目的。微地震监测能够对非常规油气开发的水力压裂进行实时指导和压裂效果评估，为压裂施工和油气开发方案提供帮助，是未来地震向油藏工程延伸的重要技术。

第六，要提倡在不进行油藏模型粗化的基础上开展油藏数值模拟，做好地震约束油藏建模和数值模拟，实现多学科一体化，提高剩余油分布预测精度。地震约束油藏地质建模是以地质统计学理论为核心，结合常规地震解释、反演、属性分析等成果以及井间地震、VSP 等资料，建立油藏地质模型的一项综合技术。在高含水后期，地震资料对油藏地质模型的约束作用主要体现为控制构造空间形态、表征储层非均质性以及降低模型不确定性上。地震约束油藏数值模拟技术的核心是在历史拟合过程中引入了地震信息，不但可以实现井点模拟结果和实际动态数据匹配，还保证了油藏模型对应的地震合成资料与实际资料匹配，从而提高了油藏数值模拟的精度和剩余油分布预测的可靠性。值得指出的是，传统数值模拟是在粗化的模型上进行的，由于粗化使得数值模拟结果的纵向采样率减低，油藏数值模拟结果对应的合成记录与实际记录差异巨大，无法实现与实际地震记录的对比分析，阻碍了多学科一体化。

此外，为实现地震在油藏工程中的支撑作用，指导水平井和压裂部署和现场跟踪，要加强地应力场模拟研究，充分发挥地震资料空间连续分布的优势，提供完整、准确的三维地应力分布。

5　结束语

现今地球物理师与油藏工程师的联系日益紧密，具备了地球物理向开发延伸的技术基础；近几年中国石油面向"二次开发"的地震技术取得的成效树立了油藏地球物理技术发展的信心；通过叠前反演、烃类检测、高密度、宽方位、多波、四维、井地联合等高端技术攻关，地震技术进入开发实现贯穿油田勘探开发整个生命周期目标是可能的。为此，在组织上，要强调地震采集、处理和解释的一体化，地震、地质和油藏工程的一体化以及开发部、研究院和采油厂等参加单位组织协调一体化。在技术上，要集成成熟技术，研发地震油藏一体化平台，推动地震技术向油藏工程领域延伸；要攻关瓶颈技术，提高多学科一体化时效性，全面提升地震在油藏工程中的作用；要试验和研究宽方位、多分量和时移地震等高端技术，增加井间地震信息采样密度和信息量，提高井间油藏变化的刻画精度；要探索前沿技术，突出面向开发过程的岩石物理基础研究，如孔隙结构和渗流特性的地震响应特征研究，从物理机理上实现地震油藏一体化。在措施上，要建立相对稳定的研究团队，推动地震—油藏一体化平台建设以及人员和软件平台的整合；要以典型实验区研究为目标，带动技术系列、技术流程和技术规范的形成及推广，为油藏地球物理技术大面积推广应用奠定基础；要做好技术培训，充分发挥采油厂的作用，尽快将技术转化为生产力，力争在"二次开发"的实践中发挥主力军作用。

感谢中国石油勘探开发研究院物探技术所张研所长、谢占安副所长对论文编写的大力支持，感谢董世泰主任和王春明高工提供了部分素材。论文引用了大量公开发表的油藏地球物理研究成果和结论，其中许多作者是中国油藏地球物理界的老前辈、老领导，对他们的贡献特表敬意！

参 考 文 献

［1］Johnston D. Methods and Applications in Reservoir Geophysics［J］. Investigations in Geophysics Series：No. 15. SEG，2010.

［2］孟尔盛等. 开发地震［R］. 中国石油学会物探专业委员会培训班教材，1999.

［3］Sheriff R E. Encyclopedic Dictionary of Applied Geophysics［C］. SEG，2002.

［4］Pennington W D. The rapid rise of reservoir geophysics［J］. The Leading Edge，2005，24（S）：86-91.

［5］王喜双，甘利灯，易维启，等. 油藏地球物理技术进展［J］. 石油地球物理勘探，2006，41（5）：606-613.

［6］韩大匡. 准确预测剩余油相对富集区提高油田注水采收率研究［J］. 石油学报，2007，28（2）：73-78.

［7］韩大匡. 关于高含水油田二次开发理念、对策和技术路线的探讨［J］. 石油勘探与开发，2010，37（5）：583-591.

［8］刘雯林. 油气田开发地震技术［M］. 北京：石油工业出版社，1996.

［9］梁秀文，张志让. 一种新的多信息多参数反演技术研究—SEIMPAR［C］. 1997东部地区第九次石油物探技术研讨会论文摘要汇编，1997，364-367.

［10］师永民. 大庆太190区块地震多信息反演剩余油预测［R］. 中国石油集团西北地质研究所，1999.

［11］崔生旺，管叶君. 大庆油气地球物理技术发展史［M］. 北京：石油工业出版社，2003，494-499.

［12］甘利灯，殷积峰，李永根，等. 利用储层特征重构技术进行泥岩裂缝储层预测［C］//东部地区第九次石油物探技术研讨会论文摘要汇编，1997，446-456.

［13］梁秀文，刘全新. 一种基于多相介质理论的油气检测方法［J］. 勘探地球物理进展，2002，25（6）：32-35.

［14］杜金虎，赵邦六，王喜双，等. 中国石油物探技术攻关成效及成功做法［J］. 中国石油勘探，2011，16（5-6）：1-7.

［15］刘振武，张明，董世泰，等. 多波地震技术在中国部分气田的应用和进展［J］. 石油地球物理勘探，2008，43（6）：668-672.

［16］刘振武，董世泰，邓志文，等. 中国石油物探技术现状及发展方向［J］. 石油勘探与开发，2010，37（1）：1-10.

［17］甘利灯，戴晓峰，张昕，等. 高含水后期地震油藏描述技术［J］. 石油勘探与开发，2012，39（3）：365-377.

［18］凌云，黄旭日，孙德胜，等. 3.5D地震勘探实例研究［J］. 石油物探，2007，46（4）：339-352.

［19］郭向宇，凌云，高军，等. 井地联合地震勘探技术研究［J］. 石油物探，2010，49（5）：438-450.

［20］董世泰，李向阳. 中国石油物探新技术研究及展望［J］. 石油地球物理勘探，2012，47（6）：1014-1023.

［21］张佳佳，李宏兵，姚逢昌. 可变临界孔隙度模型及横波预测［C］. 中国地球物理2010—中国地球物理学会第二十六届年会、中国地震学会第十三次学术大会论文集，2010.

［22］Ba J，Cao H，Yao F C. Velocity dispersion of P waves in sandstone and carbonate：Double-porosity and local fluid flow theory [C]. SEG Technical Program Expanded Abstracts, 2010, 29: 2557-2563.

[23] 李凌高, 甘利灯, 杜文辉, 等. 面向叠前储层预测和油气检测的岩石物理分析新方法 [J]. 内蒙古石油化工, 2008, 33 (18): 116-119.

[24] Gan L, Dai X, Li L. Application of petrophysics-based prestack inversion to volcanic gas reservoir prediction in Songliao Basin [C]. CPS/SEG Beijing 2009 International Geophysical Conference & Exposition, 2009.

[25] 王喜双, 曾忠, 易维启, 等. 中国石油集团地球物理技术的应用现状及前景 [J]. 石油地球物理勘探, 2010 (5): 768-777.

[26] 杜金虎等. 碳酸盐岩岩溶储层描述关键技术 [M]. 北京: 石油工业出版社, 2013.

[27] 王喜双, 曾忠, 张研, 等. 中油股份公司物探技术现状及发展趋势 [J]. 中国石油勘探, 2006, 11 (3): 35-49.

[28] 赵邦六等. 低渗透薄储层地震勘探关键技术 [M]. 北京: 石油工业出版社, 2013.

[29] 杨志芳, 曹宏, 姚逢昌, 等. 致密碳酸盐岩气藏地震定量描述 // 中国地球物理第二十九届年会论文集 [C]. 2013, 731-732.

[30] Li Xiangyang, Wu Xiaoyang and Mark Chapman. Quantitative estimation of gas saturation by frequency dependent AVO: Numerical, physical modeling and field studies [R]. IPTC, 2013, NO. 16671.

[31] Roure B, Downton J, Doyen P M et al. Azimuthal seismic inversion for shale gas reservoir characterization [R]. IPTC, 2013, NO. 17034.

[32] Zong Z, Yin X, Wu G. AVAZ inversion and stress evaluation in heterogeneous media [J]. SEG Technical Program Expanded Abstracts, 2013, 32: 428-432.

[33] Chuck Peng, John Dai, Sherman Yang. Seismic guided drilling: Near real time 3Dupdating of subsurface images and pore pressure model [R]. IPTC, 2013, No. 16575.

[34] 甘利灯. 地震层析成像现状与展望 [J]. 石油地球物理勘探, 1993, 28 (3): 362-373.

[35] 刘振武, 张昕, 董世泰, 等. 中国石油开发地震技术应用现状和未来发展建议 [J]. 石油学报, 2009, 30 (5): 711-721.

[36] James Gaiser, Nick Moldoveanu, Colin Macbeth et al. Multicomponent technology: the players, problems, applications, and trends: Summary of the workshop sessions [J]. The Leading Edge, 2001, 20 (9): 974-977.

[37] Heloise Lynn, Simon Spitz. Pau 2005 [J]. The Leading Edge, 2006, 25 (8): 950-953.

[38] 杨华, 等. 苏里格气田多波地震勘探关键技术 [M]. 北京: 石油工业出版社, 2013.

[39] 甘利灯, 等. 实用四维地震监测技术 [M]. 北京: 石油工业出版社, 2010.

[40] 赵改善. 油藏动态监测技术的发展现状与展望: 时延地震 [J]. 勘探地球物理进展, 2005, 28 (3): 157-168.

[41] Greaves R J, Fulp T J, Head P I. Three-dimensional seismic monitoring of an enhanced oil recovery project [C]. SEG Technical Program Expanded Abstracts, 1998, 17: 476-478.

[42] Nur A M, Wang Z. Seismic and Acoustic Velocities in Reservoir Rocks: Volume 1, Experimental Studies [C]. SEG, 1989.

[43] Jenkins S, Waite M, Bee M. Time lapse monitoring of the Duri steam flood: A pilot and case study [J]. The Leading Edge, 1997, 16 (9): 1267-1274.

[44] Lumley D E. The next wave in reservoir monitoring: The instrumented oil field [J]. The Leading Edge, 2001, 20 (6): 640-648.

[45] 庄东海, 肖春燕, 许云, 等. 四维地震资料处理及其关键 [J]. 地球物理学进展, 1999, 14 (2):

33-43.

［46］陈小宏，牟永光．四维地震油藏监测技术及其应用［J］．石油地球物理勘探，1998，33（6）：707-715.

［47］庄东海，肖春燕，许云，等．四维地震资料解释［J］．勘探家，2000，5（1）：22-25.

［48］凌云，高军，张汝杰，等．随时间推移（TL）地震勘探处理方法研究［J］．石油地球物理勘探，2001，36（2）：173-179.

［49］于世焕，宋玉龙．四维地震技术在草20块蒸汽驱试验区的应用［J］．复式油气田，2000，21（3）：48-51.

［50］霍进，张新国．四维地震技术在稠油开采中的应用［J］．石油勘探与开发，2001，28（3）：80-82.

［51］云美厚，张国才，李清仁，等．大庆T30井区注水时移地震监测可行性研究［J］．石油物探，2002，41（4）：410-415.

［52］易维启，李清仁，张国才，等．大庆TN油田时移地震研究与剩余油分布规律预测［J］．勘探地球物理进展，2003，26（1）：61-65.

［53］甘利灯，姚逢昌，邹才能，等．水驱四维地震技术：可行性研究及其存在的盲区［J］．勘探地球物理进展，2003，26（1）：24-29.

［54］甘利灯，姚逢昌，邹才能，等．水驱四维地震技术：叠后互均化处理［J］．勘探地球物理进展，2003，26（1）：54-60.

［55］甘利灯，姚逢昌，杜文辉，等．水驱油藏四维地震技术［J］．石油勘探与开发，2006，34（4）：437-444.

［56］胡英，刘宇，甘利灯，等．水驱四维地震技术：叠前互均化处理［J］．勘探地球物理进展，2003，26（1）：49-53.

［57］凌云，黄旭日，高军，等．非重复性采集随时间推移地震勘探实例研究［J］．石油物探，2007，46（3）：231-248.

［58］凌云，郭向宇，蔡银涛，等．无基础地震观测的时移地震油藏监测技术［J］．石油地球物理勘探，2013，48（6）：938-947.

［59］Huang Xuri，Laurent Meister，Rick Workman．Production history matching with time lapse seismic data［C］．SEG Technical Program Expanded Abstracts，1997，16：862-865.

［60］Huang Xuri，Robert Will．Constraining time-lapseseismic analysis with production data［C］．SEG Technical Program Expanded Abstracts，2000，19：1472-1476.

［61］Huang Xuri．Integrating time-lapse seismic with production data：A tool for reservoir engineering［J］．The Leading Edge，2001，20（10）：1148-1153.

［62］尹陈，刘鸿，李亚林，等．微地震监测定位精度分析［J］．地球物理学进展，2013，28（2）：800-807.

［63］李志明，张金珠编著．地应力与油气勘探开发［M］．北京：石油工业出版社，1997.

［64］周文，闫长辉等著．油气藏现今地应力场评价方法及应用［M］．北京：地质出版社，2007.